안전필수 시스템 제어 설계

김국헌, 김태효, 이성섭 지음

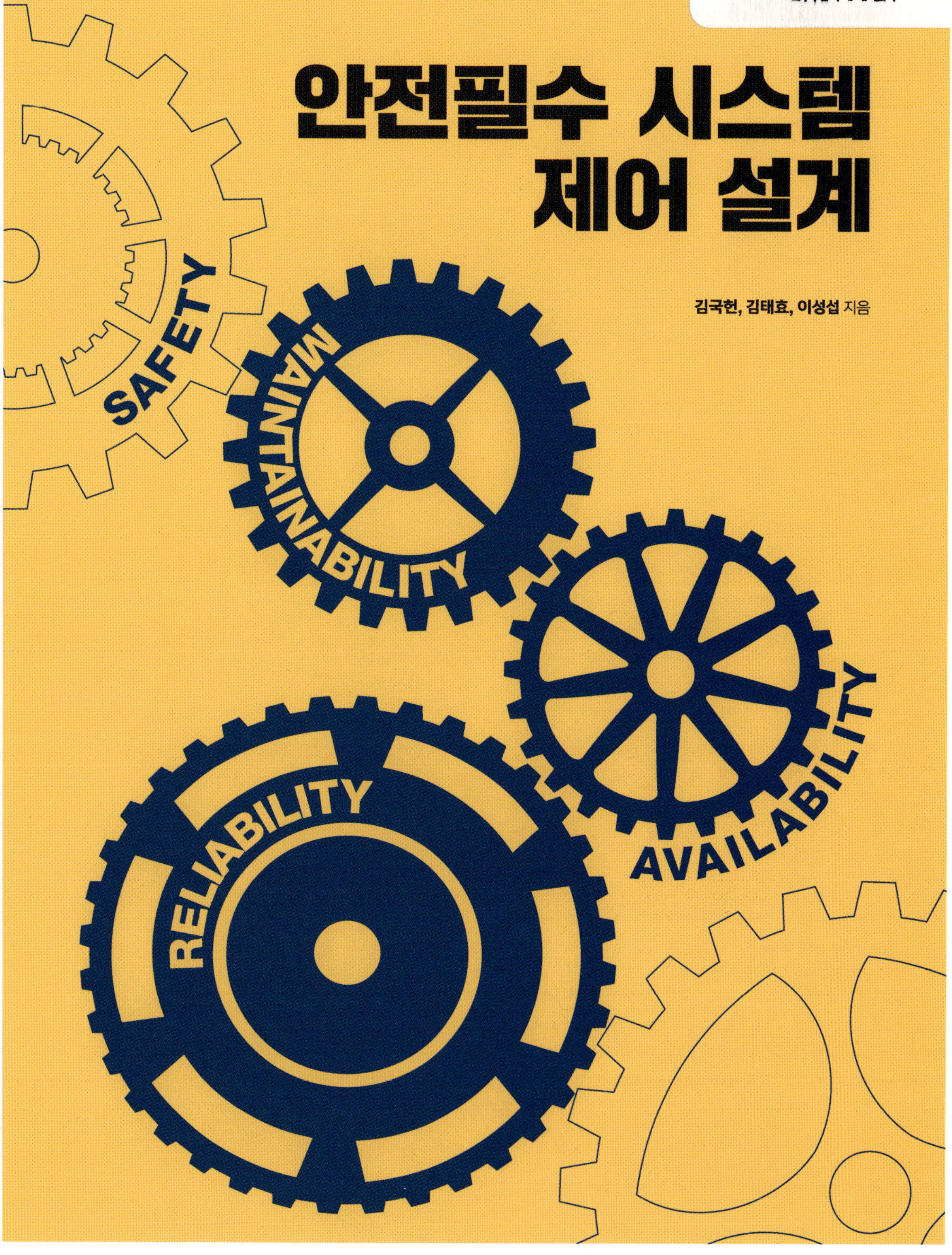

한빛아카데미
Hanbit Academy, Inc.

안전필수 시스템 제어 설계

초판발행 2021년 7월 2일

지은이 김국헌, 김태효, 이성섭 / **펴낸이** 전태호
펴낸곳 한빛아카데미(주) / **주소** 서울시 서대문구 연희로2길 62 한빛아카데미(주) 2층
전화 02-336-7112 / **팩스** 02-336-7199
등록 2013년 1월 14일 제2017-000063호 / **ISBN** 979-11-5664-545-0 93560

책임편집 박현진 / **기획** 김은정 / **편집** 김은정, 김희성
디자인 박정우 / **전산편집** 태을기획 / **제작** 박성우, 김정우
영업 이윤형, 길진철, 김태진, 김성삼, 이정훈, 임현기, 이성훈, 김주성 / **영업기획** 김호철, 주희

이 책에 대한 의견이나 오탈자 및 잘못된 내용에 대한 수정 정보는 아래 이메일로 알려주십시오.
잘못된 책은 구입하신 서점에서 교환해 드립니다. 책값은 뒤표지에 표시되어 있습니다.
홈페이지 www.hanbit.co.kr / **이메일** question@hanbit.co.kr

Published by HANBIT Academy, Inc. Printed in Korea
Copyright © 2021 김국헌, 김태효, 이성섭 & HANBIT Academy, Inc.
이 책의 저작권은 김국헌, 김태효, 이성섭과 한빛아카데미(주)에 있습니다.
저작권법에 의해 보호를 받는 저작물이므로 무단 복제 및 무단 전재를 금합니다.

지금 하지 않으면 할 수 없는 일이 있습니다.
책으로 펴내고 싶은 아이디어나 원고를 메일(writer@hanbit.co.kr)로 보내주세요.
한빛아카데미(주)는 여러분의 소중한 경험과 지식을 기다리고 있습니다.

지은이 소개

김국헌 kerikim0328@daum.net

현재 서울대학교 공학전문대학원 객원교수이자 한국기술교육대학교 초빙교수이다. 서울대학교 전기공학과에서 학사, 석사, 박사 학위를 취득하고 영국 옥스포드대학교에서 박사후 과정을 마쳤다. 그 후 한국전기연구원에서 20년간 연구개발을 진행하며 제어 분야에서 혁혁한 업적과 연구실적을 이룩했다. 특히 삼중화 제어기술 개발로 1999년 '이달의 과학기술자상'을 수상하고, 도시형 자기부상열차 개발로 2010년 '정부 수립후 공학 100대 기술개발 및 그 주역'에 선정되었으며, 2012년에 동탑산업훈장을 수상하였다. 또 원전계측제어시스템(KNICS) 개발사업단장으로서 원전 MMIS를 개발하였다. 이후에 두산중공업으로 옮겨 원전 MMIS 사업을 직접 수행함으로써 국내 자체기술로 원전 MMIS의 국산화 및 사업화를 완성하였다. 또 디지털 삼중화 여자시스템, 아날로그 이중화 AVR 개발 등 다중화 기술 사업화에 기여하였고, 철도신호시스템 기초 확립 및 배전자동화시스템 초기설계 등에 참여하였다. 현재 공학한림원 정회원으로 활동 중이며, (주)글로벌아이앤씨파트너즈의 CTO로서 안전필수 시스템 제어 분야의 기술개발 및 전력산업 적용을 위한 연구를 진행하고 있다.

김태효 taihyo.kim@gmail.com

한국과학기술원(KAIST) 전산학과에서 학사 학위를, 동 대학원에서 소프트웨어 공학 전공으로 석사, 박사 학위를 받았다. 현재 안전필수 시스템의 개발 및 검증 전문회사인 (주)포멀웍스를 설립하여 대표이사로 재직 중이다. 한국형 원자로 APR-1400 및 수출형 연구용 원자로 MMIS의 소프트웨어 확인 및 검증, 안전성 분석, 사이버보안을 수행하고, 국내 차량전자 시스템의 검증 및 사이버보안 관련 컨설팅과 분석 도구 개발을 진행하였다. 현재 산업통상자원사이버안전센터 자문위원, 한국정보보안학회 이사, AI+ 인증 심의위원으로 활동 중이며, 2018년 과학기술정보통신부 장관 표창을 수상하였다.

이성섭 qwessl01@naver.com

부산대학교 전기공학과에서 학사 과정을 마쳤다. 1982년 한국중공업에 입사하여 2017년 두산중공업에서 퇴임할 때까지 주로 원자력 I&C, MMIS 국산화 개발에 참여하였다. 1980년대 광양제철 4개 호기 건설에 참여하였으며, 1990년대에는 울진 3·4호기 원자력 건설을 위한 프로젝트 엔지니어링 및 사업관리를 수행하였다. 2000년대에 MMIS 국산화 개발에 참여하여 2009년에 신한울 1·2호기 국산화 MMIS를 계약함으로써 개발, 설계, 제작, 시험 및 설치 시공까지의 역무를 경험하였다. 현재는 (주)글로벌아이앤씨파트너즈의 대표이사로 재직 중이다.

[집필 담당 부분] 0~6장 : 김국헌 / 7~8장 : 김태효 / 9~11장, 부록 : 이성섭

지은이 머리말

한국전기연구원과 두산중공업에서 30여 년간의 연구개발과 사업화 미션을 완료한 어느 날 문득, '내가 해 온 R&D 결과와 내용들이 보안이 필요한 영역 외에는 체계화되지 않았구나.'라는 생각이 들었다. 특히 안전이 점점 더 중시되는 시대에 살면서, 공학이 안전에 기여할 수 있는 분야의 일을 해온 사람으로서, 무언가 의미 있는 일을 찾은 것이 바로 **안전필수 시스템 제어** 생명주기에 관한 전문 서적을 정리하는 것이었다.

이 책에서 다루는 주제들은 실제로는 몇십 권의 전문서적이 될 수 있을 만큼 넓고 깊다. 이러한 안전필수 시스템 제어 분야에 보다 많은 독자들이 쉽게 접근할 수 있도록 필자들은 간단한 이론적 검토와 실제 연구개발 및 응용, 사업화 사례를 중심으로 설명하고자 하였으며, 실무에 종사하는 엔지니어들을 위한 이론과 실제의 지도서이자 지침서 형태로 집필하고자 하였다. 그러기에 이 책은 태권도나 유도 교본처럼 어느 한 분야를 깊이 파는 책이 아니라 실전 해설을 겸하는 격투기 지침서라고 하겠다. 필자들이 도합 90년 동안 연구개발 및 실용화 사업 진행 과정 중 겪은 경험을 토대로 집필한 이 책은, 설명과 이론적 해석, 그리고 적절한 사례를 통해 독자들의 이해를 돕는다.

공과대학을 졸업하고 제어시스템 개발 분야에 종사하는 연구원이나 대학원생은 강의를 통해 이 책의 일부 내용만 접해봤을 뿐, 공학 생명주기에서의 활동에 대해서는 들어보지 못했을 것이다. 이 책에서 다루는 공학 생명주기와 안전필수 시스템 제어에 대한 내용들은 관련 기업이나 연구소(예를 들어 철도, 자동차, 항공 등)에서 관련 업무를 시작하며 처음 접하게 된다. 필자들은 우리 사회의 안전을 지속적으로 향상시킬 수 있으려면 안전필수 시스템 제어와 관련한 강의들이 공과대학의 정규 커리큘럼에 포함되어야 한다고 생각한다. **이 책의 스토리라인은 안전필수 시스템의 제어시스템 전체 생명주기, 즉 최초 단계 설계부터 개발, 시험평가, 검증, 설치 및 운전, 유지보수까지의 과정**을 하나의 체계 속으로 끌어들인, 처음 접해보는 성격의 책이 될 것이다.

이 책은 크게 서론인 〈들어가기 전에〉와 세 개의 PART로 구성된다. 〈들어가기 전에〉에서는 본격적으로 안전필수 시스템을 다루기 전에, 자동제어 이론을 간단히 요약/설명하여 제어공학 전공자가 아닌 사람들도 자동제어공학을 접해볼 수 있도록 하였다. PART 1에서는 안전필수 시스템과 고장허용설계 및 RAMS 분석 방법 등을 다룬다. PART 2에서는 안전필수 시스템 설계 사례 분석 및 소프트웨어 개발/확인 검증 방법론을 다룬다. PART 3에서는 품질보증과 관리, 기기검증 및 인간공학의 이슈들을 다룬다.

최고 선진국인 미국에서, 그것도 안전과 품질의 모든 기준을 선도하고 제정해왔던 항공우주 분야에서 NASA의 챌린저호 폭발사고와 보잉 사의 737 맥스 8의 연쇄추락 사고가 일어났다는 것은, 이제 어느 국가, 어느 누구도 안전사고에서 자유로울 수 없음을 보여준다. 필자들은 **이 책을 공부한 독자들에 의해 국내에서만이라도 화공 및 수소 플랜트, 원전, 항공, 철도, 자동차 및 공정작업 등의 분야에서 안전사고가 10 %라도 더 줄어들기를** 바란다.

감사의 글

필자들은 이 책을 집필하는 데 아주 유용한 자료들을 제공하고 사용을 허락해주신 두산중공업, 한국전기연구원, 한국원자력연구원, 한국수력원자력, 수산ENS, 우리기술, (주)우진에 감사를 표합니다. 또한 장기간의 연구개발을 함께 추진해왔던 한국전기연구원, 한국원자력연구원, 두산중공업의 동료와 후배들에게 깊은 감사를 표합니다. 대학원 과정 강의를 통해 이 책의 내용을 충실히 할 수 있는 기회를 제공해주신 서울대학교 공학전문대학원과 한국기술교육대학교, 또 원전계측제어시스템(KNICS) 개발사업을 같이 수행하였던 모든 동료들에게 감사를 표합니다.

그리고 대한민국을 대표하는 세계적인 엔지니어 세 분께서 추천사를 써 주셨습니다. 존경하는 대한민국 엔진의 아버지 이현순 박사님, 플래시메모리의 전설이며 50년 절친 서강덕 박사님, 모터 드라이브의 전설 설승기 교수님, 이 세 분께 머리 숙여 깊은 감사를 드립니다.

출판 계약부터 책이 출간되기까지 원고 교정, 조판 등의 작업을 저자들보다 더 열성적으로 진행해 준 (주)한빛아카데미와 김은정 차장에게 감사를 표합니다.

마지막으로, 아내와 자녀들에게 깊은 감사와 사랑을 전합니다. 다른 필자들도 같은 마음이라 생각합니다.

저자들을 대표하여
김국헌

추천의 글

■ **이현순**(현대자동차 부회장 역임, 현 두산그룹 고문)

『안전필수 시스템 제어 설계』에 대한 추천사 요청을 받고, 같이 일하던 때의 김국헌 박사의 열정과 성실성, 이론과 실제를 겸비한 실력 등이 떠올라 한순간의 망설임도 없이 펜을 들었습니다.

본인은 자동차 설계 분야, 특히 엔진 설계를 30년 이상 수행하며 자동차 제어시스템의 중요성을 익히 이해하고 이에 익숙해져 있습니다. 자동차는 운전자나 보행자의 생명과 직결이 되는 사고를 방지하는 역할도 해야 하기 때문에 전자제어장치의 실패에 대비하여 항시 기계 시스템이 백업으로 설치되어 있습니다. 또한 자동차는 신뢰성 확보를 위한 각종 시험을 끊임없이 수행하여 완벽한 검증을 통과한 다음에야 시장에 출시하도록 제도화되어 있습니다.

반면에 이 책의 저자가 평생 연구한 발전소, 특히 원자력발전소의 제어시스템은 자동차와는 비교가 안 될 정도로 복잡하고, 실패에 따른 피해가 상상을 초월하기에 3중, 4중의 정교하고 완벽한 검증이 요구되는 안전필수 제어시스템이 필요한 분야입니다. 저자는 이러한 어려운 분야에서 지난 30여 년 동안 수많은 업적을 만들어 낸 최고의 제어 전문가입니다. 김국헌 박사는 한국 최초로 도시형 자기부상열차 제어시스템을 개발하였고, 또한 그간 국가적으로도 해결하지 못했던 원전계측 제어시스템의 완벽한 설계 개발 및 검증 과정을 성공적으로 완성하여 현업에 적용토록 하였습니다. 김국헌 박사를 포함한 저자 3명은 이 책에서, 여러 가지 국가 차원의 프로젝트를 성공적으로 수행하며 얻은 귀중한 경험과 지식을 바탕으로 만든 제어시스템의 개발 방법론을 자세하게 설명하고 있습니다.

또한 실전 경험에 다양한 설계 및 평가 방법론을 접목하여 개발과 검증, 개발 표준, 개발 품질, Human error의 최소화 방법까지 제시하고 있습니다. 공학 생명주기인 연구개발 및 설계, 제작 및 시험 평가, 품질 및 인허가에 관하여 하드웨어 요건과 소프트웨어 요건을 모두 다루면서도 모든 과정의 저변에는 품질이 있어야 함을 강조하는 이 책은 공학 지침서이자 공학의 도덕책이라고 할 수 있을 정도입니다.

이론 및 방법론 이외에 실제 설계 사례로, 원전계측 제어시스템(원전 MMIS) 설계의 개발 과정과 전기 1등급 PLC인 POSAFE-Q의 개발 과정에 대해 상세히 설명하는 부분은 흥미진진합니다. 또 시스템이 어떠한 환경과 조건에서도 정상 작동할 수 있도록 하는 인간공학 설계에 대해서도 설명하고 있습니다. 저자들이 제시하는 방법론은 모든 산업에 효과적으로 적용이 가능하며 이를 통해 한국의 모든 산업 분야에서의 제어기술이 한 차원 향상될 것으로 기대합니다.

여전히 우리 모두를 괴롭히는 안전사고 발생 확률이 획기적으로 낮아져 안전한 사회를 이룩하는 데 이 책이 일익을 담당하기를 기원합니다.

■ **서강덕**(삼성전자 부사장 및 펠로우 역임, 플래시메모리 최초 개발 및 산업화 달성)

공학은 다양한 분야에서 많은 사람들에게 최소의 비용으로 최고의 제품 또는 서비스를 제공하는 학문입니다. 그런데 비행기, 고속철도, 원자력발전소 등과 같은 안전필수 시스템에서는 아주 작은 고장이나 일부 불량부품에 의해 비극적 결과를 초래하는 경우들이 있습니다. 그러므로 이러한 안전필수 시스템들에 대해 안전하고 안정적인 시스템을 구축할 수 있어야 하며, 그럼에도 이를 최소 비용으로 구현해야 한다는 것은 끝없는 공학적 난제로 남아있습니다.

김국헌 박사는 저와 고교와 대학을 같이 다닌 50년 절친으로, 항상 긍정적이고 최선을 다하는 연구자의 표상이었습니다. 이 책의 저자는 30년에 걸친 자기부상열차, 삼중화 제어시스템 기술, 원자력발전소 제어시스템 개발 등의 경험을 바탕으로, 대형 안전필수 시스템 개발 단계에서 인간의 안전을 최우선으로 하는 인본주의 개념을 포함한 공학적 설계방법을 설명하고 있습니다. 아무쪼록 이 책을 읽는 많은 후배들이 저자의 뒤를 이어 세계를 선도하는 인재들이 되기를 기원합니다.

■ **설승기**(서울대학교 전기정보공학부 교수, IEEE Field Medal 수상)

1980년대 초반 서울대학교 전기공학과 대학원 실험실에서 김국헌 박사님과 학부 실험을 같이 준비하면서, 학부생들의 실험 실습에 대해 고민했던 그때의 모습이 떠오릅니다. 당시 박사 과정에 재학 중인 의욕 넘치던 대학원생이 이제 은퇴를 바라보는 초로의 나이가 되어 그간의 경험을 정리하여 책을 만든다고 하니 감회가 새롭습니다. 저 역시 10여 년 전 전공 서적을 출간해 보았기에 책을 낸다는 것이 얼마나 지난한 일인지 잘 알고 있지만, 우리가 겪었던 소중한 경험을 동료, 후배들에게 남기는 것은 기술 후진국에서 어엿한 기술 선진국으로 발돋움하는 대한민국을 지켜왔던 우리 세대의 의무라는 생각이 듭니다.

김 박사님이 직접 개발한 원전 MMIS를 실용화하기 위해 20여 년 몸담았던 전기연구원에서 두산중공업으로 이직할 때 그 용기와 의지에 뜨거운 박수를 보냈습니다. 이와 같은 결단은 본인 기술에 대한 확신과 상용화에 대한 확고한 의지가 없이는 어려운 일입니다. 김 박사님은 우리나라에서 보기 힘든 연구/설계/개발/제작/적용/사후관리에 이르는 공학의 전 주기를 경험한 몇 안 되는 엔지니어입니다. 이러한 엔지니어가 지난 30여 년의 경험을 책으로 남기는 것은 무엇보다 소중한, 어쩌면 연구개발 결과물 자체보다도 더 중요한 일이라고 믿습니다.

과거 개발도상국이라는 현실에도 굴하지 않고 몸으로 부딪치고 실패를 거듭하며 익혔던 기술과 경험들을 동료/후배들에게 전함으로써 더 나은 길로, 더 빠른 길로, 더 높이 갈 수 있는 발판이 되어 주겠다는 저자들의 깊은 뜻에 경의를 보냅니다. 이 책이 엔지니어링 설계에 있어 시행착오를 줄이면서 신뢰성과 가용성을 올릴 수 있는 지침서라 확신하며, 더 많은 엔지니어와 정책 결정자들이 이 책을 필독하기를 권합니다.

이 책의 사용 설명서

■ 이 책의 구성

들어가기 전에: 자동제어 이론과 제어시스템 설계를 간단히 요약하여 제어기기 설계의 기본지식으로 활용할 수 있도록 하였다. 제어공학을 전공하지 않아도 자동제어공학의 기초를 충분히 이해하고 이를 기반으로 안전필수 시스템으로 시야를 확장할 수 있다.

PART 01_(1~4장): 안전필수 시스템의 개념과 하드웨어에서의 fault, error, fail 등의 기본 개념을 설명하고, 고장률에서부터 신뢰도와 가용도, 유지보수도 및 안전도 모델링과 예측 방법을 살펴본다. 또한 안전필수 시스템의 제어시스템인 안전관련 시스템의 설계 및 검증 과정을 개략적으로 소개하였다. 전체적으로는 안전관련 제어시스템의 요건으로서 고장허용설계와 이에 근거한 RAMS 특성의 구현과 평가방법을 다룬다.

PART 02_(5~8장): 연구개발 및 사업화 경험을 도입하면서, 안전관련 제어시스템에 사용될 소프트웨어의 개발과 검증 과정을 설명한다. 5장에서는 대표적인 안전관련 시스템인 원전계측 제어시스템(원전 MMIS)의 설계 및 개발 과정과 이의 핵심요소인 전기 1등급 PLC인 POSAFE-Q의 특징 및 개발 과정을 설명한다. 최고의 안전무결성수준에 해당하는 원자력발전소의 계측 제어시스템의 설계 및 검증 과정을 소개함으로써 안전관련 제어시스템에 대한 개략적 이해의 기회를 제공한다. 6장에서는 TMR Exciter의 설계과정과 RAM 평가를 통해, 운전이력과 일치하는 모델링과 해석방법론을 소개한다. 7장에서는 안전필수 소프트웨어 개발 방법론을 소개하고, 8장에서는 개발된 소프트웨어의 확인검증 절차와 사이버보안에 관해 설명함으로써 안전필수 시스템 제어의 하드웨어 및 소프트웨어 관점에서의 중요사항을 설명한다.

PART 03_(9~11장): 공학 과정의 기본이 되는 품질부터 기기검증과 인간공학을 다룬다. 품질은 모든 공학 행위의 근저에 깔려있어야 하는 기본 가정이다. 9장에서 품질 이슈를 안전필수 시스템 관점에서 다루며, 10장에서는 기기검증을 다룬다. 기기검증이란 제작한 시스템이 사용 환경에서의 악영향(예를 들어 온도, 습도, 전기전자잡음, 진동, 지진 등)에도 정상동작을 할 수 있을 것인가의 문제로서, 기기마다 가해지는 악영향의 강도나 기간은 기술표준에 정해져 있다. 아무리 잘 만들어진 기기라도 사용자가 오조작을 하거나 기기가 주는 메시지를 파악하지 못하면 기기가 설계된 의도대로 동작하지 못하고 불행한 사고를 야기할 수 있다. 이러한 문제를 방지하기 위해 기기가 사용자에게 효과적으로 메시지를 전할 수 있도록 하고, 사용자가 오조작을 할 가능성을 최소화하는 것이 인간공학 설계의 목적이다. 11장에서는 인간공학을 설명한다.

■ 이 책의 사용법

❶ RAMS에 대해 이해하려면 1~3장, 4장(4.5절), 6장을 학습한다.
❷ 안전필수 시스템 제어에 대해 이해하려면 1장, 4장, 5장의 순서로 학습할 것을 권장한다. 그 후에 ❶의 순서로 RAMS 평가기법을 학습하는 것도 좋은 방법이다.
❸ 안전필수 시스템의 제어시스템 설계 또는 직접 개발하고자 하는 공학도는 4장, 7장, 8장의 순서로 학습하면 좋다. 보호계통에 대한 이해가 필요한 경우에는 4장을 학습할 것을 추천한다.
❹ 하드웨어 엔지니어가 기기제작에 대해 학습하려면 10장, 11장을 보는 것이 좋다.
❺ 모든 엔지니어는 9장의 품질보증과 관리를 숙독할 것을 권유한다. **모든 공학적 행위는 품질을 기반으로 이루어져야 하기 때문이다.**

■ 참고문헌

1. 『집중해부-보잉 737 맥스 8 연쇄추락사고의 내막』, Monthly Chosun, July 2019.
2. J.C. Knight, *Safety critical systems: challenges and directions*, IEEE. 2002.
3. Sommerville, Ian, *Software Engineering*, Pearson India, 2015.
4. Sommerville, Ian, *Critical systems*, an Sommerville's book website.
5. Thompson, Nicholas, *Inside the Apocalyptic Soviet Doomsday Machine*, WIRED, 2009.
6. Leanna Rierson, *Developing Safety-Critical Software: A Practical Guide for Aviation Software and DO-178C Compliance*, 2013.
7. *Human-Rating Requirements and Guidelinesfor Space Flight Systems*, NASA Procedures and Guidelines., 2003.
8. *Managing competence for safety-related systems(Part 1: Key guidance)*, HSE, 2007.
9. *Medical Device Safety System Design: A Systematic Approach*, mddionline.com. 2012.
10. Bowen, Jonathan P., *The Ethics of Safety-Critical Systems*, Communications of the ACM. **43**(4): 91-97, 2000.
11. Bowen, Jonathan P., Stavridou, Victoria, *Safety-critical systems, formal methods and standards*, Software Engineering Journal. IEE/BCS. **8**(4): 189-209, 1993.
12. Anderson RJ., Smith MF., *Special Issue: Confidentiality, Privacy and Safety of Healthcare Systems*, Health Informatics Journal. **4** (3-4), 1998.
13. *Safety and Functional Safety*, IEC 61508, International Electrotechnical Commission.
14. *Safety-critical system*, encyclopedia.com.
15. *Safety of Nuclear Reactors*, world-nuclear.org.
16. *Safety-Critical Systems in Rail Transportation*, Rtos.com.
17. *Safety-Critical Automotive Systems*, sae.org.
18. *Safety-Critical System*, en.wikipedia.org.
19. *Health and Safety Executive*, en.wikipedia.org.
20. *AC 25.1309-1(A-System Design and Analysis)*, en.wikipedia.org.

■ 생각해보기 답안

[생각해보기]의 예시답안은 아래의 경로에서 내려받을 수 있습니다.

한빛아카데미 홈페이지 접속 → [도서명] 검색 → 도서 상세 페이지의 [부록/예제소스]

목차

들어가기 전에 제어시스템 개요 · 13

- 0.1 제어공학에 대한 기본 이해 · 15
- 0.2 시나리오로 풀어보는 제어공학의 이슈들 · 19
- 0.3 신호와 시스템 이해하기 · 24
- 0.4 제어 대상의 모델링 · 33
- 0.5 이산신호의 시계열신호 처리 방법 · 41
- 0.6 제어시스템 설계 · 49
- 0.7 제어기 설계 연습(PID) · 53
- 0.8 현대제어 이론 · 63

PART 01 제어시스템 RAMS

CHAPTER 01 안전필수 시스템의 제어특성 · 73

- 1.1 안전필수 시스템 · 77
- 1.2 안전필수 시스템 제어시스템의 지향점 · 81
- 1.3 시나리오로 풀어보는 다중화 설계와 고장진단 · 87
- 생각해보기 · 94

CHAPTER 02 제어시스템의 고장과 고장허용설계 · 95

- 2.1 fault, error, fail · 97
- 2.2 fault, error, fail의 공학적 구분 · 100
- 생각해보기 · 114

CHAPTER 03 RAMS 이론과 분석 방법 · 115

- 3.1 확률변수와 고장률 · 117
- 3.2 신뢰도와 고장률 · 123
- 3.3 가용도와 유지보수도 · 127
- 3.4 안전도 · 132
- 3.5 신뢰도 계산 모형 · 134
- 3.6 마코프 모델 · 144
- 생각해보기 · 153

CHAPTER 04 안전필수 시스템의 제어설계 과정 · 155

- 4.1 안전관련 제어시스템의 일반 사항 · 157
- 4.2 안전관련 제어시스템 설계 요건 · 160
- 4.3 고장모드 및 영향 분석 · 165

4.4 고장나무분석(FTA) ··········· 178
4.5 마코프 모델링 상세 ··········· 184
4.6 안전필수 제어시스템 설계 실무 ··········· 186

현장의 목소리 #01 ··········· 196

PART 02 제어시스템 설계와 소프트웨어 개발

CHAPTER 05 원전 MMIS와 전기 1등급 PLC ··········· 199
5.1 원전 MMIS ··········· 201
5.2 전기 1등급 PLC: POSAFE-Q ··········· 224
5.3 MMIS 확인검증 과정 ··········· 237

CHAPTER 06 TMR 디지털 여자시스템 설계와 분석 ··········· 245
6.1 발전기와 여자시스템 소개 ··········· 247
6.2 기능구현과 설계검증 ··········· 251
6.3 RAMS 비교 분석(삼중화 여자시스템) ··········· 259
생각해보기 ··········· 280

CHAPTER 07 안전필수 소프트웨어 개발 방법론 ··········· 281
7.1 안전필수 소프트웨어 개발 방법론 ··········· 283
7.2 소프트웨어 요구사항 ··········· 287
7.3 소프트웨어 설계 ··········· 298
7.4 소프트웨어 구현 ··········· 300
7.5 사이버 보안 ··········· 305
7.6 안전필수 소프트웨어 개발 ··········· 312
생각해보기 ··········· 314

CHAPTER 08 소프트웨어 확인 및 검증 방법론과 사례 ··········· 315
8.1 소프트웨어 확인 및 검증 방법론 ··········· 317
8.2 소프트웨어 요구사항 및 설계 문서 검증 ··········· 320
8.3 소프트웨어 구현 검증 ··········· 323
8.4 소프트웨어 테스팅 ··········· 329
생각해보기 ··········· 347

현장의 목소리 #02 ··········· 348

목차

PART 03 제어시스템 하드웨어 건전성

CHAPTER 09 품질보증과 관리 ... 351
- 9.1 서론 ... 353
- 9.2 품질 시스템의 필요성 ... 355
- 9.3 품질체계 ... 360
- 9.4 품질활동 ... 371
- 9.5 품질보증 시스템 ... 377
- 생각해보기 ... 391

CHAPTER 10 기기검증 시험 ... 399
- 10.1 생활 속의 기기검증 ... 401
- 10.2 기기검증이란 ... 403
- 10.3 기기검증 수행 ... 412
- 10.4 일반규격품의 품질검증(CGID) ... 430
- 10.5 문서화 ... 435
- 10.6 인증 ... 440
- 생각해보기 ... 443

CHAPTER 11 인간공학 ... 445
- 11.1 서론 ... 447
- 11.2 인간공학과 시스템 설계 ... 451
- 11.3 인간공학 설계 검토 및 규제 기준 ... 457
- 11.4 인간공학 설계 예 ... 462

현장의 목소리 #03 ... 474

Appendix A | 보잉 737 맥스 품질 사례 ... 475
Appendix B | 품질경영 시스템에 많이 사용되는 용어 ... 479
찾아보기 ... 483

들어가기 전에

제어시스템 개요

제어공학에 대한 기본 이해 _ 0.1
시나리오로 풀어보는 제어공학의 이슈들 _ 0.2
신호와 시스템 이해하기 _ 0.3
제어 대상의 모델링 _ 0.4
이산신호의 시계열신호 처리 방법 _ 0.5
제어시스템 설계 _ 0.6
제어기 설계 연습(PID) _ 0.7
현대제어 이론 _ 0.8

PREVIEW

안전필수 시스템의 제어시스템에 대해 알아보기 위해서는 먼저 제어공학에 대한 기본적인 이해가 필요하다. 여기서는 안전필수 시스템의 제어에 관해 본격적으로 토의하기 전에 독자들이 참고할 만한 전제 사항으로 제어공학의 근본 원리에 대해 간단히 설명하고자 한다. 제어공학의 영역은 매우 넓고 깊어서 학부 과정의 경우 1~2학기, 대학원 과정도 2~3학기 이상의 강의로 구성된다. 0장은 필자가 생각하기에 안전필수 시스템 제어를 위해 알아두면 좋을 사항들을 요약한 것으로, 다음과 같이 학습할 것을 제안한다.

❶ 제어공학 학부 강좌를 이수한 공학도는 0.4절(제어 대상의 모델링)까지 학습 가능하다.
❷ 제어공학 대학원 과정을 수강한 공학도는 0.8절(현대제어 이론)까지 전체 학습이 가능하다. 시뮬레이션과 실험 결과의 의미를 이해하고 구현도 가능할 것이다.
❸ 제어공학을 전혀 접해보지 않은 공학도나 비전문가는 0.2절(시나리오로 풀어보는 제어공학의 이슈들)을 반복해서 읽으면 이해에 도움이 될 것이다.

SECTION 0.1 제어공학에 대한 기본 이해

0.1.1 제어공학 개요

제어공학은 제어 대상 설비를 원하는 상태로 운전 또는 유지하기 위해 피드백 제어를 하는 것이다. 그러므로 제어공학은 다음과 같은 일련의 과정을 거친다.

❶ 센서로 대상 설비의 어떤 부분(가능하면 직접 제어하고자 하는 변수)을 측정한다.
❷ 원하는 값과 출력값을 비교한 오차^{error}로부터, 제어기가 대상 설비에 인가할 입력을 제어법칙$^{control\ law}$으로 계산한다. 이 입력은 수학적 의미의 값인 경우가 많다.
❸ 작동기^{actuator}는 제어법칙에 의해 계산된 수학적 입력을 물리적인 값(예를 들면 전압, 밸브 위치 등)으로 변환하여 대상 설비에 입력함으로써 출력이 원하는 값에 수렴하도록 한다.

실생활에서 볼 수 있는 제어로 다음과 같은 예를 들 수 있다. 사람이 걷다가 장애물을 만나면 피하고 넘어질 것 같으면 다시 균형을 잡는 기초적인 제어부터, 시속 150km의 강속구나 변화구를 쳐서 안타나 홈런을 만드는 박병호 선수의 스윙이나, 움직이는 수비수를 제치고 골을 넣는 손흥민 선수의 드리블 같은 고급 제어도 있다. 박병호 선수의 스윙에서 눈은 '센서'에 해당하고 상상력과 예측은 '제어법칙', 완전한 스윙 동작과 빠른 발 및 숙달된 몸놀림 등은 '작동기'에 해당한다. 홈런을 치기 위해서는 센서와 제어법칙, 작동기가 완전한 하나의 시스템으로 구성되어야 한다. [그림 0-1]은 박병호 선수의 멋진 홈런 스윙 모습이다.

[그림 0-1] 인간 자동 제어시스템인 박병호 선수의 완벽한 스윙 모습(키움히어로즈 제공)

로봇은 대표적인 제어공학 응용 분야 중 하나다. 로봇은 동작, 이동 및 작업 능력을 가지며 시각과 인지능력을 갖춤으로써 인간에 가까운 모습으로 진화하고 있다. 제어공학은 동작^{motion} 제어뿐만 아니라 시각 처리, 인공지능(AI) 등 모든 분야에서 기본적인 이론과 방법론을 제공하는 다양한 응용 범위를 가진 학문 분야의 하나라고 할 수 있다. [그림 0-2]는 KIST가 개발한 인공지능로봇 마루다. 마루는 네트워크 기반 인간형 로봇으로 외부 서버를 통해 인공지능을 갖출 수 있다. 3차원 카메라로 목표물을 인식하고 실시간 원격제어도 가능하며 주방에서 빵을 구워 내줄 줄도 아는, 제법 사람 같은 로봇이다. 그러나 야구에 대해서는 아직 박병호 선수와 비교할 수 없는 수준이다. 좀 더 빨라지고 힘도 더 세지며 야구도 배워야 하는 등 갈 길이 더 남아 있다고 할 수 있다.

[그림 0-2] KIST가 개발한 로봇 마루

제어 이론을 적용하기 위한 일련의 작업은 우선 제어 대상의 특성을 파악하고 제어 목표를 정확히 정의 (속도, 압력, 온도, 유량, 수위, 경로 또는 기타 목적 등)하는 것이다. 가능하면 제어 목표 변수를 직접적으로 계측하도록 센서를 설치하고(직접적인 측정이 불가능한 경우에는 제어 목표 변수를 간접적으로 판단할 수도 있다), 센서의 측정값을 원하는 기준값 reference과 비교해 오차신호를 만든다. 오차신호의 적절한 변환 과정(예를 들면 미분, 적분, 차분 계산 및 필터링 등)을 거쳐 제어법칙이 생성한 수학적 연산 결과(이것이 제어기 설계 과정임)를 작동기 actuator가 물리적 값으로 만들어 제어 대상에 주입하는 것이다. 전동기의 경우 컨버터나 인버터 등의 전원장치가 작동기 역할을 한다. 이와 같이 제어목표변수와 원하는 기준값을 비교하여 오차신호를 만들고, 이를 이용해 제어하는 것이 가장 일반적인 방식이다. 이를 출력 피드백 제어라고 하는데, 출력 피드백 제어의 성능은 일반적으로 상태 피드백 제어에 비해 열등하다. 상태 피드백 제어는 목표로 하는 출력값 이외의 내부 상태들도 피드백 요소로 사용하는 제어 방식이므로 더 많은 정보를 사용하여 더 좋은 성능을 낼 가능성이 크다.

제어공학 학습은 대부분 앞의 제어법칙 설계를 위한 과정이다. 우리가 제어할 대상은 실제 플랜트 plant 또는 어떤 설비지만, 제어공학 학습은 실제 대상 설비를 선형모델로 근사화한 공칭모델을 구하고 공칭모델에 대한 해석, 설계, 시뮬레이션 등을 통해 설계된 제어법칙이 효과적임을 보이는 작업이다. 여기서 중요한 점은, 공칭모델과 실제 대상 시스템에 차이가 있다는 것이다. 이 차이의 영향과 해결 방법을 다루는 문제는 현대제어 이론의 중요한 분야인 강인제어 분야가 된다.

제어시스템 설계를 위한 해석은 실제 플랜트를 해석하는 것이 아니라 **플랜트와 가깝다고 생각되는 수학적 모델(공칭모델)에 대해 제어 이론을 적용하여 제어시스템(제어법칙)을 설계**하는 것이다. 그러므로 플랜트와 매우 유사한 공칭모델 도출이 성공적인 제어시스템 설계의 필수 요건이다. 제어방식으로는 기준값과 출력 차이인 오차신호만 사용하는 출력 피드백 제어 output feedback control와 추가적으로 플랜트의 내부 상태를 피드백하는 전상태 피드백 제어 state feedback control 등이 있다. 출력 피드백 제어와 전상태 피드백 제어의 차이에 대해서는 0.2절에서 다시 다룬다.

이 책에서는 제어공학의 기본으로 모델링과 PID 제어기 설계, 자기회귀알고리즘 등을 다루며 제어공학의 이론 분야에 대해 간단히 소개한다.

출력 피드백 제어와 상태 피드백 제어의 기본 방식에 많은 이론적 연구가 더해져 상태추정 및 추정상태 피드백 제어, 비선형제어, 강인제어, 적응제어 등의 현대적 개념이 더해진 제어 이론들이 제안되었다. 또한 퍼지제어부터 시작해 신경회로망 제어, 인공지능 적용 등의 제어 방식이 많이 제안되고 연구되고 있다. 이 책에서는 제어 이론 중 가장 폭넓게 이용되며 고전제어 이론에 확실한 근거를 두고 발전한 분야로 강인제어 이론, 칼만 필터 및 적응제어 이론을 간단히 소개한다. 다음은 현대제어 이론 분야 중 이 책에서 간략하게 다루는 분야에 대한 소개이다.

❶ **강인제어** robust control **이론:** 실제 제어 대상 시스템이 공칭모델로 완벽하게 표현되지는 않으므로, 이러한 비모형화 특성(예를 들면, RLC 회로를 3차 미분방정식으로 표시했는데 실제로는 매우 작은 C나 L이 다른 루프에 추가로 존재하여 4차 또는 5차 미분방정식이 되어야 하는 경우)을 포함하는 시스템 제어를 위한 분야다. 견실제어라는 표현을 사용하기도 한다.

❷ **칼만 필터**^{Kalman Filter} **이론:** 실제 제어 대상 시스템에 잡음이 존재하고 출력 측정에도 잡음이 존재하는 상황에서 시스템의 내부 상태변수를 추정하고자 하는 방식으로, 정규분포의 백색잡음^{white noise}에서 내부 상태변수 참값을 효과적으로 추정하는 이론이다. 이를 통해 성능이 좋은 전상태 피드백 제어를 구사할 수 있다. 1960년대 이후 컴퓨터의 발전과 함께 현대제어 이론의 기본을 구축한 이론이다. 이 이론은 폭넓은 응용 범위를 갖는다. 변형된 방식인 확장형 칼만 필터는 잡음의 특성이 백색이 아닌 경우와 시스템 특성이 비선형성을 갖는 경우에도 사용 가능하며 공학뿐만 아니라 사회경제 분야에서도 폭넓게 쓰이는 기본 이론이다.

❸ **적응제어**^{adaptive control} **이론:** 실제 제어 대상 시스템의 시스템 파라미터(예를 들면 회로의 RLC 값이나 전동기의 토크 특성 등)를 모르거나 변화하는 경우 효과적으로 제어할 수 있는 이론이다. 적응제어 이론은 시스템 파라미터가 변화하는 경우에 효과적인 이론으로, 시스템 파라미터의 변화를 추종해 파라미터 값을 알아내는 작업, 즉 시스템 식별^{system identification}이 사용된다. 적응제어방식은 제어 대상 시스템의 파라미터를 식별하고 이 파라미터를 이용하여 제어법칙의 계수를 구하는 간접 적응제어방식과 시스템 파라미터를 명시적으로 식별하지 않고 직접 제어법칙의 파라미터를 구하는 직접 적응제어방식으로 나뉜다. 이 둘의 근본적인 특성은 동일하다.

제어의 기본 요소로서 작동기의 형태는 제어 대상에 따라 달라진다. 전동기 속도 및 토크 제어는 전압이나 전류를 조절하여 제어하므로 컨버터나 인버터가 작동기가 되지만, 수위나 유량의 제어 문제에서는 밸브를 제어하는 전동기가 작동기가 된다. 보일러 온도 제어의 경우 연료주입 펌프가, 항공기 제어의 경우 날개각 구동장치와 엔진출력이 작동기가 된다.

제어시스템 설계는 제어 대상의 공칭모델화, 센서를 이용한 계측, 피드백 제어에 의한 제어변수 결정, 작동기에 의한 물리적 입력 투입 단계로 구분할 수 있는데 이런 단계적 해법과 이론의 적용은 거의 모든 생체나 사회 시스템에도 적용된다. 사회과학 중에서 고전 수리경제학 분야는 제어공학의 이론과 상당 부분이 일치한다. 이 분야의 문제들은 앞에서 설명한 강인제어와 적응제어 이론으로도 해결할 수 없는 문제들이 많다. 예를 들어 많은 이해 당사자들의 서로 다른 특성과 반응은 입력과 출력 변수가 대단히 많은 다변수 시스템이며, 경제 주체들의 심리적 변화는 모델링이 거의 불가능한 문제다. 그렇다고 해도 일반적인 경향과 단일 항목 간의 상관관계(예를 들면 금리와 투자, 환율과 무역수지 등)에서 전체 흐름을 예측하고 세율, 금리, 환율 등의 조정 또는 통제를 통해 좋은 결과를 얻고자 하는 것은 가장 어려운 제어공학 문제이며 제어공학 이론의 확대 적용이 요구되는 분야다.

인체와 관련된 문제들도 가장 어려운 제어공학 문제라고 할 수 있다. 파킨슨이나 항암치료제가 효과를 잘 발휘하다가도 일정 기간 이상이 되면 약효가 없어지거나 오히려 부작용이 발생하는 현상은 라플라스 변환이나 상태방정식의 차수를 아무리 올려도 제대로 모델링하는 것이 거의 불가능하다.

공학도가 아닌 사람도 제어공학의 기본 이론을 학습하는 배경과 목적은 제어공학이 경제 시스템이나 생체 반응 등 모든 문제를 풀 수는 없지만 가장 많은 공학 문제와 경제, 의료 등 다양한 사회 분야의 이슈를 모델링하고 이해를 통해 해결책을 제시할 수 있는 효과적인 학문이기 때문이다.

0.1.2 제어공학의 기본 강좌 구성

대학 및 대학원 교육에서 활용되는 제어공학 교재는 보통 다음과 같은 순서로 전개된다.

❶ 제어공학 전개에 필요한 기본 수학적 지식
- 복소수
- 선형미분방정식, 라플라스^{Laplace} 변환과 역변환
- 벡터와 행렬 연산

❷ 제어 대상 시스템의 모델링과 표현 방법
- 동적 시스템의 미분방정식 표시
- 복소수 s의 전달함수 표현 방식과 블록 다이어그램 표시
- 상태방정식과 해법
- 비선형 시스템에서 선형 공칭모델 유도

❸ 피드백 제어시스템의 성능과 안정도
- 피드백 제어기 표현
- 안정도 해석
- 과도응답과 정상상태 응답 해석
- 제어시스템의 민감도 해석
- 제어시스템의 강인성 해석
- 가제어성^{controllability}과 가관측성^{observability}
- 피드백 제어기(제어법칙) 설계

❹ 범용 제어시스템 설계 기법
- PID 제어 소개
- 극배치$^{pole\ assignment}$ 제어
- 최적 제어$^{optimal\ control}$

❺ 현대 제어 이론 소개
- 칼만 필터$^{Kalman\ Filter}$
- 비선형 제어 이론
- 퍼지 및 신경망 제어 이론
- 적응 제어 이론
- 다변수 제어 이론
- 최적 제어 이론
- 견실 제어 이론
- 기타

제어공학을 이해하기 위한 전반적인 관찰사항들은 다음과 같다.

- 신호에 대한 이해
- 제어 대상 시스템의 특성
- 제어 대상에 설치할 센서^{sensor}와 작동기의 적절성
- 수학적 모델의 적절성(근사성)

다음에는 이러한 제어공학의 개요를 이해하기 위해 공학적 접근이 아닌 일상생활에서의 예를 시나리오 형태로 전개하며 설명한다.

SECTION 0.2 | 시나리오로 풀어보는 제어공학의 이슈들

제어공학의 대상모델과 제어법칙 도입을 위해 누구나 쉽게 이해할 수 있고 어릴 때 한 번쯤 경험했던, 시험 성적에 따른 부모님과 학생 간의 상과 체벌 조건을 예로 들어 제어법칙에 관한 이해를 돕고자 한다. 주인공의 이름은 철수이다.

0.2.1 가상 상황의 예

상황 1

초등학생인 철수의 현재 학교 수학 점수가 70점인데, 부모님이 다음 시험에서는 90점 이상 받을 것을 요구했다. 그리고 목표 점수를 넘으면 1점에 1000원의 상금을 주고, 목표 점수에 미달하면 1점에 회초리 1대씩 때리기로 했다.

> **결과 1-1**
> 철수는 수학 공부를 열심히 하여 93점을 받았고 상금으로 3000원을 받았다.
>
> **결과 1-2**
> 철수는 수학 공부를 열심히 했으나 89점을 받았다.
>
> **결과 1-3**
> 철수는 수학 공부를 열심히 하지 않았고 또 70점을 받았다.

이 결과를 인간적인 면에서 생각해보자. 초등학생 시절에는 사랑의 매를 맞는 것이 두렵고 상금도 받고 싶어서 열심히 공부한 결과 93점을 받았을 수도 있다. 만약 89점을 받았다면 처음 약속대로 회초리 한 대를 맞아야 할까? 일반적인 부모라면 약속 점수에는 미달되었지만 열심히 공부해서 점수가 많이 올랐으므로 격려, 즉 상을 주어야 하는 것은 아닐까? 또한 철수가 다시 70점을 받았다면 회초리로 20대를 맞아야 할까? 과연 이것이 철수의 수학 성적을 올리는 데 효과적인 방법일까? **철수의 성적을 효과적으로 올리는 것을 '철수를 제어하는 문제'로 생각해보는 것이다.**

상황 2

세월이 흘러 철수는 중학생이 되었고 첫 수학 시험에서 80점을 받았다. 부모님은 다음 시험에서 95점 이상 받을 것을 요구했다. 상/벌 조건은 초등학생 시절과 똑같이 목표 점수를 넘으면 1점에 1000원의 상금을 주고, 목표 점수에 미달하면 1점에 회초리 1대씩 때리기로 했다.

> **결과 2-1**
> 철수는 수학 공부를 열심히 하여 97점을 받았고 상금으로 2000원을 받았다.
>
> **결과 2-2**
> 철수는 수학 공부를 열심히 했으나 94점을 받았다.
>
> **결과 2-3**
> 철수는 수학 공부를 열심히 하지 않았고 70점을 받았다.

중학생인 철수에게 2000원이 상금으로써 가치가 크다고 할 수 있을까? 70점을 받은 후 회초리 25대를 맞는다면 좀 더 분발해서 열심히 할 수도 있고, 반대로 가출하거나 경찰에 신고하는 등 부정적인 효과가 나올 수도 있다.

상황 3

또 세월이 흘러 철수는 고등학생이 되었고, 첫 수학 시험에서 90점을 받았다. 부모님은 다음 시험에서 97점 이상 받을 것을 요구했다. 상/벌 조건은 똑같이 목표 점수를 넘으면 1점에 1000원의 상금을 주고, 목표 점수에 미달하면 1점에 회초리 1대씩 때리기로 했다.

> **결과 3-1**
> 철수는 수학 공부를 열심히 하여 100점을 받았고 상금으로 3000원을 받았다.
>
> **결과 3-2**
> 철수는 수학 공부를 열심히 했으나 92점을 받았다.
>
> **결과 3-3**
> 철수는 수학 공부를 열심히 하지 않았고 75점을 받았다.

이 결과들을 생각해보자. 과연 철수는 상금 3000원을 받기 위해 공부를 열심히 했을까? 아마 고등학생인 철수에게 3000원은 별로 매력적인 금액이 아니었을 것이다. 그러므로 이런 상/벌 규칙으로 고등학생인 철수의 성적을 더 올리기는 쉽지 않을 것 같다.

지금까지의 예에서 주인공은 변함없이 동일한 철수지만 학년이 올라갈수록 상/벌(제어공학에서는 input 증가/감소)의 효과가 별로 없거나 오히려 부작용으로 철수가 공부를 포기하게 될 수도 있다. 이는 PID 제어 관점에서 보면 비례제어이득^{gain}만 사용한 것으로 이득이 너무 작다. 그리고 미분제어이득의 개념(성적 향상 또는 저하율을 상/벌에 반영) 사용을 검토할 필요도 생긴다. 철수의 성적과 노력을 통해 바람직한 결과가 나오는 원인은 점수대별로 같은 법칙을 적용하기 어렵고, 나이가 들었는데도 같은 법칙을 적용하는 것은 더 효과가 없기 때문일 것이다. 그뿐 아니라 아주 우수한 점수를 받기 위해서는 재능이 뛰어나거나 다른 특별한 노력을 해야 할 수도 있다.

앞의 설명은 제어공학에서 제어기 설계의 핵심인 제어법칙(control law라고 하며, 앞의 예에서는 상/벌 규칙에 해당)이 대상 시스템(예를 들면 전동기)의 자체 특성, 부하 수준(철수의 성적 수준), 시간 및 환경적 특성(설비에서는 전동기 권선의 발열, 철수에게는 나이가 듦에 따른 상/벌 민감도 변화)에 따라 달라져야 함을 예로 들어 설명한 것이다.

0.2.2 제어시스템에서의 설명

앞의 예를 제어시스템 관점에서 설명해본다.

■ 비선형 시스템과 시변 시스템 문제

앞의 예에서 철수가 70점대일 때와 90점대일 때 적용할 상/벌 규칙은 달라야 효과적이며, 철수가 초등학생일 때와 고등학생일 때 적용할 상/벌 규칙도 마찬가지로 달라야 한다. 또한 93점에서 95점으로 올리는 것이 70점에서 80점으로 올리는 것보다 훨씬 어려울 수 있다. 철수의 나이에 따라 상/벌 규칙에 대한 민감도가 달라지므로 동일한 제어법칙의 효과가 달라질 수 있다는 점은 제어 대상 시스템의 파라미터가 시간에 따라 바뀌는 시변$^{\text{time varying}}$ 시스템이라는 것을 의미한다. 철수의 성적 수준이 70점대에 있을 때와 90점대 있을 때, 5점을 올리기 위한 노력의 수준이나 방법이 달라져야 할 것이다. 이는 제어 대상의 특성이 입력에 대해 동일하게 선형적으로 변화하지 않는 관계를 보여주는 것으로 비선형^{nonlinear} 특성이라고 한다. 비선형 및 시변 특성을 갖는 제어 대상을 제어하기 위해 비선형 시스템 제어, 적응제어, 강인제어 등과 같은 이론이 연구 및 사용된다. 학부 과정에서의 제어공학은 철수의 특성이 바뀌지 않는 선형시불변 시스템$^{\text{linear time invariant system}}$으로 가정하고, 동일한 제어 법칙이 적용되는 것을 전제로 제어시스템을 설계한다.

■ 잡음과 외란에 의한 문제

앞의 예에서 시험 문제가 너무 어려워 전원이 70점 미만을 받은 경우, 너무 쉬워서 전원이 95점 이상을 받은 경우, 시험 당일에 철수가 몸이 너무 아파서 시험을 못 보게 된 경우 등과 같은 변화는 제어공학에서 대상 시스템에 심각한 외란이 가해진 경우에 해당한다. 만약 시험 채점에 오류가 있었다면 이는 센서 측정에 잡음이 심하게 들어간 경우라 할 수 있다. 공학적으로 이러한 문제에 대응하는 방법을 강인제어$^{\text{robust control}}$ 영역에서 다루기도 하지만, 일반적인 제어기 설계 과정에서도 해결방안이 제시된다.

■ 시간 지연 문제

시험은 매달 보는데 시험 결과가 28일 후에 나온다면, 시험 결과를 기준으로 2일 후 다시 시험을 볼 철수에게 상/벌을 주는 것이 의미가 있을까? 이 경우는 철수가 시험 후 28일 동안 열심히 공부했는지 하지 않았는지가 중요한 요소이며, 28일 전의 시험 결과는 현재의 철수가 2일 후에 볼 시험을 위해 공부하도록 하는 효과적인 평가요소가 아닐 것이다. 이것이 바로 제어공학에서 입출력 지연시간$^{\text{input-output time delay}}$의 문제이며, 지연시간 중의 내부 상태를 잘 확인(추정 또는 별도 측정 등)해 제어의 피드백 요소로 사용해야 한다는 것을 의미한다. 이를 해결하기 위해 지연보상 상태관측자를 사용하는 제어 방식이 적용된다. 이러한 모델의 예로 100km의 긴 파이프라인을 통해 나오는 유량을 제어하는 밸브가 오일을 보내는 쪽에만 설치되어 있을 경우 밸브 개폐가 현재 나오는 유량을 제어하는 데 적절하지 않다는 의미가 된다.

■ 다변수 제어 문제

부모님이 철수에게 수학 점수만 요구한 것이 아니고 체육 점수도 요구했다면? 또는 수학과 과학 점수를 요구했다면?

이 경우에는 철수가 수학과 체육 또는 수학과 과학의 비중을 어떻게 둘지 고민해야 한다. 수학과 과학은 상관관계가 커 보이므로 둘 다 잘 할 수도 있다. 만약 철수가 공부 능력이나 체육 능력이 뛰어나지는 않은데 수학과 체육을 둘 다 잘하기 위해 서로 다른 방향으로 노력해야 한다면 목표 달성이 가능할까? 이러한 문제를 제어공학에서는 다변수 시스템 multivariable system이라고 부른다. 다변수 시스템 제어를 위한 이론이 다변수 제어 이론인데, 두 과목의 상관성과 독립성을 검토하여 모델링 및 제어기 설계에서 각각의 과목에 독립적으로 작용할 수 있는 입력(공부 방법 또는 시간 투입, 특별 지원 방법 등)을 구분한 후 각각의 목표를 달성할 수 있도록 하는 수학적 분리 decoupling 방법이 사용된다. 그러나 이러한 분리 자체가 큰 의미를 갖지 못하거나 분리가 불가능한 경우도 있을 수 있다. 이는 다변수제어 이론이 효과적으로 사용될 수 있는가의 문제가 되며, 제어 이론 적용은 제어 대상 시스템의 내재적 특성을 고려해야 한다는 것을 의미한다.

유도전동기에서 부하 증가에 따라 토크를 제어하면서 속도도 제어하려면 기본적으로 전압을 올려 토크를 키우고 교류전압의 주파수를 올려 속도를 높일 수 있다. 이를 효과적으로 수행하기 위해서는 유도전동기의 원리를 정밀하게 분석하여 가능하면 주파수 변화와 전압 변화가 효과적으로 동작하도록 하는 제어알고리즘이 필요하며, 이는 유도전동기 제어의 핵심 분야가 된다. 이 문제는 VVVF Variable Voltage Variable Frequency 인버터로 해결할 수 있지만, 내부적으로는 전압과 주파수라는 두 개의 제어 변수로 유도전동기의 토크와 속도를 제어하는 문제가 된다. 인체에서 다양한 건강지표를 개선하고자 하는 문제나 경제에서 성장과 분배를 같이 잘 하고자 하는 방법은 인체와 경제 시스템이 워낙 복잡한 비선형·다변수시변 시스템이기 때문에 최적의 해를 찾는 제어 이론이 존재하지 않거나 찾기가 매우 어렵다.

■ 제어에서의 미분 신호 사용 여부

앞의 예에서 [상황 1]의 [결과 1-2]는 70점을 받던 아이가 89점을 받았을 때 회초리 한 대를 때리는 것보다 상을 주는 것을 고민할 수 있다. 90점에는 미달했지만 성적이 급격하게 향상되었기 때문이다. 이런 관점을 제어공학에 적용하면 어떻게 될까? 목표값에 급격하게 접근해가므로 이제는 제어입력을 감소시켜야 출력의 오버슈트가 발생하지 않을 것이다. 이런 관점에서 한 샘플링 간격의 변화 또는 유사한 의미로서 오차의 미분이득을 적용하면 오버슈트를 방지할 수 있다. 철수의 경우 목표점수에는 약간 미달했지만 과도한 벌을 받지 않거나 격려를 통해 더 노력함으로써 성적 향상이 가능할 것이다. 이러한 미분이득을 제어법칙에 반영하면 어떨까? 센서 출력의 미분항을 제어에 이용하면 이론적으로는 좋은 효과를 볼 수 있겠으나, 공학적으로는 센서 출력에 포함되는 미세 잡음의 영향으로 미분값이 큰 값으로 나타나며 실제로 사용될 피드백 제어항으로서의 가치가 없어진다. 그러므로 센서 출력의 미분보다는 샘플링값 간의 변화를 반영하는 것이 필요하며, 이 경우 잡음의 영향을 최소화하기 위해 적절한 필터링이 필요하다. 움직이는 물체의 제어를 위해 갭 센서 proximity sensor와 가속도계 accelerometer를 같이 사용하는 경우가 많은데 수학적으로는 가속도의 적분과 거리의 미분이 같아야 하지 않을까? 그러나 공학적으로는 많은 차이가 발생한다. 센서 신호의 미분값을 직접 사용할 경우 잡음에 취약한 문제가 있으므로 적절한 대역의 필터링 기법을 사용해야 한다. 일반적으로 미분제어기가 필요한 경우 리드보상기^{lead} ^{compensator}가 많이 사용된다.

■ 상태 피드백 제어

철수의 성적이 잘 오르지 않을 때 상과 벌을 강화하는 것만으로는 소기의 목적을 달성하지 못할 수 있으며 거기에는 다양한 이유가 있을 수 있다. 예를 들어 철수의 건강이 안 좋아졌다면? 또는 철수가 교우 관계나 이성 친구와의 문제로 학업에 집중할 수 없다면? 집에 다른 문제가 있다면? 이러한 요소들은 철수의 수학 성적 향상이라는 목적을 이루는 데 영향을 준다. 노련한 부모나 선생님이라면 철수의 문제가 무엇인지 또는 주변 환경에 어떤 문제가 있는지 잘 관찰해서 해결해줄 것이며, 이는 철수의 학업목표를 달성하는 데 효과적인 방법이 될 것이다. 즉 철수의 수학 점수를 올리는 것이 제어의 목적인 경우, 점수만 피드백 요소로 사용하는 것은 출력 피드백 제어다. 반면에 철수에게 영향을 주는 다양한 상태(예를 들면 건강, 심리, 가정 상황, 교우 관계, 기타 고민 등)를 측정하거나 고려하여 공부를 지도한다면 더 효과적으로 철수의 성적을 올릴 수 있을 것이다. 이러한 방식을 제어공학에서는 전상태 피드백 제어$^{\text{state feedback control}}$라고 한다. 모든 상태를 측정할 수 없을 경우 이를 대체하는 방법으로 상태관측이나 상태추정 등을 할 수 있다. 공학적인 제어 대상 플랜트에 대해서도 마찬가지다. 제어 대상 플랜트가 전동기일 경우, 전동기의 속도가 느리다고 해서 속도 오차신호에 의해 전압을 변화시키는 것만으로는 최고의 성능을 내기 쉽지 않다. 더 나은 제어를 위해 전동기의 토크, 속도, 전류, 전압, 주파수 등 모든 내부 상태를 측정하거나 계산하여 추정함으로써 속도와 토크를 같이 제어하면서 원하는 속도에 도달하도록 할 수 있다. 최종 목표는 속도지만 제어를 위해 전압, 전류, 속도, 토크 및 주파수 등 다른 내부 상태를 측정해서 제어시스템을 구성하면 이것이 상태 피드백 제어기가 되는 것이다. 당연히 잘 설계하면 훨씬 좋은 성능이 나올 것이다.

■ 가관측성과 가제어성

0.4.3절에서는 가관측성과 가제어성을 수식으로 설명할 텐데, 그 전에 먼저 철수의 예를 통해 간단히 살펴보자. 상금을 아무리 많이 높여도 철수가 공부하려고 하지 않고, 회초리를 아무리 많이 들어도 공부하지 않거나 성적에 변화가 없다면 '철수는 제어되지 않는다.'라고 생각하고 공학적으로 가제어성이 없는 것으로 생각하기 쉽다. 하지만 이는 잘못된 표현이다. 정확히 설명하면 '철수는 상금과 매로는 제어할 수 없는 아이'일 뿐이다. 이를 공학적으로 정확히 표현하면 '철수의 수학 성적 올리기 과제에서 상금과 회초리를 제어입력으로 모델링하면 이 모델은 제어가 되지 않는다. 즉 가제어성이 없는 모델이다.'가 된다. **가제어성이나 가관측성은 제어 대상에 대한 평가가 아니라 제어 대상의 모델에 대한 평가다.** 철수의 수학 성적을 올리는 과제에서 출력은 수학 점수로 하지만 철수의 내적 상태인 공부하려는 의지, 교우 관계, 건강상태 등 모든 영향 요소를 측정하여 모든 요소를 피드백 제어한다면 당연히 좋은 결과가 만들어질 것이다.

이상으로 철수의 수학 성적을 예로 들어 제어공학에서 다뤄지는 이슈들에 대해 간단히 살펴봤다.

SECTION 0.3 신호와 시스템 이해하기

입력신호와 출력신호에는 제어 대상 시스템의 정보가 들어 있다. 제어입력이 어떤 것인가에 따라 출력에 포함되는 대상 시스템의 정보가 많을 수도 있고 적을 수도 있다. 또한 시스템의 다양한 내부 상태를 측정하기 위해 더 많은 종류의 센서를 설치할 수도 있다. 예를 들면 전동기의 토크와 속도를 제어하기 위해 전동기의 전류와 전압, 자속 등을 측정할 수 있다. 기본적으로는 입력과 출력신호를 이용해 내부 상태를 파악하고자 하며, 그 외에 추가적인 센서를 이용하여 내부 상태에 대해 좀 더 정확한 정보를 얻을 수 있다. 제어공학의 기본은 입력과 출력신호에서 대상 시스템의 정보를 파악하는 것으로부터 시작된다.

일상생활에서 접하는 음파나 전파, 시각 신호는 모두 시간영역의 신호로 나타나며, 그 안에는 '주파수'라는 것이 숨어 있다. 여기에는 가청주파수, 가시광선 등 인간이 듣거나 볼 수 있는 주파수 대역의 신호가 있고, 초음파와 자외선, 적외선 등 인간이 듣거나 볼 수 없는 주파수 대역의 신호도 있다. 제어공학에서의 설계나 모델링 및 해석에도 주파수 대역의 의미와 변환이 많이 이용된다. 여기서는 신호에 대한 시간영역과 주파수 대역의 이해와 변환, 제어시스템 설계에서 활용하기 위한 기본 이론에 대해 소개한다.

0.3.1 신호에 대한 이해

제어공학에서 필연적으로 등장하는 주파수 대역을 이해하기 위해 음파를 표시하는 방법에 대해 알아본다. 공학적으로 신호(예를 들면 음파)는 보통 시간 대역의 그래프로 표시한다. [그림 0-3]은 시간 대역의 신호를 표시한 것이다.

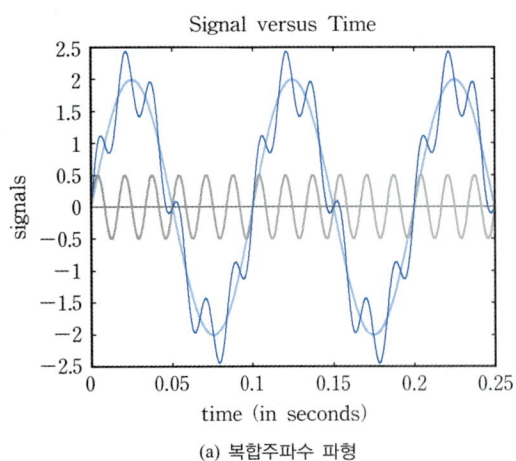
(a) 복합주파수 파형

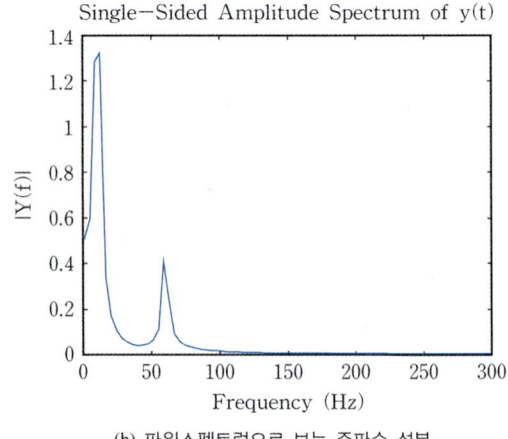
(b) 파워스펙트럼으로 보는 주파수 성분

[그림 0-3] 복합주파수 파형과 파워스펙트럼 주파수 성분 표시

[그림 0-3(b)]의 그래프는 식 (0.1)로 표시되는 함수를 나타낸다. 식 (0.1)의 y는 주파수가 w_1이고 진폭이 k_1인 정현파와 주파수가 w_2이며 진폭이 k_2인 두 개 신호의 합성신호이다. [그림 0-3(a)]는 세 개의 파형을 나타낸다. 세 개의 파형은 두 개의 정현파 신호와 그 합성신호인 $y(t)$를 나타낸다.

$$y(t) = k_1 \sin(w_1 t) + k_2 \sin(w_2 t) \tag{0.1}$$

[그림 0-3(a)]는 $k_1 = 2$, $w_1 = 20\pi$인 주파수 10Hz의 파형, $k_2 = 0.5$, $w_2 = 120\pi$인 주파수 60Hz의 파형, 그리고 두 파형이 합쳐진 파형을 보여준다. $y(t)$의 파형이 가장 높은 피크를 나타낸다. [그림 0-3(a)]에서 시간 축의 길이가 0.25초임에 주목하자. 이는 0.25초 이후에는 파형이 없으므로 $t = 0.25$초인 순간에 어떤 주파수 성분이 있는지 알 수 없다는 의미로 이해해야 한다. 즉 [그림 0-3(a)]의 파형이 $t = \infty$까지 지속된다면 그 파형의 주파수는 10Hz와 60Hz 성분만 있는 것으로 이해할 수 있다는 의미다.

[그림 0-3(b)]는 [그림 0-3(a)]의 파형을 파워스펙트럼으로 표시한 주파수 성분이다. 식 (0.1)의 파형을 주파수 대역에서 표현하는 것이므로 [그림 0-3(b)]는 w_1, w_2, 즉 10Hz와 60Hz의 성분만 가진 피크값으로 나와야 한다고 생각하기 쉽다. 그러나 [그림 0-3(b)]는 10Hz, 60Hz 이외의 성분들을 모두 포함하는 연속형 그래프로 나타난다. 왜 이런 현상이 발생할까? 이는 [그림 0-3(a)]의 파형이 시간 [0~0.25초] 구간만 존재하고, 그 이후 및 그 이전의 신호는 어떤 신호인지에 대한 정보가 없기 때문이다. [그림 0-3(a)]가 무한대의 구간에서 계속 반복되는 신호면 파워스펙트럼은 w_1, w_2의 주파수에서만 피크값으로 나타난다. 그러나 [그림 0-3(a)]는 [0~0.25초]의 구간만 존재하는 신호이므로 양 끝 부분에 있을 수 있는 다양한 주파수의 신호가 있는 것으로 환산된 것이다.

여기서 기억해야 할 사항은, 식 (0.1)로 나타나는 파형의 경우 시간 축에서는 [그림 0-3(a)]와 같이 표시하고 주파수 대역에서는 [그림 0-3(b)]와 같이 표시할 수 있으며, 이 두 가지 그림은 같은 것을 나타낸다는 것이다. 즉 공학적 신호식별 및 표시에는 최소한 두 가지 방법이 있을 수 있음을 보여준다.

같은 신호를 시간 영역에서 [그림 0-3(a)]처럼 나타낼 수도 있고, 주파수 영역에서 [그림 0-3(b)]처럼 표시할 수도 있다. 비전문가라면 시간 대역의 파형에 훨씬 친숙하고 기기를 통해 본 파형도 시간 대역 신호인 경우가 대부분일 것이다. 오디오 시스템의 예를 들어보자.

오디오의 이퀄라이저는 음파신호에서 특정 주파수 대역을 강화하거나 약화시키는 기능을 통해 사용자가 선호하는 음역이 강화된 음악을 선택할 수 있도록 하는 장치이다. 이는 음파신호가 다단계 필터링을 통해 선호하는 음역이 강조되도록 하는 것으로 저주파 필터, 고주파 필터 또는 대역 필터를 통해 구현된다. 제어공학에서는 센서를 거친 신호에 포함될 수 있는 잡음의 영향을 줄이기 위해 잡음의 주파수 대역을 제거하는 필터링을 실행한다. 시간 대역의 신호는 주파수 대역의 정보를 포함하는데 이는 필터를 이용해 주파수 대역의 성분을 조절할 수 있다는 의미이며, 이것은 신호를 사용하는 음향공학뿐 아니라 제어공학에서도 아주 중요한 기술 중 하나다.

0.3.2 라플라스 변환과 푸리에 변환

라플라스 변환과 푸리에 변환은 모두 적분을 이용하는 변환이라는 공통점이 있다. 그리고 그 형태도 매우 유사한데, 잘 관찰해보면 푸리에 변환은 라플라스 변환의 특수한 경우에 해당한다는 것을 알 수 있다.

■ 푸리에 급수와 그 의미

푸리에 변환을 이해하기 위해 먼저 푸리에 급수를 복습해보자. 푸리에 급수는 주기적 신호를 직류 성분과 주기의 배수 주파수를 갖는 정현파(sine) 및 여현파(cosine)의 합으로 표시한다. 정현파와 여현파는 주파수가 다를 때 공통 주기에서 두 파의 곱의 정적분이 0^{zero}로 된다는 특성을 이용하여 푸리에 급수에서 정현파와 여현파로 구분한다. 이러한 개념은 공간벡터에서 내적$^{inner\ product}$을 구하는 것과 같은 원리이다. 신호(함수)에서는 두 신호(함수)의 곱을 공통 주기 동안 정적분하는 것이 신호의 내적이 된다.

푸리에 급수의 원리는 다음과 같은 벡터의 내적 원리에서 유도된다.

벡터의 내적 원리

$\vec{a} = (a_1,\ a_2)$, $\vec{b} = (b_1,\ b_2)$라고 하면

$$\begin{aligned}\vec{a} \cdot \vec{b} &= a_1 b_1 + a_2 b_2 \\ &= \sqrt{(a_1^2 + a_2^2)(b_1^2 + b_2^2)} \cdot \cos(\theta)\end{aligned}$$

이다. 여기서 θ는 $\vec{a}$와 $\vec{b}$가 이루는 각도이다.

$\vec{a} = (a_1,\ a_2)$의 x축 방향 성분인 a_1은 다음과 같이 구할 수 있다.

$$\vec{a} \cdot (1,\ 0) = (a_1,\ a_2) \cdot (1,\ 0) = a_1$$

즉 $\vec{a}$의 x축 방향 성분은 $\vec{a}$와 x축 벡터의 내적을 구하면 알 수 있다.

신호 $f(t)$에서 정현파, 여현파의 각종 주파수별 성분을 파악하는 방법도 벡터의 내적 원리와 같으며 다음 설명에서 명확히 알 수 있다.

주기신호 $f(t)$와 $g(t)$의 내적은 다음과 같이 정의한다.

$$f(t) \cdot g(t) = \frac{1}{T}\int_0^T f(t)g(t)\,dt, \quad T\text{는 신호 } f(t),\ g(t)\text{의 공통 주기}$$

이 식에서 '임의의 주기적 신호 $f(t)$에서 정현파 및 여현파의 성분을 추출하는 계산 방법'을 유도할 수 있다.

임의의 신호 $f(t)$가 $f(t) = k_1\sin(t) + k_2\sin(2t) + k_3\sin(3t)$라고 가정하면,

$$\int_0^T (\sin mt)(\sin nt)\,dt = 0\,(m \neq n\text{일 때})$$이므로 다음과 같이 된다.

$$\frac{1}{2\pi}\int_0^{2\pi} f(t)(\sin t)\,dt = \frac{1}{T}\int_0^T k_1(\sin t)(\sin t)\,dt$$

$f(t) = l_1\cos(t) + l_2\cos(2t) + l_3\cos(3t)$를 가정하는 경우에도 다음과 같이 된다.

$$\int_0^T (\cos mt)(\cos nt)\,dt = 0\,(m \neq n\text{일 때})$$

$$\int_0^T \sin(mt)\cos(nt)\,dt = 0\,(\text{모든 } m,\ n\text{에 대해})$$

이는 주파수가 다른 삼각함수의 공통주기 정적분은 0이 되며, 이는 공간벡터에서 서로 직교하는 벡터의 내적이 0이 되는 것과 같다는 의미다. 그러므로 공간에서 직교하는 축(예를 들면 x, y, z축)을 정의할 수 있듯이 함수 공간에서 주파수가 다른 정현파 및 여현파는 함수적으로 직교^{orthogonal}하는 특성이 있으며, 공간에서 x, y, z가 서로 독립인 세 개의 축을 이루듯이 주파수가 다른 정현파 및 여현파 신호들도 서로 독립인 요소인 축을 이룬다. 이러한 수학적 특성이 임의의 주기신호를 정현파와 여현파의 조합으로 분해하여 표시할 수 있는 근거가 된다.

임의의 주기신호 $f(t)$를 $f(t) = a_0 + \sum_{n=1}^{\infty}(a_n\cos nw_0t + b_n\sin nw_0t)$로 분해하면, 각각의 주파수 성분의 계수들인 a_n, b_n들은 다음과 같이 표시된다. 여기서 a_0는 직류성분이다.

$$a_n = \frac{2}{T}\int_0^T f(t)\cos nw_0 t\,dt$$

$$b_n = \frac{2}{T}\int_0^T f(t)\sin nw_0 t\,dt$$

이 식의 의미는 어떤 주기적 신호에 특정주파수의 정현파나 여현파를 곱해 주기 동안 적분하면 곱해진 특정주파수 성분의 평균에너지(진폭과 유사)만 나온다는 것이다. 다른 의미로는 임의의 주기적 신호에서 특정주파수 성분의 정현파나 여현파를 알기 위해서는 그 주파수의 정현파나 여현파를 곱해 한 주기 동안 정적분하면 된다는 것이다. 즉 특정주파수 정현파를 곱해 정적분하는 물리적 의미는 주어진 신호에서 특정주파수 성분만 골라내는 것과 같다. 이는 전기회로에서 주파수가 같은 전압과 전류만 유효전력을 소비 또는 발생시키며, 다른 주파수의 전압과 전류는 유효전력이 되지 못하는 것과 같은 개념이다.

[그림 0-4]는 푸리에 변환의 예를 잘 보여준다. 푸리에 변환을 통해 주기신호를 각각의 주파수 성분의 파형으로 분해한 것이다. 굵은 색으로 나타나는 주기신호를 여러 주파수 성분의 파형으로 분해한 것이며, 이 예의 파형은 무한대의 주파수 성분 요소 파형으로 나뉠 것이다.

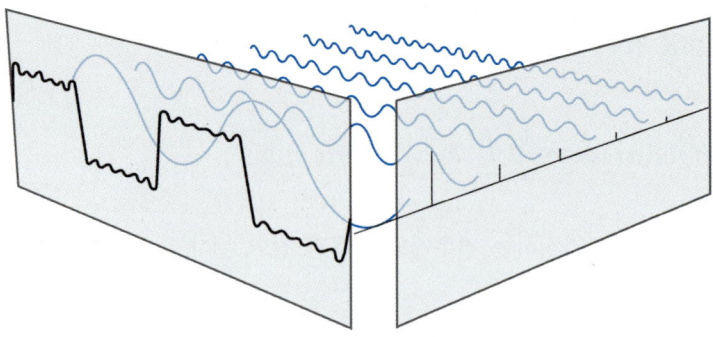

[그림 0-4] 입체로 표현한 푸리에 급수 분해(출처: 위키피디아)

[그림 0-4]에서 맨 앞에 있는 구형파와 비슷한 파형이 주어진 신호라고 할 때, 이를 각각의 주파수 성분으로 분해하여 그린 것이 파란색 파형이며 이는 삼각함수의 파형으로 뒤로 갈수록, 즉 주파수가 커질수록 진폭이 점점 작아진다. 이 고조파의 차수를 늘리면 늘릴수록 원래 파형과 매우 가까운 파형을 만들 수 있다.

■ 푸리에 변환과 라플라스 변환의 관계

푸리에 급수를 일반식으로 표시하는 것이 푸리에 변환이라고 할 수 있다. 가장 큰 차이는 **푸리에 급수가 주기신호를 기본 주기와 그 고조파 성분의 조합으로 분석하는 것에 반해 푸리에 변환은 비주기신호에 대해서도 적용할 수 있는 방법**이라는 것이다.

시간함수 $f(t)$를 푸리에 변환하는 것을 다음과 같이 정의한다.

$$F[f(t)] = \int_{-\infty}^{+\infty} e^{-jwt} f(t) dt = F(w)$$

이 식은 오일러의 정리에 의해 다음과 같이 나타낼 수 있다.

$$e^{-jwt} = \cos wt - j\sin wt$$

푸리에 변환이 가능하기 위한 조건은 다음과 같다.

$$\int_{-\infty}^{+\infty} |f(t)| dt < \infty \tag{0.2}$$

푸리에 역변환에 의해 $f(t)$를 구하는 공식은 다음과 같다.

$$f(t) = \frac{1}{2\pi} \int_{-\infty}^{+\infty} F(w) e^{jwt} dw$$

라플라스 변환은 다음과 같이 정의한다.

$$L[f(t)] = \int_0^\infty e^{-st} f(t)\, dt$$

여기서 $s = \sigma + jw$인 복소수다. 그러므로 푸리에 변환은 라플라스 변환의 $s = \sigma + jw$에서 $\sigma = 0$인 특수한 경우에 해당한다. 그리고 푸리에 변환 결과는 jw의 함수이므로 복소표시법으로 다음과 같이 나타낼 수 있다.

$$F(w) = |F(w)| e^{j\angle F(w)}$$

이 식은 복소수를 크기와 위상으로 표현한 것이며, 이렇게 표시되는 함수는 각각의 주파수에서의 크기와 위상을 나타낸다. 그러므로 **푸리에 변환은 시간 신호에서 주파수별 진폭과 위상의 정보를 알려주는 변환**으로 이해할 수 있다.

오디오 시스템에서 이퀄라이저가 보여주는 주파수별 진폭의 크기는 음파의 푸리에 변환 결과라고 이해하면 된다. 푸리에 변환은 음파, 전파, 컴퓨터 비전 등의 영상처리 기술에 많이 사용되며 푸리에 변환을 컴퓨터로 풀기 위해 이산푸리에 변환(DFT)$^{\text{Discrete Fourier Transform}}$ 및 고속 푸리에 연산(FFT)$^{\text{Fast Fourier Transform}}$으로 진화했다.

푸리에 변환은 신호를 분석하는 데 가장 효과적이므로 분석을 토대로 신호를 재생하는 데 쓰일 수 있으며 따라서 음성, 전파 및 영상신호 처리에 효과적으로 사용된다. 반면에 라플라스 변환은 단위계단 입력, 임펄스 함수 및 각종 함수의 변환과 함께 미분방정식의 해를 구하는 데 효과적이므로 제어공학에서 안정도 해석과 동특성 해석에 사용되는 변환기법이다.

라플라스 변환은 시간함수 또는 미분방정식으로 나타나는 동적 시스템을 주파수 대역의 함수로 변환함으로써 직접 시간 대역에서 푸는 것이 쉽지 않은 시간함수와 동적 시스템의 문제를 주파수 대역의 함수로 변환하고 적절한 조작(풀이 방법)을 통해 주파수 대역의 해를 구하며 라플라스 역변환을 통해 시간 대역에서의 해를 구하는 방법론이다.

그러므로 푸리에 변환이나 라플라스 변환은 모두 그 자체가 목적이 아니다. 푸리에 변환은 신호 분석 및 신호 재생을 효과적으로 수행하기 위해 사용되는 방법론이며 라플라스 변환은 제어공학에서 시스템의 해석과 설계를 위해 사용되는 효과적인 방법론인 것이다.

푸리에 변환과 라플라스 변환의 차이는, 푸리에 변환이 가능하기 위해서는 함수가 일정 조건(식 (0.2))을 만족해야 하는 데 비해, 라플라스 변환은 지수함수적으로 발산하지 않는 경우, 즉 거의 모든 함수에 대해 적용이 가능하다는 것이다. 이는 매우 중요한 차이며 제어공학에서 많이 사용하는 **단위계단 입력의 푸리에 변환은 존재하지 않지만 라플라스 변환은 존재한다**는 것이다. 일반적인 제어입력 $u(t)$는 식 (0.2)를 만족시키지 않지만, $u(t)$가 지수함수적으로 발산하는 함수가 아니면 라플라스 변환이 가능하다.

요약하면, 푸리에 변환은 신호의 분석과 재생을 위해 효과적으로 활용되며 라플라스 변환은 일반적인 형태의 제어입력과 출력에 대한 변환이 가능하므로 제어공학에 효과적으로 활용된다.

0.3.3 제어입력 동작기, 센서와 공칭모델의 유효성

통상적으로 사용하는 제어시스템에서는 용도에 맞는 센서를 선정한다. 예를 들면 전동기의 속도를 제어하기 위해 속도를 측정하는 센서를 설치하고, 배터리 충전전압을 제어하기 위해 배터리 전압을 측정하며 충전한다. 그러나 좀 더 거대한 시스템이나 복잡계에서는 그렇지 못한 경우가 많다. 제어공학의 이론은 일반적인 경우 제어 대상을 수학적으로 표현하는 모델링 과정을 거쳐 수학적 또는 공학적인 해를 구해야 하는데 적합한 해가 존재하지 않거나 해를 구하는 것이 어려운 경우가 많기 때문이다.

■ 센서의 유효성과 제어효과

사람의 건강을 모니터링하고 진단하기 위해 혈압과 혈당을 스마트워치로 진단한다고 하자. 거대 복잡 시스템에 설치된 센서로 모든 내부 상태를 진단 모니터링할 수 없는 경우는 흡사 암이나 백혈병, 정신병 계열을 스마트워치의 혈압과 혈당 측정만으로 진단할 수 없는 것과 같다. 거대복잡계를 제어하기 위해 설치한 센서가 원래의 목적을 달성하기 위한 변수의 정보를 효과적으로 제공하지 못하는 경우가 있을 수 있다는 의미다. 국민의 행복지수를 올리기 위한 성과 측정용 센서로 국민소득을 측정할 것인가? 국민소득의 분배율을 측정할 것인가? 아니면 문화적 만족도를 측정할 것인가? 어느 것도 아닐 수 있고 시대에 따라 달라질 수도 있다. 복잡계에서는 우리가 목표로 하는 값을 측정하기 어렵고 외형으로 나타나는 값만 측정할 수 있는 경우도 있으며 이를 통해 목표로 하는 변수를 추정 estimation할 수 있는 경우도 있고 추정할 수 없는 경우도 있다. 또한 계측한 값과 선정된 제어수단으로 목표 변수를 제어할 수 있는 경우도 있고 제어할 수 없는 경우도 있다. 이런 문제는 제어공학에서도 가장 근본적인 문제에 해당한다.

앞에서와 같은 관점에서 제어 수단인 입력 동작기와 설치된 센서의 출력으로 제어하고자 하는 목표를 추정 또는 관찰 가능한 시스템을 가관측시스템 obsevable system이라고 부르며 이 시스템은 가관측성 observability[1]이 있다고 표현한다. 경제수준(소득, 분배 등)은 측정이 가능하지만 국민들이 그때그때 느끼는 행복지수는 달라질 수 있고 어떤 측정과 정책이 국민의 행복도를 측정하고 올릴 수 있는지는 어려운 문제이므로, 행복도의 경우 가관측성과 가제어성 판별이 애매하다. 제어수단인 입력장치로 대상 시스템의 제어하고자 하는 변수를 원하는 상태로 제어할 수 있는 시스템을 가제어시스템 controllable system이라고 하며 이런 시스템을 가제어성 controllability[2]이 있다고 표현한다.

배가 아픈 사람을 치료하기 위해 소화제를 주었는데 배가 아픈 원인이 소화불량이 아닌 세균성 장염이었다면 치료되지 않는다. 즉 이 경우 소화제를 입력이라고 했을 때, 환자의 배가 아픈 병은 제어(치료)되지 않는다. 이를 수학적으로 모델링하면 입력은 소화제의 양이며 대상 시스템은 장염에 걸린 환자라 할 수 있고 이는 가제어성이 없는 시스템, 즉 제어할 수 없는 시스템이 된다. 이런 경우 입력을 다시 선정하고 그에 따른 동적 시스템 모델링을 다시 해야 한다. 가관측성과 가제어성의 수학적 의미는 0.4절에서 다룬다.

---

[1] 가관측성: 입력과 측정되는 출력으로부터 시스템 내부 상태를 알 수 있는 시스템 모델을 관측 가능한 시스템(모델)이라고 하며 이를 가관측성이 있다고 한다. 수학적 정의는 0.4.3절에서 다룬다.
[2] 가제어성: 입력으로 시스템 내부 상태를 모두 제어할 수 있는 시스템 모델을 제어 가능한 시스템(모델)이라고 하며 이를 가제어성이 있다고 한다. 수학적 정의는 0.4.3절에서 다룬다.

회사에서 직원에게 동기를 부여하여 최대한의 성과를 내도록 유도하기 위해 고액의 성과급을 약속했다고 가정하자. 경제적 부에 의미를 많이 두는 직원은 성과급으로 어느 정도 제어가 가능하지만, 경제적인 것에는 관심이 없고 자유시간과 가사분담이 더 중요하다고 생각하는 직원에게는 큰 효과를 내기 어려울 것이다. 즉 제어 대상에 따라서 유효한 제어수단이 달라진다는 것을 이해해야 한다. 이런 문제는 공학에서도 똑같이 발생하며 상황(부하 수준, 속도 범위, 요구 정밀도, 제어 목적 등)에 따라 달라질 수 있다.

사람의 말(출력)을 듣고 그 사람의 생각(상태)을 알 수 있으면 그 사람은 관측이 가능한 사람이고, 말(입력)로 그 사람의 생각을 바꿀 수 있으면 그 사람은 제어가 가능한 사람이다. 가족이나 교우 관계, 사업 파트너가 가관측성이면서 가제어성이면 매우 편안하고 믿을 수 있는 사회가 되는 것이다. 제어 대상 시스템도 가관측성, 가제어성이 되도록 해야 하며 이는 모델링과 적절한 센서에 달려 있다.

■ 작동기의 적절성에 대한 판단

제어입력 발생장치의 특성에 따른 제어효과를 알아보기 위해 상전도식 자기부상열차의 부상제어시스템을 예로 들어본다.

상전도식 자기부상 모델은 전자석의 흡인력을 이용하여 자기부상열차가 궤도와 일정 갭을 유지하도록 제어하는 기술이다. 당연히 전자석은 직류전압으로 전류를 공급해 자석의 세기, 즉 흡인력으로 갭을 조절한다. 어느 정해진 갭에서 중력과 전자석의 흡인력이 균형을 이루어 자기부상열차가 잘 떠 있는 부상상태라고 가정한다. 여기에 제어 방식이 적용되지 않고 일정 전류로 갭을 유지하고 있다고 생각해보자. 이 상태에서 약간의 외력이 작용하여 갭이 조금이라도 더 커지면 전자석의 흡인력은 더 작아지므로 자기부상열차는 떨어지고, 반대로 외력이 차를 올리는 방향으로 작용하면 갭이 더 작아지며 그 영향으로 흡인력은 더 강해지므로 차가 레일에 붙게 된다(흡인력은 거리의 제곱에 반비례함). 이 현상은 자기부상열차 시스템의 동작점이 항시 불안정한 상태라는 것을 의미한다(전동기의 경우 부하가 늘어나면 속도가 저하되면서 그 상태를 유지하는 것이 일반적인 특성이므로 부하의 변화에 따라 정상상태값이 옮겨진 상태에서 그 값을 유지하는 특성을 갖게 된다. 이 경우는 안정성을 갖고 있다고 한다). 그러므로 자기부상열차의 경우는 갭이 더 커지려고 하면 전류를 더 흘려줘야 하고, 갭이 더 작아지려고 하면 전류를 감소시켜야 한다. 이는 직류전동기에서 속도가 증가하면 직류전압을 내려주고, 속도가 감소하면 직류전압을 올려주는 방법의 제어와 같은 원리다.

그러나 여기에는 중요한 차이가 있다. 전동기의 경우는 부하가 늘어서 속도가 감소해도 감소된 속도에서 유지되는 안정성을 보이지만(개루프 안정 open-loop stable 특성), 자기부상열차의 부상제어의 경우에는 갭이 더 커지고 떨어지는 형태(개루프 불안정 open-loop unstable 특성)가 된다. 그러므로 자기부상열차의 부상제어가 전동기의 경우보다 더 빠른 속도로 전압을 올려주거나 내려줄 수 있는 특성이 요구된다. 따라서 개루프 안정성을 보이는 직류전동기 제어에서는 교류전압의 위상제어 컨버터(60Hz 제어)를 이용해서, 즉 1초에 60번 정도의 제어신호 변경으로도 제어가 가능하지만, 자기부상열차는 이런 위상제어 컨버터로 제어할 수 없다. $\frac{1}{60}$ 초 사이에 이미 떨어지든가 달라붙는 현상이 발생할 수도 있다. 수kHz 이상의 제어주파수를 가진 IGBT 초퍼chopper를 사용하여 1초에 수천 번 이상 전압을 제어해야 한다. 즉 제어시스템의 신호발생기 형태가 달라져야 함을 의미한다. 전동기 제어에서도 더 정밀한 제어를 위해 초퍼를 사용하기도 한다.

가관측성 및 가제어성은 제어 대상 시스템을 공칭모델로 모델링한 것에 대해 매트릭스 연산을 통해 수학적으로 가관측성과 가제어성을 판별하는 것이다. 그러므로 **가관측성이나 가제어성은 선정한 공칭모델에 대해 유효하며 제어 대상 시스템에 대한 것은 아니라는 것을 명심**해야 한다. 공칭모델이 제어 대상 시스템을 잘 모형화하지 못하면 공칭모델에 대한 가관측성이나 가제어성은 실제 제어 대상에 대해 의미가 없어진다. 가관측성과 가제어성의 수학적 판별 방법은 0.4절에서 설명한다.

■ 공칭모델의 적절성

제어공학은 제어 대상 시스템을 수학적으로 모형화한 공칭모델에 대해 수학적으로 그 해를 구하고 공학적으로 구현하는 과정이다. 그러므로 구해진 해(제어법칙)는 수학적 모델인 공칭모델에 잘 맞는 해가 된다. 그러므로 제어설계가 실제 제어 대상 시스템에서 잘 동작하느냐는 수학적 모델이 실제 대상 시스템을 매우 잘 모델링했거나, 수학적 모델과 제어 대상 시스템의 특성이 어느 정도 다른 부분이 있더라도 제어법칙이 좋은 성능을 낼 수 있도록 설계되었는가의 문제가 된다. 수학적 모델링 방법은 기본적으로 시스템의 동적 특성^{dynamics}에 근거한 미분방정식으로부터 유도되며, 비선형성이 있는 시스템의 경우 가장 많이 사용되는 운용점$^{nominal\ point}$에서 선형화 작업을 통해 선형미분방정식의 형태로 유도한다. 여기서 선형화 오차가 발생하는 부분이 상대적으로 큰 경우 제어기의 강인성^{robustness}이 요구되는데, 이는 현대제어 이론의 영역이며 0.8절에서 간략하게 설명한다.

SECTION 0.4 제어 대상의 모델링

제어 대상의 동적 특성^{dynamics}을 미분방정식으로 표시한 후 이를 풀이할 경우 라플라스 변환$^{Laplace\ transform}$을 이용해 푸는 방법(주파수 영역)과 상태공간표시법$^{state\ space\ model}$을 이용해 푸는 방법 두 가지가 있다. 두 방법은 결국 같은 해^{solution}를 제공하므로 용도에 따라 해를 구하는 방법을 선택하면 된다.

제어기 설계 시 잡음^{noise} 영향을 최소화하거나 공진주파수 등의 특정 대역 회피를 위해 사용되는 필터^{filter}를 설계하기 위해서는 주파수 대역의 신호 분석을 이해해야 한다. 기본적인 제어기 설계법에는 이득여유$^{gain\ margin}$ 및 위상여유$^{phase\ margin}$ 분석, 안정도 해석을 위한 보드^{bode} 선도, 나이퀴스트^{Nyquist} 안정도 판별법, 니콜스^{Nichols} 선도, 근궤적법$^{root-locus}$ 등이 사용되는데, 이 경우에도 주파수 대역에 대한 이해가 필수적이다. 그러나 최근에는 MATLAB 등의 제어기 설계/해석 소프트웨어 툴이 발전함에 따라 복잡한 해석 과정을 간단히 처리할 수도 있다. 제어시스템 설계 외에 10장의 기기검증에서도 주파수 대역에 대한 이해가 필요하다.

제어법칙의 설계는 수학적으로 이루어진다. 제어 대상을 수학적으로 표현하고, 여기에 피드백 제어기를 붙인 수학적 모델의 특성을 해석함으로써 이루어지는 것이다. 또한 자동제어를 위한 대상 시스템은 동적 시스템$^{dynamic\ system}$이므로 미분방정식으로 표현되는 관계다. 따라서 제어공학의 기본 수학 지식으로는 선형미분방정식과 그 해법으로 라플라스 변환이 필요하며, 이를 다른 방식으로 표현하는 방법으로 상태공간표시법$^{state\ space\ model}$이 많이 사용된다.

RLC 회로를 이용하여 라플라스변환과 상태공간표시법 모델링 방법을 전개해본다. RLC 회로는 전기공학에서 기본적인 소자이며 기계 동역학에서 사용하는 스프링, 댐퍼의 모델과 완전 등가관계가 성립하므로 R, L, C 회로가 공학 전반에서 가장 일반적인 모형으로 사용된다.

0.4.1 전달함수 모델링

■ 1차 회로의 예

[그림 0-5]의 간단한 전기회로에 전압과 전류의 관계를 표시하고, 이를 수학적으로 어떻게 나타내고 제어공학 관점에서 표현할 수 있는지 살펴본다. [그림 0-5]에서 좌측은 직류 가변전원장치이며 저항을 통해 커패시터가 병렬로 연결되어 있다. 이 회로의 방정식은 다음과 같다.

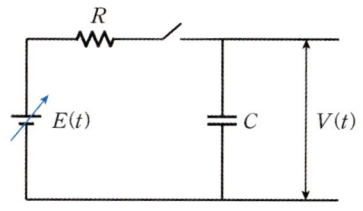

[그림 0-5] RC 1차 회로의 예

$$E(t) = Ri(t) + \frac{1}{C}\int_0^t i(t)dt$$

$$V(t) = \frac{1}{C}\int_0^t i(t)dt$$

여기서 $E(t)$를 입력, $V(t)$를 출력(제어하고자 하는 값)으로 생각하면 다음과 같이 전개할 수 있다.

$$u(t) = Ri(t) + \frac{1}{C}\int_0^t i(t)dt$$

$$y(t) = \frac{1}{C}\int_0^t i(t)dt$$

이 식의 풀이를 위해 라플라스 변환을 시도한다. 함수 $u(t)$의 라플라스 변환을 $U(s)$, 전류 $i(t)$의 라플라스 변환을 $I(s)$로 표시하면 $U(s) = L\{u(t)\} = \int_{0^+}^\infty u(t)e^{-st}dt$, $I(s) = L\{i(t)\} = \int_{0^+}^\infty i(t)e^{-st}dt$ 이므로 다음과 같이 전개할 수 있다.

$$Y(s) = \frac{1}{Cs}I(s), \quad U(s) = RI(s) + \frac{1}{Cs}I(s) = \left(R + \frac{1}{Cs}\right)I(s)$$

$$I(s) = \left(\frac{Cs}{RCs+1}\right)U(s) = CsY(s)$$

$$\therefore \frac{Y(s)}{U(s)} = \frac{1}{1+RCs}$$

RC는 RC 회로에서 시정수의 의미를 갖는다. 이를 T_c로 표시하면 다음과 같다.

$$\frac{Y(s)}{U(s)} = \frac{1}{T_c}\left(\frac{1}{s + \frac{1}{T_c}}\right)$$

$$\therefore Y(s) = \frac{1}{T_c}\left(\frac{1}{s + \frac{1}{T_c}}\right)U(s)$$

이 방정식은 가장 기본적인 $Y(s) = k\left(\frac{1}{s+k}\right)U(s)$, $k = \frac{1}{T_c}$의 형태가 된다. 여기서 입력 $u(t)$를 단위계단 입력으로 가정하면 $U(s) = \frac{1}{s}$이 되므로 다음과 같이 나타낼 수 있다.

$$Y(s) = k\left(\frac{1}{s+k}\right)\frac{1}{s} = \frac{1}{s} - \frac{1}{s+k}$$

$$\therefore y(t) = 1 - e^{-kt} \tag{0.3}$$

[그림 0-6]은 식 (0.3)에서 $k=1$일 때의 그림이다. 그리고 $Y(s) = k\left(\dfrac{1}{s+k}\right)U(s)$이므로

$$\frac{Y(s)}{U(s)} = \frac{k}{s+k} \qquad (0.4)$$

가 성립한다. 식 (0.4)의 의미는 출력 $y(t)$를 입력 $u(t)$의 함수로 표시할 수 있다는 의미이며, 이는 원하는 출력 $y(t)$를 얻기 위한 입력 $u(t)$가 존재한다는 의미이다.

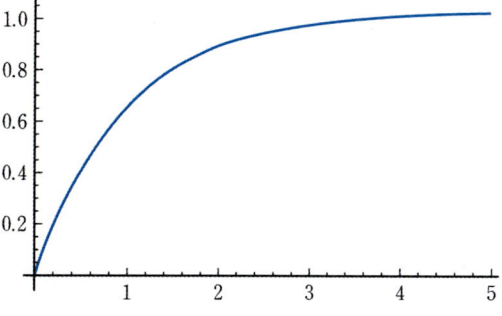

[그림 0-6] 식 (0.3)에서 $k=1$인 경우의 전압 파형

이 문제를 다음과 같이 제어공학의 입장에서 생각해보자.

식 (0.4)의 전달함수 $\dfrac{k}{s+k}$를 오픈 루프 전달함수라 하며 제어공학의 문제는 다음과 같이 귀결된다.

- 원하는 임의의 $y(t)$를 얻기 위한 입력 $u(t)$가 존재하는가?
- 존재한다면 출력 $y(t)$가 원하는 값이 되게 하기 위해 어떤 입력 $u(t)$를 인가해야 하는가?
- 앞의 $u(t)$를 발생시키기 위해서는 어떤 제어법칙을 사용해야 하는가?

[그림 0-7]은 기본적인 피드백 제어기의 형태다.

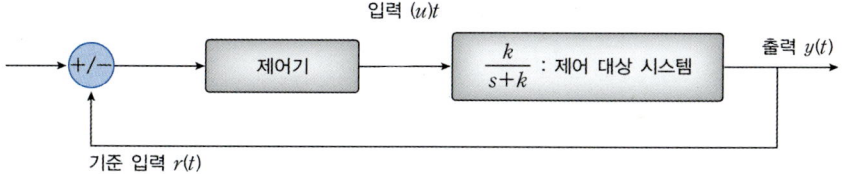

[그림 0-7] RC 1차 회로의 제어시스템

■ 2차 회로의 예

[그림 0-8]의 RLC 2차 회로를 라플라스 변환 방정식으로 나타내면 키르히호프의 법칙에 의해 다음 식과 같이 표현할 수 있다.

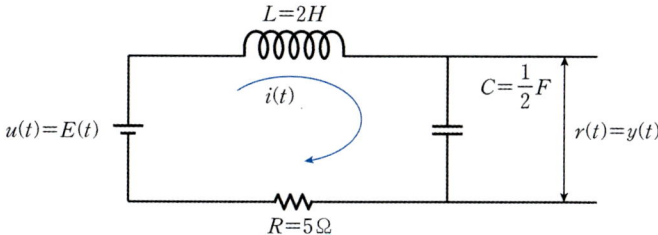

[그림 0-8] RLC 2차 회로

$$L\frac{di(t)}{dt} + \frac{1}{C}\int_0^t i(t)dt + Ri(t) = u(t) \qquad (0.5)$$

$$\frac{1}{C}\int_0^t i(t)dt = y(t) \qquad (0.6)$$

식 (0.5), 식 (0.6)에 R, L, C의 값을 대입하면 다음과 같다.

$$2\frac{di(t)}{dt} + 2\int_0^t i(t)dt + 5i(t) = u(t)$$

$$2\int_0^t i(t)dt = y(t)$$

초깃값 0을 가정하고 단위계단 입력을 인가하는 라플라스 변환을 하면 다음과 같이 된다.

$$2sI(s) + \frac{2}{s}I(s) + 5I(s) = U(s)$$

그러므로

$$\frac{I(s)}{U(s)} = \frac{s}{2s^2 + 5s + 2}$$

$$Y(s) = V(s) = \frac{1}{Cs}I(s)$$

$$I(s) = \frac{sV(s)}{2} = \frac{sY(s)}{2}$$

가 되며, 따라서 다음과 같이 구할 수 있다.

$$\frac{Y(s)}{U(s)} = \frac{2}{2s^2 + 5s + 2} \qquad (0.7)$$

입력 $u(t)$를 단위계단 입력으로 가정하면

$$U(s) = \frac{1}{s}$$

$$I(s)(2s^2 + 5s + 2) = 1$$

$$I(s) = \frac{1}{2s^2 + 5s + 2} = \frac{1}{(2s+1)(s+2)} = \frac{1}{3}\left(\frac{1}{s+0.5} - \frac{1}{s+2}\right)$$

이므로, 다음과 같이 된다.

$$i(t) = \frac{1}{3}(e^{-0.5t} - e^{-2t})$$

$$v(t) = 2\int_0^t i(t)\,dt$$

$$= \frac{1}{3}\left[-2e^{-0.5t} + \frac{1}{2}e^{-2t}\right]_0^t$$

$$= 1 - \frac{4}{3}e^{-0.5t} + \frac{1}{3}e^{-2t}$$

식 (0.7)을 전달함수로 표시하면 [그림 0-9]와 같아진다.

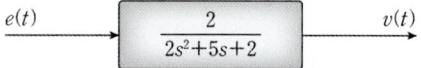

[그림 0-9] RLC 2차 회로의 전달함수 모형

[그림 0-10(a)]는 전류의 파형이고 (b)는 출력전압의 파형을 나타낸다. 전류는 초기에 C의 영향으로 급속하게 증가하지만 C가 충전됨에 따라 전류는 급감한다. 그 영향으로 C에 충전되는 전압은 일정 기울기에 가깝게 증가하다가 포화되는 형태로 서서히 증가한다.

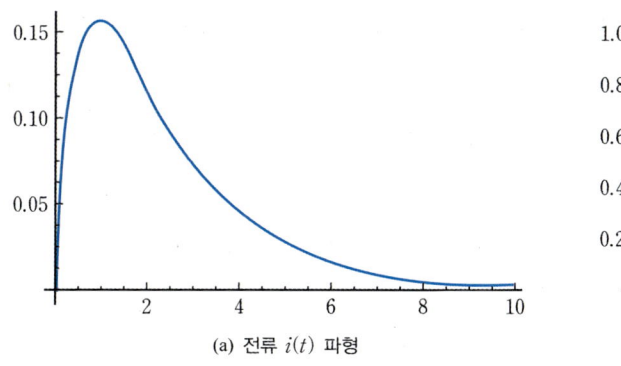
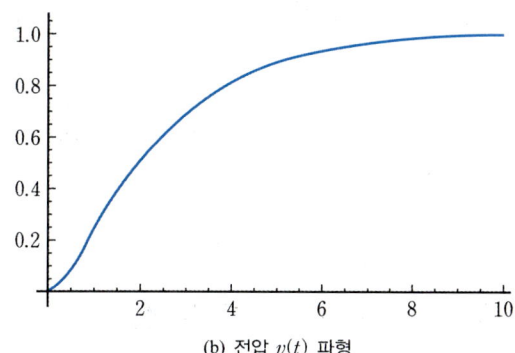

(a) 전류 $i(t)$ 파형   (b) 전압 $v(t)$ 파형

[그림 0-10] RLC 2차 회로의 전류 및 전압 파형

0.4.2 상태공간방정식 모델링

[그림 0-8]의 RLC 2차 회로를 상태공간방정식으로 표현해보자. 상태변수를 $x_1(t) = i(t)$, $x_2(t) = v(t) = y(t)$로 놓으면 미분방정식은 다음과 같다.

$$2\dot{x}_1 + x_2 + 5x_1 = u(t)$$
$$\dot{x}_2 = 2x_1$$

상태변수 x_1, x_2를 벡터로 하는 미분방정식으로 표현하면

$$\frac{d}{dt}\begin{pmatrix}x_1\\x_2\end{pmatrix} = \begin{bmatrix}-\frac{5}{2} & -\frac{1}{2}\\ 2 & 0\end{bmatrix}\begin{pmatrix}x_1\\x_2\end{pmatrix} + \begin{bmatrix}\frac{1}{2}\\ 0\end{bmatrix}u(t)$$

$$y(t) = \begin{bmatrix}0 & 1\end{bmatrix}\begin{bmatrix}x_1\\x_2\end{bmatrix}$$

이다. 이것을 일반화된 상태방정식으로 표시하면 다음과 같이 된다.

$$\dot{X} = AX + Bu$$
$$y = CX$$
$$A = \begin{bmatrix}-\frac{5}{2} & -\frac{1}{2}\\ 2 & 0\end{bmatrix},\ B = \begin{bmatrix}\frac{1}{2}\\ 0\end{bmatrix},\ C = \begin{bmatrix}0 & 1\end{bmatrix} \tag{0.8}$$

상태공간모델에서 전달함수를 구하는 방법은 $G(s) = C(sI-A)^{-1}B$ 이므로

$$G(s) = \begin{bmatrix}0 & 1\end{bmatrix}\begin{bmatrix}s+\frac{5}{2} & \frac{1}{2}\\ -2 & s\end{bmatrix}^{-1}\begin{bmatrix}\frac{1}{2}\\ 0\end{bmatrix} = \frac{2}{2s^2+5s+2}$$

가 된다. 이 전달함수 $G(s)$는 식 (0.7)에서 구한 $\frac{Y(s)}{U(s)} = \frac{2}{2s^2+5s+2}$ 와 같음을 알 수 있다.

상태공간모델링은 미분방정식으로부터 유도되며, 가관측성과 가제어성의 중요한 특성을 파악하는 데 유용하다. 가제어성은 현재 정의된 입력으로 대상 시스템의 내부 상태변수를 원하는 값으로 움직일 수 있는가의 문제이며, 가관측성은 현재의 입력과 출력으로 대상 시스템의 내부 상태를 알 수 있는가의 문제이다.

0.4.3 가관측성과 가제어성

가관측성과 가제어성은 제어법칙 설계 이전에 제어 가능성을 판별하기 위한 기초 작업이다. 이러한 판별법에 대한 수학적 방법을 설명한다.

■ 가관측성

가관측성은 상태공간방정식으로 표현된 모델에서 입력 $u(t)$와 출력 $y(t)$를 알면 모델의 내부 상태변수 벡터인 $X(t)$를 알 수 있는가를 의미한다. 수식으로는 출력과 상태에 관련된 행렬 C와 A의 관계에서 $y(t)$를 알면 $X(t)$를 알 수 있는가의 개념이다. 사람의 경우로 예를 들면 '사람과 대화했을 때 그 사람의 생각 상태를 알 수 있으면 그 사람은 대화로 생각이 관측 가능한 경우'이다. 예를 들어 [그림 0-8]의 상태방정식 $\dot{X} = AX + Bu$에서 A는 $[2\times 2]$ 행렬, B는 $[2\times 1]$ 행렬, C는 $[1\times 2]$ 행렬이라고 하자. 관측행렬 M_o를 다음과 같이 정의한다. n은 상태공간모델의 차수이다.

$$M_o = \begin{bmatrix}C^T \vdots A^T C^T \vdots \cdots \vdots A^{T_{n-1}}C^T\end{bmatrix}$$

그리고 행렬 M_o의 랭크[rank][3]가 n이면 이 모델은 관측가능 모델이라고 한다. M_o에 식 (0.8)을 대입하면 $A = \begin{bmatrix} -\frac{5}{2} & -\frac{1}{2} \\ 2 & 0 \end{bmatrix}$, $B = \begin{bmatrix} \frac{1}{2} \\ 0 \end{bmatrix}$, $C = \begin{bmatrix} 0 & 1 \end{bmatrix}$이므로 $A^T = \begin{bmatrix} -\frac{5}{2} & 2 \\ -\frac{1}{2} & 0 \end{bmatrix}$이고, 따라서 관측행렬 M_o는 다음과 같이 된다.

$$M_o = \begin{bmatrix} C^T : A^T C^T : \cdots : A^{T_{n-1}} C^T \end{bmatrix} = \begin{bmatrix} 0 & 2 \\ 1 & 0 \end{bmatrix}, \quad \text{즉 } M_o = \begin{bmatrix} 0 & 2 \\ 1 & 0 \end{bmatrix}$$

행렬 $M_o = \begin{bmatrix} 0 & 2 \\ 1 & 0 \end{bmatrix}$의 랭크는 2이다. 2차 상태방정식에서 가관측성 행렬의 랭크가 2이므로 이 모델은 가관측모델이며 가관측성이 있다고 말한다. 수학적으로 두 개의 미지 상태변수를 구하려면 두 개의 서로 독립인 연립방정식이 필요한데, 랭크 2라는 의미가 바로 두 개의 서로 독립인 방정식이 제공된다는 의미다. 이를 일반화하면 입력과 출력의 조합을 차수 n보다 많이 확보하고 수식을 세워 풀어가는 과정에서 가관측성 행렬의 랭크가 n이면, 상태변수 $X(t)$의 n개의 모든 상태를 관측할 수 있다는 개념이다. 수학적으로 표현하면 n개의 방정식이 서로 독립이면 유일한 해를 구할 수 있다는 뜻으로, 여기서는 **시스템 변수행렬 A와 출력행렬 C의 특성이 독립적인 연립방정식을 만들 수 있는 형태라면 상태변수 X를 알 수 있다는 의미다.** 이는 현대제어 이론에서 관측자[observer] 설계나 칼만 필터[Kalman Filter]를 설계하기 위한 기본 요소다. 선형연립방정식의 경우로 설명하면, 입력과 출력으로 구해지는 n개의 연립방정식으로부터 n개의 X 상태변수를 모두 구할 수 있는 경우는 A와 C로부터 만들어지는 가관측 행렬의 랭크가 n이 되는 것과 같으며 가관측모델이라고 한다. 가관측성은 시간 데이터 쌍으로서 입력과 출력을 알면 내부 상태 x를 구할 수 있다는 의미다.

가제어성이 없는 모델은 모델링이 잘못되었거나 출력 센서 설정이 잘못되었음을 의미하며 효과적인 제어법칙 설계가 매우 제한적이다. 그러므로 관측가능 모델이 아니면 센서의 종류(특성), 위치 등을 다시 설정하고 모델링해서 관측가능 모델을 확보해야 한다.

■ 가제어성

가제어성은 상태공간방정식으로 표현된 모델에서 입력 $u(t)$를 이용하여 미지수에 해당하는 내부 상태변수 벡터 $X(t)$를 원하는 값으로 조절할 수 있는가를 뜻한다. 이를 판정하는 데에는 시스템의 다이나믹스를 나타내는 행렬 A와 입력의 효과를 나타내는 입력 벡터 B의 관계가 핵심이다.

상태공간 방정식의 차수가 n인 모델에서 제어행렬 M_c를 다음과 같이 정의했을 때, M_c의 랭크가 n이면 입력 $u(t)$의 조정에 의해 내부 상태변수 $X(t)$의 n개의 상태를 모두 조절할 수 있다는 의미가 된다.

$$M_c = \begin{bmatrix} B : AB : \cdots : A^{n-1} B \end{bmatrix}$$

---

[3] 랭크(rank)는 행렬에서 행 또는 열의 벡터로 만들 수 있는 선형벡터공간의 차수를 의미한다. 예를 들어 3원1차 연립방정식을 세웠을 때 세 개의 미지수가 유일해로 찾아지는 경우를 세 개의 데이터 셋(즉 세 개의 연립방정식)들이 서로 독립이라고 하며, 이 방정식의 해는 결국 [3×3] 행렬의 역행렬을 구하는 것으로 풀 수 있다.

M_c의 랭크가 n이면 가제어성이 있는 것이며 n보다 작으면 가제어성이 없는 것이다.

가제어성이 없는 모델은 모델링이 잘못된 것이거나 제어입력의 형태나 주입 위치가 잘못된 것이다. 모델링을 다시 하고 입력 형태를 변경하지 않으면 제어가 불가능하다.

식 (0.8)을 이용하여 가제어행렬 M_c를 구하면 다음과 같다.

$$M_c = [\,B : AB : \cdots : A^{n-1}B\,] = \begin{bmatrix} \left(\dfrac{1}{2}\right) & \left(-\dfrac{5}{4}\right) \\ 0 & 1 \end{bmatrix}$$

그러므로 M_c의 랭크는 2이며, 앞의 회로모델은 가제어성이 있는 제어가능 모델이다.

가관측성과 가제어성은 표현된 모델이 관측 가능하거나 제어 가능하다는 의미이지, 그 원형인 제어 대상 시스템이 그렇다는 의미는 아닐 수 있다. 제어 모델의 가관측성이나 가제어성은 수학적 모델이 원래의 대상 시스템을 얼마나 근사하게 모델링하고 있는가의 문제와 별개의 문제다. 대부분의 제어공학 문제에서는 사용되는 모델이 제어 대상 시스템과 거의 일치하는 것으로 가정하고 문제를 해결해간다.

가관측성과 가제어성에 대한 예를 살펴보며 쉽게 이해해보자.

> **예시 1**
> 건강검진 시 혈압, 당뇨, 심폐 기능 등에 대해 매년 상세히 검사를 받지만 모든 병을 진단할 수 있는 것은 아니다. 이 예의 경우 진단 항목과 진단 장치가 '출력'이고, 이 출력으로 사람의 '내부 상태'인 건강을 모두 관찰할 수는 없다. 즉 센서의 기능과 그 설치 위치에 따라 모델링된 시스템의 내부 상태 관측 여부가 결정되며, 이는 시스템 행렬 A와 출력과 관련된 행렬 C의 관계에서 유도되는 관측행렬 M_o의 랭크에 의해 판정된다.

> **예시 2**
> 어떤 환자는 체중 감소가 심하여 음식 섭취량을 아무리 늘려도 효과가 없었다. 알고 보니 호르몬 문제였다면, 이 환자의 경우는 음식과 영양으로 체중을 조절하는 것이 불가능한 모델이다. 이 환자의 공학적 치료를 위한 모델링은 호르몬 관점에서 이뤄져야 하고, 음식 섭취량 제어가 동반되어야 한다. 가제어성을 판단하는 수학적 방법은 시스템 행렬 A와 입력 행렬 B의 관계에서 나오는 것이다.

반복해서 설명하지만, 가제어성과 가관측성의 판단은 대상 시스템에 대한 판단이 아니라 대상 시스템을 제어하기 위해 만든 모델에 대한 평가임을 이해해야 한다. 그러므로 가관측 시스템이나 가제어시스템으로 평가되지 않는 모델은 그 플랜트의 관측성이 없다거나 제어가 불가능하다는 의미가 아니라 모델링이 제대로 되지 않았거나 적절한 측정값이 선정되지 않은 경우 또는 제어수단이 적절하지 않은 것으로 보아야 하며, 모델링부터 새로 시작해야 한다는 의미다.

SECTION 0.5 이산신호의 시계열신호 처리 방법

시계열$^{\text{time series}}$ 형태로 표시되는 이산신호의 처리는 현대제어 이론의 시작점이 된다. 이산신호 시스템의 계수를 구하는 연산은 선형연립방정식의 해를 구하는 것과 같은 개념으로 미지수의 개수가 식의 개수, 즉 데이터 개수와 같으면 이는 n개의 미지수를 갖는 선형연립방정식이 서로 독립인 n개의 방정식이 있을 때 그 해를 구하는 것과 같은 문제가 된다. 서로 독립인 방정식의 개수가 n보다 작을 때는 유일한 해를 구할 수 없다. 예를 들면 두 점을 지나는 직선의 방정식은 하나로 결정되지만 두 점을 지나는 이차함수(포물선)는 무한개가 존재한다. n개의 점을 지나는 $(n-1)$차 함수를 구하는 문제는 n개의 점으로부터 구해지는 선형연립방정식에서 서로 독립인 방정식의 개수가 n인 경우 유일한 해가 주어지는 쉬운 경우다. 그러나 **공학에서 접하는 많은 경우는 $(n-1)$차 방정식의 n개의 계수를 구하는 문제에서 n개 이상의 무한개의 점이 주어지는 경우가 대부분이다.** 이 경우에는 모든 방정식을 만족하는 해가 존재하지 않는다. 이때 구하고자 하는 방정식의 해는 무한개의 점에 가장 잘 맞는(이 의미는 오차의 제곱이 최소 또는 '확률적으로 가장 유사한' 등의 의미로 쓰일 수 있다) 해를 구하는 방법이 사용된다.

어떻게 가장 유사한 해를 찾을 것인가? 더 근본적인 문제는 '**유사한**'의 개념이다. 여기서는 결정된 해와 주어진 데이터의 오차의 제곱합이 최소가 되는 **최소자승추정법(LSE)**$^{\text{Least Square Estimation}}$에 대해 설명한다. 최초 n개의 데이터에 의한 n개의 방정식으로 계수를 구할 수 있다. 그리고 방정식의 수가 늘어날 때마다(이는 새로운 데이터가 계속 생성된다는 의미로, 센서가 입력과 출력을 지속적으로 측정한다는 의미와도 같다) 유사한 해를 새로 구해야 하는데, 공학적으로 어떻게 연산량을 작게(이는 컴퓨터로 실시간 제어하기 위한 필수 조건이다)하면서 새로운 해를 구할 것인가? 이 문제의 해답은 **재귀 알고리즘**$^{\text{recursive algorithm}}$에 있다. 앞의 두 가지 개념인 최소자승추정법과 재귀 알고리즘이 결합된 **재귀적 최소자승추정법**$^{\text{Recursive Least Square Estimation}}$이 가장 일반적으로 쓰이며, 잡음의 통계적 특성에 따라 변형된 형태의 재귀적 최소자승추정법이 사용된다. 이것이 현대제어 및 추정, 신호분석 등의 시작점이다.

다음에는 이산신호로 변환하는 과정부터 간단한 재귀 알고리즘과 최소자승추정법에 대해 설명한다. 가장 유사한 식을 구하는 개념으로 최소자승법을 사용하는 경우는 잡음이 백색잡음으로 정규분포를 이룰 때이며, 그렇지 않은 경우에는 확률적 분포를 고려한 최대가능도추정법$^{\text{maximum likelihood estimation}}$을 사용하는데 여기서는 다루지 않는다.

0.5.1 이산신호로의 변환

시스템을 묘사하는 미분방정식으로부터 전달함수를 구하면 예를 들어 다음 식과 같이 일반 형태로 나타낼 수 있다.

$$\frac{Y(s)}{U(s)} = \frac{b_{a0}s^q + b_{a1}s^{q-1} + \cdots + b_{aq}}{a_{a0}s^p + a_{a1}s^{p-1} + a_{a2}s^{p-2} + \cdots + a_{ap}} = \frac{\sum_{k=0}^{q} b_{ak}s^{q-k}}{\sum_{k=0}^{p} a_{ak}s^{p-k}} \qquad (0.9)$$

식 (0.9)의 연속 시스템을 이산신호 시스템으로 변환하면 다음과 같이 나타낼 수 있다.

$$\frac{Y(z)}{U(z)} = \frac{b_1 z^{p-1} + \cdots + b_q z^{p-q}}{z^p + a_1 z^{p-1} + \cdots + a_p}$$

연속신호 시스템에서의 계수인 a_{ai}, b_{ai}는 이산신호 시스템에서 a_i, b_i와 같이 다른 값으로 바뀐다. 이를 시계열 데이터로 풀어쓰면 다음과 같은 형태로 일반화 할 수 있다.

$$\begin{aligned} y(n) &= -a_1 y(n-1) - a_2 y(n-2) - \cdots - a_p y(n-p) \\ &\quad + b_1 u(n-1) + b_2 u(n-2) + \cdots + b_q u(n-q) \\ &= -\sum_{i=1}^{p} a_i y(n-i) + \sum_{i=1}^{q} b_i u(n-i) \end{aligned} \qquad (0.10)$$

식 (0.9)와 식 (0.10)은 샘플링 주기에 따라 1 대 1 변환되는 관계이므로, 식 (0.9)의 s로 표현되는 미분방정식은 식 (0.10)의 z로 표현되는 차분방정식과 같은 의미를 갖는다.

이제부터 이산신호 시스템의 계수들인 a_i, b_i를 구하는 방법에 대해 설명한다.

0.5.2 이산신호 시스템의 식별

이산신호 시스템에서 a_i, b_i 값을 구하는 것을 시스템 식별^{system identification}이라고 한다. 시스템 식별은 선형미분방정식의 차수는 아는데 그 계수를 모를 때 계수를 찾는 문제다. 이는 선형연립방정식을 풀어서 직선이나 곡선의 계수를 찾는 것과 마찬가지다. 공학적으로는 R, L, C의 존재와 개수는 아는데 그 값을 모를 때 그 값을 찾는 과정과 같다. RLC 2차 회로는 라플라스 2차 방정식으로 표현되는데 이것을 z로 표현되는 차분방정식으로 바꾸고 입력과 출력 데이터를 이용하여 R, L, C 값을 구하는 것이다.

■ 미지수의 개수와 방정식의 개수가 같은 경우

일반식 (0.10)에서 $p=2$, $q=1$이라고 하고, 랜덤잡음^{random noise} $\eta(n)$이 추가된다고 가정하면

$$y(n) = -a_1 y(n-1) - a_2 y(n-2) + b_1 u(n-1) + \eta(n) \qquad (0.11)$$

이 된다. 식 (0.11)의 시스템이 정의되려면 초깃값을 주어야 한다. a_1, a_2, b_1은 미지의 계수들이며 $y(i)$, $u(i)$는 계속해서 측정되는 값이다. 즉 측정을 계속할수록 데이터의 수에 따라서 선형방정식의 수가 늘어난다. 랜덤잡음이 없는 경우라면 단 세 개의 데이터 조합으로 a_1, a_2, b_1의 유일한 해를 구할

수 있고, 데이터의 개수가 늘어나도 a_1, a_2, b_1의 해는 변하지 않는다. 그러나 측정에는 항상 잡음이 있으므로 새로 측정되는 데이터의 연산 결과를 반영해야 한다. 이는 시스템 파라미터인 a_1, a_2, b_1이 시간에 따라 변화하는 시변 시스템의 경우 더욱 필요한 사항이다.

예제 0-1

식 (0.11)을 이용하여 데이터 3개로 주어지는 방정식을 만들어보자. 초깃값은 $y(0)=0$, $y(1)=1$, $u(1)=0$이며, $\eta(i)$는 측정되지 않고 $y(i)$에 포함되어 나타난다. 시스템 파라미터 a_1, a_2, b_1은 어떻게 구하는가?

풀이

$$Y(n)^T = [y(n)\,y(n-1)\,y(n-2)\cdots y(n-k)]$$
$$\theta^T = [-a_1\ -a_2\ b_1]$$
$$X = \begin{bmatrix} y(n-1) & y(n-2) & u(n-1) \\ y(n-2) & y(n-3) & u(n-2) \\ \cdots & \cdots & \cdots \end{bmatrix}$$

라고 하면 다음과 같이 나타낼 수 있다.

$$y(2) = -a_1 y(1) - a_2 y(0) + b_1 u(1) + \eta(2) \tag{0.12}$$
$$y(3) = -a_1 y(2) - a_2 y(1) + b_1 u(2) + \eta(3) \tag{0.13}$$
$$y(4) = -a_1 y(3) - a_2 y(2) + b_1 u(3) + \eta(4) \tag{0.14}$$

랜덤잡음 $\eta(i)$를 무시하면 앞의 세 식에서 a_1, a_2, b_1을 구하는 문제는 $y(i)$, $u(i)$를 계속 측정해서 아는 값이므로 3원1차 연립방정식을 구하는 문제가 된다.

초깃값 $y(0)=0$, $y(1)=1$, $u(1)=0$을 가정하고 $y(2)=1$이 측정되었으며 $u(2)=1$일 때 $y(3)=3$, $u(3)=2$일 때 $y(4)=6$이 측정되었다고 하자. 앞의 측정값을 식 (0.12), (0.13), (0.14)에 대입하면 3원1차 연립방정식의 해는 $a_1=-1$, $a_2=-1$, $b_1=1$로 주어진다.

[예제 0-1]의 결과를 다음과 같이 요약할 수 있다.
❶ 앞의 모델에서 서로 독립인 식이 3개 있으면 유일한 해를 구할 수 있다.
❷ 계속 데이터가 들어오며 식의 수가 늘어나는데, 이 경우 최소자승법으로 구할 수 있다.

이상의 설명을 요약하면, 독립된 방정식(시계열의 경우는 독립된 데이터)의 수와 미지수의 수에 따라 다음과 같이 정리할 수 있다.

❶ (방정식의 수) = (미지수의 수): 유일한 해가 있다.
❷ (방정식의 수) < (미지수의 수): 무수히 많은 해(의미 없음)가 있다.
❸ (방정식의 수) > (미지수의 수): 해가 없다.

공학 세계에서는 ❸의 경우가 일반적으로 가장 많이 발생한다. 이 경우 의미를 부여할 수 있는 값을 구하는 방법이 필요하다. 그런 방법론들 중 가장 많이 쓰이는 것이 최소자승법$^{Least\ Square\ Estimation}$과 최대가능도추정법$^{Maximum\ Likelihood\ Estimation}$이다. 여기서는 최소자승법만 다룬다.

■ 최소자승법의 도식적 설명

다음에는 최소자승법의 의미를 그림으로 설명한다. 미지수가 두 개인 경우로 간단하게 생각해보자. 데이터가 두 개면 [그림 0-11]의 그래프에서 $(x_1,\ y_1)$, $(x_2,\ y_2)$ 두 개의 점이 주어지고 x, y의 관계는 미지수가 두 개이므로 1차식인 $y = ax + b$ 의 형태에서 a, b를 구하는 문제가 된다. 이것은 당연히 2원1차 연립방정식의 해가 되며, 좀 더 일반적으로 이야기하면 (2×2) 행렬의 역행렬을 계산함으로써 구할 수 있다.

그런데 $(x_1,\ y_1)$, $(x_2,\ y_2)$ 좌표 즉 개개의 값들이 랜덤잡음이 포함되어 있고 계속해서 측정한 데이터를 활용해야 하는 경우는 그림에서 우측으로 가면서 어느 두 개의 점을 연결하느냐에 따라 직선이 바뀌게 된다. 즉 식 (1)이 식 (2)를 거쳐 식 (N)으로 바뀌는데, 이때 어떻게 적절한 직선의 식을 구할 것인가의 문제가 남는다.

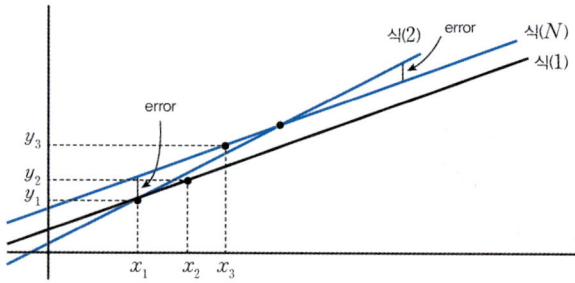

[그림 0-11] 데이터 증가에 따른 직선의 식 결정 방법

[그림 0-11]은 데이터의 개수가 늘어남에 따라 직선 방정식이 어떻게 바뀌는지 설명한 것이다. 앞에서 설명했듯이 두 개의 데이터인 $(x_1,\ y_1)$, $(x_2,\ y_2)$만 존재할 때는 두 점을 잇는 직선의 식을 구하면 되며, 이는 2원1차 연립방정식의 해를 구하는 문제다. 그러나 세 번째 데이터가 들어오면 세 점의 어딘가 중간을 지나는 직선으로 정해야 하는데, 그 방법은 [그림 0-11]에서 'error'로 표시한 부분들의 제곱합을 최소화하는 직선의 식을 구하는 것이다. 이를 최소자승법이라고 한다. 계속해서 새로 들어오는 데이터마다 이 작업을 반복해야 한다. 정확한 값이 존재하는 것이 아니므로, 찾아가는 또는 추정한다는 의미에서 최소자승추정법이 정확한 표현이지만 간단히 최소자승법이라고 쓰기로 한다.

■ 최소자승법의 수학적 의미

최소자승법의 수학적 의미는 다음과 같다.

$y = ax + b$ 에서 a, b의 참값을 구할 때 잡음이 있는 데이터에서 참값을 구하는 것은 불가능하다. a, b의 참값을 대신하여 사용할 추정값을 $\hat{a}$, $\hat{b}$[4]이라고 하면 $y = \hat{a}x + \hat{b}$ 의 관계가 성립된다.

---

[4] 제어공학에서 참값이 아닌 추정값을 표현할 때는 문자 위에 ∧을 표시한다. $\hat{a}$은 '에이 햇'으로 읽는다.

$\sum_{i=0}^{n}(y_i - ax_i - b)^2$을 최소로 하는 a, b의 의미는 [그림 0-11]에서 어떤 직선으로 했을 때 각각의 데이터와 직선 함수식의 오차의 제곱 합이 최소가 되는지 찾는 것이다. 그 의미는 $y = \hat{a}x + \hat{b}$이라고 가정했을 때, 직선 $y = \hat{a}x + \hat{b}$과 각각의 데이터 (x_i, y_i) 간 거리의 제곱의 합이 최소가 되도록 $\hat{a}$, $\hat{b}$을 정하는 것이다. $\sum_{i=0}^{n}(y_i - ax_i - b)^2$이 최소가 되는 값을 찾는 것이므로 당연히 미분값이 0이 되는 값을 찾는 문제가 될 것이다.

최소자승법의 개념을 벡터-행렬 방정식으로 일반화해서 표현해보자. 수식 설명을 간편하게 하기 위해 식 (0.10)에서 $p = 2$, $q = 1$인 경우로 예를 든다.

하나의 벡터 방정식 $Y = X\theta + Z$를 정의하면 다음과 같다.

$$Z = Y - X\theta$$
$$Y(n)^T = [y(n)\, y(n-1)\, y(n-2) \cdots y(n-k)]$$

$$X(n) = \begin{bmatrix} y(n-1) & y(n-2) & u(n-1) \\ y(n-2) & y(n-3) & u(n-2) \\ \vdots & \vdots & \vdots \\ \vdots & \vdots & \vdots \\ y(n-k) & y(n-k-1) & u(n-k) \end{bmatrix}$$

열: 3(파라미터 수)

행: 무한증가

최소자승법의 문제는, $\theta^T = [a_1\, a_2\, b_0]$으로 놓을 때 랜덤잡음 벡터인 Z의 놈^{norm} $\|Z\|$가 최소가 되는 θ를 구하는 것이며, 이렇게 구한 시스템 파라미터를 $\hat{\theta}$으로 나타낸다. Z의 놈을 식 (0.11)에 대입하면 다음과 같이 된다.

$$\|Z\| = \|Y - X\theta\| = \sum_{i=1}^{n} \eta^2(i)$$

직선과 점들의 거리의 제곱합이 최소가 되도록 하는 벡터 θ를 찾는 문제이며 벡터-행렬식으로는 $(Y - X\theta)^T(Y - X\theta)$가 최소가 되는 θ를 구하는 것이다. 이는 미분의 원리에서

$$\frac{d}{d\theta}(Y - X\theta)^T(Y - X\theta) = 0 \qquad (0.15)$$

이 되는 θ를 구하는 것이다. 행렬 미분 공식[5]을 적용하면 식 (0.15)는 다음과 같이 된다.

$$-X^T(Y - X\theta) - X^T(Y - X\theta) = 0$$
$$X^T X\theta = X^T Y \quad \therefore \theta = (X^T X)^{-1} X^T Y$$

---

[5] 벡터 행렬의 미분에 관해서는 다음 자료를 참고하자.
https://atmos.washington.edu/~dennis/MatrixCalculus.pdf

여기서 행렬 X는 시간이 지남에 따라 행의 수가 무한대로 늘어나지만 열의 수는 미지수의 개수인 3이다. 그러므로 X^TX는 (3×3) 행렬이며 $\theta = (X^TX)^{-1}X^TY$에 의해 미지수 3개인 θ를 구할 수 있다. 이 θ가 참값인지 모르므로 추정값의 의미로 $\wedge$을 씌운 $\hat{\theta}$으로 표시한다. 그러므로 추정값은 $\hat{\theta} = (X^TX)^{-1}X^TY$로 나타낼 수 있다.

$\hat{\theta}$의 연산에는 X^TX의 연산과 X^TY의 연산이 필요한데, 시간이 지날수록 하나의 데이터가 들어올 때마다 무한대 개수의 곱셈과 덧셈을 해야 하므로 공학적으로는 사용할 수 없는 방법이다. 그러므로 적절하게 변형함으로써 이전까지의 결과를 활용해 매 데이터가 들어오는 순간마다의 연산량을 줄일 수 있는 재귀 알고리즘^{recursive algorithm}으로 변환할 필요가 있다.

> **재귀 알고리즘**
>
> 샘플링 간격 1ms마다 들어오는 데이터의 평균을 구한다고 가정하자. x_i를 데이터로 표시하고 이 데이터의 평균을 구하고자 한다. X_{ak}를 k번째까지 들어온 데이터의 평균이라고 하면 다음과 같이 된다.
>
> $$X_{ak} = \frac{1}{k}\sum_{i=1}^{k}x_i$$
>
> 이 계산법으로는 시간이 갈수록 수억, 수백 억 이상의 무한 횟수로 덧셈을 해야 한다. 이런 방식은 계속 운전되는 실시간 제어시스템에서 절대로 사용할 수 없는 방식이다. 앞의 식을 다음과 같이 변환할 수 있다.
>
> $$\sum_{i=1}^{k}x_i = kX_{ak}$$
>
> $(k+1)$ 번째 데이터가 들어왔을 때의 평균은 다음과 같다.
>
> $$X_{a(k+1)} = \frac{1}{k+1}\sum_{i=1}^{k+1}x_i \quad \text{단순계산식}$$
>
> $$\sum_{i=1}^{k+1}x_i = \sum_{i=1}^{k}x_i + x_{k+1} = kX_{ak} + x_{k+1}$$
>
> 단순계산식의 $X_{a(k+1)}$은 다음과 같이 다른 형태로 표현할 수 있다.
>
> $$X_{a(k+1)} = \frac{1}{k+1}\sum_{i=1}^{k+1}x_i = \frac{k}{k+1}X_{ak} + \frac{1}{k+1}x_{k+1} \quad \text{재귀계산식}$$
>
> 단순계산식은 데이터가 들어올수록 평균을 계산하기 위한 계산량이 늘어난다. 계속해서 과거 데이터에 대한 덧셈을 반복하기 때문이다. 예를 들어 데이터가 한 시간 동안 1ms 단위로 들어오면 3.6×10^6번 연산해야 하고, 데이터가 한 개 더 들어올 때마다 1ms 이내에 계속 1씩 늘어나는 덧셈 연산 횟수가 필요해 결국은 무한대가 될 것이다. 그러나 순환계산식은 이전의 평균값과 새로 들어온 데이터를 이용하여 두 번의 나눗셈과 곱셈, 그리고 한 번의 덧셈을 함으로써 계속 바뀌는 평균값을 계산할 수 있다.

여기서는 최소자승 알고리즘의 재귀 알고리즘화는 다루지 않는다.[6]

미지수 세 개의 시스템 변수를 식별하는 프로그램을 예로 들어 설명하겠다. 시스템 모델을 다음과 같이 가정한다.

$$y(n) = 0.3y(n-1) + 0.5y(n-2) + 0.4u(n-1) + \eta(n) \tag{0.16}$$

초깃값을 $y(0) = 1$, $y(1) = 1$, $u(0) = 1$, $u(1) = 0.9$, $u(2) = 1.1$, $u(3) = 1.0$, $u(4) = 0.8$로 놓고 $y(2)$, $y(3)$ 등을 순차적으로 발생시킨다. 식 (0.16)에서 η는 랜덤백색잡음이며 이렇게 발생된 데이터로부터 미지수로 가정한 식 (0.16)의 파라미터 0.3, 0.5, 0.4를 구하는 것이다.

앞의 문제와 해를 구하기 위한 MATLAB code는 다음과 같다.

1) Least square estimation

```
%matlab code
clear; clc;
a1=0.3;
a2=0.5;
b1=0.4;
theta=[a1; a2; b1;];
y=[1, 1]; % initial value for y
u=[1, 0.9, 1.1, 1.0, 0.8]; % initial value for u

for n=3:6; % signal generation
    x(n-2,:)=[y(:, n-1) y(:, n-2) u(:,n-1)];
    y(:, n)=x(n-2,:)*theta;
    yt(n-2,:)=y(:,n); % transpose of [y(3) y(4) y(5) y(6)]
end

snr=90; % signal to noise ratio (unit: %)
yt_noise=awgn(yt,snr); % white noise added to original signal

theta_e=inv(x.'*x)*x.'*yt_noise   %least square estimation to find a1 a2 b1

error=theta-theta_e % estimation error of a1 a2 b1
```

최소자승법은 제어공학에서도 쓰이지만 시계열 데이터에서 예측하는 경우에도 가장 손쉽게 쓸 수 있는 방법이다. 파라미터 a_i, b_i를 구하면 기존 데이터에서 미래의 값을 예측할 수 있다. 앞의 접근 방식은 전력수요 예측이나 물가변동 등 거의 모든 시간 데이터 분석에 기본적으로 사용될 수 있다. 다만 실제로 적용하기 위해서는 추가적인 연구가 필요하다. 예를 들어 향후 일 년의 전력수요 예측을 일 단위로 하는 경우 일반적인 시계열로 모델링하고 그들을 요일의 함수, 온도의 함수, 연휴 등의 특수일 요건을 각각 분리하여 모델링한 것의 합의 형태로 예측하면 좀 더 높은 정밀도로 예측할 수 있다.

---

[6] 최소자승 알고리즘에 대한 상세한 설명은 다음을 참고하자.
http://www.cs.tut.fi/~tabus/course/ASP/LectureNew10.pdf

지금까지의 내용을 요약하면 다음과 같다.

- 미분방정식으로 묘사되는 연속신호 시스템은 상태방정식으로 표현되며, 라플라스 변환을 통한 전달함수로 나타낼 수 있다.
- 연속신호 시스템의 라플라스 변환은 z 변환을 통해 이산신호 시스템으로 변환될 수 있으며 z 변환으로 표현된 이산 시스템은 시계열 모델로 표현할 수 있다.
- 시계열 모델의 시스템 파라미터가 미지수인 경우에는 데이터를 이용한 최소자승법 알고리즘으로 시스템 파라미터를 구할 수 있다.
- 최소자승법 알고리즘은 역행렬을 구하는 문제이며, 데이터의 개수가 늘어날수록 연산량이 늘어나는데 이를 해결하는 방법은 재귀 알고리즘을 이용하는 것이다.
- 재귀순환 최소자승 알고리즘이 현대제어 이론을 실용화하는 기본적인 수단이 된다(잡음이 백색이며 정규분포인 경우를 가정함).

SECTION 0.6 제어시스템 설계

라플라스 변수 즉 전달함수로 표시하는 피드백 제어기의 일반적 형태는 [그림 0-12]와 같다.

  $r(s)$: 기준입력(목표값)의 라플라스 변환
  $K(s)$: 제어시스템의 라플라스 변환
  $G(s)$: 제어 대상 시스템의 라플라스 변환
  $d(s)$: 제어 대상 시스템에 들어오는 외란의 라플라스 변환
  $n(s)$: 출력 측정 에러의 라플라스 변환
  $y(s)$: 출력의 라플라스 변환

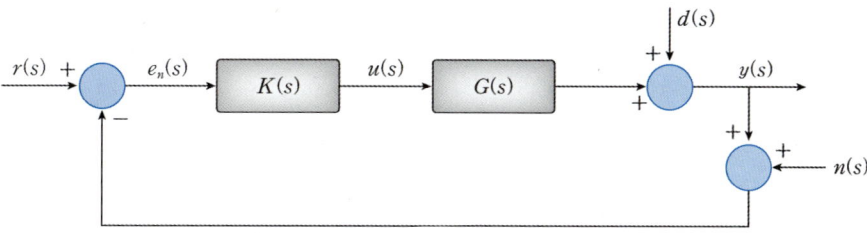

[그림 0-12] 전달함수로 표시한 일반적인 피드백 제어루프

제어시스템 설계는 시간 영역에서 출력 $y(t)$가 원하는 값 $r(t)$에 수렴 또는 추종하도록 제어기를 설계하는 것이다. 설계 과정에서 필요한 기본 원리들에 대해 알아본다.

0.6.1 제어시스템 설계의 기본 원리

[그림 0-12]를 일반화된 전달함수로 표시하면 다음과 같다.

$$y(s) = \frac{G(s)K(s)}{1+G(s)K(s)}r(s) + \frac{1}{1+G(s)K(s)}d(s) - \frac{G(s)K(s)}{1+G(s)K(s)}\eta(s) \qquad (0.17)$$

제어의 목적은 출력 $y(t)$가 기준입력 $r(t)$를 잘 따라가도록 하는 것이므로 라플라스 변환된 $r(s)$와 $y(s)$도 역변환했을 때 정상상태에서 같은 값이 되도록 하는 것이다. 그렇게 하기 위해서는 식 (0.17)이 다음과 같은 특성을 가져야 한다.

첫 번째 항의 기준입력 전달함수 $\dfrac{G(s)K(s)}{1+G(s)K(s)}$ 의 이득은 1에 가까운 값이어야 하고,

두 번째 항의 외란 전달함수 $\frac{1}{1+G(s)K(s)}$ 의 이득은 작은 값일수록 외란의 영향을 작게 받으며, 세 번째 항의 잡음 전달함수 $\frac{G(s)K(s)}{1+G(s)K(s)}$ 의 이득도 작은 값이어야만 잡음의 영향을 작게 받는 응답특성을 나타낼 수 있다.

식 (0.17)을 식 (0.18)과 같이 변형할 수 있다.

$$r(s) - y(s) = \frac{1}{1+G(s)K(s)}[r(s)-d(s)] + \frac{G(s)K(s)}{1+G(s)K(s)}\eta(s) \tag{0.18}$$

제어시스템 설계의 목표는 $[r(s)-y(s)]$가 0으로 수렴하도록 하는 것이다. 그러므로 식 (0.18)의 우변이 0이 되어야 한다. 우변의 첫째 항은 작아야 하며 둘째 항도 작아야 한다. 첫째 항인 $\frac{1}{1+G(s)K(s)}[r(s)-d(s)]$가 작아지려면 식 (0.19)와 식 (0.20)을 동시에 만족시켜야 한다.

$$\left\| \frac{1}{1+G(s)K(s)} \right\| \ll 1 \tag{0.19}$$

$$\left\| \frac{G(s)K(s)}{1+G(s)K(s)} \right\| \ll 1 \tag{0.20}$$

이는 개루프 전달함수 $G(s)$에 대해 하나의 제어시스템 전달함수 $K(s)$가 큰 값을 가졌을 때 좋은 부분도 있고 작은 값을 가졌을 때 좋은 부분도 있다. 하나의 $K(s)$가 식 (0.19), 식 (0.20)을 모두 만족시키는 것은 불가능한 것처럼 생각된다.

이 문제는 주파수 대역의 차이로 해결할 수 있다. 식 (0.18)에서 기준입력과 외란의 차이인 $[r(s)-d(s)]$는 저주파 대역의 신호이고, 잡음 $\eta(s)$는 고주파 대역의 신호이다. 그러므로 제어시스템 $K(s)$를 설계할 때 저주파 대역에서는 $G(s)K(s)$의 이득이 크고 고주파 대역에서는 $G(s)K(s)$의 이득이 작아지도록 $K(s)$를 설계할 수 있다.

식 (0.19), 식 (0.20)을 만족시키는 제어기의 개념이 [그림 0-13]의 주파수 평면에 나타나 있다.

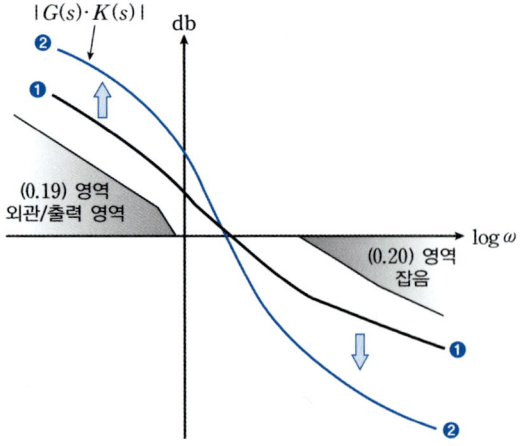

[그림 0-13] 잡음회피 및 출력추종을 위한 제어기 설계 개념

플랜트의 전달함수 $G(s)$는 정해진 것이므로 제어설계자는 $K(s)$만 조절할 수 있다. 설계 과정을 [그림 0-13]에서 보면 $G(s)K(s)$ 곡선이 [그림 0-13]의 좌측 빗금 지역, 우측 빗금 지역에 닿지 않으면 최소 기능을 수행할 수 있다. 그렇게 설계한 $K(s)$에 의해 주어지는 $G(s)K(s)$의 곡선이 ❶이다. ❶의 형태로 ❷에 가까워지면서 폐루프 안정도를 만족하는가를 평가하여 효과적인 제어기를 설계할 수 있다.

반복해서 설명하면, 잡음특성 영역은 고주파 영역이며 출력의 추종과 외란의 영역은 저주파 영역이다. 그러므로 $G(s)K(s)$의 이득이 저주파 대역에서는 큰 값이 되고 고주파 대역에서는 작은 값이 되도록 하면 되는 것이다. 곡선 ❶의 형태를 개선해 곡선 ❷와 같은 형태가 되도록 $K(s)$를 설계하려면 이는 제어기이득의 기울기가 큰 것으로, 제어기 $K(s)$의 차수가 더 커져야 한다는 의미다. 잡음특성을 회피하기 위해서는 센서 신호에 저주파 필터를 쓰는 것이 가장 일반적인 접근법이다.

외란과 잡음 이외에 선형화 모델에 포함되지 못한 동적 특성$^{\text{unmodeled dynamics}}$을 갖는 시스템의 제어에 대해 효과적인 제어성능을 보장하기 위한 제어기 설계는 또 다른 하나의 강인성 제어기 설계이론이 된다. 이에 대한 예를 0.8절에서 다룬다.

식 (0.17)의 전달함수에서 기본적으로 검토되어야 할 사항은 폐루프 안정도라고 할 수 있다. $y(s) = \dfrac{G(s)K(s)}{1+G(s)K(s)} r(s)$에서 $G(s)$는 제어 대상의 전달함수이므로 제어기 설계자가 손을 댈 수 없는 부분이다. 제어기 설계자는 $K(s)$를 어떤 전달함수로 만들어서 앞의 폐루프가 안정성을 보장할 것인지 고민해야 한다.

$G(s)$는 제어 대상 시스템의 전달함수이므로 $G(s)$의 분모가 0이 되는 s의 해를 개루프 시스템의 극이라 하고 $\dfrac{G(s)K(s)}{1+G(s)K(s)}$는 폐루프 전달함수이므로 그 분모가 0이 되는 s의 해를 폐루프 시스템의 극이라고 한다.

시스템이 안정적으로 제어된다는 의미는 폐루프 시스템 전달함수의 극이 다음과 같다는 것을 의미한다.

❶ 음의 실수를 가짐으로써 $y(s)$의 라플라스 역변환인 $y(t)$가 일정값으로 수렴하며,

❷ $y(s) - r(s) = \dfrac{1}{1+G(s)K(s)}$에서 라플라스 역변환을 하면 $y(t) - r(t)$가 영(0)에 수렴한다.

그러므로 제어시스템 설계에서 첫 단계는 폐루프 특성이 안정성을 보장하도록 하는 것이다.

이와 함께 제어시스템의 출력이 물리적으로 구현 가능한 신호인지 검토하는 것이 필수적이다. 제어시스템의 연산 결과로 [그림 0-12]에서 $u(s)$로 주어지는 신호는 수학적인 값인데, 실제 제어신호 발생기^{actuator}에서 발생시킬 수 없는 물리적 값이라고 하면 이 제어시스템은 실현성이 없는 것이다.

제어시스템의 실현성이라는 것은 제어입력이 수학적으로는 존재하지만 물리적으로 구현하기 어려운 경우를 의미한다. 실현성이 없는 수학적 해의 예를 들어보자. 전동기의 속도나 토크 제어 문제에서 전동기에 실제로 인가될 수 있는 전압은 최대 100V인데 제어연산 결과가 200으로 나왔다면 이는 실제로 전동기에 인가할 수 없는 전압이 된다. **그러므로 실제 제어공학 문제에서 제어기 설계는 제어신호발생기**

를 플랜트의 일부로 모델링하고 제어시스템을 설계해야 한하다. 아니면 적어도 입력의 제한값을 설정하고 제어연산을 해야 한다.

0.6.2 비최소위상 시스템

앞에서는 $1+G(s)K(s)$에 대해 설명했는데, $G(s)$에 대해 추가적으로 알아야 할 사항이 비최소위상 시스템 non-minimum phase system[7]이다. 전달함수의 분자가 0이 되는 s의 해, 즉 시스템의 영점이 양의 실수부를 가질 경우 이 시스템을 비최소위상 시스템이라고 하며 이는 다음과 같은 특성을 갖는다.

❶ 단위응답에서 언더슈트 undershoot를 보인다.
❷ 제어기 설계에서 특별히 주의하지 않으면 시뮬레이션에서 출력 $y(t)$는 수렴하는 것으로 보이지만 제어입력 $u(t)$는 발산하는 형태가 되고, 긴 시간을 시뮬레이션하면 오버플로우 overflow error가 나는 경우가 있다.
❸ 이러한 시스템을 제어할 때는 특별한 주의가 필요하다.

---

[7] 비최소위상 시스템의 특성은 다음 동영상을 참고하기 바란다.
Control Systems in Practice, Part 6: What Are Non-Minimum Phase Systems? - YouTube

SECTION 0.7 제어기 설계 연습(PID)

산업계에서 가장 폭넓게, 그리고 오랫동안 사용된 제어 방식은 PID$^{\text{Proportional, Integral and Derivative}}$ 제어 방식이다. 이 개념을 0.3절에 나온 철수의 성적에 관한 예로 설명하면 다음과 같다.

- **P 제어:** 목표 점수 대비 차이에 비례하는 상/벌을 주는 원칙
- **I 제어:** P 제어만으로는 철수가 목표 점수에 완전히 도달하지 못하고 약간 차이가 나는 현상을 막기 위해 '이전에 미달되거나 오버된 점수의 합계를 상/벌에 반영하는 원칙'
- **D 제어:** 성적이 향상되거나 내려가는 경우에 격려 또는 추가적인 벌칙이 필요하다고 생각해서 상/벌 결정에 성적의 변화율을 반영하는 요소다. 이 영향들은 0.7.1절의 시뮬레이션 예에서 상세히 설명한다. D 제어는 공학적으로 센서의 출력을 미분해서 쓴다고 생각할 수 있는데, 센서에는 대부분의 경우 고주파 잡음이 포함되므로 이를 미분해서 사용할 경우 잡음에 취약하다는 문제가 발생한다. 그러므로 미분신호보다는 적절한 위상 리드^{lead}보상기 형태로 적용한다.

0.7.1 PID 제어기 시뮬레이션 해설

[그림 0-8]의 RLC 회로를 대상 시스템으로 하여 PID 제어기 설계 연습을 설명한다.

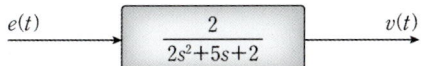

[그림 0-14] RLC 2차 회로의 전달함수

[그림 0-14]의 회로에 PID 제어기를 설치하면 [그림 0-15]와 같이 된다.

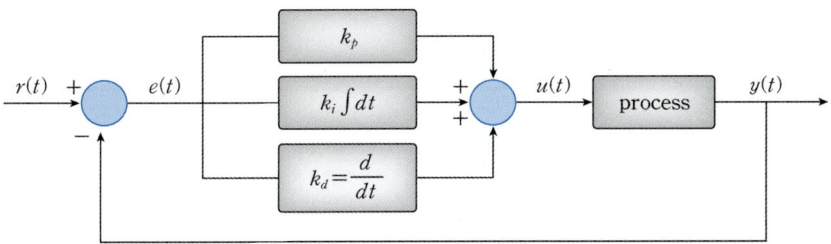

[그림 0-15] PID 제어기가 결합된 RLC 회로

[그림 0-15]에서 $r(t)$를 계단입력으로 하고 PID 제어기의 이득인 k_p, k_i, k_d를 변화시키면서 RLC 회로의 출력전압을 1로 제어하기 위한 제어기 설계 예를 살펴보자.

Case 1: 비례제어항만 사용하는 제어기의 특성

[그림 0-16]은 비례이득 k_p를 1로 한 경우다. 그래프에서 ❶번이 출력, ❷번이 제어입력이며 ❸번이 목표값, ❹번이 매우 잘 조정된 제어기의 출력값이다. 이 경우 출력전압은 원하는 값인 1에 도달하지 못하고 정상상태 오차가 매우 크므로 제어기로 기능하지 못한다. 이러한 특성은 미분방정식의 정상상태 해를 구하는 방법으로 설명한다. 비례제어기의 정상상태 오차문제는 0.7.3절에서 살펴본다. 이 현상을 사회적 현상의 예로 설명하면 벌칙이 너무 약할 경우 규칙이 지켜지지 않는다는 의미로 해석할 수 있다.

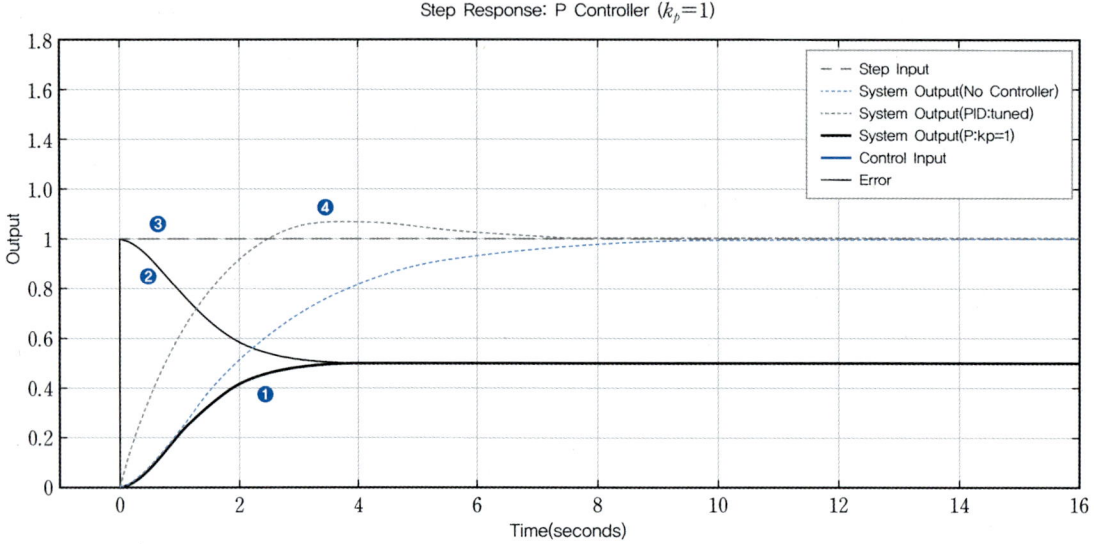

[그림 0-16] 비례이득을 1로 한 비례제어기의 응답 파형

Case 2: 비례이득을 크게 한 경우

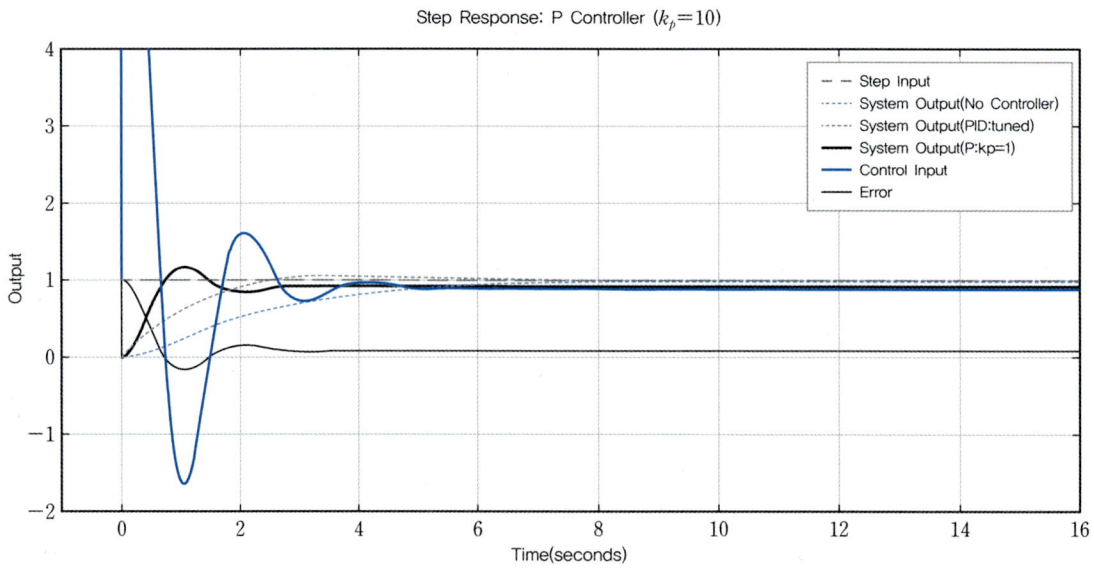

[그림 0-17] 비례이득을 10으로 한 비례제어기의 응답 파형

비례이득 k_p를 10으로 한 경우의 그래프를 [그림 0-17]에 나타낸다. 비례이득을 크게 하니 출력은 기준입력 1에 가까이 접근하지만 여전히 정상상태 오차가 존재한다. 더 큰 문제는 비례이득을 크게 하니 제어입력이 매우 크게 발생한다는 것인데, 실제로 이렇게 큰 제어입력이 대상 시스템에 인가될 수 있는 값 또는 작동기가 발생시킬 수 있는 값인가의 문제도 있다. 그러므로 비례이득만 사용하는 경우에는 다음 세 가지 사실을 알아야 한다.

❶ 원하는 출력에 도달하지 못하고 정상상태 오차가 존재한다. 이득을 키우면 초기 응답특성은 개선되지만 여전히 정상상태 오차가 존재한다.

❷ 비례이득을 키울수록 출력값은 목표값에 근접하지만 여기서 발생되는 제어입력은 수학적인 값이며 공학적으로는 의미가 없을 수 있다. [그림 0-17]의 경우 목표 전압을 100V DC로 제어하기 위해 AC 전원을 사용하여 위상정류제어를 하는 경우가 대부분인데, 이때 AC 전압입력을 얼마로 할 것인가? 통상 110V 또는 220V AC 전원을 사용하므로 제어기의 출력전압도 최대 110V 또는 220V가 되는데, 시뮬레이션에서는 목표값의 10배에 가까운 입력이 들어가야 하는 것으로 나온다. 공학설비에서 RLC 회로를 모터로 생각하고 속도나 토크를 제어하려고 할 때, 이러한 전압이 가해질 수 없는 전원설비의 문제, 또는 모터가 고압이나 대전류로 파괴되는 상황이 발생한다.

❸ 매우 큰 비례이득은 목표값에 수렴하기 전에 진동이 발생하는 경우가 많다. 이를 사회적 현상의 예로 설명하면, 상/벌 규칙이 너무 강하면 사회가 안정되지 않는다는 의미로 해석할 수 있다. 가령 큰 상을 받은 후 긴장이 풀려서 성과가 떨어지고 다시 노력해서 큰 상을 받고 또 다시 긴장이 풀려서 놀기를 반복하는 것과 유사한 현상이다.

그러므로 제어기 설계에서는 제어 대상에 입력될 수 있는 한계^{limit}를 정하고 그 한계를 초과할 경우 한계가 입력되도록 하는 포화^{saturation}특성을 포함해야 한다.

Case 3: 비례제어기에 적분제어기를 가미한 경우

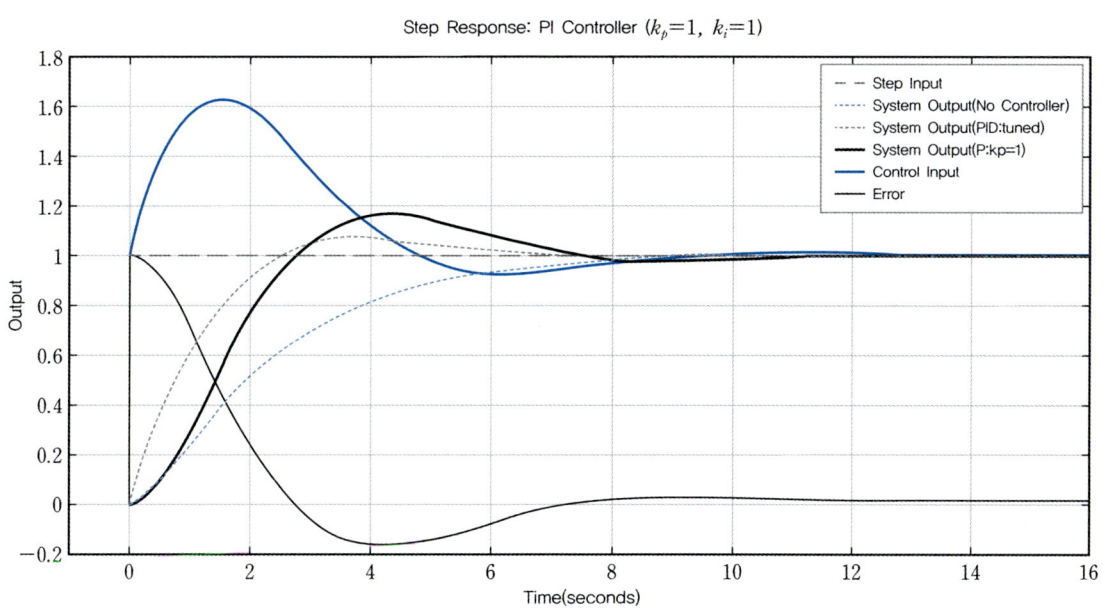

[그림 0-18] 비례항과 적분항을 포함하는 비례적분제어 응답 파형

$k_p = 1$, $k_i = 1$로 설계한 제어기는 [그림 0-18]과 같이 정상상태 에러가 0이 된다. 그러나 원래 $k_p = 1$은 과도응답특성을 개선하기에 너무 작은 값이다. 이 사실은 앞의 Case 1에서도 알 수 있다.

Case 4: 비례, 적분, 미분제어기를 모두 사용한 경우

$k_p = 1$, $k_i = 1$, $k_d = 0.1$로 제어기를 설계하면 Case 3에 비해 오버슈트의 크기는 줄지만 정상상태에 도달하는 시간이 전반적으로 개선되지 못한다. 이 경우는 비례이득을 조금 키우면 문제가 해결될 것으로 예상된다. 미분이득을 사용함으로써 초기 과도구간에서의 제어입력이 매우 크게 나타나며 물리적으로 구현하기 힘든 입력을 요구하게 된다.

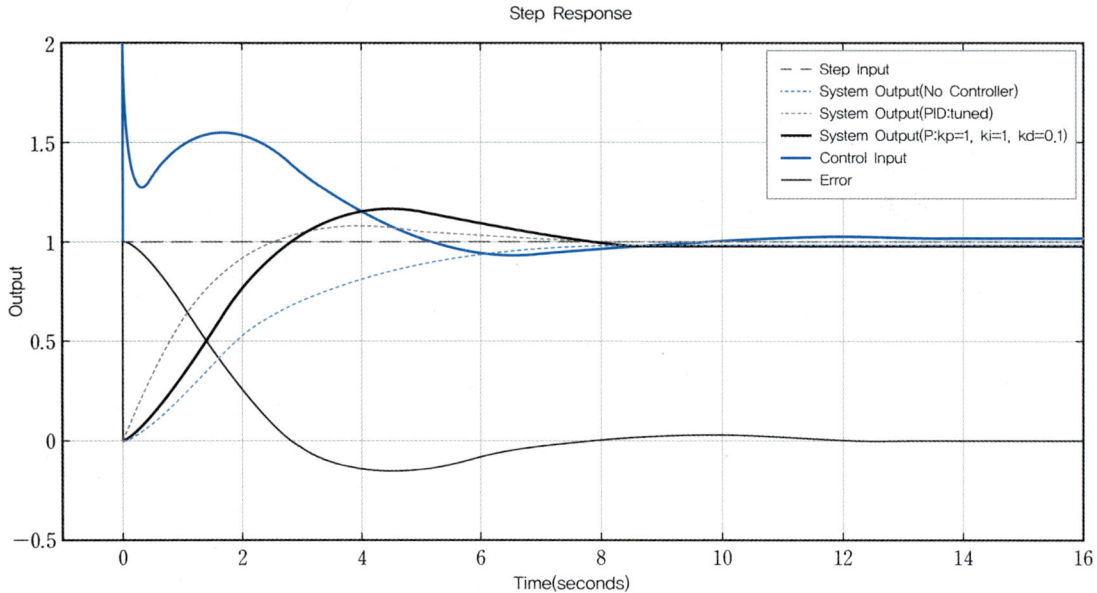

[그림 0-19] $k_p = 1$, $k_i = 1$, $k_d = 0.1$인 제어기의 응답 파형

Case 5: 비례, 적분, 미분제어기를 매우 잘 조정한 경우

시뮬레이션 분석을 통해 $k_p = 2.18$, $k_i = 1.41$, $k_d = 0.814$로 설계했다. 이 경우는 Case 1~Case 4의 그림 4개에서 검정색의 얇은 점선이며 정상상태 에러가 존재하지 않으면서도 출력이 목표값을 잘 추종한다. 아울러 입력신호도 과도하게 커지지 않는 특성을 보인다. 이는 PID 제어기 설계에서 비례, 적분, 미분이득의 적절한 선정 필요성을 보여준다. 아울러 실제 플랜트를 제어할 경우에는 센서 신호에 적절한 저주파 필터를 사용해야 한다.

0.7.2 PID 제어와 리드래그보상

0.7.1절에서 간단한 2차 RLC 회로를 PID 제어기로 제어하는 형태의 시뮬레이션을 통해 비례, 적분, 미분이득의 효과를 설명했다. 산업계에서 사용되는 제어기는 90% 이상 PID 제어 방식을 사용하므로

이에 대해 개념적으로 잘 이해하는 것이 중요하다. 다음에 PID 제어에서 기억해야 할 사항들을 간단히 요약한다.

적분이득이 없으면 정상상태 오차가 존재한다. 그리고 비례이득이 작으면 과도상태 특성이 좋지 않게 된다. 즉 제어의 속응성이 없어진다는 의미다. 그리고 비례이득이 너무 크면 과도하게 큰 제어입력을 요구하게 되어 공학적으로 불가능하거나 의미 없는 설계가 되므로 시뮬레이션상에서 제어입력의 한계를 포화 형태로 넣어야 한다. 미분이득을 사용해 오버슈트를 줄일 수 있다. 그러나 미분이득의 구현은 적절한 리드보상기 형태로 구성해야 한다. 과도한 미분이득도 과도한 제어입력을 요구하는 경우가 많다. 제어기 설계를 위한 시뮬레이션은 목표값, 실제 출력과 함께 제어입력을 함께 계산하며 제어입력이 의미가 있고 구현 가능한 값인지 살펴봐야 한다.

적분제어기만 사용하는 경우 시스템이 불안전해지는 경우가 많으므로 대부분 비례적분제어기를 사용한다. 그리고 적분제어기에서 계산된 제어값이 실제 작동기가 제공할 수 있는 값의 한계보다 커서 작동기의 포화^{saturation}가 발생하는 경우, 출력이 기준값에 수렴하지 못해 오차의 적분값이 큰 값으로 누적된다. 이 문제는 정작 출력이 기준값에 가까워졌을 때 제어입력이 작아져야 함에도 불구하고 계속 큰 값을 출력해 시스템의 특성을 악화시킨다. 이를 적분제어기의 누적포화^{windup}라고 한다. 이를 방지하려면 적절한 **안티 와인드업**$^{anti\text{-}windup}$ **기법**을 이용하여 PID 제어기를 보완해야 한다. 대표적인 안티 와인드업은 일정 구간만 적분하는 방법, 디지털 제어에서는 오차를 처음부터 모두 합하는 것이 아니라 최근의 몇 개만 정해진 수만큼 합하는 방법 등이 있다. 또는 누적 적분항의 크기를 일정값으로 제한하거나 함수 형태로 변환해 사용하기도 한다. 이런 안티 와인드업의 개념은 운전자의 벌점제도를 떠올리면 된다. 벌점제를 평생 누적으로 하면 누구나 한 번쯤 면허가 정지되고 결국 면허가 취소될 수도 있다. 그러므로 건전한 운전자 양성을 위해 3년 누적 벌점으로 면허정지나 취소 등의 벌칙을 부과하는 것이라고 이해하면 된다.

PID 제어와 다른 방법인 것처럼 설명되기도 하며 많이 사용되는 **리드래그보상**$^{lead\ lag\ compensator}$에 대해 간단히 설명한다. 리드보상기$^{lead\ compensator}$는 미분 특성을 완화시킨 것으로 이해할 수 있고, 래그보상기$^{lag\ compensator}$는 적분 특성을 완화시킨 것으로 이해할 수 있다. 그러므로 리드보상기는 고주파 필터$^{high\text{-}pass\ filter}$의 특성을 가지며 래그보상기는 저주파 필터$^{low\text{-}pass\ filter}$의 특성을 갖는다.

다음은 PID 제어기 설계의 MATLAB code 예시를 나타낸 것이다.

```
%matlab code
close all;
clear;
clc;

num=[2]
den=[2 5 2]
sys=tf(num, den)

% PID Controller Best Tuning
% Cbest =
```

```
%              1
%    Kp + Ki * --- + Kd * s
%              s
%    with Kp = 2.18, Ki = 1.41, Kd = 0.814
Cbest=pidtune(sys,'pid')
sys_pidtune=series(Cbest,sys);
sys_closed_pidtune=feedback(sys_pidtune,1);

%PID Controller Manual Tuning
kp=1; % 1 10 100
ki=1;
kd=1;
tf=0;
Cpid=pid(kp,ki,kd,tf);
sys_pid=series(Cpid,sys);
sys_closed_pid=feedback(sys_pid,1);

Ts=0.01;
t1=0:Ts:(20-Ts);
t2=20:Ts:40;
t=[t1 t2];
n=1;
for t1=0:Ts:(20-Ts)
    u(:,n)=1;
    n=n+1;
end
for t1=20:Ts:40
    u(:,n)=1; % 0.5
    n=n+1;
end
u(:,1)=0;

[y,t,x]=lsim(sys,u,t);
[yc_pidtune,t,xc_pidtune]=lsim(sys_closed_pidtune,u,t);
[yc_pid,t,xc_pid]=lsim(sys_closed_pid,u,t);

figure(1)
plot(t,u,'g'); hold on; % Step Input
plot(t,y,'-.'); hold on; % System Output without Controller
plot(t,yc_pidtune, '--'); hold on; % System Output with PID Controller (best tuned gain)
plot(t,yc_pid,'b'); hold on; % System Output with PID Controller (manual tuned gain)

xlabel('Time(seconds)')
ylabel('Output')
title('Step Response');
% Ohters are configured manually in figure window
```

0.7.3 PID 제어기의 정상상태 해석

[그림 0-12]에 대한 식 (0.17)을 생각해보자.

$$y(s) = \frac{G(s)K(s)}{1+G(s)K(s)} r(s) + \frac{1}{1+G(s)K(s)} d(s) - \frac{G(s)K(s)}{1+G(s)K(s)} \eta(s)$$

이 식에서 $r(s)$와 $y(s)$의 전달함수만 분리하여 정상상태 특성을 분석하고자 한다. 기준입력과 출력의 관계는 다음과 같다.

$$y(s) = \frac{G(s)K(s)}{1+G(s)K(s)} r(s) \tag{0.21}$$

여기서 [그림 0-8]의 2차 RLC 회로의 전달함수를 이용해 설명함으로써 0.7.1절의 시뮬레이션 Case 들에 대한 정상상태 오차 분석을 하고자 한다. 2차 RLC 회로의 전달함수는 식 (0.7)과 같다.

$$G(s) = \frac{Y(s)}{U(s)} = \frac{2}{2s^2+5s+2} \tag{0.7}$$

식 (0.7)의 개루프 전달함수에 PID 제어기를 적용하여 해석을 시도한다.

비례이득만 사용하는 제어기의 경우

비례이득의 전달함수는 $G_p(s) = k_p$ 로 일정한 값이므로 이를 식 (0.21)에 대입하면 다음과 같이 된다.

$$y(s) = \frac{G(s)K(s)}{1+G(s)K(s)} r(s)$$

$$= \frac{\dfrac{2k_p}{2s^2+5s+2}}{1+\dfrac{2k_p}{2s^2+5s+2}} r(s) = \frac{2k_p}{2s^2+5s+2+2k_p} r(s)$$

그러므로 기준입력과 출력 사이의 폐루프 전달함수는 다음과 같다.

$$\frac{y(s)}{r(s)} = \frac{2k_p}{2s^2+5s+2+2k_p}$$

따라서 정상상태 출력과 기준입력의 비는 다음과 같다.

$$\lim_{s \to 0} \frac{y(s)}{r(s)} = \lim_{s \to 0} \frac{2k_p}{2s^2+5s+2+2k_p} = \frac{2k_p}{2+2k_p}$$

$k_p = 1$로 놓으면 $\dfrac{2k_p}{2+2k_p} = 0.5$가 되며 정상상태 오차는 $1 - 0.5 = 0.5$가 된다. 0.7.1절의 시뮬레이션 Case 1에서 정상상태가 목표값의 0.5로 수렴하는 것과 같은 결과를 보여준다.

$k_p = 10$인 경우는 앞의 시뮬레이션 Case 2에서 나타난 결과와 같다. 이 경우 정상상태 출력은 $\dfrac{2k_p}{2+2k_p} = \dfrac{20}{2+20} = 0.909$이고 정상상태 오차는 $1 - 0.909 = 0.091$이 된다.

미분이득만 사용하는 제어기의 경우

비례이득의 전달함수는 $G_p(s) = k_d s$ 로 일정한 값이므로 이를 식 (0.21)에 대입하면 다음과 같다.

$$y(s) = \frac{G(s)K(s)}{1 + G(s)K(s)} r(s)$$

$$= \frac{\dfrac{2k_d s}{2s^2 + 5s + 2}}{1 + \dfrac{2k_d s}{2s^2 + 5s + 2}} r(s) = \frac{2k_d s}{2s^2 + (5 + 2k_d)s + 2} r(s)$$

$$\frac{y(s)}{r(s)} = \frac{2k_d s}{2s^2 + (5 + 2k_d s) + 2}$$

$$\lim_{s \to 0} \frac{y(s)}{r(s)} = \lim_{s \to 0} \frac{2k_d s}{2s^2 + (5 + 2k_d)s + 2} = 0$$

그러므로 미분제어기만으로 출력이 기준입력을 추종하는 비율은 0%이다. 즉 미분제어기를 사용하는 것은 과도상태의 특성을 개선하기 위한 것이며 미분제어기만 사용할 경우 정상상태를 추종할 수 없으므로 단독으로 사용될 수 없다.

PI 제어기 해석

PI 제어기의 전달함수는 $G_{pi}(s) = k_p + \dfrac{k_i}{s}$ 이므로 폐루프 전달함수는 다음과 같다.

$$\frac{y(s)}{r(s)} = \frac{G(s)K(s)}{1 + G(s)K(s)} = \frac{\dfrac{k_p s + k_i}{s} \cdot \dfrac{2}{2s^2 + 5s + 2}}{1 + \dfrac{k_p s + k_i}{s} \cdot \dfrac{2}{2s^2 + 5s + 2}}$$

$$= \frac{2k_p s + 2k_i}{2s^3 + 5s^2 + (2 + 2k_p)s + 2k_i}$$

그러므로 정상상태에서 기준입력과 출력의 비는 다음과 같다.

$$\lim_{s \to 0} \frac{2k_p s + 2k_i}{2s^3 + 5s^2 + (2+2k_p)s + 2k_i} = \frac{2k_i}{2k_i} = 1$$

즉 PI 제어기의 제어 결과는 정상상태에서 기준입력(목표값)과 같아짐을 의미하며, 이는 적분이득의 크기와 무관한 특성이다. 정상상태 오차를 없애기 위해 적분제어기를 사용해야 하는 것은 철칙이다.

리드보상기

0.7.2절에서 순수 미분신호의 문제와 적분에서의 와인드업 현상을 설명했다. 미분제어기는 오차가 커지기 전에 제어할 수 있다는 장점을 갖고 있지만 초기에 큰 제어량이 필요하다는 문제가 나오기도 한다. 미분제어기의 문제를 완화시키면서 감쇄효과를 얻는 방법으로 리드보상기를 사용한다.

미분제어기의 전달함수는 $k_d s$로 표현된다. 센서로 측정되는 출력신호가 잡음에 의해 미분 불가 또는 매우 급격히 변화하는 형태로 나오며, 이 출력신호가 미분되면 물리적으로 구현 불가의 수학적 값이 나온다. 그러므로 이런 문제를 없애기 위해 고주파 필터 형태의 보상기를 사용하여 미분개념에 가까운 값을 만들어 제어에 사용한다. 이것이 리드보상기이다.

리드보상기의 전달함수는 다음과 같이 표현된다.

$$K_d(s) = \frac{1+Ts}{1+\alpha Ts}, \quad \alpha < 1 \tag{0.22}$$

시정수 T는 보드선도에서 절점주파수가 $\frac{1}{T}$이 되도록 하는 값이다. $\frac{1}{T}$이 클수록, 즉 T가 작을수록 고주파 필터의 주파수 밴드가 높아짐을 의미한다. 전기적으로는 RC 소자를 이용하여 리드보상기를 구현할 수 있다. α는 보상기의 직류이득이다.

식 (0.22)에서 $\alpha = 0$이면 분모는 1이 되므로 $K_d(s) = \frac{1+Ts}{1+\alpha Ts} = 1+Ts$가 되고, 전달함수 $(1+Ts)$의 특성은 비례제어이득 1, 미분제어기의 이득 T인 비례미분제어기가 된다.

그러므로 $\alpha \to 0$이 될수록 리드보상기 $\frac{1+Ts}{1+\alpha Ts}$는 $(1+Ts)$에 가까워지므로 리드보상기는 직류이득 α가 $\alpha \to 0$이 될수록 미분제어기와 비례제어기가 조합된 형태로 나타난다.

래그보상기

리드보상기에 대해 잘 이해한 독자의 경우 래그보상기는 어떤 변수가 무한대로 가면 적분제어기와 비례제어기가 조합된 형태로 나타날 것이라고 예상할 수 있을까? 적분제어기는 정상상태 오차를 제거하지만 응답속도가 느려진다는 문제와 와인드업 문제를 갖고 있다. 래그보상기는 적분제어기의 문제를 완화시키는 기능을 하는 반면에 적분제어기의 장점이 일부 훼손된다. 보상기는 미분제어기나 적분제어기가 가진 명확한 장점에서 일부 손실을 보더라도 명확한 단점을 보완하기 위한 변형설계로 이해하면 된다.

래그보상기의 전달함수는 다음과 같이 주어진다.

$$K_{lag}(s) = \frac{1}{\beta} \cdot \frac{s + \frac{1}{T}}{s + \frac{1}{\beta T}}, \quad \beta > 1 \qquad (0.23)$$

T는 래그보상기의 시정수이므로 $\frac{1}{T}$이 래그보상기 보드선도의 절점주파수가 된다. T가 클수록 저주파 필터의 대역이 더 낮은 주파수 대역으로 옮겨간다. 식 (0.23)에서 β가 증가할수록 분모 $s + \frac{1}{\beta T}$은 s에 가까워진다. 그러므로 $\frac{s + \frac{1}{T}}{s + \frac{1}{\beta T}} \rightarrow \frac{s + \frac{1}{T}}{s} = 1 + \frac{1}{Ts}$ 과 같은 형태로 수렴한다. 이는 비례제어기와 적분제어기가 조합된 형태지만 전체 이득은 $\frac{1}{\beta}$ 이므로 매우 작은 이득이 된다. β가 클수록 위상지연이 많아진다. 1차 적분제어기는 위상지연이 90도이다.

리드래그보상기

실제로는 리드래그$^{\text{Lead-Lag}}$보상기가 많이 쓰인다. 리드보상기와 래그보상기를 하나의 보상기로 결합해서 사용하므로 리드래그보상기의 전달함수는 리드보상기와 래그보상기 각각의 전달함수의 곱으로 표시된다. 즉 전달함수는 식 (0.22), (0.23)을 곱한 형태가 된다.

리드보상기의 설계에는 시정수를 T_1, 설계 파라미터인 직류이득을 α로 하고 적절한 값이 되도록 설계한다. 래그보상기는 시정수를 T_2, 설계 파라미터를 β로 표현하고 적절한 T_2와 β를 설계한다. 리드보상기나 래그보상기를 각각 사용하는 경우 앞의 네 설계 변수 설정이 자유롭지만, 하나의 리드래그보상기로 구현하고자 할 경우에는 시정수 T_1, T_2를 대상 설비와 센서 주파수 대역에 따라 선정한다. α와 β의 관계는 $\alpha = \frac{1}{\beta}$ 이 되도록 설계하고 $\beta = 10$ 정도로 설계한다.

앞의 설명과 같은 형태로 선정된 리드래그보상기의 전달함수는 다음과 같은 형태로 표시된다.

$$K(s) = \frac{s + \frac{1}{T_1}}{s + \frac{\beta}{T_1}} \cdot \frac{s + \frac{1}{T_2}}{s + \frac{1}{\beta T_2}}$$

SECTION 0.8 현대제어 이론

현대제어 이론은 수학과 통계학을 기반으로 다양한 분야로 발전해 다변수제어 이론, 강인제어 이론, 스토캐스틱제어 이론, 비선형제어 이론과 전문가 시스템, 신경회로망 이론, 인공지능 응용 등으로 분화하고 진화하는 중이다. 여기서는 이처럼 다양하고 깊이 있는 연구 분야들 중 이론적으로 정리하기 쉬우며 많은 현대제어 이론의 기본으로 활용되는 기준모델 적응제어$^{\text{model reference adaptive control}}$와 칼만 필터$^{\text{Kalman Filter}}$에 대한 기본 개념을 설명한다.

0.8.1 현대제어 이론 분야

현대제어 이론의 주요 연구 대상은 다음과 같다.

- 제어 대상 시스템이 비선형적 특성을 가진 비선형 시스템
- 제어 대상 시스템의 시스템 변수가 변하는 시변 시스템
- 제어 대상이 여러 개의 입력과 출력을 가진 다변수 시스템(또는 다중입출력 시스템$^{\text{multi-input multi-output system}}$)

여기서 다변수 시스템은 다루지 않고 입력과 출력이 한 개인 단일 입출력 시스템으로 제한해서 설명한다.

0.7절까지는 [그림 0-8]의 모형을 기본으로 설명을 진행했다.

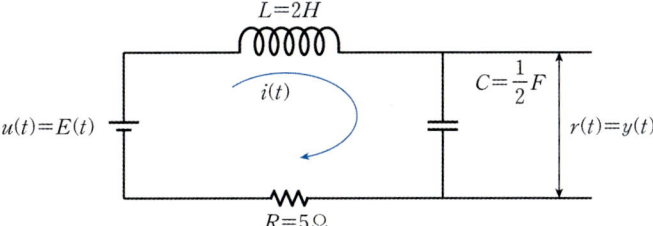

[그림 0-8] RLC 2차 회로의 모형(재기재)

같은 회로 모델을 현대제어 이론의 관점에서 생각해보자.

실제 대상 시스템에서 L 값은 정확한가? 그리고 변화하지 않는 값인가? 예를 들어 자석에 의해 움직이는 철심과 코일은 공극이 작아지거나 커지고, 상호 인덕턴스에 의해 L 값이 변화한다. 저항 R은 일정한가? 온도의 변화에 따라 변화할 수 있다. 커패시터 C의 용량은 항시 일정한가? 노화 등에 따라서 유

전율이 변화할 수 있고 C 값도 변할 수 있다. 그리고 인덕턴스 L을 모델링할 때 하나의 코일만 고려했는데, 실제로는 코일과 외부 자성체의 관계에 의해 어떤 미지의 방향으로의 누설 리액턴스가 존재하고, 이러한 현상을 수학적으로 모델링하지 않거나 못한 경우들이 많다. 제어공학에서의 해석과 설계 그리고 시뮬레이션은 수학적으로 모델링한 것을 대상으로 수행했으므로 어딘가에 허점이 있을 것이라고 생각할 수 있다. 현대제어 이론의 대부분은 이러한 허점에 대해 논하는 것이며 주로 대학원 석사과정 이상, 박사과정에서 다뤄지는 주제다. 여기서는 개념과 실험결과를 간단히 소개하는 정도로만 다룬다.

실제 복잡계나 제어 대상이 정확한 R, L, C 값의 2차 회로로, 마치 앞에 나온 회로도와 같이 모델링되는가의 문제가 여기서 검토하고자 하는 부분이다. 정확히 모델링되지 않거나 모델에 포함되지 않는 부분을 비모형화 부분 unmodeled dynamics이라고 부른다.

비모형화 부분을 표시하는 방법에 대해 살펴보자. 지금까지는 플랜트 모델의 전달함수를 $G(s)$로 표현했다. $G(s) = \dfrac{s^m + b_1 s^{m-1} + \cdots + b_m}{s^n + a_1 s^{n-1} + \cdots + a_n}$ 형태의 선형미분방정식으로 가정하고 제어기를 설계했는데 이는 공칭모델의 전달함수이며, 실제 플랜트 전달함수 $G_p(s)$는 이 $G(s)$와 어딘가 다를 것이다. 시스템 파라미터 a_i, b_i가 다르거나 또는 전달함수의 차수인 n, m이 다른 값이어야 할 수도 있다.

플랜트의 실제 전달함수 $G_p(s)$를 모델링이 된 $G_M(s)$와 모델링이 되지 않은 $G_u(s)$로 나눴을 때 다음과 같이 된다.

$$G_p(s) = G_M(s) + G_u(s)$$

우리가 익숙하게 알고 있는 $G(s)$는 바로 $G_M(s)$이며 공칭모델인 것이다.

$G_M(s)$가 플랜트를 상당히 잘 모델링한 것이라고 가정하면 $\|G_u(s)\|$는 저주파 대역 및 제어 관심 주파수 영역에서 작은 값이 된다. 이는 제어 대상 플랜트의 경우 우리가 제어하고자 하는 주파수 대역에서 공칭모델이 실제 플랜트와 매우 유사하게 구해질 수 있고, 또 유사하게 구해야 한다는 것을 의미한다. 0.3.3절에서 공칭모델의 유효성에 대해 설명했다. 이 의미는 플랜트의 주파수 특성이 저주파 및 관심 대역에서 공칭모델과 매우 유사하고, 제어 범위가 아닌 고주파수 대역에서는 오차가 있을 수 있다는 의미다. 제어 대상 주파수 대역에서 유사하지 않으면 이 모델은 잘된 모델링이 아니며 기존의 PI 제어 방식이나 고전제어 방식으로는 좋은 결과를 얻기 어렵다. 저주파 영역에서 $\|G_u(s)\|$가 작다는 의미는 $G_u(s)$를 라플라스 변환으로 모드를 구했을 때 지수함수적으로 빠르게 감쇄하는 항, 즉 극의 실수부가 절댓값이 큰 음수를 갖는다는 것을 의미한다.

[그림 0-8]의 회로에서 구한 해는 다음과 같다.

$$y(t) = 1 - \frac{4}{3}e^{-0.5t} + \frac{1}{3}e^{-2t} \tag{0.24}$$

이것은 회로의 R, L, C 값을 정확히 알고 있을 때 구한 단위계단입력이다. 어떤 회로의 단위계단입력 해가 다음과 같이 구해졌다고 가정하자.

$$y(t) = 1 - \frac{4}{3}e^{-0.5t} + \frac{1}{3}e^{-2t} + \alpha e^{-\beta t} \qquad (0.25)$$

$\alpha = \frac{1}{30}$, $\beta = 10$이라고 하면 $\alpha e^{-\beta t}$는 급속하게 감쇄하며, 아주 짧은 시간 후에도 거의 영향을 미치지 않게 된다. 그러나 어떤 이유로 α는 큰 값이고 β는 작은 값이라고 하면 단위계단 입력은 $\alpha e^{-\beta t}$에 의해 영향 또는 지배받는 결과가 나온다.

비모형화 부분이란 바로 식 (0.25)의 단위계단응답이 나오는 시스템으로 표시되어야 할 3차 회로가 어떤 이유로 식 (0.24)의 단위계단응답이 나오는 시스템인 2차 회로 모델링이 되었을 때 해당한다. 여기서는 강제 예를 만들었지만, 실제 플랜트에서는 항상 존재하는 문제이며 그 크기가 큰가 작은가의 문제일 뿐이다.

그런데 **식 (0.25)의 비모형화 부분이 있는 경우 기준입력 $r(t)$를 100 Hz의 주파수로 한다면**, e^{-10t}의 **모드가 $\frac{1}{100}$ 초의 시간도 의미를 갖는 시간이며 그동안 큰 값을 갖게 된다. 그러므로 비모형화 부분의 주파수 대역은 운전주파수 영역과 큰 관련성이 있다.** 안정도를 해석할 때 식 (0.25)의 비모형화 부분 $\alpha e^{-\beta t}$가 없다고 가정하고 풀었는데, 실제로는 존재한다면 어떤 문제가 발생할까? 현대제어 이론에서는 이러한 비모형화 부분도 고려한다.

비모형화 부분은 일반적으로 다음과 같은 형태로 표현한다.

$$G(s) = G_M(1 + \delta(s)) \qquad (0.26)$$

식 (0.26)의 비모형화 부분은 $G_U(s) = G_M * \delta(s)$로 표시할 수도 있다. 또 $\|\delta(s)\| \ll 1$을 가정하며, 특히 시스템이 운전되는 주파수 대역에서는 $\|\delta(s)\|$가 매우 작은 것으로 가정한다.

그러나 이런 형태의 비모형화 부분을 유형화하는 것은 쉽지 않다. 이런 비모형화 부분이 존재하는 실제 문제에서 제어 성능을 논하는 것을 강인제어 또는 견실제어^{robust control}라고 한다. 강인제어에서 해결하고자 하는 목표는 **어떤 매우 작은 $\delta(s)$가 존재하는 경우에 안정도가 보장되는 제어기 설계기법**을 찾는 것이다. 비모형화 부분을 표시하는 식 (0.26)보다는 좀 제한적인 표현이지만, 비모형화 부분을 파라미터의 변화로 포괄하고 해를 구하고자 하는 노력이 적응제어^{adaptive control} 이론이다. 초기 적응제어 이론의 경우 파라미터의 변화는 해결할 수 있지만 비모형화 부분의 문제를 해결할 수 있느냐에 대한 강인성 논란이 있었다. 그러나 이제는 강인성이 있다는 점이 부분적으로 규명되었고 실용적으로는 많이 쓰일 수 있는 단계로 들어갔기 때문에 많은 실용적 결과를 보여주고 있다.

지금까지 계속 살펴봤던 RLC 회로에 대해 생각해보자.

$$e(t) \longrightarrow \boxed{\frac{2}{2s^2+5s+2}} \longrightarrow v(t)$$

[그림 0-14] RLC 2차 회로의 전달함수(재기재)

[그림 0-14]의 회로에서 RLC 회로 각 소자의 값이 바뀌면 전달함수의 분모가 $2s^2 + (5+\alpha)s + (2+\beta)$의 형태로 바뀐다. 2차 회로의 특성은 유지되지만 소자 각각의 값이 바뀌는 경우다. 이때 α, β의 크기에 따라 비모형화 부분의 크기를 평가할 수 있다. 이러한 모델에 대해 효과적으로 사용할 수 있는 적응제어 이론을 0.8.3절에서 다룬다.

0.8.2 칼만 필터

칼만 필터는 1960년대에 컴퓨터의 실용화와 함께 현대제어 이론의 근간을 마련한 획기적인 개념으로 현대의 제어, 예측 및 신호처리 등의 기본 틀을 제공하는 이론이다. 이는 우주개발 프로젝트에서의 비행 제어, 미사일 추적, 로봇 제어 등에 쓰이기 시작했으며 이제는 공학 외에도 경제, 경영, 기상예측 등 거의 전 분야에서 수리모델 분석의 기본 이론으로 사용된다. 상태 피드백 제어$^{\text{state feedback control}}$에서 내부 상태를 모르거나 직접 측정할 수 없는 경우 칼만 필터를 이용한 상태추정 결과를 피드백하여 좋은 결과들을 얻고 있으며, 제어공학 엔지니어뿐만 아니라 경제, 경영 등의 많은 수리분석가들이 사용하는 기본 이론이 되었다.

■ 칼만 필터 적용 조건과 개념

기본적인 칼만 필터가 사용되기 위한 가정은 다음과 같다. ❶ 대상 시스템이 선형 시스템이며 ❷ 그와 동시에 시불변 시스템이고 ❸ 잡음은 정규분포의 백색잡음이어야 한다. 그러나 비선형 시스템 및 유색 잡음의 경우에도 확장형 칼만 필터를 사용하면 좋은 결과를 얻을 수 있다. 시변 시스템의 경우 0.5절의 시스템 식별 방법과 같이 사용할 수 있다.

칼만 필터는 잡음이 포함되는 상태공간표시 모델에서 효과적으로 전개되는 이론이며, **입력과 센서로 측정하는 출력으로 내부 상태변수를 추정하는 알고리즘**이다. 그러므로 시스템 모델은 가관측성이 있어야 하고 피드백에 의한 제어를 위해서는 가제어성이 있는 모델이어야 한다.

연속시간 시스템으로 다음과 같이 표현한다.

$$\dot{X} = F_a X + B_a u + W(t)$$
$$y = H_a X + v(t)$$

여기서 행렬 F_a, B_a, H_a는 시스템에서 주어진 아는 값이다. 이를 이산시간 시스템으로 표현하면 다음과 같다.

$$x_k = Fx_{k-1} + Bu_{k-1} + w_{k-1} \tag{0.27}$$
$$z_k = Hx_k + v_k \tag{0.28}$$

행렬 F_a, B_a, H_a는 F, B, H로 바뀌며 이는 계산으로 구할 수 있는 값이다. w_k와 v_k는 랜덤잡음이고 공분산^{covariance}[8]은 Q와 R이다.

칼만 필터의 이해를 돕기 위해 다음 두 단계로 나눠 설명한다.

❶ 외란과 잡음이 없는 시스템

잡음이 없고 가관측성이 있는 시스템은 입출력으로 내부 상태 변수를 알 수 있다. 식 (0.27), 식 (0.28)에서 초깃값 x_0과 측정값 u_0을 알고 w_i, v_i가 0이면 x_1을 알 수 있는 관계식이다. 이는 시스템 동적 특성dynamics에서 계산되는 값이며 이를 반복하면 긴 시간 후의 상태변수 x_n도 알 수 있다. 이를 그림으로 나타내면 [그림 0-20]과 같다.

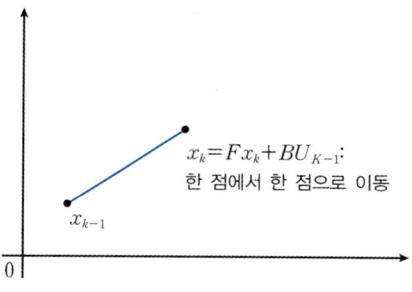

[그림 0-20] 외란과 잡음이 없는 모델의 상태 천이 모형

샘플링이 진행됨에 따라 상태변수 x_k는 이동하지만 이는 정확하게 주어진 한 점이 시스템 특성과 입력에 따라 천이되는 것이므로 입력 $u(k-1)$와 동적 특성 F에 의해 예측 가능한 지점으로 옮겨진다. 가관측성 모델을 가정하므로 입력 u와 출력 y로부터 상태변수 x를 식으로 구할 수 있다. 즉 여러 스텝 이후의 상태도 예측이 정확하게 이뤄지는 경우다.

❷ 외란과 잡음이 있는 시스템

잡음이 있는 모델은 식 (0.27), 식 (0.28)에서 시간이 갈수록 잡음의 영향이 누적되어 실제로 알고 싶은 내부 상태변수 x_k를 정확히 알 수가 없다. 식 (0.27), 식 (0.28)의 관계로 주어지는 z_k를 측정하면 x_k를 계산할 수 있을까? 그렇지 않다. 식 (0.27), 식 (0.28)에는 이미 독립적으로 측정할 수 없는 잡음 w_{k-1}, v_k가 포함되어 있기 때문이다.

주사위 던지기를 예로 들어 설명한다. 주사위를 던져서 나온 수에 10을 더한 수만큼 앞으로 걸어간다고 하자. 한 번 던질 때의 위치는 11~16보 앞으로 예측되지만 어느 위치일지는 모른다. 두 번째 던지면 22~32보 앞의 어딘가에 있게 될 것이다. 이런 경우 첫 번째로 던진 결과(즉, 첫 번째로 던진 후 사람의 위치 측정)를 알면 두 번째 던진 이후의 위치는 첫 번째 던진 후의 위치에서 11~16보 앞에 있을 것이다. 바로 주사위를 던지는 효과의 불확실성을 포함하는 시스템에서 적절한 위치를 추정하기 위한 것이다. 여기서 매번 10보 앞으로 가는 것은 시스템 특성이고, 1~6보를 더 가는 것은 잡음의 효과로 이해하면 도움이 된다. 이때 주사위를 던져서 추가적으로 가는 1~6보는 평균이 0이 아니므로 칼만 필터를 적용할 수 있는 대상이 아니다. 그러나 평균 3.5보를 시스템 모델에 넣으면 −2.5~2.5보를 가는 평균 0의 잡음으로 처리하여 칼만 필터 적용 대상으로 고려할 수 있게 된다(평균 0조건은 만족, 정규분포 여부는 모르는 상태).

[그림 0-21]은 잡음이 있는 모델의 내부 상태천이를 개념적으로 설명하는 그림으로 식 (0.27), 식 (0.28)로 표시되는 모델인 경우다. 이전 상태 x_{k-1}은 다이나믹스 F와 입력 u_{k-1}에 의해 x_k로 천이되지만 이전 상태 x_{k-1}도 사실은 정확히 아는 값이 아니다. 지속적으로 잡음의 영향을 받은 결과이므로 내부상태변수의 참값이 아니며, 일정 오차범위 내에 있는 값으로 생각해야 한다. 그러므로 여기서

---

8 공분산은 벡터변수에 적용되는 말로 스칼라 변수의 분산과 같은 의미다.

상태변수는 x_{k-1}이 아니라 x_{k-1}을 추정한 값의 의미로서 $\hat{x}_{k-1}$로 표시한다. 그 다음 순간의 상태는 다이나믹스 F와 입력 u_k에 의해 천이되지만, 이것은 지속적으로 잡음 w_k의 영향을 받으므로 실제 참값은 정확히 알 수 없으며 어느 오차범위 안에 있을 것으로 예상할 수 있다.

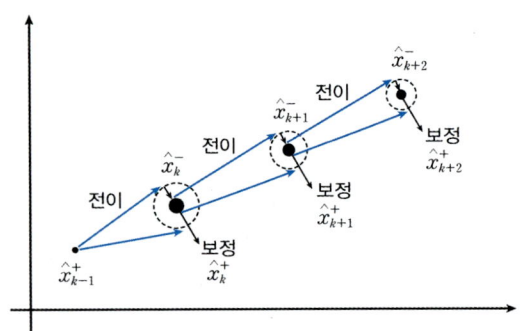

[그림 0-21] 잡음과 외란이 있는 모델의 상태천이 모형

즉 실제 상태는 x_{k-1}, x_k, x_{k+1}의 순서로 진행하지만 우리(관측자)는 $\hat{x}_{k-1}$, $\hat{x}_k$, $\hat{x}_{k+1}$의 순서로 상태를 관측하게 된다. 그러므로 x_k와 $\hat{x}_k$의 관계를 알아야 한다.

[그림 0-21]에서 원 모양의 점선은 그 범위를 나타낸다. 여기에 내부 상태변수 x_k를 추정하는 오차를 더 작게 하기 위해 측정값 z_k를 활용한다. 이는 직전에 측정된 z_k를 이용해 상태변수 $\hat{x}_{k+}$의 존재 범위를 그림의 바깥 점선 원에서 그 내부의 빨간 원으로, 즉 더 작은 오차범위의 값으로 추정하는 것이며 이는 최근 측정된 데이터에 잡음이 있더라도 잘 활용하면 다이나믹스에 의해 천이되는 값을 보정하여 오차 범위를 작게 할 수 있을 것이라는 아이디어다. 다음 순간으로 천이되는 것은 다이나믹스에 의해서이며 여기에는 외란이 동작한다.

■ 칼만 필터 알고리즘

식 (0.27), 식 (0.28)로 표시되는 모델에 대해 칼만 필터 알고리즘을 설명한다.

$$x_k = Fx_{k-1} + Bu_{k-1} + w_{k-1} \tag{0.27}$$
$$z_k = Hx_k + v_k \tag{0.28}$$

칼만 필터 알고리즘은 식 (0.27)과 식 (0.28)로 표시되는 동적모델에서 상태 x_k를 매 시간, 즉 매 k번째 샘플링 시간마다 구하는 것이다. 우리는 측정을 통해 매 k번째의 z_k를 알고 있다. 식 (0.27), 식 (0.28)에서 w와 v, 즉 외란과 측정 잡음이 0이거나 알고 있는 값이면 가관측성의 원리로 상태 x_k를 구할 수 있을 것이다. 그러나 매순간 외란 w_k와 측정잡음 v_k가 포함되므로 정확한 하나의 해가 구해지는 것이 아니며 0.6절의 최소자승법 개념이 사용되어야 한다.

칼만 필터 시뮬레이션 알고리즘을 요약하면 다음과 같다. 칼만 필터 알고리즘은 재귀 알고리즘이므로 초깃값을 지정해야 한다.

시스템 파라미터 F, B, H는 아는 값이며 초기 상태값 $x_0^- = x_0$, P_0^-, Q, R 등을 선정한다. 여기서 P_0^-는 상태 x의 초깃값의 분산에 대한 일정값이고, Q는 외란의 공분산, R은 잡음의 공분산이다. 주어진 초깃값으로 매순간 상태추정값 $\hat{x}_k$를 구하는 것이다. 이는 $\text{Min}\left\{(X_k - \hat{X}_k^+)^T(X_k - \hat{X}_k^+)\right\}$가 되는 $\hat{X}_k^+$를 구하는 것이다.[9]

컴퓨터 알고리즘의 순서는 다음과 같다.

❶ 칼만이득 K_0 계산

$$K_k = P_k^- H^T (R + H P_k^- H^T)^{-1} \tag{0.29}$$

❷ 보정 공분산 계산 P_0^+ 계산(측정값 보정 개념)

$$P_k^+ = (I - K_k H) P_k^- \tag{0.30}$$

❸ 출력 z 측정 및 $\tilde{y}$ 계산

$$\tilde{y}_k = z_k - H\hat{x}_{k-1}^- \tag{0.31}$$

❹ 천이 공분산 P_1^- 계산(이전 상태에서 보정된 값 사용)

$$P_{k+1}^- = F P_k^+ F^T + Q \tag{0.32}$$

❺ $\hat{x}_0^+$ 계산(천이된 값에 측정결과를 보정한 상태추정값)

$$\hat{x}_k^+ = \hat{x}_k^- + K_k \tilde{y} \tag{0.33}$$

❻ 상태변수 천이 $\hat{x}_1^-$ 계산(보정된 상태가 샘플링 시간 동안 천이되는 값)

$$\hat{x}_{k+1}^- = F\hat{x}_k^+ + B u_k \tag{0.34}$$

❶~❻의 과정을 반복하여 K_1, P_1^+, z를 측정하고, $\tilde{y}$, P_2^-, $\hat{x}_1^+$를 계산한다.

[그림 0-21]은 칼만 필터의 단계를 보여준다. 식 (0.27)과 식 (0.28)로 주어지는 시스템에서는 측정을 통해 입력과 출력 u_k, y_k를 알아도 내부상태 x_k를 알 수 없다. 그러므로 칼만 필터 알고리즘을 이용해 내부상태 x를 구하고 이를 이용한 전상태 피드백 제어를 하고자 하는 것이다. 식 (0.29)~식 (0.34)의 여섯 개 식이 가진 물리적 의미를 이해하는 것이 중요하다. 이 여섯 개의 식을 암기할 필요는 없다. 필요할 때 칼만 필터 알고리즘을 찾아보면 된다. 그러나 칼만 필터 알고리즘의 물리적 의미를 이해해두어야 응용력이 생긴다.

칼만 필터 알고리즘의 여섯 개 수식은 다음 ❶~❸과 같은 의미를 가지며 [그림 0-21]의 순서로 알고리즘이 작동한다.

---

[9] 여기서 대문자 X는 상태 벡터를 강조해서 나타낸 것으로 소문자 x와 같은 의미로 사용했다.

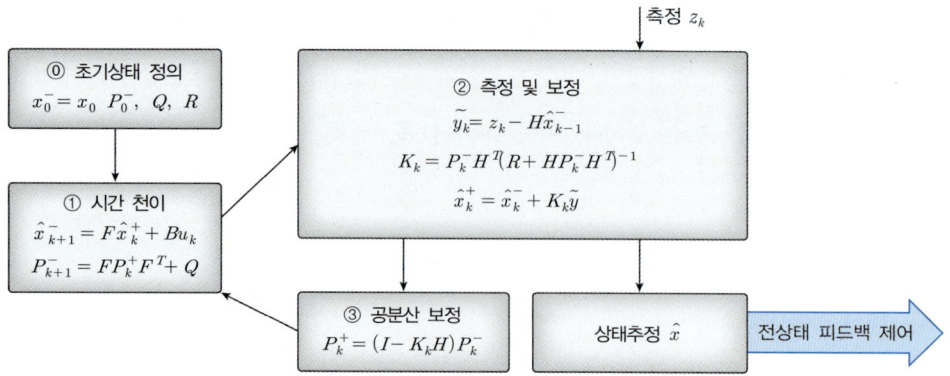

[그림 0-22] 칼만 필터 알고리즘의 3단계 의미

⓪ **초기상태 정의**

모든 재귀 알고리즘에 필수적인 조건이며 참값에 유사하거나 일정 범위 이내의 오차를 갖는 초깃값을 선정한다. 여기서 P_0^-, Q, R은 모두 양의 행렬 positive real matrix 이다.

① **시간 천이**

이산모델에서 매 순간에 대한 다음 순간의 상태는 식 (0.33), 식 (0.34)와 같이 천이된다. 단 여기서 주의해야 할 칼만 필터 알고리즘의 특성은 상태추정 $\hat{x}$에 (+)와 (−)가 존재한다는 것이다. 여기서 (−)는 이전 단계, 즉 $t = k-1$ 단계에서 다음 단계인 $t = k$ 순간의 값으로 천이된 것이다. $\hat{x}$은 상태천이방정식에 의해, 공분산 $\hat{P}$은 공분산의 천이관계 유도식에 의해 천이된다. 상태추정 (+)는 $t = k$ 순간에 천이된 상태가 같은 순간인 $t = k$에 측정한 입력과 출력을 이용하여 보정된 값이다.

② **측정 및 보정**

①에서 (+)는 천이된 것이 측정 데이터에 의해 보정된 것이라고 설명했다. 칼만 필터에서 보정되는 방향은 식 (0.31)의 $\tilde{y}$에 의해 결정되며, 보정되는 크기는 식 (0.29)의 칼만이득 K_k에 의해 정해진다. 보정된 상태 $\hat{x}^+$는 식 (0.33)으로 주어진다.

③ **공분산 보정**

식 (0.29)의 칼만이득 계산에 상태 공분산 P가 사용되는데, 매 순간 P는 어떤 관계식으로 천이되는지 나타내는 것으로 식 (0.32)와 같이 표시된다. 천이 이외의 보정 단계인 [그림 0-21]의 ②, ③ 유도에는 $Min\{(X_k - \hat{X}_k^+)^T(X_k - \hat{X}_k^+)\}$를 풀기 위한 $\frac{d}{dt}\{(X_k - \hat{X}_k^+)^T(X_k - \hat{X}_k^+)\} = 0$을 구하는 과정[10]을 생략한다. 이것이 최소자승법의 개념이다.

[그림 0-22]에서 추정상태 $\hat{x}$을 이용한 상태 피드백 제어의 강인성에 관한 논의는 여기서 다루지 않는다.

---

[10] 칼만이득을 구하는 계산 과정은 다음 사이트를 참고하기 바란다.
https://ko.wikipedia.org/wiki/%EC%B9%BC%EB%A7%8C_%ED%95%84%ED%84%B0

0.8.3 기준모델 적응제어 이론

0.7절까지 설명한 제어 이론들은 제어 대상 시스템의 출력이 원하는 기준값을 추종하도록 하는 개념이며, 기본적으로 원하는 값과 현재의 출력을 비교하여 만든 오차신호를 사용해 제어신호를 발생시키는 방법이다. 이는 제어 대상의 공칭모델을 대상으로 설계한 제어기를 플랜트에 적용하는 방법이며, 공칭모델과 실제 플랜트의 차이(비선형성 또는 파라미터의 변화 등)에 의해 제어 특성이 악화될 가능성이 있다.

[그림 0-23]은 기본적인 기준모델 적응제어의 개념이다.

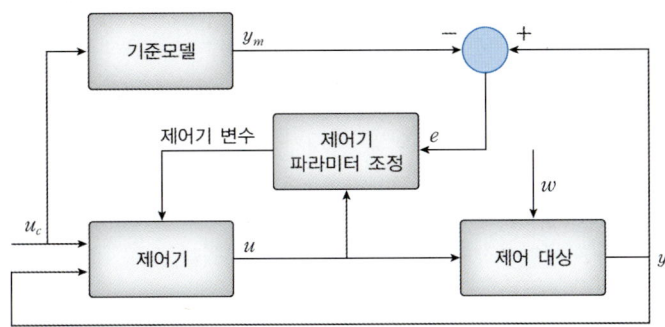

[그림 0-23] 기준모델 적응제어기의 한 모형

기준모델 적응제어 개념이 기존의 다른 제어 방식들과 다른 점은 다음과 같으며 이를 [표 0-1]에 정리했다.

❶ PID 제어를 포함한 고전 제어 방식은 동일한 제어법칙과 제어이득을 사용한다. 이에 반해 기준모델 적응제어는 제어이득이 계속 바뀌는 구조다.

❷ 기존 제어방식에서는 플랜트의 공칭모델을 제어기 설계 과정에서만 사용한다(제어기 연산 프로그램에서는 사용되지 않는다는 의미). 이에 반해 기준모델 적응제어방식에서는 제어연산 수행의 매 주기마다 기준값을 입력으로 한 공칭모델의 출력을 계산한다.

❸ 기존 제어 방식은 기준값과 출력의 차이 신호만 이용하는데, 기준모델 적응제어는 기준입력, 출력 외에 시스템 입력과 공칭모델에 기준값이 들어갔을 때의 출력도 이용한다. 이 개념은 공칭모델의 입출력 관계와 실제 플랜트의 출력을 이용해 플랜트의 폐루프제어 특성이 기준모델의 제어 특성을 추종하도록 하는 것이다(이를 사회적 표현으로 설명하면 사람이 롤모델을 정하고 따라가면서 성장하고자 하는 것과 마찬가지다. 제어의 출력이 단순하게 목표 출력값을 따라가는 것이 아니라 주어진 모델의 출력을 추종하도록 하는 개념이다). [그림 0-23]의 상부에 표시되는 오차 e는 이전에 사용되던 플랜트 출력과 기준입력의 차이가 아니다. 여기서 사용되는 e는 플랜트 출력과 기준모델 출력의 오차다. 그러므로 이 방식의 특징은 플랜트 출력이 기준입력을 따르는 것이 아니라 기준모델의 출력을 따르는 것이라고 할 수 있다. 사회적으로 설명하면 롤모델의 위치를 따르는 것이 아니라 같은 연령대에서 롤모델의 변화(발전) 형태를 따르는 형태와 유사하다.

❹ 기존 제어 방식에서는 제어기의 이득이 일정하고, 기준모델 적응제어에서는 제어기의 이득이 계속 바뀐다.

❺ 앞의 ❹에서 제어기의 이득이 바뀌는 원리는 공칭모델 출력과 플랜트 출력, 플랜트 입력 정보로부터 시스템 식별 이론으로 시스템 파라미터의 변화 등을 알 수 있고, 이를 근거로 제어기의 이득을 자동으로 조절한다는 개념이다. 여기에는 재귀순환알고리즘을 이용한다. 0.5.2절에서 다룬 시스템 식별에 대한 내용을 참고하자

❻ 기존 제어 방식들은 플랜트 특성의 변화에 의해 그 성능이 변화되며 경우에 따라 제어에 실패하기도 한다. 이에 비해 적응제어 방식은 효과적으로 설계할 경우 제어실패를 방지하고 좋은 제어 결과를 낼 수 있다.

❼ 기준모델 적응제어는 더 많은 연산을 필요로 하며 설계를 위해 실시간 연산능력에 대한 검토가 필요하다.

❽ 기준모델 적응제어 방식을 적용하기 위해 제어연산장치는 고성능일 필요가 있다.

[표 0-1] PID 제어와 기준모델 적응제어 개념의 차이

	PID 제어	기준모델 적응제어
플랜트 모델	플랜트 모델 선정	플랜트 모델 선정
제어 법칙	비례/적분/미분항의 이득 선정	다양한 설계 가능
사용 신호	오차신호(기준값-출력값)	기준값, 제어기 입력, 공칭모델 출력과 플랜트 출력 사용
연산	제어입력만 계산	시스템 파라미터 및 제어입력 계산
제어이득 변화	없음	계속적으로 제어변수(이득) 조정

이 개념을 모두 설명하는 것은 간단하지 않으므로 실제 응용사례를 통해 설명을 보완한다.

PART 01

제어시스템 RAMS

CONTENTS

CHAPTER 01 안전필수 시스템의 제어특성
CHAPTER 02 제어시스템의 고장과 고장허용설계
CHAPTER 03 RAMS 이론과 분석 방법
CHAPTER 04 안전필수 시스템의 제어설계 과정

현대사회에서는 안전사고가 매우 중요한 이슈 중 하나다. 특히 항공기 추락사고인 보잉 737 맥스 8의 연쇄 추락 소식은 전 세계를 경악하게 했다. 이 사고는 바로 안전필수 시스템이 무엇이며 어떻게 설계, 제작, 시험되어야 하는지와 제대로 절차를 거치지 않았을 때 어떤 결과가 발생하는지 적나라하게 보여준 예라고 할 수 있다.

이 책에서는 안전필수 시스템이 어떤 것인가에 대한 설명과 안전필수 시스템의 제어시스템은 어떤 절차를 거쳐 설계되고, 정량적인 특성을 어떻게 평가해야 하는가를 다룬다. 정량적인 평가는 통계적인 확률계산으로 하는데, 그 대상 확률모델이 실제 시스템과 일치해야 하는 것이 핵심이다. 이를 위한 과정이 고장 형태 및 영향 평가이며, 이를 수행하는 방법과 그 결과로 유도되는 신뢰도블럭다이어그램(RBD)$^{\text{Reliability Block Diagram}}$으로부터 시스템 신뢰도를 구하는 과정을 설명한다. 이를 위해 부품의 고장률 데이터에서 신뢰도 및 다른 관련 특성을 구하는 이론을 다룬다. 또한 IEC의 안전필수 시스템 설계에 관한 기술표준 관점에서 안전필수 시스템 제어설계의 핵심 고려사항에 대해서도 설명한다.

CHAPTER 01

안전필수 시스템의 제어특성

안전필수 시스템 _1.1
안전필수 시스템 제어시스템의 지향점 _1.2
시나리오로 풀어보는 다중화 설계와 고장진단 _1.3
생각해보기

PREVIEW

안전필수 시스템이란 무엇일까? '안전필수 시스템'이라는 용어가 낯선 독자들도 많을 것이다. 처음 들어보는 용어라면 그냥 쉽게, 이렇게 생각하자. '아! 안전이 필수적인 시스템을 말하는 것이구나.' 비행기, 고속철도, 자동차 등의 교통수단이나 원자력발전소, 화력발전소 등의 대형 발전소 및 정유화학공장, 철강공장 등의 대형 플랜트의 안전이 지켜지지 않으면 몇 명에서 수십, 수백 명이 순식간에 목숨을 잃을 수 있다. 엄청난 환경 재해나 재산상의 손실을 가져오는 설비에서 안전이 매우 중요할 것 같다는 생각이 든다면 안전필수 시스템을 제대로 이해한 것이다. 그러나 아쉽게도 공과대학 교육에서는 이런 설비의 제어에 관한 교육이나 연구가 제대로 이루어지지 않고 있다. 기술에 대해 연구개발하는 것은 해당 분야에 종사하는 엔지니어와 연구자들만의 영역으로 인식되어 왔다. 그래서 안전필수 시스템에 대한 연구개발이나 대학 및 대학원에서의 교육은 거의 없으며 산업현장(예를 들면 항공기 제조 산업, 원자력발전소 설계 및 건설 산업, 우주 산업 등)에서 특화된 형태로 일부만 이루어져 왔다. 이는 안전 이슈가 기본적인 공학상식으로 이해되지 않고 산업의 특성 정도로 인식됨에 따라 오히려 쉽게 안전규정을 위배하는 문제들이 발생하는 것은 아닌가 하는 생각이 들기도 한다.

현대에 들어서는 안전의 중요성과 안전필수 대상 분야가 증가해 이 기술을 적용해야 하는 신산업들이 늘고 있으나, 이를 위한 체계적인 교육은 이루어지지 못하고 있다. 그러므로 특정 산업 분야에서만 적용되고 교육 및 연구개발되던 안전필수 시스템 제어 이론과 기술을 공학의 기본 과정으로 편입시킬 필요가 있다. 그럼으로써 범 산업계 엔지니어 및 연구자들의 필수 지식으로 전환하는 계기를 마련하고 기존의 안전필수 산업뿐 아니라 부분적 안전 강화가 요구되는 신산업 분야에 안전이 강화된 제어시스템을 확대 적용할 수 있을 것이다. 특히 안전필수 산업 분야에서 대표적 실패 사례라고 할 수 있는 보잉 737 MAX 8 연쇄추락이나 챌린저호 폭발, 과거의 우주선 이탈, 방사선 의료기기 사고, 원전에서의 인적 실수, 국내외 화공/정유 플랜트 폭발사고 등 잘 알려진 경우 외에도 실제로 설계 과정에서 알고 있어야 할 사례들은 공개되지 않거나 대학에서 교육되지 않고 있다는 것이 중요한 문제이자 팩트이다.

SECTION 1.1 안전필수 시스템

통상적으로 오동작이나 시스템 실패가 사람의 생명을 해치거나 중대한 부상을 입히고, 자산이나 설비에 큰 손실 및 환경문제를 일으킬 수 있는 시스템을 안전필수 시스템$^{safety\ critical\ system}$이라고 한다.

대표적인 안전필수 시스템으로는 다음과 같은 것이 있다.

- 항공기 및 우주선
- 원자력 발전소
- 의료기기(방사선 치료 및 진단기기, 최근에는 의료용 로봇 등), 고속전철
- 대형 데이터 시스템$^{data\ system}$ 및 금융 전산망
- 화공/정유와 LNG/수소 저장소

이러한 안전필수 시스템은 추가로 설명하지 않아도 안전하게 만들어지고 안전하게 운영되어야 하는 설비임을 누구나 알 수 있다. 사실 우리는 이처럼 특수한 예 외에도 온갖 안전필수 시스템에 둘러싸여 살고 있다. 거리의 신호등, 고층 에스컬레이터, 엘리베이터, 자동문 등 끝이 없다.

여기서 하나의 새로운 용어를 도입한다. 항공기는 안전필수 시스템인데 이는 항공기 전체가 안전해야 한다는 의미다. 그렇다면 항공기의 제어시스템을 어떻게 불러야 할까? 항공기의 제어시스템은 항공기 안전과 관련된 중요한 시스템이다. 항공기가 안전하기 위해서는 동체가 기구적으로 강해야 하며 엔진도 강하게 부착되어야 하고 연료도 안전하게 공급되어야 하며 제어시스템도 항공기를 안전하게 비행하도록 잘 만들어져야 한다. 이런 하나하나의 설비들은 그 자체가 안전한 대상이 아닌, 항공기를 안전하게 하기 위한 설비들이며 이들을 안전관련$^{safety\ related}$ 시스템 또는 안전중요$^{safety\ important}$ 시스템이라고 부른다. 그러므로 항공기의 제어시스템은 안전관련 시스템이며 항공기의 안전에 관해 필수적인 기능을 담당해야 한다.

독자들은 안전필수 시스템과 안전관련 또는 안전중요 시스템의 차이를 정확하게 알 수 있을 것이다. 또한 안전관련 시스템이 안전필수 시스템보다 덜 중요한 것이 아니라, **안전관련 시스템은 안전필수 시스템을 구성하는 핵심적 부분집합**이라는 점을 확실히 이해해야 한다. **이 책에서 다루는 안전필수 시스템의 제어시스템은 안전관련 시스템이다.**

안전필수 시스템과 안전관련 시스템의 정의는 매우 중요하므로 위키피디아의 원문을 그대로 인용한다.

> **Safety-critical system**
>
> Safety-related systems are those that do not have full responsibility for controlling hazards such as loss of life, severe injury or severe environmental damage. The malfunction of a safety-involved system would only be that hazardous in conjunction with the failure of other systems or human error.

Safety-critical system 원문

위키피디아의 안전필수 시스템 정의에서 언급한 '오동작이나 시스템 실패가 사람의 생명을 해치거나 중대한 부상을 입히는 경우, 자산이나 설비에의 큰 손실 및 환경문제를 일으키는 경우들'을 기준으로, 일상생활 속에서 인명피해 유발 사례들을 살펴봄으로써 안전필수 시스템의 적용 또는 안전관련 시스템의 특성이 요구되는 분야들을 찾아보자.

1.1.1 확대되는 안전필수 시스템의 범주

과거에는 경제와 생활수준이 우선 관심사였고 환경이나 안전은 그 다음의 관심사였다. 환경이나 안전이 사회의 중요 관심사항이 되는 단계는 경제적 수준이 향상되고, 안전과 환경에 대한 중요성을 인식하기 시작한 후에야 가능한 일이다. 과거에도 한 사람 한 사람의 목숨은 중요했지만, 현재는 과거에 비해 생명과 안전이 훨씬 더 중요한 가치로 인식되며 이러한 인식은 갈수록 강화될 것이다. 이러한 환경과 인식의 변화 속에서 우리는 안전이 얼마나 중요하고 얼마나 많은 안전필수 시스템에 둘러싸여 생활하고 있는지 인식해야 한다.

다음은 빈번하게 발생하는 실생활 속의 안전필수 시스템 사고들이다.

- 자동차 ECU$^{Engine\ Control\ Unit}$의 하드웨어 오류 또는 소프트웨어 오류에 의한 급발진 사고, 무인자율주행자동차의 인식오류나 소프트웨어 오류에 의한 사고
- 엘리베이터를 타려고 할 때 그 안에 있어야 할 탑승함이 없어서 사람이 바닥으로 추락하는 사고
- 열차(고속전철, 기존 철도, 지하철)가 올바른 플랫폼이 아닌 다른 플랫폼으로 진입하여(예를 들면 상행선 열차가 하행선이 오는 철로로 진입하는 경우) 열차끼리 충돌하는 사고. 이러한 사고는 열차제어시스템$^{signaling\ system}$의 고장이나 오동작으로 발생하며 국내에서 수십 건, 세계적으로는 수백 건 이상이 보고되고 있다.
- 집안의 도시가스보일러나 가스레인지에서 가스가 누설되어 발생하는 화재나 질식사
- 냉동 창고의 출입문을 안에서 열지 못해 그 안에서 사망한 사고
- 태풍이나 장마가 심한 날 한밤중에 사거리 신호등 고장으로 발생한 자동차 충돌 및 인명 사고
- 문이 열린 상태에서 마이크로 오븐이 동작해 사람이 강력한 전자파를 정면으로 맞은 사고
- 대형 건물이나 호텔에서 화재방지용으로 설치된 스프링쿨러가 제대로 동작하지 못해 발생한 대형 화재사고

- 버스 내부 화재 시 수동으로 문을 열 수 없어서 발생한 인명사고
- 멕시코 걸프만의 해저 원유 유출사고
- 해킹으로 인한 여러 가지 사고와 범죄들, 특히 세계적인 통신망이나 대형 금융사의 해킹 범죄

이 밖에도 자율주행자동차 시대에 해킹을 통해 초대형 사고(예를 들면 모든 자율주행차가 서로 충돌하는 시나리오)를 일으키는 사이버 범죄의 등장은 너무 소설 같은 이야기일까?

앞의 예와 같은 사고를 방지하는 것이 안전관련 시스템, 즉 안전필수 시스템의 제어시스템이 기본적으로 구축해야 할 특성이다. 신호등의 예를 살펴보자. 사거리의 신호등이 고장 났을 때 어떤 방향에는 직진 신호등이 반대 방향에는 좌회전 신호등이 켜진다면 큰 사고를 일으킬 위험이 있다. 그래서 신호등이 고장 난 경우에는 신호등을 제어하는 주제어장치(예를 들면 CPU 내장)와 별도로 다른 보조회로를 통해 적색등과 황색등을 점멸함으로써 운전자의 주의를 끌어 사고를 방지할 수 있게 변경되었다. 이것은 나중에 설명할 안전관련 제어시스템이 고장 나는 경우에도 안전을 유지하거나 위험을 최소화하는 동작이 가능하도록 설계하는, 안전측고장$^{fail-safe}$ 설계의 개념을 적용한 것이다. 또한 신호등을 수동으로 제어하는 기능(예를 들면 요인 이동, 특수 상황 통제)도 필요하다. 이는 나중에 상세히 설명할 제어 및 보호 동작의 자동/수동 전환 기능에 해당하는 것으로, 영화에 많이 나오는 기체 손상이나 제어시스템 이상으로 자동 운항에 문제가 있을 때 비행기 운항이 수동으로 전환되어 비행하는 것과 같은 원리다. 항공기와 신호등은 유사점이 없을 것 같지만 자동모드 운전에서 고장 시 수동운전 모드로 전환할 수 있다는 원칙은 똑같이 적용된다. 즉 형태가 다른 안전필수 시스템에서도 안전관련 시스템의 설계 원칙은 공통으로 적용될 수 있다는 의미다. 이제 독자들은 안전관련 시스템의 설계에 적용할 기술기준이나 표준이 이미 만들어져 있고, 이를 기반으로 설계한다는 것을 눈치채야 할 것이다.

1.1.2 안전필수 시스템 교육

많은 사건사고로 인명과 재산 피해, 환경 재해를 경험하지만 현실에서는 그저 "안전 불감증이 낳은 재해"라는 한 마디 말로 넘어가버린다. 그리고 안전책임자의 책임을 넘어 CEO의 책임을 묻는 법안 등이 발의되고 있다. 모두 필요한 방안이다. 그러나 안전의 근본은 안전 시스템에 대한 체계적 교육이며 누구나 안전의 파수꾼이 되어야 한다는 것이다.

그러나 안전에 대해 합리적이며 공학적인 개념을 이해하지 않으면 엄청난 경제적 손실과 폐해를 볼 수 있고 이는 다른 위험사회로 진입하는 계기가 될 수 있다. 안전필수 시스템에서 안전에 관한 설계는 어떤 사고나 고장도 발생하지 않도록 하는 것이 아니다. 대전제는 허용위험 수준에 대한 이해다. 자동차의 브레이크가 파열될 확률은? 비행기가 추락할 확률은? 지구에 초대형 운석이 충돌할 확률은? 이런 확률들은 모두 수학적으로 0^{zero}이 아니다. 핵심은 매우 작은 값이라는 것이다. 어느 정도 작은 확률의 사고는 무시할 수 있는가? 현실적으로 인정되는 작은 확률의 사고들(실제는 확률 곱하기 위험의 크기)은 무시되고 일정값 이상의 고장이나 사고에 대해서는 대책을 세우며 발생 확률을 낮추는 것이 제어시스템 설계, 제작, 시험, 평가의 관점에서 해야 할 작업들이다.

많은 안전사고들은 사실 안전필수 시스템으로서 당연히 갖추고 지켜야 할 설계·제작·시험·품질·

인간공학·소프트웨어 검증·다양성 설계·고장 진단 및 감시 등 여러 요소들의 구현 및 이행 문제를 충분히 또는 전혀 고려하지 못한 결과로 나타난 현상들이다. 때로는 내부 전문가의 안전문제 제기가 묵살된 결과로 나타나기도 한다. 이러한 경우는 공급자의 부도덕성도 문제일 수 있지만 대부분은 대상 시스템이 가져야 할 특성과 이를 만족시키기 위한 제반 절차들에 대해 발주자나 공급자가 잘 알지 못했기 때문인 경우가 많다. 모든 작업 참여자들이 안전필수 시스템의 덕목을 기본 상식으로 알도록 교육되었다면 많은 안전사고들이 예방되었을 것이다. 이러한 교육이 기본으로 자리 잡지 못했기 때문에 당연히 해야 할 작업을 추가 작업 정도로 인식하고 '이 정도면 충분하지 않을까?'와 같은 자의적 판단과 생각으로 기존 경험에만 비춰 발주 및 공급함으로써 발생하는 사건사고들이다.

이러한 사건사고를 방지하기 위한 첨병, 즉 첫 단계는 안전필수 시스템을 제어하는 제어시스템이 안전필수 능력을 보유하도록 설계·제작·시험·검증되어야 하며 바로 이런 과정을 거친 제어시스템이 **안전관련 제어시스템**이다. 아울러 안전관련 시스템에 대해 젊은 공학도들이 체계적인 교육을 받을 경우 자연스럽게 안전마인드가 제고되어 안전사고를 방지할 수 있다. **안전의 표상처럼 알려졌던 미국의 NASA 챌린저호 발사 오류나 보잉 737 맥스 8의 연쇄추락 사고는 세계 어느 기관이나 회사도 안전 문제에서 자유롭지 못함을 보여주는 대표적인 사례라고 할 수 있다.**

SECTION 1.2 안전필수 시스템 제어시스템의 지향점

이상적인 안전필수 시스템 제어시스템의 목표는 쉽게 이야기해서 '죽어도 제대로 기능하는 제어시스템'이라고 할 수 있다. 그러나 실제로 그런 시스템을 만드는 것은 불가능하므로 설계 목적대로 기능하는 제어시스템을 얼마나 잘 만들 수 있는가 하는 것이 해결 과제다. 현실 공학 세계에서는 비용과 효과를 같이 검토해야 한다. 따라서 설계부터 제작까지의 전 과정은 대상 시스템에 따라 요구되는 정량적 특성들이 반영되고 설계 목적에 따라 정확하게 정리된 요건서를 기반으로 그 요건을 얼마나 충실하게 만족하도록 설계 및 제작되었는지 확인하는 인허가 또는 승인 과정을 거친다. 대상 시스템의 위험도에 따라 제어/보호 시스템이 확보해야 할 정량적 특성을 정의한 것 중에 IEC(국제전기기술위원회)$^{\text{International Electrotechnical Commission}}$ 61508에서 정의하는 안전무결성수준(SIL)$^{\text{Safety Integrity Level}}$이 대부분의 국가에서 산업표준이자 규정으로 인용되고 있다.

[표 1-1]은 안전무결성수준을 요약한 것이다. 같은 가스누출 감지 및 보호장치라 하더라도 가정용, 중소 산업용, 대규모 가스저장소 등에 따라서 요구되는 안전무결성수준이 달라진다는 것을 알 수 있다. 안전필수 또는 안전관련 시스템 설계나 제작, 승인 등에서는 실패의 위해도 크기에 따라 요구 수준이 다르다. 교통수단의 경우 자동차에 요구되는 기술기준보다는 철도가, 철도보다는 항공기에 요구되는 기술기준이 훨씬 높고 광범위하며 화력발전소에 요구되는 기술기준보다는 원자력발전소에 적용되는 기술기준이 훨씬 높고 광범위하다.

[표 1-1] 안전무결성수준의 정량적 표시와 산업 예시[IEC 61508]

SIL 수준	저빈도 동작기기의 동작실패 확률 (예를 들면 1회/year 미만) 안전고장		고빈도/연속 동작기기의 동작실패 확률 (예를 들면 1회/year 이상, 상시 등) 브레이크, 방사능 감지설비, 가스누출 감지기, 고온 압력감시기 등	
	동작실패 확률	예시 모델	동작실패 확률	예시 모델
4	$10^{-5} \leq p \leq 10^{-4}$	원자력발전소 보호설비	$10^{-9} \leq p \leq 10^{-8}$	브레이크 시스템, 대규모 가스누출 감지 설비 등 특성에 따라 SIL 수준은 달라짐
3	$10^{-4} \leq p \leq 10^{-3}$	화공/정유/가스/고속철도	$10^{-8} \leq p \leq 10^{-7}$	
2	$10^{-3} \leq p \leq 10^{-2}$	중위험도 설비 등	$10^{-7} \leq p \leq 10^{-6}$	
1	$10^{-2} \leq p \leq 10^{-1}$	일반 가정용 및 저위험 설비	$10^{-6} \leq p \leq 10^{-5}$	

[표 1-1]은 '안전필수 제어시스템은 얼마나 안전해야 하는가?'를 나타내기 위해 안전 시스템의 동작실패 확률의 기준값을 제시한 것이다. 그렇다면 이 기준값의 의미는 무엇인가? 그리고 그 값들은 어떻게 산출할 수 있는가? 여기서는 이 '얼마나'의 정량적 수치를 계산하는 방법과 의미에 대해 살펴본다.

1.2.1 정량적 평가지표의 개요

시스템이 얼마나 안전하고 얼마나 좋은 것인가를 정량적으로 평가하는 항목으로 RAMS$^{\text{Reliability, Availability,}}$ $^{\text{Maintainability and Safety}}$를 사용한다. 프로야구 선수의 평균 타율과 타점, 장타율과 수비 실책비율 등의 기록이 정량적인 데이터로 활용되는 것처럼 공학설비는 그 설비의 정량적 특성을 신뢰도^{Reliability}, 가용도^{Availability}, 유지보수도^{Maintainability}와 안전도^{Safety}로 나타낸다. 대상 시스템에 따라 RAMS의 네 가지 특성 중 우선적으로 요구되는 특성이 달라진다. 어떤 설비는 RAM만을 중요하게 평가하기도 하고 또 어떤 설비는 가용도(A)를 가장 중요하게 생각하기도 한다. 항공기의 경우 연속으로 비행하는 시간은 길지 않지만(예를 들면 최대 20시간 또는 공중급유 시 확대) 최고의 신뢰도와 안전도가 요구된다. RAMS는 어느 설비의 정량적 특성을 포괄하는 정의로서, 대상 설비의 특성에 따라 적용되는 산업기준이나 발주자의 요구가 달라진다는 점을 이해해야 한다.

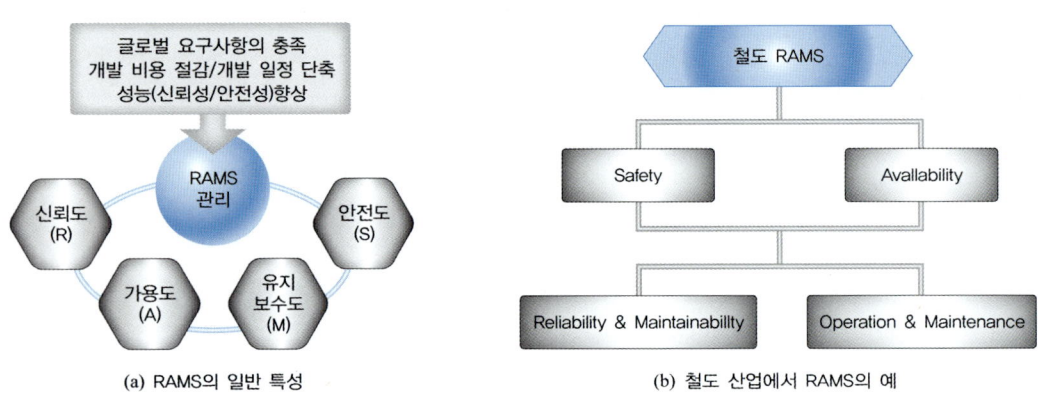

[그림 1-1] RAMS 관계와 철도 산업의 RAMS 표시 예

안전관련 시스템인 제어시스템의 정량적 평가는 네 개의 값(RAMS)으로 평가하며, 모두 그 값이 1에 가까울수록 안전하고 가용도가 좋은 시스템이라고 할 수 있다.

■ 신뢰도

신뢰도^{Reliability}는 이 책에서 가장 중요한 정의이므로 정확하게 이해해야 한다. 어떤 시스템의 신뢰도란, 정상적으로 동작하고 있는 시스템이 **현재부터 시간 t까지 연속해서 정상적으로 동작할 확률**을 의미한다. 그러므로 신뢰도는 시간 t의 함수로 나타나는 확률 함수이며 $t=0$일 때 최댓값이 1이고 시간이 경과함에 따라 확률이 감소해 ∞의 시간에는 0이 된다. 즉 모든 시스템은 결국 고장이 나고 만다는 의미다. 신뢰도는 보통 $R(t)$로 표시하며 시간에 따라 감소하는 단조감수함수이다. 다시 말해 $R(t)$의 의미는 시간 $(0 \sim t)$ 구간에서 그 시스템이 정상적으로 동작할 확률을 의미한다. 신뢰도의 1에 대한 보수로 불신뢰도는 $Q(t) = 1 - R(t)$로 정의한다. 수식 전개의 편의성에 따라 신뢰도 또는 불신뢰도를 사용한다. 고장 형태 및 영향분석(FMEA$^{\text{Failure Mode and Effect Analysis}}$) 방식을 사용하는 경우 신뢰도를 주로 활용하고, 고장나무분석기법(FTA$^{\text{Fault Tree Analysis}}$)을 사용하는 경우 불신뢰도를 많이 활용한다. 이는 4장에서 자세히 설명한다.

신뢰도는 고장률과 밀접한 관계가 있다. 단일 고장률로 나타낼 수 있는 시스템에서 고장률을 λ/hour (고장률은 단위시간당 고장이 발생할 확률)라고 하면 신뢰도는 $R(t) = e^{-\lambda t}$가 되고, 평균고장시간 (MTTF)$^{\text{Mean Time To Failure}}$은 $\frac{1}{\lambda}$이 된다. 신뢰도와 평균고장시간은 고장률로 서로 연계되며, 평균고장시간은 다음에 설명하는 가용도의 중요 변수가 된다.

처음 신뢰도를 대하는 사람은 대부분의 경우 신뢰도를 그 시스템을 사용할 수 있는 확률로서의 가용도와 같은 개념으로 잘못 이해한다. 신뢰도는 가용도 $A(t)$와 너무나도 차이가 나는, 다른 의미다.

■ 가용도

가용도^{Availability}는 대상 시스템이 어느 시점 t에 정상적으로 동작하고 있을 **확률**을 나타내며, $A(t)$로 표시한다. 즉 한순간 t에서의 확률을 의미한다는 면에서 신뢰도 $R(t)$와는 큰 차이가 있다. 가용도는 어느 순간 t에서 정상동작일 확률이므로 이는 통계적으로 운용하고자 하는 전체 기간 중에서 실제 사용이 가능한 시간이 갖는 범위, 즉 %의 개념으로 표현할 수 있다. 가용도는 고장횟수와 고장복구시간의 함수다. 고장이 잦더라도 빠르게 복구된다면 가용도는 높을 수 있다. 그러나 고장횟수가 많다면 신뢰도는 매우 낮은 것으로 평가될 수밖에 없다.

가용도 $A(t)$는 $A(t_{\text{current}}) = \frac{t_{\text{operation}}}{t_{\text{operation}} + t_{\text{repair}}}$으로 정의된다. 현재 시간에서의 가용도는 이전에 일정 주기 동안 동작했던 시간과 고장을 수리하느라 동작하지 못했던 시간(여기에는 정기 유지보수시험시간도 포함됨)의 함수로 표시된다. 가용도 $A(t)$는 시간 함수지만 많은 경우 정상상태 가용도로 평가된다. 정상상태 가용도는 $A_{\text{steady state}} = \frac{\text{MTTF}}{\text{MTTF} + \text{MTTR}}$이고, 여기서 $\text{MTTF} = \frac{1}{\lambda}$, $\text{MTTR} = \frac{1}{\mu}$, λ는 고장률, μ는 고장복구율이다. MTTF, MTTR, λ, μ의 관계는 3장에서 상세히 설명한다. 가용도는 순시시간 t의 함수로 표시되지만 일반적으로는 정상상태 가용도를 사용한다.

가용도와 반대되는 개념으로 불가용도^{unavailability}가 있는데, 이는 가용도의 1에 대한 보수이다. 즉 불가용도는 $U(t) = 1 - A(t)$로 매우 간단한 개념이지만, 보호 시스템의 불가용도는 대상 시스템의 안전도 평가의 핵심이 된다.

■ 유지보수도

유지보수도^{Maintainability}는 고장 설비나 기기가 t 시간 이내에 정상으로 복구될 확률을 의미하며 $M(t)$로 표시한다. 고장이 잦더라도 짧은 시간 내에 큰 힘 들이지 않고 수리된다면(예를 들면 리셋^{reset} 버튼을 눌러 조치 완료) 유지보수도가 아주 뛰어난 시스템이라고 할 수 있다. 유지보수도는 '단위시간에 몇 개의 고장을 수리할 수 있는가?'로 정의되는 고장수리율(μ)의 함수로 나타낸다. 고장수리율 μ는 단위시간에 몇 개의 고장을 수리할 수 있는가를 나타낸다. **유지보수도는 시간 t까지 고장이 수리되어 있을 확률을 의미하며** $M(t) = 1 - e^{-\mu t}$로 주어진다. 이 식의 의미와 유도는 3장에서 다룬다. 1.2.2의 예제들을 통해 상세히 이해하자.

■ 안전도

안전도^{Safety}는 대상 기기가 '현재 정상적으로 동작하는 상황에서 시간 t까지 정상적으로 동작하거나 고장이 나더라도 안전한 상태를 유지할 수 있는 확률'을 의미하며 시간 t의 함수인 $S(t)$로 표시한다. 신뢰도 $R(t)$, 안전도 $S(t)$에서 t는 처음시간 0부터 현재시간 t까지의 연속구간을 의미한다. 신뢰도는 정상적으로 동작할 확률인 반면에 안전도는 안전을 유지할 수 있는 확률로서 (안전도)=(신뢰도)+(동작은 제대로 못하지만 안전하게 유지되는 확률)의 개념이므로 $S(t) \geq R(t)$ 의 관계가 성립한다. '동작은 제대로 못하지만 안전하게 유지되는 확률'은 신호등의 예에서 신호등이 고장 났을 때 적색등과 황색등을 점멸하는 경우, 항공기의 자동제어시스템이 고장 나서 수동운전으로 전환해 조종사가 수동조종하는 경우 등이 해당된다. 발전스가 운전은 정지되었지만 안전하게 유지되는 경우도 대표적인 예다.

1.2.2 정량적 평가지표의 이해

RAMS의 네 개 값들이 서로 다른 의미를 갖고 있듯이, 대상 시스템에 따라 요구되는 특성이나 의미가 달라질 수 있다. RAMS에 대한 정확한 수학적 의미와 계산은 3장에서 다루지만, 여기서는 간단하게 그 차이를 이해할 수 있는 예를 들어본다.

예제 1-1 안전도와 신뢰도의 관계[1]

비행기가 10시간 비행하는 동안 추락사고로 죽지 않을 확률은 얼마일까?

풀이

통계적으로 1년에 지구상에서 이착륙하는 상업용 항공기의 숫자는 대략 3600만 대로 알려져 있다. 인명피해를 유발하는 추락 사고는 연간 10회 미만이므로, 통계적으로 500만분의 1 이하로 생각하면 크게 틀리지 않은 생각이다. 이런 통계에 기초한 확률도 공학적인 값으로 인정받을 수 있으며 운전이력$^{operation\ experience}$으로 매우 중요한 의미를 갖는다. 구성하는 각각의 주요 구성품^{subsystem}과 그 구성품을 만드는 데 사용된 부품(하드웨어 및 소프트웨어) 각각의 고장률이나 신뢰성을 계산하여 전체 시스템(항공기)의 RAMS 값을 구하고 이 값들이 항공기의 운항 요구조건에 부합하는지 확인할 수 있다. 신모델의 경우는 복잡하고 엄격한 검증을 통해 정량적 특성을 만족함을 보여야 한다. 이후의 성공적 운항기록에 의한 운전이력 평가는 최초의 보수적인 정량평가 결과보다 높은 RAMS 데이터를 보이는 것이 성공리에 운항중인 모델들의 특성이다. 이는 마치 처음 설립된 회사는 신용등급이 높지 않지만 경영실적이 좋으면 그 회사의 신용평가 등급이 상승되는 것과 같은 원리라고 할 수 있다.

앞에서 말한 5백만분의 1의 의미는 일반인이 생각할 수 있는 항공기의 안전도에 관한 지표(실제 항공기 안전도 지표는 다름)라 할 수 있다. 또 항공기의 신뢰도, 즉 비행을 시작하여 착륙할 때까지 정상적으로 동작할 확률로 이해할 수도 있다. 단, 안전도는 앞의 항공기 신뢰도에 조종사의 능력, 항공기가 제공하는 수동조작 가능성 등이 포함되어 공항이 아닌 지역 등에 불시착할 때 안전하게 착륙하는 확률을 포함하므로 신뢰도보다는 약간 높은 값을 갖는다.

---

[1] 통계 이론과 분석 방법에 의한 신뢰도 평가는 3장에서 상세히 다루며, 여기서는 간단한 샘플 데이터(sample data) 개념으로도 어느 정도 해석이 가능함을 보인다.

예제 1-2 자동차의 가용도 계산[2]

자동차 구입 후 사고를 내지 않았을 때 1년 중 타의로 자동차를 사용할 수 없는 날은 며칠일까? 6개월에 한 번 무상 점검을 받아야 하고 다른 고장은 없다고 가정한다.

풀이

차종 A는 1년에 두 번 점검을 받아야 하고 점검을 한 번 받는 데 이동시간 포함 4시간이 소요된다고 하자. 그러면 이 차를 사용하지 못하는 시간은 1년 8760시간 중 8시간이므로 가용도는 99.9 %이다. 또 불가용도는 0.1 % 미만이다.

차종 B는 1년에 두 번 점검을 받아야 하고 점검을 한 번 받는 데 24시간이 소요된다고 하자. 이 경우 자동차를 사용하지 못하는 시간이 1년에 48시간이므로 가용도는 99.17 %, 불가용도는 0.83 %이다. 이 조건만으로는 자동차의 신뢰도나 안전도를 평가할 수 없으며 이 가용도 계산은 고장이 나지 않을 경우에도 기본적으로 사용할 수 없는 상황만 포함시킨 것이다. 전체 가용도는 고장 횟수도 검토되어야 한다.

예제 1-3 신뢰도와 가용도, 어느 것이 더 중요한 개념인가?

식당용 냉장고를 예로 들어보자.
- A사 냉장고는 월 2회 정도 고장이 나는데, B사 냉장고는 2년에 1회 정도 고장이 난다.
- A사 냉장고는 고장이 났을 때 고장 상황을 즉시 모바일로 알려주는 기능이 있고 모바일로 전원을 OFF/ON 조작함으로써 정상으로 조치할 수 있다. B사 냉장고는 고장이 나면 고장을 발견한 사람이 A/S 센터에 연락하고 A/S 기사가 방문 점검한 후 재가동해야 한다. 이 시간은 평균적으로 28시간이 소요된다.

어느 냉장고가 사용하기에 더 좋은 냉장고인가? 신뢰도는 어떤가?

풀이

A사의 냉장고가 내부 식료품을 상하지 않게 하는 데 있어서 좀 더 안심하고 사용할 수 있는 냉장고다. 고장이 잦지만 고장을 즉시 알 수 있고 즉시 복구되므로 내부 저장식품이 손상되지 않아 누구나 A사의 냉장고를 선호할 것이다. A사 냉장고는 MTTR이 1분 미만이므로 가용도는 99.999 % 이상이 된다. 그러나 B사 냉장고의 신뢰도는 이에 비해 매우 낮다고 할 수 있다.

신뢰도와 가용도는 서로 밀접한 관계를 갖지만, 신뢰도 저하로 인한 고장이나 오동작을 수리할 수 있는 능력(대상 기기 자체 및 AS, 사용자 처리 등)에 따라 가용도를 올릴 수 있다. 즉 서비스 기술 service skill과 유지보수도 Maintainability[3]를 고려한 설계, 제작의 중요성을 보여준다. 그러므로 신뢰도와 가용도는 서로 목적이 다른 지표로서 어느 것이 더 중요하다거나, 덜 중요하다는 표현은 있을 수 없다. 대상 시스템에 따라서 요구되는 특성이 다르기 때문이다. 즉 신뢰도가 낮아도 좋은 A/S로 가용도를 올릴 수 있다. 그러나 신뢰도가 낮으면 안전필수 시스템 safety critical system이 되는 것은 불가능하다고 봐야 한다.

---

[2] 이 문제는 유지보수 횟수와 고장수리 시간이 가용도의 중요 인자임을 설명하는 것이다.
[3] 유지보수도는 나중에 자세히 설명할 MTTF(Mean Time To Failure: 평균 고장시간, 고장이 나기까지의 평균시간), MTTR(Mean Time To Repair: 평균 고장수리 시간), MTBF(Mean Time Between Failure: 평균 고장 간격 시간)의 관계로 설명된다.

예제 1-4 　항공기에서 신뢰도와 안전도의 문제

항공기의 신뢰도를 $R(t)$, 안전도를 $S(t)$라고 할 때 $S(t) \geq R(t)$의 관계가 성립한다. 이 관계를 결정짓는 요소들의 예를 들어보자.

풀이

항공기 제어용 컴퓨터나 전자 제어설비가 고장 나도 수동비행제어 모드로 전환해 착륙할 수 있다면 안전도는 올라갈 수 있다. 안전도는 조종사의 능숙도, 항공기 자체에서 제공하는 수동제어 기능의 범위에 따라 증가된다. 2009년 1월 15일 허드슨 강에 착륙한 US Airways 1549를 대표적인 예로 설명할 수 있다. 비행기는 엔진 파손으로 인해 신뢰도를 0으로 평가해야 하는 상황이었다. 그러나 조종사의 훌륭한 조치와 기체가 제공할 수 있는 다른 기능들로 인해 허드슨 강에 안전하게 착륙했고 인명사고가 전혀 없었다. 그러나 이렇게 될 확률을 실제로 평가하기는 쉽지 않다. 원자력발전소나 화공플랜트에서는 보호 시스템의 가용도로 안전도를 평가하지만, 실제로는 운전원의 숙련도와 교육훈련 등에 의해 실질 안전도가 더 높아질 수 있다. 또한 플랜트 전체의 안전도 평가에 보호 시스템은 부분집합에 해당한다. 원자력발전소의 안전성 평가는 하드웨어 설비의 마진이나 운전방법 등을 포함하는 확률론적 안전성 평가방법을 사용한다.

SECTION 1.3 시나리오로 풀어보는 다중화 설계와 고장진단

안전필수제어시스템은 사람으로 이야기하면 지^智, 덕^德, 체^體를 갖춘 출중한 인재라고 할 수 있다.

- **지^智**: 소프트웨어 능력으로 잘못 판단하거나 조치하지 않도록 소프트웨어를 가능한 완벽에 가깝도록 구축하고, 타 시스템의 오류나 오류 가능성을 감지할 수 있어야 함을 의미한다. 7장과 8장에서는 이러한 소프트웨어를 개발하는 방법에 대해 중요하게 다룬다.

- **덕^德**: 제어시스템이나 센서, 통신망 등의 네트워크, 서버 및 모니터 등이 다중화되어 있어서 어느 하나가 고장 나더라도 시스템의 기능을 수행할 수 있도록 다중화하는 개념이다. fault-tolerant 설계이며 인간사회에서는 동료의 실수나 공백을 대신할 수 있는 조직의 특성과 같다. 다중화에서도 타 설비의 고장이나 이상상태를 모니터링할 수 있어야 할 것이다. 이 개념은 Part 1의 주요 내용이다.

- **체^體**: 건강하고 체력이 강한 사람은 물리적 어려움을 극복하고 나쁜 세균에도 저항력을 가질 수 있는 것처럼 제어시스템이 각종 전자파나 지진, 진동, 열적 노화나 습기, 먼지 등의 이물질에 의한 오동작이나 동작불능 사태가 일어나지 않아야 함을 의미하며, 이를 위한 설계 및 시험검증은 필수다. 이에 대해서는 10장과 11장에서 다룬다.

1.3.1 직류 전원공급기 이중화로 설명하는 다중화 설계의 상세

여기서는 안전필수제어시스템에서 고려해야 할 사항들을 개념적으로 설명한다. 제어공학을 전공하지 않은 엔지니어나 공학도도 쉽게 이해할 수 있도록 직류(DC) 전원공급기^{power supply} 이중화 방식을 상세히 설명한다. 이 직류 전원공급기는 안전필수 시스템^{safety critical system}을 제어하는 제어시스템의 전원으로 다음 [가정1], [가정2]를 한다.

> [가정1] DC 전원이 공급되지 못하면 제어시스템이 정지되고 플랜트가 폭발해 인명피해와 큰 재산상 손해를 본다.
> [가정2] DC 전원공급기의 신뢰도는 $R(t) = e^{-4 \times 10^{-5} t}$ 이다.

DC 전원공급기가 고장 나면 엄청난 안전사고가 발생하므로 직류 전원공급기는 전원이 항상 살아있어야 한다. 직류 전원공급기를 하나만 설치한 경우부터 이중화한 경우로 구분할 수 있는데, 이중화의 경우에도 직률전원공급기의 상태를 진단할 수 있는가와 없는가의 차이, 그리고 진단하는 경우에도 인지성이 있는가와 없는가의 차이는 매우 크다. 그리고 이중화된 직류 전원공급기에서 고장 난 어느 하나를 운전 중에 수리나 교체할 수 있는지와 없는지의 차이는 매우 크다. 이런 문제들을 설계자는 어떻게 반영해야 하는지에 대해 설명한다.

예제 1-5 단일 직류 전원공급기의 문제

[그림 1-4]와 같이 직류 전원공급기 한 개로 제어용 전원을 공급한다면 이 시스템은 안전하다고 할 수 있는가?

풀이

직류 전원공급기는 언제든 고장 날 수 있으므로 이 시스템은 안전하다고 할 수 없을 것이다. [그림 1-3]은 [그림 1-2]의 신뢰도를 그래프로 나타낸 것이다. 10,000시간만 경과해도 신뢰도는 0.7 정도가 된다. [그림 1-2]의 우측에 있는 제어시스템의 신뢰도가 아무리 높다고 해도 직류 전원공급기가 고장 나면 전체 플랜트는 폭발한다. 그리고 직류 전원공급기 시스템의 신뢰도가 0.99가 되는 시간은 대략 250시간 정도다. 약 10일이 지나면 1/100의 확률로 폭발할 수 있다. 이런 설비라면 과연 믿을 수 있을까? 조심성 있는 엔지니어나 경영자라면 '**DC 전원공급기의 고장 확률이 높은데, 그러면 엄청난 사고가 발생할 수도 있어. 그렇다면 어떻게 보완해야 할까?**'라고 고민할 것이다. 고장률에서 신뢰도를 구하는 방법은 3장에서 상세히 다룬다.

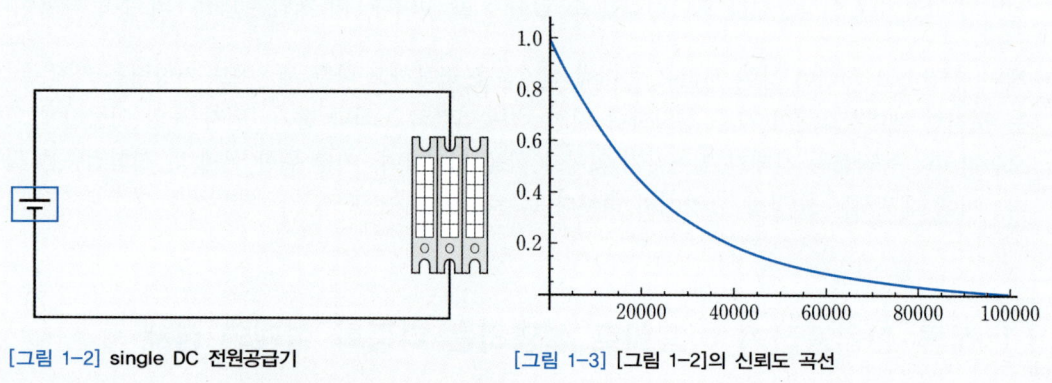

[그림 1-2] single DC 전원공급기   [그림 1-3] [그림 1-2]의 신뢰도 곡선

예제 1-6 직류 전원공급기 이중화 설계

[그림 1-2]의 설계가 위험함을 알기에 [그림 1-4]와 같이 똑같은 직류 전원공급기를 병렬로 이중화했다. 다이오드를 이용하여 이중화하는 이 방식은 매우 유효하며 직류전원의 이중화에는 필수적인 방식이다. 이렇게 하면 이 설비는 안전하다고 할 수 있는가? 즉 두 개의 직류 전원공급기가 모두 고장 나서 플랜트가 폭발하는 일은 없겠는가 하는 질문이다.

풀이

두 개의 직류 전원공급기를 병렬로 연결했으므로, 두 개의 직류 전원공급기가 모두 고장 나지 않으면 이 시스템은 정상 기능을 수행하고 안전하다고 할 수 있다. 그러므로 이 시스템의 신뢰도는 1에서 두 개가 모두 고장 나는 경우를 제외하면 된다. 직류 전원공급기가 전원을 잘 공급할 확률인 신뢰도는 다음과 같이 된다.

$$R(t) = 1 - (1-e^{-4\times 10^{-5}t})^2 = 2e^{-4\times 10^{-5}t} - e^{-8\times 10^{-5}t}$$

이 식과 같이 계산하는 방법은 3장에서 상세하게 다룬다.

[그림 1-5]는 앞의 신뢰도를 그래프로 나타낸 것이다. 이 그래프에서 신뢰도 0.99가 보장되는 시간은 2700시간 정도다. 그러므로 [예제 1-5]에 비해 상당히 개선효과가 있음을 알 수 있다.

이제 제대로 설계 보완되었다고 할 수 있는가? 문제는 없을까? [그림 1-4]의 문제를 알아보자. 시간이 대략 5,000시간 정도 지나서 직류 전원공급기 한 개가 고장 났다고 하자. 이 설비를 운용하는 엔지니어가 직류 전원공급기 한 개가 고장 난 것을 알 수 있을까? [그림 1-4]의 설계는 전원공급기 각각의 정상 또는 고장 상태를 전혀 알 수 없다. 그래서 한 개가 고장인 상태에서 얼마 후 나머지 한 개가 고장 나면서 이 제어시스템은 정지fail되고 플랜트는 폭발해버린다. 그래서 다중화했지만 시스템 실패시간을 늘린 것에 지나지 않는다. **병렬로 이중화를 하더라도 어떤 직류 전원공급기가 고장인지 아닌지 알 수 있어야 한다.**

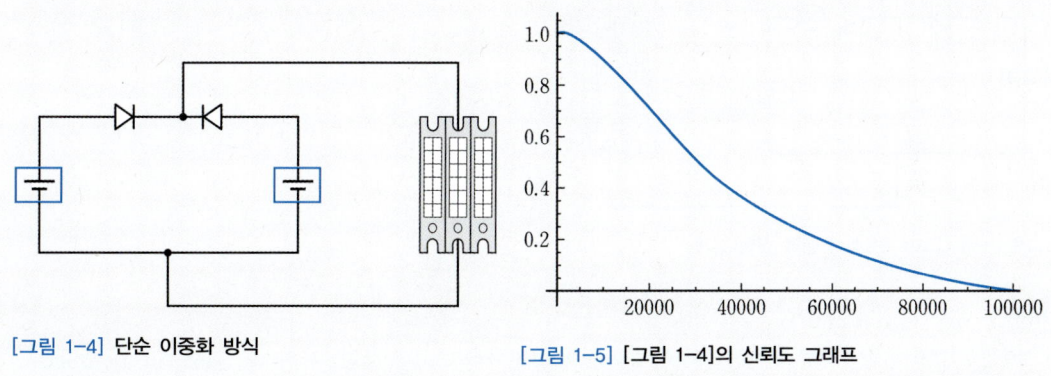

[그림 1-4] 단순 이중화 방식

[그림 1-5] [그림 1-4]의 신뢰도 그래프

예제 1-7   LED를 이용하는 잘못된 진단 방법(부하 측 전압 진단)

새로 부임한 엔지니어는 직류 전원공급기 두 개의 전원상태를 진단할 수 있게 하려고 했다. 직류 전원공급기 중 하나가 고장 나면 고장이 발생했다는 것을 알고 고장 난 것을 교체하기 위해 [그림 1-6]과 같이 LED 램프(그림에서 X자 표시)로 진단/모니터링을 했다. 개선효과는 얼마나 될 것인가?

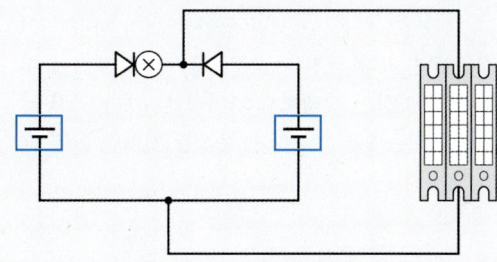

[그림 1-6] 부하 측 LED 설치 이중화 방식

풀이

[그림 1-6]에 대한 신뢰도 그래프는 [예제 1-6]의 그래프 [그림 1-5]와 똑같아진다. [그림 1-6]의 LED 진단은 무용지물이다. 두 개의 직류 전원공급기 중에서 어느 한 개만 정상이어도 LED가 켜지므로 한 개의 직류 전원공급기가 고장인 상태를 감지하지 못한다. 그러므로 어느 하나의 고장을 알지 못한 상태에서 나

머지 한 개의 직류 전원공급기가 고장 나면 제어시스템은 정지되고 플랜트는 폭발하는데 LED의 불은 그때야 꺼진다. 이미 시스템이 고장난 후다. 이런 설계는 LED 진단의 효과가 전혀 없으며 이중화 효과도 [그림 1-5]와 같다. 이러한 진단 모니터링은 사람의 건강으로 치면 사전에 진단하는 것이 아니라 사망 후에 알려주는 형국이다. 이렇게 설계한 플랜트는 다시 폭발할 가능성이 크다. 이는 [예제 1-6]과 똑같은 결과다.

예제 1-8 ｜ LED로 전원 측 상태 진단

전문가의 자문을 거쳐 [그림 1-7]과 같이 직류 전원공급기 각각의 출력단, 즉 이중화 전원이 합쳐지기 전의 위치에서 LED로 상태표시를 한다고 하자. 무엇이 달라지는가? 결과는 어떻게 되었을까?

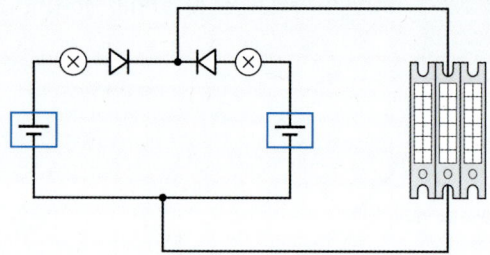

[그림 1-7] LED로 전원 측 상태 진단 설계

풀이

[그림 1-7]의 설계는 직류 전원공급기 두 개 중 어느 하나라도 고장 나면 그 위치에 있는 LED가 꺼지면서 직류 전원공급기가 고장이라는 것을 알려준다. 그러므로 고장 난 직류 전원공급기를 교체할 수 있다. 즉 교체하는 동안에 정상인 한 개의 직류 전원공급기가 고장 나지 않으면 이 시스템은 폭발하지 않는다. 그래서 정유공정의 폭발을 거의 완전히 방지할 수도 있을 것이다.

여기서 [그림 1-7]에 대한 신뢰도 곡선은 표시하지 않는다. 이렇게 진단되고 운전 중에 고장 난 모듈을 교체나 수리할 수 있는 모델은 마코프모델링이라는 기법을 사용해야 한다. 이는 3장과 6장에서 상세히 다룬다. 개념적으로 고장률은 $10^{-5}/\text{hr}$이고, 고장 난 직류 전원공급기를 교체하는 시간은 두 시간이 소요된다고 하자. 그러면 이중화전원공급기에서 하나가 고장 난 것을 알고 그 다음 한 시간 동안 나머지 하나가 고장 날 확률은 대략 고장률 값인 0.0001의 확률인데, 두 시간이면 고장난 직류 전원공급기를 교체하여 두 개의 직류 전원공급기로 운전할 수 있게 된다. 그러므로 한 개가 고장인 상태에서 나머지 한 개가 고장 날 확률보다 훨씬 큰 확률로 고장 난 것을 수리할 수 있다면 이 설계는 매우 안전하게 동작할 것이다(이에 대해서는 3.6절과 6장에서 정량적으로 설명한다).

예제 1-9 ｜ 진단 LED를 모니터링하는 위치

[예제 1-8]은 LED를 설치하는 위치만 언급했는데, LED의 상태를 보여주는 위치는 달라질 수 있지 않을까? 다음 (a), (b)의 경우는 어떤 차이가 있는가?

(a) 두 개의 LED 진단 램프를 현장 제어기 캐비닛에 설치하는 경우
(b) 두 개의 LED 진단 램프를 항시 운전원이 있는 중앙제어실에서 감시하는 경우

풀이

■ (a)의 경우

LED로 직류 전원공급기 어느 하나의 고장을 진단하는 목적은 고장 발생 시 신속하게 고장을 인지하고 고장난 직류 전원공급기를 수리 또는 교체하기 위한 목적이다. 그런데 진단 LED 램프가 현장의 기기들이 있는 캐비닛에 설치되어 있다면, 진단용 LED 램프의 변화는 현장에 가야만 확인된다. 대부분의 공장이나 플랜트에서 현장 설비에 사람이 배치되지는 않는다. 그러므로 LED 진단 결과가 현장의 캐비닛에 설치되어 있으면 이 고장은 검사자 또는 순찰자에 의해 발견될 때까지 수 시간~수 일 또는 수 주일이 경과될 수 있다. 이 기간 중에는 한 개의 직류 전원공급기로 운전되며, 이 기간 중에 나머지 한 개의 직류 전원공급기가 고장 날 가능성이 커진다. 즉 LED 진단 램프가 표시해도 운영자가 인지하지 못하는 경우가 있다. 이는 [그림 1-7]의 설계라고 해도 실제 LED 램프를 어디서 모니터링하도록 할 것인가에 따라 매우 다른 결과가 나올 수 있음을 보여준다.

■ (b)의 경우

만약 각각의 직류 전원공급기 상태 모니터링 결과를 중앙제어실에서 보여주고, 직류 전원공급기 하나의 고장을 경보음으로 알려준다면(인간공학의 문제) 고장은 즉시 인지되고 수리하는 데 짧게는 30분, 길게는 수 시간(원자력발전소의 경우는 점검 및 작업지시에 시간 소요) 정도 걸릴 것이다. 이 차이는 대상 시스템이 매우 취약한 상태에서 운전되는 상황이 30분 이내가 될 것인가 아니면 며칠 또는 몇 개월이 될 것인가의 큰 차이가 있다. 이러한 문제의 정량적 차이 분석은 이후 3장과 6장에서 다룬다. 같은 위치에 LED를 부착했지만 'LED의 진단결과를 중앙제어실에 표시하느냐? 아니면 그냥 전원공급기에 표시하느냐?'에 따라 신뢰도와 안전도에 큰 차이가 발생할 수 있다. 그러므로 안전관련 시스템 설계에는 인간공학 문제도 세밀하게 검토되고 적용되어야 한다.

■ 추가 검토 사항

앞에 나온 (a), (b)의 문제 외에 추가적인 사항을 생각해보자. 어떤 직류 전원공급기가 고장인지 파악했는데 다음과 같은 문제는 발생하지 않겠는가?

- 교체할 정상 예비품이 없어서 교체하지 못하고, 새로 주문해서 예비품이 들어와야 하는 경우는?
- 이중화된 직류 전원공급기가 운전 중에 고장 난 한 개를 분리할 수 없거나 분리하기 어려운 구조로 되어 있는 경우는?

이처럼 추가 검토를 하는 이유는 공학 프로세스는 설계와 감시진단뿐만 아니라 예비품 및 유지보수 전략까지 전 과정이 준비되어 있어야 한다는 것을 보여주기 위한 것임을 알아야 한다.

| 예제 1-10 | 이중화보다 신뢰도를 더 높이는 방법

여기서는 직류 전원공급기 한 개가 고장이라는 것을 감지하고 교체 작업을 하려고 한다. 교체하는 데 두 시간이 소요된다고 하면 이 시간 동안 나머지 직류 전원공급기 한 개가 고장 나는 일은 없겠는가?

풀이

당연히 가능성이 있다. 그것이 걱정된다면 직류 전원공급기를 삼중화하면 된다. 단, 직류 전원공급기의 운전이력이나 신뢰도 분석 등을 통해 수리교체 시간 중에 나머지 한 개가 고장 날 확률을 계산하거나, 제어대상 플랜트가 요구하는 RAMS 특성에 따라 설계했는지 등을 검토해야 한다.

[예제 1-10]의 단계적 문제는 [예제 1-5]부터 안전필수 시스템 제어기 설계의 중요한 개념을 보여주는 예다.

1.3.2 요약

❶ 직류 전원공급기 설계에서 같은 기능을 하는 설비를, 즉 한 개만 정상이어도 시스템이 정상동작하는 설비를 두 개 또는 세 개로 다중화하는 것이 안전필수 시스템 설계의 시작점인 고장허용설계fault-tolerant design이다.

❷ 다중화 설계에서도 각각의 부품이 정상인가 아닌가를 진단 및 모니터링하는 것과 얼마나 신속하게 수리할 수 있는가는 가용도를 올리는 것과 동시에 시스템의 신뢰도 및 안전도를 확보하는 데 중요한 요소이다.

❸ 다중화를 이용한 고장허용설계는 하드웨어뿐만 아니라 소프트웨어 구현에서도 필수적인 사항이다 (소프트웨어 고장허용에 관해서는 7장, 8장에서 다룬다).

❹ 실제 사용되는 직류 전원공급기나 다른 제어기 구성품들은 매우 많은 수의 부품이 사용되는데, 이들의 제대로 된 정량적 평가는 부품 선정, 설계 및 제작, 시험 등이 제대로 되어야 함을 의미하며 전 과정에서 품질절차 준수, 기기검증(EQ)Equipment Qualification 시험 등이 요구된다.

❺ 실제 상황에서 신뢰도는 일정 값이 아니라 시간에 따라 감소하며, 최초 1에서 무한대의 시간에는 0으로 수렴하는 시간함수 형태로 주어진다.

❻ 다중화를 했더라도 직류 전원공급기들이 동시 또는 비슷한 시기에 고장 나는 공통고장 원인의 경우(예를 들면 동일 부품 문제, 동일 소프트웨어 문제, 운전 환경에서의 공통문제 등)에 대비한 대책으로 다양성 요건이 필요하다. 다양성 요건은 4장에서 상세히 다룬다.

❼ 앞에서 제어설비는 완전한 것으로 가정했으나 사실 제어설비는 컴퓨터 기반의 디지털 설비(CPU, OS, Memory, bus 및 통신, I/O device 등)와 electric actuator 등으로 구성되므로 직류 전원공급기 다중화에 의한 신뢰도 평가와 같은 절차를 모두 거쳐야 한다.

❽ 제어시스템은 대상 기기에서 요구되는 응답시간을 만족해야 하므로 이에 대한 분석(응용 소프트웨어 실행 시간 및 통신소요 시간)을 보수적으로 해야 하며, 안전필수 시스템에서는 결정론적(4장, 5장) 해석을 해야 한다.

❾ 컴퓨터 제어시스템은 외부의 침투(해킹, 바이러스 등)에 대한 적절한 대책을 갖고 있어야 한다. 이러한 사이버 보안cyber security의 중요성은 시간이 갈수록 더욱 강조되고 있다. 7장, 8장에서 대략적으로 다룬다.

❿ 소프트웨어는 기본적으로 기술기준에서 정한 개발 및 시험검증 과정을 거쳐야 한다. 이는 7장, 8장의 주제다.

⑪ 사용되는 하드웨어는 적절한 검증시험을 거쳐야 하며, 전체 시스템의 효과적인 진단감시 및 운전 지원을 위해 인간공학적 요소가 반영되어야 한다. 9~11장의 주제다.

⑫ 고안전도가 요구되는 설비는 하드웨어 및 소프트웨어의 동일원인고장 common cause failure 에 의한 동시 다발적 고장을 방어하기 위해 다양성 설계 및 기기, 소프트웨어의 선정 및 개발 등이 필요하다.

이러한 사항들을 정량적인 방법과 정성적인 방법을 적절하게 사용하여, 대상 시스템에서 요구하는 RAMS를 보장한다는 사실을 나타내거나 또는 보장하기 위해 설계를 개선하고 제작, 시험 및 설치 운용하는 것이 safety critical system control의 전 과정에서 이루어져야 할 활동들이다.

안전필수 시스템의 제어시스템 설계부터 최종 생산까지의 단계는 대략적으로 [그림 1-8]과 같이 표현할 수 있다. 간단한 여섯 단계로 보이지만, 사실은 하나의 단계가 수십 개의 단계를 포함한다. 그 세부 내용은 이 책의 전체에서 다루는 내용이다.

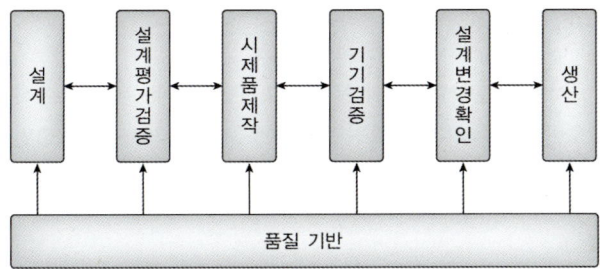

[그림 1-8] 설계부터 생산까지의 공학행위 공정 과정

이 책에서는 [그림 1-8]의 전 과정을 다룬다. 설계를 위한 전반적인 개념이 1~4장의 제어시스템 설계 및 평가 과정이다. 하드웨어 설계의 RAMS를 평가하기 위한 이론과 방법이 2~3장에서 다루는 내용이다. 4장에서는 설계 과정에 대해 다룬다. 그리고 5~6장에서는 독자들의 이해를 돕기 위해 [그림 1-8]의 과정을 전체 또는 상당 부분 적용하며 설계 및 개발된 원전계측제어시스템인 MMIS와 발전기 삼중화 제어시스템 상세를 예로 들어 설명한다. 7~8장에서는 소프트웨어 설계, 평가 및 확인검증에 관한 것을 다룬다. 최종적으로 제품의 품질관리와 보증, 기기검증 및 인간공학을 9~11장에서 다룬다.

이 책의 목표는 공학도들이 안전필수 시스템 제어설비의 생명주기 전반에서 다뤄야 할 전 분야의 문제들을 접해보고 경험하도록 하는 것이다.

CHAPTER 01 생각해보기

1.1 [예제 1-7]에서 직류 전원공급기를 다중화했지만 직류 전원공급기의 입력 전원이 고장 나면 아무리 다중화를 해도 의미가 없다. 어떤 방법으로 해결해야 하는가?

1.2 직류 전원공급기를 이중화하고 모니터링 및 유지보수가 잘 되도록 구성했으나 직류 전원공급기에 사용된 SMPS 모듈에서 모두 공통적인 문제가 발견되었다. 그 결과 직류 전원공급기가 거의 동시에 고장 나는 상황이 발생한다면(공통 고장 원인 배제를 위한 하드웨어 다양성 소환) 다중화 설계도 무용지물이 된다. 이런 경우를 방지하기 위해 여러분은 후속 프로젝트에서 어떤 방법으로 해결하고자 하는가?

1.3 여러분이 생각하는 안전필수 시스템 공정(공사과정 포함)의 예를 들고, 그 공정의 어느 포인트에서 감시/진단/제어(공정의 변경이나 보완)/보호(공사 중지)가 필요한지 설명해보자(2020년 4월 30일 이천 화재 사고의 기사 참고).

1.4 여러분이 근무하는 산업체나 학교 실험실에서 접하는 설비 중 다중화 개념으로 설계된 것이 있는지 찾아보고, 또 어떤 것이 다중화 개념으로 설계되면 좋겠다고 생각하는지와 그 이유를 설명해보자.

1.5 여러분의 스마트폰에 문자 메시지를 알림창에 뜨게 하는 경우와 그렇게 하지 않은 경우의 차이는 무엇인가? 스마트폰의 전화 알림을 무음으로 했더니 집의 자동 경비 시스템에서 오는 비상경보를 받지 못했다. 안전필수 시스템의 경보 처리는 어떻게 해야 한다는 생각이 드는가?

1.6 집에서 사용하는 에어컨 또는 TV 리모컨이 고장 나서 기기를 켜지 못하는 경우가 있는가? 이런 경우에 대비하여 대부분의 에어컨이나 TV에는 수동 조작 버튼이 있다. 여러분이 다루는 설비는 자동 기능이 안 될 때 수동으로 조작할 수 있는 기능이 얼마나 잘 되어 있는지 평가해보자.

1.7 문제 1.1~1.6번은 1장에서 언급한 어떤 사항들과 관련이 있는지 확인해보자.

CHAPTER 02

제어시스템의 고장과 고장허용설계

fault, error, fail _2.1
fault, error, fail의 공학적 구분 _2.2
생각해보기

PREVIEW

2장에서 설명하는 fault와 error, fail에 대해 정확한 개념을 확립하는 것은 쉽지 않다. 안전필수 시스템을 연구하고 개발하는 전문가들도 하드웨어 관점에서는 fault로 표현하지만 소프트웨어 관점에서는 error로 표현하기도 한다. 따라서 이 책을 활용하여 공부 및 연구할 때 오해와 오류를 최소화하려면 fault, error, fail에 대한 개념의 정확한 차이를 숙지해야 한다.

여기서 정의하고 사용하는 fault, error, fail의 개념은 고장허용을 전제로 하는 다중화 설계(같은 기능의 모듈 여러 개를 병렬 형태로 구성하여 어떤 모듈 하나가 고장 나도 전체 시스템이 정상동작하도록 하는 설계)된 시스템을 대상으로 사용된다.

안전필수 시스템 제어$^{safety\ critical\ system\ control}$, 즉 안전관련 시스템의 fault, error, fail에 대한 설명을 하인리히 법칙과 야구경기에서 야수의 수비동작으로 전개한다. 하드웨어 관점에서는 가장 낮은 수준의 고장부터 fault, error, fail 순서로 정리하는 데 비해, 소프트웨어 분야에서는 error, fault, fail 순서로 사용한다. 그 이유는 소프트웨어 분야의 경우 개발자의 오류를 error로 취급하고 그에 따른 영향이 경미한 것을 fault로, 다음 단계로 영향이 큰 것을 fail로 정의하기 때문이다. 이 책에서는 특별한 언급이 없는 한 하드웨어 관점에서의 fault, error, fail 전개 방식을 사용한다.

SECTION 2.1 | fault, error, fail

제어시스템에서 fault와 error는 비슷한 개념의 용어로 사용되며 fail은 말 그대로 제어실패, 즉 제어기가 동작하지 않는 상황을 의미한다. fail은 실패이므로 야구경기에서의 실점이나 경기에 지는 것을 의미할 수 있다. 다음 예를 통해 fault, error, fail의 관계를 이해해보자.

■ 하인리히 법칙

하인리히 법칙 Heinrich's Law은 보험회사에서 사고분석을 담당했던 하인리히 Herbert William Heinrich가 1931년 실제 사고 데이터를 분석하여 도입한 개념이며 그의 책『Industrial Accident Prevention : A Scientific Approach』에 잘 설명되어 있다. 산업재해 사고에 대한 조사와 분석, 통계처리 과정에서 '인명사고는 대략적으로 사망자 한 명이 나오면 그 전에 같은 원인으로 경상자가 29명, 같은 원인으로 부상을 당할 뻔한 잠재적 부상자가 300명 나왔다.'는 결론을 도출하고 이를 하인리히 법칙으로 명명했다. 즉 큰 재해와 작은 재해 그리고 사소한 사고의 발생 비율이 1:29:300이므로 하인리히의 법칙을 '1:29:300 법칙'이라고도 부른다.

하인리히 법칙은 우리에게 작은 사고나 고장에 대해 철저히 대처함으로써 큰 사고를 미연에 방지할 수 있다는 메시지를 던져준다. 필자는 하인리히 법칙에서 언급하는 큰 재해를 fail, 경상 사고를 error, 잠재적 부상자 발생 건을 fault에 비유한다. 안전필수 시스템 safety critical system 제어의 기본인 고장허용설계 fault tolerant design도 fault가 자주 발생하면 error와 fail로 이어질 수 있다는 생각이다. 그러므로 고장허용설계에서도 fault가 발생하지 않도록 하는 fault 회피 및 error로의 확대 방지, error의 fail로의 확대 방지가 필수적이다.

고장허용설계는 공학제품에서 어느 하나의 부품이나 구성요소가 고장 나도 전체 기능 수행에 이상이 없도록 다중화 설계(일례로 1.3절의 예제들) 및 기타 보완 설계를 하는 것을 의미한다. fault, error와 fail을 공학적으로 쉽게 이해하기 위해 야구를 예로 들어 fault, error, fail에 대해 설명한다.

■ 야구 예를 통한 fault, error, fail 이해

야구에서 내야수가 수비 중에 펌블하면 일단 fault라고 할 수 있다. 펌블을 했지만 후속 동작이 완벽하여 타자나 주자를 진루시키지 않고 정상적으로 아웃시켰다면 야구에서는 error로 기록하지 않는다. 그러나 펌블 결과 타자를 1루에 진루시켰다면 이는 error로 기록된다. 야구에서의 펌블은 하인리히 법칙의 잠재적 사고로 볼 수 있다. 펌블을 자주 하는 선수는 수비에서 error를 할 확률이 높아진다. 펌블을 했으나 후속동작이 완전했다는 것은 fault를 잘 처리했다는 의미로 fault 복구 또는 처리가 잘 된 것이며 그 자체로 fault tolerant하다고 할 수 있다. 야구에서 fault tolerant를 위한 행위는 인접 내야수의 빠른 백업 처리나 1루수의 폭넓은 포구능력 등으로 타자를 1루에서 아웃시킬 수 있는 경우들이다. 공학설계에서는 부품 하나의 고장^{fault}을 설계 차원에서 다른 부품이나 기기들이 문제의 확대를 차단하거나 고장 난 부품의 기능을 대신 하는 것으로 고장허용$^{fault\ tolerant}$이라는 표현을 쓴다. 이와 반대로 펌블 결과 타자가 1루에 진루하면 이는 최초의 fault가 error로 확대된 것으로, 이 과정은 fault-error가 된다. 연장되는 동작으로 펌블 후 급작스러운 송구로 1루수가 공을 아예 포구하지 못하거나 다시 급하게 2루로 송구하다가 공이 빠져 타자 주자나 타 선행 주자가 3루까지 가게 되면 이 과정은 fault-error-error로 이해할 수 있다. 이 상황에서 선행 주자가 있었고 홈에 들어왔다면 이 과정은 fault-error-fail로 이해할 수 있다. 선행주자가 3루에 있던 상황에서 야수의 fault가 타자를 1루에 진루시키고 3루 주자가 홈인한다면 이는 fault-error-fail로 급격하게 진행되는 모델이라고 볼 수 있다. 이는 공학설계에서 하나의 fault가 곧바로 fail로 진행될 수도 있음을 의미하며, 이러한 상황은 하드웨어 시스템으로 생각하면 똑같은 부품이 어디에 설치되었는가에 따라 그 부품의 고장이 전체 시스템의 고장을 유발하는지, 아니면 부품의 고장이 다른 부품에 의해 고장허용이 되어 전체 시스템은 이상이 없는지의 차이로 이해한다. 예를 들어 9회 말 투아웃, 주자 3루 상황에서의 펌블이 3루 주자의 득점으로 연결되면 이는 fault가 fail로 곧바로 이어진 것이며, 이 상황이 한국시리즈나 월드시리즈에서 일어났다면 하나의 펌블이 fault, error, fail의 단계가 아니라 대재앙으로 연결되는 상황이라고 인식될 것이다.

공학적으로도 동일한 부품 하나의 고장이 부품 설치 위치나 고장 나는 상황에 따라서 fault로 되거나 error로 될 수 있고, 직접 fail로 확대되는 상황도 발생할 수 있다. fail 중에는 공교롭게도 비행기 추락이나 대형 화학 플랜트 폭발과 같이 큰 사고를 일으키는 것도 있다. 이는 부품이 위치한 부분이 고장허용설계가 적용된 부분인지, 아니면 단일점고장에 해당하는 취약부분인지에 따라 달라진다. 일반적인 가정인 단일고장조건(랜덤고장이 두 개 이상 동시에 일어나지 않는다는 가정)이 지켜지지 않는 상황에서 fault는 fail로 직결되며 상상할 수 없는 큰 사고로 이어질 수도 있다. 즉 시스템 설계 또는 동작 상황에 따라 fault가 error로 확대될 수도 있고 그렇지 않을 수도 있지만, 더 심한 경우 fault가 곧바로 시스템 fail로 진행될 수도 있다. 이러한 진행을 방어하는 것이 고장허용설계의 기본 목표이며 이를 확인하는 과정이 필요하다. 설계자는 고장허용설계를 잘 한다고 했지만 실제 결과가 그러한지, 또 실제로 제작된 형상이 그러한지는 제3자가 평가해볼 필요가 있다. 그 평가 절차로는 FMEA(고장유형 및 영향 분석)$^{Failure\ Mode\ and\ Effect\ Analysis}$가 대표적이며 이는 공인된 방법론이다. FMEA에 대해서는 4장에서 그 실례를 다룬다. 하나의 fault가 fail을 유발하는 요소를 단일장애점(SPV$^{Single\ Point\ Vulnerability}$ 또는 SPF$^{Single\ Point\ of\ Failure}$)이라고 부르며, 안전이나 가용도가 중요한 설비에서는 반드시 이를 없애거나 최소화해야 한다. 시스템 구조상 어쩔 수 없이 단일장애점이 되는 요소가 있을 수 있으며 이 경우에는 이 설비의 마진을 크게 하여 고장률을 낮추는 것이 효과적인 방법이다.

야구경기에서는 수비진 개개인의 능력이 개별 기기의 고장률이나 신뢰도가 되며, 수비진의 전술이나 협력이 시스템 설계에서 fault가 error나 fail로 확대되는 것을 방어하기 위한 fault tolerant 기법이라고 이해하면 된다. fault와 error를 우리말로는 구분 없이 '고장'이라고 표현하기로 한다.

고장허용설계의 기본은 다중화 설계를 하는 것이다. 같은 기능의 모듈을 여러 개 설치함으로써 어떤 모듈 하나가 고장 나더라도 다른 모듈에 의해 정상동작할 수 있도록 하는 것을 고장허용설계라 한다.

> **여기서 잠깐**
>
> 고장허용설계fault tolerant design 설계는 같은 기능의 모듈 여러 개를 설치하여 어떤 한 개가 고장 나더라도 전체 시스템이 정상동작하도록 하는 것으로 다중화 설계가 기본이다. 다중화 설계를 하면 신뢰도가 올라갈까?[1]
>
> 일반적으로 신뢰도는 무조건 높아진다고 생각하기 쉽다. 그러나 신뢰도는 시간의 함수로서 일정 시간까지는 높아지지만 긴 시간 후에는 더 낮아질 수 있다. 일반적 사항은 다음과 같다.
>
> - 개개의 신뢰도가 높아야 다중화된 시스템의 신뢰도가 올라간다.
> - 개개의 신뢰도가 0.5 이하인 시점에서는 다중화의 신뢰도가 더 낮아지는 경우가 많다.
> - 다중화를 통해 시스템의 신뢰도를 개선한다는 것은, 신뢰도가 일정 수준 이상인 구간의 길이를 늘린다는 의미다. 이것이 바로 설계의 목표이다.
> - 신뢰도는 다중화 설계와 함께 고장진단 및 고장복구 능력에 크게 의존한다(3장, 6장의 마코프 모델 분석, 삼중화 여자 시스템에서 상세히 설명).

---

[1] 이 질문에 대해서는 3장에서 수학적으로 증명한다.

SECTION 2.2 | fault, error, fail의 공학적 구분

2.2.1 fault와 error

공학설비에서 다양한 고장들이 시스템 실패로 이어지는 경우가 있는데 다음과 같은 사례들이 대표적이다.

- 퓨즈 소손
- 회로기판용 커패시터 단락 고장
- 회로기판용 전기저항 소손
- 회로기판 패턴 불량
- 직류 전원공급기 고장
- 전자부품(IC: SRAM, 레지스터^{register} 등) 고장 또는 이상
- 전력용 반도체(사이리스터^{thyrister}, 다이오드^{diode} 등) 소손
- 하드웨어/소프트웨어 연계 고장(CPU halt, division by zero, 무한루프 오류, 연산 로직 오류 등)
- 유해물질 사용제한 지침(RoHS$^{Restriction\ of\ the\ use\ of\ Hazardous\ Substances}$) 시행 후 고온고습 환경에서 회로기판의 절연이 파괴되는 현상

이처럼 다양한 고장들을 유형별로 구분하면 다음과 같은 것이 있을 수 있다.

- 소자, 부품의 랜덤 고장(이는 정상 제작 부품이 통계적인 고장확률 내에서 발생하는 고장)
- 소프트웨어 설계 오류
- 시스템 하드웨어 설계·제작(신호 및 전력 회로의 격리 미비, 소자 응용회로 등)의 오류
- 잘못된 사용 환경의 과도한 스트레스(낙뢰, 설계 조건 이상의 온도, 습도 및 전자파 등)
- 인적 오류

이러한 원인들로 인해 어떤 소프트웨어 모듈이나 전자 부품 하나가 잘못되더라도 다중화 시스템의 기능이 fail로 진행하지는 않지만, 어떤 고장의 잠재적 원인이 되고 향후 error로 확대되어 전체 계통을 동작하지 못하게 하는 fail로 확대될 수 있다. 이렇게 작은 고장(fault)이 좀 더 큰 고장(error)으로 확대되고 다시 큰 고장(fail)으로 진행하지 못하도록 하는 것이 궁극적인 고장허용설계$^{fault\ tolerant\ design}$의 목적이다. 고장허용설계는, 어떤 작은 고장들(fault나 error)이 있을 때도 이러한 고장들이 없을 때처럼 대상 시스템이 최상의 상태로 유지되도록 해야 한다는 의미가 아니다. 좀 더 쉽게 설명하면, 야구에서 선발투수가 경기 중 부상을 당해 후보 투수가 투입되는 것은 고장허용설계의 개념이다. 그러나 후보투수는 원래의 선발투수만큼 잘 던지지 못하므로 성적은 선발투수가 계속 던지는 것보다 못할 수 있다. 이러한 것도 고장허용설계에 포함된다는 의미에서 '**작은 고장이 없을 때처럼 최상의 상태로 유지되도록 해야 한다는**

것을 의미하지는 않는다.'라고 할 수 있다.

고장허용설계를 위해 필요한 개념을 쉽게 소개하기 위해 다시 야구를 예로 들어보자.

❶ 어떤 선수가 펌블 등과 같은 **fault(야구에서의 표현이자 공학적 표현)**나 **error**를 많이 하는가?
❷ 그 선수에게 공이 가면 대비(back-up)가 필요한가? 팀은 어떤 수비 전략을 가져야 하는가?
❸ 그 선수를 교체할 선수는 없는가?

이 내용을 공학적으로 표현하면 다음과 같다.

❶ 어떤 위치의 어떤 부품이나 소프트웨어 모듈이 고장인지 식별할 수 있는가(고장 식별)?
❷ 고장의 영향이 파급되는 것을 막을 수 있는가(고장 차단)? 고장을 복구할 수 있는가(고장 복구)?
❸ 대체 부품이나 대체 설계가 필요한가(선수 교체, 선수 영입 등)?

fault가 복구되면 처음 시스템과 동일한 상태가 되고 fault의 영향이 차단되면 더 큰 고장인 error로 확대되는 것을 막을 수 있다. 또한 fault가 식별되면 자동 또는 수동으로 어떤 조치를 해야 할지 판단할 수 있다.

고장을 식별하는 것도 다음과 같이 상세히 알 수 있다면, 좀 더 효과적인 대책을 수립할 수 있다.

- fault의 부위는 하드웨어 부분인가? 소프트웨어 부분인가?
- fault의 형태는 영구 고장인가? 순간 고장인가? 반복적 고장인가? 잠재적 고장인가?
- fault의 원인은 부품 불량인가? 시스템 설계 및 제작오류인가? 사용 환경의 과다 스트레스인가?
- 부품 fault의 파급효과가 핵심 기능의 실패인가? 기능의 일부 손실인가?

또한 fault를 일으키는 같은 부품 및 소프트웨어라도 어느 위치에 있으며 어떤 상황에서 고장이 발생하는가에 따라 작은 고장(fault)으로 끝날 수도 있고 경우에 따라 중간 고장(error)으로 진행될 수도 있다. 최악의 경우에는 부품 하나의 고장이 시스템을 정지시키는 큰 고장(fail)으로 진행될 수도 있다.

이처럼 다양한 fault의 영향을 야구에서 발생하는 펌블의 예로 설명한다. 주자가 없는 상황에서 펌블했지만 빠른 후속 동작으로 타자를 1루에 진출시키지 않는다면 이는 야구용어로 error가 아니며 공학에서는 그냥 잔고장인 fault에 지나지 않는다. 그러나 주자 만루에 원아웃인 상황에서 투수가 펌블하여 홈과 1루로 이어지는 병살을 실행하지 못하고 3루 주자는 홈인, 1루 주자만 아웃시켰다면 이는 그냥 fault가 아니라 error에 해당한다. 그리고 이 실점으로 9회말에서 경기가 끝났다면 이는 큰 고장인 fail에 해당한다. 만약 이 시합이 한국시리즈나 월드시리즈 마지막 7차전에서 일어난 사건이라면, 단순한 펌블이 fault로 끝나지 않고 fail로 직결되며 결과는 대재앙이라고까지 할 수 있을 것이다. 똑같은 부품이나 소프트웨어라도 어디에서, 또 어떤 상황에서 고장 나는가에 따라 그 영향은 천양지차임을 이해해야 한다.[2]

---

[2] 여기서 필자가 강조하고 싶은 것은 똑같은 퓨즈나 부품 하나의 고장이 fault일 수도, error일 수도 있으며 fail일 수도 있다는 점이다. 하나의 fault가 fail로 직결되는 경우를 단일점고장(SPF: single point failure 또는 SPV: single point vulnerability)이라고 한다. 모든 제어시스템 설계에서 이러한 단일점고장을 없애는 것이 가장 중요한 설계원칙의 하나다.

2.2.2 fault의 종류

랜덤 고장으로 언제 어디서 발생할지 모르는 fault의 종류들에 대해 알아보자. 부품이나 단위 모듈 시스템에서 fault가 발생하는 원인은 대체로 다음과 같이 네 가지로 요약할 수 있다.

■ 전자부품 fault

전자부품의 고장 형태 및 빈도, 고장에 대한 결과는 매우 다양하게 나타난다. 예를 들면 퓨즈나 커패시터capacitor, 저항 등의 고장은 쉽게 감지되며 품질이 잘 관리된 공급자의 부품은 대부분 일정 고장률을 나타낸다. 또한 fault에 의해 error로 확대되지 않도록 하는 fault 처리기법으로 대응이 가능하다. 그러나 반도체 메모리나 CPU 등의 이상은 원인을 파악하는 것이 쉽지 않으며 그 결과는 대부분 소프트웨어, 하드웨어의 복합적인 형태로 나타난다. 고장허용설계에서 일어날 수 있는 메모리 불량 문제는 5장에서 자세히 다룬다.

제어시스템 설계에 사용되는 모든 전자 부품은 거의 일정수준의 고장 확률을 갖는 것으로 알려져 있으며, 고장 확률에 관한 데이터는 미 국방성의 Military Handbook 217 F(이후 MIL 217 F로 칭함)에 잘 정리되어 있다. 미국 국방성에서 MIL 217 F 및 이와 관련된 신뢰도 연구를 하게 된 배경은 2차 세계대전 동안 많은 전기전자 무기들이 제대로 동작하지 않는 경험을 함에 따라 그 근본 원인을 밝히고 개선하기 위한 목적에서였다. MIL 217 F는 모든 전자부품의 기본고장률을 제시하고 집적도, 부하율, 사용환경, 제작 품질 등 다양한 경우의 보상계수 적용을 통해 실질적 고장률을 제공한다. 고장률에 대한 의미는 3장에서 통계적으로 설명한다.

■ 하드웨어 설계 오류 fault

하드웨어 설계 오류는 하드웨어의 특성을 충분히 숙지하지 못한 상태에서 설계하기 때문에 일어나는 현상이다. 완전히 잘못 설계된 경우에는 누구나 쉽게 문제를 찾을 수 있고 고장의 원인을 제거해 특성을 개선할 수 있을 것이다. 그러나 항상 오동작하는 것이 아니고 아주 가끔(예를 들면 몇 년에 한 번) 문제를 일으키는 경우라면 고장의 원인을 찾기 어렵고 잠재적인 위험이 항상 존재하게 된다. 실제 산업계에서 매우 골치 아픈 경우는 이러한 고장 형태다. 어떤 제품이 처음부터 자주 고장 나고 늘 오동작한다면 그 물건이나 시설은 준공검사를 통과할 수 없고 납품하지 못하므로 공급자나 사용자가 어려움은 겪겠지만 아예 설치 자체가 안 되므로 이 제품으로 인한 사고의 위험은 없어진다. 의외로 글로벌 업체들이 공급하는 제품 중 간헐적 고장을 일으키는 제품들이 많다. 과거 원자력발전소에서 많은 이들의 애를 태우던 설비도 그런 경우다. 근본적인 원인은 사이리스터thyristor 컨버터에 보호용 스너버회로를 넣어야 하는데 보호용 스너버회로를 넣지 않았기 때문이다. 만약 스너버회로 부재로 인한 $L\dfrac{di(t)}{dt}$ 값이 항상 사이리스터의 한계값을 넘는다면 이 제품은 처음부터 설치되지 않았을 것이다. 그러나 매우 드물게(1~2년에 한 번 정도) 발생하여 원자력발전소를 1~2년에 한 번씩 불시에 정지시켰다. 이러한 간헐적 고장은 그 고장원인을 찾고자 하는 노력도 적극적이지 않으며 임시처방식 대책을 세우는 경우들이 많아서 잘 찾아지지 않는 오류다.

다른 경우로 과전류 보호용 차단기(NFB^{no fuse breaker})의 설치 위치에 관한 사항이 있다. [그림 2-1]의 회로를 살펴보자. 어떤 기능을 수행하는 회로를 이중화하여 하나의 회로가 고장 나더라도 병렬의 다른 회로가 동작하도록 설계한 것이다. 즉 주회로와 보조회로가 설치되어 있고 주회로 고장 시 동작할 보조회로도 동일한 NFB로부터 전원을 공급 받도록 설계된 것으로 [그림 2-1]과 같다. 설계자의 의도는 이해할 수 있다. 그러나 실제로 이 회로에서 보조회로는 무용지물이 되며 기능을 수행하지 못한다. 주회로의 사이리스터가 소손되는 경우 NFB가 과전압 등으로 개방된다. [그림 2-1]의 회로에서 NFB가 개방되면 보조회로는 전원상실로 전혀 기능하지 못한다. 그러므로 이러한 NFB 설치 회로에서는 보조회로를 여러 개 설치해도 무용지물이 된다. 이는 고장허용설계를 공학적인 연속 동작으로 해석하지 않고 단순 수학적 모델로 설계했기 때문에 발생하는 대표적인 설계 오류라고 할 수 있다. 이러한 설계를 그대로 FMEA의 입력자료로 사용하면 현실과 동떨어진 결과를 얻게 된다.

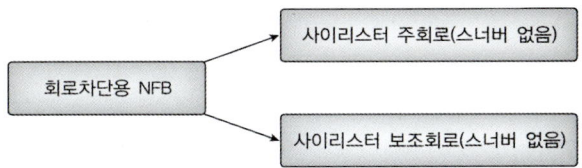

[그림 2-1] 문제가 있는 NFB 구조

[그림 2-1]의 설계를 [그림 2-2]와 같이 변경하면 어떤 결과가 나올까?

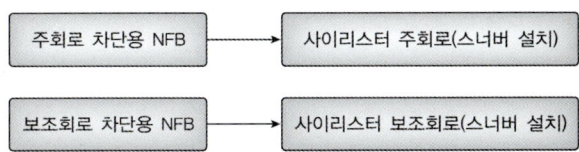

[그림 2-2] 스너버 설치와 NFB 구조 개선

우선 사이리스터 주회로 및 보조회로에 스너버를 설치했다. 이는 근본적으로 사이리스터 소손을 막는 기본 장치다. 그러므로 사이리스터 소손에 의한 NFB 개방의 위험성을 제거한 것이다. 그 다음으로 주회로와 보조회로가 각각 다른 NFB에 의해 전원을 공급받는다. 그러므로 어떤 원인에 의해 주회로의 사이리스터가 소손되거나 오동작하는 경우에도 보조회로가 동작하도록 설계되어 있다. 즉 [그림 2-2]가 진정한 고장허용 이중화 설계라고 할 수 있다.

■ 소프트웨어 오류인 error[3]

하드웨어 특히 아날로그 하드웨어는 여러 사람이 쉽게 검토할 수 있지만 소프트웨어는 제3자가 발견하고 수정하는 것이 매우 힘들다. 특히 소프트웨어 확인 검증을 위한 체계적인 조직과 절차가 확립되어 있지 않으면 누구라도 본인이 개발한 코드를 타인에게 보여주거나 검증받기를 거부할 것이다. 대부분의 제어시스템은 컴퓨터 및 산업용 컴퓨터, 디지털 시스템으로 이뤄지므로 밝혀내기 어려운 오류의 대부분은 거의 소프트웨어 분야에 집중되어 있다. 또한 소프트웨어 오류는 간헐적 또는 잠재적인 경우가 많아

---

[3] 하드웨어 오류의 최초 단계는 fault로 표현하지만, 소프트웨어에서는 최초 단계를 인적오류에 의한 error로 표현하고 그 결과 fault가 발생한다는 의미로 사용된다.

서 이들이 오류를 유발하기 전에는 감지하기 어렵다. 또한 error에 의한 fault가 곧바로 fail로 확대될 가능성도 크다. 그러므로 소프트웨어 개발에 대해서는 더 엄격한 절차와 시험검증이 요구된다. 특히 거대 시스템이나 안전필수 시스템의 경우 수십 명부터 많게는 수백 명의 엔지니어들이 작업하는 경우가 있는데, 이들의 소프트웨어 코드를 어떻게 확인하고 검증할지, 또 확인은 가능한지 등에 관한 방법을 7~8장에서 상세히 다룬다.

다음 예제들을 통해 소프트웨어 error가 일으킬 수 있는 문제들에 대해 생각해보자.

예제 2-1 디지털 컨버터 내부의 고장과 영향

교류전압을 입력으로 받아서 직류전동기를 제어하려고 한다. 그러려면 기본적으로 교류전압, 전류의 크기와 위상을 측정하고 전동기의 전압과 전류, 속도 및 토크 등을 측정하거나 소프트웨어적인 방법으로 알아야 하며, 여기서 필요한 직류전압을 만들기 위해 위상제어 또는 PWM$^{pulse\ width\ modulation}$ 방식으로 필요한 직류전압을 만든다. 이러한 기능을 디지털 시스템으로 구현하므로 교류전압과 전류 계산 및 위상 측정, 전동기 속도 및 토크 측정(또는 계산), PI 제어 등 제어연산 및 위상제어(또는 PWM) 변환 등이 주로 소프트웨어로 구성되는 부분이다. 이러한 소프트웨어에서 어느 부분에 error가 있기 때문에 소프트웨어가 fault를 일으키고 시스템 fail도 유발되는지 살펴보자.

풀이

❶ 이 문제에서 설명한 제어시스템은 single board computer로 아날로그 입출력, 디지털 입출력 기능과 연산기능을 갖고 있는 것으로 판단한다. 여기에는 CPU와 함께 주변회로로 플래시 메모리$^{Flash\ Memory}$, SRAM, AD 및 DA 컨버터 등이 설치되어 있다.

❷ 소프트웨어는 대략적으로 다음과 같이 다섯 기능 모듈로 구성된다고 가정한다.
- 동작 시퀀스 제어
- AD 샘플링^{sampling}
- 교류 전압, 전류를 평균값으로 환산
- PI 등의 제어연산
- 위상제어 계산 및 출력

동작 시퀀스^{sequence} 제어기능 이상이면 이 컨버터는 전혀 동작하지 않는다. 주로 CPU 정지 형태의 고장으로 나타난다. AD 샘플링 문제나 하드웨어인 AD 컨버터의 문제면 교류전압 및 전류가 측정되지 않는다. RMS 연산 알고리즘의 이상은 교류 전압을 실효값으로 연산하는 과정이므로 여기서의 오류는 전압의 미세한 차이(예를 들면 실제 전압이 220V인데 218V로 계산)를 발생시키는 경우가 대부분이다. 그러나 이 미세한 차이가 보호설비의 기준값으로 사용될 경우 치명적인 fail로 연결될 수도 있다. PI 제어기의 튜닝이 잘 되어 있는지 그렇지 않은지의 차이에 따라 출력전압의 특성이 악화될 수도 있다. 위상제어를 위한 계산알고리즘의 이상은 출력전압(전동기 특성)의 편차를 유발시킬 수 있다.

[예제 2-1]은 간단한 직류전동기를 제어하는 예인데 이 경우 전동기제어가 제대로 되지 않아서 제어시스템 전체를 교체해도 큰 부담이 없다. 그러나 개발된 소프트웨어가 제대로 동작하는지 알기 위해서는 각각의 모듈이 최대한 세분화되고 모듈 각각의 연산결과를 자체 진단 및 평가할 수 있는 형태로 소프트웨어를 구성해야 한다. 그러나 [예제 2-1]의 문제가 거대 플랜트를 대상으로 했다면 어떤 부분에서 제

대로 동작하지 않는지 파악한 후 고장 난 부분을 수리 또는 교체하는 개선 작업을 진행하는 것이 중요하다. 이를 위한 핵심은 **고장이 어디서 났는지 아는 것이며 그 부위를 세부적으로 명확하게 아는 것이 중요하다.**

다음 [예제 2-2]에서 고장 부위를 좀 더 상세히 파악하는 방법에 대해 그림으로 알아보자.

예제 2-2 | 디지털 제어기 내부 고장을 상세히 파악하는 방법

디지털 제어기의 내부 고장을 상세히 알기 위해 어떻게 해야 하는지 고장허용설계 관점에서 알아보자.

풀이

[그림 2-3]은 일반적인 연산 순서를 도식화한 것이다. 교류 전압 및 전류신호를 받아서 직류실효값으로 변환하고 이를 제어하기 위한 연산이라고 가정한다. CPU는 사전에 정해진 코드(register 또는 SRAM에 등록된 실행코드 및 instruction)에 따라 데이터 수집 및 연산, 출력 내보내기를 하는데 AD 샘플링 결과를 읽고 RMS 연산을 수행하며 PI 제어 연산을 수행해 아날로그 출력을 내보내는 작업을 순서대로 진행하는 과정에서 중간에 어떤 하드웨어 또는 소프트웨어 모듈의 오류로 이상이 발생했을 때, 어느 부분에서 오류가 발생했는지 알지 못하고 틀린 계산 결과를 출력하거나 출력이 나가지 못하는 오류가 발생할 수 있다. 이 경우 센서 고장인지, 아날로그 입력 보드 고장인지, CPU 하드웨어 또는 실행 연산 알고리즘이나 코드 오류인지 아니면 AO 보드 고장인지 판단할 수 없다. **전체가 고장이라고 파악할 수도 있고 아닐 수도 있다.**

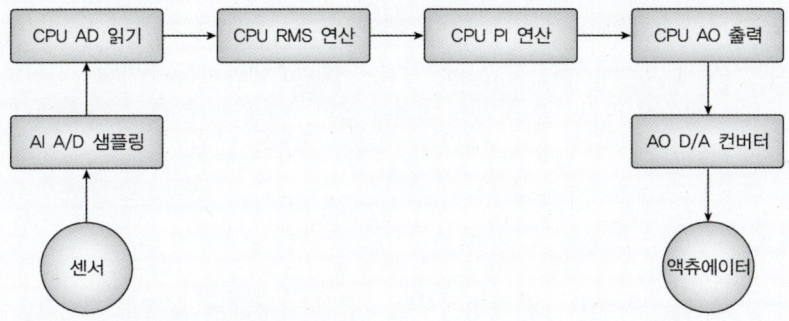

[그림 2-3] 디지털 제어기의 연산 과정

반면에 [그림 2-4]와 같은 절차를 거치면 직류실효값 연산 후 센서의 신호 및 AI 기능이 정상적인지 판단할 수 있고, PI 제어기 연산 후에도 제어기 소프트웨어의 오류 여부를 평가할 수 있다. 이는 소프트웨어 fault를 감지하고 error로 확대되는 것을 막는 시작점이 된다. 이 방법에 대해서는 나중에 상세히 설명한다. 단, [그림 2-4]와 같이 소프트웨어는 각각 기능별로 설계 및 코딩되고 각 단계별로 평가할 수 있어야 하는데, 이를 위해서는 충분한 투자(CPU 연산 속도, 알고리즘의 다양성, 적절한 통신 수단 활용 및 하드웨어 다중화 설계)가 필요하다.

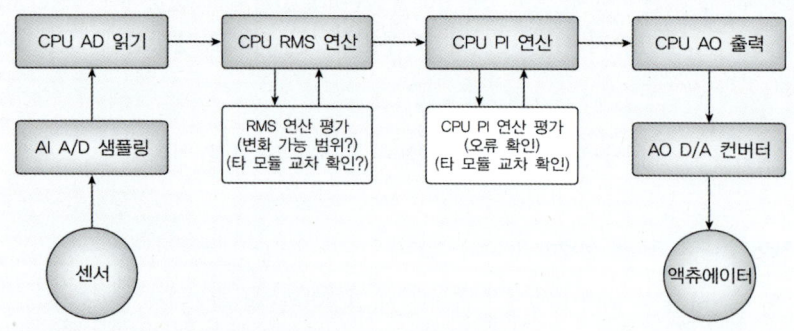

[그림 2-4] 내부 진단이 강화된 디지털 제어기 연산 과정

[그림 2-4]와 같은 설계는 결국 같은 역할을 하는 CPU가 두 개 이상 있어야 하며, 경우에 따라서는 A/D 컨버터와 센서도 각각 두 개 이상 있어야 서로 비교를 통해 상호 건전성을 평가할 수 있다. 그런데 CPU, 센서, AD 컨버터가 각각 두 개씩 있을 때 그 결과가 서로 다르다면 어떤 결과를 믿고 어떤 CPU와 AD 컨버터 및 센서, 그리고 소프트웨어가 맞다고 판단해야 할까? 이는 이중화에서 발생하는 기본적인 문제다. 마치 증인 두 사람의 증언이 서로 상반될 경우 누구의 증언을 믿느냐는 문제다. 이에 관한 해법은 3~4장에서 지속적으로 다룬다.

[예제 2-2]에서 오류의 원인이 소프트웨어인 경우 소프트웨어 개발과정이 제대로 지켜졌는지 확인해야 한다. 그런데 이 작업은 최초의 소프트웨어 요건서(SRS$^{\text{software Requirement Specification}}$[4])부터 단계적으로 작성되는 문서들과 최종적으로 작성된 코드에 대한 확인검증 작업, 이를 탑재한 하드웨어에서의 시험까지 V-curve를 따르는 소프트웨어 전주기 확인검증 작업을 거쳐야 한다. 이에 대해서는 7~8장에서 상세히 다룬다.

■ **사용 환경에 의한 fault**

잘 설계된 하드웨어도 기기검증 요건을 넘어선 사용 환경에서는 오류가 발생한다. 실제로 기기검증 시험 중 온도나 습도가 올라가거나 전자파 강도가 강해지면 오동작하는 경우를 자주 볼 수 있다. 온습도의 영향에 의한 회로기판 패턴의 오류가 가장 많이 발생하며 레지스터 정보가 랜덤하게 바뀌는 현상도 일어날 수 있다. 또 강한 지진이나 진동의 영향으로 전기전자기기가 접촉불량 또는 파선 등과 같이 고장 나거나 순간적으로 오동작할 수 있다. 그러므로 모든 기기나 설비는 실제 사용 환경에서 수명을 보장할 수 있는지 확인하는 시험을 거쳐야 한다. 요건으로 주어진 사용 환경을 벗어난 환경의 변화(예를 들면 설계 지진보다 높은 지진 발생, 설계 허용온도보다 높은 환경에 노출 등)에 의한 오동작은 납품자의 책임이 아니다.

---

[4] SRS는 매우 많이 사용되는 용어로서 두 가지의 의미가 있다. 여기서 언급한 소프트웨어 요건서의 의미와 함께 시스템 요건서(system requirement specification)의 의미도 있다. 시스템 요건서는 소프트웨어의 문제가 아니라 어느 특정 시스템을 설계할 때 최상위 문서로 그 시스템이 가져야 할 특성들을 정리한 문서다.

2.2.3 fault, error, failure의 확산 과정 및 대응 방법

[그림 2-5]는 fault가 error를 거쳐 fail로 확대되는 과정을 도식적으로 표시한 것이다. 이 그림을 통해 각 단계마다 오류의 확대를 막기 위해 어떤 조치가 있을 수 있는지 알아본다.

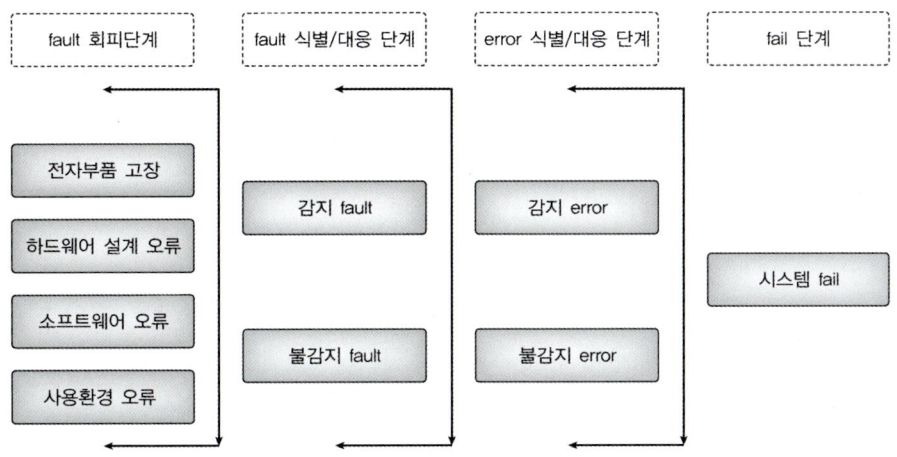

[그림 2-5] fault, error에 대한 대응 단계

좋은 시스템, 믿을 수 있는 시스템$^{dependable\ system}$은 기본적으로 고장허용이 되어야 하는데, 그러기 위해서는 어느 하나의 부품이나 소프트웨어 오류가 error로 확대되지 않거나 또는 error로 확대되더라도 fail로 확대되지 않아야 한다. 고장허용설계 시작의 첫 단계는 fault가 일어나는 요인을 최소화하는 것이다. 이것이 fault 회피단계에서의 대응이며 fault가 발생했을 때 fault를 감지하고 그 영향이 파급되거나 확대되지 않도록 하는 것이 대응단계다. 이러한 과정은 그 다음 단계인 error에 대해서도 마찬가지다.

모든 시스템에서 fault 발생은 피할 수 없는 일이다. 단지 fault가 많이 일어나는가 적게 일어나는가의 문제일 뿐이다. 그러므로 fault가 발생하더라도 문제가 확대되지 않도록 하는 것이 고장허용설계의 목적인데, 이를 위해서는 다음과 같은 절차가 필요하다.

❶ **fault 감지:** "fault가 발생했는가?"를 아는 것
❷ **fault 식별:** "fault가 어디서 발생했는가?"를 아는 것. 얼마나 빨리 알 수 있는가?
❸ **fault 차단:** fault의 영향이 확대되지 않도록(error로 진행하지 못하도록) fault 결과를 제거하거나 향후 프로세스에의 참여를 제한하는 것
❹ **fault 복구:** fault의 원인을 제거하거나, 필요한 후속 조치로 fault를 제거하고 fault 이전의 건전한 상태로 복구하는 것
❺ **fault 대응 능력:** 영어로는 fault coverage라고 하며, fault가 회복되거나 차단되어 fault tolerant 설계 범위에 포함되도록 하는 것을 의미한다. 좀 더 보수적으로는 fault 복구능력을 의미하기도 한다. 뒤에서 살펴볼 고장허용설계의 정량적 평가에서는 fault 복구율이 정량적 요소로 반영된다.

> **여기서 잠깐**
>
> 모든 정량적 해석에서는 단일 오류(single fault 또는 single failure)를 가정해서 계산하는데 하나의 fault가 복구되지 않은 상태에서 차단만 된 경우, 그 이후 다른 단일 오류 발생에 의해 영향을 받으므로 계산 논리의 중요 요소인 fault 대응능력은 fault 복구율을 fault 대응능력으로 포함하는 것이 합리적이다. fault 차단은 fault가 error나 fail 등 더 큰 고장으로 진행하는 것을 막는 것이지만, 이는 이미 다른 fault의 발생에 의해 fail로 갈 가능성이 있는 상태임을 의미한다.

error에 대해서도 앞의 fault와 같이 감지, 식별, 복구, 차단 및 처리 능력 표현이 사용되며 fault 처리 방법과 유사한 방법이 진행되어야 한다. fault를 처리하기 위해 우선 fault 발생 유무부터 5W1H로 알 수 있다면 그 대응은 설계 보완 과정이나 시운전, 상업 운전 중 또는 정지 후 가능할 것이다.

■ fault 감지

fault 감지 방법은 감지해야 할 fault의 형태에 따라 달라진다. 예를 들어 설명해보자.

1장의 1.3.1절 직류 전원공급기의 경우 외부의 LED가 전원 측 전압을 모니터링하고, 전원이 상실될 때 LED의 불이 꺼지는 것과 경보음 발생 등으로 직류 전원공급기 한 개의 fault를 효과적으로 알릴 수 있다(이 경우는 감지와 식별이 동시에 가능). 다른 예로 회로 기판의 커패시터나 다른 부품, 회로 기판의 패턴 오류 발생은 정확히 fault를 식별하기 어렵다. 아날로그 회로의 경우에는 회로의 최종 출력을 평가하여 판단해야 하며, 대부분의 경우 출력 신호의 일정 범위 내에 포함되는가의 여부로 판단한다. 이 방식은 회로기판 상태를 진단하기 위한 진단모듈이 추가되어야 하는 등 문제가 있기 때문에 아날로그 회로 방식은 사용 빈도가 급감하고 있다. 아날로그 회로의 진단 방법으로는 다중화에 의한 비교나 디지털 회로를 이용한 진단 등이 있을 수 있다. 고속 CPU가 등장하고 이산신호 처리에 최적화된 칩(예를 들면 DSP 소자)이 발전함에 따라 기존의 아날로그 필터는 디지털 필터로 대체되며 소프트웨어로 진단이 가능하다.

■ fault 감지/식별

기존에 아날로그 회로로 처리되던 대부분의 기능이 디지털화되므로 디지털 연산결과를 평가하는 것이 fault를 감지 및 식별하는 가장 좋은 방법이다.

예를 들어 이중화된 모듈에서 모듈 1(CPU, 통신 및 IO 보드, 내부 bus 등)과 모듈 2가 있고, 각각의 모듈은 CPU가 3개의 순차적 기능(예를 들면 측정, 제어, 보호 등)을 연산한다고 가정하자. 모듈 1, 2가 각각 세 개의 순차적 연산을 모두 마친 후 정보 교환을 통해 상호 이상 유무를 점검한다면, 이상이 발생했을 경우 잘 하면 모듈 1과 모듈 2 중 어느 모듈이 고장인지 알 수 있을 것이다. 이 의미는 두 모듈의 연산결과가 서로 다른 경우 어떤 모듈의 연산결과가 맞는지 판단하기 어렵다는 것이다. 이를 명확하게 알 수 있는 방법은 무엇일까? 어떤 모듈 하나에 하드웨어적으로 이상이 있다는 것을 다른 모듈이 알 수 있다면 효과적으로 대처하는 방법을 구할 수 있을 것이다. 어떤 모듈의 이상을 파악하는 방법 중의 하나는 정상인 모듈이 항상 약속된 신호를 내보내도록 하고 다른 모듈이 그 신호를 보고 판단하도록 하는 것이다. 이 경우 정상 모듈이 내보내는 신호는 확실히 자기 모듈이 정상일 때만 신호를 내보낼 수 있는 성격의 신호여야 한다. 두 개의 모듈이 상호 데이터를 교환하면서 진단하는 경우, 상대가 건전한지 서로 추가로 판단할 수 있는 방법이 있다면 신뢰성이 더 높아질 것이다. 사람의 경우라면 SMS나 문자보다 화상통화를 할 경우 전화 상대가 맞는 사람이라는 확신이 높아진다. 디지털 기기에서는 각각의 모듈이 맥동신호^{heartbeat}를 발생시켜서 자신의 건전성을 다른 모듈에게 알리는 방법이 많이 쓰인다. fault 중에서 소프트웨어 오류에 의한 것을 감지하는 방법은 같은 기능의 소프트웨어를 다른 방식으로 코딩한 두 가지 결과를 비교해서 정하는 방식이 있다. 그러나 어떤 소프트웨어든 더 신뢰도 높은 소프트웨어를 완성하기 위해서는 ① 소프트웨어를 작은 기능으로 세분화하고, ② 각 기능의 수행 전후에 이상 유무를 평가할 수 있는 방안을 포함하는 것이 추천된다.

통신으로 교환하는 부분에는 여러 방식의 통신오류 감지 방법이 포함되어야 한다. 가장 많이 활용되는 것은 CRC$^{Cyclic\ Redundancy\ Check}$ 방식이다. 과거 간단한 정보 전송 및 read/write에는 parity check 방식도 사용됐지만 이제는 시스템 단위에서 사용하지 않으며 대부분 CRC 방식이 사용된다.

■ fault 차단

fault를 감지하지만 정확하게 식별하기 어렵거나 식별장치(별도의 하드웨어)가 필요하다면 전체 시스템의 신뢰도는 이 식별장치의 신뢰도에 크게 영향을 받는다는 문제가 발생할 수 있다. 그래서 가장 손쉽게 fault를 처리하는 방식 중 하나가 fault를 차단하는 것이며, 이러한 차단 원리를 적용한 구현 방법이 삼중화 설계다. 인간사회에 비유하면 소수의 의견이 투표에 의해 무시되는 것이라고 할 수 있겠다.

삼중화 설계의 개념은 세 명의 사람이 다수결 투표를 통해 둘 이상 찬성하는 방향으로 의사결정을 하는 것과 같다. 전기전자 하드웨어에서 다수결로 결정하기 위한 툴을 보터^{voter}라고 한다. 보터를 사용하는 삼중화 방법은 한 모듈에서 fault가 발생하더라도(한 모듈이 잘못된 출력을 내보내는 경우) 보터에서 다수결 투표를 통해 영향을 제거할 수 있기 때문이다. 이 방식도 보터의 신뢰도가 다른 다중화 모듈에 비해 얼마나 높은가가 관건이다. 대부분 하드웨어 보터를 사용함으로써 이 문제를 해결한다. 만약 보터의 신뢰도가 더 낮거나 보터가 한 개로 구성되어 있다면 이는 오히려 신뢰도 병목$^{reliability\ bottleneck}$으로 될 수 있다. 그리고 제어시스템이 동작시킬 동작기기(액츄에이터)^{actuator}에 플럭스합산$^{flux\ summing}$ 개념이 사용되면 매우 효과적이다. 전자기학의 플럭스 또는 유체의 흐름, 전류 등에서 전체 출력이 모듈 각각의 출력의 합으로 나타나는 시스템을 플럭스합산 방식이라 한다. 예를 들어 동기발전기나 전동기에서 여자전류를 공급하는 컨버터 세 대를 병렬로 운전하는 경우 어떤 모듈 하나가 고장 나더라도 두 모듈이 정상이면 두 모듈의 합 전류에 의해 정상으로 동작(기능의 정상 또는 필요 출력 100% 부담)할 수 있는 모델을 의미한다. 발전소에 있는 급수펌프터빈의 경우도 세 모듈로 구성되는데, 한 모듈이 50%의 공급량을 보낼 수 있다면 세 모듈이 모두 정상일 경우 각각 전체 소요 유량의 1/3을 부담하지만 어떤 모듈 하나가 고장인 경우 각각 전체 유량의 1/2을 담당하도록 하는 것이다. 플럭스합산 방식의 컨버터 설계는 6장에서 다룬다.

■ fault 복구

하드웨어 fault는 운전 중 부품을 교체하는 것이 가능할 때 복구가 가능하다. 경우에 따라서는 교체하지 않고도 순시 fault를 복구할 수 있는 경우도 있다. 예를 들면 다중화 모듈에서 CPU halt 등의 경우 모듈을 재부팅함으로써 복구가 가능할 것이다. 이러한 기능은 건전한 모듈이 이상 모듈에 대해 파워 온-오프 제어를 하도록 하면 가능한 기술이다. 이러한 기능의 채택 여부는 설계조건에서 허용되는가 하는 부분이 가장 큰 문제이며 기술적으로는 어렵지 않다. 설계조건에서 허용되는가가 문제라는 의미는 대상 시스템의 요건에서 한 모듈의 고장 원인이 완전히 밝혀진 후 복구시켜야 하는지, 아니면 별도의 조치 없이 복구시켜도 되는지에 따라 달라진다는 의미다. 예를 들면 전철이나 기차에서 자동열차제어(ATC)$^{Automatic\ Train\ Control}$는 자동으로 열차의 속도를 낮추는 기능이 있지만 제한구역을 통과한 이후 속도를 올리는 것은 자동으로 할 수 없게 되어 있다. 그러나 최근의 자동열차운전(ATO)$^{Automatic\ Train\ Operation}$에서는 제한구역 통과 이후 자동으로 속도를 높이도록 구현하고 있다. 자동열차제어에서 속도 감속은 자동으로 하지만 증속은 운전원이 조치를 취해야 한다는 조건이다. 그러나 자동열차운전 시스템은 터널을 통과하느라 자동으로 감속되었던 열차가 터널 통과 후에는 자동으로 정상속도(예를 들면 시속 300km)로 회복하는 기능을 구현한다. 이는 자동열차운전 시스템이 자동열차제어시스템보다 더 높은 신뢰도로 만들어져야 한다는 것을 의미한다. CPU의 자동 재부팅도 대상 시스템의 요건에 따라 적용하기도 하며, 운전원에 의해서만 재부팅되도록 허용되는 경우도 있을 수 있다. 모든 결정은 대상 시스템의 최상위 요건에서 정해진다.

2.2.4 fault tolerant 설계를 위한 다중화 기법 도입

기본형 시스템 설계

[그림 2-6]과 같이 하나의 입력 모듈과 하나의 제어기 모듈을 거쳐 출력이 나가는 경우 시스템 전체의 신뢰도가 3개 모듈 각각의 신뢰도의 곱으로 표시되며, 어느 하나라도 fault가 발생하면 error를 거치지도 않고 곧바로 시스템 fail로 확대된다. 만약 [그림 2-6]의 설비가 안전필수 시스템을 제어하는 안전관련 시스템이라고 하면, 이 시스템이 고장 날 경우 막대한 손실이 초래된다. 이 시스템은 input module이나 제어기모듈, output module 중에서 어느 하나만 고장 나도 시스템이 fail한다.

[그림 2-6] 단일 모듈 제어기 구조 개략도

기본적인 이중화 설계 개념

[그림 2-6]과 같은 시스템 fail 사태를 막기 위해 이중화 설계를 시도해보자. 여러 가지 형태의 이중화가 있을 수 있는데, [그림 2-7]과 같은 모형이 가장 기본적인 이중화 설계 개념이다. [그림 2-7]의 개념은 input module 중 하나가 고장이거나 제어기 모듈이 고장인 경우에도 정상적으로 동작할 수 있는 모형이다. 여기서 중요한 것은 보터의 역할이다. 어떤 제어기 모듈의 신호가 정상인지 보터가 판단할 수 있다면 아주 좋은 방식 중 하나가 될 수 있다. 그러나 보터에 그런 기능이 없다면 별로 좋은 설계 개념이 아니다.

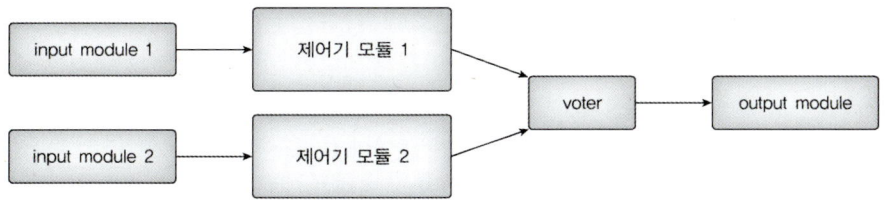

[그림 2-7] 이중화 모듈 제어기 구조 개략도

[그림 2-7]의 설계 개념이 실제로 좋은 설계가 되려면 ① 보터가 제어기 모듈 1과 제어기 모듈 2의 출력 중 어느 것이 정상인지 판단할 수 있는 능력을 갖고 있어야 한다. 그러기 위해 보터가 제어기 모듈에서 맥동신호를 받아 제어기 모듈의 건전성을 판단한다고 하자. 그러면 제어기 모듈의 출력 건전성을 판단할 수 있을까? 그렇지 않다. 제어기 모듈은 모두 정상인데 내부의 소프트웨어에 이상이 있다고 하면 제어기 모듈의 건전성 판단만으로 그 출력신호가 건전한 것이라고 할 수 없다. 그러므로 ② 제어기 모듈의 출력신호가 건전성(예를 들면 예상 범위 이내 등의 각종 진단)을 가지면 좀 더 믿을 수 있는 이중화 시스템이라고 할 수 있을 것이다. 동시에 ② 보터가 거의 고장 나지 않는 시스템이면 이 설비는 좀 더 좋은 설비가 될 것이다. ①~③의 개념이 반영된 설계가 [그림 2-8]에 나타난 설계다.

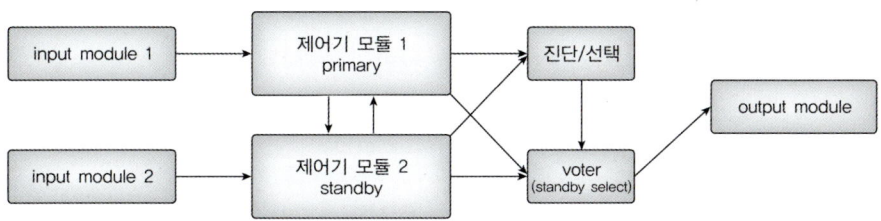

[그림 2-8] 진단 기능이 강화된 이중화 제어시스템 모형

그렇다면 [그림 2-8]과 같은 설계는 오동작하거나 제대로 동작하지 않는 경우가 없을까? 물론 잘못 동작하는 경우가 있을 것이다. input module 중 하나가 고장인데 진단/선택에서 판단할 수 없는 경우 잘못된 출력이 output module로 나갈 수 있을 것이다. 이를 방지하기 위해 input module 1, 2에 대해서도 제어기 모듈 1, 2의 후단에 있는 진단/선택 기능과 보터 기능이 존재한다면 오동작의 가능성을 더 줄일 수 있을 것이다.

[그림 2-8]의 이중화 방식은 신뢰도를 향상시키는 데 도움이 되지만, 보터 및 진단/선택기의 하드웨어적 신뢰도가 요구된다는 문제도 있다. 그래서 더 높은 신뢰성이 요구되는 설비들(예를 들면 발전소 터빈제어시스템은 안전하지 않지만 삼중화를 선호)에서는 삼중화 시스템을 사용한다. 삼중화 방식을 많이 사용하는 이유는 진단/선택의 기능 구현이 쉽기 때문이다. 어떤 모듈이 정상이고 어떤 모듈이 고장인지 판단하기 위한 노력이 필요없거나 쉽게 할 수 있다는 장점이 있다. 다음에는 삼중화 설계기법에 대해 좀 더 상세히 알아보자.

삼중화(TMR) 설계기법

삼중화 제어기 설계는 이중화 설계에서 어떤 모듈이 고장인지 판단하기 위해 노력하지 않아도 된다. 가장 낮은 수준의 삼중화 설비인 디지털 출력(1 또는 0의 접점 신호)은 다수결 논리인 2 out of 3(줄여서 2 oo 3) 논리(릴레이 로직 또는 디지털 연산으로 처리됨)로 출력을 처리하면 된다. 아날로그 출력은 중간값 선택의 원리$^{median\ selector}$로 출력을 내보낸다. 이 경우 진단/선택의 어려움이 없거나 대폭 경감된다. 중간값 선택의 원리는 제어시스템이 비정상이면 연산결과가 없거나 0 또는 최댓값으로 나올 수 있다는 가정에 근거한다. 오류가 발생한 어떤 모듈의 출력은 0이거나 최댓값이므로 나머지 정상 모듈 두 개의 출력은 어느 하나가 중간값을 갖는다. 이러한 삼중화 제어 방식을 2/3 삼중화 방식이라고 한다. 이는 세 모듈 중 두 개 이상의 모듈이 정상일 경우 시스템이 정상으로 동작하는 모듈이다. 이러한 방식은 보호 시스템과 고신뢰도 제어시스템에서 많이 사용된다.

삼중화 방식에서도 모듈 각각의 건전성을 정확히 판단할 수 있다면 2 out of 3 운전을 하지 않아도 된다. **합리적 근거는, 세 개의 모듈 중 두 개의 모듈이 고장 나도 하나의 정상 모듈을 정확히 알고 있다면 정상 모듈을 이용하여 제어하는 데 문제가 없을 것이라는 판단이다.** 문제는 어떤 모듈들이 고장인지 정확히 파악할 수 있는가 하는 부분이다. 이러한 설계의 실제 예는 6장의 TMR Exciter에서 다룬다. 여기서는 삼중화 설계의 기본 구성과 가장 진보된 방식의 삼중화 제어 방식 두 가지에 대해 설명한다.

■ 기본적 삼중화 설계 개념

고민을 단순화하고 시스템의 신뢰도를 올리려는 시도가 삼중화(TMR)$^{Tripple\ Modular\ Redundancy}$ 설계다. 부품 수는 늘어나지만 투자 이상의 신뢰성 향상 효과를 볼 수 있다. 그러나 이 방법에도 세부적으로 검토하고 잘 이해해야 할 사항들이 많다는 점은 미리 인지하고 있어야 한다.

[그림 2-9]는 가장 간단한 TMR 구조의 개념이다. 이 방식도 앞의 이중화구조에서 보았듯이 보터의 기능과 신뢰도가 문제될 수 있다. 보터의 임무시간 중 신뢰도가 모듈들에 비해 10배 이상 높을 때 사용할 수 있는 개념이다. 보터의 신뢰도가 다른 모듈들과 비슷하거나 더 낮다고 하면, 모듈은 세 개 모두 정상인데 보터가 고장일 경우 단일 모듈 시스템은 정상일 수 있었는데 공연히 TMR로 만들면서 보터만 고장이 나 문제되는 경우다. 그러므로 보터가 고장 날 확률이 타 모듈보다 1/10 이하로 낮아야 효과적이다. 그러므로 [그림 2-9]와 같은 설계에서 보터는 아날로그로 제작하는 경우가 많다(예를 들면 아날로그 기기에 의한 보터 또는 간단한 구조의 보터로 부품 수가 매우 적은 경우 등). 디지털 출력에 대한 보터는 2 out of 3 보터 설계를 릴레이로 구현한다.

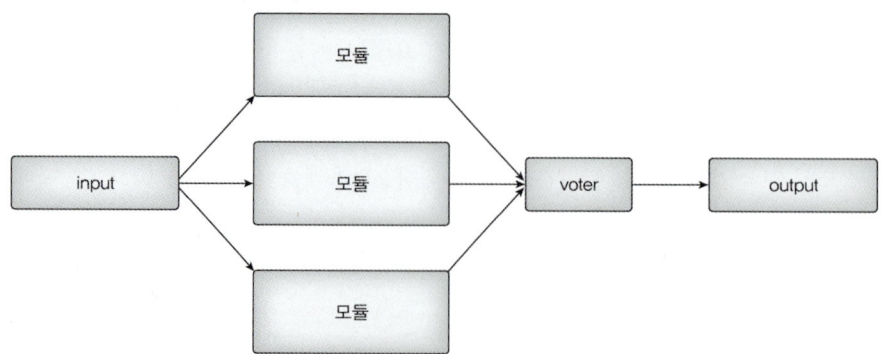

[그림 2-9] 기본적인 삼중화 제어기 구조의 개념도

그러나 모듈 세 개의 출력을 종합해서 건전한 출력을 내보내는 장치인 보터의 신뢰도가 기존 모듈의 신뢰도와 비슷한 수준이라면, 이 시스템은 그냥 모듈 한 개로 설계한 시스템보다 훨씬 못한 시스템이 된다. 국내 발전소에 적용된 글로벌 공급사인 G사의 제어기 중 [그림 2-9]에서 보터 역할을 하는 서버가 단일 모듈이었기 때문에 서버의 fault로 전체 시스템 fail을 유발한 사례가 많았다. 겉으로 보기에는 TMR 설계였지만 내부적으로는 단일점고장요소(SPF 또는 SPV)를 가진 문제적 설계였다. 단일점고장요소는 가장 치명적인 신뢰도의 병목이라고 할 수 있다. 이러한 요소가 없도록 설계하는 것이 안전관련 제어시스템 설계에서 첫 번째로 신경 써야 할 항목이다.

■ 개선된 실용적 삼중화 모델

소프트웨어 및 하드웨어의 fault 부위를 정확히 감지하고 fault가 error로 확산되는 것을 막기 위한 좋은 설계의 예로 [그림 2-10]의 구조를 활용하면 좋다. 이 방식은 매우 실용적이며 효과가 큰 삼중화 설계 방식이다. 이 방식의 정량적 특성에 대해서는 6장에서 다룬다.

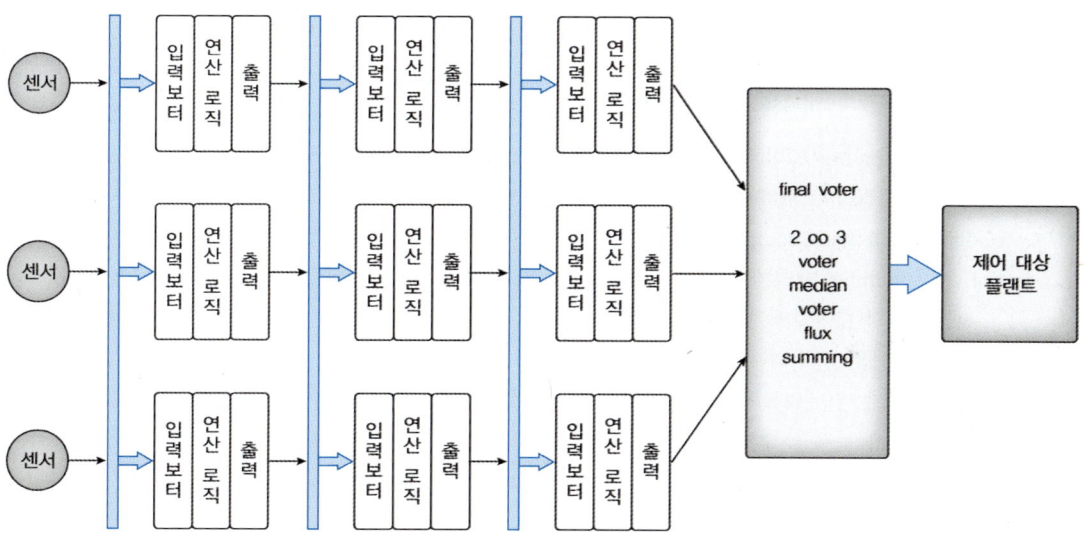

[그림 2-10] 진단이 강화된 실용적 삼중화 제어기 구조

소프트웨어의 매 단계마다 보팅을 통해 진단한다. 그러므로 어떤 단계에서 모듈 하나가 고장 나도 그 다음 단계에서 정상 모듈의 출력을 사용하므로, 전 단계에서 고장 난 모듈의 영향은 차단되면서 어떤 모듈이 고장인지 감지 및 식별할 수 있다. 그러나 [그림 2-10]의 삼중화 제어기 구조는 [그림 2-6]의 단일 모듈제어기에 비해 하드웨어와 소프트웨어에서 각각 세 배가 아닌, 더 많은 비용이 소요됨을 알아야 한다.

CHAPTER 02 생각해보기

2.1 여러분의 사무실에 설치된 자동문의 작동원리와 제어 방식을 다음 절차에 따라 검토해보자.
    (a) 센서의 종류는 무엇이고 접근 물체 감지거리와 각도는 어떻게 되는가?
    (b) 구동부(모터^{motor}와 레일^{rail})를 구성하는 서보모터, 레일 및 모터구동장치와 센서 신호부터 자동문의 열림/닫힘 동작까지의 신호흐름도를 작성해보자.
    (c) 상용 자동문 제어시스템의 구성에 대해 조사해보자.
    (d) 고장이 가장 많이 발생하는 부분이 어느 부분이었는지 알아보자.
    (e) 가장 많이 고장 나는 부분을 개선하려면 어떤 조치를 취해야 할까?

2.2 하드웨어 다중화 방식에는 논리적으로 생각할 수 있는 다양한 방식이 있는데, 포털사이트를 검색해서 다음 방식들의 개념을 정리해보자.
    (a) standby sparing 방법론과 응용분야를 조사하고 hot standby sparing과 cold standby sparing 방식의 차이점을 조사해보자.
    (b) duplication with comparison 방법에 대해 조사하고 요약해보자.
    (c) Flux summing 방법론에 대해 조사하고 요약해보자. Flux summing의 개념이 사용되는 것으로 전동기의 직류여자제어, 변압기의 전압 합산, 그리고 급수펌프의 펌프별 급수합이 되는 총급수량(각 펌프의 급수의 합)이 있다.
    (d) 컴퓨터 또는 임베디드 시스템이나 싱글보드컴퓨터 등에서 메모리의 고장(fault) 때문에 시스템이 오동작하는 문제를 방지하기 위해 메모리가 이중화되는 추세다. 이는 메모리 설계 시 반영되는 고장허용설계다. 포털사이트에서 redundant memory checking에 대해 검색하고 요약해보자.

2.3 디지털 제어시스템에서 SRAM의 데이터가 임의로 변경되어 낭패를 보는 경우가 있다. SRAM에 porting된 instruction이나 execution file이 memory bit 변경으로 소프트웨어 전체에 오류를 일으키는 경우인데, 이때는 CPU halt가 걸리고 모든 동작이 중지된다. SRAM이나 기타 메모리의 데이터가 원래 값을 유지하는지 확인하는 방법에 대해 검색하고 공부해보자(기본적인 개념은 메모한 원본을 유지하고 복사본을 계속 비교해보는 것이다. 같은 원본을 두 개 만들어놓고 두 개의 값이 같은지 확인하는 방법, 기타 일반적으로 메모를 원본과 복사본이 같다는 것을 나타내는 방법이면 될 것이다).
    Hint keyword: memory checking, redundant dual memory 등

2.4 포털사이트에서 memory mirroring에 대해 검색하여 원리를 공부해보자.

CHAPTER
03

RAMS 이론과 분석 방법

확률변수와 고장률 _3.1
신뢰도와 고장률 _3.2
가용도와 유지보수도 _3.3
안전도 _3.4
신뢰도 계산 모형 _3.5
마코프 모델 _3.6
생각해보기

PREVIEW

1장에서는 안전필수 시스템에 대해 알아봤고, 2장에서는 안전관련 제어시스템이 기본적으로 고장허용설계를 채택하여 fault, error가 발생하더라도 시스템 fail로 진행되지 않도록 설계해야 함을 설명했다. 또 fault, error의 발생 원인과 형태, 그리고 fault, error의 영향을 차단하기 위한 설계에 대해서도 살펴봤다. 3장에서는 제어시스템의 RAMS$^{\text{Reliability, Availability, Maintainability and Safety}}$, 즉 정량적 특성의 정의와 그 평가 방법에 대해 설명한다.

정량 평가의 네 가지 특성인 신뢰도, 가용도, 유지보수도, 안전도는 통계에 기반을 둔 정량지표이다. 이들의 정의와 해석 방법에 대해 알아보고, RAMS 값을 올리기 위한 설계 방법으로서 고장허용설계기법과 이에 의한 RAMS 증가 영향을 평가한다. 공학제품이나 시설의 RAMS는 야구선수의 각종 공인기록과 같은, 그 시설에 대해 공인되는 내신 성적이나 마찬가지다. 프로야구선수는 타자의 경우 타율, 타점, 장타율 등의 기록과 수비 위치 및 error 횟수, 대체선수대비 기여도는 얼마인가 등의 기록으로 평가되며 이에 의해 연봉이나 계약기간, 계약금 등이 결정된다. 이와 마찬가지로 같은 기능을 수행하는 설비나 기기라 하더라도 RAMS의 차이에 의해 그 가격이나 사용료는 천차만별이 된다. 그러므로 공학도는 내가, 우리가 만드는 기기나 설비의 RAMS를 실제와 일치하도록 계산할 수 있어야 하며, 그래야 자기가 만든 물건의 가치를 설명할 수 있고 인정받을 수 있다. 정량적 의미는 한마디로 '**얼마나**'의 의미다. 3장에서는 RAMS를 계산하는 기본 이론을 다룬다.

RAMS는 부품과 소자의 고장률로부터 시작되며 설계 기술에 따라 RAMS 각각의 값이 달라진다. 가장 기본적인 소자의 고장률이나 RAMS 모두 통계적인 확률이다. 그러므로 RAMS 전개 이전에 기본적인 확률변수와 확률분포이론에 대한 도입이 필요하다.

SECTION 3.1 확률변수와 고장률

신뢰도의 의미를 사람의 경우로 생각해보자. "A는 신뢰할 수 있는 사람이다."라는 의미는 말하는 사람 입장에서 A는 믿을 수 있고 예측할 수 있는 행동을 하는 사람이라는 의미가 될 것이다. 공학설비의 신뢰도는 그 시스템이 얼마나 오랫동안 고장 나지 않고 잘 쓸 수 있는가의 문제다. 수백만 대가 팔린 같은 차종에서도 첫 고장의 형태나 시기가 다른 것을 많이 경험한다. 즉 고장이라는 문제를 일정값이 아닌 어떤 통계적 특성을 갖는 변수로 생각할 수 있다. 이러한 고장과 고장이 나지 않는 경우들에 대한 통계적인 접근이 RAMS의 근간이 된다. 확률변수$^{random\ variable}$에 대한 정의와 부품의 고장률에 대한 이해가 이론 전개의 출발점이 된다.

3.1.1 확률변수 기본 이론

가장 간단한 확률변수의 예로 주사위를 던질 때 나오는 수에 대해 생각해보자. 주사위를 던질 때 나오는 경우의 수는 1, 2, 3, 4, 5, 6이 있는데 그 확률은 모두 1/6로 같다. 여기서 주사위 한 개를 1,000번 던지는 경우와 1,000개의 주사위를 동시에 던지는 경우를 생각해보자. 두 경우 모두 그 기댓값(또는 평균)이 같음을 알고 있다. 그러나 주사위를 너무 많이 던져서 어느 모서리가 깨진다든가 하는 변형이 생기면 확률이 달라질 수 있다. 이러한 예를 드는 이유는 부품 하나의 random failure, 즉 평균 고장률이 오랜 시간 후 달라질 수 있음에 대한 힌트를 제공하기 위함이다. 3.2.2절에서 설명하는 욕조곡선의 평탄구간 내 시간에서만 평균 고장률은 일정하다고 가정한다. 이는 공학 시스템 중에서 전기전자부품에 가장 일반적으로 인정받는 사항이지만 모두에 적용되는 것은 아니다.

주사위를 던질 때 나오는 값의 기댓값(평균)은 다음과 같다.

$$E[X] = 1 \times \frac{1}{6} + 2 \times \frac{1}{6} + 3 \times \frac{1}{6} + 4 \times \frac{1}{6} + 5 \times \frac{1}{6} + 6 \times \frac{1}{6} = 3.5$$

이 경우를 다르게 표현하면 다음과 같이 나타낼 수 있다.

$$E[X] = \sum_{i=1}^{6} x_i \times p(x_i)$$

일반적으로 주사위를 N번 던진다고 하고 또 무한대의 횟수를 던진다고 하면 평균 개념의 기댓값을 다음과 같이 표현할 수 있다.

$$E[X] = \lim_{N \to \infty} \frac{1}{N} \sum_{i=1}^{N} x_i$$

이 식은 이산변수에 관한 식이고, 이를 연속변수에 관한 식으로 전환하면 다음과 같이 된다.

$$E[X] = \int_{-\infty}^{+\infty} x f(x) dx$$

여기서 $f(x)$를 랜덤변수 x의 확률밀도함수라고 한다.

누적분포함수 $F(x)$는 다음과 같이 정의된다.

$$F(x) = \text{Prob}\{X \leq x\}$$

누적분포함수 $F(x)$와 확률밀도함수 $f(x)$의 관계는

$$f(x) = \frac{dF(x)}{dx}$$

로 주어진다. 또한

$$\lim_{x \to \infty} F(x) = 1, \quad \int_{-\infty}^{+\infty} f(x) = 1, \quad F(x) = \int_{-\infty}^{x} f(u) du$$

이다. 이 식들은 3.2절에서 고장률과 신뢰도의 관계를 설명하는 기본이 된다.

3.1.2 부품의 고장률

시스템의 신뢰도는 그 시스템을 구성하는 부품들의 고장과 관련이 있다. 예를 들어 자동차가 고장 나지 않고 잘 운행되는 것을 신뢰도의 의미로 설명하고, 자동차를 구성하는 수많은 부품 하나하나의 이상은 부품 고장으로 표현한다. 자동차의 신뢰도는 각 부품의 고장들과 어떤 형태의 연관, 즉 함수관계로 나타날 것으로 생각할 수 있다. 이러한 부품과 시스템의 고장, 신뢰도라는 문제에 대해 처음 관심을 가진 기관은 미국 국방성이었다. 2차 세계대전 중에 많은 무기의 부품들 중에서 특히 전자재료의 고장을 경험하면서 이 문제들을 해결하기 위한 연구가 시작되었다. 이때 이뤄진 일련의 작업들이 현재 안전필수 시스템 기초의 상당 부분을 만들었다고 할 수 있다. 이는 NASA의 우주 산업과 항공 산업 발전의 근간을 이루며 나중에 많은 산업표준의 기초가 되었다.

신뢰도의 개념은 시스템을 원하는 상태로 얼마나 오래 사용할 수 있는가의 확률에 관한 문제다. 시스템은 많은 부품으로 이뤄지며, 부품의 고장이나 오동작이 시스템 고장 원인의 대부분이 되므로 사용하는 각종 부품이 얼마나 오랫동안 고장 나지 않는가에 대한 부분이 중요하다. 산업계에서 사용되는 수많은 부품과 재료들에 대해 고장이 얼마나 많이 발생하는지 알 수 있을까? 즉 고장이 얼마나 자주 일어나는지의 개념을 정확히 정의하고 이해해야 이를 바탕으로 어떤 이론이나 기술을 전개할 수 있을 것이다.

얼마나 많은 고장이 발생하는지에 관한 용어로 고장률$^{\text{failure rate}}$을 사용한다. 고장률은 보통 λ로 표시하며 이는 시간당 고장비율이라는 의미다. 어떤 부품 N개를 m시간 동안 사용했을 때 f개가 고장 났다고 하면 다음과 같이 나타낼 수 있다.

$$\lambda = \left(\frac{f}{Nm}\right)/\text{hr}$$

여기서 m이 변해도 λ가 일정하면 일정 고장률을 가정할 수 있고, m의 변화에 따라 λ가 변화하면 이는 시간의 경과에 따라 고장률이 변화하는 모델로 생각할 수 있다. 전자부품의 경우 대부분 일정 고장률을 적용한다. 일정 고장률을 포함하는 일반적인 형태의 고장률은 와이블^{Weibull} 분포가 사용된다. 와이블 분포에 대해서는 3.2.3절에서 간단히 다룬다.

전기전자부품에 가장 많이 적용되는 고장률 예측 방법들에 대해 알아보자.

■ MIL 217 F

전 세계적으로 가장 권위 있는, 부품이나 소자의 고장률 데이터를 제공하는 대표적인 기준이 미 국방성의 Military Handbook 217 F(이후부터는 MIL 217 F로 표기)이다. MIL 217 F는 단독 제작된 것이 아니라 사전에 만들어진 백 개 이상의 하위 기술사양에 바탕을 두고 만들어진 데이터 핸드북이다. MIL 217 F는 거의 모든 부품에 대해 재료, 제작 공정, 집적도, 사용 환경, 제작 품질 수준 등에 따른 부품의 고장 발생 확률 데이터를 제공한다. **고장률의 단위는 백만 시간 사용 동안의 고장 발생 가능성**이며, 이는 같은 부품 백만 개를 한 시간 동안 사용할 때 고장이 나는 개수의 의미와 같다. 그러므로 단위는 $\text{failure}/10^6 \text{hr}$다. 그러므로 λ의 단위는 많은 경우 $10^{-6}/\text{hr}$다. MIL 217 F는 하나의 단품 소자에 대한 고장률을 제공하는데, 같은 기능의 소자라고 해도 용량이나 사용 전압, 전류, 사용 온도 등이 다르다. 반도체의 경우 집적도 등이 고장률에 영향을 미치는 중요 요인이 되는데, 이러한 요소들이 소자의 기본 고장률에 보정 요소로 곱해지는 형태다.

기본 고장률에 보정계수를 곱하여 부품 한 개의 고장률을 구할 수 있는데, 하나의 시스템은 이러한 부품 수십~수만 개로 이루어진다. 예를 들어 10장의 PCB로 구성되는 하나의 제어시스템을 생각해보자. 각각의 PCB는 보통 수백 개의 부품으로 이루어지며 PCB의 고장률은 PCB에 사용된 부품 중 '요구기능을 수행하는 부품의 고장률의 합'으로 표시된다. 그런데 시스템의 규모가 클수록 사용되는 부품의 수가 많아지므로, 어떤 특별한 조치가 없으면 시스템의 규모가 클수록 시스템의 고장률 합계가 더 커진다. 정확한 관계는 아직 설명하지 않았지만 상식적으로 부품의 수가 많아질수록 고장이 잦을 것임을 예측할 수 있다. 그러므로 거대 시스템 및 안전필수 시스템을 제어하는 안전관련 시스템은 다중화를 하는 고장 허용설계가 필수이다.

고장률 데이터의 형태는 소자의 기본 고장률과 각종 여건에 따른 보정 요소를 제공하므로 사용자는 핸드북 사용법과 연습이 필요하다. 일반적인 고장률 λ_p는 $\lambda_p = (A + B + C)D$의 형태가 된다. 가장 간단한 경우는 $B = C = 0$일 때이고, 이 경우 D가 기본 고장률인 형태로 $\lambda_p = \lambda_b \pi_T \pi_C \pi_V \pi_{SR} \pi_Q \pi_E$와 같이 주어진다. 이때 각각 다음과 같다.

λ_P: 부품의 실제 고장률, λ_b: 부품의 기초 고장률, π_T: 고장률 온도 요인
π_C: 고장률 용량성 요인, π_V: 고장률 전압 요인, π_{SR}: 고장률 압박 요인
π_Q: 고장률 품질 요인, π_E: 고장률 환경 요인

$B = C = 0$이 아닌 경우는 소자의 기본 고장률 λ_b가 사용되지 않고 소자에 특화된 요인들이 적용된다.

MIL 217 F가 공신력 있는 고장률 데이터를 제공할 수 있는 근거는 다음과 같다.

- 전자부품은 개발되고 많은 양이 충분히 오랜 시간 사용 및 평가되어 통계적인 의미가 있는 데이터가 확보되었다.
- 전자부품의 제조 공정은 일반적으로 자동화되어 있고 거의 동질성을 확보한다.
- 제조사가 자체적으로 생산 시점에 보수적인 고장률로 부품의 기초 고장률을 제공하고, 많은 경우 사용이력을 통해 고장률이 감소하는 경향이 있다.
- 전자부품은 초기 및 말기를 제외한 자체 수명 주기(욕조곡선의 평탄구간)에는 동일한 조건(환경 및 스트레스 요인들)에서 일정한 고장률을 갖는다.
- 부품은 그 사용 환경(온도, 습도, 전압 및 기타 스트레스 요소 등)에 따라 고장률이 변한다.
- 실제 기기에서 사용되는 부품의 고장률은 사용 환경에 따라 보수적으로 적용한다(보수적으로 일정 값을 적용한다는 의미).

부품의 고장률은 처음 출시되고 오랜 기간 생산하여 사용될수록 고장률에 대한 신뢰도가 높아진다. MIL 217 F의 고장률은 확보가 가능했던 데이터에 근거한 것이므로 동일 기능의 부품이라도 제작공정의 일부 변경 등에 의해 고장률이 달라질 수 있음을 언급하고 있다. 부품은 아니지만 시스템 차원에서도 다음 예들로 이해할 수 있을 것이다.

MIL 217 F가 가장 권위 있고 최초로 나온 매뉴얼로서 산업발전에 크게 기여했지만, 20세기 말부터 MIL 217 F가 너무 보수적(실제 고장률보다 높은 고장률 적용)이라는 비판도 나오기 시작했다. 그 배경은 많은 전기전자 부품들이 최초의 생산시기에 비해 공정과 기술 발전으로 인해 실제 고장률이 낮아지는 추세인데, 이를 반영하지 못하고 있다는 것이다. 이런 비판 속에서 MIL 217 F는 1996년 이후 개정되지 않았다. 이에 비해 많은 고장률 및 신뢰도 예측 프로그램들이 제안되었고, 특히 통신기기에서 그 유효성을 입증한 Telcordia의 SR-332는 전 세계적으로 그 사용범위가 확대되고 있다. 그렇다고 해서 MIL 217 F가 완전히 사장된 것은 아니다. 아직도 원자력과 방위산업 등에서는 MIL 217 F의 적용을 강제화하고 있다. SR-332와 MIL 217 F의 차이를 알아보자.

■ SR-332과 MIL 217 F 비교

2001년에 최초로 발행되고 2016년에 네 번째 개정판이 발행된 SR-332는 MIL 217 F와 달리 고장률의 단위로 FIT$^{\text{failure in time}}$를 사용한다. FIT는 10억 시간 사용에 발생하는 고장 개수의 의미이며, 이는 10억 개의 부품을 한 시간 동안 사용할 경우 발생하는 평균 고장 개수와 같은 의미다. FIT 5는 고장률이 5×10^{-9}/hr 라는 뜻이다.

- MIL 217 F를 명시적으로 요구하는 경우(예를 들면 원자력, 국방 등) 이외에는 SR-332를 사용하는 추세다.
- MIL 217 F는 보수적인 결과(실제 고장률보다 높은 고장률 예측)를 내는 데 반해, SR-332는 실제 현장 경험과 매우 유사한 결과를 보인다는 보고가 많다.
- 국내에서 발표된 사례 연구에서 MIL 217 F와 SR-332로 신뢰도를 비교, 평가한 결과는 두 방식의 고장률 차이가 크다. SR-332가 MIL 217 F에 비해 고장률이 20~30% 정도로 낮게, 낙관적으로 평가된다는 보고가 많다.
- MIL 217 F의 경우 각각의 부품은 기본 고장률에 보정계수(품질, 환경, 부하 등의 각종 영향 요소)를 곱하는 스트레스 분석법과 전체 부품 수를 반영하는 방법이다. 전력전자소자 등과 같이 junction에서 발열하는 소자의 경우 MIL 217 F는 모델링을 하지만 SR-332는 이 부분을 모델링하지 않는다(MIL 217 F의 장점 분야).
- SR-332는 다음 세 가지 **고장률 평가 방법**을 제시한다. 이것이 MIL 217 F와의 가장 큰 차이다. MIL 217 F는 다음 방법 중 (ⅰ) 부품 카운트법만 사용한다. 거대 시스템의 경우 부품 수가 대단히 많아지며 그 고장률도 매우 커질 수밖에 없다. 그러나 실제 현장의 운용경험 데이터는 고장 발생이 MIL 217 F의 예상보다 많이 적다는 것이 보고되면서 어떤 방식의 변화에 대한 필요성이 대두되는 것이다.

  (ⅰ) **부품 카운트법**
  이 방법은 MIL 217 F와 유사하고 보정계수의 수가 적으며 단순하다. 이 방법을 적용할 경우 SR-332에 없는 부품 종류의 고장률은 다른 데이터 북(예를 들면 MIL 217 F)의 고장률을 사용해도 된다.

  (ⅱ) **부품 카운트법에 번인테스트 결과를 복합하는 방법**
  부품 카운트법의 데이터를 기본으로 사용하고 보정계수는 **번인테스트 여부, 가속노화시험 여부, 샘플 수, 시험 중 고장 개수 등을 반영하여 고장률을 평가**한다. 이 개념은 우리가 상식적으로 생각할 수 있는 시험 데이터를 반영하는 방식이다. 가속노화시험 기간과 사용 시편 수, 그리고 가속노화시험기간 동안의 고장 개수가 부품의 고장률 평가에 반영되어야 할 것이라는 상식을 수식화한 것이다. 이 방식의 특징은 통계적 값인 고장률을 보장할 수 있는 확률의 추정치로 선택할 수 있다는 것이다. 고장률 추정값은 90% 백분위수를 사용할 수 있고, 80% 또는 50% 등을 사용할 수도 있다. 고장률은 감마분포로 가정한다.

  (ⅲ) **현장자료 추적을 근거로 한 통계적 방법(부품카운트법 결과 첨부를 권고함)**
  이것은 실증 데이터에 기반한 것이며 가장 믿을 수 있는 고장률로 생각할 수도 있다. 그런 전제조건으로는 사용 및 공급 이력에 대한 확실한 품질 및 기록관리가 필수이다. 이력관리 기간 중에 시스템적 고장의 원인이 발견되어 해결되거나 더 좋은 방법의 제조방식이 적용되면 고장률을 개선할 수 있다.

- 앞의 (ⅱ) 부품 카운트법에 번인테스트 결과를 복합하는 방법은 가속노화시험을 수행하는 아레니우스 방정식과 활성화 에너지 등을 필요로 한다. 이에 대한 설명은 10장의 기기검증 시험에서 다룬다.

- MIL 217 F, SR-332 등 대부분의 고장률 평가 매뉴얼들은 소프트웨어 패키지화되어 있다. 그러므로 부품이나 소자의 모델명을 입력하면 되는 경우부터 사용환경과 기타 보정계수를 입력해야 하는 경우 등 실제 사용하는 방법과 툴은 다양하다.

- SR-332의 방법 (ii)의 핵심은 다음과 같다.
  - 가속노화시험을 오래 성공적으로 할수록 대상기기의 고장률이 낮게 평가된다.
  - 가속노화시험 시편 수가 많을수록 고장률은 낮게 평가된다.
  - 고장률은 감마분포를 가정하며, 90분위수를 사용하는 경우에도 MIL 217 F에 비해 고장률이 대폭 저하되는 경우가 대부분이다.
  - 번인테스트를 하지 않은 경우의 초기 고장률 평가도 가능하다.

고장률을 초기 고장구간, 정상 고장구간, 노후(마모) 고장구간 등으로 구분하는데 이에 대해서는 3.2절의 [그림 3-1]에서 설명할 것이다. 초기 고장구간은 새로 개발했거나 만든 제품이 안정화되기 전에 고장이 많이 발생할 수 있음을 의미한다. 플랜트나 대형 시스템의 경우는 일반적으로 건설이나 납품 후 일정기간 시운전을 통해 성능을 확인하고, 그 이후부터 계약조건에 따른 RAM 평가를 수행한다. 다음 예시들을 통해 초기 고장 사례들에 대한 이해의 폭을 넓혀보자.

> **예시 1**
> 신차 모델의 경우 성능은 좋은데 더 많은 리콜이 발생할 때가 있다. 이는 같은 부품을 사용하더라도 설계가 바뀌면서 신차가 안정된 모델로 확립되지 않았음을 의미하며, 욕조곡선의 평탄구간 이전의 초기 고장구간으로 이해해야 한다.
>
> **예시 2**
> 판매 대수가 많은 자동차도 일부 부품을 교체한 후 리콜이 발생하는 경우가 많다. 이는 부품 차원에서 부품이 욕조곡선의 평탄구간에 들어서지 못했다는 것을 의미한다.
>
> **예시 3**
> 많은 공급이력을 가진 전자회로기판에 RoHS(유해물질 제한지침)$^{\text{Restriction of Hazardous Substances}}$를 적용하여 코팅 재료를 바꾼 후 초기 생산제품은 고온고습 환경에서 절연실패 때문에 많은 오류가 발생했다. 이는 좋은 목적으로 실시한 설계 개선이 기존에 지켜져야 할 요건을 지키지 못한 경우가 있음을 보여주는 예이며, 이것도 초기 고장구간의 영역에 속한다고 볼 수 있다.
>
> **예시 4**
> 발전 및 송배전 관련 전력 시스템은 건설 후 일정 기간의 시운전 기간을 거친 다음에 성능, 효율, 가용도 등의 계약 조건 만족 여부를 평가한다. 이는 초기 고장을 배제하고 안전화기의 운전특성을 평가하고자 하는 개념으로 이해할 수 있다.

부품이나 소자의 고장률이 시스템의 신뢰도 평가에 직접적이며 결정적인 요소가 된다. 이에 대한 설명은 다음 3.2절에서 다룬다.

SECTION 3.2 신뢰도와 고장률

신뢰도^{reliability}를 피상적으로 고장이 적고 믿을 만한 것으로 이해해서는 정량적인 평가가 불가능하며 1장에서 언급한 안전성, 무결성 수준의 판단이 어려워진다. 그러므로 얼마나 고장이 안 나는지 통계적인 숫자로 파악할 수 있어야 한다. 이를 위해 신뢰도의 정확한 정의를 이해하고 통계학 및 수학적 방법으로 설명할 수 있어야 한다. 안전필수 시스템과 이를 제어하는 안전관련 시스템의 좋고 나쁨에 대한 다툼은 정량적 특성의 싸움, 즉 '**얼마나**'의 싸움이다. 신뢰도는 $R(t)$로 표현한다. 이는 현재($t=0$) 정상적으로 동작하는 대상 시스템이나 부품이 주어진 동일 환경의 시간 구간($0 \sim t$)에서 지속적으로 정상적인 동작을 할 확률을 의미한다. 그러므로 '대상 기기가 현재 정상동작 중인데, 한 달 후에도 정상적으로 동작할 수 있을까? 또 1년 후에도 정상적으로 동작할 가능성은 얼마나 될까?'의 문제는 $R(1달)$, $R(1년)$으로 표현할 수 있다. 수식 전개에서 $R(t)$의 t는 시간 단위를 사용한다. 그러므로 $R(1달) = R(24 \times 30) = R(720)$으로 표현할 수 있다.

신뢰도 $R(t)$의 정의에서 다음 개념에 유념하자.

- 신뢰도는 시간의 함수다.
- 시간 0에서 정상동작하는 시스템이 시간 $(0, t)$의 구간에서 연속해서 정상적으로 동작할 확률을 신뢰도 $R(t)$로 표현한다.

3.2.1 고장률에서 신뢰도 유도하기

신뢰도는 고장률과 직결되는 개념이지만 그 자체는 의미가 다르다. 고장률과 신뢰도 관계 설명에 앞서 다음을 먼저 살펴보자. N을 고려 중인 부품의 개수, $n_f(t)$를 시간 t 동안 발생한 고장 개수, $n_o(t)$를 시간 t 동안 정상동작하는 개수라고 하면 식 (3.1)의 관계가 성립한다.

$$n_f(t) + n_o(t) = N \tag{3.1}$$

우리가 이해하는 신뢰도 $R(t)$는 통계적으로 식 (3.2)와 같이 나타낼 수 있다. 즉 시간 t의 신뢰도는 초기부터 동작하던 N개의 부품 중에서 시간 t까지 연속으로 정상동작하는 개수의 비율이다.

$$R(t) = \frac{n_o(t)}{N} \tag{3.2}$$

이제부터 신뢰도에 대해 설명한다. 다음은 미분 개념을 도입해서 고장률과 신뢰도의 관계를 유도하는 과정이다. 식 (3.2)의 신뢰도 $R(t)$는 식 (3.3)과 같이 나타낼 수 있다.

$$R(t) = \frac{n_o(t)}{N} = 1 - \frac{n_f(t)}{N} \tag{3.3}$$

$\dfrac{dR(t)}{dt} = -\dfrac{1}{N}\dfrac{dn_f(t)}{dt}$ 이므로 식 (3.4)와 같다. 이 식의 좌측 항은 시간 t에 고장이 발생하는 개수의 변화율(증가율 또는 기울기)이다.

$$\frac{dn_f(t)}{dt} = -N\frac{dR(t)}{dt} \tag{3.4}$$

시간 t에 정상적으로 동작하는 것 중 고장이 발생하는 것에 대한 평가는 $\dfrac{dn_f(t)}{dt}$를 시간 t에 정상적으로 동작하는 기기의 개수 $n_o(t)$로 나누면 된다. 즉 시간 t부터 단위시간 동안 고장이 발생하는 비율인 $\dfrac{dn_f(t)}{dt}$를 그 시간에 정상인 $n_o(t)$개로 나눈 것이 고장률 $z(t)$이다.

$$z(t) = \frac{1}{n_o(t)}\frac{dn_f(t)}{dt} \tag{3.5}$$

식 (3.5)에 식 (3.4)를 대입하면 다음과 같이 전개할 수 있다.

$$z(t) = -\frac{N}{n_o(t)}\frac{dR(t)}{dt}, \; 즉 \; \frac{dR(t)}{dt} = -z(t)\frac{n_o(t)}{N} \tag{3.6}$$

따라서 $\dfrac{n_o(t)}{N} = R(t)$이므로 식 (3.7)이 구해진다.

$$\frac{dR(t)}{dt} = -z(t)R(t) \tag{3.7}$$

식 (3.7)을 유도하는 과정에는 전체 부품의 개수와 시간 t에서 정상동작 개수와 고장개수만 사용했다. 신뢰도를 식 (3.3)으로, 고장률 $z(t)$를 식 (3.5)로 정의한 결과 고장률과 신뢰도의 관계를 결정하는 미분방정식 (3.7)을 구할 수 있었다. **식 (3.7)을 만족하는 모든 함수쌍 $z(t)$, $R(t)$는 그 부품의 고장률과 신뢰도**가 된다. 여기서 공학적 의미가 있으려면 $z(t)$가 현실에서 발생하는 고장률을 잘 모사하는 함수가 되어야 하며, 이로부터 신뢰도 함수 $R(t)$를 구할 수 있다면 많은 이론적 전개와 응용이 가능하다.

3.2.2 일정 고장률 가정하의 신뢰도

식 (3.7)을 만족하는 $R(t)$를 구하면 신뢰도를 시간의 함수로 구할 수 있는데, 앞의 가정에서 고장률 $z(t)$를 일정값 λ라고 하면 앞의 미분방정식의 해는 식 (3.8)과 같이 된다.

$$z(t) = \lambda, \; R(t) = e^{-\lambda t} \tag{3.8}$$

여기서 고장률 λ는 양수다. 단위는 $failure/10^6 hr$이며 소자에 따라 λ의 크기는 보통 $10^{-8} \sim 10^{-4}$ 정도다. λ가 작다는 것은 고장률이 낮다는 의미로 이 소자를 사용한 시스템의 신뢰도는 높다. 식 (3.8)의 신뢰도는 지수적으로 감소하는 함수이며 시간 $t = \infty$에서 $R(t)$는 0이 된다. 초기시간에는 정상동작을 가정하므로 $R(0)$은 1이며 시간이 경과할수록 단조 감수하는 함수가 된다. $R(0) = 1.0$, $R(\infty) = 0$이며 λ가 클수록 $R(t)$는 급격하게 감소한다. **고장률은 수명주기 내에서 일정한 값 λ로 가정하지만, 신뢰도는 수명주기 내에서 지수함수 형태로 감소한다는 사실을 잊지 말자.** 즉 고장률이 일정하더라도 신뢰도는 시간에 따라 감소하는 함수다. 일정 고장률 λ는 특수한 하나의 경우이며, 이는 전자제품의 수명주기 내 모델링에 잘 맞는 고장률 모형이다. 이 경우 신뢰도는 식 (3.8)이 된다.

고장률 $z(t)$를 시간의 함수가 아닌 일정값 λ로 가정하는 것의 유효성에 대해 살펴보자. [그림 3-1]은 부품의 고장률을 설명할 때 많이 사용하는 곡선으로 욕조를 닮았다고 해서 욕조곡선$^{bath\text{-}tube\ curve}$이라고 부른다. 이 그래프에서 가로축이 시간, 세로축이 고장률이다. 오랜 경험과 데이터에 의해 대부분의 기기는 초기에 고장률이 높다가 안정화기를 거치면서 일정값을 유지하고, 유효수명이 끝나가는 영역에서 고장률이 높아지는 것으로 알려져 있다.

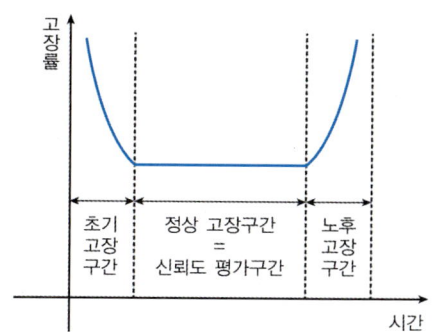

[그림 3-1] 욕조곡선

전기전자제품의 신뢰도를 논할 때 사용하는 고장률은 [그림 3-1]의 그래프에서 평탄구간의 고장률이며 일정값으로 가정한다. 고장률 데이터를 제공하는 MIL 217F도 욕조곡선의 평탄구간 고장률에 해당하며, 평탄구간의 길이는 부품이나 소자에 따라 달라지지만 대략 수년에서 십여 년 정도로 알려져 있다. 높은 신뢰도가 요구되는 제품일수록 평탄구간의 길이를 작게 고려해야 한다. $10^{-7}/hr \sim 10^{-5}/hr$는 그 부품이나 소자가 십만 시간에서 천만 시간에 한 개 정도 고장이 난다는 의미이며, 통계적 의미와 시간적 의미의 차이를 명확히 이해해야 한다. 시간의 의미로 보면 십만~천만 시간에 한 개 정도가 고장 난다는 수학적 의미지만 그 소자가 백만 시간을 유지할 수 있다는 의미는 아니다. 통계적/공학적 의미는 십만~천만 개의 부품을 사용하면 한 시간에 한 개 정도의 고장이 발생한다는 의미와 같다. 즉 **(사용 개수)×(사용 시간)**의 의미로 받아들여야 한다.

욕조곡선의 초기 고장구간 내에 있는 제품을 설치하거나 사용하는 것을 막기 위해 어떤 시스템을 만든 이후에는 번인테스트$^{burn\text{-}in\ test}$을 수행한다. 번인테스트는 만들어진 제품(시험기간에는 주로 시제품이며, 완제품도 고장시험 등에서 적용)을 일정 시간 정상사용조건과 같은 환경에서 동작시키는 작업이다. 이 과정은 대상기기 및 적용기준에 따라 그 기간이 달라지는데 대부분의 경우 대략 1주~1개월 정도 진행된다. 이 기간 동안 부품 및 소자 불량, 납땜 및 결선 작업 불량, 이물질 및 설치 불량 등과 같은 다양한 원인에 의해 오동작 및 고장이 발생하는데, 이런 고장원인을 완전히 제거한 상태에서 최소 일정시간 연속운전을 마쳐야 한다. 이를 사람에 비유하면 전문적인 체력검증 실시 전에 기본적인 점검(예를 들면 면접 및 기본건강진단 등)을 하는 것과 같은 개념이다.

3.2.3 일반조건의 고장률과 신뢰도 함수(와이블 함수)

일정 고장률을 가정하는 것은 특수한 경우지만 많은 전자부품에서 합리적인 가정으로 받아들여진다고 했다. 그러나 고장률 함수가 일정값이 아닌 경우에는 식 (3.7)을 만족하는 일반해를 구해야 한다. $\frac{dR(t)}{dt} = -z(t)R(t)$를 만족하는 $z(t)$와 $R(t)$의 일반해는 다음과 같다.

$$R(t) = e^{-\left(\frac{t}{\alpha}\right)^\beta} \tag{3.9}$$

$$z(t) = \frac{\beta}{\alpha}\left(\frac{t}{\alpha}\right)^{\beta-1} \tag{3.10}$$

따라서 다음과 같이 된다.

$$\frac{dR(t)}{dt} = -\left(\frac{\beta}{\alpha}\right)\left(\frac{t}{\alpha}\right)^{\beta-1} R(t) = -z(t)R(t), \; (\alpha, \; \beta > 0) \tag{3.11}$$

그러므로 앞에서 정의한 $R(t) = e^{-\left(\frac{t}{\alpha}\right)^\beta}$은 고장률 $z(t) = \frac{\beta}{\alpha}\left(\frac{t}{\alpha}\right)^{\beta-1}$을 갖는 부품의 신뢰도라고 할 수 있다.

식 (3.9), 식 (3.10)에 $\beta = 1$, $\alpha = \frac{1}{\lambda}$을 대입하면 식 (3.9)와 식 (3.10)은 식 (3.8)과 같은 식이 된다. 식 (3.9), 식 (3.10) 의 관계는 와이블 분포함수^{Weibull distribution}에서 나온다. 와이블 분포함수는 1950년에 Weibull이 찾아낸 미분방정식의 해이자 통계의 확률분포함수다. 와이블 확률분포함수는 랜덤변수 x에 대해 α, β 두 개의 상수를 이용하여 다음과 같이 정의한다.

$$f(x : \alpha, \; \beta) = \frac{\beta}{\alpha}\left(\frac{x}{\alpha}\right)^{\beta-1} \exp\left(-\left(\frac{x}{\alpha}\right)^\beta\right) \tag{3.12}$$

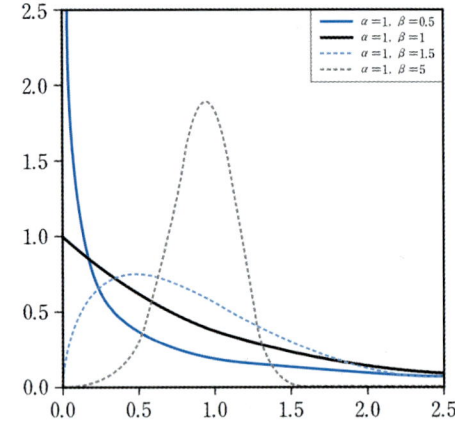

[그림 3-2] 와이블 밀도함수 형상 예

[그림 3-2]는 와이블 확률밀도함수의 몇 가지 경우를 그린 것이다.

식 (3.10)에서 β가 1보다 크면 고장률은 시간이 경과함에 따라 단조 증가하는 함수가 된다. 이러한 형태의 고장률은 일반 기계구조 및 금속에 균열이 발생하는 고장을 모델링하는 데 효과적으로 사용된다. 자동차의 전면 유리에 작은 흠이 생긴 후 급속하게 균열(금가는 현상)이 증가하는 것도 β가 1보다 큰 경우의 고장률 모델이 된다. 반대로 β를 1보다 작은 값으로 하면 고장률 $z(t)$는 시간이 경과함에 따라 단조 감소하는 함수가 된다. 이러한 경우는 시간이 경과할수록 물건이 단단해지는 특성을 갖는 모델링에 적합하다.

SECTION 3.3 가용도와 유지보수도

모든 기기는 고장을 피할 수 없다. 그러므로 미리 고장 날 확률에 대해 파악하고 고장 발생을 최소화하기 위한 설계와 적절한 유지보수를 통해 기기를 사용할 수 있는 시간을 늘리며 사고를 예방할 수 있어야 한다. 그러기 위해서는 고장이 발생할 평균 시간, 고장을 복구하는 데 걸리는 시간 등을 통계적으로 예측하고 이에 대해 준비해야 한다.

고장 시간과 관련된 용어에는 평균 고장 발생 시간(MTTF), 평균 고장 복구 시간(MTTR), 평균 고장 간격 시간(MTBF)이 있다.

3.3.1 평균 고장 발생 시간(MTTF)

평균 고장 발생 시간(MTTF)$^{\text{Mean Time To Failure}}$은 대상기기가 첫 번째 고장을 일으킬 때까지 걸리는 평균 시간이다. N개의 대상기기가 동작을 시작한 후 처음으로 고장을 일으킬 때까지의 시간의 합을 N으로 나눈 값이다. 즉 N개의 기기가 각각 t_i 시간에 처음으로 고장이 나면 다음과 같은 식으로 표현할 수 있다.

$$\text{MTTF} = \frac{\sum_{i=1}^{N} t_i}{N}$$

확률밀도함수 $f(x)$로 나타나는 변수 x의 기댓값은 $E[x] = \int_0^\infty x f(x) dx$이므로

$$\text{MTTF} = \int_0^\infty t f(t) dt$$

로 표현할 수 있다. 여기서 $f(t)$는 시각 t에 고장이 발생할 고장 확률밀도함수다.

신뢰도의 1에 대한 보수로 $Q(t)$를 $Q(t) = 1 - R(t)$로 정의하면 $Q(t)$는 불신뢰도가 된다. $Q(t) = \dfrac{n_f(t)}{N}$가 되며, 이는 시간 t에 정상적으로 동작하지 않는 기기의 비율이다. 여기서 $Q(t)$는 고장 발생 확률분포함수로서 $Q(0) = 0.0$, $Q(\infty) = 1.0$이 된다. 고장 발생 확률밀도함수는 $Q(t)$를 미분한 것이므로 $\dfrac{dQ(t)}{dt}$가 된다.

기기의 고장 평균 시간은 각각 고장 나는 시간과 그 확률을 곱해서 더하는 값이므로 다음과 같다.

$$\text{MTTF} = \int_0^\infty t \frac{dQ(t)}{dt} dt$$

$$= -\int_0^\infty t \frac{dR(t)}{dt} dt = [-tR(t)]_0^\infty + \int_0^\infty R(t)dt = \int_0^\infty R(t)dt$$

결론적으로

$$\text{MTTF} = \int_0^\infty R(t)dt \tag{3.13}$$

이고, $R(t) = e^{-\lambda t}$ 이면 다음과 같다.

$$\text{MTTF} = \int_0^\infty e^{-\lambda t} dt = \frac{1}{\lambda}$$

즉 고장률이 $10^{-6}/\text{hr}$ 인 전자부품은 10^6 시간 동안 일정 고장률이 유지될 수 있다면 평균 고장 발생 시간(MTTF)은 10^6 시간이라고 할 수 있다. 그렇지 않다면, 즉 앞의 욕조곡선의 평탄구간이 100,000시간이라면 평균 고장 시간 10^6 의 의미는 100개의 같은 부품을 사용했을 때 평균적으로 처음 고장 나는 시간이 10,000시간 정도라는 의미가 되어야 한다. 전자제품의 고장률 평탄구간은 대부분 10년 정도이며 전해 콘덴서는 3~5년 주기로 교체해야 한다.

앞의 예에서 평균 고장 발생 시간이 백만 시간인데, 이 평균 고장 시간에서의 신뢰도는 얼마일까? 답은 다음과 같다.

$$R(\text{MTTF}) = R\left(\frac{1}{\lambda}\right) = e^{-1} \simeq 0.36$$

이는 중요한 의미를 갖는다. 평균 고장 시간에서의 신뢰도는 0.36 정도이며, 설계방식(예를 들면 다중화 및 운전 중 유지보수 등)에 따라 다르지만 대략 0.4 이내의 값을 갖는다. **이는 평균 고장발생 시간에서의 신뢰도는 매우 낮으며, 평균 고장 시간이 길다고 해서 과연 그 기기를 믿을 수 있을까의 문제를 낳는다.** 답은 "그렇지 않다"이다. 앞의 예에서 알 수 있듯이 **평균 고장 시간 시점에서의 신뢰도는 36 % 에 지나지 않는다.**

우리가 집중적으로 검토하는 안전필수 시스템의 제어목표는 임무시간 동안 매우 높은 수준의 신뢰도와 안전도를 유지하도록 하는 것이다. 임무시간$^{\text{mission time}}$이란 대상 설비가 임무를 수행하는 시간이므로 비행기의 경우에는 이륙하여 착륙하고 점검할 때까지의 비행시간을 의미한다. 예를 들어 비행기의 수명이 20년이라고 해도 20년을 임무시간이라고 하지는 않는다. 임무시간은 이륙해서 착륙할 때까지의 시간을 의미한다. 중간에 잠깐 착륙한 경우에는 점검 및 정비가 이루어지지 않으므로 연속해서 최종 착륙할 때까지의 시간이 임무시간이다. 그러므로 비행기의 임무시간은 20시간을 넘지 않을 것이다. 대신 이렇게 짧은 시간 동안 불신뢰도는 매우 낮은 값이 나와야 할 것이다. 이를 확보하기 위해 필요한 대표적인 기술이 고장허용설계fault tolerant design 기술과 운전 중 유지보수기술이다.

평균 고장 발생 시간이 길다고 해서 평균 고장 발생 시간 구간 내에서 신뢰도가 더 높다고 얘기할 수는 없다. 평균 고장 발생 시간의 크기와 평균 고장 발생 시간 구간 내에서의 신뢰도 크기는 별개의 문제다. 그렇기 때문에 시스템의 특성에 따라서 요구 신뢰도와 요구 신뢰도가 보장되는 시간의 길이가 서로 다르게 요구되곤 한다. 예를 들어 요구 신뢰도는 매우 높지만 그 시간은 수십 시간 이내인 항공기가 있고, 요구 신뢰도는 항공기보다 낮지만 평균 고장 시간은 긴 선박이 있으며, 신뢰도보다는 가용도가 높아야 하는 시스템 등 여러 가지가 있을 수 있다.

3.3.2 평균 고장 복구 시간(MTTR)과 평균 고장 간격 시간(MTBF)

평균 고장 복구 시간(MTTR)Mean Time To Repair은 기기가 고장 났을 때 완전히 수리하기 위해 소요되는 평균 시간이다. 고장 중에는 자주 일어나지만 짧은 시간에 수리할 수 있는 경우도 있고 아주 드물게 일어나지만 매우 긴 수리시간이 필요한 경우도 있다. 소요 수리시간은 기기의 설계와도 관련(얼마나 쉽게 유지보수할 수 있도록 제작되었는가의 문제)이 있으며 예비품의 확보 여부, 수리 인력의 숙련도 및 사용 장비의 효용성과도 큰 관련이 있다. 예를 들어 이중화된 전원공급기power supply에서 한 개의 고장을 감지하고 이를 교체하는 데 한 시간이 소요되는 경우와 24시간이 소요되는 경우를 비교해보자. 수리 및 교체에 24시간이 소요되는 경우는 24시간 동안 정상이었던 나머지 한 개의 전원공급기가 고장 날 확률이 한 시간 동안 고장이 발생할 확률의 24배가 되기 때문에 신뢰도 평가에서는 매우 큰 차이로 나타날 수 있다. 어차피 fault나 error는 일어날 수밖에 없으며 정기점검기간 동안 유지보수 및 고장수리에 소요되는 시간은 이 기기의 가동률을 결정하기 때문에 매우 중요한 요소가 된다.

평균 고장 복구 시간(MTTR)을 식으로 표현하면 다음과 같다. 여기서 t_i는 i번째 고장의 복구 시간이다.

$$\text{MTTR} = \frac{\sum_{i=1}^{N} t_i}{N}$$

MTTR은 모든 고장의 수리에 소용되는 시간의 평균이다. 평균 고장 수리 시간이 4시간이라고 하면, 고장이 났을 때 1시간에 평균 $\frac{1}{4}$건의 고장을 처리할 수 있다는 의미다. 이를 고장 복구율이라고 하며 MTTR의 역수다. 즉 고장 복구율 μ는 다음과 같다.

$$\mu = \frac{1}{\text{MTTR}}$$

평균 고장 간격 시간(MTBF)Mean Time Between Failure은 평균 고장 시간과 평균 고장 복구 시간의 합인데, 실제로 평균 고장 복구 시간이 매우 길지 않은 경우에는 평균 고장 간격 시간을 평균 고장 시간과 유사한 의미로 사용한다. 평균 고장 시간과 평균 고장 복구 시간은 모두 발생빈도 또는 확률분포를 고려한 평균값이 사용되어야 한다.

3.3.3 가용도

시스템의 가용도^{availability}는 대상 시스템이 현재 정상운전 중인지 아니면 고장으로 정지중인지의 두 가지 경우에 대한 문제다. 그러므로 시간 t까지 정상운전 중일 확률은 신뢰도 $R(t)$이며, 가용도 $A(t)$는 시간 t에서 정상운전 중일 확률이다. 정상운전 중일 확률은 고장이 나지 않아서 정상운전 중이거나 고장이 난 경우 빠르게 고장을 수리하고 정상운전으로 전환되는 경우가 해당된다. 그러므로 고장을 감지하고 빠르게 수리할 수 있는 체계가 갖춰졌으면 고장정지 시간이 짧아질 것이다. 그러므로 시스템의 가용도는 고장률 λ와 고장 복구율 μ의 관계로 정해지는 일종의 시간 t의 함수가 될 것이다. 가용도는 이용률이라는 표현을 사용하기도 한다. 고장 복구율 μ는 단위시간에 복구할 수 있는 고장의 수를 의미하며, 이의 역수 $\frac{1}{\mu}$은 평균 고장 복구 시간을 의미한다. 평균 고장 복구 시간은 고장이 발생했을 때 고장을 수리하는 시간이므로 물리적으로 고장 때문에 시스템을 가동하지 못하는 시간과 같은 의미다.

가용도를 순간 가용도, 구간 가용도, 정상상태 가용도로 구분하여 살펴보자.

❶ **순간 가용도:** 순간 가용도 $A(t)$는 시간 t에 정상적으로 운전 중일 확률이므로 다음과 같다.

$$A(t) = R(t)$$

❷ **구간 가용도:** 주어진 시간 구간 (t_1, t_2)에서의 평균 가용도를 의미하므로 다음과 같다.

$$A(t_1, t_2) = \frac{1}{t_2 - t_1} \int_{t_1}^{t_2} A(t) dt$$

여기서 $t_1 = 0$, $t_2 = T$로 놓으면 $A(t_1, t_2) = \frac{1}{T} \int_0^T A(t) dt$가 된다

❸ **정상상태 가용도:** 정상상태 가용도는 다음과 같다.

$$A(\infty) = \lim_{T \to \infty} A(T)$$

이 세 가지 가용도 중에서 구간 가용도를 정확하게 유도해보자.

현재의 가용도를 $A(t)$, 시간 Δt 이후의 가용도를 $A(t+\Delta t)$라고 하면 시간 t에서 운전 중이던 시스템이 Δt 시간 동안 고장 날 확률은 $\lambda \Delta t$이며, $(1-\lambda \Delta t)$는 고장 나지 않을 확률이다. 그러므로 $A(t)(1-\lambda \Delta t)$는 시간 t 이후 Δt 시간 동안 고장 나지 않을 확률이다. $1 - A(t)$는 대상 시스템이 고장으로 운전되지 못할 확률이다. $\mu \Delta t$는 Δt 시간 동안 고장이 수리될 확률이다. 그러므로 다음 식이 성립한다.

$$\begin{aligned} A(t+\Delta t) &= A(t)(1-\lambda \Delta t) + (1-A(t))\mu \Delta t \\ &= A(t) - A(t)\lambda \Delta t + \mu \Delta t - A(t)\mu \Delta t \end{aligned} \quad (3.14)$$

짧은 시간 이후의 가용도는 직전의 가용도에서 추가 고장이 발생하지 않을 확률과 사용할 수 없었던 고

장상태에서 고장이 복구되어 사용 가능해질 확률을 더한다는 의미로서 이는 식 (3.14)에 표현되어 있다. 식 (3.14)를 풀면 (3.15)와 같이 된다.

$$A(t) = \frac{\mu}{\lambda+\mu} + \frac{\mu}{\lambda+\mu} e^{-(\lambda+\mu)t} \tag{3.15}$$

여기서 $t = \infty$ 라고 가정하면 다음과 같이 된다.

$$A(\infty) = A_{ss}(t) = \frac{\mu}{\lambda+\mu} = \frac{\frac{1}{\lambda}}{\frac{1}{\lambda}+\frac{1}{\mu}}$$

이 식에서 $\frac{1}{\lambda}$은 평균 고장 발생 시간이며 이는 고장이 발생하지 않아서 정상운전중인 평균 시간을 의미한다. $\frac{1}{\mu}$은 평균 고장 복구 시간이며 고장으로 시스템을 가동하지 못하는 시간과 같은 개념이다. 그러므로 $A_{ss}(t) = \frac{(사용기간)}{(사용기간)+(사용불가기간)}$ 이라는 의미가 된다. 사용불가기간은 수리기간을 의미하고, 사용기간은 평균 고장 발생 시간을 의미한다. 고장이 발생하기 전에는 정상적으로 사용할 수 있기 때문이다. 많은 부품들로 이루어진 시스템에서는 단위부품의 고장률이 아니라, 시스템에서 평가된 전체 고장률이 사용되어야 한다. 신뢰도 및 등가고장률을 계산하는 방법은 3.5절에서 다룬다.

발전설비나 무기체계 또는 간단히 자동차를 사용하는 경우에 대해 생각해보자. 사용자 입장에서는 사용하는 설비가 아예 고장이 없기를 바라겠지만, 계약서상으로는 공급할 제품의 현실적인 조건을 제시해야 한다. 대부분의 경우 일정기간(예를 들면 1년 또는 2년의 기간) 내에 고장정지가 몇 회 이내이고 가용도가 몇 % 이상일 것 등의 형태로 요구된다. 고장정지 횟수가 낮은 것은 신뢰도가 높아야 한다는 의미다. 그리고 높은 가용도를 확보하려면 $A_{ss}(t)$의 분모가 작고 분자가 커야 한다. 이는 $\frac{1}{\lambda}$이 $\frac{1}{\mu}$에 비해 클수록 $A_{ss}(t)$가 1에 가까워지는 큰 수가 된다. 이는 λ가 μ에 비해 작을수록 가용도가 커지는 것과 동치이다. 이는 고장정지는 적게 발생하고, 고장이 발생하면 고장을 빠르게 수리해야 한다는 것을 의미한다. 즉 고장 확인 및 수리 절차가 잘 확립되고 예비품, 수리기구, 전문 인력과 수리 계획이 잘 확보되어야 한다는 의미다.

간단한 예를 들어보자. 설비를 일 년간 연속으로 사용하는데 평균적으로 일 년에 한 번 고장이 난다. 수리하는 데 하루가 걸리는 경우와 이틀이 걸리는 경우는 가용도가 각각 $\frac{364}{365}$, $\frac{363}{365}$이 된다. 불가용도는 두 배다. 연휴나 휴가기간에 고장이 나서 일주일이 소요되었다면 이 경우의 불가용도는 일곱 배가 된다.

SECTION 3.4 안전도

안전도^{safety}는 시스템이 정상적으로 동작할 확률에 고장이 발생하는 경우에도 안전을 유지할 수 있는 확률을 더한 값이다. 그러므로 기본적으로는 신뢰도 평가를 통해 이뤄지며 여기에 안전 측 고장$^{fail\text{-}safe}$ 확률을 더한다. 그러나 거대 시스템에서 안전도를 평가하는 것은 간단하지가 않다. 대표적인 경우 두 가지를 살펴보자.

안전도를 $S(t)$라고 하면 다음과 같다.

$$S(t) = R(s) + \text{Pro}\{FailSafe\}$$

보호계통이 따로 있는 경우에는 다음 식을 사용한다.

$$S(t) = 1 - UA_{protection}(t)$$

여기서 $UA_{protection}(t)$는 보호계통의 불가용도를 의미한다. 보호계통의 불가용도는 보호계통이 시스템 안전을 위해 동작해야 할 때 동작하지 못할 확률을 의미한다.

다음에는 서로 다른 세 가지 유형의 시스템에 대한 안전도와 이를 확보하기 위한 보호계통에 대해 설명한다.

■ 대형 플랜트의 안전도

거대 플랜트는 고장으로 운전이 정지될 경우 신뢰도가 0이 되지만, 그래도 이 플랜트를 안전하게 유지하면 안전도는 유지된다. 이는 신뢰도가 0인 상태에서도 안전도를 확보할 수 있는 것이므로 안전도는 시스템의 신뢰도보다 높게 나온다. 플랜트의 안전은 폭발이나 방사능, 독극물 등의 유출을 방지하기 위한 것이며 전용 보호계통이 설치된다. 그러므로 플랜트의 안전은 플랜트의 보호계통이 정상적으로 동작하면 안전성이 유지된다고 평가하며, 방법론적으로는 대부분 보호계통이 정상적으로 동작하지 못할 확률을 고장나무분석(FTA)$^{Fault\ Tree\ Analysis}$으로 풀어간다. 이러한 보호계통의 불가용도가 플랜트를 안전하지 못한 상태로 만들 확률인데, 이 경우에도 운전원에 의한 수동조치 등을 추가하면 안전도를 더 높일 수 있다.

원자력발전소의 경우 주보호설비 외에 다양성 보호설비가 있어서 추가적으로 안전도를 높일 수 있다. 안전도를 확보하기 위해서는 보호계통의 특성을 이해해야 한다. 통상적인 제어계통은 항시 동작하므로 fault, error 등을 즉시 감지하여 식별 및 대응이 가능하지만, 보호계통은 플랜트 운전 중에 전혀 동작하지 않고 플랜트의 상태만 진단한다고 봐야 한다. CPU 등의 연산 및 판단 로직은 운영되지만 동작 필요 시 출력을 내는 동작은 일어나지 않는 상황에서 유지되는 것이다. 그러므로 보호계통은 보호동작이 필요한 상황에서 실제 보호 출력(예를 들면 디지털 출력, 릴레이 구동, 모터 및 펌프 구동 등)을 낼 수 있는가에 대해 정기적으로 점검 및 시험해야 한다. 또 운전요원에 대한 지속적인 시뮬레이터 훈련도 필요하다. 원자력발전소 및 화공, 정유 산업현장에서는 보호계통이 정상인지 확인하기 위한 정기적인 시험이 필수적인 요건이다.

■ 항공기의 안전도

항공기는 비행 중 안전이 가장 중요한 요소이며 안전도 평가 항목에는 항공기의 구조, 엔진 등의 추진계통, 전자제어설비를 포함한 조종계통과 조종사의 숙련도 및 비상대처 능력으로 사고를 완화할 수 있는 능력 평가 등이 포함된다. 그러나 항공기의 안전평가는 플랜트의 안전평가와는 기본적으로 다르다. 항공기에는 보호계통의 개념이 있을 수 없다. 비행 중인 항공기의 안전을 위해 비상정지라는 개념이 있을 수 없기 때문이다. 그러므로 비행기의 안전도에는 신뢰도와 조종사의 숙련도 등에 따른 추가적인 안전성이 더해지는 것이다.

■ 철도의 안전도

철도 안전의 경우 운행 중에는 차량 상태진단을 비롯해 전방 상황과 관련된 이상을 궤도회로 등으로 파악하여 자동열차제어장치가 제동하는 것으로 처리된다.

안전도 모델링 방법은 3.6절(마코프 모델)에서 다시 다룬다.

SECTION 3.5 신뢰도 계산 모형

앞에서 기기의 고장률은 λ로 일정하다는 가정이 일반적으로 통용되는 사실이라는 것과, 고장률이 λ인 기기의 신뢰도는 $R(t) = e^{-\lambda t}$로 나타나며 $\text{MTTF} = \int_0^\infty e^{-\lambda t} dt = \frac{1}{\lambda}$이 된다는 것을 알았다. 3.5절에서는 다양한 구조의 시스템에서 신뢰도를 계산하는 방법에 대해 살펴본다. 복합적인 기기 구성에서 고장률과 MTTF는 어떻게 되는지 알아보자.

3.5.1 직렬 모형의 고장률과 신뢰도 계산

[그림 3-3]과 같이 고장률 $\lambda_1, \lambda_2, \lambda_3, \cdots, \lambda_n$ 인 기기들이 직렬로 연결되어 있다. 이는 중간에 하나라도 고장이 나면 전체 시스템이 동작하지 않는 구조이며 이 시스템의 전체 고장률 λ는 $\lambda = \sum_{i=1}^{n} \lambda_i$와 같다. 그리고 시스템의 신뢰도 $R(t)$는 다음과 같다.

$$R(t) = e^{-\lambda_1 t} e^{-\lambda_2 t} \cdots e^{-\lambda_n t} = e^{-(\lambda_1 + \lambda_2 \cdots \lambda_n)t} = e^{-\lambda t} \tag{3.16}$$

즉 직렬구조에서 고장률은 모든 고장률의 합으로 표현되고, 신뢰도는 모든 신뢰도의 곱으로 표현되므로 고장률은 커지고 신뢰도는 작아진다.

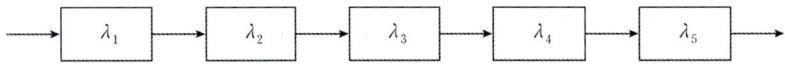

[그림 3-3] 직렬구조의 신뢰도와 고장률 모형

직렬구조 시스템의 MTTF는 다음과 같다.

$$\text{MTTF} = \int_0^\infty R(t) dt = \int_0^\infty \exp(-\sum_{i=1}^{n} \lambda_i t) dt = \frac{1}{\sum_{i=1}^{n} \lambda_i} \tag{3.17}$$

하나의 전자회로기판이 백 개의 부품으로 이뤄진다고 가정하자. 부품 각각의 고장률이 $10^{-6}/\text{hr}$ 라고 가정하고, 한 개의 부품만 고장 나도 전체 기능을 못하는 구조라면 전체 고장률 λ는 100배가 되므로 $\lambda = 100 \times 10^{-6}/\text{hr} = 10^{-4}/\text{hr}$가 된다. 이러한 전자회로기판 100장으로 하나의 제어시스템을 구성한다면 전체 고장률은 $\lambda_T = 100 \times 10^{-4}/\text{hr} = 10^{-2}/\text{hr}$가 된다. 이는 평균적으로 100시간에 한 번은 고장이 나는 설비가 되는 것이다. 부품은 백만 시간에 한 번의 고장률을 갖는 우수한 부품인데 만들어진

설비는 평균적으로 평균 100시간마다 고장이 나서 쓸 수 없는 설비가 된다는 의미다. 이것은 공학적으로 용납할 수 없는 큰 문제이며 해결책이 필요하다. 이러한 문제를 해결하는 방법은 다음 두 가지다.

❶ 부품의 고장률을 줄이는 방법
❷ 시스템 설계를 잘하는 방법

그런데 ❶ 부품의 고장률을 줄이는 방법에는 한계가 있다. 이미 산업계에서 사용되는 소자들은 기술 발전과 함께 오랜 동안의 사용이력을 통해 고장률이 정량적으로 정해져 있다고 봐야 한다. 그러므로 시스템 설계를 잘하는 방법만 활용 가능한데 이는 병렬구조에서 신뢰도가 올라가는 특성, 즉 다중화에 의한 고장허용설계를 의미한다. 또한 부품 고장률의 합이 시스템의 고장률로 단순 변환되지 않도록 하는 고장률(또는 신뢰도) 예측 방법으로 MIL 217 F를 대체할 것을 검토해야 한다.

3.5.2 병렬 모형의 고장률과 신뢰도, MTTF 계산

[그림 3-4]와 같이 고장률이 같은 부품 N개가 병렬로 연결되어 있고 이 중 하나만 정상동작해도 전체 시스템이 정상동작하도록 설계되어 있다.

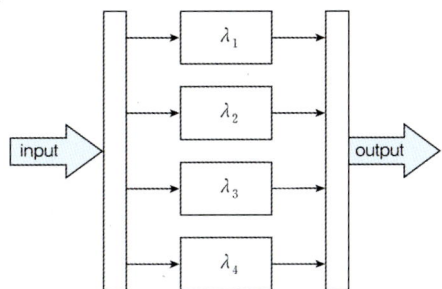

[그림 3-4] 병렬구조의 고장률과 신뢰도 모형

이러한 구조에서 전체 시스템의 고장률 λ는 어떻게 될까? 직렬구조에서 $\lambda = \sum_{i=1}^{n} \lambda_i$이므로 병렬구조에서는 전기회로 저항에서 직렬저항과 병렬저항의 계산처럼 $\frac{1}{\lambda} = \sum_{i=1}^{N} \frac{1}{\lambda_i}$로 나타낼 수 있을까? 답은 "그렇지 않다"이다. 병렬구조에서는 등가 고장률이 존재하지 않는다. 먼저 신뢰도를 계산해야 한다.

앞의 경우 하나만 동작해도 전체 시스템이 정상적으로 동작한다고 가정(예를 들면 DC 전원공급기의 병렬구조)했으므로, 이 시스템이 정상적으로 동작할 확률은 다음과 같다.

$$R(t) = 1 - \text{Pro}\{\text{all N components fail}\}$$

즉 1에서 모든 모듈이 다 고장 나는 확률을 빼면 된다. 그러므로 다음과 같다.

$$R(t) = 1 - \prod_{i=1}^{N}(1 - e^{-\lambda_i t}) \tag{3.18}$$

이때 이 시스템의 등가 고장률은 시간에 관계없는 일정값으로 표시될 수 없다. 다음을 살펴보자.

직렬구조와 병렬구조를 비교하기 위해 고장률이 $10^{-5}/\text{hr}$인 부품 2개를 직렬로 하는 구조와 병렬로 하는 구조의 예를 들어보자. 직렬구조의 고장률은 $\lambda_s = 2 \times 10^{-5}/\text{hr}$가 되고, 직렬 신뢰도 $R_s(t) = e^{-2 \times 10^{-5}t}$가 된다. 병렬구조에서는 고장률을 직접 구할 수 없다. 굳이 등가 고장률을 구하려면 전체 시스템의 신뢰도에서 역으로 구해야 한다. 병렬 계통의 신뢰도는 1에서 두 개의 병렬 모듈이 모두 고장이 나는 확률을 빼주면 된다. 그러므로 다음과 같이 된다.

$$R_p(t) = 1 - (1 - e^{-10^{-5}t})^2 = 2 \times e^{-10^{-5}t} - e^{-2 \times 10^{-5}t}$$

[그림 3-5]의 (a)는 직렬구조의 신뢰도 곡선, (b)는 병렬구조의 신뢰도 곡선, (c)는 단일 모듈의 신뢰도 곡선이다.

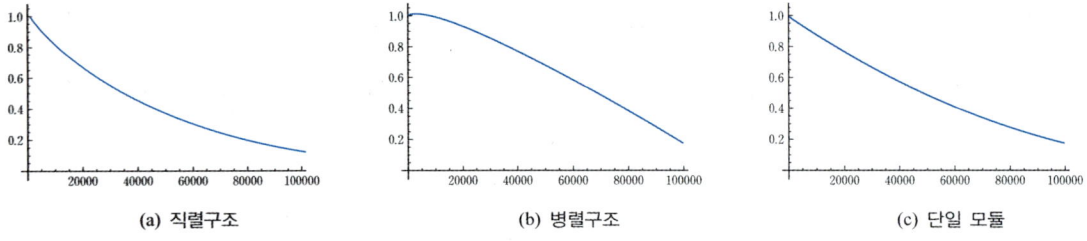

(a) 직렬구조　　　　　　　(b) 병렬구조　　　　　　　(c) 단일 모듈

[그림 3-5] 직렬구조, 병렬구조, 단일 모듈의 신뢰도 비교

[그림 3-5]의 (a)와 (b)는 인위적으로 직렬구조와 병렬구조의 차이를 보이기 위한 시뮬레이션이다. 초기의 신뢰도는 1로 같지만, 시간이 경과함에 따라 신뢰도의 차이가 매우 크게 나타난다. 특히 10,000시간 정도에서 (a)는 0.82 수준이며 (b)는 0.991 수준이다. 고신뢰도가 요구되는 임무시간(예를 들어 0.99로 가정)은 직렬구조의 경우 500시간 정도이며 병렬구조는 10,000시간이 넘는다. 이는 제어시스템의 특성에서 특히 고신뢰도 구간을 넓히는 것이 중요 목적인 안전필수 시스템에서는 엄청난 차이다. 그러나 실제로 같은 모듈 두 개를 직렬로 하는 일은 극히 드물다.

그러므로 [그림 3-5]의 (b)와 (c)를 비교해야 한다. (c)는 단일 모듈로 설계된 통상적인 경우이며, (b)는 신뢰도를 높이기 위한 설계로 병렬 이중화 구조이다. 그러므로 (c)는 단일 모듈의 신뢰도인 $R(t) = e^{-10^{-5}t}$를 그린 그림이다. (c)에서 신뢰도가 0.99인 시간은 1,000시간이다. (b)에서 신뢰도가 0.99인 시간이 10,000시간이므로 신뢰도가 0.99 이상인 구간이 10배로 늘어나는 것이다. 단, 이것은 완벽한 이중화를 가정한 것이며, 실제 공학설계에서는 고장률과 설계방식에 따라 달라진다.

직렬구조에서의 고장률은 각각의 고장률을 곱하는 것으로 간단히 처리되는데, 병렬구조에서의 고장률은 어떻게 될까? 병렬시스템의 등가고장률을 λ_p라고 가정한다. 그러면 병렬구조와 이의 등가모델로 환산한 단일모델의 신뢰도는 같아져야 하므로 다음 관계가 성립한다.

$$R_p(t) = 1 - (1 - e^{-10^{-5}t})^2 = 2 \times e^{-10^{5}t} - e^{-10^{-2 \times 5}t} = e^{-\lambda_p t}$$

$2 \times e^{-10^{-5}t} - e^{-2 \times 10^{-5}t} = e^{-\lambda_p t}$를 만족하는 λ_p가 존재할까? 앞의 식은 시간 t의 함수이므로 λ_p는 시간 t의 함수로 주어진다. 그러므로 **병렬 시스템의 고장률은 일정값으로 표시할 수 없다**는 결론에 도달한다.

앞에서 같은 모듈이 이중화되는 경우의 신뢰도를 구했다. 좀 더 일반적인 경우로 N개의 모듈 병렬구조이며 한 개의 모듈만 정상이어도 시스템이 정상동작하는 모델을 생각해보자. N개의 모듈이 병렬인 경우 이 시스템이 fail할 확률은 전체 N개가 fail하는 경우다. 그러므로 신뢰도는 1에서 N개의 모듈이 모두 fail할 확률을 빼면 된다. 신뢰도는 다음과 같이 계산할 수 있다.

$$R(t) = 1 - \prod_{i=1}^{N}(1 - e^{-\lambda_i t}) \tag{3.19}$$

병렬구조의 MTTF 계산에 대해 알아보자.

$$R(t) = 1 - \prod_{i=1}^{N}(1 - e^{-\lambda_i t}), \quad \mathrm{MTTF} = \int_0^\infty R(t)dt$$

간략하게 표현하기 위해 한 모듈의 고장률을 $\lambda_i = \lambda$로 놓으면 다음과 같이 된다.

$$R(t) = 1 - (1 - e^{-\lambda t})^n$$

그러므로 MTTF는 다음과 같다.

$$\mathrm{MTTF} = \int_{t=0}^{\infty} 1 - (1 - e^{-\lambda t})^n dt$$

여기서 $1 - e^{-\lambda t} = x$로 치환하면 다음과 같다.

$$\begin{aligned}\mathrm{MTTF} &= \frac{1}{\lambda}\int_0^1 (1-x^n)\frac{1}{(1-x)}dx \\ &= \frac{1}{\lambda}\int_0^1 (1 + x + x^2 + \cdots + x^{n-1})dx \\ &= \frac{1}{\lambda}\left(1 + \frac{1}{2} + \frac{1}{3} + \cdots + \frac{1}{n}\right)\end{aligned} \tag{3.20}$$

n개의 모듈 중 한 개만 정상이어도 정상동작하는 병렬구조 시스템의 등가 고장률은 계산할 수 없지만 등가 평균 고장 발생 시간은 식 (3.20)과 같이 구할 수 있다. 식 (3.20)에서 알 수 있듯이 n번째 모듈의 설치 효과는 $1/n$이다. **식 (3.20)은 실무에서 많이 응용되므로 암기해두는 것이 좋다.**

앞의 전개를 기초로 실질적인 문제를 고민해보자. 고장률이 같은 부품 N개가 병렬로 연결되어 있고, 이 중에서 하나만 정상동작해도 전체 시스템이 정상동작하는 구조의 설계 가정을 했는데, 과연 이런 설계가 가능할까? 아니면 어느 정도 유사하게 설계할 수 있을까? 이러한 부분이 실제 공학에서의 문제라고 할 수 있다.

1장에서 DC 전원공급기의 병렬구조와 진단용 LED의 적절한 설치 방법에 따라 유지보수가 달라지고, 전체적으로 안정적으로 DC 전원을 공급할 수 있는 기간이 달라질 수 있음을 설명했다. 병렬 연결구조에서 앞의 가정(N개 중 한 개라도 정상이면 시스템이 정상으로 동작한다는 가정)과 달리, N개 중 다수개(예를 들면 삼중화에서 2개 이상)가 정상이어야 시스템이 정상동작한다고 가정하는 경우를 살펴보자.

[그림 3-6]에서 voter는 항상 신뢰도가 1.0이라고 가정하고, 모듈 2개 이상이 정상일 조건을 구하려면 1.0에서 모듈 3개가 모두 고장일 확률과 2개가 고장일 확률을 빼주면 된다(반대로 3개가 모두 정상일 확률과 2개가 정상일 확률을 더해도 된다).

$$\therefore R_3(t) = 1.0 - \text{prob}(3\,\text{module fail}) - \text{prob}(2\,\text{modue fail})$$
$$= 1.0 - (1-e^{-\lambda t})^3 - {}_3C_2 e^{-\lambda t}(1-e^{-\lambda t})^2$$
$$= 3e^{-2\lambda t} - 2e^{-3\lambda t}$$
$$= 3R(t)^2 - 2R(t)^3, \ R(t) = e^{-\lambda t}$$

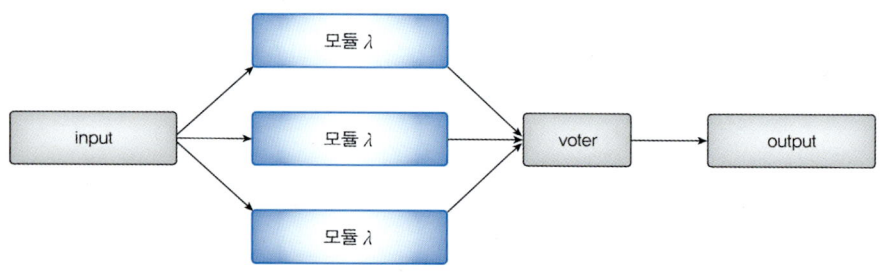

[그림 3-6] 2/3 삼중화 모듈과 보터 모형

삼중화 모듈의 신뢰도 R_3와 모듈 한 개의 신뢰도 R의 크기, 즉 신뢰도를 비교하면 어떨까?

[그림 3-7]에서 가로축은 시간 축이 아니고 단일 모듈의 신뢰도이다. 세로축은 직선이 단일 모듈로 설계된 시스템의 신뢰도이고 곡선은 2/3로 설계된 삼중화 시스템의 신뢰도이다. 이 그림에서 단일 모듈의 신뢰도가 0.5인 지점에서 크로스가 발생한다. 이는 2/3 삼중화 시스템의 신뢰도는 삼중화를 구성하는 단일 모듈의 신뢰도가 0.5 이하인 경우 단일 모델 시스템보다 신뢰도가 낮아진다는 것을 보여준다. 즉 신뢰도가 낮은 모듈로는 다중화를 해도 다중화의 목적을 이룰 수 없다는 의미다. 그리고 단일 모듈의 신뢰

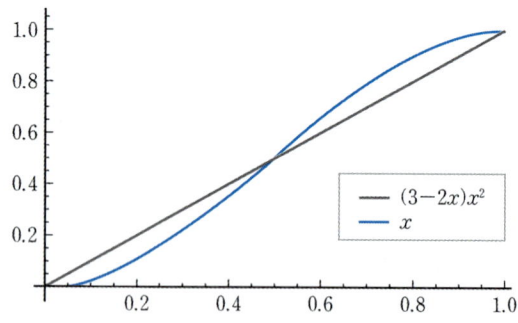

[그림 3-7] 2/3 삼중화 모델과 단일 모듈 모델의 신뢰도 비교

도가 0.5 이하로 된다는 것은 시간이 많이 경과했다는 것을 의미한다. 그러므로 2/3 삼중화 시스템의 신뢰도는 시간이 많이 지날 경우 단일 시스템의 신뢰도보다 나빠진다는 데 주목해야 한다.

2/3 삼중화 시스템의 설계 목적은 낮은 신뢰도의 보장 시간(예를 들면 MTTF)을 길게 하는 것이 아니라 고신뢰도 구간을 늘리는 것임을 잘 이해해야 한다. 더 중요한 사항은 2/3 삼중화 시스템의 경우 운전 중 하나의 모듈이 고장 나도 정상 운전이 가능함과 동시에 고장 모듈의 고장을 감지하고 복구할 수 있다면 신뢰도 평가에 이를 반영해야 한다는 것이다. 이 방법은 3.6절(마코프 모델)에서 다룬다.

고장감지와 복구를 고려하지 않는 순열조합 방식에 의한 신뢰도 계산은 매우 간단한(고장의 복구가 없는) 경우에만 사용할 수 있다. 그러나 실제 시스템 설계에서는 fault나 error가 복구될 수도 있고 그렇지 못한 경우도 있으며 이에 따라 전체 시스템의 신뢰도나 안전도가 바뀐다. 이러한 경우 단순한 순열조합에 의한 경우의 수 방법으로 계산할 수 없다. 이는 시간과 함께 상태가 진행되므로 제어공학에서 일반적으로 사용하는 상태방정식$^{\text{state space modeling}}$ 기법을 적용하여 그 미분방정식의 해를 구해야 한다. 특히 신뢰도와 안전도 등의 평가에는 미분(차분)방정식 형태의 경우 상태방정식 기법을 사용하고, 세부 모델링 방법의 경우 이산 확률 모델링에 유리한 마코프 모델$^{\text{Markov Model}}$(Process 또는 chain)을 사용한다.

3.5.3 M of N 모형의 신뢰도와 MTTF 계산

앞에서는 직렬구조와 병렬구조의 신뢰도와 MTTF를 고장률로부터 구하는 방법에 대해 알아보았다. 병렬구조에서 2 out of 3 삼중화 구조에 대해서도 시뮬레이션을 통해 특성을 분석했다. 실제 공학 분야에서 많이 사용되는 일반화 모델 중 하나가 M of N 모델이다.

N개의 모듈이 병렬로 연결되어 있으며 N개의 모듈 중 M개 이상이 정상이면 전체 시스템이 정상적으로 동작하는 시스템을 M of N 시스템이라고 한다. 이는 통신 시스템이나 전압원 방식의 직류송전계통 설계에 많이 쓰이는 모델 방법이다.

N개 모듈의 고장률은 각각 λ이고, N개 중 M개 이상이 정상동작일 확률은 경우의 수 방법으로 다음과 같다.

$$R_{MN}(t) = \sum_{i=M}^{N} \binom{N}{i} R(t)^i (1-R(t))^{N-i}$$

$R(t) = e^{-\lambda t}$, $1 - e^{-\lambda t} = x$로 치환하면 다음과 같다.

$$\begin{aligned} \text{MTTF} &= \int_{t=0}^{\infty} R(t)dt = \int_{0}^{\infty} \sum_{i=M}^{N} \binom{N}{i} (e^{-\lambda t})^i (1-e^{-\lambda t})^{N-i} dt \\ &= \frac{1}{\lambda} \int_{0}^{1} (x^{M-1} + x^M + \cdots + x^{N-1}) dx \\ &= \frac{1}{\lambda} \left(\frac{1}{M} + \frac{1}{M+1} + \cdots + \frac{1}{N} \right) \end{aligned} \qquad (3.21)[1]$$

---

[1] 식 (3.21)은 $i=M$인 경우부터 $i=N$인 경우까지 하나하나에 부분분수의 적분 공식을 적용하면 증명할 수 있다.

M of N 모델은, M개가 있으면 되는 시스템에 $(N-M)$개를 추가로 설치한다는 개념이다. 그리고 식 (3.21)의 의미는 M개의 모듈이 모두 건전해야 하므로 M개가 직렬구조인 것처럼 동작하여 M개의 모듈만 있는 경우 MTTF가 $(1/M)$배로 줄어든다는 뜻이다. 그 이후 $(N-M)$개가 여유로 설치되어 있으므로 $(N-M)$개에 의해 각각 자기 순서만큼의 MTTF 증가에 한다는 것을 의미한다. $(N-M)$개 각각의 여유 모듈에 의해 MTTF는 $\frac{1}{\lambda}\left(\frac{1}{M+1}+\cdots+\frac{1}{N}\right)$ 만큼 증가한다. 식 (3.20)에서는 한 개만 있어도 정상동작하므로 식 (3.21)에서 $M=1$인 경우로, 분모가 1부터 시작하고 분모가 N에서 끝난다. 모듈 한 개면 되지만 추가로 설치되는 모듈의 순서만큼 $1/2$부터 $1/N$까지 증가한다.

M of N의 특별한 경우에 대해 알아보자.

MTTF $= \frac{1}{\lambda}\left(\frac{1}{M}+\frac{1}{M+1}+\cdots+\frac{1}{N}\right)$이므로 1 out of 2 모델은 $M=1$, $N=2$이다. 따라서 MTTF $= \frac{1}{\lambda}\left(1+\frac{1}{2}\right) = \frac{3}{2}\cdot\frac{1}{\lambda}$, 즉 MTTF는 1.5배가 된다. $M=1$, $N=3$인 경우 MTTF는 $\left(1+\frac{1}{2}+\frac{1}{3}\right) = \frac{11}{6}$배가 된다. 공학설계에서 가장 많이 사용되는 $M=2$, $N=3$인 경우 MTTF는 $\frac{1}{\lambda}\left(\frac{1}{2}+\frac{1}{3}\right) = \frac{5}{6}\cdot\frac{1}{\lambda}$이므로 MTTF는 $\frac{5}{6}$로 줄어든다. 따라서 2 out of 3 설계가 MTTF를 길게 하려는 목적이 아님을 알 수 있다. 2 out of 3 설계는 신뢰도가 높은 구간을 길게 하려는 설계기법이다.

여기서 독자들은 새로운 호기심 또는 문제의식을 가져야 한다. 1장과 2장에서 고신뢰도 시스템이나 안전필수시스템 설계의 기본은 고장허용설계$^{\text{fault tolerant design}}$라고 했다. 이는 여분의 모듈이 있어서 운전 중에 이들이 고장 나도 시스템이 fail하지 않고 운전 중에 수리할 수 있어 시스템의 신뢰도를 올릴 수 있는 개념이라고 설명했는데, 3.5.3절까지의 설명 어디에도 고장을 수리하는 확률에 대해 자세히 설명한 부분이 없었다. 즉 다중화는 했지만 고장 모듈을 수리할 수 있다는 가정은 하지 않은 것이다. 다중화된 모듈에서 운전 중에 교체나 수리가 가능한 모델의 풀이는 3.6절에서 다룬다.

3.5.4 이항정리와 드무아브르의 공식 활용 방법

RAMS 계산은 설계된 시스템을 평가하기 위한 목적으로 사용되지만 설계를 위한 용도로도 사용될 수 있다. 이는 신뢰도가 높은 대형 시스템 설계 시 각 부분에 요구되는 신뢰도를 배분하는 과정, 즉 신뢰도를 할당할 필요가 있다. 예를 들어 다섯 개의 똑같은 모듈이 직렬로 연결되는데, 이 시스템의 일 년 동안의 요구 신뢰도가 99%라고 하자. 그러면 모듈 하나의 일 년 후 신뢰도를 99%라고 하면, 이 시스템이 정상동작할 확률은 0.99^5이 된다. 근사적으로는 다섯 개의 모듈이 고장 날 확률이 각각 1%이므로 전체적으로는 대략 5%의 확률이다. 그러므로 하나의 모듈이 1년 후 고장 날 확률은 $(100-99)/5$, 즉 0.2% 이하가 되어야 한다. 이는 근사적으로 모듈 각각의 일 년 후 신뢰도가 99.8% 이상이 되어야 전체 시스템이 일 년 후에도 신뢰도 99%를 확보할 수 있다는 의미다.

이와 유사하지만 좀 더 많은 생각을 해야 하는 문제로 M of N 문제에서의 설계 방법을 생각해보자. 고장 복구가 허용되지 않는 모델을 대상으로 한다.

이항정리와 드무아브르의 공식^{de Moivre formul}의 관계는 다음과 같이 설명할 수 있다. 두 가지 사건을 갖는 변수가 일어날 확률을 p, 일어나지 않을 확률을 q라고 하고, N회 시행한다고 하자.

$$(p+q)^N = \sum_{i=0}^{N}\binom{N}{i}p^{N-i}q^i = 1$$

여기서 N회의 시행 중 M회 이상 발생할 확률을 구하면 다음과 같이 된다($q = 1 - p$).

$$R_{MN} = \sum_{i=M}^{N}\binom{N}{i}p^i q^{N-i}$$

이 문제는 p, q가 일정값인 경우의 확률 계산 예로서 가장 쉬운 예는 주사위 던지기다. 주사위 100개를 던져서 특정 숫자가 나오는 횟수의 평균은 정규분포를 따르며 $m = Np$, $\sigma = \sqrt{Npq}$가 된다. 정규분포를 이용하여 주사위 120개를 던질 때 1이 나오는 개수의 평균을 m이라고 하자. 이 경우 m은 $m = Np = 120 \times \frac{1}{6} = 20$이고, $\sigma = \sqrt{120 \times \frac{1}{6} \times \frac{5}{6}} = 4.08$이다.

주사위 120개를 던질 때 1이 15~25개 사이로 나올 확률을 구하라고 하면 $20 - 15 = 4 + k\sigma$, $\sigma = 4.08$이므로 $k = 1.22$다. 정규분포표에서 평균을 중심으로 1.22σ의 확률은 0.388이다. 25의 경우도 똑같이 1.22σ이며 확률은 0.388이다. 그러므로 15~20 이내에 있을 확률은 $0.388 + 0.388 = 0.796$이다.

같은 문제를 정규분포표 없이 해결하는 방법은 각각의 확률을 구하는 방법이다. 나오는 횟수가 M 이하일 확률은 다음과 같다.

$$\text{Prob}(x \leq M) = \text{Prob}(x = 0) + \text{Prob}(x = 1) + \cdots + \text{Prob}(x = M)$$

그러므로 120개의 주사위 던지기 문제에서 M개 이하가 나올 확률은 다음과 같다.

$$\text{Prob}(x \leq M) = \sum_{i=0}^{M}\binom{120}{i}\left(\frac{1}{6}\right)^i\left(\frac{5}{6}\right)^{120-i}$$

하지만 이 식은 계산이 복잡하다. 예를 들어 $N = 1,200$, $M = 200$이라고 하면 이 계산은 감당하기가 어렵다. 이러한 문제는 정규분포표를 이용하여 해결해야 한다. 변수 분포가 정규분포가 아닌 다른 형태의 분포함수라면 그 함수의 분포표를 이용하여 해결해야 한다.

주사위 문제는 항상 특정 숫자가 나올 확률이 일정한 경우였다. 이제 N개의 모듈이 특정 기간(예를 들면 T 시간)에 몇 개가 고장 날 것인가를 계산하는 문제를 검토해보자. 모듈은 고장률이 주어지고, T 시간 동안 고장 나지 않을 확률은 신뢰도이다. 그러므로 주사위 문제에서는 $p = \frac{1}{6}$로 일정했고 $q = 1 - p$였지만, 모듈의 신뢰도 문제에서 p는 시간 T에서의 신뢰도와 관련이 있는 값이 되어야 한다.

공학 설계에서는 다음과 같은 문제들을 겪게 된다. 중요 시설에서 어떤 필수 기능을 수행하기 위해 거대 장치(예를 들면 펌프나 전원용 컨버터, 인버터 등)를 한 대로 만들어서 기능을 수행하려고 할 때 그 설비가 고장 나면 전체 시스템이 정지하게 된다. 이러한 사태를 방지하기 위해 거대 장치 두 대를 설치하기에는 비용이 너무 많이 든다. 이 경우 1/3 용량의 설비 4대를 설치하면 비용은 대략 1/3 가량 더 들고, 4대 중 어느 하나가 고장 나도 정상인 3대로 중요 시설의 기능을 100% 담당할 수 있을 것이다. 이런 관점에서 M of N 설계가 많이 사용된다. 예를 들면 발전소의 주급수펌프와 냉각재펌프가 있고 6장 TMR Exciter에서의 컨버터 설계, 그리고 고압직류송전 시스템에서의 서브모듈 개수 설정 등이 있다. 다음에는 이러한 문제에서 한 개의 고장에 대해 신뢰도를 올리기 위한 정성적인 대책이 아닌, **얼마나** 신뢰도를 좋게 하는가의 정량적 요구조건을 만족시키기 위한 설계 과정을 예제로 다뤄본다. 전압형 HVDC(직류고압송전) 시스템의 서브 모듈 개수의 선정에도 쓰인다.

예제 3-1

어떤 시스템이 T 기간 동안 정상동작하기 위해서는 M개의 모듈이 T 기간 동안 정상이어야 한다. 모듈 각각의 고장률이 λ이다. M개의 모듈에 최소 몇 개를 더 여분으로 설치해야 T 기간 동안 M개 이상의 모듈이 정상적으로 동작(여분 개수 이내가 고장)함으로써 전체 시스템이 정상적으로 동작할 확률을 가령 99% 이상으로 할 수 있을까? 단, T 기간에는 고장 모듈의 수리가 불가능하다고 가정한다. $\lambda = 4 \times 10^{-6}/\text{hr}$, T는 2년이라 가정하고 설계 과정을 살펴보자.

Note 이 문제에서 여분의 개수를 많이 늘리면 T 기간 동안 여분보다 적은 개수가 고장 나서 전체적으로 시스템이 정상적으로 동작하게 될 것이다. 정상적으로 동작할 확률을 99% 이상 보장하는 최소 여분 개수를 정하는 문제다. 이 문제는 주사위 던지기 문제와 유사하지만 차이점은 주사위 문제의 경우 특정 숫자가 나올 확률이 $p = \frac{1}{6}$로 일정하나, 이 문제에서는 T 기간 동안 고장 날 확률이 $[1 - R(T)]$로 된다는 점이다.

풀이
[설계 과정] ($q = 1 - p$)
❶ 단위모듈 신뢰도 계산: $R(t) = e^{-\lambda t}$
❷ 목표기간 T 설정 및 $R(T)$ 계산: $R(T) = e^{-\lambda T}$ (예를 들면 T=1년, 2년, 10,000시간 등)
   $R(2년) = e^{-4 \times 10^{-6} \times 17520} = 0.9323 = p$
   $q = 1 - p = 0.0673$
❸ 단위 모듈의 T 기간 동안의 신뢰도 $p = R(T) = e^{-\lambda T}$의 의미: p는 2년 동안 각각의 모듈이 고장 나지 않을 확률이다(주사위에서 특정 숫자가 나올 확률과 같은 개념).
❹ $q = 1 - p$는 2년 동안 각각의 모듈이 고장 날 확률
❺ 전체 N개를 설치할 때 T 기간 동안 고장 날 모듈의 평균 개수: $m = Nq$
❻ N이 클 때 m은 정규분포에 가까워지고 m의 분산은 $\sigma = \sqrt{Npq}$ 이다.
❼ $P[z \leq N-100] = \int_{-\infty}^{N-100} (\frac{1}{\sqrt{Npq}\sqrt{2\pi}} \exp(-\frac{(x-Nq)^2}{2Npq}) dx \geq 0.99$
이 식을 풀면 최소 N은 114가 된다.

앞의 문제를 정규분포표를 이용해 풀어보자. T는 1년이다.

① 100개의 모듈을 사용해 고장률로부터 신뢰도를 구하니 1년 후 모듈의 신뢰도가 $R(t) = e^{-\lambda t}$에서 $t = 8760$이었고 $R(1년) = 0.96$이 나왔다. 그러므로 $p = 0.96$, $q = 0.04$이다.

② $N=100$, $m=Np=4$, $N=100$, $m=Nq=4$, $\sigma=\sqrt{Npq}=\sqrt{100\times0.96\times0.4}$ 이므로 $\sigma=1.96$ 이다. 이는 주어진 고장률에서 100개의 모듈을 설치해 1년을 운전하면 평균적으로 m개, 즉 4개가 고장 난다는 의미다. 이것은 평균 고장개수다. 정규분포표를 이용하면 4개 이하로 고장 날 확률이 50%라는 뜻이다. 여기에서 고장개수의 표준편차는 $\sigma=1.96$이다. 그러므로 ③과 같은 관찰이 가능하다.

③ 정규분포표에서 변수 x가 존재하는 범위의 확률은 prob$\{x \leq m+k\sigma\}$에서 $k=1.0$이면 0.841, $k=2.0$이면 0.977, $k=3.0$이면 0.999이다. 그리고 $(m+\sigma)=5.96$, $(m+2\sigma)=7.92$, $(m+3\sigma)=9.88$이다.

[의미 해석]
모듈 100개를 설치하면 일 년 동안 평균적으로 4개의 모듈이 고장 난다. 이것은 확률적인 값이며 5.96개, 즉 6개 미만의 모듈이 고장 날 확률은 84.1%이다. 7.92개, 즉 8개 미만의 모듈이 고장 날 확률은 97.7%이다. 9.88개, 즉 10개 미만의 모듈이 고장 날 확률은 99.9%이다. 100개가 동작해야 하는 시스템에서 99%의 신뢰도를 가지려면 여유 개수는 10개 이상이 될 것이다.

[근사 설계 과정]
100개가 동작해야 하는 시스템이며 ❹의 경우에서 99.9%의 신뢰도로 10개 미만이 고장 나므로 10개 이상을 여유분으로 선정해야 한다. 예를 들어 여유분을 11개로 하여 계산해보자. $N=111$, $p=0.96$, $q=0.04$이므로 $m=Nq=4.44$, $\sigma=\sqrt{Npq}=2.065$이다.

99%의 신뢰도를 가지려면 prob$\{x \leq m+k\sigma\}$에서 $k=2.33$이다. 즉 111개를 설치하면 99%의 확률로 $m+2.33\times\sigma=4.44+2.33\times2.065=9.251$, 즉 9.25개 이상 고장 날 확률은 10%가 되지 않는다. 따라서 110개를 설치해도 10개 미만에서 고장이 발생하므로 신뢰도 99%를 확보하기 위해서는 10개를 추가로 설치하면 된다. 즉 110개를 설치하면 1년 후 고장 나는 개수가 신뢰도 99%로 10개를 넘지 않는다.

드무아브르의 공식을 이용하지 않고 이항정리를 이용해서 구하면, 3.5.3절의 다음 식으로 N을 구할 수 있다. 어느 방법이 더 효과적인가는 독자 여러분이 생각해보기 바란다.

$$R(t)=\sum_{i=M}^{N}\binom{N}{i}R(t)^i(1-R(t))^{N-i} \geq 0.99$$

3.5절까지는 다양한 구조의 다중화 설계에 대해 신뢰도 및 MTTF를 구하는 원리에 대해 설명했다. 중요한 사항은 **다중화 설계를 했지만(고장허용설계) 운전 중 유지보수는 고려하지 않았다는 점이다.** 1장의 [예제 1-5]~[예제 1-9]는 다중화 설계, 고장 진단, 고장 진단 후의 수리 가능 여부에 대한 차이점을 설명하는 예제였다. 3.6절에서는 **운전 중 유지보수(교체나 수리)가 가능한 경우 RAMS가 얼마나 더 개선될 수 있는지 계산하는 원리를 설명한다.**

SECTION 3.6 마코프 모델

마코프 체인$^{Markov\ Chain}$ 또는 마코프 프로세스$^{Markov\ Process}$는 확률변수의 전이, 즉 시간 경과에 따라 변화하는 양상을 모델링하기 가장 좋은 방법론으로 러시아 수학자인 안드레이 마코프$^{Andrey\ Markov}$가 제안한 방법이다. 마코프 프로세스에는 다음과 같은 특징과 필요사항이 있다.

- 이산시간 상태 전이^{transition}를 모델링한다.
- 상태방정식$^{state\ space\ modeling}$ 형태로 표현한다.
- 초깃값이 주어져야 한다.
- 미래의 상태(확률분포)는 현재의 상태에 의해서만 결정(현재 이전의 이력은 무관함)된다.
- 현재나 미래의 상태, 즉 시스템이 가질 수 있는 상태는 단 두 가지로만 주어질 때 유효한 방법이다 (이는 reliable/unreliable 또는 safe/unsafe의 두 가지 경우만 존재하는 향후 해석 문제에 적합하며, 초기의 안전도나 신뢰도는 1.0으로 시작한다).

3.6.1 마코프 모델의 적용

앞의 사전지식을 바탕으로 [그림 3-6]의 2/3 삼중화 모형을 해석해보자. [그림 3-6]은 세 개의 모듈이 병렬로 설치되어 있으며 두 개 이상의 모듈이 건전하면 정상동작하는 모델이다. 3.5절까지의 설명에서는 건전한 모듈의 수가 최초 세 개에서 시간이 경과함에 따라 두 개, 또 한 개로 되면서 시스템이 fail 하는 모델이었다. 그러나 운전 중에 수리할 수 있다고 가정하면 건전한 모듈의 수가 최초 세 개에서 시간이 지남에 따라 두 개로 줄어들지만, 그 이후에는 수리가 되어 건전한 모듈이 세 개가 될 수도 있고 그냥 두 개를 유지하거나 추가로 하나가 고장 나서 시스템이 fail할 가능성도 있다. [그림 3-8]은 [그림 3-6]에 있는 세 개의 모듈을 각각 x_1, x_2, x_3로 명명한 것이다.

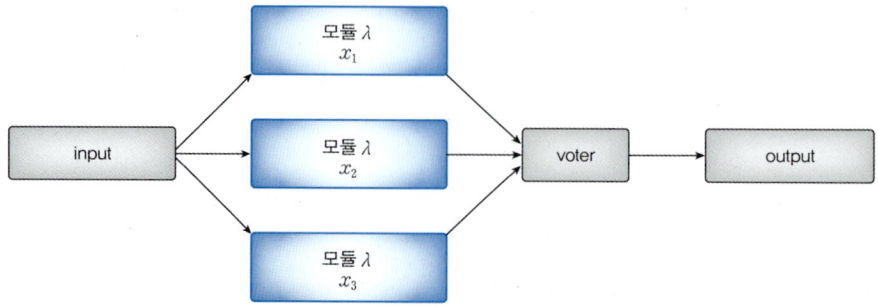

[그림 3-8] [그림 3-6]에 모듈 표시를 추가한 모델

모듈의 상태가 각각 정상일 때는 1로 표시하고, 비정상(고장)일 때는 0으로 표시한다. voter는 완전체로 가정하여 항시 신뢰도 1로 가정한다. 모듈 3개의 상태를 S로 나타내면 S는 모듈 1, 2, 3의 상태를 나타내는 $S(x_1, x_2, x_3)$가 된다. x_1, x_2, x_3는 각각 모듈 1, 2, 3의 상태를 나타내며, 그 값은 1 또는 0의 값만 갖는다. 바로 마코프 체인Markov Chain 모델링을 사용하기에 딱 좋은 형태가 된다.

$S(x_1, x_2, x_3)$가 가질 수 있는 경우의 수는 모두 8가지로 $(0, 0, 0)$부터 $(1, 1, 1)$의 상태를 가질 수 있다. 어느 한 상태가 1에서 0으로 바뀌면 그 모듈이 고장 났다는 것을 의미하며, 0에서 1로 바뀐다면 고장 모듈이 복구된 것을 의미한다. [그림 3-9]는 모듈 1, 2, 3의 상태가 (x_1, x_2, x_3)에서 다음 순간에도 같은 상태를 유지하는 상황을 표현한 것이며, 화살표는 다른 상태로의 전이를 나타낸다.

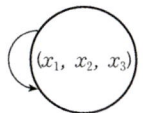

[그림 3-9] 원상태에서 자기상태로의 귀환 모형

이제 $(x_1, x_2, x_3) = (1, 1, 1)$, 즉 모두 정상인 상태에서 Δt의 시간 후 어떤 상태로 전이될지 표현해보자. [그림 3-10]은 모듈 세 개가 모두 정상인 최초 상태의 $(1, 1, 1)$에서 세 모듈이 모두 고장 난 $(0, 0, 0)$의 최종 상태로 전이되는 과정을 나타낸다.

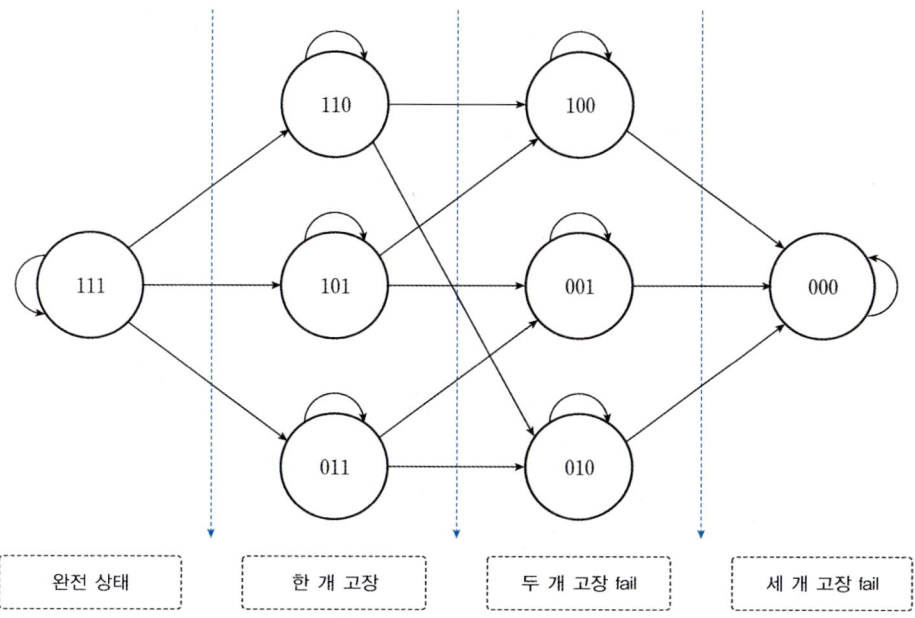

[그림 3-10] 2/3 삼중화 모형의 마코프 모델

[그림 3-10]을 세분화하여 각각의 상태로 전이될 확률을 세분화하여 설명한다. [그림 3-11]은 최초의 세 모듈 모두 건전했던 상태가 Δt 시간 이후에도 모두 건전한 상태를 유지할 확률과 어느 한 모듈이 고장 날 확률을 보여주는 것이다. 어느 한 모듈도 고장 나지 않을 확률은 $(1-3\lambda\Delta t)$이다. 또한 세 모듈이 모두 건전한 상태 $(1, 1, 1)$에서 어느 한 모듈이 고장 나는 상태로 갈 확률은 $3\lambda\Delta t$인데, 하나

의 모듈이 고장 나는 경우의 상태인 (1, 1, 0), (1, 0, 1), (0, 1, 1) 각각 $\lambda \Delta t$의 확률로 전이된다.

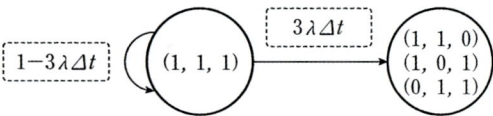

[그림 3-11] 두 개 모듈 이상이 건전한 상태 표시 모델

[그림 3-12]는 (1, 1, 1) 상태에서 (0, 0, 0) 상태로 전이하는 전 과정을 보여준다. 가장 좌측 부분은 세 모듈이 모두 정상인 상태이고 왼쪽에서 두 번째 부분은 세 모듈 중 하나의 모듈이 고장 나는 세 경우를 나타내며 세 번째 구간은 추가로 하나의 모듈이 더 고장 난 상태를 나타낸다. [그림 3-12]의 네 개 부분에서 다음 부분으로 전이될 확률은 구간 전체에서 $3\lambda \Delta t$, $2\lambda \Delta t$, $\lambda \Delta t$의 값이 되며, 각각의 원에서 다음 원으로 전이될 가능성은 한 개가 고장 날 확률이므로 $\lambda \Delta t$가 된다.

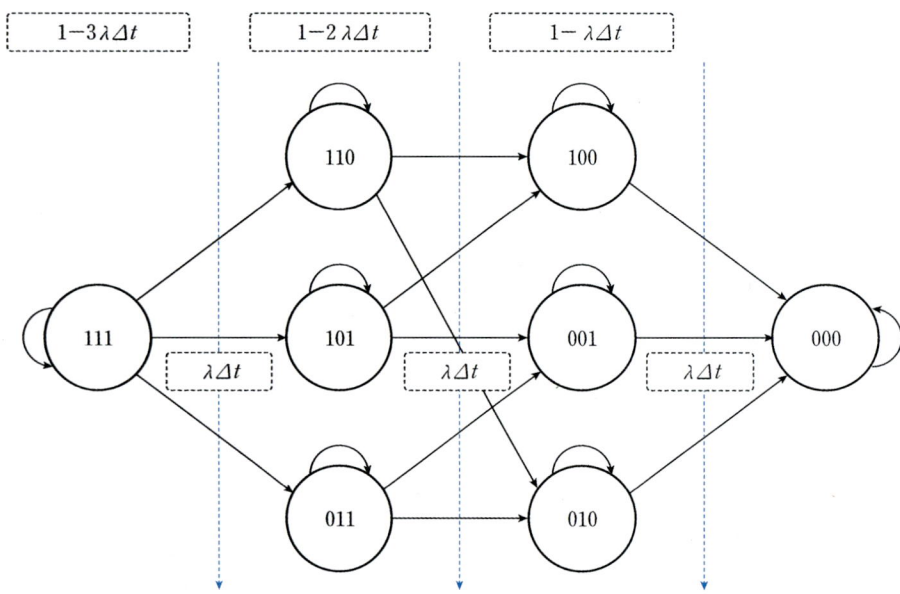

[그림 3-12] 2/3 삼중화 시스템의 고장 전이 모형

[그림 3-12]는 삼중화 모델에서 모듈 각각의 상태를 표현하는데, 신뢰도 관점에서는 모듈 세 개 중 어느 것도 특별한 것 없이 똑같이 취급된다. 그러므로 굳이 세 모듈을 $S(x_1, x_2, x_3)$ 형태로 표현할 필요가 없을 것이다. 건전한 모듈 수에만 관심이 있으므로 건전한 모듈의 수만 표시해도 될 것이다. 그러므로 (1, 1, 1)은 세 모듈이 모두 건전한 (3)으로, (1, 1, 0), (1, 0, 1), (0, 1, 1)은 모두 (2)로, (0, 0, 1), (0, 1, 0), (1, 0, 0)은 모두 (1)로, (0, 0, 0)은 (0)으로 표시해도 될 것이다.

$S(x_1, x_2, x_3)$의 상태 8종류를 더 간단히 표시한다면 $S(3)$, $S(2)$, $S(1)$, $S(0)$의 네 상태로 구분하고, 그 각각의 상태에 있을 확률을 P_3, P_2, P_1, P_0로 표시할 수 있다. 즉 [그림 3-12]를 원이 네 개인 좀 더 단순한 구조로 변경해도 된다. [그림 3-13]은 간략화된 삼중화 모델의 블록다이어그램이다. 그리고 세 개의 모듈 중 2개 이상의 모듈이 정상이어야 전체 시스템이 정상인 것으로 가정하는 시스템

이므로 앞의 P_3, P_2, P_1, P_0 중에서 P_1, P_0는 시스템이 fail되는 상태다. 그러므로 상세히 구분하지 않고 P_f로 표시하면 된다. 세 개의 모듈 중 한 개만 동작해도 정상운전되는 설계라면 상태의 종류를 P_3, P_2, P_1, P_f의 네 가지로 표시하면 된다. 어떤 경우든 [그림 3-13]을 이용하면 된다.

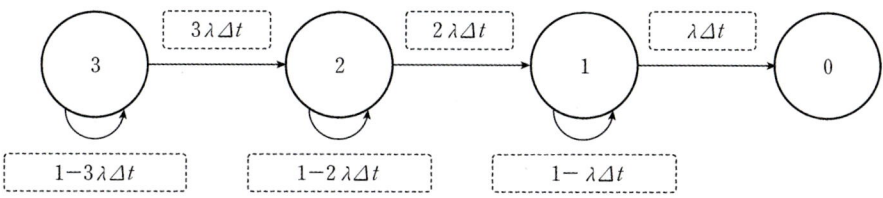

[그림 3-13] 간략화된 삼중화 시스템의 고장 전이 모형

[그림 3-13]에서 2/3 삼중화를 가정하면 두 개의 모듈이 고장 난 상태는 시스템 정지, 즉 fail로 처리해야 한다. [그림 3-13]의 간략화된 모델을 이용하여 이산 상태방정식으로 표현한다. 미분방정식의 해를 구하는 작업이 필요하므로 상태방정식으로 변형해야 한다.[2] [그림 3-13]을 Δt 시간 후 다른 상태로 전이될 확률의 관계를 구하는 것이며 상태방정식은 식 (3.22)와 같이 된다.

$$\begin{bmatrix} p_3(t+\Delta t) \\ p_2(t+\Delta t) \\ p_f(t+\Delta t) \end{bmatrix} = \begin{bmatrix} (1-3\lambda\Delta t) & 0 & 0 \\ 3\lambda\Delta t & (1-2\lambda\Delta t) & 0 \\ 0 & 2\lambda\Delta t & 1 \end{bmatrix} \begin{bmatrix} p_3(t) \\ p_2(t) \\ p_f(t) \end{bmatrix} \tag{3.22}$$

식 (3.22)를 일반적인 매트릭스 상태방정식으로 나타내면 상태 $P(t+\Delta t) = AP(t)$가 되며, 다음과 같이 나타낼 수 있다.

$$A = \begin{bmatrix} (1-3\lambda\Delta t) & 0 & 0 \\ 3\lambda\Delta t & (1-2\lambda\Delta t) & 0 \\ 0 & 2\lambda\Delta t & 1 \end{bmatrix} \tag{3.23}$$

$$P(t) = \begin{bmatrix} p_3(t) \\ p_2(t) \\ p_f(t) \end{bmatrix} \tag{3.24}$$

이러한 형태의 상태방정식, 즉 일반적인 형태인

$$X(t+\Delta t) = AX(t) + Bu(t)$$

에서 제어입력 $u(t) = 0$인 간단한 형태로서

$$P(t+n\Delta t) = A^n P(t)$$

로 표현되며 관심을 갖는 시간을 $t = 0$, 즉 기준시간 0을 가정(이때는 초기 상태로 시스템이 완전 상태)하면 다음과 같이 된다.

$$P(n\Delta t) = A^n P(0)$$

---

[2] 상태방정식을 유도하는 과정은 〈들어가기 전에〉에서 다루었다.

제어공학에서는 matrix A의 eigenvalue의 실수부가 모두 음수면 안정적인 시스템으로 정의하고, 여기서는 $\lim_{n\to\infty} P(n\Delta t)$가 일정값으로 수렴한다는 것을 의미한다. 마코프 모델에서 행렬 A를 잘 관찰할 필요가 있는데, **행렬 A의 각 열**^{column}**의 합은 항상 1이 된다.** 이는 하나의 상태에서 다음 순간(Δt 이후)의 상태로 가는 경우 모든 확률의 합이 1이라는 것을 의미한다.

물리적인 의미로 봤을 때 무한대의 시간 후에는

$$P(\infty) = \begin{bmatrix} 0 \\ 0 \\ 1 \end{bmatrix}, \text{ 초기조건 } P(0) = \begin{bmatrix} 1 \\ 0 \\ 0 \end{bmatrix}$$

과 같이 세 개의 모듈이 모두 건전한 상태로 $p_3(0) = 1$, $p_2(0) = 0$, $p_1(0) = 0$, 즉 세 개의 모듈 중 한 개만 고장이거나 모두 건전할 확률은 0이 되며 시스템 전체가 fail할 확률(두 개의 모듈이 고장이거나 모두 고장일 확률)은 1이 된다. [그림 3-13]의 모든 화살표는 좌에서 우로 향하며, 이는 고장 모듈의 수가 증가만 하는 모델, 즉 고장수리가 되지 않는 모델이다.

이러한 형태의 차분방정식에서 고장률 λ와 Δt를 정의하면 임의의 시간 후에 전체 시스템이 처해 있을 상황 각각의 확률을 구할 수 있다. 3.6.1절에서는 S의 상태가 우에서 좌로, 즉 고장이 복구되어서 건전 모듈의 개수가 증가하는 과정은 없었다. 3.6.2절에서는 건전 모듈의 개수가 증가하는 과정을 나타낸다.

3.6.2 고장 복구율을 고려한 마코프 체인 기법

이처럼 좀 복잡한 마코프 체인을 설명한 이유는, 안전필수 시스템$^{\text{safety critical system}}$ 설계에서 고장허용설계$^{\text{fault tolerant design}}$가 필수적이고, 고장허용 시스템의 신뢰도와 가용도를 올리기 위해서는 fault 감지, 식별 및 대응능력이 매우 중요한데, 정량적 평가에서 고장처리능력을 반영하여 RAMS를 평가하는 방법으로 마코프 모델 기법이 가장 효과적이기 때문이다.

다음에는 fault 및 error coverage, 처리 또는 복구 능력이 있다고 했을 때의 신뢰도 및 안전도 변화를 알아보자. [그림 3-12], [그림 3-13]은 fault가 발생한 이후 어떤 복구조치도 없다고 가정했다. 그러므로 고장 개수는 0에서 1, 2로 시간이 지남에 따라 증가한다. 그러나 운전 중에 fault, error가 복구될 수 있다면 fail로의 진행이 지연되거나 확률이 낮아질 것이다. 이는 1장에서 이중화된 전원공급기 한 개의 고장을 감지하고 운영자가 운전 중에 교체하는 예, 그리고 PART 2에서 다룰 TMR 구조에서 충분히 가능한 일이다. 즉 [그림 3-12]에서 정상 모듈의 수가 감소만 하는 것이 아니라 고장이 수리되면서 정상 모듈의 수가 증가하는 변화도 가능해진다. 고장수리는 고장 복구율 μ의 함수로 표시된다.

두 개의 모듈이 운전 중인 상태에서 고장 모듈이 Δt 시간 동안 복구되어 세 모듈이 모두 정상인 상태로 복구될 확률은 $\mu \Delta t$가 된다. 예를 들어 단위시간당 복구율인 μ를 0.5로 가정하고 모듈의 고장률은 통상적인 범위인 $10^{-3}/\text{hr} \geq \lambda \geq 10^{-5}/\text{hr}$라고 가정하면, 운전 중 고장(fault나 error)이 발생할 확률보다 고장 모듈이 수리될 확률이 500~50,000배가 된다. 따라서 어떤 하나의 모듈이 고장 나더라도 추가로 모듈 하나가 고장 나서 시스템 fail될 확률보다 고장이 복구되어 세 모듈이 건전해질 확률이

500~50,000배로 된다는 의미가 된다. 이러한 관계를 다이어그램으로 나타낸 것이 [그림 3-14]다. [그림 3-14]의 우측에서 좌측으로 가는 화살표가 고장 복구를 나타낸다. μ는 고장 복구율로서 단위시간에 복구할 수 있는 고장 개수이다.

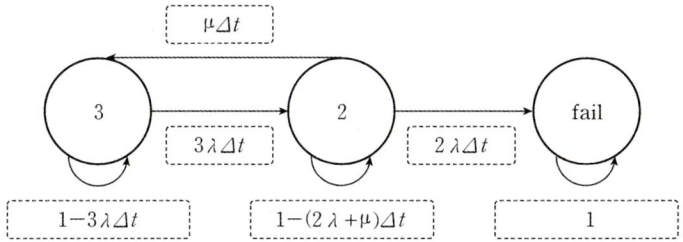

[그림 3-14] 고장 복구를 고려한 2/3 삼중화 시스템의 고장 전이 모형

[그림 3-14]의 상태방정식은 다음과 같다.

$$\begin{bmatrix} p_3(t+\Delta t) \\ p_2(t+\Delta t) \\ p_f(t+\Delta t) \end{bmatrix} = \begin{bmatrix} (1-3\lambda\Delta t) & \mu\Delta t & 0 \\ 3\lambda\Delta t & 1-(2\lambda+\mu)\Delta t & 0 \\ 0 & 2\lambda\Delta t & 1 \end{bmatrix} \begin{bmatrix} p_3(t) \\ p_2(t) \\ p_f(t) \end{bmatrix} \quad (3.25)$$

$$A_\mu = \begin{bmatrix} (1-3\lambda\Delta t) & \mu\Delta t & 0 \\ 3\lambda\Delta t & 1-(2\lambda+\mu)\Delta t & 0 \\ 0 & 2\lambda\Delta t & 1 \end{bmatrix} \quad (3.26)$$

식 (3.26)의 행렬 A_μ는 식 (3.23)의 행렬 A와 μ가 포함된 것이 다르다. 행렬 A_μ도 각 열의 합은 항상 1이다. 각 열의 합은 현재 시간 t의 상태가 다음 순간인 $(t+\Delta t)$에 바뀔 수 있는 각각의 경우의 확률을 합한 것이기 때문이다. 예를 들어 식 (3.26)의 2열에서 $\mu\Delta t$는 두 모듈이 건전한(모듈 하나 고장) 상태에서 Δt 시간 동안 고장이 복구되어 세 모듈이 모두 건전한 상태로 바뀔 수 있는 확률을 나타내며, $2\lambda\Delta t$는 반대로 건전한 두 개의 모듈 중 한 개가 고장 나고 fail로 전이될 확률을 나타낸다. 2열의 중간 항인 $[1-(2\lambda+\mu)\Delta t]$는 추가로 고장 나지도 않고 고장 복구가 되는 것도 없이 그대로 두 모듈이 건전한 상태를 유지할 확률을 나타낸다. 즉 현재의 상태에서 다음 순간 일어날 수 있는 모든 경우에 대한 확률의 합이 행렬의 열에 표시되므로 열의 합은 1이 되는 것이다.

각 행의 합은 1이 될 필요가 없다. 각각의 행의 요소들의 합은 Δt 이후 각각의 상태가 되는 경우의 합이다. 그러므로 세 모듈이 Δt 이후 건전한 상태에 있는 경우는 세 모듈이 안전한 상태에서 그대로 유지되는 경우의 확률인 $(1-3\lambda\Delta t)$와 두 모듈이 건전한 상태에서 고장 모듈이 복구될 확률인 $\mu\Delta t$의 두 요소를 포함하고 있다.

식 (3.25)로 표시되는 모델은 고장이 복구될 수 있음을 모형화한 것이므로 당연히 식 (3.22)로 표시되는 모델보다 더 높은 신뢰도를 보인다. 고장 복구율을 고려하지 않는 경우, 즉 $\mu=0$인 경우 TMR 시스템의 신뢰도는 $R_{\text{TMR}} = 3R^2(t) - 2R^3(t)$(이때 $R(t)$는 각 모듈의 신뢰도)이다. 그렇다면 고장 복구율 μ를 반영한 신뢰도 $R_{\mu\text{TMR}}$은 어떻게 될까? 이를 알기 위해서는 상태방정식을 시간에 대해 풀어야 한다. MATLAB 사용이 최선의 방법이다. 각자 MATLAB을 이용하여 프로그래밍해보기 바란다. 학습을 돕기 위해 6장에서 좀 더 복잡한 실제 모델의 시뮬레이션 코드와 결과에 대해 설명한다.

마코프 모델링$^{\text{Markov Modeling}}$ 기법에 대한 이해와 함께 시스템의 신뢰도를 올리는 방법으로 고장허용 다중화 설계에 고장 감지 기능과 운전 중 고장 복구 기능을 넣는 것이 RAMS 제고의 핵심이 된다는 것을 숙지하기 바란다. 고장 감지와 고장 복구는 마지막으로 남은 RAMS 부족분을 채울 수 있는 비법이다. 6장에서는 마코프 모델링의 MATLAB 코드와 시뮬레이션 예제에 대해 설명한다. 이 방법을 습득하는 것이 이 책의 핵심 중 하나라고 할 수 있다.

3.6.3 마코프 체인을 이용한 안전도 해석

3.4절에서 안전도는 신뢰도보다 높게 나오는데 그 이유는 시스템이 실패하더라도 안전 측 실패$^{\text{fail-safe}}$ 기능이 포함될 수 있기 때문이라고 설명했다. 이를 마코프 체인$^{\text{Markov Chain}}$을 이용하여 살펴보자.

안전성에 관한 것이므로 마코프 체인에서 상태는 안전 상태와 불안전 상태로만 생각한다. 그러면 전체 시스템은 동작 상태에서 $R(t)$의 신뢰도를 갖고 운전되며, 이 확률에서는 정상동작하므로 안전하다. 그리고 그 다음 시간 단계까지 정상동작할 확률은 $(1 - \lambda \Delta t)$이다. 여기에서 하나의 모듈이 고장(fault 또는 error) 나서 시스템이 정상동작하지 못할 확률을 생각해보자. 3.6.2절까지 살펴본 내용에 따르면 한 모듈이 다음 시간 단계까지 고장 날 확률은 $\lambda \Delta t$인데, 고장이 나더라도 안전하게 정지할 수 있는 가능성을 $s_f (0 \leq s_f \leq 1)$이라고 하면 안전 측 고장$^{\text{fail-safe}}$과 불안전 고장(사고유발)으로 구분할 수 있다. 안전 측 고장률 s_f는 시스템의 안전도 평가에서 매우 중요한 의미를 갖는다. 그러므로 안전 측 고장이라는 것이 가능한가와 어떤 고장이 안전 측 고장인가에 대해 생각해보자.

일반적인 경우 어떤 밸브나 펌프 운전에서 "고장 시 밸브가 열려 있는 것이 안전 상태인가? 닫혀 있는 것이 안전 상태인가?"의 평가에 따라 고장 시 안전 상태로 유지되도록 설계한다. 안전 측 고장$^{\text{fail-safe}}$ 설계로 안전을 확보하려는 노력은 시스템의 신뢰도 외부 구간에서 안전도를 추가로 확보하려는 노력이 된다. 안전 측 고장 설계가 시스템 안전도에 미치는 긍정적 영향이 얼마나 큰지 이해해야 한다. 신호등이 고장 날 경우 황색이나 적색등이 점멸하도록 설계하는 것은 신호등의 동작이 신뢰성 영역 외부이지만 추가로 안전을 지키기 위함이다. 신뢰도와 안전도의 차이는 ① 신뢰도는 $R(\infty) = 0$가 되지만, ② 안전도는 $S(\infty) = s_f$가 된다는 것이다.

[그림 3-14]를 다시 살펴보자. [그림 3-14]를 정상동작 중인 시스템이 두 개의 모듈 고장에 의해 정지되는 과정을 그린 것이다. 이에 반해 fail 이전 상태는 정상상태로 신뢰도 $R(t)$만큼 안전한 상태이며, 추가적인 고장에 의해 시스템이 정지되는 경우 안전 정지와 불안전 정지로 나뉠 수 있음을 나타낸 것이 [그림 3-15]다. 그러므로 고장이 발생하는 경우를 안전 측 고장확률(s_f)과 불안전 측 고장확률($1 - s_f$)로 구분하며 이 둘의 합은 1이다.

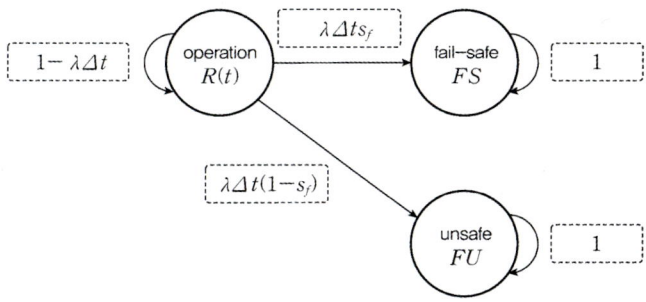

[그림 3-15] 안전도 평가를 위한 마코프 모델

안전도를 계산하는 방법도 3.6.2절에서와 같이 상태방정식을 유도하고 MATLAB을 이용하여 해를 구해야 한다.

3.6.4 별도의 보호계통에 의한 안전 확보

3.6.3절에서 마코프 모델을 이용해 안전도를 평가하는 방법에 대해 소개했다. 그러나 실제 설비에서 안전도를 평가하는 것은 매우 방대하고 어려운 작업이다. 그 작업의 일부에 마코프 모델이 사용될 수 있음을 소개한 것이다. [그림 3-15]는 시스템이 정상적으로 운전되는 상태의 신뢰도를 안전영역으로 간주하고 신뢰도 외부 영역, 즉 시스템이 정지되는 경우에도 안전을 확보할 수 있는 추가 안전영역에 대한 개념을 나타냈다. 그러나 [그림 3-15]는 제어시스템만의 RAMS를 평가할 경우 차이가 있을 수 있다. 제어시스템은 정상적으로 동작하지만 시스템 상태가 비정상인 경우가 있을 수 있다. 다중화 설계로 고장이 허용되는 제어시스템은 정상적으로 동작하지만 시스템에 포함된 배관이나 탱크 파손 등은 제어시스템이 감당할 수 없는 영역이다. 이 경우 안전을 담보하는 수단으로 보호계통과 사고완화설비가 별도로 설치된다. 이때는 보호계통의 특별한 관리가 필요하다. 우선 어떤 설비들이 이러한 보호계통에 해당되며 어떤 조치들이 필요한지 살펴보자.

■ 화력발전소

화력발전소의 대표적인 안전보호 설비는 turbine bypass 기능이다. 어떤 원인에 의해 터빈이 과속도로 되거나 감속되지 않고, 보일러에서 발생하는 증기의 압력이 너무 높아 보일러와 터빈이 파손될 위험이 있는 상황에서 터빈에 공급되는 증기를 신속하게 대기로 방출시키는 방법이다. 이와 같이 조치하면 터빈은 속도가 줄고 안전상태를 유지할 수 있지만, 발전을 재개하기까지는 상당한 시간이 소요되고 대기로 방출된 고온고압의 증기는 그 자체가 돈이라고 할 수 있다. 그렇지만 안전을 위해 이 기능은 필수적이다.

문제는 발전소 운전 중에 이 기능을 테스트할 경우 발전소를 정지시켜야 하며 경제적으로 큰 손실을 보게 된다. 또한 이 기능은 발전소가 잘 운전되면 수명기간 동안 한 번도 동작하지 않을 수도 있다. 그러므로 동작이 필요한 상황에서 이 기능이 잘 동작하리라는 확신을 가질 수 없기 때문에 만약의 상황에 대비해 이 기능을 정기적으로(예를 들면 정기 점검, overhaul) 시험해야 한다. 시험 방법은 최대한 실제와 비슷한 상황에서 동작을 확신할 수 있어야 한다. 그렇지 않으면 동작해야 할 상황에서 동작할 것이라는 믿음을 갖기 어렵다. 안전정지에 관한 설비가 아닌 정상운전을 위한 설비는 항시 운전 상태이므로 따로 의심하지 않아도 된다. 이렇게 보호설비는 항상 정기적으로 시험해야 하는데, 이는 평화 시에도 군인이 항시 전투훈련을 해야 하는 것과 같은 원리다. 군 복무기간 동안 한 번도 전투를 경험하지 않는 경우가 대부분이지만 실전 가상훈련은 수차례 경험하는 것과 마찬가지다. 운전자가 잘 훈련되지 않아 모의 정지훈련, 즉 안전정지 시스템이 잘 작동하는지 확인하는 시험에서 발전소를 실제로 정지시키는 사례도 많이 있다.

■ 원자력발전소

원자력발전소의 경우는 터빈에 대한 시험도 있지만, 원자로의 안전을 위한 규정과 제반 절차가 훨씬 엄격하며 까다롭다. 보통 4중화된 보호계통이 2 out of 4로 비정상 상황에서 원자로를 정지시키는데, 보호계통이 잘 동작하는지 평가하기 위해 실제로 원자로를 정지시키지는 않는다. 그러므로 주기적으로(통상 매월) 4중화 채널의 한 개를 실제 보호임무에서 해제^{bypass}시키고, 해제된 채널에 원자로를 정지시킬 input을 인가함으로써 해당 채널이 정상동작(정지신호 발생)하는지 점검하면서 이 업무에 매달 1주일 이상을 투입하게 된다. 이러한 조치는 보호계통 동작이 필요할 때 보호계통이 정상적으로 동작할 수 있는 확률(안전도)을 확보하게 한다.

발전소와 같이 보호계통이 따로 설치되는 설비의 안전도는 보호계통의 신뢰도 또는 가용도를 계산하여 평가하는 방법을 활용한다. 대부분 보호계통의 불가용도를 평가하는 것이 가장 간편한 경우가 많다. 구체적으로는 보호계통의 고장나무분석(FTA)$^{Fault\ Tree\ Analysis}$을 사용한다.

CHAPTER 03 생각해보기

※ 신뢰도 그래프를 그리기 위해서는 본인에게 편리한 함수그래프 툴을 익혀야 한다.

3.1 고장률이 0.0001/hr인 모듈 몇 개를 병렬로 사용하면 $t = 2,000$에서 신뢰도가 0.95 이상 될 수 있을까? 이중화 및 삼중화 모듈의 신뢰도 함수를 계산하여 답을 구하라.

   Hint $R(t) = \exp(-0.000t)$, $R(2000) = \exp(-0.2) = 0.818$

3.2 5,000개의 부품을 100시간 사용했더니 6개의 부품이 고장 났다. 이 부품의 고장률은 대략 얼마인가?

3.3 A가 새로 산 차는 1년에 두 번 정기점검을 받아야 하는데 한 번 점검을 받는 데 24시간이 소요된다. 또 평균적으로 엔진오일 교체에 3시간이 소요되는데 1년에 4번 정도 엔진오일을 교체한다고 한다. 이 차의 가동률은 얼마인가?

3.4 고장발생 시 안전 측 고장으로 안전을 유지할 수 있는 경우들의 예를 들어보자.

3.5 신뢰도 계산에서 마코프 모델을 사용하는 이유를 설명하라.

3.6 고장률을 일정값 λ로 가정하는 것은 와이블^{Weibull} 분포의 한 예임을 설명하라.

3.7 신뢰도가 $R_1(t) = e^{-\lambda t}$인 모듈 3개를 이용해 삼중화 모델을 구성했다. 삼중화 모델의 신뢰도 $R_3(t)$와 단일 모델의 신뢰도를 비교하여 $[R_3(t) - R_1(t)]$를 그린 것이 [그림 3-16]이다. 이 그림으로부터 단일모듈의 고장률 λ를 구하고 단일 모듈의 신뢰도와 MTTF, 삼중화 모듈의 신뢰도를 구하라. 그래프가 0을 지나는 시간은 6,931시간이다.

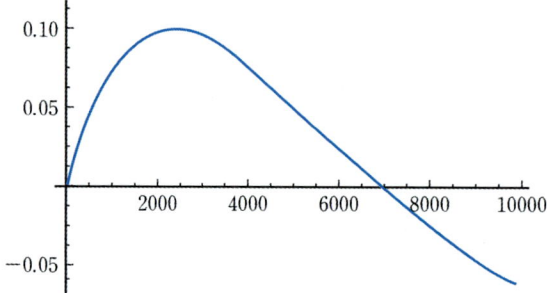

[그림 3-16] $[R_3(t) - R_1(t)]$를 그린 그래프

3.8 고장률이 λ인 두 개의 모듈이 병렬로 연결되어 있는데, 두 개의 모듈 중 한 개만 정상이어도 정상 동작하는 시스템 구조에서의 신뢰도는 얼마인가?

3.9 두 개의 모듈이 모두 정상이어야 시스템이 정상동작하는 조건에서의 신뢰도는 얼마인가?

3.10 두 개의 모듈이 서로 다른 모듈을 잘 진단하고 있어서 다른 모듈이 고장인 것을 어느 정도 알 수 있고, 이 경우 고장 난 모듈은 출력을 내보내지 않으며 정상인 모듈이 신호를 보내도록 설계되었다. 신뢰도는 얼마인가?

CHAPTER
04

안전필수 시스템의 제어설계 과정

안전관련 제어시스템의 일반 사항 _4.1
안전관련 제어시스템 설계 요건 _4.2
고장모드 및 영향 분석 _4.3
고장나무분석(FTA) _4.4
마코프 모델링 상세 _4.5
안전필수 제어시스템 설계 실무 _4.6

PREVIEW

제어시스템에서는 '안전필수 시스템'이라는 용어를 사용하지 않는다. 안전필수 시스템이 있으며 이를 제어하는 시스템을 안전관련 또는 안전중요 시스템으로 분류한다. 이 책에서는 이러한 제어시스템을 '안전관련 제어시스템'이라고 부르기로 한다. 예를 들면 비행기는 안전필수 시스템이지만 비행기 제어시스템은 안전필수 시스템이 아니라 안전관련 제어시스템이 되는 것이다. 안전관련 제어시스템은 제어 대상(EUC)$^{\text{Equipment Under Control}}$이 안전하도록 제어기능을 수행하며, 대상 시스템이 안전필수 시스템이고 그 제어시스템은 안전관련 제어시스템으로 분류된다.

3장까지는 제어시스템이 갖춰야 할 설계 특징으로 고장률과 신뢰도 등에 대한 RAMS 개념과 고장허용 설계기법을 설명했다. 4장에서는 제어시스템이 안전관련 제어시스템이 되기 위한 생명주기의 모든 과정을 살펴봄으로써 시스템 개발자 및 조직에게는 개발의 기본 지침으로, 인허가 심사자에게는 전반적인 이해를 위한 참조 지침으로, 연구와 공부를 하는 공학도에게는 연구개발의 시작이자 중요한 학습사항이 되도록 하고자 한다. 안전관련 제어시스템은 설계착수 초기부터 철저한 관리를 받아야 한다. 프로젝트 계약 또는 개발 착수부터 설계, 구매, 조립/생산, 시험 평가 및 설치 운전, 유지 보수, 폐기 등의 모든 과정이 안전관련 제어시스템의 격에 맞는 깊이와 폭으로 관리되어야 한다. 이 책에서 안전관련 제어시스템은 전기전자 기반의 컴퓨터 및 디지털 제어설비를 사용하는 디지털 제어설비를 대상으로 한다.

1장에서 안전필수 시스템이 여러 가지라는 것을 설명했다. 제어시스템은 제어 대상 시스템에 따라 요건이나 설계 기준이 달라지며, 대상 시스템에 따라 안전무결성수준(SIL)이 달라진다. 또 안전무결성수준에 따라 안전필수용 제어시스템의 설계, 구매, 제작, 시험, 설치, 유지보수, 폐기 등과 같은 생명주기$^{\text{life cycle}}$ 활동이 달라져야 한다. 제어대상 시스템에서 요구되는 안전무결성수준을 만족하는가 하는 문제는 정량적인 부분으로 통계적 확률을 제공하는 것이다. 이런 통계적 확률이 3장에서 다룬 RAMS다. 안전필수 시스템은 다중화에 의한 고장허용수준이 제어시스템의 설계 요건에 포함되며 이를 반영한 RAMS 평가 결과가 안전필수 시스템이 요구하는 수준을 만족시켜야 한다. RAMS 평가는 확률적인 방법이므로 대상 시스템에 적용되는 통계적 가정이 실제 대상 시스템의 특성과 일치한다는 것을 기본 가정으로 한다. 기본 가정이 만족되지 않으면 RAMS 평가는 실제 시스템의 특성과 전혀 다른 결과를 만들어 내며, 이런 결과를 컴퓨터를 이용한 시뮬레이션이나 해석에서는 "Garbage in, garbage out"이라는 말로 간단히 표현한다.

4장에서는 3장에서 가정한 고장허용설계$^{\text{fault tolerant design}}$가 실제로 의도한 대로 되어 있는지, 부품 하나의 고장이 그 부품의 고장으로만 끝나는 단일고장조건을 실제로 만족시키는지에 대해 믿을 수 있도록 하는 과정이다. 즉 **대상 시스템이 통계적 가정과 일치하도록 설계되었는지 확인하는 과정**이라고 이해하면 된다.

SECTION 4.1 안전관련 제어시스템의 일반 사항

안전관련 제어시스템은 산업시장에서 구입하여 설치하는 시스템이 아니다. 항시 제어대상 설비가 정해진 후 그 설비에 적용할 제어시스템이 설계되는 과정을 거친다. 항공기, 철도, 자동차 등의 양산품에 적용되는 안전관련 제어시스템은 개발계획 시점부터 생명주기가 시작된다. 제어시스템은 제어 대상 설비의 안전을 지키기 위해 필요한 기능과 정량적 특성이 주어지고, 이런 기능과 정량적 특성을 만족시키기 위한 절차와 평가, 시험을 거쳐야 대상 설비에 공급 또는 설치할 수 있다. 대부분의 안전관련 제어시스템은 규제기관의 승인을 받아야 공급 및 설비 운전이 가능하므로 대상 설비에 적용되는 산업표준이나 규제기관의 요건사항, 발주자의 계약요건 등을 만족시켜야 하며 이를 문서로 정확하게 입증해야 한다. 그럼에도 불구하고 대표적인 안전필수 시스템인 항공 분야에서, 그것도 미국에서 보잉 737 맥스 8을 허가했다는 것은 이해할 수 없는 일이었다. 결국 미국 이외의 지역에서만 연쇄 추락사고를 일으켰다. 이 사고에서 최초 기술진은 안전점검을 제대로 수행했다는 증거들이 나오면서 최고경영진과 인허가 기관 둘 모두에 중대한 과실과 고의가 있었음이 밝혀졌다. 안전이 파괴되는 사고는 대부분 기술이 부족해서가 아니라 기술이 요구하는 과정과 결과를 지키지 않아서 발생한다. 다음에는 그 과정을 살펴본다.

안전의 개념은 그 설비로 인해 위험^{risk}을 겪지 않도록 한다는 의미이며 위험을 정량화하여 표현하는 것이 시스템 설계의 기본 단계다. 위험의 정량화는 발생할 수 있는 위해^{hazard}가 얼마나 큰가와 얼마나 자주 발생하는가를 곱한 크기로 판단한다. 발생 가능한 위해의 정도와 그 발생 확률을 곱해 큰 것부터 발생하지 않도록 방어하는 것이 기본이다. 그리고 어느 정도 이하의 위험(예를 들면 작은 위해나 큰 위해지만 발생 확률이 극히 낮은 수준)은 더 이상 방어하지 않는, 허용위험 또는 허용사고로 간주한다. 그러므로 안전필수 시스템의 설계와 그 제어시스템인 안전관련 제어시스템은 대상 설비의 특성에서 모든 요건이 정해지고, 이로부터 하위 설계 요건들이 작성된다. 현대사회에서 인간의 삶은 항상 어떤 형태든 위해와 위험에 노출되어 있는데, 중요한 것은 사회 통념상 인정하는 허용위험의 수준이 어느 정도인가 이다. 적절한 수준의 허용위험은 안정된 사회를 만든다. 반면에 너무 낮은 수준의 허용위험은 너무 큰 사회적 비용을 필요로 하며 너무 높은 수준의 허용위험은 불안한, **사고가 만발하는 사회**를 만든다. 허용위험의 범위는 항공기의 추락확률, 건물의 붕괴확률, 방사선의 안전기준, 자동차안전 기준, 철도안전 기준, 음용수 기준, 의약품 부작용 수준 등 거의 모든 것들이 허용위험 수준을 포함하고 있다.

4.1.1 안전관련 제어시스템 요건

제어대상 설비, 즉 안전필수 시스템이 정해지고 이 안전성 요건에 의해 안전관련 제어시스템의 요건이 정해진다. 제어시스템의 요건은 제어대상 설비가 안전필수 시스템인 경우 어떤 기능 또는 부분에서 어느 정도의 안전이 확보되어야 하는가를 검토하는 과정에서 도출된다. 이는 공학적으로 100% 안전한 설비는 없으며 안전의 실패 가능성은 매우 작은 확률로라도 존재함을 인정하는 바탕에서 유도되며, 사고확률을 허용위험 수준 이하로 만들기 위해 산업별로 표준화된 국제기술기준과 요건이 존재하는 것이다. 안전관련 제어설비의 생명주기는 다음과 같이 대상 설비의 평가부터 시작해 유지보수 요건까지 검토해야 한다.

■ 제어대상 설비의 개념적 평가

대상 설비의 기능 및 설치 위치의 물리적, 환경적, 법적 상황을 검토하여 안전성의 생명주기 관리가 가능할지를 평가하는 단계다. 예를 들면 강한 지진이 발생하는 지역에 원자력발전소의 건설이 가능한가, 정치적으로 안정되지 않았거나 사용 후 연료 관리가 불투명한 국가에 원전을 짓는 것을 지원할 수 있는가, 또는 대상 설비가 위치할 인근에 어떤 타 설비가 있는가와 이의 영향성 평가 등을 의미한다.

■ 제어대상 설비와 제어시스템의 위험도 평가

대상 설비와 제어시스템에 대한 위해요인^{hazard}을 도출하고 각각의 위해요인 빈도와 위해도 크기에 따라 위험성^{risk}을 평가한다. 평가된 위험을 발생시키거나 관련 있는 요인(설비, 센서 및 제어시스템, 인적 오류 등)들을 식별하여 문서화한 후 다음 단계 작업의 기준자료로 활용한다. 각각의 위해요인에 대해 초기 원인 발생부터 진행과정을 예측하고, 발생 가능성과 위험의 크기 등을 평가해 허용 가능한 범위 이외의 위험은 줄이거나 방어할 수 있는 전략을 수립해야 한다. 위해요인과 위험도를 평가하는 방법은 IEC 61508-5를 참고하기 바란다. 허용 위험 이상의 위해 요인은 제어시스템과 보호시스템 또는 설비 자체의 보강을 통해 방어해야 한다. 자동차의 경우 정상으로 운전하더라도 사고가 날 수 있으며 이에 대한 대책으로 제동능력 및 충돌 시 차체 능력 등이 중요하지만, 최종 단계에서는 에어백을 설치하여 운전자 및 승객의 생명을 보호하고자 하는 경우가 많다.

■ 대상 설비의 안전도 요건 및 기능안전 할당

평가한 위험도에 따라 전체 시스템에서 요구되는 안전기능의 정의가 이루어진다. 각각의 안전기능에 대해 요건과 제어설비의 안전무결성수준, 타 방법에 의한 위험감소 방법 등을 도출한다. 예를 들면 압력에 의한 탱크의 폭발 위험을 감소시켜 안전 요건을 만족시켜야 하는데, 안전기능에 대한 요건은 온도제어, 증기 방출, 흐름 부족 등의 원인에 대한 것이며, 제어설비의 안전무결성수준은 온도 및 압력을 특정하고 제어하는 설비의 경우 신뢰도가 얼마 이상이어야 한다는 의미다. 타 방법에 의한 위험감소 방안이란, 압력에 의한 폭발 위험을 허용가능 수준 이하의 확률로 낮추기 위해 탱크가 버틸 수 있는 압력이 올라가도록 탱크 설계를 보강하거나, 탱크의 압력이 일정값 이상이 되면 제어시스템 설비로 압력에 의해 자동으로 동작하는 기계식 밸브를 추가하는 것이 포함된다는 의미다.

이와 같은 방법으로 기능별 안전도 목표를 달성하고 전체 설비의 안전도 달성을 위한 제어설비 및 보호설비의 요건(예를 들면 안전무결성수준 또는 RAMS값)이 도출된다. 구체적으로 설명하면 설비의 필요한 안전부위나 기능 각각에 대해 안전 목표가 할당되는 과정이다. 이는 어느 부분의 제어시스템이나 보호시스템은 이중화되어야 하고, 어느 부분은 삼중화나 사중화되어야 한다는 의미라고 할 수 있다. 어떤 안전과 관련된 기능을 하는 전동기나 밸브를 한 대만 설치할지 아니면 두 대를 설치해서 하나가 고장 나도 제어 및 보호가 가능하도록 할지를 안전 관점에서 요건으로 정해주는 내용이다.

■ 운전 및 유지보수에 관한 요건

안전도 요건 및 기능안전 할당이 운전 및 유지보수와 관련 없을 것으로 생각하기 쉬우나, 안전관련 제어시스템은 운전 중 유지보수가 신뢰도 및 안전을 확보하는 데 필수적이다. 안전관련 제어시스템은 고장허용설계를 적용하여 이중화, 삼중화, 사중화 등을 하는데 이는 운전 중에 어떤 한 모듈이 고장 나도 정상운전이 가능하도록 하며, 운전 중에 고장 모듈을 수리하여 신뢰도를 확보하고 안전성을 유지하려는 목적이다. 그러므로 운전 중에 어떤 항목들이 감시 및 진단되고, 고장 모듈이나 부품이 운전 중에 교체나 수리될 수 있는가는 제어설비의 신뢰도뿐 아니라 제어 대상 설비의 안전도를 확보하는 데 필수적이다. 따라서 운전 및 유지보수에 관한 요건이 작성되어야 한다. 대상 설비에는 인적 실수에 의한 시스템 오동작이나 정지의 가능성 및 불안정 상태에서의 운전원에 의한 사고를 방지할 수 있는 기능이 있는데, 이를 효과적으로 활용하기 위해 운전방법과 비상상태 조치방법을 운전원에게 정기적, 지속적으로 교육해야 한다. 그러므로 항공기 조종사들이 비행과 별도로 시뮬레이터를 이용한 평가와 교육을 지속적으로 받아야 한다.

제어시스템은 항시 동작하며 운전 중에도 그 상태와 성능이 거의 완전하게 감시, 진단되므로 별도의 동작성 시험이 필요 없다. 그러나 정상운전 중에 동작하지 않는 보호계통(상태만 감시함)의 경우 동작이 요구될 때마다 제대로 동장해야 하므로 보호계통은 주기적으로 동작성 시험을 실시해야 한다. 주기적 시험은 매월 또는 매분기 등에 다중화된 보호계통의 한 채널씩을 실제 동작기기에서 우회시킨 후, 우회된 회로에 보호동작에 해당하는 센서신호를 입력함으로써 해당 채널이 동작하는지 확인하는 시험이다.

4.1.2 전체 시스템의 안전도 평가 계획 수립

4.1.1절에서 결정된 사항을 기본 자료로 활용하여 제어시스템(인적 요소 포함), 대상 설비의 안전도 평가 계획을 수립한다. 안전도 평가 요건은 포함 범위부터 평가방법론 등이 폭넓게 검토되고 작성된다. 이에 대한 상세한 설명은 IEC 61508-1의 Section 7.8을 참고하기 바란다.

■ 설치 및 시운전 계획 작성

안전관련 제어시스템은 설치과정에서 특별한 주의가 필요하며, 현장 기능시험은 모든 항목을 포함해야 하므로 그 절차와 시험방법, 사용 계측기 및 합/부 판정 기준 등이 상세하게 작성되어야 한다. 원전 MMIS의 경우 현장시험 기록지가 수십 만 페이지에 달한다. 이런 규모의 시험을 위한 절차와 방법, 시험자 요구 수준, 감독자 및 감독자 수준, 시험실패 항목 처리 기준 등이 사전에 문서로 확정되고 기술되어야 한다.

■ 제어시스템 요건 및 구현, 시험평가 단계

제어시스템과 보호시스템은 안전관련 제어시스템으로 정의되며, 안전무결성수준과 요건이 주어지고 이를 만족시키기 위한 구현, 시험, 평가 방법 등이 정해진다. 시험과 평가는 하드웨어, 소프트웨어에 대해 각각 이루어진다.

SECTION 4.2 안전관련 제어시스템 설계 요건

제어시스템 관련 작업은 제어 대상 설비에서 주어지는 요건에서 시작하여 설계/제작/시험/평가 등의 과정을 거쳐 제어 대상 설비에 공급되고 운전되는 것으로 일단락된다. 그러므로 이 과정을 하나의 도식으로 표현하면 [그림 4-1]과 같다. 제어시스템의 설계 요건은 4.1.1절의 제어시스템 요건에서 안전 할당과 안전무결성수준이 결정되고, 이에 따라 안전무결성수준을 만족하기 위한 요건을 제어시스템 관점에서 작성하는 절차다. [그림 4-1]에서는 간단한 하나의 블록으로 표시했지만 상세하게 작성하면 수백~수천 페이지에 달하는 요건서가 된다. 이 요건서는 안전무결성수준의 차이(예를 들면 SIL 4인가? 아니면 SIL 3 또는 2인가?)에 따라 크게 달라지며 기능을 수행하는 기기의 형태에 따라 제어요소가 정해진다.

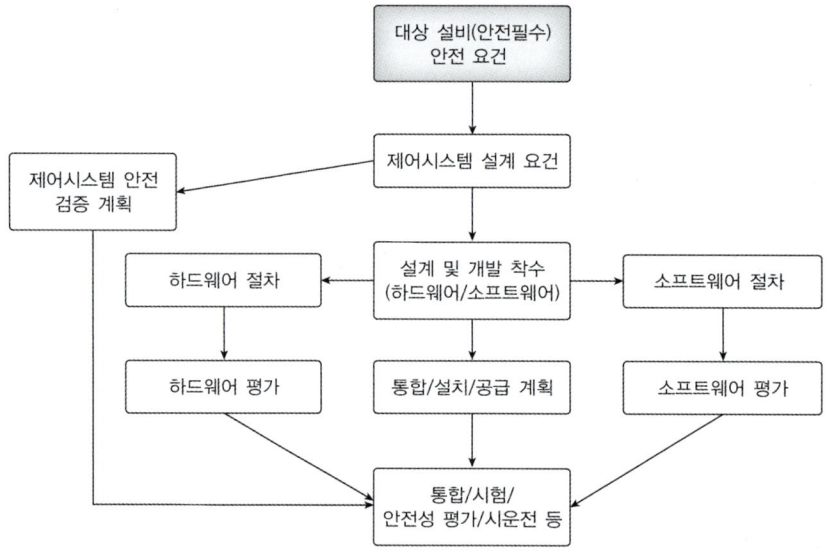

[그림 4-1] 제어시스템의 간략한 생명주기

[그림 4-1]의 좌측에 해당하는 부분이 RAMS 평가와 품질, 기기검증에 해당하며 우측의 소프트웨어 부분이 소프트웨어 설계 및 시험 등을 다루는 7장, 8장의 내용이다.

4.2.1 제어시스템 설계 요건 작성

제어시스템 설계 요건은 대상 시스템 차원에서 정해진 안전요건에 따라 개발되는 요건서다. 그러므로 제어시스템 설계 요건은 [그림 4-1]에서 최상위에 있는 대상 설비 안전요건의 모든 사항을 충족하여 상세하게 발전되어야 한다. 이러한 모든 사항의 충족을 문서의 추적성이라고 하는데, 하위의 문서는 상위 문서의 모든 관련 내용으로부터 추적될 수 있어야 한다. 문서검증단계에서는 완벽한 추적성을 입증해야 한다. 동시에 안전기능과 안전무결성수준에서 요구하는 사항을 모두 만족하도록 기술해야 한다. 이런 사항들을 상세하게 기술하면 제어시스템 부분 모듈들의 하드웨어 및 소프트웨어에 대한 상세 요건과 이들을 통합하기 위한 요건들이 포함된다. 제어의 응답시간, 계측과 제어의 정밀도와 안정도, 운전원 인터페이스 요건, 안전등급 제어시스템과 비안전등급 제어시스템의 연계요건, 안전등급 제어기의 실패 형태 및 처리 방법 등이 명시되어야 한다.

[그림 4-2]는 제어시스템 하드웨어에 소프트웨어가 포팅된 것이므로 초기에는 하드웨어 구조설계와 소프트웨어 개발이 별도로 이루어지지만 결국은 하드웨어와 소프트웨어가 통합되어 시험, 평가해야 한다는 것을 보여준다. 또한 [그림 4-2]의 구조 설계와 관련해서는 하드웨어 구조가 RAMS 특성을 만족하기 위한 구조 및 위험성 실패와 관련된 모듈과 부품 고장을 진단할 수 있는 기능, 시험 방법, 사용 및 운송 등의 환경조건, 전자파 시험조건 등이 기술되어야 한다. 이러한 설계 요건들은 명확하고 이해하기 쉽게 기술되어야 하며 향후 변경 등에 대비해 형상관리(버전관리)가 되어야 한다(IEC 61508 인용).

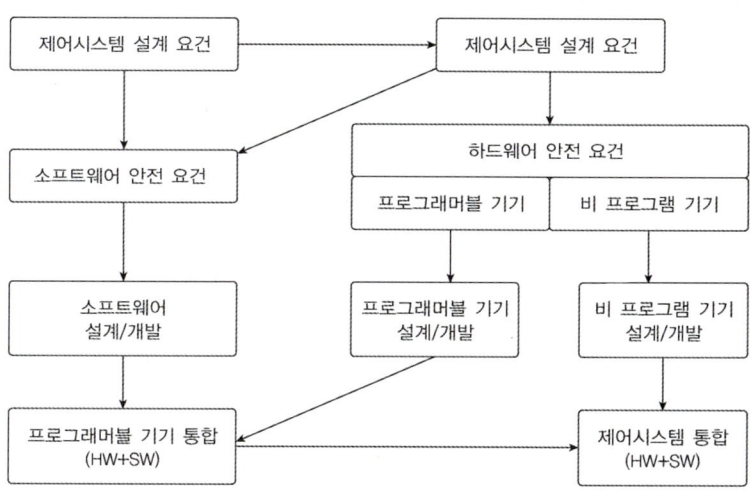

[그림 4-2] 하드웨어와 소프트웨어를 포함하는 제어시스템 개발 절차

4.2.2 제어시스템 안전성 확인검증 계획

확인검증verification and validation의 의미는 문서화된 요건대로 설계, 구현, 제작 등이 되었는가를 제3자가 확인하는 과정을 의미한다. 그러므로 여기서는 제어시스템 설계 요건이 상위문서인 대상 설비의 안전요건을 완전히 만족하는가와, 제어시스템이 제어시스템 설계 요건에 맞게 설계 및 제작되었는가를 검증하는 작업이다. 그러므로 설계 요건이 안전요건을 모두 만족시키는지를 문서대조 방법으로 철저하게 확인함과 동시에 전문가에 의한 검증이 이루어져야 한다. 또한 구현 결과물에 대해서는 시험절차 및 방법과 합/부 판정 기준 등이 상세하게 기술되어야 한다. 이 과정은 품질관점에서의 절차상 업무 성격과 기술적으로 검증하는 기술절차가 같이 수행되는 것으로서 검증을 수행할 수 있는 인원 또는 조직에 대한 독립성과 전문성이 동시에 확보되어야 한다.

확인검증은 소프트웨어 검증과 하드웨어 및 요건 검증으로 구분할 수 있는데, 요건 검증이나 소프트웨어 검증은 '그냥 검증했다'가 아니라 검증과정이 모두 포함된 전문 툴을 사용해야 한다. 최상위 요건에서 정의된 사항이 설계 요건서$^{design\ requirement}$와 설계문서$^{design\ documentation}$에 반영되었는지를 체크리스트 형태로 체크해서 확인한 결과를 보유하고 있어야 한다. 안전성 검증 계획 단계에서는 안전과 관련된 모든 기능에 대해 최상위 요건부터 설계, 제작, 시험, 평가, 유지보수 등을 어떻게 함으로써 정량적인 안전도를 확보하게 되는지에 대한 모든 계획과 절차를 수립해야 하고, 이 계획이 실천되어야 한다.

4.2.3 제어시스템 설계 개발 과정

설계 및 개발은 소프트웨어 연산량과 이를 처리할 컴퓨터 기반 디지털기기의 적용 가능성을 검토하여 선정된 기기를 기반으로 하드웨어 구조를 설계하는 순서로 진행된다. 소프트웨어 설계부터 개발, 확인검증은 제2부 7장과 8장에서 상세히 다루므로 여기서는 하드웨어에 집중해서 설명한다.

제어시스템은 상위에서 지정된 안전무결성수준을 만족시키는 구조설계(예를 들면 삼중화 또는 사중화의 의미)여야 하며 소자나 부품의 랜덤고장을 정량적(예를 들면 고장률 또는 신뢰도)으로 표현할 수 있어야 한다. IC 칩 내 다중화의 경우 특별한 조건을 만족시켜야 하는데 여기서는 다루지 않는다. 설계과정에서는 시스템적으로 고장 나지 않도록 해야 한다. 시스템적 고장이란 설계오류로 하나의 랜덤고장이 다른 소자나 부품 고장을 유발하여 채널이나 모듈 고장으로 확대되는 것을 의미한다. 설계에서는 동작성과 함께 어떤 소자나 부품의 fault를 감지할 수 있는 능력이 매우 중요하므로 고장(fault, error 등)감지 설계가 반영되어야 한다. 아울러 전체 데이터를 송수신하는 통신구조와 프로세서, 프로토콜에 대한 정의가 대상 설비나 제어시스템 설계 요건에 맞게 설계 및 구현되어야 한다.

제어시스템은 여러 개의 안전기능을 수행할 수 있다. 예를 들면 고압에 의한 폭발방지, 고온에 의한 용융방지, 회전체의 과속방지, 화학물질 유출 방지 등의 여러 가지 안전기능을 수행하는 경우 각각의 기능 수행에 독립성이 확보되어야 한다. 이는 센서부터 최종 작동기 동작까지 포함한 설계내용이 기능별로 서로 독립적임을 입증하고 이에 대해 제3자의 확인검증을 받아야 한다. 서로 독립성이 보장되어야 한다는 의미는 압력보호를 위한 센서부터 동작기기까지의 경로와 로직이 다른 물리적 변수를 보호하기 위한 경로 및 로직과 완전히 분리되어야 한다는 의미다. 즉 서로 다른 센서와 센서용 전원, 신호전달 경로 및 판단 프로세서 등이 완전히 독립적이어야 한다. 또한 하나의 보호기능 구현을 위해 같은 기능의 모듈을 다중화한다면 각각의 모듈은 전원, 센서, 경로 및 로직처리 부분이 독립적으로 구성되어야 한다.

보호기능의 설계 및 구현은 매우 중요한 사항이므로 다시 강조하면 **기능별로 서로 독립적인 구성이 필요하고 하나의 기능 내에서 다중화해야 하는데, 다중화 구현도 모두 서로 독립적이어야 한다는 것이다.**

[그림 4-3]은 동일 설비에서 압력과 온도를 보호해야 하는 경우의 보호설비 예이다. [그림 4-3]의 예는 SIL 3, 4에 해당하는 안전이 매우 중요한 설비에 해당된다. 비정상 고압으로부터 설비를 보호하기 위한 센서는 평상시 압력을 제어하기 위한 센서와는 다른 보호용 센서를 사용하며, 이들은 삼중화 이상으로 다중화되어야 한다. 각각의 센서와 이에 전원을 공급하는 전원공급기, 압력신호의 경로 및 로직처

리부 등이 모두 독립되어야 한다. 동일한 설비의 경우 비정상 온도에서 설비를 보호할 필요가 있으면 온도보호설비가 설치되는데, 온도보호설비도 위의 압력보호설비와 같이 독립적인 삼중화 이상이 되어야 하고, 압력과 온도는 별개의 변수로서 두 종류의 삼중화 보호설비가 서로 독립적이어야 한다.

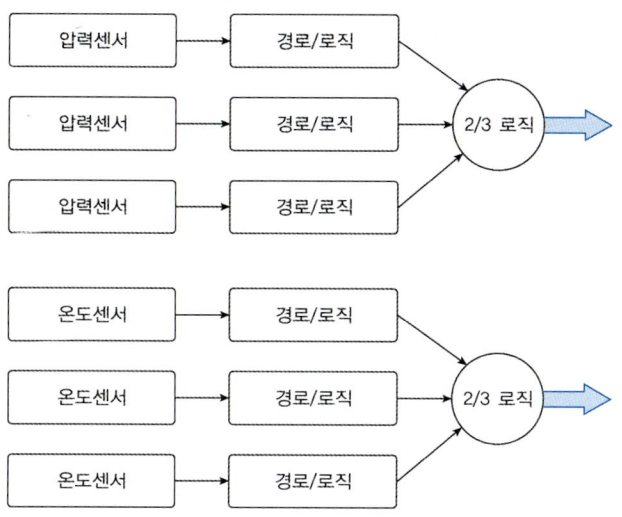

[그림 4-3] 동일 설비의 서로 다른 변수 보호기능 구현도

사용되는 하드웨어와 소프트웨어는 각각 안전등급제어에 사용할 수 있도록 승인된 것을 사용하거나, 설계과정에서 승인 받는 것을 병행해야 한다. 예를 들면 5장에서 설명하는 전기 1등급 PLC인 POSAFE-Q와 같은 것이 SIL 3, 4의 보호설비에 사용될 수 있다. POSAFE-Q PLC에 사용되는 운영시스템(OS)$^{Operating\ System}$은 화려한 고기능의 운영시스템이 아니라 안전기능으로 사용할 PLC에 꼭 필요한 기능만 탑재하거나 발췌하여 만든 소규모 운영시스템이다. 이는 철저한 분석과 확인검증을 통해 안전등급 제어/보호시스템에 사용할 수 있도록 인허가를 받은 제품이다. 그렇기에 일반 산업에서 가장 많이 사용하는 Window, UNIX, Linux, Vx-Works 같은 대형 운영체계는 안전관련 제어시스템에 사용할 수 없다. 대형 고기능의 운영시스템이 안전등급에 적합하다는 확인 검증과 승인을 받기에는 너무 방대하며 복합기능을 편리하고 효과적으로 구현하는 기능성에 중점을 두고 있으므로 규정에 맞는 철저한 검증이 불가능하거나 과도한 비용이 든다. 또 기본적으로 안전등급 기능 수행에 적합하지 않은 기능들을 포함하고 있다. 그렇지만 실시간 운영체계의 경우 안전기능 구현에 필요한 특정 부분만 발췌하여 안전등급의 운영시스템으로 승인 받고자 하는 노력이 진행 중인 것으로 알려져 있다.

모든 설계문서는 사용하는 모든 기술과 툴을 상세하게 기술해야 한다. 이런 문서화 작업은 생명주기에 걸쳐서 정확하게 이루어져야 정성적인 평가요소인 시스템 능력$^{systematic\ capability}$을 인정받을 수 있다. 또한 소프트웨어와 하드웨어가 서로 연관된 영역(예를 들면 SRAM이나 기타 메모리 fault에 의한 소프트웨어 오류)의 오류관계 가능성은 식별하여 평가하고 문서화해야 한다. 제어시스템 전체에서 시작하여 채널이나 모듈 등의 부분 시스템, 그 하위 단위까지 같은 내용으로 기술되고 개정사항은 원천 문서부터 추적하여 개정사항이 반영되어야 한다. 설계내용 확인이나 검증은 설계문서에 따라 진행하므로 설계문서는 명확하고 상세하여 검토 및 확인자가 평가할 수 있는 수준이어야 한다.

설계구조의 고장허용성 평가를 통해 안전등급 적합성을 평가하므로 3장에서 설명한 RAMS 정량평가가 이루어져야 한다. **안전도 평가의 기본원리는 정상적인 동작 확률과 고장 시 안전 고장일 가능성을 합하는 개념**이며, 이를 효과적으로 수행하는 방법은 여러 가지가 있다. 이는 IEC 61508에서 상세히 다루고 있다.

안전도나 신뢰도 평가에서 부품의 고장률을 낮추는 것만으로는 목표를 달성하지 못한다. 이는 대부분의 산업용 전기전자 부품기술이 이미 완성 단계에 있으며 이들 부품의 고장률을 획기적으로 낮추기는 어렵기 때문이다. 그러므로 다중화 고장허용설계를 이용하는 데, 다중화 설비 중 어느 하나가 고장인 것을 알지 못하고 이를 운전 중에 수리 및 복구할 수 없다면 결국 추가적인 고장이 발생하고 대상 설비는 정지될 수밖에 없다. 그러므로 고장(fault, error)을 감지하여 대상 설비가 정지되거나 위험해지기 전에 복구해야 한다. 이런 고장 감지 및 복구능력이 있으면 이 제어시스템의 신뢰도는 당연히 높아지며 그 효과는 엄청나다. 제어시스템 설계에서 고장을 얼마나 정확하고 상세하게 식별할 수 있는가는 고장허용설계에서 가장 중요한 부분이다(1장 [그림 1-9]의 이중화 전원공급기 설명 및 3장, 6장의 마코프 시뮬레이션 결과 참고). 고장감지와 함께 얼마나 빨리 고장을 복구할 수 있는가의 문제는 이용도뿐만 아니라 확률적으로 안전도를 간이 계산할 때 중요한 자료가 된다. 그러므로 설계자는 유지보수성을 고려해야 한다. 이에 관한 설명은 2~3장에서 살펴보았다.

설계자가 작성한 설계문서 및 설계 결과물이 고장허용, 단일고장 요건, 기능적 안전성, 시스템 능력 등의 요건을 만족하는지 확인하는 과정이 바로 고장모드 및 영향분석(FMEA)$^{\text{Failure Mode Effect Analysis}}$이다.

SECTION 4.3 고장모드 및 영향 분석

여기서는 설계결과를 확인하고 평가하는 방법에 대해 알아본다. 설계오류를 찾아서 설계를 개선하고, 정량적인 평가를 수행하는 방법으로 고상모드 및 영향분석 방법과 분석 도표 및 사례들을 소개한다.

4.3.1 고장모드 및 영향분석 개요

고장모드 및 영향분석의 상세절차를 설명하기 전에 고장모드 및 영향분석의 목적을 잘 이해해야 한다. 이 분석은 한 번 하면 끝나는 과정이 아니다. 최초 설계단계에서도 시행하지만, 중간단계를 거쳐 최종적으로 제품을 출시 또는 설비를 준공하기 직전까지도 수행할 수 있는 과정이다. 고장모드 및 영향분석이 설계 및 제작의 최종 조치가 아니라 시스템의 설계개선과 RAMS 평가를 위한 전초 단계로 이해해야 한다. 즉 FMEA의 결과로 RBD가 유도되고 RAMS 평가가 이루어진다.

고장모드 및 영향분석을 통한 기대 효과는 다음과 같다.

- 처음 설계하는 제품 및 설비의 설계개선을 시도하는 경우 설계결과 및 제작결과가 최상위 문서인 시스템 요건서에 맞는가와 설계자의 설계의도가 제작, 시험 과정 등에서 제대로 표현되고 구현되었는가를 평가하는 것이다. 설계의도대로 제작되지 않은 경우나 요구되는 정량적 특성 RAMS를 만족시키지 못한 경우 설계개선을 통해 목표를 달성하는 방법이다. 그러므로 고장모드 및 영향분석은 일회성 작업이 아니라 설계초기부터 수차례에 걸쳐 반복될 수 있는 작업이다.

- 고장모드 및 영향분석의 후속 조치 중 하나는 설계 결과에 대해 정량적 RAMS 평가를 하는 것이므로, 실제 설계결과와 일치하는 신뢰도 블록다이어그램(RBD)$^{\text{Reliability Block Diagram}}$을 유도하기 위한 작업이다. 그러므로 설계결과에 대한 철저한 문서적 확인과 제품에서의 시험 등이 필요하다.

- 앞의 두 가지 후속조치를 통해 RAMS 특성이 개선된 시스템 설계를 이루고, 이 결과를 효과적으로 분석하고 활용함으로써 시스템 설계의 근거자료 및 유지보수를 위한 전략수립으로 연결할 수 있다.

고장모드 및 영향분석은 상향식 분석기법이다. 이는 4.4절에서 설명하는 고장나무분석법이 하향식 분석기법인 것과 구분하여 이해해야 할 중요한 사항이다. 상향식의 의미는 가장 작은 부품 단위나 소프트웨어 단위의 고장이 상위로 올라가면서 어떤 영향을 나타내는가를 분석하는 것이다. 하드웨어나 소프트웨어 최소 단위 고장의 영향을 없애거나 최소화하기 위해 설계, 제작된 결과에 대해 설계 의도대로 되어있는가를 확인하며 설계 개선 필요사항을 도출하기 위한 작업이 고장모드 및 영향분석이다. 고장모드 및 영향분석의 최초 입력자료는 설계문서와 설계도인데, 여기서는 최상위 시스템 요건을 모두 반영했는가와 설계의도대로 만들어진 설계결과인가를 확인해야 한다. 이 결과에 의해 필요 시 설계개선사항을 도출하고 확정 및 확인된 설계를 기반으로 신뢰도 블록다이어그램(RBD)을 작성하여 신뢰도 평가를 시작한다. 고장모드 및 영향분석은 상위 요건서 또는 해당 설계문서만 보고 하는 것이 아니다. 설계문서가 상위요건들을 모두 만족하는가를 확인한 후, 설계결과가 의도한 대로 동작하는지 확인하며 평가해야 한다. 모든 하위문서는 독자적으로 생성되는 것이 아니라 철저하게 상위 요건에 의해 작성되므로, 상위 요건을 모두 포함하고 있는지 확인한 후 해당 설계문서를 근거로 고장모드 및 영향분석을 실시한다.

고장모드 및 영향분석은 기본적으로 발생 가능한 fault 단위의 최소 단위 고장을 나열하고 이 고장의 영향이 얼마나 클 것인가에 해당하는 위해도^{hazard}, 이런 고장이 얼마나 자주 일어나는가에 해당하는 빈도^{occurrence}와 이 고장이 위험발생 전에 감지되는가에 해당하는 감지도^{detectability}를 각각 1~10의 범위로 정량적으로 평가하는 방법이다. 위험도, 빈도, 감지도의 세 값을 곱한 것을 위험우선수(RPN)$^{Risk\ Priority\ Number}$라고 한다. 고장모드 및 영향분석은 위험우선수가 큰 것부터 설계개선이나 보완이 필요한 것으로 생각하는 합리적인 설계확인 및 검증 방법론이다. 고장모드 및 영향분석의 결과는 이 시스템이 얼마나 좋은가를 나타내는 정성적인 것이 아니라 보완할 것이 어떤 것인가를 찾아내는 정성정인 방법론이다. 그러나 정성적인 분석 과정에서 발생빈도를 예측하는 것은 결국 고장률을 고려하는 것이므로 실제로는 정량분석이 가미된 정성분석의 방법이 된다. 고장모드 및 영향분석의 효과를 제대로 얻기 위해 **고장모드 및 영향분석은 설계자가 아닌 제3의 인사나 조직이 주도적으로 수행**해야 하며 설계자나 설계팀은 분석팀에 협조하는 형태로 참여한다. 고장모드 및 영향분석팀은 방법론 이외에 대상 시스템에 대한 전문성도 갖춰야 실질적인 고장모드 및 영향분석이 이루어질 수 있다.

필자는 고장모드 및 영향분석 과정의 RPN에 포함되는 위해도, 빈도, 사전감지도 외에 유지보수성을 같이 검토하면 고장모드 및 영향분석의 효과를 좀 더 다양한 방면에서 활용할 수 있다고 생각한다. 유지보수성은 고장을 얼마나 빠르게 복구할 수 있는가의 문제로서, 정량적 평가에서 신뢰도뿐만 아니라 시스템의 가용도를 나타내는 핵심사항이 되기 때문이다. 이후에는 위해도, 빈도, 감지도의 세 요소만 위험도 우선순위에 포함시켜 설명을 진행한다.

고장모드 및 영향분석의 결과는 위험우선수로 나타내는데 위해도, 빈도, 감지도의 곱으로 나타나므로 위해도가 거의 없거나 거의 일어나지 않는 고장 또는 완벽하게 감지되는 경우에도 1을 부여하여 세 수의 곱이 0이 되는 일이 없도록 한다. 최초의 고장모드 및 영향분석 방법은 위험도, 빈도, 감지도를 1~10으로 제안했지만 실제로 1~10을 객관성 있게 부여하는 것도 쉽지 않으므로 1~5의 5단계나 1~3 (상중하), 1, 3, 5의 세 단계로 구분하는 경우도 많다. 고장의 위험도, 빈도, 감지도를 평가하려면 고장의 원인이 될 수 있는 사항들에 대해 평가해야 한다. 이를 위한 고장모드 및 영향평가의 샘플 양식을 [표 4-1]에서 설명한다.

4.3.2 고장모드 및 영향분석 팀의 구성

고장모드 및 영향분석은 공학적 행위로서 거대 조직 또는 대규모의 공급자 구조 내에서 이루어지고 후속조치는 설계팀뿐만 아니라 생산, 구매, 시험, 품질 등의 모든 조직이 관여해야 한다. 따라서 고장모드 및 영향분석 업무를 어떤 조직이 어떻게 수행해야 하는가는 매우 중요한 사항이다.

고장모드 및 영향분석 팀의 원활한 업무는 [그림 4-4]와 같은 팀의 구조에서 가능하다. 실선으로 연결된 조직이 고장모드 및 영향분석 팀이며, 점선으로 연결된 조직은 고장모드 및 영향분석 팀에 협력해야 하는 조직이다.

FMEA 팀장은 설계, 생산 및 품질 등의 제반 문제와 관련해 자유로운 위치에서 설계, 생산, 품질 등에 관한 제반 문서와 결과물을 평가하는

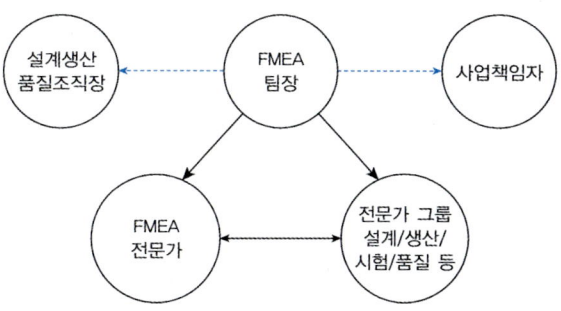

[그림 4-4] 고장모드 및 영향분석 팀의 구성 예

팀원들을 지휘하는 책임과 권한을 갖는다. 또한 해당업무에 관한 전권을 갖고 업무를 진행하며 이에 필요한 협조를 사업책임자 및 설계, 생산조직에 요구할 수 있다. 전문가 그룹은 설계, 생산, 품질조직에서 파견된 전문가들일 수 있으며 이들은 이 업무에 관해서는 모든 소속팀에서 자유롭게 업무를 진행할 수 있도록 해야 한다. FMEA 전문가는 대상 시스템 전문가일 필요는 없으나 FMEA 기법에 대해서는 전문가여야 한다. 전문가 그룹에 다양한 조직의 전문가가 참여하는 이유는 제품의 고장이 설계, 생산, 시험 및 전 과정에서의 품질과 모두 관련되기 때문이다. 또한 FMEA 팀장의 업무수행을 위해 설계/생산조직 및 사업책임자는 전적으로 FMEA 팀장을 지원해야 하며, FMEA 팀장의 상세 자료 및 분석 요구에 응해야 한다. 대부분의 산업체에서 설계 및 생산 부서가 검증 및 신뢰성 부서보다 권한이 세고, 회사의 매출과 수익에 직접 관련된다고 생각하므로 설계 및 생산 부서가 검증 및 신뢰성 부서의 활동에 비협조적이거나 때로는 무시하기도 한다. 이런 문제는 후진국만의 문제가 아니라 보잉사나 NASA에서도 일어났던 일이므로, 고장모드 및 영향분석 팀의 권한에 대한 이해와 준수는 필수적이다. **보잉 737 Max 8의 연쇄추락사고나 NASA의 챌린저호 폭발사고는 바로 고장모드 및 영향분석의 결과를 무시했거나 이를 제대로 수행하지 못한 결과임이 확실하다.**

[그림 4-4]의 구조로 고장모드 및 영향분석을 수행하는 과정에서 지켜야 할 첫 번째 사항은 모든 설계 내용을 꼼꼼히 살피고 문서화된 것을 최종적으로 확인해야 한다. 설계자의 말과 설명을 듣고 진행하는 작업이 아니다. 또 안전과 신뢰도에 관한 이견 조정은 최고 경영자까지 보고되어 조정되어야 한다.

4.3.3 고장모드 및 영향분석 업무 절차와 내용

고장모드 및 영향분석은 하나의 표에서 작업이 이루어지는데, 수학적 연산 및 경우에 따라서는 통계적 연산도 해야 하므로 엑셀표로 작업한다. 작업 절차는 다음과 같다.

■ **고장모드 및 영향분석 작업 절차**

❶ **시스템 나누기**

고장모드분석은 상향식 절차이므로 대상 시스템을 부분 시스템으로 나누고 부분 시스템을 더 작은 단위로 나눠 최종 단계에서 구분이 가능하며 독립적으로 고장이 발생할 수 있는 소자나 부품 단위까지 세분화 작업을 한다. 예를 들면 복잡한 시스템에서 최하 단위는 하나의 회로기판이 될 수

있다. 그러나 그 회로기판의 기능이 다양하고 내부의 부품 하나하나에 따라 동작 모드가 바뀌거나 감지기능 등이 있는 경우에는 부품 단위까지 세분화하여 고장모드 및 영향분석을 진행해야 한다.

❷ **시스템 식별 부여**
❶과 같이 세분된 시스템의 부분 시스템과 하위 구성품, 부품이나 소자까지 명칭과 설치위치 등의 식별번호가 부여되어야 한다. 같은 부품이나 소자라 하더라도 사용되는 위치나 용도에 따라 고장 영향이 달라지고 안전관련성도 달라질 수 있기 때문이다.

❸ **기능 정의**
최소 단위 식별품의 기능을 정의한다. 하나의 부품이 다수의 기능을 수행하는 경우 모든 기능을 정의해야 한다. 같은 전력용 PT, CT라 하더라도 제어용, 진단감시용, 보호시스템용 등으로 다른 기능을 수행할 수 있기 때문이다.

❹ **고장형태(모드) 기재**
최소 단위 식별품의 고장현상을 기재한다. 예를 들면 전원차단기의 고장은 과전류나 과전압에서 차단이 안 되는 고장과 불필요한 차단기 개방 등의 고장이 있을 수 있다. 커패시터 소자의 경우 단락고장과 개방고장으로 구분될 수 있다. 회로기판이나 통신접속 케이블이나 접속소자의 고장이 분리, 단락 등의 다른 형태로 나타날 수 있다.

❺ **고장원인 분석**
❹의 고장이 발생하는 원인을 기재한다. 고장원인의 분석은 즉흥적이지 않아야 하며 분석적이고 깊이가 있는 원인분석이 이루어져야 한다.

❻ **고장 영향 분석 평가 및 위해도 기재**
전원차단기 고장에 의해 일어나는 영향은 부하에 과전압이 인가되거나 과전류가 흐르는 문제가 발생한다. 차단기 차단 시에는 전원공급이 안 되므로 어느 부분에 전원공급이 안 되는가와 이에 따른 영향은 무엇인가를 기술한다. 영향이 없는 경우에도 왜 영향이 없는지 확인한 후 영향 없음이 기술되어야 한다. 고장 영향을 평가할 때 가장 많은 오류가 발생한다. 이는 고장모드 및 영향 분석 팀이 대상 시스템이나 특수 회로, 기능 분야에서 전문성이 떨어지는 경우다. 그러므로 불확실한 사항들에 대해서는 설계팀에 질의/응답 형태의 문서 또는 문서화된 인터뷰를 통해 확인해야 한다. 그렇지 않으면 고장 영향을 과소평가하는 오류가 나오게 된다. **과소평가 오류는 설계가 잘 된 것처럼 보이는 것이므로 누구도 문제를 찾으려 하지 않는다.** 고장 영향이 과대평가된 것은 설계자들이 잘못 평가되었다고 이의를 제기하는 경우가 대부분이므로 정정할 기회들이 있다. 위해도의 크기로 1~10의 숫자를 부여한다. 고장 영향으로 위해도가 클수록 10에 가까워진다.

❼ **고장 원인분석 및 기재**
차단기 개방 고장의 원인으로는 랜덤 실패, 부하 측 과전류 요인, 타 설비 연동 릴레이 여부 등이 확인되어야 한다.

❽ **고장률 기재**
최소 식별 단위의 고장률 데이터를 생산해야 한다. 같은 부품이 여러 개 사용되는 최소 단위 식

별품의 고장률은 개수만큼 더해져야 한다. 2장의 고장률에 대한 설명을 기억하자. 고장률이 높은 소자는 빈도에 관한 숫자가 10에 가까워진다.

❾ 위험도 평가

위험우선순위(RPN)는 위해도, 빈도, 감지도가 각각 평가되어야 한다. 위험도는 위해도, 발생빈도의 함수(곱의 형태)다. 매우 큰 위해를 줄 수 있는 사건이 자주 발생할 가능성이 있는데, 이 사건이 발생하기 전에 감지하고 대책을 세울 수 있다면 실질 위험도는 크지 않다고 할 것이다. 그러므로 사전 감지도를 평가한다. 위해도, 발생빈도 및 사전 감지도를 정량화한 후 이 세 숫자를 곱하면 위험도가 큰 고장요인을 정량적으로 골라낼 수 있다. 이를 이용하여 시스템 설계보완의 우선순위를 정한다. 대상 식별품의 고장이 독립적인 랜덤고장만 발생한다고 믿을 수 있다면 빈도는 고장률을 근거로 산정할 수 있다. 그렇지 않고 타 식별품의 고장에 의해서도 영향을 받는 고장이 발생할 수 있다면 이는 상세한 추가 평가 및 분석을 해야 한다. 고장모드 및 영향분석에서 겉으로는 잘 나타나지 않는 이런 절차가 IEC 61508에서 언급하는 시스템적 오류 systematic fault를 최소화하는 절차다. 감지도는 식별품의 고장을 감지할 수 있는가의 문제다. 감지방법에는 자동으로 즉시 감지되는 경우와 지연 감지되는 경우로 나뉘며, 지연 감지의 경우에는 운전 중 검사에 의해 감지되는 경우와 정지 후 정기검사에서 감지되는 경우로 구분될 수 있다. 이에 관한 예는 1장의 이중화 전원공급기 예시를 참고한다. 고장률 평가도 식별품의 고장률을 반영하되 이 고장이 감지되는가와 감지되지 않는가, 그리고 위험한 고장인가와 위험하지 않은 고장인가를 평가한다.

❿ 빈도 평가

해당 부품의 고장으로 발생하는 빈도는 부품의 고장률 함수다. 고장률에 따라 합리적으로 빈도를 1~10의 수로 평가한다.

⓫ 감지도 평가

이것은 해당 부품이나 소자의 고장으로 고장영향이 크게 나타나기 전에 고장이 감지되는가의 문제다. 고장의 영향이 시스템에 나타나기 전에 고장이 감지되면 1을 부여하고, 전혀 감지되지 않는 고장에 대해서는 10을 부여한다.

⓬ 유지보수도 평가

해당 고장을 운전 중에 수리할 수 있는가의 문제다. 운전 중에 수리할 수 있는가와 그렇지 못한가를 구분하여 고장복구율을 기재한다.

⓭ 위험우선수(RPN) 평가

위험우선수는 ❽~❿의 세 수를 곱하여 표시하며 이 수가 클수록 위험도가 크다. 위험우선수가 큰 부품이나 기능부터 우선적으로 설계개선이 필요하다.

⓮ 고장 안전 평가

해당 부품이나 소자의 고장이 안전에 영향을 주는가를 평가하고 안전 측 고장인가 아니면 위험 측 고장인가를 구분하여 기재한다.

❺ **고장 감지 방법**

고장이 자동으로 감지되는가 아니면 수동 시험에 의해 감지되는가 또는 정기검사 시 감지되는가를 구분하여 기재한다. 이는 고장감지율과 고장복구율을 반영하는 마코프 모델링에 사용된다.

❻ **고장률/안전성 평가**

고장과 고장감지의 확률을 안전 측 고장과 위험 측 고장으로 분류하고, 각각에 대해 감지와 불감지로 구분하여 기재한다.

[표 4-1]은 고장모드 및 영향분석을 위한 평가표의 예로서 상기 ❶~❻의 절차는 이와 같은 엑셀 표에서 이루어진다. 이 작업을 수행하기 위해서는 위해도, 빈도 및 감지도를 정량적으로 1~10(또는 다른 스케일로)으로 구분하기 위한 기준에 대해 FMEA 팀 내에서 합의가 있어야 하며, 시스템 구성에 입각하여 합리적인 RBD를 작성해야 한다. FMEA 후속조치로 설계가 변경되면 RBD의 구조도 바뀔 수 있다.

[표 4-1] 고장모드 및 영향분석 평가표 예시

부품명 구분			기능	고장 형태	고장 원인	고장 영향	고장률 $10^{-6}/hr$		위해도	빈도	감지도	유지보수도	RPN total	고장 안전관련		감지 방법			고장률/안전성 평가 단위 $10^{-6}/hr$				기타
대	중	소					부품	모듈내						안전 고장	위험 고장	자동 감지	수동 시험 감지	정기 검사 감지	안전 고장 감지	불안전 고장 감지	안전 고장 불감지	불안전 고장 불감지	

같은 부품이라도 사용되는 위치에 따라 모두 기재 및 평가되어야 한다. 이는 2장 야구경기에서 펌블의 영향이 경기 상황에 따라 error가 아닌 경우와 error가 되는 경우, fail 또는 엄청난 사고처럼 평가될 수 있는 경우들로 다르게 나타날 수 있음을 설명한 것과 같은 논리다. [표 4-1]에 나타난 고장의 안전관련 여부는 FMEA 결과를 안전도 평가에 사용하고자 할 때 사용하는 요소가 된다. 감지 방법은 3장, 6장에서 상세히 나오는 마코프 모델에서의 고장감지율에 사용될 요소이다. 고장률 안전성 평가는 보호계통의 FMEA에 사용되는 항목이다. 안전관련 제어시스템이 아닌 경우에는 해당되지 않는다.

지금까지 고장모드 및 영향분석 절차를 설명했다. 이제는 절차보다 내용적인 면에서 집중해야 할 사항에 대해 설명한다.

■ **시스템적 오류 대책**

고장모드 및 영향분석의 가장 큰 목적 중 하나는 바로 시스템적 오류^{systematic fault}의 제거다. 제어시스템에서 어느 부품이나 소자의 랜덤 고장은 일어날 수밖에 없으며 그 고장률을 통상 λ라고 하고, 단위는

10^{-6}/hr, 즉 평균적으로 100만 시간에 몇 개가 고장 나는가의 값이 된다. 이것은 100만 개를 1시간 사용할 때 몇 개가 고장 나는가의 문제와 같은 의미로 사용된다. 부품, 소자의 랜덤 문제가 아닌 설계 오류에 의해 발생하는 고장을 시스템적 오류라고 하는데 이런 문제가 발생하지 않도록 설계하고 검증해야 한다. 이 문제를 방지하기 위해서는 해당 분야의 전문성이 필요하다. 예를 들어 아날로그 신호처리를 위해 전자회로를 구성하는데 드리프트^{drift}가 발생하거나 커패시터, OP 앰프, 사이리스터 회로 등이 소손되고 회로 오동작이 발생하는 것 등은 이 분야 전문가만 확인할 수 있다. 설계문서에는 이러한 내용을 상세히 기술하여 타 전문가의 검토 및 확인이 가능하도록 해야 한다. 그러므로 설계문서는 복잡한 시스템도 간단한 부분 시스템들로 분류하여 하나하나를 투명하고 명확하게 기술해야 하며 이들을 통합한 부분도 상세히 기술해야 한다. 소프트웨어의 경우 최소 단위로 모듈화하여 검토자가 기능을 정확히 파악하고 평가할 수 있게 해야 한다. 또한 정기적 테스팅의 필요성과 방법 등도 문서화해야 한다.

시스템적 오류의 예는 2장의 [그림 2-1]과 [그림 2-2]와 같다. 기본적으로는 사이리스터 컨버터회로에 스너버가 설치되지 않은 것이 첫 번째 시스템적 고장이었다. 그러나 문제를 인지하지 못하고 고장허용설계 관점에서 보조 컨버터회로를 사용했다. 그러나 주 컨버터회로가 소자 소손으로 개방될 경우 과전압/과전류 영향으로 NFB가 개방되어 보조 컨버터 회로가 무용지물이 되는 것을 알지 못한 설계자의 보완설계였다. 그러므로 스너버를 설치하지 않았던 초기설계는 물론, 이 문제에 대처하기 위해 보조회로를 설치한 것도 차단기 구성 관점에서는 시스템적 오류에 해당한다. 시스템적 오류 검토는 해당 분야의 전문가가 기술적으로 검토하는 과정이다.

[그림 4-5]는 고장모드 및 영향분석 절차를 표로 나타낸 것이다. 절차를 준수하는 것도 중요하지만 더 중요한 것은 하나하나의 과정을 정확하고 정밀하게 진행해야 한다는 것이다. 그렇지 않으면 최종적으로 나오는 정량데이터인 RAMS가 아무 의미를 가질 수 없다. 반복해서 강조하지만 'Garbage in, garbage out.'이 된다. FMEA는 [그림 4-5]의 절차와 함께 수행인력의 전문성이 필수적이다.

4.3.4 고장모드 및 영향분석 부분 예시

고장모드 및 영향분석을 어느 정도로 상세히 해야 하는가는 모든 실행과정에서 첫 번째로 나오는 질문이다. 이에 대해 완벽한 답은 있을 수 없으며, 설계 및 제작 기술 품질관리 등이 어느 수준까지 이루어지는가가 고장모드 및 영향분석의 상세 분류를 정하는 데 기본적인 지침으로 활용될 수 있다. 이는 마치 어떤 사람이든 조직을 평가하고자 할 때 평가 대상의 이력이나 활동사항을 잘 알면 필요한 부분에 대해서만 추가 확인 및 검증하는 것으로 평가가 종결되며, 그렇지 않은 경우에는 평가과정이 길고 다양한 분야의 고강도 평가를 해야 하는 것과 마찬가지다. 프로축구 선수를 예로 들면, 국내에서 국가대표로 많은 경기를 뛰며 좋은 기량을 보였던 선수는 해외 빅 리그에 진출하고자 할 때 피지컬 테스트만으로 평가가 끝날 수도 있다. 그러나 국제적으로 많은 활약을 하지 못한 경우나 신인의 경우에는 현장 평가를 거쳐서 입단이 결정된다. 공학적으로 고장모드 및 영향분석의 심도도 대상 설비를 설계하고 생산하는 조직의 이력이 고장모드 영향평가의 깊이를 정하는 데 참고요소가 될 수 있다.

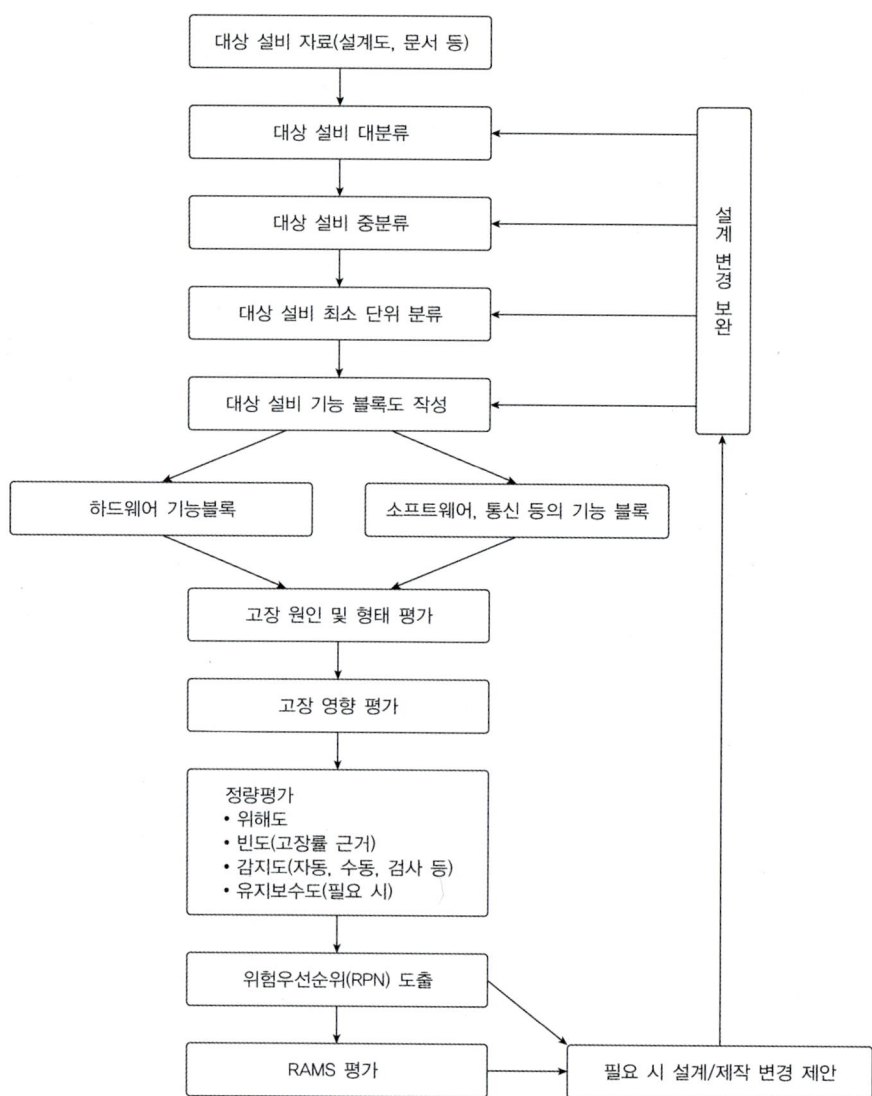

[그림 4-5] 고장모드 및 영향분석 절차도

■ 대상 설비 최소 단위 분류 예

디지털 제어시스템으로 몇 개의 사이리스터 컨버터를 순차적으로 제어하는 설비의 개략적인 고장모드 및 영향분석을 위해 대상 설비 최소 단위 분류 예를 [표 4-2]에 나타냈다. 여기서 더 상세한 범위까지 구성을 나누면 더 깊은 수준의 영향분석이 가능하다. 표에서 기능 요약으로 나타낸 부분도 상세하게 기능을 정리할 수 있다면 당연히 더 깊고 확률적으로 불확실성이 낮은 고장모드 및 영향분석이 가능하다.

[표 4-2] 다수 사이리스터 컨버터의 디지털 순차제어 시스템 대상 설비 최소 단위 분류 예

	기능적 구분	상세구성	기능 요약
다수 컨버터 디지털 순차제어 시스템 서브 랙 (이중화)	1) 디지털 제어카드 (CPU 기능)	1-1) 통신기능 1-2) CPU + 보조 메모리류 1-3) 운전 데이터 자체 기록 기능 1-4) 자체 외부 인터페이스 접점 등	1-1) 사용자 인터페이스 통신 및 상위 계통으로의 전송 등 1-2) 고속 연산을 통한 측정, 전류제어, 순차제어 및 과전류 보호 등 1-3) 이동 윈도우 형태의 데이터 저장 1-4) 운전원 인터페이스 및 수동운전 등
	2) 출력전압전류신호처리 및 게이트 신호 발생 카드	2-1) 8개의 아날로그 입력 샘플링 및 AD 변환 2-2) 12개의 게이트 신호	2-1) 부하 측 직류 전압, 전류 측정 2-2) 3상 위상컨버터의 게이트 신호 발생(펄스 Tr 포함)
	3) 입력 3상 전압전류신호처리 및 위상 측정 카드	3-1) 6개의 아날로그 입력 샘플링, AD 변환 3-2) 교류 제로 크로싱 측정 및 AD 변환	3-1) 3상 교류 전압, 전류 측정 3-2) 컨버터 제어의 위상 기준점 제공
	4) 디지털 입력/출력 카드 #1	4-1) 상위 제어기와의 출력	4-1) 상위 제어로직의 명령과 응답
	5) 디지털 입력/출력 카드 #2	5-1) 하위 제어기와의 출력	5-1) 하위 컨버터로의 명령과 결과 확인
	6) 제어기용 직류 전원 공급 장치	6-1) 24V DC를 5V 변환 6-2) 24V DC를 +/-12V 변환	6-1) CPU, I/O 카드 전원 공급 6-2) 내부 릴레이용 전원 공급
	7) 제어기 공용	7-1) 백 플레인 PCB 7-2) 냉각 팬	7-1) 카드 간의 정보 공유, 절연, 물리적 고정 7-2) 타 제어기와의 신호연결을 위한 통신 및 신호 접속단자 7-3) 카드 오삽입 방지 및 모듈 분리식별 기능 7-4) 공냉을 위한 공기유량 제공 등
	8) 사용되는 각각의 소프트웨어 모듈	8-1) 제어 순차 로직 8-2) 3상 전압전류 측정 8-3) PI 제어 8-4) 통신 소프트웨어 8-5) 기타	8-1) 다수 컨버터의 동작 시퀀스 제어 8-2) 각 컨버터의 부하전류제어 및 전원 상태 감시 등 8-3) 각 컨버터의 부하전류 제어 8-4) 기타
	9) 기타	9-1) 와치독 타이머 9-2) 냉각 및 감시 9-3) 220V 단상 전원	9-1) CPU 카드의 오류 진단 및 리셋 등 9-2) 공냉 감시 및 모듈 온도 감시 9-3) 냉각팬 구동 9-4) 캐비닛 내부 조명

■ **기능블록을 그리는 방법**

[그림 4-6]은 [표 4-2]를 기반으로 기능 블록도를 그린 것이다. 기능 블록도를 그리는 방법은 크게 두 가지가 있다. 하나는 신호의 흐름을 따라 그리는 것이다. 이 방법은 신호를 따라 기능블록을 구성하므로 기능의 이해와 특수 기능수행에 집중할 때 효과적이지만 중요 구성품이 누락될 가능성이 있다. 반면에 구성품 위주로 분류한 [표 4-2]를 따라서 구성하는 기능 블록도의 경우 부품 누락은 방지되지만 특정 기능(예를 들면 안전도 해석을 위한 보호계통의 불가용도 평가)의 가용도나 불가용도를 구할 때는 효과적이지 못한 경우가 있다. 기능 블록도는 외부와 인터페이스되는 부분의 신뢰도가 같이 고려되어야 한다. 예를 들면 카드 및 센서는 그 자체의 고장률을 나타내지만, 시스템은 원래의 신호가 건전할 가능성과 건전하지 못하거나 아예 상실될 경우를 검토하여 확률을 부여해야 한다. 그러므로 최소 단위 구성품의 기능 블록도나 중단위 기능 블록도가 그 자체로 완성되어 RAMS 평가에서 독립 블록으로 처리될

수 있는 경우와 그렇지 않은 경우를 잘 검토하고 작성하여 최종적인 RAMS 평가에 활용해야 한다. 실제로 RBD를 그리는 경우에는 부품구조에 따른 방법을 기준으로 작성하고, 신호전달경로를 따르는 방법으로 검증하는 것이 좋다.

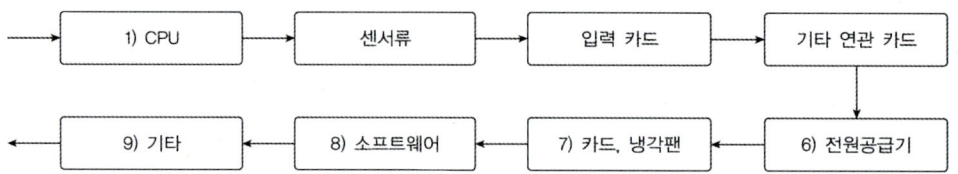

[그림 4-6] 최소 단위 분류의 기능 블록도 예시

■ 고장모드 및 영향분석 부분 예

[표 4-3]은 [표 4-2]의 기능 분류를 기준으로 그 일부에 대해 고장모드 및 영향분석을 실행한 것이다. 다수의 카드로 구성된 PLC가 통신 및 제어기능을 수행하는 예이다.

[표 4-3] 고장모드 및 영향분석 가상 사례

부품명 구분			기능	고장 형태	고장 원인	고장 영향	고장률 $10^{-6}/hr$		위험도	빈도	감지도	유지보수도	RPN total	고장 안전관련		감지방법				고장률/안전성 평가 단위 $10^{-6}/hr$				기타
대	중	소					부품	모듈내						안전 고장	위험 고장	자동 감지	수동 시험 감지	정기 검사 감지		안전 고장 감지	불안전 고장 감지	안전 고장 불감지	불안전 고장 불감지	
	서브랙	1)	1.1.a	1.1.b	c	d	e	f	g	h	i	j	k	l	m	n	o	p		q	r	s	t	u
			1.2.a	1.2.b	c	d	e	f	g	h	i	j	k	l	m	n	o	p		q	r	s	t	u
			1.3.a	1.3.b	c	d	e	f	g	h	i	j	k	l	m	n	o	p		q	r	s	t	u
			1.4.a	1.4.b																				

다음은 실제 많이 사용되는 디지털 3상 위상정류기의 제어시스템을 비교적 간단하게 모델링하고 분석하는 예를 든 것이다. 이 중 1.1은 더 세분해야 하는 경우가 많다. 예를 들면 CPU 자체, 보조메모리 등에 대해 각각의 고장 유형을 구분하고 평가하여 정밀한 분석과 함께 안전에 관한 대책을 수립해야 한다. 메모리 이상으로 제어시스템 이상이 발생하는 사례는 6장에서 설명한다. 그러므로 안전관련 제어시스템은 주기적 메모리 진단기능이 있어야 한다. 또는 이중화된 메모리에 의해 메모리 오류를 자체적으로 진단하는 기능이 포함된 CPU 카드나 IO 카드를 사용해야 하는 경우가 있다. [표 4-3]의 작업을 수행할 때는 보수적인 가정과 데이터를 사용해야 한다.

> [표 4-3]의 세부 항목 표시
>
> CPU 카드 기능 (항목 1.1)
>   1.1 통신기능
>   1.1.a: 이더넷 통신
>   1.1.b: 이더넷 통신 불량
>   1.1.c: 케이블 접속 불량 또는 부품 열화
>   1.1.d: 제어기 모니터링 실패

전원공급기 기능(항목 6.1)
  6.1 CPU용 5V 전원 공급
    6.1.a: 디지털 카드용 5V 공급
    6.1.b: 저전압으로 CPU 정지
    6.2.c: 24V 입력 불량 또는 5V 발생용 DC/DC 컨버터 고장
    6.2.d: 해당 모듈 제어기능 상실
    6.2.u: 실시간 모니터링으로 이중화전원 카드를 즉시 교체 가능함

■ RAMS 평가

앞에 나온 작업을 수행하면서 평가된 고장률이나 부분 신뢰도 함수를 [그림 4-6]의 기능 블록도에 입력시키고 대상 시스템에 대한 RAMS 계산을 진행한다.

4.3.5 고장모드 영향평가 예제 풀이

[그림 4-7]은 1장의 이중화 직류 전원공급기 예제에 대한 FMEA를 나타낸 것이다.

여기서 설계 요건서와 설계문서는 생략하고 [그림 4-7]의 설계도만 활용한다. FMEA 팀은 [표 4-4]와 같이 평가했다. FMEA 팀은 직류 전원공급기를 이중화하고 상태를 감시하기 위한 LED 램프를 설치하며 중앙제어실에서 이를 감시하는 설계로 이해한 것이다. 이를 통해 직류 전원공급기 한 개가 고장 나도 이를 즉시 인지하고 수리 또는 교체할 수 있다는 결과가 나왔다. 그러나 이런 평가는 잘못된 평가이다([예제 1-7]).

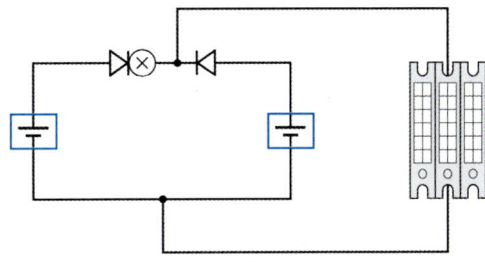

[그림 4-7] 부하 측에서 진단감시하는 모형

[표 4-4] 1차 FMEA 결과

모듈명	부품명	기능	고장형태	고장 영향	고장률	RPN				안전성 평가	comment
						S	O	D	곱		
이중 전원 장치	DC 모듈 1	DC 공급	영 전압	없음	10^{-5}	1	5	1	5	위험 없음	*
	DC 모듈 2	DC 공급	영 전압	없음	10^{-5}	1	5	1	5	위험 없음	*
	LED 진단	DC 감시	램프 off	경보	10^{-5}	1	1	1	1	위험 없음	*
	원격감시	DC 감시	램프 off	경보	10^{-5}	1	1	1	1	위험 없음	*

이중화 전원장치이므로 DC 모듈 1의 고장발생은 심각도가 가장 낮은 1이다. 발생빈도는 평균적으로 5를 주었다. "고장감지가 되는가?"는 설계자의 의도를 지레짐작해 100% 진단에 해당하는 1을 부여했다. **그러나 이 진단 LED는 부하 측에 연결되어 있으므로 한 개의 DC 모듈이 고장 나도 진단 램프는 DC 공급장치가 정상인 것으로 표시하며 하나의 고장을 감지할 수 없다.** 그러므로 DC 모듈 1, 2 모두 감지도는 10이 되어야 한다. 또한 LED 진단이나 원격감시는 소자나 부품 명칭이 아닌 기능을 넣은 것이므로 기본적으로 구분이 잘못된 것이다. LED가 포함되려면 LED 진단이 아니라 부품인 LED만 부품명으로 표에 들어가야 한다. 그리고 고장 영향은 DC 모듈 한 개의 고장이 감지되지 않으므로, DC 모듈 두 개가 모두 고장이 나도 사전에 감지하지 못하는 문제가 있음이 기술되어야 한다. 또한 위해도 S는 1이 아닌 5 이상이 주어져야 한다. 당연히 [표 4-4]의 FMEA에 바탕을 두고 작성하는 RBD는 의미가 없으며 시스템의 신뢰도는 실제와 달리 높게 나온다. 바로 "Garbage in, garbage out."의 결과다. [표 4-4]의 FMEA는 대단히 잘못된 FMEA 결과면서도 매우 많이 발생하는 사례에 해당한다.

[표 4-4]는 형식적으로 FMEA를 한 것에 지나지 않는다. 설계자의 의도를 지레짐작하고 기능이 될 것이라는 **선입견으로 고장모드 영향을 평가**한 것이다. 더 상세히 분석하기 위해서는 [표 4-3]의 양식을 이용해야 한다. 모든 회로의 동작을 의심의 눈으로 봐야 하며 회로에 대한 전문성도 필요한 부분이다. 그러나 이런 형태(불량설계가 건전설계로 판정되는 경우)의 오류는 실제 상황에서 큰 사고가 발생하기 전에는 거의 발견되지 않는다. 설계팀은 일반적으로 설계의 평가결과가 좋지 않게 나왔을 때 항의 및 상세 검토를 하는 것이 일반적이지만, 3자 검증의 오류에 의해 좋은 설계로 평가받은 것에 대해서는 더 들여다보지 않는 것이 일반적이기 때문이다.

[표 4-4]의 오류를 운 좋게 이 분야의 전문가가 발견한 후 문제를 제기하여 설계팀에 피드백했고 설계팀은 [그림 4-8]과 같이 설계를 변경했다.

[그림 4-8]과 같이 설계가 변경된 시스템에 대한 고장모드 및 영향분석표는 [표 4-5]와 같다.

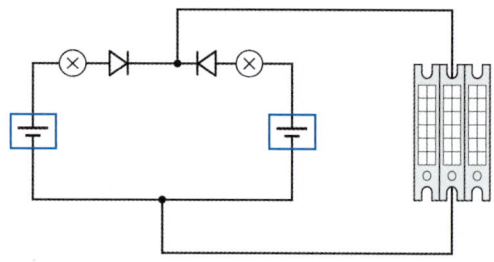

[그림 4-8] FMEA 후의 보완 설계도

[표 4-5] 재수행 FMEA 결과

모듈명	부품명	기능	고장형태	고장 영향	고장률	RPN 11				안전성 평가	comment
						S	O	D	곱		
이중 전원 장치	DC 모듈 1	DC 공급	영 전압	없음	10^{-5}	1	5	1	5	우수	LED1 진단/안전
	DC 모듈 2	DC 공급	영 전압	없음	10^{-5}	1	5	1	5	우수	LED2 진단/안전
	LED 1	DC 1 감시	램프 off	경보	10^{-5}	1	1	1	1	위험 없음	LED 고장 시 꺼짐으로 진단 가능
	LED 2	DC 2 감시	램프 off	경보	10^{-5}	1	1	1	1	위험 없음	LED 고장 시 꺼짐으로 진단 가능

[표 4-5]는 FMEA를 재수행한 것으로 어느 정도 잘 된 것이라고 볼 수 있다. 우선 부품명에는 부품만 기재하고 DC 모듈 1, 2의 고장은 LED 1, 2가 진단모니터링을 하므로 이중화 DC 모듈이 모두 동시에 고장 날 가능성은 매우 낮다. 어느 하나의 고장을 감지해 수리 및 교체한다면 문제가 없을 수 있다. 또한 LED 1, 2의 고장은 DC 모듈이 건전할 때 켜짐으로 동작하게 설계되어 있을 경우 LED 고장 시에도 DC 모듈을 점검하라는 메시지가 나오므로 LED 고장은 안전에 문제를 일으키지 않는다. 따라서 부품명에는 LED가 포함되지 않고 비고^{comment} 란에 LED 고장 시에도 안전이나 감지기능에 문제없음을 기재하면 된다. 그러나 이렇게 설계가 잘 된 경우에도 실제로는 다음과 같이 두 가지 문제가 남는다.

■ 문제 1

LED 램프가 직류공급기에 부착되어 있으면 모듈 하나의 고장을 파악하는 데 시간이 많이 걸리거나 파악하지 못하는 경우가 있다. 만약 진단 LED의 상태를 중앙제어실에 표시하고 고장이 감지됐을 때 경고음을 울리도록 설계한다면, 모듈 한 개의 고장은 즉시 인지되며 수리나 교체작업을 할 수 있다. DC 모듈 한 개가 고장인 상태에서 추가 고장이 발생하기 훨씬 전(확률적으로 추가 고장 발생보다 복구될 확률이 훨씬 큼)에 고장모듈을 수리하여 두 모듈이 모두 정상인 상태로 운전되도록 할 수 있다. 이는 실제 시스템의 신뢰도, 안전도와 가용도를 올리는 데 매우 중요한 요소다. 대부분의 경우 고장률은 $10^{-5}/hr$ 수준이고, 고장감지 후 복구율은 $0.01 \sim 0.5/hr$ 수준이다. 그러므로 부품 하나의 고장을 감지하고 수리하는 시간이 나머지 부품 하나가 고장 나는 평균시간의 1% ($10^{-5}/0.01 = 0.01$) 미만이므로, 고장이 복구되어 두 개의 모듈로 운전될 확률이 매우 높다. 그런데 좀 억지스러운 예로, 고장발생 표시가 현장의 캐비닛에 표시되고 현장순찰을 게을리 하여 확인을 못한 채 일 년이 경과한다면, 설계는 고장을 감지해서 표시하도록 했지만 운영자는 인지하지 못하는 결과가 되고 고장수리 조치를 취할 수 없다. 그러므로 고장감지 및 표시에는 인간공학적 설계가 반영되어야 한다. 이는 PART 3에서 다룬다.

■ 문제 2

이중화 전원장치에서 어느 하나가 고장인 것을 감지하고 고장 모듈을 교체 및 수리하려고 했더니 운전 중에 교체하거나 수리할 수 없는 경우는 없을까? 실제로 그런 경우가 있다. 따라서 [표 4-3]의 유지보수도를 평가해야 한다. 막연히 이중화된 직류 전원공급기이므로 고장이 발생한 것을 교체하면 될 것 같지만, 설치된 제품이 그 자체로 이중화된 하나의 제품일 경우 이것을 운전 중에 수리 및 교체할 수 있는지의 문제는 다시 검토되어야 한다. 그래야만 4.5절의 마코프 모델에서 적용하고자 하는 유지보수율이 반영되는 고신뢰도(고안전도) 시스템의 설계, 제작 및 평가가 가능하고 하드웨어와 일치하는 평가결과를 얻게 된다.

SECTION 4.4 고장나무분석(FTA)

고장나무분석(FTA)$^{\text{Fault Tree Analysis}}$도 고장모드 및 영향분석과 마찬가지로 가장 폭넓게 사용되며 산업표준으로 인정되는 방법이다. 주로 시스템의 안전도 평가(보호계통의 불가용도 평가) 등을 위해 사용되는 방법이므로 최상위에 제어시스템이나 보호시스템이 동작하지 않는 사건을 설정하고, 이 사건이 발생하는 원인과 그 확률들을 찾아가는 방법이다. 고장모드 및 영향분석은 1960년대 아폴로 프로젝트에서 처음 적용되어 그 효과를 인정받았고 1974년에 미국방성의 MIL Standard 1929-101로 등재되었으며 이후 자동차, 플랜트 및 공정 등의 안전필수 시스템 모든 분야에서 적용되고 있다. 고장나무분석은 1970년대에 벨 랩$^{\text{Bell Lab}}$에서 최초로 제안하고 사용되었으며 1990년에 IEC에 표준으로 등재되었고 2006년에 개정되었다. 고장나무분석은 안전^{Safety} 정량적 분석을 위한 도구로 사용되는데, 이 방법론을 적용하기 위한 설계검증은 고장모드 및 영향분석 결과를 활용하고, 신뢰도 블록다이어그램의 유도 형태가 일반적인 신뢰도 블록다이어그램 방법과는 좀 다르다. 두 방식의 차이점에 대해 알아본다.

4.4.1 고장나무분석과 고장모드 및 영향분석의 관계

고장나무분석은 하향식 접근이다. 그리고 용어에 '고장'이 포함되었듯이, 고장이 발생하는 요건을 분석하기 위해 고장을 발생시킬 수 있는 경우를 하향 나무 형태로 표시하여 위험 확률을 계산하는 것이다. 고장모드 및 영향분석은 대상 시스템의 모든 구성품을 잘게 나누어 최하위 소자나 부품부터 어떤 고장이 어떻게 날 수 있으며, 이에 대한 대책은 있는지를 평가하며 이를 통해 전체적인 RAMS를 구하고자 하는 방법이다. 그러므로 작업량이 방대할 수 있다. 반면에 고장나무분석 방법은 주목하고자 하는 성능(기능)에 중점을 두고 그 기능을 못하게 되는 경우만 집중적으로 분석하여 가용도나 불가용도를 구하는 방식이다. 주로 보호계통을 대상으로 하는데, 이는 보호계통의 가용도가 안전을 보장하는 확률로 사용될 수 있기 때문이다. 대상 시스템이 정상적으로 동작하지 못하는 사건을 최상위에 놓고 그렇게 될 경우들의 확률을 구하면 역으로 대상 시스템의 가용도를 구할 수 있다. 그러므로 **주목하고자 하는 기능에 중점을 두고 분석한다는 점에서 고장모드 및 영향분석보다는 작업량이 적을 수 있다. 그러나 정확한 평가를 위해 고장나무분석을 수행하는 조직이 시스템을 정확히 이해해야 한다**는 점에서는 고장모드 및 영향분석과 병행하여 진행하는 것이 일반적인 사례다. 고장나무분석은 부품의 기능이 아닌 시스템의 기능부터 착수하여 하향식으로 접근하므로 고장모드 및 영향분석에 투입되는 대상 시스템의 전문성보다 높은 수준의 전문성이 요구될 수 있다. 그리고 고장나무분석과 고장모드 및 영향평가는 서로 대립적인 관계가 아닌 상호 보완적인 개념이며 안전필수 시스템이나 고신뢰도 시스템 설계 및 제작의 방법론으로 사용될 수 있다.

[표 4-6]은 고장모드 및 영향분석과 고장나무분석의 차이점과 공통점을 보여준다.

[표 4-6] 고장모드 및 영향분석과 고장나무분석의 차이 및 공통점

	고장모드 및 영향분석	고장나무분석
개념	• 부품 소자의 고장이 기능의 실패를 가져온다. • 엑셀표를 사용하여 시스템을 구분하고, 최종적으로는 RBD를 구한다.	• 시스템 기능의 실패를 초래하는 채널이나 모듈 기능 실패의 원인을 찾는다. • 논리기호 그래프 형태로 착수하며, 각각의 기능 실패에 관한 확률을 평가한다.
접근 방법	• 부품이나 소자의 고장으로 인해 발생하는 기능의 실패를 찾는다.	• 채널이나 모듈의 실패를 초래하는 최소 단위 구성품의 실패 원인을 찾는다.
진행	• 상향식 전개로 최소 단위에서 모듈, 채널, 시스템으로의 영향을 평가하며 상위 모듈이나 채널에 미치는 영향을 평가한다.	• 하향식 전개로 시스템의 주요 관심 비정상 상황(예를 들면 보호계통 동작불능, 시스템 정지 등)을 최상위로 설정하고 발생 가능한 원인들을 찾아간다.
기본 자료	• 설계문서(설계구성 중시) 및 시험보고서 등	• 설계문서(기능요건 중시) 및 시험보고서
목적	• 취약점 발견에 의한 설계 개선 • 정성분석에서 시작하여 정량적 평가 시도	• 시스템의 RAMS 평가 • 정성적 접근에서 정량적 결과도출 시도
공통점	• 정확한 자료기반(Garbage in, garbage out) • 통계 확률기법 사용(고장률부터 부분 구성품의 신뢰도 또는 고장률 데이터 필요) • 정량평가기법은 전문가 참여 필요	

고장나무분석은 논리기호 그래프 형태로 작성되므로 먼저 공통적으로 사용하는 기호(심벌)에 대한 이해가 필요하다. [그림 4-9]는 가장 많이 사용되는 기호들을 요약한 것이다.

고장나무분석의 그래프가 한 장으로 끝나는 경우는 드물며, 복잡한 시스템일수록 연결되는 기능과 사건이 많으므로 횡으로 많은 요소와 사건이 연결될 수 있고 종으로도 많은 원인사건들이 존재할 수 있다. 그 각각의 의미에 대해 알아본다.

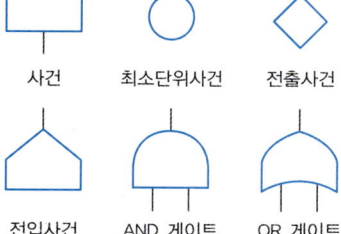

[그림 4-9] 고장나무분석에 사용되는 심벌 표시

- **사건:** 하나의 현상이 일어나는 것을 의미한다. 그러므로 한 장의 그래프에는 최상위 사건도 사건으로 표시되고 그 사건의 원인이 되는 원인사건들도 모두 직사각형의 사건 기호로 표시된다.
- **최소단위사건:** 어떤 사건이 일어나는 원인사건으로서 더 하위의 원인이나 사건을 찾지 않는 경우의 최하위 사건을 최소단위사건이라 부르며 원형 기호를 사용한다.
- **AND 게이트:** 입력 사건이 모두 일어날 때 상위 사건이 발생하는 조건을 의미한다. 일반적으로 논리회로에서 AND 조건과 동일하다.
- **OR 게이트:** 입력 사건 중 어느 하나만 발생해도 상위 사건이 발생하는 조건을 의미한다. 일반적으로 논리회로에서 OR 조건과 동일하다.
- **전입사건:** 같은 페이지에 있지 않은 사건의 고장나무를 다른 페이지의 원인사건으로 인용하는 기호
- **전출사건:** 어느 사건의 고장나무가 다른 페이지의 사건에 전입사건으로 사용될 때 사용되는 기호

이 기호들을 사용해 [그림 4-10]의 간단한 실내 조명실패(암흑) 사건을 표시한다. 실내에 조명이 전혀 켜지지 않는 원인은 실내의 전구가 모두(1, …, N) 고장이거나 조명 스위치가 고장(open 고장)인 경우 또는 전기가 공급되지 않는 경우로 생각할 수 있다. 세 가지 경우 중 어느 하나의 경우라도 실내는 암흑상태가 되므로 최상위 사건인 직사각형의 실내암흑사건은 세 가지 조건의 OR 게이트로 연결된다. 첫 번째로 전구가 모두 고장인 경우는 더 이상 원인을 찾을 필요가 없으므로 전구고장 사건은 원으로 표시되는 기호인 최소단위사건에 해당한다. 조명스위치 고장도 같은 최소단위사건으로 분류되어 원형 기호를 사용한다. 마지막으로 실내가 정전인 경우는 퓨즈나 NFB가 개방된 경우와 건물이나 지역 정전으로 구분할 필요가 있다. 정전은 최소단위사건이 아니므로 직사각형 기호

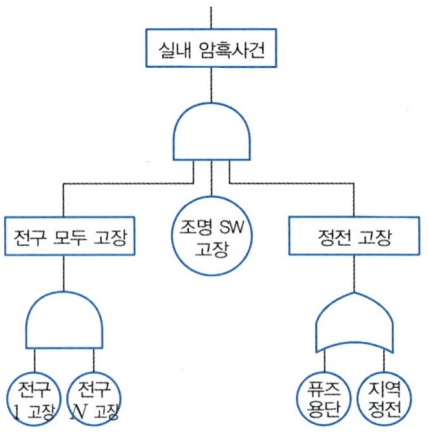

[그림 4-10] 실내 암흑사건의 고장나무분석 그래프 예

로 표시되고, 그 하위의 퓨즈용단이나 지역 정전이 최소단위사건인 원형 기호로 표시된다. 정전은 퓨즈용단이나 지역정전 중 하나만 발생해도 전기공급이 안 되므로 이 조건은 OR 게이트로 연결된다.

4.4.2 고장나무분석의 방법과 절차

전기전자컴퓨터 기반 제어시스템의 고장나무분석을 위해서는 우선 대상 시스템의 위험을 식별해야 한다. 안전을 중시하는 시스템이면 보호시스템의 동작불능 조건이 가장 상위의 사건에 해당하며, 이용률을 높이는 것이 중요한 시스템의 경우 시스템 정지를 최상위 사건으로 설정하여 진행한다.

고장나무분석의 진행은 고장나무분석팀을 구성하는 것부터 시작한다. 해석팀은 대상 시스템이 요구하는 특성을 이해하고 계획을 세우는데, 특성 이해는 설계자료를 통해서도 가능하지만 대상 시스템의 요구특성에 대한 시스템 책임자의 브리핑으로부터 시작하는 것이 효과적이다. 이 과정에서 최상위 사건이 정의되고 개략적인 사건 발생의 원인들을 파악하여 개략적인 고장나무를 설계한다.

개략적인 고장나무로 설계 자료를 분석하며 상세한 고장나무를 그리면서 정량적인 분석절차를 시작한다. 이 과정이 실제로는 가장 세밀하게 진행되어야 한다. 전기전자컴퓨터 기반의 제어시스템 설계자가 대상 설비의 요건을 이해하고 설계를 진행하더라도, 실제 설계 결과가 시스템이 요구하고 제어시스템 설계자가 의도한 내용대로 설계되었는지는 별개의 문제다. 이 부분에 대해 제3자의 확인과 검증을 거치지 않으면 고장나무는 실제 제어시스템과 대상 설비의 현실과 다른 고장나무가 되며, 최종 결과는 전혀 신뢰할 수 없는 숫자가 된다. 실제로는 별로 좋지 않은 설계가 바로 안전도가 확보되지 않는 설비인데, 아주 안전하거나 가용도가 높은 시스템인 것처럼 정량평가 결과가 나오거나 반대로 설계가 아주 잘 되어 있지만 상세 설계내용을 평가에 제대로 반영하지 못하는 경우(예를 들면 고장허용설계, 고장 진단 및 운전 중 유지보수 가능성 등을 제대로 반영하지 못하는 경우)에는 실제의 정량평가보다 매우 나쁘게 나올 수도 있다. 이런 두 가지 오류는 대부분 고장나무분석자의 대상 시스템에 대한 이해도 부족이나 설계문서의 불완전성에 기인한다. 그러므로 가치 있는 고장나무분석을 위해서는 시스템에 대한 깊은 이

해와 함께 고장나무분석에 대한 전문성을 높이고 설계 및 품질관리자, 생산관리자 등과의 원활한 소통에 의해 정확한 시스템 설계 의도와 현황을 파악해야 한다. 또한 유지보수 매뉴얼(정기 검사 및 시험), 하드웨어 및 소프트웨어 품질 절차 등이 반영되어야 정량적인 불가용도 평가가 이루어진다.

[그림 4-11]은 고장나무분석의 진행절차를 보여준다.

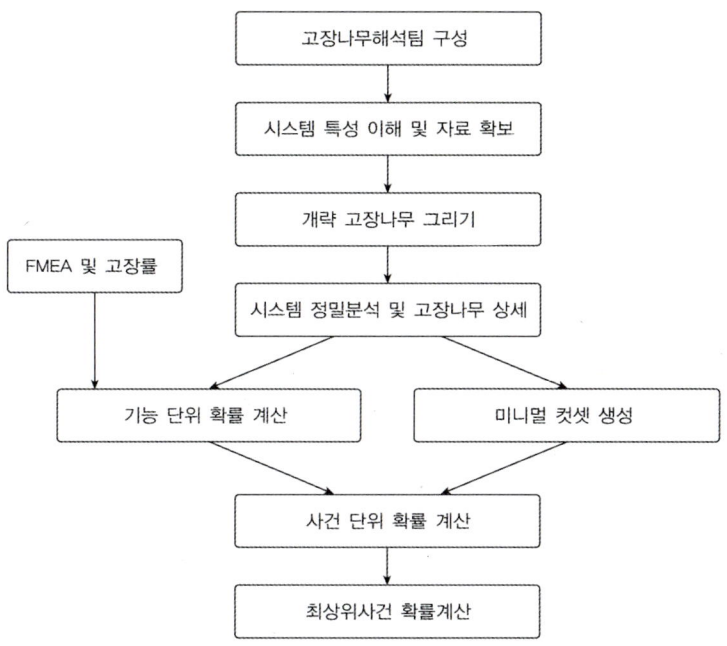

[그림 4-11] 고장나무분석 절차도

[그림 4-11]에 미니멀 컷셋$^{minimal\ cutset}$이라는 용어가 등장한다. 미니멀 컷셋은 경우의 수를 이용하여 확률계산을 하는 과정에서 오류를 방지하는 방법이다. [그림 4-12]를 보자. 고장나무 형태로 그린 것이 그림 (a)다. 최상위 사건이 발생하려면 사건 1, 2 중 어느 하나가 발생하고 사건 3, 4가 동시에 발생해야 한다. 이 조건을 신뢰도 블록으로 표시하면 그림 (b)가 된다. 이는 3장에서 신뢰도를 구할 때의 기법을 적용할 수 있는 기준이 된다.

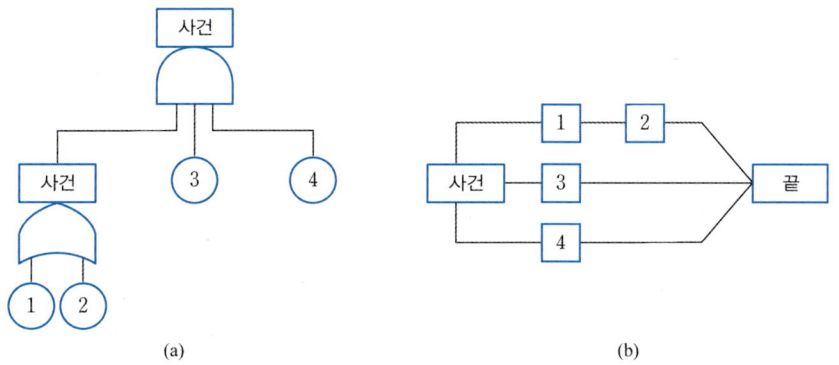

[그림 4-12] (a) 고장나무, (b) 신뢰도 블록과 미니멀 컷셋의 관계

미니멀 컷셋의 좀 더 복잡한 예를 들어본다. [그림 4-13]은 미니멀 컷셋의 개념을 이해하는 데 도움이 된다. A, B, C, D, E, F, G의 7개의 모듈 또는 기능이 [그림 4-13]과 같이 연결되어 있다고 하자. 이 시스템이 동작하지 않을 확률을 구하려면 우선 이 시스템이 동작하지 않는 경우들을 식별해야 한다. 이렇게 식별된 경우들이 미니멀 컷셋이다. 이는 다음과 같이 구분하여 찾을 수 있다.

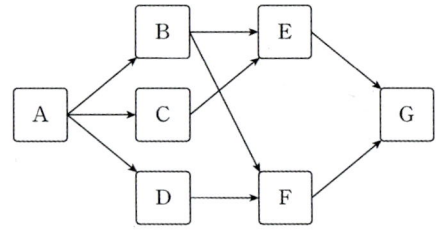

[그림 4-13] 미니멀 컷셋 도출을 위한 구성 예

❶ 한 개의 고장으로 정지되는 경로: A 고장, G 고장의 두 경우
❷ 두 개의 고장으로 정지되는 경로: E, F 동시 고장
❸ 세 개의 고장으로 정지되는 경로: B, C, D 동시 고장 / B, C, F 동시 고장 / C, D, E 동시 고장

❶~❸은 서로 중복되지 않으면서 시스템이 정지 또는 불통(통신의 경우)되는 모든 경우를 포함한다. **모든 경우들을 최소로 표시했으므로 이를 미니멀 컷셋이라 한다.** 미니멀 컷셋을 구하는 이유는 [그림 4-11]에서 사건단위 확률을 계산할 때 3장의 고장률 및 신뢰도 평가기법을 적용하기 쉽기 때문이다.

4.4.3 고장나무분석에서 자주 나오는 실수

건물 화재 소화용 스프링클러를 예로 들어 설명해본다. 스프링클러는 화재 발생 시 화재를 감지하고 천장에 있는 급수 노즐을 통해 방화수를 뿌려줌으로써 실내의 화재를 진압하는 설비다. 이 설비의 구성은 화재를 감지하는 센서와 동작을 지원하는 전원 및 스프링클러 제어기로 되어 있다. 또한 방화수를 뿌리기 위한 파이프라인 및 물탱크와 이에 압력을 가해 물을 뿌릴 펌프 등으로 구성된다. 이 스프링클러의 가용도나 불가용도를 구하기 위해 고장모드 및 영향분석부터 시작하여 신뢰도와 가용도를 구하려고 한다면 [그림 4-5]의 절차대로 진행하며 분석하게 된다. 여기에는 주요 기능에 해당되지 않는 다른 부대설비들도 포함될 수 있다. 반면에 고장나무분석 방법으로 스프링클러의 불가용도를 평가하고자 한다면, 스프링클러의 동작이 요구되는 상황에서 스프링클러가 동작하지 않을 확률을 구하면 된다. 스프링클러가 동작하지 않는 경우는 센서가 화재를 감지하지 못하는 경우, 물탱크에 물이 없는 경우, 급수 펌프가 고장인 경우로 나눌 수 있다.

[그림 4-14]는 스프링클러가 동작하지 않을 조건을 보여준다. 이 해석방법에서 최상위 이벤트는 스프링클러가 동작하지 않는 것이다. 이는 화재감지를 못하거나 방화수가 없거나 급수펌프가 동작하지 않는 경우로 생각할 수 있다. 어떤 경우든 스프링클러는 동작하지 않는다. 여기서 조심해야 할 점은, 세 가지 경우들이 서로 배타적이어야 정량적 풀이가 가능 또는 용이하다는 것이다.

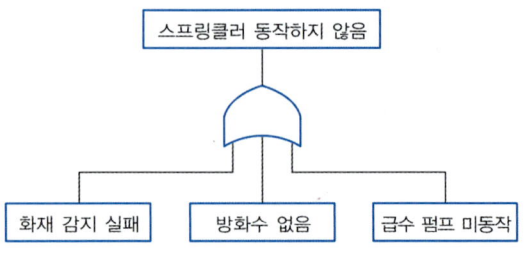

[그림 4-14] 스프링클러가 동작하지 않을 조건

[그림 4-15]는 화재감지 실패 사건을 세부적으로 표시한 것이다. 겉으로는 합리적인 것처럼 이해될 수 있으나 실제는 그렇지 않을 수도 있다. 화재감지 실패의 원인이 화재감지 센서의 고장일수도 있지만, 센서 전원이 상실된 경우는 전원고장과 어떻게 분리할 수 있을까? 화재감지 센서의 전기는 비상전원에서 공급받는가? 아니면 별도의 배터리 전원에서 공급받는가? 스프링클러 제어장치 고장은 제어용 전원 공급 실패와 관련이 없는가? 이런 관점에서 [그림 4-15]는 미니멀 컷셋을 구성하지 못하는 요인이 된다. 이렇게 구성된 고장나무는 실제 상황을 반영하는 정량적 평가가 어려울 뿐만 아니라 왜곡될 수 있다. 이런 실수가 고장나무분석에서 가장 많이 발생하는 유형의 오류다. **즉 각각의 최소단위사건이 독립적이지 않다는 의미다.** 또한 센서의

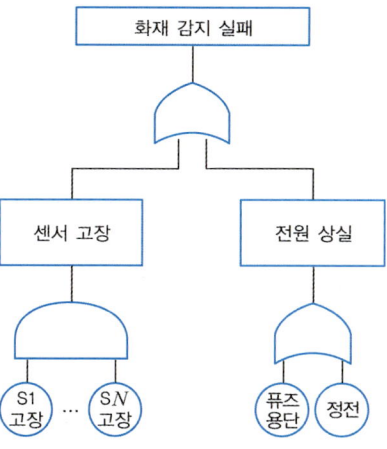

[그림 4-15] 화재감지 실패의 고장나무

전원이나 제어장치의 전원이 어떻게 공급되고 어떤 주기로 검사나 시험이 이루어지며 다중화되었는지가 하나의 최소단위 사건을 유발하는 확률에 큰 영향을 미친다. 그러므로 **고장나무분석은 하나의 방법론이며 이를 제대로 시행하기 위해서는 고장모드 및 영향분석과 같은 정성적 특성 분석과 고장률 등의 정량적 데이터가 같이 사용되어야 한다.** 예로 든 스프링클러 동작실패 확률을 구하는 방법에서 고장모드 및 영향분석 방법은 주어진 제어시스템 구조를 따르기 때문에 사고^{thinking}의 범위가 주어진 설계의 범위 내로 제한된다는 문제가 있을 수 있다. 그러므로 하나의 문제를 해결하기 위해서는 다양한 방법론을 효과적으로 사용해야 원하는 결과를 얻을 수 있는 경우가 많다. 고장나무분석에서는 서로 완전히 배타적이지 않은 경우 공통부분이 존재하는 경우와 공통고장 원인에 의한 동작 등이 있을 수 있다. 이런 경우에는 조건부 확률을 적용하여 문제 해결을 시도해야 한다.

스프링클러의 동작불능 조건을 더 큰 범위에서 검토한다면 [그림 4-14]의 '방화수 없음' 사건 외에 동절기 방화수 동결 및 동파, 이에 대한 대책으로 히터 설치 또는 부동액 첨가 등의 이슈가 검토되어야 하며 이런 사항들이 전체적으로 건물의 화재안전성을 평가하는 방법이 될 것이다. 물론 전기적 화재, 가스 누출 화재 등의 심각도와 스프링클러 진화 가능 여부도 함께 평가되어야 한다.

스프링클러의 예는 아주 간단한 문제인 것처럼 보였지만 스프링클러가 대상 설비의 화재를 완전히 진압하지 못해 대형 화재로 발전할 확률, 즉 건물의 소화기능 실패 확률을 구하는 문제는 의외로 생각해야 할 것이 많음을 보여준다. 제대로 된 FTA를 위해서는 스프링클러 시스템 전체에 대해 상세히 파악하고 있어야 한다.

SECTION 4.5 마코프 모델링 상세

3장 3.6절에서 마코프 모델링에 대해 설명했다. 마코프 모델링은 시스템이 운전 중 유지보수가 가능한 조건을 가장 잘 모델링할 수 있는 방식이며 가장 분석적인 확률값을 구할 수 있는 방법이다. 더 다양한 시스템 모델링이 가능하다는 것을 보여주기 위해 마코프 모델링을 다시 한 번 설명한다.

고장 감지 및 운전 중 유지보수 대상 시스템의 신뢰도를 상태방정식 형태로 모델링한 후 MATLAB 등의 전문 소프트웨어를 사용하면 가장 정확하게 신뢰도나 안전도를 평가할 수 있다. 마코프 모델을 사용하는 경우의 제한조건은 부품 고장률이 일정한 경우인데, 전기전자컴퓨터 기반의 제어시스템은 부품이나 소자의 고장률이 일정한 경우가 대부분이므로 문제되지 않는다. 마코프 모델링과 Matlab 풀이는 고장의 감지 및 복구 모델을 할 수 있는 최선의 방법이다. 마코프 모델에서는 다양한 고장 감지율과 고장 복구율 등을 상태천이 모델에 포함시킬 수 있으므로 다양한 상황의 현실적인 모델링이 가능하다.

[그림 4-16]에 나타난 예는 동시 다수 고장을 모델링할 수 있음을 보여준다. 이는 신뢰도나 안전도를 분석하는 상황에서 좀 더 보수적인 접근이 가능한 방법이다. [그림 4-17]은 3장에서 살펴봤던 [그림 3-13]을 다시 보여준다. 이 모델은 모듈 세 개 중 하나의 모듈만 고장 나고 고장이 복구될 수도 있으며, 반대로 두 개의 모듈 중 하나가 추가로 고장 나서 시스템이 fail될 수도 있음을 보여준다. 그러나 설계자의 의도와 달리 공통고장 원인이나 어떤 시스템적 오류로 두 개의 모듈이 동시에 고장 날 가능성도 무시할 수 없다면, [그림 4-16]은 좌측의 3 상태에서 곧바로 가장 우측의 1 fail 상태로 가는 확률도 표시할 수 있어야 한다.

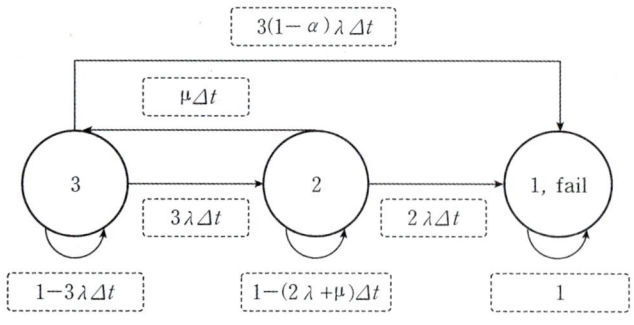

[그림 4-16] 동시 고장을 고려한 2 out of 3 마코프 모델 형상

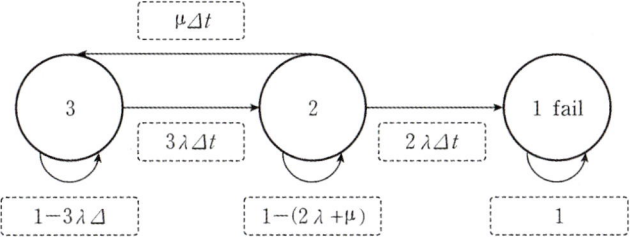

[그림 4-17] 고장 복구를 고려한 2/3 삼중화 시스템의 고장 전이 모형(단일 고장)

[그림 4-16]은 세 개의 모듈이 선선한 상태에서 순간적으로 두 개의 모듈이 고장 날 확률 $(1-\alpha)$를 반영하는 모델이다. α는 통상적인 단일 고장의 확률이고 $(1-\alpha)$는 동시에 두 개의 모듈이 고장 날 수 있는 확률을 의미한다. λ는 3.6절에서 설명한 것과 같은 고장률이며 μ는 고장복구율이다. α값은 설계 및 제작의 무결성에 따라 달라진다. 공통원인고장이나 시스템적 오류가 없으면 $\alpha=1$ 이다. α가 0에 가까울수록 공통고장원인이나 시스템적 오류가 많은 것이며, 실제 α 값 적용은 다양한 사용조건에서의 시험을 통해 반영할 수 있다.

[그림 4-16]의 상태방정식은 다음과 같이 표현되는 데 반해,

$$\begin{bmatrix} p_3(t+\Delta t) \\ p_2(t+\Delta t) \\ p_f(t+\Delta t) \end{bmatrix} = \begin{bmatrix} (1-3\lambda\Delta t) & \mu\lambda\Delta t & 0 \\ 3\alpha\lambda\Delta t & 1-(2\lambda+\mu)\Delta t & 0 \\ 3(1-\alpha)\lambda\Delta t & 2\lambda\Delta t & 1 \end{bmatrix} \begin{bmatrix} p_3(t) \\ p_2(t) \\ p_f(t) \end{bmatrix} \tag{4.1}$$

$$A_\mu = \begin{bmatrix} (1-3\lambda\Delta t) & \mu\Delta t & 0 \\ 3\alpha\lambda\Delta t & 1-(2\lambda+\mu)\Delta t & 0 \\ 3(1-\alpha)\lambda\Delta t & 2\lambda\Delta t & 1 \end{bmatrix} \tag{4.2}$$

단일 고장 모델인 [그림 4-17]의 상태방정식은 다음과 같이 나타낼 수 있다.

$$\begin{bmatrix} p_3(t+\Delta t) \\ p_2(t+\Delta t) \\ p_f(t+\Delta t) \end{bmatrix} = \begin{bmatrix} (1-3\lambda\Delta t) & \mu\Delta t & 0 \\ 3\lambda\Delta t & 1-(2\lambda+\mu)\Delta t & 0 \\ 0 & 2\lambda\Delta t & 1 \end{bmatrix} \begin{bmatrix} p_3(t) \\ p_2(t) \\ p_f(t) \end{bmatrix} \tag{4.3}$$

$$A_\mu = \begin{bmatrix} (1-3\lambda\Delta t) & \mu\Delta t & 0 \\ 3\lambda\Delta t & 1-(2\lambda+\mu)\Delta t & 0 \\ 0 & 2\lambda\Delta t & 1 \end{bmatrix} \tag{4.4}$$

식 (4.1)에서 α의 크기는 정량평가의 보수적 수준을 결정하는 요소로 사용될 수 있다. 물론 α 값의 부여 여부에 따라 대상 시스템의 신뢰도나 안전도가 낮게 나올 수 있는데, 이는 그만큼 보수적으로 평가하는 것이므로 실제품의 신뢰도 및 안전도 성능을 보장할 수 있는 지표로서 의미가 크다고 할 수 있다.

SECTION 4.6 안전필수 제어시스템 설계 실무

안전관련 제어시스템 개발 생명주기는 문서로 시작해서 문서로 끝난다고 해도 과언이 아니다. 문서로 설명하고 문서로 검증하며 필요한 부분에 대한 시험^{testing} 결과도 문서로 작성되어야 한다. 모든 작업은 문서로 이루어지는데 문서 작성에 관한 상세는 9장의 품질 부분에서 다룬다.

4.1절~4.5절까지는 안전관련 제어시스템의 설계 요건과 평가 방법에 대해 설명했다. 4.6절에서는 설계 및 제작과정에서의 실무지침을 생명주기 관점에서 다룬다. 이는 기술표준과 저자들의 경험에 기반을 둔 전개다. 제어시스템의 상위문서인 대상 시스템 요건부터 상세 설계, 구현과정에서 전기전자제어 전문가들이 이해해야 할 사항을 실무적 관점에서 전개한다. 이는 상세 구현 설계를 해야 할 엔지니어가 대상 시스템 관점에서 이해해야 할 사항들과 상세 구현과정에서 준수해야 할 사항들을 포괄적으로 다룬 것으로, 이 절만 공부해도 안전관련 제어시스템 설계에 관한 중요사항을 이해할 수 있을 것이다. 다양한 안전관련 제어시스템 적용을 위해 거대 시스템으로서 안전필수 기능과 안전무관 제어기능 등이 복합적으로 혼재된 거대 설비인 원자력발전소의 MMIS$^{Man\ Machine\ Interface\ System}$를 대상으로 설명한다. 기본적으로 이해할 수 있으며 상세구현 단계에서 지켜야 할 기술사항 위주로 설명함으로써 제어시스템 엔지니어가 개인에게 주어진 작은 범위의 임무 외에 전체 시스템 설계 관점에서 이뤄지는 일들을 이해하고 엔지니어로서의 역량을 향상시키는 데 도움이 되고자 한다.

제어시스템을 개발할 때 고려해야 할 주제들을 정리하면 다음과 같다.

❶ 대상 설비 및 제어시스템 설계 요건 분석
❷ 제어시스템 생명주기 수립 및 실행 체계 구축
❸ 문서 형상관리 체계 구축: 설계문서 및 소프트웨어 문서
❹ 품질절차 확립 및 보완: 부적합 사항 식별, 통제 및 해결 방안 등
❺ 제어시스템 구조 예비 설계 및 평가: 응답성, 인간공학, RAMS 분석 착수
❻ 예비 설계 및 설계 요건 만족성 평가: FMEA, 인허가 대응, 사이버 보안, 인간공학, 부품단종 대책 검토 등
❼ 제어시스템 RAMS 평가: 대상 설비 전체의 안전도 평가를 위한 자료 생성
❽ 상세 설계/시제품 제작/기기검증 및 평가: 확인검증, 응답속도, 운전성 등의 인간공학 등
❾ 본품 설계/제작 및 성능시험
❿ 시스템 통합 및 통합검증시험: 공장시험 FAT$^{Factory\ Acceptance\ Test}$
⓫ 납품 및 설치 등: 현장 시험, SAT$^{Site\ Acceptance\ Test}$
⓬ 운영 및 유지보수 절차서, 사용자 교육 등

4.6.1 제어시스템 구조 이해

자동차의 제어시스템에는 주행과 조향, 제동에 관련된 제어시스템이 있는가 하면 윈도우 브러시, 차내 조명, 음향 등과 같이 이동수단으로서의 주요기능이 아닌 제어기능도 많이 포함되어 있다. 이들 각각은 요구되는 기능의 차이에 따라 신뢰도 수준이 다르고 구현 방법도 다르다. 이 사항들은 자동차의 인허가 기준에 포함되는 것도 있고 임의사항으로 분류되는 것도 있다. 거대 시스템이며 전체적으로는 안전필수 시스템인 원자력발전소의 경우 이런 분류와 규제가 더욱 엄격하며 세분화되어 있다. 계측제어시스템이 설치될 공간은 발주자가 제공하는 건축배치 및 구조 설계를 준수해야 한다. 그러므로 제어시스템 설계는 계층구조 설계로 안전필수 기능의 등급별 분류부터 시작해 각 부분 시스템 설계로 진행되어야 한다. 진행과정에서 핵심적으로 검토해야 할 사항은 다음과 같다.

❶ 대상 시스템 기능의 안전등급 분류, 기능 및 수행요건(안전등급 계측제어설비도 세부적으로는 기능)에 따라 등급이 달라진다. 예를 들면 보호계통은 4중화가 필수이고 다양성 보호계통은 2중화 또는 3중화가 요구된다. 안전정지반은 기계/아날로그 방식으로 안전정지를 위한 최소 기능을 수행하며, 안전등급 모니터링 계통은 안전등급의 기술이 적용되는 이중화로 구성하는 것 등이다.

❷ 플랜트 심층 및 다양성 방어(DIDD)$^{Defence\ in\ Depth\ and\ Diversity}$ 개념이 적용된다. 심층방어는 첫 번째 보호수단이 실패하면 두 번째 수단, 세 번째 보호수단이 동작하도록 하는 것이며 다양성은 서로 다른 원리와 기기에 의해 보호동작이 이루어지도록 설계하는 것이다. 다양성 방어는 공통원인에 의한 고장을 최소화하기 위한 대책으로 아날로그 기술과 디지털 기술이 있다. 디지털 기술 중에는 CPU 형식의 기술과 FPGA 기반 기술이 있으며, CPU 형식의 기술 중에는 서로 다른 CPU 및 운영시스템 적용 등이 있고 동일한 CPU 및 운영시스템에는 수행 주기 변화 등이 있다. 이처럼 가장 강한 다양성 대책부터 낮은 수준의 다양성 대책까지 고려할 수 있다.

❸ 안전 측 고장$^{Fail\ Safe}$ 설계는 필수다. 안전 측 고장은 부품이나 소자 고장이 시스템의 안전을 유지할 수 있는 형태로 고장 상태를 관리하는 설계다. 예를 들어 어느 밸브의 구동장치가 고장일 경우 밸브를 열림 상태로 유지하는 것이 안전한가, 아니면 닫힘 상태를 유지하는 것이 안전한가에 따라 밸브 상태를 유지하도록 하는 것이며, 사거리의 교통신호등이 고장인 경우 두 방향에서 적색등 점멸과 황색등 점멸로 주행차량이 조심하도록 하는 설계가 안전 측 고장 설계의 대표적인 예다.

❹ 보호계통 동작의 우선순위 부여가 필수적이다. 하나의 동작기기를 여러 방법으로 동작시킬 수 있다면 운전원에 의한 수동조작 명령이 우선이며 그 다음이 자동동작 명령이어야 한다는 개념이다. 인간 조직의 예를 들면, 여러 명의 상급자가 헷갈리는 명령을 하면 누구의 명령을 우선적으로 처리해야 하는가의 문제다. 이런 구분이 정의된 후 하드웨어로 또는 소프트웨어로 구현되어야 한다.

❺ 사이버보안 위험평가 및 대책을 수립해야 한다. 핵심 디지털 자산 분류 및 위험평가와 보안 대책을 수립한다. 디지털기기들은 통신을 비롯해 여러 방법으로 기기의 오동작 유발, 정보 유출 등이 가능하므로 다양한 사이버 공격에 대한 대응능력을 확보하기 위한 사이버보안 활동이 요구된다.

❻ 인적 신뢰도(인간공학 설계 결과 평가) 확보가 필요하다. 잘 만들어진 설비도 운전자의 오조작 또는 상태를 인지하지 못하는 실수로 낭패를 보는 경우가 있다. 이는 운전원이 설비를 사용할 때

실수나 인지실패 또는 지연인지 문제가 발생하지 않도록 인간공학 관점에서 설계검증할 필요가 있다는 것을 의미한다.

❼ 안전/비안전 통신과 신호 분리가 필수적이다. 안전계통의 통신망과 비안전계통의 통신망은 엄격히 분리되어야 한다. 필요에 의해 안전계통의 데이터가 비안전계통으로 보내질 때는 광-전기 분리를 통한 광케이블 통신을 사용하며, 송신단은 송신만 가능하고 수신단은 수신만 가능한 단방향 물리 구조를 사용해야 한다. 신호를 안전계통에서 비안전계통으로 보낼 경우 1E class 신호 격리기를 사용하여 비안전계통으로 보내야 한다.

❽ 보호계통의 주기적인 시험은 필수적이다. 보호계통은 시스템이 정상으로 운전되는 기간에 동작하지 않는 설비다. 그러므로 동작이 요구되는 시기에 정상적으로 동작할 것인가에 대한 의구심은 당연한 것이며, 이를 정기적으로 시험하는 것은 보호계통의 가용도를 확보하는 필수적인 행위다. 시험주기는 안전도에 매우 큰 영향을 준다. 정기적인 시험으로 시험 채널의 신뢰도를 1로 리셋하는 효과가 있다.

■ 원자력발전소의 보호계통 구성

원자력발전소의 안전정지를 위한 보호계통을 고장나무 형태로 [그림 4-18]과 같이 표현한 후 그 적합성을 검토해보자.

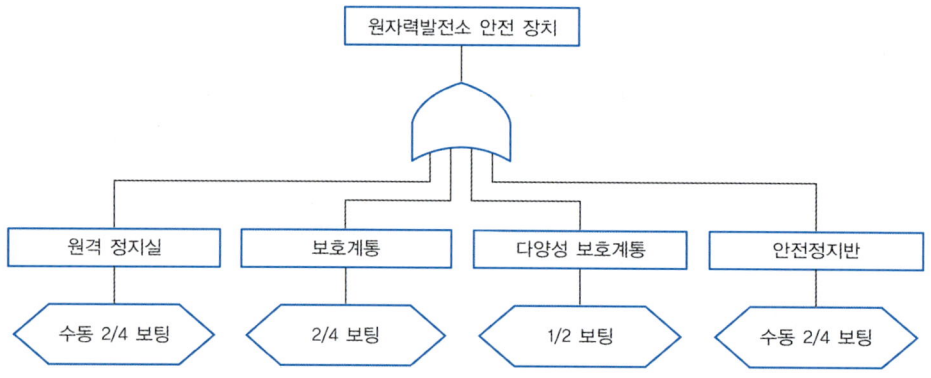

[그림 4-18] 원자력발전소 안전정지 조건의 고장나무 모형 표시

안전보호를 위한 최상위 계통인 원자력발전소 안전정지 기능은 보호계통과 다양성 보호계통이 서로 기능적 안전을 보완하면서도 공통고장 원인에 대비해 툴의 다양성을 확보하는 두 가지 목적을 달성한다. 안전정지반safety console은 더 큰 범위의 공통고장 원인인 통신망 고장 및 장애에 대비해 아날로그/기계식 스위치로 운전원이 원자력발전소를 수동으로 정지시킬 수 있다. 안전정지반에 대해서는 5장 MMIS에서 좀 더 상세히 설명한다. 또한 중앙제어실이 테러나 화재 등 다양한 요인으로 동작하기 어려운 상황에서는 별도의 장소에 원격정지실이 있어서 원전을 안전하게 정지시킬 수 있도록 설계되어 있다. 그러므로 서로 다른 각각의 목적을 갖고 설계된 보완적인 관계의 보호계통들이다. 이런 계통에 대해 고장나무분석으로 정량적인 특성평가를 실시하려면 OR 조건으로 묶인 네 개의 사건들이 서로 독립사건일 경우 명쾌하게 계산할 수 있다. 그러나 [그림 4-18]의 하위 네 가지 계통이 완전 독립이 아니라면 [그

림 4-18]은 밑으로 내려가면서 많은 보완이 필요해진다. 바로 공통고장 원인의 영향을 반영해야 한다.

원전의 네 가지 보호기능인 원격정지실, 보호계통, 다양성 보호계통, 안전정지반의 모든 센서와 신호 및 데이터 라인, 로직 처리부, 최종 차단기 등이 모두 독립적인 것은 아니다. [그림 4-18]에서 다양성 보호계통을 제외한 세 시스템(안전정지반, 보호계통, 원격정지반)은 제어봉을 낙하시켜야 하는 전원차단기를 서로 공유한다. 그리고 안전정지반 및 원격 정지실의 센서는 공유되고 있다. 그러므로 [그림 4-18]은 원자력발전소의 보호계통 불가용도를 평가하는 고장나무 모델링에 적합하지 않다. 좀 더 사실적인 분석을 위해서는 [그림 4-18]의 네 하위 계통 중 독립성이 확보되는 두 개의 계통인 보호계통과 다양성 보호계통의 OR 조건으로 안전정지가 일어나는 것으로 모델링해야 한다. 그러므로 원전의 불안전도는 보호계통과 다양성보호계통이 둘 다 동작하지 않을 확률로 계산해야 한다. 이는 보호계통과 다양성보호계통이 모두 동작하지 않을 경우에도 원격정지실이나 안전정지반의 동작가능성이 추가적인 안전도로 계산되는 보수적인 해석이라 할 수 있다.

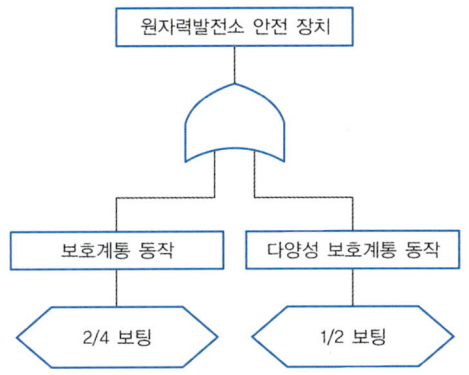

[그림 4-19] 안전정지를 위한 보호계통의 고장나무 모델

1장의 [표 1-1]에서 안전무결성수준을 나타냈고, 원자력발전소 보호계통의 동작실패 확률은 $10^{-5} \leq p \leq 10^{-4}$ 으로 주어진다고 했다. 이는 물론 동작 필요 시의 확률로 1년에 한 번 정도 동작요구 확률이 주어지므로 원자력발전소의 안전 정지 실패 가능성은 수만 년에 한 번은 일어날 수 있고 1,000대의 원자력발전소가 운영되면 불안전 정지는 수십 년에 한 번은 일어날 수 있는 것으로 이해될 수 있다. 이를 보면 원자력발전소가 매우 위험한 설비로 오해될 수 있다. 실제로 평가한 원자력발전소 보호계통의 동작 실패 확률은 2×10^{-5}/demand 정도다. 다양성 보호계통의 동작 실패 확률은 보호계통보다 훨씬 높을 것으로 가정하여 2×10^{-3}/demand 라고 생각해보자.

원자력발전소를 정지시킬 필요가 있는 상황에서 안전정지되지 못할 확률은 앞의 보호계통 두 개가 동작하지 않는 경우이며, 이는 두 계통이 동작하지 않을 확률의 공통사건이므로 확률의 곱이 된다. 그러므로 원자력발전소의 안전정지가 실패할 확률은 제어보호계통 관점에서 $2 \times 10^{-5} \times 2 \times 10^{-3}$ $= 4 \times 10^{-8}$/demand가 된다. 이는 전 세계에서 1,000대가 운전된다고 가정해도 수만 년에 한 번 정도 안전정지 실패가 일어날 확률이 된다. 그러므로 원자력발전소의 보호시스템 관점에서는 매우 안전한 플랜트라고 할 수 있다. 단, 다른 하드웨어 설비의 안전관련 확률은 고려되지 않은 값이며 제어시스템과 보호시스템을 평가한 것이다. 전체 원자력발전소의 안전을 평가하는 것은 이 책의 범위를 넘어선다.

4.6.2 안전계통 계층구조와 설계, 구현 기술

계층구조는 통신과 컴퓨터, 서버와 다양한 제어기기를 포함하는 모델이다. 원자력발전소의 전체 상황을 모니터링하는 중앙제어실은 다양한 컴퓨터와 현시 장치(디스플레이 및 대형 정보표시반)로 이루어지는데 이는 안전과 관련된 기능을 하는 부분과 운전과 관련된 기능만 하는 부분으로 나뉠 수 있다. 이러한 기능의 차이에 따라 사용되는 통신, 제어기기 및 조작 장치는 엄격하게 구분되고 차별화되어야 한다.

■ 응답시간 조건

안전기능을 수행하는 기능의 데이터 통신은 결정론적 전송시간을 갖춰야 한다. 결정론적이라는 것은 정해진 시간 지연 내에 원하는 데이터를 정해진 주기로 보내거나 받아야 한다는 의미다. 그러므로 통신 성능에 대해서는 일반적인 통계적 기법이 아닌 분석적으로 증명할 수 있는 지연시간과 속도, 주기가 제공되어야 한다. 일반적인 시리얼 통신이 통신 속도는 빠르지만 이런 통신방식의 특성은 확률적으로 평가되므로 결정론적 특성을 요구하는 안전계통의 요건을 만족하지 못하는 것으로 간주된다. 그러므로 주로 프로피버스$^{Profi-bus}$ 기반의 결정론적 통신방식이 많이 사용된다.

■ 결정론적 통신 요건

데이터 통신 시스템의 동작은 구성하고 있는 클라이언트 노드$^{client\ node}$들에 따라 정해지지 않고 시간 스케줄링에 기초한 설계에 따라 미리 결정되어야 한다. 주어진 시간에 전송해야 할 메시지의 크기와 주기에 따라 미리 설계를 결정하는 것이다. 따라서 미션 통신에 사용되는 통신부하는 항상 사전 설계내용과 일치한다. 또한 데이터 통신 형식을 결정한다. 즉 주어진 시간에 전송해야 할 메시지의 송신자와 주소를 설계에 따라 미리 결정한다. 각 송수신 메시지는 자동으로 점검되고 에러가 식별되면 플래그를 붙여야 한다. 데이터 전송 및 데이터 통신 시스템의 고장에 대한 감지를 보증할 수 있도록 설계되어야 하며 적절한 경보를 운전자에게 제공하고 그 기록을 남겨 수행특성을 분석할 수 있도록 해야 한다.

■ 통신의 독립성

데이터 통신네트워크 토폴로지는 안전계통의 공통원인고장을 피할 수 있도록 설계 및 구현되어야 한다. 통신에러를 포함하여 어느 한 채널 내의 통신이 연결된 다른 채널의 안전기능 수행을 방해해서는 안 된다. 데이터 확인 및 버퍼링의 조합을 통해 채널 및 계통 간 에러 전파를 막을 수 있어야 한다. 중앙허브나 라우터를 사용하여 여러 개의 안전 채널이나 계통을 연결하는 방식은 사용하면 안 된다. **G 사의 터빈이나 발전기 제어시스템은 하부는 2 out of 3 설계지만, 상위에서는 하나의 허브에 연결되는 종속 방식을 사용하여 모든 채널이 동시에 정지되는 고장이 발생하는 경우가 많았다.** 보호계통에 사용되는 통신은 1 대 1 단방향 통신을 적용해야 하며, 보호계통 모니터링의 경우에는 1 대 n 통신 적용이 가능하지만 통신주기와 부하 등에 관한 기준은 안전등급 기준을 만족해야 한다.

■ 응답시간 분석 방법

안전관련 제어시스템은 공통 타임 clock을 사용하지 않는다. 공통 타임 clock을 사용할 경우 타임

clock의 고장은 공통고장 원인에 해당되며 전체 시스템 실패가 발생하기 때문이다. 또한 결정론적 통신을 사용하는 이유는 안전 동작에 필요한 시간을 확률이 아닌 100% 보장하기 위해서다. 그러므로 센서부터 최종 출력까지의 응답시간은 실험적인 증명과 함께 분석적으로 상위 사양에서 주어진 응답보장 시간을 만족한다는 것을 보여야 한다. 공통 타임 clock을 사용하지 않으므로 샘플링이나 제어연산, 데이터 전송시간, 통신주기 및 보팅 시간 등의 계산에서 최소 한 주기를 추가로 포함하는 최악의 경우 해석 방법 worst case analysis을 적용해야 한다. 최악의 경우 분석 방법으로 응답시간 요건을 만족한다는 것을 입증함과 동시에 하드웨어시험을 통해 측정된 응답시간이 시스템 요건을 만족한다는 것도 보여야 한다. 응답시간 측정 중에는 인간공학 요소인 디스플레이 화면 표시도 있는데 이의 천분의 일초 단위 측정을 위한 물리적 방법들도 검토되어야 한다. 전력설비 중에서 보호기능이 주가 아닌 **가용도 중심의 운용설비는 이중화된 GPS clock을 사용하기도 한다.**

■ 안전관련 제어시스템 플랫폼

거대 시스템의 제어 및 보호에는 수천 개 이상의 상태 감시와 진단 및 피드백 제어가 적용된다. 이러한 거대 시스템의 각 기능이 서로 다른 감시제어회로를 이용하고, 이 각각으로 전체 시스템을 구성하는 것은 비효율적이며 전체적인 관리도 용이하지 않다. 그러므로 공통적으로 사용할 수 있는 툴이 필요하며 원자력발전소의 경우 안전등급에 PLC, 비안전등급의 제어와 감시에 DCS가 사용된다. 안전등급 PLC의 경우는 운영체계, 통신, 사용자 인터페이스 및 감시진단용 함수 블록 등의 설계와 검증에 특별한 과정과 전체적인 인허가가 필요하다. 안전등급 PLC로서 국내에서 개발되고 사용되는 전기 1등급 PLC인 POSAFE-Q PLC에 대해서는 5장에서 보다 상세하게 다룬다. 최근에는 원자력발전소의 안전등급 보호제어기기 플랫폼으로 FPGA 기반 시스템이 사용되기 시작했다. 안전등급 FPGA 플랫폼은 처음에 보완적 설비로 사용되었으나 점차 사용이 증가하고 있으며, 이제는 안전등급 PLC를 대체 또는 대등한 수준의 다양성 용도로 사용할 수 있다는 평을 받는다.

■ 다양성 구현과 요구 수준

단일고장조건의 불만족은 부품 전체의 동일한 불량, 설계 오류 등이 핵심 원인인데 이런 현상은 공통고장 원인(CCF)$^{Common\ Cause\ Failure}$이라고 할 수 있다. 이는 한마디로 표현하면 동질성 오류 집단의 문제로 하드웨어 부품이나 설계 및 소프트웨어 설계 등에서 동일하게 일어날 수 있는 현상이다. 이런 공통고장의 원인으로는 다음과 같은 것들이 있다.

- 설계오류에 의한 단일고장 조건 불만족인 시스템적 오류
- 동일 부품의 오류 가능성(random fault 이상의 오류 수준으로 잘 관리된 제품군에서도 동일 제조 로트^{lot} 번호에서 발생하는 경우 등)
- 소프트웨어 오류 등

이에 대한 대책으로는 하드웨어나 소프트웨어에서 설계오류를 줄이고 고장허용설계와 함께 적절한 수준의 다양성(하드웨어 및 소프트웨어)을 확보하는 것을 들 수 있다. 그러나 모든 설비에 같은 수준의 다양성을 적용하는 것은 비경제적이며 비현실적이다. 그러므로 요구되는 다양성 수준은 대상 설비의 요건이나 안전도 등급에 따라 지정되는 경우가 많다.

다양성 요구 수준의 종류는 다음과 같이 구분할 수 있다.

❶ **다양성 요구 수준 I**
- 다른 기술(예를 들면 아날로그와 디지털 기술)의 혼용
- 시스템 구조의 차이 등

❷ **다양성 요구 수준 II**
- 유사한 다른 기술(예를 들면 디지털 기술에서 CPU 사용기술과 FPGA 사용기술)
- 시스템 구현 구조의 차이 등

❸ **다양성 요구 수준 III**
- 같은 기술 분야, 다른 처리 기술(예를 들면 다른 종류의 CPU 기반 기술들을 사용하거나 다른 종류의 FPGA 기반 기술들을 사용하는 등)

❹ **최소 노력**
- 같은 기술 분야, 같은 처리 방식에서 채널별 연산순서 변경 등

원자력발전소의 경우를 예로 들면 안전정지반(기계/아날로그 방식)과 주보호계통, 보조보호계통은 다양성 요구조건 I을 만족하고, 주보호계통(안전등급 PLC 사용)과 보조보호계통(비안전등급 DCS 사용)은 다양성 요구 수준 III을 만족한다. 이는 PLC와 DCS 모두 CPU를 포함한 디지털 기술을 사용하기 때문이며 서로 다른 칩셋, OS$^{\text{Operating System}}$, 통신구조 등을 사용해도 다양성 요구 수준 III에 해당한다. 최근에는 CPU를 사용하지 않고 FPGA$^{\text{Field Programmable Gate Array}}$를 사용하는 방식이 많이 개발되고 있으며, 이는 OS를 사용하지 않는 방식이므로 CPU 사용 방법과 혼용하면 다양성 요구 수준 II를 만족시킨다.

앞의 다양성 요구 수준은 서로 다른 소자나 장치의 사용과 함께 설계조직, 조립 및 생산 조직, 확인검증 등의 시험평가 조직이 달라야 하며 생명주기상에서 모든 행위가 독립적일 것을 규정하고 있다.

다음에는 앞에서 다룬 네 가지 기반기술 다양성 이후 구현단계에서의 다양성 구현 방법을 살펴본다.

❶ **신호 다양성**: 동작에 사용되는 물리적 신호를 플랜트의 다른 신호로 사용하는 방법

❷ **기능적 다양성**: 동일하게 안전한 조치 결과를 얻기 위해 서로 다른 조치를 취하는 시스템들을 적용하는 방법(예를 들면 접근속도 측정은 거리를 미분해서 사용하는데, 가속도계 신호를 적분하는 신호를 보조적으로 사용하는 것도 생각할 수 있다.)

❸ **개발과정의 diversity**: 설계 조직, 검증조직이 각각 달라야 한다(보호계통과 다양성 보호계통은 서로 다른 플랫폼 기기를 사용하는데, 설계 및 검증도 두 계통의 담당조직이 달라야 한다).

❹ **로직 다양성**: 로직 다양성의 수준도 많은 차이가 있다. 서로 다른 소프트웨어(OS 및 사용자 툴)를 사용하며 알고리즘도 다른 방식을 사용할 수 있다. 논리기능의 시차 및 제어연산 순서 변경 등의 방식이다(논리기능의 시차 및 제어연산 순서 변경은 CPU가 한 제어주기 내에서 대기시간을 가지므로, 하나의 CPU는 먼저 연산한 후 대기하고 다른 CPU는 약간 대기했다가 연산하는 방식

등이 이에 해당한다. 가장 낮은 수준의 다양성 방식으로 마이크로프로세서의 clock이나 동시 발생 연산오류의 가능성을 줄이고자 하는 노력이다).

❺ 전체적으로 상위 개념의 다양성이 적용되는 경우 필수사항은 아니지만, 부품 사용 시 동일 제조사의 동일 로트 번호의 제품을 일괄적으로 사용하지 않는 방법 등이 있다(이에 따른 문제 발생 사례는 6장의 TMR Exciter에서 설명한다).

요구되는 다양성이 만족되었다는 것을 보이려면 선택한 다양성 설계가 공통고장을 저감할 수 있다는 것을 입증해야 한다. 하지만 앞의 예에서 설명한 바와 같이 반드시 서로 다른 하드웨어 기술로 구현되어야 한다는 것은 아니다. 어느 하나의 시스템 내에서 기능 다양성 및 신호 다양성 설계를 통해 구현할 수도 있다. 다양성 수준에 대한 요구는 code & standard, 계약서 등에 명시되는 것이 보통이다. 원자력발전소의 경우 물리적(부피, 중량 및 결선 등) 제한이 심하지 않으므로 다양성 기준 I을 만족시킬 수 있지만, 항공기에서는 이런 수준의 구현이 거의 불가능하다. 이는 항공기 및 자동차 등에서 FPGA의 사용이 증가하는 이유 중 하나다. 1990년대에는 메모리 디바이스(CPLD 및 FPGA) 프로그램을 하드웨어로 인식하는 경우가 있었지만 메모리 디바이스의 역량, 속도 및 기능 확대로 인해 소프트웨어로 규정되며 소프트웨어 확인검증 과정을 지키도록 산업 및 기술 표준이 확립되어 있다. 원자력 분야에서는 FPGA가 CPU 기반 제어기의 보조재 단계를 거쳐 동반재의 위상을 확보했고, 장기적으로는 대체재가 될 것으로 예상된다. 원자력 외에 대부분의 안전관련 제어 분야에서는 특수한 기능을 제외하고 FPGA 기반의 제어기가 CPU 기반의 제어기를 압도하고 있다. 이는 발열, 내진동 특성 등 물리적 장점과 운영시스템을 사용하지 않는 것이 CPU 기반 시스템에 비해 많이 유리하기 때문이다.

■ 안전 측 고장 설계

아무리 잘 설계한 시스템도 고장 날 가능성이 있다. 그 경우에도 고장의 여파가 크지 않게 하는 것은 안전측면에서 가장 중요한 요소다. 안전 측 고장$^{fail\ safe}$의 가장 명확한 예로는 1장에서도 예를 들었던 다음과 같은 사항들이 있다.

- 사거리의 신호등이 고장 나면 CPU가 아닌 다른 디바이스를 통해 빨간 신호가 점멸하거나 빨간 신호와 노란 신호가 점멸하는 것이 신호등 고장 시의 안전 측 고장 설계다.
- 엘리베이터가 고장 났을 때 승강장의 출입문은 닫혀있도록 설계하는 것이 기본이다.
- 원자력발전소에서는 밸브나 펌프 동작에서 이들이나 이들을 제어하는 시스템이 고장 났을 때 밸브가 열린 상태가 안전한 상태인지, 닫힌 상태가 안전한 상태인지 평가해서 안전한 상태를 유지하도록 설계해야 한다. 경우에 따라서는 고장 났을 때의 상태 그대로를 유지하는 것이 안전하다고 평가되는 경우도 있다.
- 원자력발전소의 출력을 제어하는(특히, 정지 동작) 제어봉 구동 시스템은 전원이 OFF되면 중력에 의해 제어봉이 낙하되며 원자로를 정지시키는데, 이는 의도된 원전 정지 외에 전원 이상이나 제어 시스템 이상에 의해서도 원전을 정지시키는 대부분의 고장을 안전 측으로 동작하게 하는 안전 측 고장설계에 해당한다.

■ 안전계통 동작신호의 우선순위 설정

[그림 4-18]에서 원자력발전소의 안전 정지는 네 개의 정지시스템으로 정지시킬 수 있으며, 이들은 OR 조건이므로 어느 하나에 의해서도 발전소를 정지시킬 수 있다. 발전소 상태에 이상이 있으면 보호계통은 자동으로 동작하며 제어봉은 원자로 내부로 낙하되어 핵분열을 정지시키고, 보호계통 동작의 원인에 따른 후속조치로 공학적 안전설비(대략 600개 정도의 펌프나 밸브)가 동작한다. 발전소 정지가 보호계통의 자동 동작으로 발생했을 때는 보호계통 동작 원인에 따라 정해진 순서로 기기가 동작하지만 운전원에 의해 수동으로 정지됐을 때는 상황에 따른 절차에 의해 수동으로 기기를 조작해야 되는 상황이 있을 수 있다. 이 경우 또는 어떤 이유로 수동으로 기기를 조작할 때는 수동조작 명령이 최우선이 되어야 한다는 의미이다. 이를 위해 기기의 ON/OFF 신호를 발생시키는 최종 장치는 명령 라인을 구분해서 파악하고 동작해야 하며, ON/OFF 신호를 발생시키는 최종 장치는 다중화할 수 없으므로 신뢰도가 높게 설계되어야 한다. 그렇다고 해도 이 최종 장치의 고장에 대비하기 위해, 하나의 펌프나 밸브에 최종적으로 ON/OFF 신호를 발생시키는 장치는 하나지만 이 기기들은 2/4만 정상적으로 동작해도 발전소의 안전을 보장할 수 있도록 설계되어 있다. 즉 더 상위에서 유사한 기능의 펌프나 밸브들이 네 개의 그룹으로 나뉘고, 이들 네 개의 그룹 중 두 개의 그룹만 동작해도 안전이 유지되도록 하는 2 out of 4 개념이 포함되어 있다. 그러므로 하나의 펌프나 밸브를 동작시키는 최종 장치가 고장이라도 2 out of 4 개념에 의한 다중화 운전이 가능하다(공학적 안전설비 제어계통은 설계에 따라 4계열 중 한 계열만 동작해도 안전성이 유지되기도 한다).

■ 사이버 보안 대책

해킹이 일반화되면서 사이버 보안은 중요설비에서 갈수록 중요한 이슈가 되고 있다. 이에 대해서는 7장에서 상세히 다룬다.

■ 인간공학 설계 및 평가

가장 간단한 예로, 1장에서 이중화된 직류 전원공급기 중 어느 하나가 고장인 상태를 중앙제어실에서 경고로 알려주는 경우와 현장의 캐비닛에서 램프로만 알려주는 경우, 상태를 표시하는 것이 아예 없는 경우의 차이를 들어 설명했다. 원자력발전소나 대규모 화공/정유 플랜트의 복잡한 상황에서 어느 부분, 어느 기능에 어떤 이상이 발생했는지 효과적으로 알려주느냐 그렇지 못하느냐는 운전원의 조치가 필요한 경우 엄청난 차이를 유발한다. 잘 알려진 체르노빌 원전사고가 크게 확산된 원인 중에는 인간공학 설계의 미숙함도 포함된다. 초기의 이상상태를 표시하는 장치가 눈에 잘 띄지 않는 곳에 위치함에 따라 이상이 발생한 후 혼란한 상황에서 그 상태를 정확히 인지하지 못해 효과적인 대응을 하지 못한 것이다. 차를 새로 구입하면 운전석 계기판이 얼마나 보기 쉽게 설계되었는지, 운전 중 조작하는 각종 스위치가 얼마나 편하게 조작되는지 확인해야 한다. 특히 비상등 점멸 스위치의 위치는 운전자가 필수적으로 알아둬야 하는 장치다. 그래야 후방 충돌사고의 위험을 줄일 수 있다.

스위치 조작에서 한 번 누르면 바이패스^{bypass} 기능이 설정되고 다시 누르면 바이패스 기능이 해제되도록 설계된 푸시버튼 스위치를, 운전원이 실수로 '스위치의 확실한 바이패스 기능을 확인하느라' 스위치를 두 번 누르고 트립^{trip} 버튼을 눌렀다가 플랜트가 실제로 비상 정지된 사례가 있다. 만연해 있던 인간공학 설계(**연속 두 번 누름 방지 또는 누름 후 확인 절차 등 필요**) 부실 또는 운전원 교육훈련(**교육**

훈련 매뉴얼에 해당 사항 기재) 부실이 합작하여 만들어낸 사고다. 인간공학 설계의 백미는 항공기 조종석이라고 할 수 있다. 조종석에서 기장과 부기장의 역할, 상황에 따른 조종 전환, 모든 조종 행위 기록, 모든 상황의 파악 및 대처가 조종석 앞의 작은 계기판에서 구현되어야 한다.

인간공학의 핵심은 얼마나 명확하게 상황을 인지^{cognition}할 수 있도록 설계했는가(화면 및 글씨 등이 명확하게 인지되고 중요도에 따라 차별성 있는 표시, 경보 등의 방법), 스위치 등의 동작 장치는 오조작 위험 없이 잘 구분하여 설치했는가(크기, 간격, 색상 구분 등), 근무자의 동선 및 시야, 근무자 간 소통 용이성 등을 고려하여 전체 설계가 이루어졌는가 등이다. 제어용 캐비닛의 경우에도 각종 표시 및 조작 스위치에 대해 같은 기준을 적용해야 한다.

이러한 인간공학설계의 검증은 사용자의 신체적 조건이나 국민(민족) 특성을 반영해 약간의 차이가 있지만 모든 사항을 객관적으로 확인하고 설계확정 전에 운전자(또는 운전예정자 등)의 모의운전 평가를 거치도록 되어 있다. 이에 관한 상세한 기준과 절차 등은 11장에서 다룬다.

■ 보호계통의 운전 중 시험성 확보

보호계통은 거의 동작하지 않는 것이 정상이므로 정작 동작이 요구되는 상황에서 잘 동작할 것인가에 대해서는 항시 의구심을 가질 수밖에 없다. 이에 대한 해결책은 정기적으로 시험을 실시하는 것이다. 보호계통의 시험이란 모의로 만든 원전 비정상 상태에서 정지신호가 발생되는가를 확인하는 것이므로, 정지신호를 내보내는 것은 확인하되 실제로 발전소를 정지시키지는 않도록 해야 한다. 그러므로 4중화된 보호계통의 한 채널을 우회^{bypass}시킨 후 이 채널에만 정상범위를 벗어난 신호를 인가했을 때 정지신호가 발생하는지 확인하는 시험이다. 간단해 보이지만 사실 20개에 가까운 신호를 변화시키며 5개의 PLC에 주입하면서 각각의 신호에 대한 응답과 통신상태, 진단상태를 확인하는 작업이다. 이 시험 작업은 품질절차를 따라 진행하는데, 나머지 세 개의 채널은 삼중화 상태에서 정상적인 보호기능을 수행해야 한다. 보호계통은 이런 정기 시험을 할 수 있는 방안이 마련되어야 하며 이를 뒷받침할 수 있도록 설계되어야 한다. 아울러 시험과정은 중앙제어실에서 모니터링 및 기록되어야 한다. 이 시험은 원자력발전소 운영에서 운전 중 시행하는 가장 신경이 많이 쓰이는 시험이며 주의가 필요한 시험이다.

■ 인허가 대응

앞의 모든 절차를 마친 문서와 품질을 입증하는 문서, 시험결과 보고서 등이 전체적으로 인허가를 위한 입력자료가 된다. 항공기 또는 항공기에 사용하기 위한 전자제어시스템, 무인자율주행자동차, 원자력발전소 등 모든 안전필수 시스템은 정부 관련 부처로부터 인허가를 받아야 하며, 인허가를 받는 것은 사용을 위한 충분조건이 아니라 필요조건이다. 대부분의 경우 공급자는 완전한 절차대로 개발한 결과와 문서라고 자평하지만 인허가권자 및 평가자와의 검토회의에서는 많은 해석상의 차이와 이견이 나오며, 이런 이견사항을 종결하기 위해 많은 추가자료 및 검토서 작성이 필요하다.

앞의 모든 절차와 작업이 인허가를 받기 위한 작업이지만 이 절차가 모든 것을 이야기하지는 못한다. 이 책에 있는 모든 장의 내용이 인허가를 위한 자료이자 설계제작 결과의 성능과 RAMS를 확보하기 위한 최소의 노력이라고 할 수 있다.

현장의 목소리 #01

글: 효성 PGS 팀

효성은 10여년 전부터 차세대 송전 시스템인 HVDC(직류송전시스템)$^{\text{High Voltage Direct Current}}$를 개발하고 있습니다. HVDC란 교류 전력을 안전하고 효율적으로 직류로 변환하여 송전하는 시스템을 말합니다. HVDC는 기존의 교류송전시스템에 비해 성능면에서 유리한 점이 많지만, 사용되는 부품 수가 많아서 계통의 정량적 특성인 RAMS 평가가 매우 중요합니다.

회사는 HVDC 제어시스템을 평가하는 과정에서, 적용 방법에 따라 우리의 평가 방법이 객관적이고 고객 및 타사의 인정을 받는 방법인지, 그리고 고객의 요구를 만족시키는 제품인지에 대한 평가 결과의 차이가 너무 크게 나는 문제에 직면하게 되었습니다. 이러한 문제를 해결하기 위해 이 책의 저자인 김국헌 박사님과 함께 RAM 평가를 수행하면서 제어시스템의 신뢰도 및 가용도와 관련된 설계 방향에 대해 기본 개념을 체험할 수 있었습니다. 또한 하드웨어의 fault, error, fail 등에 대한 개념을 적용하여 체계적이고 안전한 제어시스템을 개발 및 평가할 수 있는 기회를 갖게 되었습니다.

이를 통해 우리는 제어시스템의 안전성을 고려한 고장허용설계를 진행했고 고장율로부터 신뢰도, 가용도, 유지보수 전략 수립을 위한 현실성 있는 RAMS 평가 방법을 도출할 수 있었습니다. 이러한 과정에서 '누구나 아는 방법'과 '실제 문제에 적용하여 합리적인 결과를 생산하는 방법'의 차이를 알게 되었고, 합리적 결과를 생산하는 방법을 구사할 수 있는 프로의 수준을 느낄 수 있는 기회가 되었습니다.

이 책은 저자들의 실무 및 다양한 개발 경험을 바탕으로 집필되었으며 안전관련 제어시스템을 개발하기 위해 설계 단계부터 반드시 갖춰야 할 기본 개념과 노하우가 잘 집대성된 실전 핸드북이 될 것입니다.

HVDC 밸브 전경

PART 02

제어시스템 설계와 소프트웨어 개발

CONTENTS

CHAPTER 05 원전 MMIS와 전기 1등급 PLC
CHAPTER 06 TMR 디지털 여자시스템 설계와 분석
CHAPTER 07 안전필수 소프트웨어 개발 방법론
CHAPTER 08 소프트웨어 확인 및 검증 방법론과 사례

PART 1에서는 안전필수 시스템이 무엇인가에 대해 설명했다. 그리고 안전필수 시스템에 사용되는 제어시스템은 기본적으로 고장허용설계가 되어야 하며, 이를 기반으로 RAMS 정량적 평가가 필수적이라는 점에 대해서도 설명했다. 그리고 RAMS 평가를 위한 기본 이론과 계산 방법을 상세히 설명했다. 이와 함께 제어시스템이 실제로 RAMS 평가를 하는 모델과 일치하거나 매우 유사한 시스템인지 확인하기 위해 고장모드 및 영향분석 방법을 사용할 수 있음을 설명했다.

PART 1에서는 안전필수 시스템용 제어시스템은 어떤 것이며 어떤 평가를 거치는가에 집중하고, PART 2는 PART 1에서 진일보한 내용으로 안전무결성 수준 IV에 해당하는 원전 MMIS의 구성과 개발 과정, 준수해야 할 기술 기준들을 설명한다. 또한 PART 1에서 하드웨어 관점으로 주로 설명한 부분을 소프트웨어 관점에서 개발 및 확인검증과 관련해 설명한다.

PART 2를 학습하면 안전필수 시스템의 제어 및 보호시스템 설계와 제작, 평가와 소프트웨어 개발 및 검증 등에 관한 사항을 이해하고 실제 프로젝트를 수행할 수 있는 기본 지식을 갖추는 수준이 될 수 있다.

CHAPTER
05

원전 MMIS와 전기 1등급 PLC

원전 MMIS _5.1
전기 1등급 PLC: POSAFE-Q _5.2
MMIS 확인검증 과정 _5.3

PREVIEW

안전필수 시스템용 제어시스템의 탄생요건을 만족시키면서 탄생한 원자력발전소 계측제어시스템과 여기에 사용되는 기본 플랫폼인 안전등급 PLC의 개발 과정 및 특성을 설명하고자 한다. 확실한 대상이 없는 상태에서 안전필수 시스템의 제어 및 보호를 어떻게 해야 한다고 설명하는 것은 이를 처음 접하는 공학도에게 전혀 이해할 수 없는 이야기가 되기 쉽다. 그러므로 원자력발전소의 제어 및 보호시스템인 MMIS$^{\text{Man Machine Interface System}}$를 구체적인 예로 들어 설명한다.

원자력발전소에 사용되는 계측제어시스템은 국제적으로 원전계측제어시스템$^{\text{Nuclear Instrumentation \& Control System}}$이라고 부른다. 아날로그식 계측제어시스템은 과거의 유물이 되었고 신규 건설원전은 대형 디스플레이에 정보를 표시함으로써 인간-기계연계$^{\text{man-machine interface}}$가 강조되었는데 이를 MMIS라고 부른다. 원자력발전소의 MMIS 전체가 안전등급은 아니다. MMIS 중에는 안전기능을 담당하는 안전등급 시스템과 그렇지 않은 비안전등급 시스템이 있다. 안전등급 및 비안전등급 시스템들은 운전 및 제어를 하는 부분과 모니터링을 하는 부분으로 나뉠 수 있는데, 둘 다 자기 등급에 요구되는 조건을 만족해야 한다. 원자력발전소 MMIS에서 안전등급시스템은 설비 고장이 방사능 유출사고로 확대될 가능성이 있는 설비를 의미한다. 이 말은 안전등급 시스템 중 하나의 고장이 방사능을 유출한다는 의미가 아니다. 안전등급 시스템은 방사능이 유출되지 않도록 하는 기능을 담당하는 여러 장치 중 하나라고 이해하는 것이 적합하다.

원자력발전소의 MMIS가 모두 안전기능을 수행하는 것은 아니다. 쉽게 이야기하면 원자력발전소와 화력발전소의 차이에 해당하는 부분을 담당하는 계측제어설비는 대부분 안전등급 시스템이며, 발전기와 터빈 등 일반 화력발전소와 공통적인 부분에 해당하는 계측제어시스템은 비안전등급이라고 이해하면 크게 틀리지 않는다고 할 수 있다. 규모 면에서는 절반이 약간 안 되는 정도가 안전등급 제어시스템이며 나머지는 비안전등급 제어시스템이다.

SECTION 5.1 원전 MMIS

MMIS$^{\text{Man Machine Interface System}}$는 원자력발전소 한 기에 대략 class 1 E PLC 150대, 일반 산업용 DCS 150대 정도로 하나의 시스템을 구성하는 대규모 제어 및 보호시스템이다. **원전 MMIS**는 원자력발전소의 감시/진단/운전/제어/보호 기능을 수행하는 것이므로 사람으로 치면 눈으로 보고 귀로 들으며 냄새를 맡고 육감과 지식으로 판단하는, **뇌와 신경망 역할을 수행**하는 것이라고 할 수 있다. [그림 5-1]은 이러한 원전 MMIS의 개념을 보여준다. 원자로와 증기발생기, 터빈과 발전기 및 보조기기로 구성되는 원자력발전소는 수백 개의 펌프와 밸브 제어를 통해 유량과 압력을 제어하고, 원자로제어봉 구동장치 제어계통이 핵분열을 제어하는 구조이다. 핵분열을 제어하는 것은 제어봉이며 이를 움직여주는 장치가 원자로제어봉 구동장치다. 다양하고 거대한 원전의 제어를 위해 디지털 제어기기와 통신망이 기본으로 사용되는데 [그림 5-1]의 우측에 안전등급$^{\text{safety system}}$과 비안전등급$^{\text{non-safety system}}$으로 나누어 나타냈다.

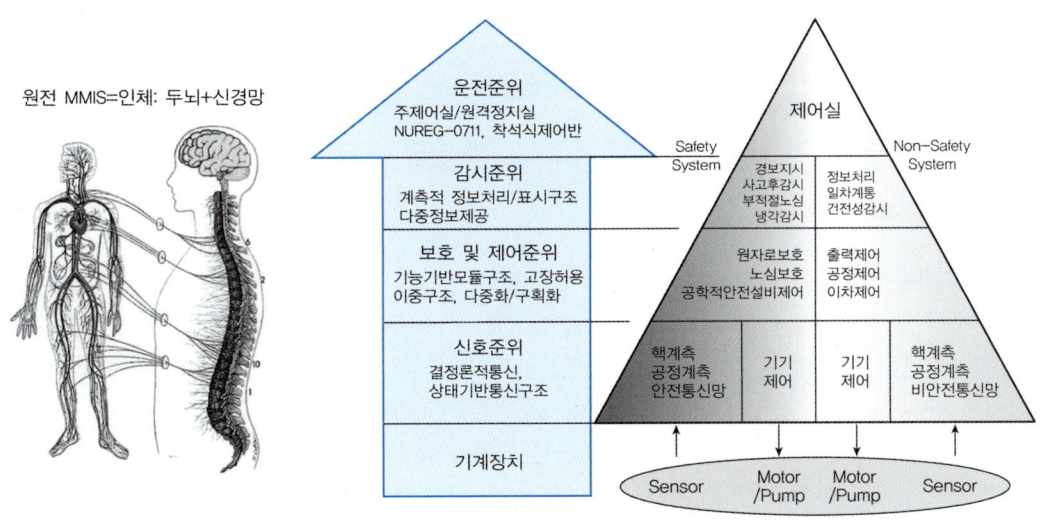

[그림 5-1] 원전 MMIS의 개념

시스템은 2000개 이상의 CPU 및 컴퓨터가 300개 정도의 캐비닛 및 콘솔에 이중화, 삼중화, 사중화된 설비로 이루어진다. 원전 MMIS의 주요 구성은 다음과 같다.

- 중앙제어실(MCR)
- 안전정지반$^{\text{safety console}}$
- 원자로 보호계통
- 공학적 안전설비기기 제어계통
- 안전등급 모니터링 설비

- 비안전등급 제어설비
- 정보처리시스템
- 제어봉 구동제어시스템(원자로 출력제어시스템)
- 각종 계측기류 및 감시진단 설비
- 원격정지실

원전 MMIS의 전체 구성 개념은 [그림 5-2]와 같다.

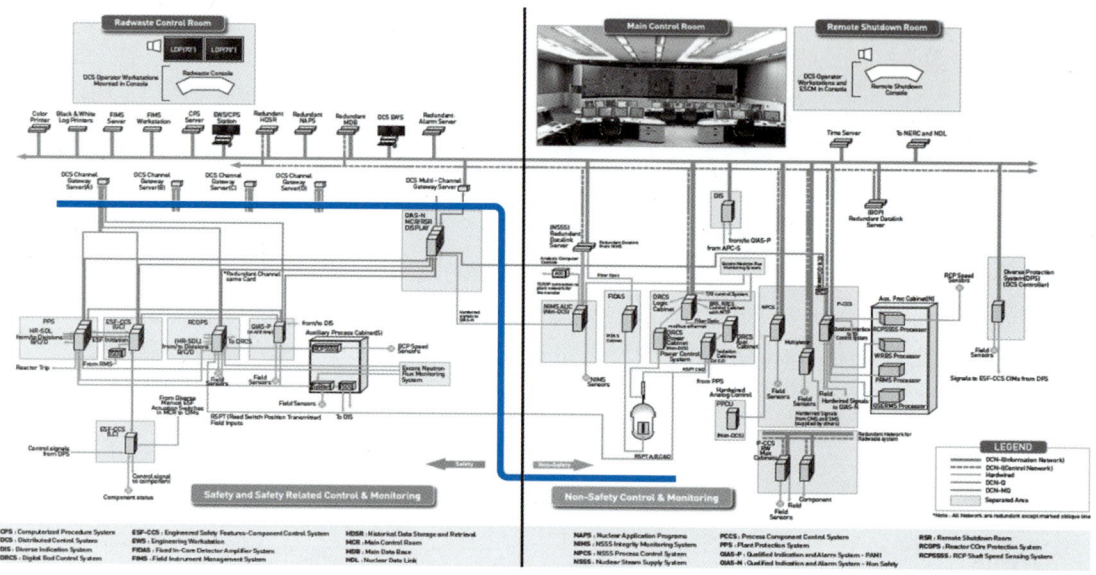

[그림 5-2] MMIS 구성 개념도

[그림 5-2]에서 PPS, RCOPS, ESF-CCS, QIAS-P, QIAS-N 등이 POSAFE-Q로 구성되는 안전등급 시스템이며 PCS와 NPCS가 DCS인 OPERA-System으로 구성되는 부분이다. 감시 및 경보 부분은 컴퓨터 서버와 통신망, 워크스테이션 등으로 구성된다. 여기서는 PPS, RCOPS, ESF-CCS가 4중화로 표시되며 QIAS-P, N은 이중화로 표시되었지만 같은 색임을 명심하자. 이들은 안전등급 계통이다. 단, 이중화된 시스템은 동작기기가 아닌 모니터링 장치다. 이에 반해 DPS와 P-CCS, N-PCS 등은 이중화된 것이며 비안전등급 기기들이라는 것을 알면 된다.

MMIS 구성 개념도

5.1.1 중앙제어실

중앙제어실은 MCR^{Main Control Room}이라 부르며 국내의 경우 5명이 근무하고 해외에서는 4명이 근무하도록 설계하기도 한다. 각자의 임무는 명확하게 정의되며 업무절차도 확립된다. [그림 5-3]은 중앙제어실 모형이다. 대형 스크린을 향해 원자로 차장, 터빈 차장, 발전 과장 세 명이 업무를 수행하며, 그 뒤에 발전 부장과 안전 차장 등 다섯 명이 하나의 발전팀으로 구성된다.

[그림 5-3] 중앙제어실 전면 대형 정보판

중앙제어실은 대형 정보판(LDP)$^{\text{Large Display Panel}}$으로 5,000개 이상의 정보를 포함해 발전소 상세 현황을 표시한다. 대형 정보판은 70인치 디스플레이 14개로 구성되며 그중 여덟 개는 고정 화면으로 상태 및 변수를 표시하고 경보 등을 발행한다. 나머지 6개의 70인치 디스플레이는 운전원이 화면을 바꿔가며 필요한 정보를 확인할 수 있다.

중앙제어실의 모든 설비는 전체 상황을 확실하고 명료하게 표현할 수 있도록 인간공학 설계가 반영되며, 중요 상황에 대해서는 시각적 표시 외에 소리 등의 경보로도 알리도록 되어 있다. 운전원 콘솔 설계는 높이 및 각도, 천장 조명의 반사 여부 등 운전원의 근무조건에 영향을 끼치는 모든 요소가 인간공학 측면의 평가를 거쳐 설계되어야 한다. 인간공학 설계는 최초 설계단계에서의 가이드를 만족해야 하고, 이에 따라 인간공학 전문가의 설계와 검증, 그리고 최종적으로는 시뮬레이터에서 운전원의 시험평가를 거쳐야 한다. MMIS에서의 각종 기기 조작은 마우스를 통해 이루어진다. 그러므로 각종 기기를 동작시킬 때는 클릭 실수 등을 방지하기 위하여 선택, 확인, 조작 단계로 동작시키도록 설계되어 있다.

복잡한 상황에서 효과적으로 사용할 수 있는 운전지원시스템으로 전산화절차서가 포함된다. 원전사고의 경우 인간공학 설계가 잘 되어 있어서 사고를 방지하거나 사고영향을 감소시킬 수 있었다는 연구보고들이 많다. 이는 항공기 조정실의 인간공학설계가 비정상 상황에서 조종사의 판단과 빠른 조치에 얼마나 도움이 되는지 생각하면 이해할 수 있을 것이다.

중앙제어실에서는 발전소 상황 전체를 보여주는 대형 정보판 및 비안전등급 모니터 외에 안전관련 변수를 표시하는 안전등급 모니터링 설비가 별도로 설치된다. [그림 5-4]의 전방 대형 정보표시판 좌측에 보이는 콘솔 형태의 구조물이 안전정지반이다. 안전정지반에 대해서는 5.1.2절에서 상세히 설명한다. [그림 5-4]는 중앙제어실 시뮬레이터이다. 실제 중앙제어실 설계에서는 시뮬레이터 테스트에서 발견된 천장 조명이 모니터에 반사되는 현상을 없애기 위한 조명설계 변경이 있었다. 또한 시뮬레이터는 내진 설계된 것이 아니지만 실제 발전소 중앙제어실의 설비는 모두 지진 강도 7에 버틸 수 있도록 내진 설계 및 검증을 마친 설비라는 차이가 있다. 시뮬레이터는 발전소에서 비번 근무조(발전팀)가 정규적으로 교육훈련을 하는 설비로, 실제 발전소와 같은 응답특성을 나타낸다.

[그림 5-4] 중앙제어실 전경(시뮬레이터)

[그림 5-5]는 대형 정보판에 있는 8개의 70인치 디스플레이 화면의 일부다. 이는 원자로, 증기발생기 등의 상태를 보여주는 화면이다.

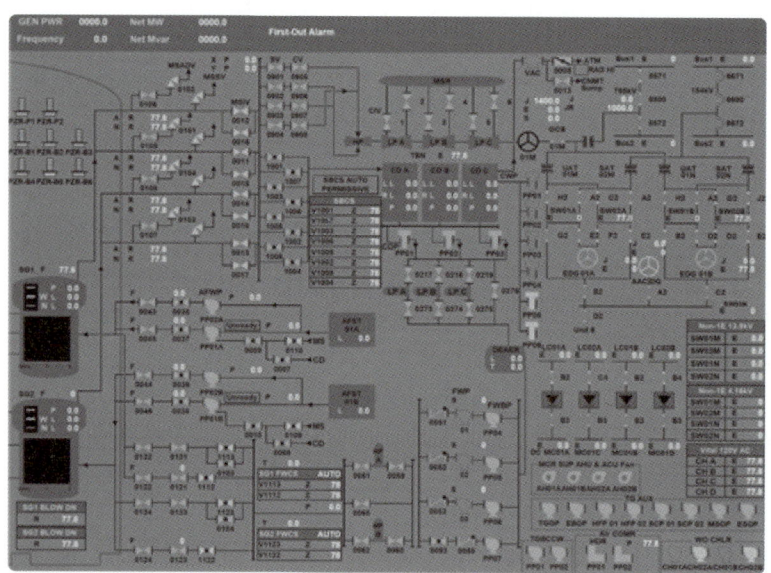

[그림 5-5] 중앙제어실 전면 표시판의 고정 화면 일부(원자로 상태 표시)

[그림 5-6]은 운전원 콘솔의 제어장치다. 운전원은 클릭으로 안전등급기기를 조작할 수 있는데, 여기에 사용되는 모든 기기들(예를 들면 마우스, 디스플레이, 소형 표시판 등)은 기기검증과 상용제품인증(CGID)$^{\text{Custom Grade Item Dedication}}$을 받아 원자력 안전등급에 사용할 수 있는 자격을 획득한 자재들이다. 상용제품인증(CGID)$^{\text{Commercial Grade Item Dedication}}$에 대해서는 10.4절(일반규격품의 품질검증)에서 상세히 설명한다.

[그림 5-6] 운전원 콘솔의 안전등급제어기 조작(소프트 컨트롤 장치)

5.1.2 안전정지반

안전정지반 safety console 은 [그림 5-4]의 왼쪽에 있는 낮은 구조물이며 [그림 5-7]은 그 실물을 나타낸 것이다. 상부에는 모니터가 설치되어 원전 안전계통의 운전 상태를 표시해준다. 여기에 표시되는 정보는 중앙제어실의 대형 정보판 및 운전원 콘솔에서 볼 수 있는 것보다 제한적이다. 그렇지만 이런 설비를 두는 이유는 원전의 안전을 지키기 위한 방법 중 통신망 및 컴퓨터 설비에 대한 다양성 확보 때문이다.

[그림 5-7] 실물 안전정지반 상세

안전정지반은 중앙제어실에 있는 설비지만 타 설비와는 독립적이다. 정상적인 발전소의 안전을 위한 정지 동작은 자동으로 동작하는 보호계통과 운전원에 의한 보호계통의 조작으로 일어난다. 그러나 MMIS의 경우 보호계통의 동작이 모두 통신과 디지털기술에 기반을 두므로 이에 의한 취약점(공통고장원인)을 보완하기 위한 설비다. 즉 디지털설비 및 통신의 동시 고장 등에 대비해 기계/전기식 조작으로 원전을 정지시킬 수 있는 최소 기능을 별도로 구현했다. 그러므로 상부에 있는 모니터에 표시되는 정보도 중앙제어실의 다른 설비들(보호계통 및 모니터링 계통 등)이 사용하는 통신과 독립된 통신시스템을 이용한다.

보호계통의 통신망과 제어는 class 1E PLC, 다양성보호계통은 비안전등급으로 DCS에 의해 동작한다. 안전정지반은 보호계통과 다양성보호계통의 통신망이 물리적으로 파괴되거나 소프트웨어 문제 등이 발생할 경우 원전을 안전하게 정지시키기 위해 아날로그/기계 형식으로 보호계통 기능을 구현한 것이다. 보호계통의 경우 4개 채널에서 명령이 나가는 것처럼 안전정지반에서도 운전원이 네 개의 채널에 정지명령을 보낼 수 있다. 안전정지반은 운전원의 인지성과 조작성 향상을 위해 모든 표식 및 조작 스위치에 인간공학이 철저하게 적용되며 평가 후 제작된다.

안전정지반 설치의 근본 목적이 디지털시스템에 대한 다양성 확보이므로 아날로그방식으로 동작한다. 그러므로 원자로보호계통이 통신으로 처리하던 수많은 센서정보 및 기기동작 명령을 선으로 연결한다. 안전정지반의 케이블 밀도는 아마 현존하는 어떤 공학설비보다도 복잡한 구성일 것으로 예상된다. [그림 5-8]은 시뮬레이터에서 대형 정보판과 운전원 콘솔, 안전정지반의 위치를 동시에 보여준다.

[그림 5-8] 안전정지반과 대형 정보표시반

5.1.3 보호계통

안전이 가장 강화된 APR-1400 원전의 보호계통은 중앙제어실에 있지 않다. 중앙제어실에서는 보호계통의 동작 및 진단결과 등의 상태를 볼 수 있고, 운전원이 수동으로 동작시킬 수 있다. 4개 채널로 구성되는 보호계통은 각각의 채널이 물리적, 전기적으로 분리된 장소에 격리되어 있다. 화재나 폭발 및 기타 전기적 문제로 네 개의 보호채널이 동시에 고장 나는 일이 없도록 하는 최상위의 설계조건이다. 각각의 채널에 사용되는 센서들도 채널별 전용 센서로 지정된다.

원전의 보호계통은 원자로 보호계통(RPS)$^{\text{Reactor Protection System}}$, 공학적 안전설비 기기제어계통(ESF-CCS)$^{\text{Engineering Safety Feature Component Control System}}$, 노심보호계통(RCOPS)$^{\text{Reactor COre Protection System}}$ 등으로 구성되며, 감시진단계통으로는 안전변수 진단감시 시스템이 있다. 발전소 보호계통 전체를 PPS$^{\text{Plant Protection System}}$라고 부르는데, 원자로 보호계통을 PPS라고 하는 경우도 있으므로 이 용어에 대해서는 문맥적으로 잘 살펴볼 필요가 있다.

[그림 5-9]는 보호계통의 구조를 설명한 것이다. 이 개념을 이해하면 안전관련 제어시스템 설계의 최상위 개념인 보호계통 설계를 이해하는 것이며 **이보다 낮은 SIL 등급의 화공정유 플랜트, 가스저장소의 보호계통 등을 이해하고 SIL3 조건에 맞게 쉽게 구현할 수 있다.** 원전의 보호계통은 안전무결성수준(SIL)이 4인 최상위 보호시스템이므로 이는 일반적으로 생각할 수 있는 보호시스템 구성의 최고 개념이다. 화공 및 정유 플랜트의 보호시스템은 원자로보호시스템과 유사하지만 SIL 등급에서 더 낮은 SIL 3이 적용되며 IEC 61511에서 잘 설명하고 있다.

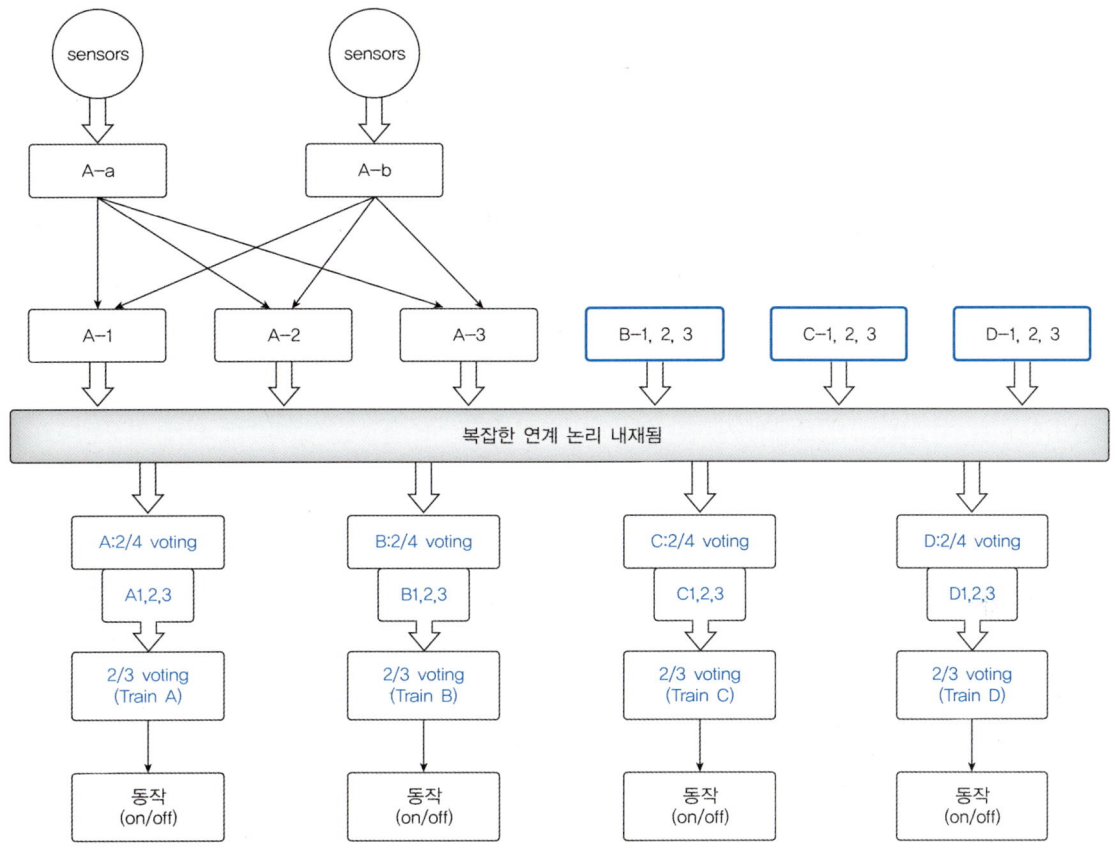

[그림 5-9] 원전 MMIS의 보호 개념

원자로 보호계통

[그림 5-9]에서 A, B, C, D는 원자로 보호계통의 채널 네 개를 의미한다. 하나의 채널에는 a, b와 같이 이중화된 개념의 로직이 있다. 채널 내 센서는 한 개지만 여기서 출력되는 신호를 분배하여 PPS의 BP1과 BP2가 이중화 수신하도록 되어 있다. 또 1, 2, 3와 같은 동시논리 처리부도 있다. [그림 5-9]에서 동시논리 처리부 1, 2, 3는 자기 채널의 a, b로부터만 정보를 받는 다고 간단히 표시되어 있는데, 실제로는 B-a, B-b, C-a, C-b, D-a, D-b를 거쳐 모든 센서 비교정보를 받는다. 동시논리 처리부 A-1은 A-1, B-1, C-1, D-1의 정보를 취합해서 2/4 보팅으로 A-1의 출력신호를 결정하고 내보낸다. A-2는 A-2, B-2, C-2, D-2의 정보를 취합해 A-2의 출력신호를 결정하고 내보낸다. A-3는 마찬가지로 A-3, B-3, C-3, D-3의 출력을 취합해 자신의 출력신호를 결정하고 내보낸다. A-1, A-2, A-3의 신호 세 개는 2/3 보팅을 통해 채널 A의 신호가 결정된다. A, B, C, D의 출력이 2/4 보팅을 통해 최종적으로 원자로 정지 여부를 결정짓는다. 여기서 2/4 보팅의 기준을 A, B, C, D 네 개의 채널 중 임의의 두 개로 하는 일반적인 2/4 보팅으로 할 것인가, 아니면 특정한 그룹핑을 통해 원자로를 정지시킬 것인가의 선택적 2/4 보팅으로 구분되기도 한다. 이 부분은 여기서 다루지 않지만, 많은 경우에 선택적 2/4 보팅을 한다. 그 이유는 선택적 2/4 보팅을 해도 보호계통의 가용도가 원자로의 안전을 보장할 수준으로 확보된다고 평가되며 회로구성이 비교적 간단하기 때문이다.

여기서 A-a, A-b 등 두 개의 프로세서는 비교논리라고 하며 A-1, A-2, A-3와 같은 세 개의 프로세서는 동시논리라고 한다. 비교논리는 해당 채널 센서로부터 입력된 신호를 기설정된 트립 설정치와 비교해 트립 여부를 판단하는 논리다. 두 개의 센서에서 받은 신호를 비교하여 건전성을 평가한다는 의미이며, 동시논리는 한 채널이 네 채널의 신호를 동시에 받는다는 의미다. 4개의 채널로부터 신호를 입력받아 2/4 보팅 로직을 수행하며 동시논리 프로세서가 세 개 있으므로 자기 프로세서 고장이나 타 프로세서 고장 등의 경우에도 신뢰성을 확보할 수 있는 방법이다. 요약하면, 한 채널의 정지신호 발생은 채널 내 세 개의 동시논리에 의한 2/3 보팅으로 결정되지만 각각의 동시논리는 네 채널 신호를 모두 이용한다는 것이다. 또한 최종적인 보호동작은 각각 2/3 보팅으로 결정된 채널 A, B, C, D 신호를 2/4 보팅으로 최종 결정한다.

[그림 5-9]는 채널별로 한 종류의 센서는 한 개이며 전체로는 16개 이상의 변수에 의해 결정된다. 각각의 변수는 한 채널에서 같은 센서로부터 입력되는 신호를 두 개의 비교논리로 측정한다. 이렇게 센서로 측정되는 변수들 외에도 센서로 측정할 수 없어서 복잡한 연산으로 평가한 값들에 의해 원자로 정지를 결정하는 요소들도 있다. 계산 결과 비교논리에 주어지는 신호는 노심보호연산기의 계산 결과다. 원자로 보호계통은 보호연산 과정에서 센서의 고장이나 채널 내 자기 프로세서 고장이 정지신호를 발생시키는 것으로 설계된다. 이는 혹시 정지할 상황이 아닐 때 원자로를 정지시키는 것은 안전관련 문제가 없지만, 정지해야 할 상황에서 센서나 자기 프로세서의 고장으로 정지하지 못할 경우 위험한 상황이 되므로 이런 경우를 배제하기 위한 설계 원리다.

원자로 보호계통의 정지신호는 [그림 5-9]의 하부로 나가는 신호다. 이 정지신호는 제어봉 구동장치 전원을 차단함으로써 제어봉이 자유낙하에 의해 원자로 내부에 삽입되도록 하는 것이다. 그러므로 원자로 보호계통의 동작이 아닌, 어떤 다른 원인으로 제어봉 구동장치 전원이 상실된다고 하면 원자로는 원치 않게 정지되는 것이다. [그림 5-9]의 화살표는 모두 단방향 화살표다. 이는 모든 신호의 흐름이 단방향으로만 가도록 설계해야 한다는 중요한 의미를 갖는다. 어느 부분에서 통신이 사용된다면 통신도 단방향이어야 한다는 것이 원자력 안전계통의 설계요건이다. [그림 5-9]에 표시되지 않은 그룹 간 통신에는 각 채널의 상태를 진단감시하기 위해 **안전등급 통신망 방식**이 사용될 수 있다.

[그림 5-9]의 A-1, A-2, A-3는 A-a, A-b로부터만 신호를 받는 것으로 표시되어 있는데, B-a, B-b, C-a, C-b, C-c, D-a, D-b 등 나머지 세 채널의 비교논리 신호들도 모두 받아서 이들을 비교하여 판단한다. 여기서 A-1, A-2, A-3가 2/3 보팅으로 채널 A의 원자로 정지신호 발생 여부를 결정한다. 채널 B의 보호신호는 B-1, B-2, B-3의 보팅으로 결정된다. A, B, C, D 네 개의 채널 중 두 개의 채널이 정지신호를 발생시키면 원자로가 정지된다.

공학적 안전설비 기기 제어계통

공학적 안전설비는 원자로 보호계통에 의한 원자로 정지 이후에 후속조치하는 펌프 및 밸브를 의미한다. 어떤 원인으로 원자로를 정지시켜야 할 때 원자로 보호계통이 원자로 정지 스위치기어(RTSG)^{Reactor Trip Switch Gear}를 개방함으로써 원자로제어봉이 원자로 내부로 낙하되어 원자로의 추가적인 핵분열을 중지시키고 원자로가 위험한 상태로 가는 것을 막는 것이다. 이는 최초 원자로를 정지시켜야 했던 사유가 무엇이든 안전을 위해 핵분열을 중단시킨 것에 해당하며 왜 정지시켜야 했는지에 대한 후속대책은 수립되지 않은 것이다. 예를 들면 주로 원자로의 온도나 압력 또는 냉각수 유량 등에서 문제가 발생해 원자로의 핵분열을 중지시킨 것이지만, 유량이 부족하면 유량을 추가로 확보해야 하고 압력이 높으면 압력을 낮추기 위해 밸브를 여는 등의 동작을 취해야 한다. 원자로 보호계통은 원자로의 핵반응을 중지시키지만, 공학적 안전설비는 추가적인 후속조치로 어떤 밸브나 펌프를 구동시켜 압력, 온도를 유지시키거나 냉각수 유량을 확보하도록 해야 한다. 이런 설비들은 원자력발전소가 정상적으로 운전되는 상태에서 상황의 요구에 따라 바뀌어야 하는데, 어떤 동작을 해야 하는지는 원자로 보호계통이 잘 파악하고 있다. 모든 보호용 센서로부터의 정보를 원자로 보호계통이 받았고 그 결과 보호계통을 동작시켰기 때문이다. 그러므로 **원자로 보호계통이 후속 조치가 필요한 공학적 안전설비를 구동하는 신호를 발생시킨다.**

이런 과정이 4중화된 원자로 보호계통에 의해 판단되므로 정확한 판단일 가능성이 매우 높다. 그러나 실제로 **구동할 펌프나 밸브를 선택하여 구동명령을 내리는 것이 다중화되어 있지 않으면 실제로 구동해야 할 기기에 명령이 전달되지 않는 경우가 있을 수 있다. 그러므로 이를 위한 통신 또는 신호에 의한 명령도 다중화되어야 한다.** 아무리 합리적인 판단도 전달체계가 제대로 되어 있지 않으면 최종 동작을 제대로 할 수 없기 때문이다. 마지막으로 동작해야 할 기기가 잘 선택되고 다중화 동작명령이 잘 전달된 경우에도 동작할 기기가 고장이라면 문제가 된다. 그러므로 어떤 필요성에 의해 동작해야 할 기기를 네 개의 그룹으로 나누고, 네 그룹 중 한 개 또는 두 개 이상의 그룹이 동작하면 필요한 공학적 안전기능을 수행할 수 있도록 할당해야 한다.

그림으로 좀 더 상세히 설명한다. [그림 5-9]의 아랫부분, 2/4 보팅으로 표시된 부분들이 공학적 안전설비 제어계통이다. 공학적 안전설비 제어계통도 원자로 보호계통처럼 사중화 개념이지만 여기서는 채널 A, B, C, D의 표현을 사용하지 않는다. 원자로 보호계통은 채널 A, B, C, D가 결국 하나의 원자로 정지스위치를 동작시키는 것이지만 공학적 안전설비 제어계통은 약 600개의 펌프나 밸브를 구동시키는 것이며 여기서 A, B, C, D로 구분된 것은 A, B, C, D의 네 계열로 나뉜 펌프나 밸브 중 한 개 또는 두 개의 계열만 동작하면 원자로 보호계통이 정지시켰던 원자로계통의 문제들이 해소될 수 있음을 의미한다. 그러므로 공학적 안전설비는 A, B, C, D 계열train로 부르며, 공학적 안전설비 제어계통은 사중화의 개념이지만 2/4 보팅이 아닌 4계열 다중화 개념이다. 즉 A, B, C, D **계열로 나뉘는 펌프나 밸브들은 설계 방식에 따라 어느 한 계열 또는 두 계열의 펌프와 밸브만 동작해도 원자로계통의 안전을 지킬 수 있도록 설계(지정 및 분리)된 것이다.** 펌프 및 밸브를 A, B, C, D 계열로 분리 설정하는 것은 계측제어 전문가의 역할이 아니라 최상위 단계인 원전 설계자의 역무이며, 이를 높은 신뢰도로 요구되는 시간 이내에 동작하도록 구현하는 것이 계측제어 전문가의 역할이다. 원자로 보호계통 각각의 채널에서 채널 내 센서나 자기 프로세서 고장 시 정지신호를 발생시키도록 설계되었다고 설명했다. 공학적 안전설비인 대략 600개의 펌프나 밸브를 동작시키는 과정은 실제로 간단하지 않다. 좀 더 상세히 알아보자.

원자로 보호계통의 동작으로 원자로가 정지되고 자동으로 공학적 안전설비 기기 제어계통이 동작하는 경우에는 문제가 없다. 그러나 어떤 이유로 운전원이 원자로를 정지시키고 수동으로 조작해야 하는 경우도 있을 수 있다. 3장의 안전도 평가에서 보호계통의 자동동작 이외에 수동으로 안전을 확보하는 가능성에 대해 설명했다. 수동으로 원자로를 정지시킨 경우에는 공학적 안전설비 기기 제어를 운전원이

하게 된다. 또 안전정지반 조작으로 원자로를 정지시키는 경우에도 공학적 안전설비 기기를 조작할 필요가 있을 수 있다. 이런 경우에 대비해 [그림 5-9]의 on/off 동작 명령 수행논리는 좀 더 세심한 설계가 필요하다. 만약에 자동동작으로 나온 명령과 운전원이 조작하는 수동명령이 다르다면 기기가 어떤 명령을 따라야 하는가의 문제다. 이런 경우 항상 자동명령보다는 운전원에 의한 수동명령이 우선한다. 이런 문제의 경우에 대비해 **on/off 기능 수행에는 자동명령과 수동명령을 구분하고 우선순위를 부여하는 우선순위 로직이 있어야 한다.** 예를 들면 어린아이가 어머니와 아버지의 요구사항이나 지시가 서로 다를 때 누구의 말을 들어야 하는가와 같은 경우다. 제어시스템에서도 소프트웨어나 하드웨어의 오류 및 고장으로 이런 경우가 발생하지 않는다는 보장이 없다. 그러므로 이런 문제에 대한 대책으로 공학적 안전설비는 최종 동작단계에서 명령의 근원지에 대한 우선순위를 비교하고 명령을 수행하게 된다.

원자로 노심보호계통

원자로 보호계통은 16종 이상의 변수를 측정하여 원자로를 이상상태로부터 보호하는데, 센서로 직접 측정할 수 없는 두 개의 변수가 있다고 했다. 두 개의 변수는 핵비등이탈률(DNBR)$^{\text{Departure from Nucleate Boiling Ratio}}$과 국부출력밀도(LPD)$^{\text{Local Power Density}}$이다.

원자력발전에서 가장 피해야 할 것 중의 하나가 원자로 내에서 핵연료 또는 핵연료 피복이 녹는 경우다. 원자력발전의 원리는 핵연료에서 일어나는 핵분열에 의해 열이 발생하고 이 열이 냉각수로 전달됨으로써 연료가 냉각되며 냉각수의 열에 의해 증기가 만들어져 터빈을 구동하는 것이다. 연료봉 표면의 많은 열을 냉각시키기 위해 냉각수를 순환시키는데, 연료봉에서 발생하는 열이 워낙 많으므로 고압임에도 불구하고 냉각수가 끓을 수 있다. 냉각수가 끓으면 기포가 발생해 연료봉 피복의 열을 냉각시키는 효과가 떨어지고, 그럴수록 연료봉 피복의 온도가 더 올라가므로 연료봉 피복이 녹는 일도 발생할 수 있어 이런 일이 생기지 않게 해야 한다. 따라서 냉각수의 온도가 섭씨 100도를 넘어도 수증기가 되지 않도록 원자로 내부의 압력을 높인다. 이는 대략 150기압 정도이며 냉각수의 온도가 섭씨 340도까지 올라가도 기포가 발생하지 않는다. 이런 압력과 온도를 이겨내야 하므로 원자로는 약 30cm 두께의 강철로 제작된다.

그러나 어떤 이유로든 냉각수에 기포가 발생하면 이는 연료봉 피복에서 발생하는 것이고 연료봉을 효과적으로 냉각시키지 못한다. 연료봉 용융은 원자로에서 일어나서는 안 되는 사고다. 그러므로 원자로 내부에 용융이 발생할 가능성이 큰 경우에는 핵반응을 중지시켜야 하며, 이후에도 지속적으로 필요한 수준의 냉각을 유지해야 한다. 그런데 원자로 내부에 기체가 발생했는지 직접 측정할 수 있는 센서는 없다. 그러므로 원자로 내부에서의 기포 발생은 원자로 출력, 냉각수유량, 냉각수 온도 및 원자로 압력 등의 함수로부터 계산을 통해 확인한다. 원자로 출력은 제어봉의 위치와 노외계측기에 의한 중성자출력에서 정보를 얻고 냉각수유량과 온도, 압력 등은 센서로 측정하여 핵비등이탈률을 계산한다. 또한 원자로 내부의 출력 분포가 정상 범위에 있는지 평가하여 국부출력이 정상 범위 이내가 아니면 원자로를 정지시키는 동작을 취한다.

핵비등이탈률과 국부출력은 몇 개의 센서 데이터 및 원자로와 연료의 물리적 위치, 제어봉 위치로부터 계산되는 연산의 결과다. 그러므로 이 연산 및 계측장치는 당연히 다른 보호계통과 동일하게 사중화되어야 한다. 네 채널로 된 노심보호연산기 각각의 채널은 서로 독립적인 센서로 계측한다. 노외계측기는 네 채널의 센서들이 각각의 채널로 정보를 보낸다. 제어봉위치 센서는 제어봉마다 두 개의 센서가 설치되어 네 개의 채널로 위치신호를 보낸다. 노외계측기는 원자로 원주 방향에 네 개의 센서가 있어서 네 방향에서 중성자 출력을 계측한다. 이중화된 제어봉위치 센서 중에서 어느 하나가 고장인 경우 정지신호를 발생시킨다. 이는 제어봉위치 센서의 고장진단이 불가능하기 때문이다.

보호계통 각 채널의 요구 특성과 규모

5.1.3절에서 설명한 보호계통들은 모두 네 개의 채널 또는 계열로 구성되는데 이들은 각각 독립된 센서와 프로세서로 구성된다. 각각의 기능이 독립적이며 화재나 전기사고, 폭발 등의 물리화학적 제반 문제에서 최대한 건전성을 확보해야 한다. 그러므로 각각의 채널이나 계열은 별도의 격리된 공간에 설치되며, 전기적으로 독립적인 보호설비와 전원을 갖는다. 채널 간 통신은 광통신을 사용하고 제어와 관련된 신호전송이나 통신은 모두 1 대 1 단방향 통신을 사용한다. 보호계통 내의 정보를 위한 통신은 네트워크 방식(1 대 N)을 사용할 수 있다. 보호계통 각각의 서브계통 규모는 대략 다음과 같다.

- **원자로 보호계통**: 4채널, POSAFE-Q PLC 24대
- **노심보호계통**: 4채널, POSAFE-Q PLC 12대
- **공학적 안전설비제어계통**: 4계열, POSAFE-Q PLC 60대 이상
- **안전변수 모니터링 및 기타 설비**: 두 종류, POSAFE-Q PLC 10여 대

보호계통은 원자력발전소가 정상운전 중일 때는 동작하지 않는 설비다. 그러므로 원자력발전소에 수십 년을 근무한 운전원도 보호계통이 동작하는 것을 한 번도 경험하지 못하는 경우가 대부분이다. 그렇다면 원전의 보호계통이 원전을 잘 지켜줄 것이라고 믿을 수 있을까? 예를 들어 전쟁이 나면 군대가 국가를 잘 지켜줄 것이라고 생각하는데 군인들이 전쟁이나 전투하는 모습을 한 번도 본 적이 없다면 많이 걱정될 것이다. 이 경우 실전을 방불케 하는 훈련이라도 봐야 어느 정도 안심할 수 있을 것이다.

원전뿐만 아니라 화공플랜트의 보호계통도 정기적으로 동작시험을 한다. 실제로 플랜트를 정지시키면 안 되므로 네 채널 중 한 채널씩을 전체 계통에서 우회bypass시키고 정지를 유발하는 신호를 인가했을 때 정지신호가 발생하는지 확인한다. 이 시험을 통해 보호계통의 건전성을 확인함과 동시에 시간이 흐름에 따라 감소하는 신뢰도 특성을 초기상태로 리셋하는 것과 유사한 효과를 얻을 수 있으며, 또한 자체 진단되지 않은 고장의 여부를 확인하여 불확도를 낮출 수 있다. 대부분의 원자력발전소에서는 매월 보호계통 동작시험을 수행한다.

원자력발전소의 보호계통을 왜 이렇게 복잡한 구조로 설계하는지 궁금할 것이다. 안전필수 시스템은 시스템 설계의 최초 단계에서 RAMS 요건이 주어진다. 이는 원자력발전소 전체의 안전을 위해 정해지는 정량지표로 계측제어설비에 할당되는 기본지표이며, 이를 만족시키기 위한 설계로 확정된 것 중 하나가 [그림 5-9]에 나타난 것이다. 원전의 보호계통 요건은 RAMS 외에도 각 채널을 구성하는 방법과 사용되는 플랫폼 PLC의 요건 등이 모두 포함되며, 요건들을 만족시키도록 설계한 예가 [그림 5-9]이다.

5.1.4 비안전등급 제어계통과 다양성 보호계통

원자력발전소에서 정상운전 중에 동작하는 설비는 거의 모두 비안전등급 제어시스템이다. 모든 비안전등급 제어시스템은 이중화설비로 구축되는데 제어대상에 따라서 1차 계통(원자로계통) 관련 제어시스템과 원자력 관점에서의 보조기기 제어시스템, 다양성 보호계통과 제어봉 구동장치 제어시스템으로 나눌 수 있다.

원자로계통 제어시스템

원자로계통의 비안전등급 제어대상은 [그림 5-10]과 같이 주급수 제어계통(FWCS)^{Feed Water Control System}, 증기우회 제어계통(SBCS)^{Steam Bypass Control System}, 가압기압력 제어계통(PPCS)^{Pressurizer Pressure Control System}, 가압기 수위제어계통(PLCS)^{Pressurizer Level Control System}, 화학 및 체적 제어계통(CVCS)^{Chemical and Volume Control System} 등으로 구성된다.

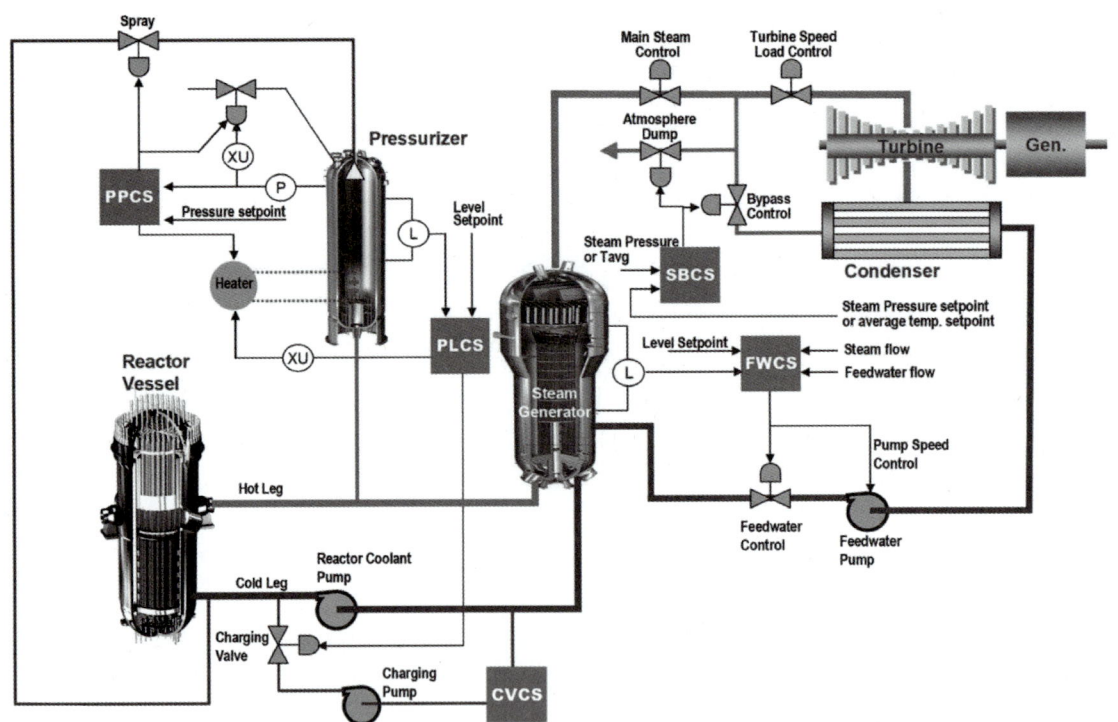

[그림 5-10] 원자로 제어계통의 주요 구성 및 기능

급수계통은 3대의 급수펌프로 구성되는데 한 대의 급수펌프 고장 시에도 정상출력 운전이 가능해야 한다. 이들 펌프는 각각 이중화된 제어시스템으로 제어해야 한다. 여기서 이중화는 master/slave 개념으로 구성하여 master controller 고장 시 자동으로 slave controller로 전환되어야 한다. 또한 수동으로 master/slave를 변경할 수도 있어야 하며 제어기 전환 시 제어 충격이 없는 무충격제어^{bumpless control}가 되어야 한다.

증기우회계통은 핵증기공급계통 내의 과도한 에너지를 터빈우회 밸브를 통해 방출하여 자동으로 증기량을 제어해야 하며, 원자로가 기동 및 정지하는 동안 원자로 냉각수 온도를 수동으로 제어할 수 있는 기능이 있어야 한다. 증기우회밸브는 여덟 개의 밸브를 순차적으로 동작시키지만 마지막 두 개는 증기를 대기로 방출하고 터빈을 정지시킨다. 증기우회계통은 화력발전소에서 가장 순위가 높은 안전성능에 해당하지만 원자력발전소에서는 상대적으로 비안전등급 제어로 분류되며, 그렇더라도 화력발전소에서의 증기우회제어시스템보다는 더 높은 수준으로 관리된다.

화학 및 체적 제어계통(CVCS)은 원자로 냉각수의 독극물 농도를 조절함으로써 원자로 출력을 제어하는 시스템이다. 냉각수의 보론 농도가 높으면 출력이 낮아지고 보론 농도가 낮으면 원자로 출력이 높아지며 이중화된 DCS로 구현한다.

공정기기 제어계통(P-CCS)

공정기기를 '보조기기'라고 표현했는데 이는 마치 보조적인 역할을 하는 설비로 인식되기 쉽다. '보조기기'라는 말은 오래전부터 플랜트에서 사용되어 온, 대표적으로 잘못 번역된 용어다. 영어식 명칭 BOP$^{Balance\ Of\ Plant}$를 보조기기로 번역했는데, BOP는 화력발전소에서 발전기와 터빈을 제외한 시스템을 일컫는 말이고 원자력발전소에서는 원자로와 증기발생기, 터빈과 발전기를 제외한 부분을 일컫는 개념이다. 원자력발전소에서 터빈과 발전기 부분을 TG로 분류하지만 TG와 관련된 증기 및 급수제어계통은 BOP로 분류된다. 그러므로 증기 및 급수 관련 계통, 전력설비 등을 모두 보조기기라고 부르는 것은 그 역할에 어울리지 않는 표현이다. BOP의 의미와 실제 플랜트에서의 역할을 생각하면 '균형설비'라는 말이 맞는 표현이다.

원자력발전소에서 원자로계통을 제어하는 제어시스템 이외의 BOP 제어설비를 P-CCS$^{Process\ Component\ Control\ System}$라고 부르는데, 실제로 원자력발전소의 제어시스템 중 가장 그 범위가 넓은 부분이다. P-CCS가 관장하는 제어대상은 공기조화설비(HVAC)$^{Heating,\ Ventilation\ and\ Air\ Conditioning\ facility}$, 2차 계통의 급수 및 증기 제어설비, 1차 계통의 급수 및 냉각재 펌프 제어, 각종 스위치기어 및 부하반$^{load\ center}$, 스위치 야드 설비 제어, 복합건물 내 사용 후 연료 임시저장고 계통설비제어 등으로 그 대상설비의 폭이 가장 넓다. P-CCS에 의해 제어되는 펌프, 밸브 및 스위치의 개수는 한 호기 기준(공통호기를 포함)으로 대략 900개 정도이며 이들은 각각 이중화된 제어시스템에 의해 제어된다. 보통 한 개의 제어시스템 단위(예를 들면 캐비닛과 2~3개의 DCS 랙)가 열 개 정도의 대상기기를 제어하도록 설계하므로 대략 90개 정도의 제어용 캐비닛이 필요한 거대 제어시스템이다.

발전소가 정상운전 중일 때는 대부분 비안전등급 제어설비에 의해 운전된다. 비안전등급 제어설비의 경우 제어봉 구동제어시스템 외에는 거의 모두가 산업용 분산 제어시스템으로 제어된다. 규모는 대략적으로 900개에 가까운 펌프와 밸브를 제어하며 이중화 구조를 기본으로 채택한다. 비안전등급 제어설비 내에서도 중요성이나 fail의 위험도에 따라 제어랙을 이중화하는 구조와 CPU만 이중화하는 구조가 같이 사용된다. 이에 대한 기준은 일반적으로 원전의 요건서에 구분되어 요구된다. 비안전등급 제어설비의 제어 방식은 on/off 제어 방식으로 제어되는 기기, 피드백 제어 방식으로 제어되는 기기들로 구분할 수 있으며 피드백 제어 방식은 부록의 제어기 설계에서 설명한 PI 제어기가 사용된다. [그림 5-11]은 보편적으로 사용되는 이중화제어기의 개념적 구조다.

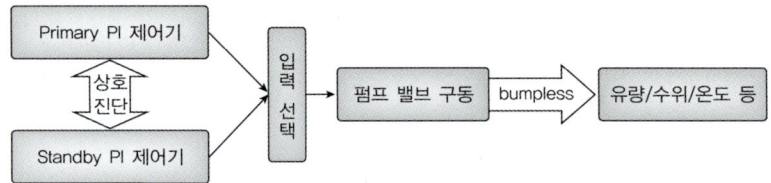

[그림 5-11] 이중화 제어기의 예시

제어봉 구동장치 제어시스템

원전은 핵분열에너지로 터빈을 회전시키는 것이므로 핵분열에너지를 제어하는 것이 가장 원천적인 출력제어다. 이를 제어하는 기능은 원자로 내부에 있는 제어봉 위치를 상하로 움직임으로써 핵연료봉의 핵분열을 제어하는 것이다. [그림 5-12]는 원자로의 핵분열부터 전기가 생산되어 송전되는 과정을 보여준다.

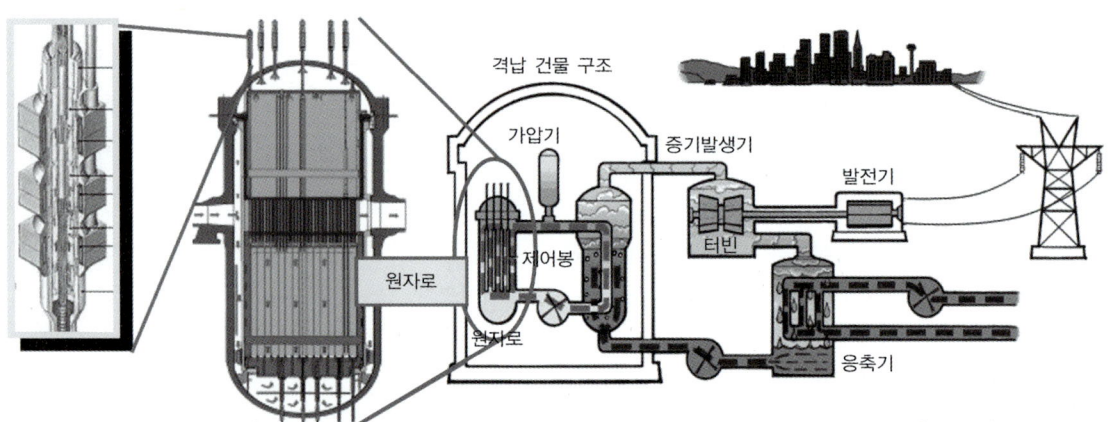

[그림 5-12] 원자로 내부와 발전 및 송전 과정 개요

[그림 5-13]은 원자로 출력제어계통의 신호연계 개념을 나타낸다. 원자로의 출력은 원자로 내부에서 상하로 움직이는 제어봉(감속재)에 의해 제어되는데 제어봉은 그 상부에 연결된 제어봉구동장치에 의해 움직인다. 제어봉구동장치는 전자력에 의해 제어봉을 상하로 움직일 수 있다. 하나의 제어봉구동장치는 네 개의 전자석으로 구성되며 이 네 개의 전자석에 정해진 순서대로 일정시간 정해진 전류를 흘려주면 상하로 움직이게 할 수 있다. 또한 보호계통이 제어봉구동장치에 공급되는 전원을 차단하는 RTSG(또는 RTSS)를 개방하면 제어봉구동장치의 전원상실로 제어봉이 중력에 의해 낙하하여 원자로의 핵반응을 정지시키는 역할을 한다. 제어봉구동장치는 설계 방식에 따라 세 개의 전자석으로 이뤄지는 경우도 있다. 국내에서는 제어봉의 불시낙하(원자로 정지 상황이 아닌 상황에서 오동작에 의한 제어봉 낙하)를 방지하기 위한 제어봉구동장치 제어시스템의 고장허용 시스템(다중화) 기술을 적용해 가용도와 신뢰도를 매우 높게 유지한다. 제어봉구동장치의 위치를 제어함으로써 원자로의 출력을 제어하므로, 이 장치를 원

자로 출력제어시스템 또는 제어봉구동장치 제어시스템이라고도 부른다. [그림 5-13]의 좌측에 인터페이스 시스템이 여러 개 있는데, 이는 원자로 출력제어를 위해 여러 변수를 활용하며 모니터링해야 함을 의미한다. APR-1400 원자로에는 제어봉 구동장치가 101개 설치되어 있다.

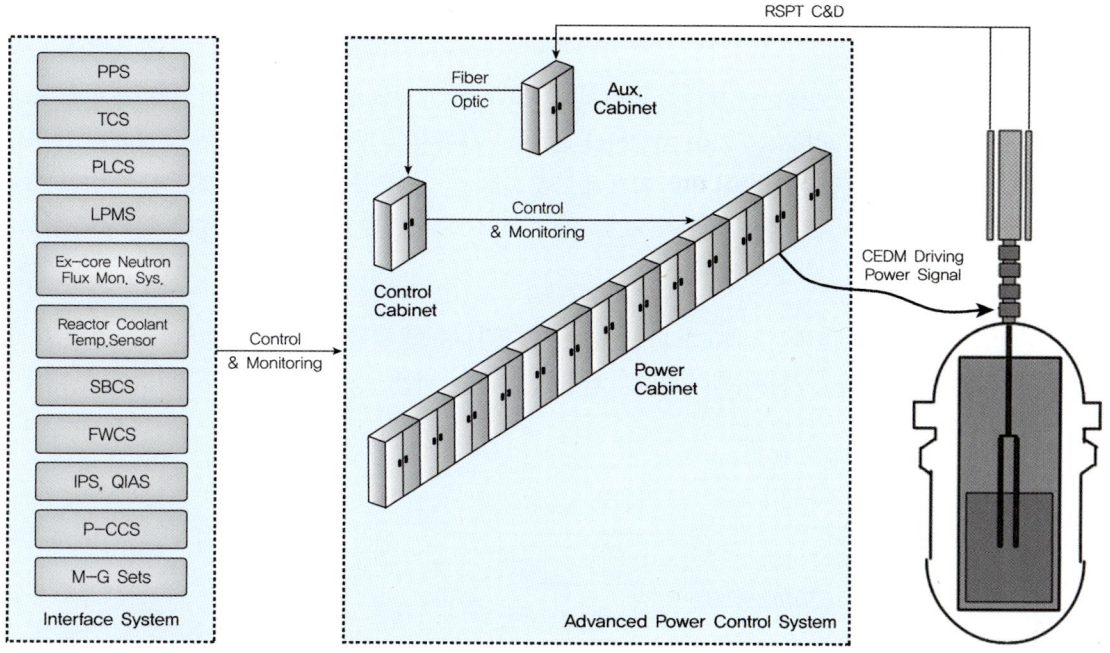

[그림 5-13] 원자로 출력제어계통(제어봉 구동장치 제어시스템) 개념도

다양성 보호계통

다양성 보호계통은 안전필수 시스템의 제어와 보호계통설계에서 필수적으로 요구되는 공통원인고장에 대응하기 위한 수단이다. 원자력발전소에서는 1E Class의 검증된 PLC를 이용하여 독립된 네 개 채널의 보호계통을 설계하지만, 여기에 사용되는 PLC나 그 소프트웨어에 공통원인으로 고장이 발생한다면 원자력발전소의 안전을 보장하기는 쉽지 않다. 공통고장에 대해 많은 대비를 했지만 이런 대비들이 고장이 없을 것이라는 점을 보장하는 것은 아니다. 단지 발생할 수 있는 고장에 대해 충분히 조사했고 설계 시점까지 알려진 공학적 오류방지대책을 적용했다는 의미다. 그러므로 어떤 예기치 못한 오류의 발생 가능성을 염두에 두고 이에 대한 대책을 수립하는 것 중 하나가 다양성 보호계통이다. 다양성 보호계통은 원래의 보호계통에 비해 설계개선과 검증이 비교적 간단하므로 보호계통 설계 이후 새로 필요성이 나타나는 기능적 보완이 필요한 경우에도 다양성 보호계통의 설계를 개선 또는 변경함으로써 추가적인 보호동작을 가미하는 경우도 있다.

다양성 보호계통은 원자로 보호계통의 공통고장원인에 대응하기 위한 것이므로 우선 사용하는 하드웨어 기기가 보호계통의 기기와 달라야 한다. 원자로 보호계통에서는 1E class PLC가 사용되는 반면에 다양성 보호계통에서는 비안전등급 분산 제어시스템(DCS)$^{Distributed\ Control\ System}$이 사용된다. 안전등급 플랫폼과 비안전등급 플랫폼은 사용되는 기본 운영체계나 도구 및 칩셋의 종류와 공급자, 개발참여조직과 인력도 달라야 한다. 개발 참여 조직을 관리하는 상위 조직도 서로 달라야 한다. 즉 DCS에 사용되는 핵심소자와 소프트웨어는 PLC에 사용되는 핵심소자 및 소프트웨어와 달라야 한다. 다양성 보호계통의 입력을 제공하는 센서는 당연히 원자로 보호계통에 신호를 제공하는 센서들과 서로 다른 독립적인 센서들이다. 다양성 보호계통의 설계 및 소프트웨어 개발 과정에 참여하는 조직이나 인력은 모두 원자로 보호계통의 개발조직 및 인력과도 독립적이어야 한다.

다양성 보호계통은 비안전계통으로 분류되며 안전계통인 원자로 보호계통의 설계 및 제작 과정에 비해 적용되는 기술 기준이 좀 완화되는 것이 사실이다. 그러나 다양성 보호계통의 기술 기준 강화가 일반적인 추세이므로, 비안전등급 시스템이지만 원전에 적용되는 비안전등급의 제어시스템보다는 엄격한 기술 기준과 인허가 조건이 요구된다. 다양성 보호계통은 이중화시스템으로 구성하며 향후에는 삼중화 시스템으로 요건이 강화될 가능성이 있다.

[그림 5-14]는 원자로 보호계통(RPS)과 다양성 보호계통(DPS)의 관계를 나타낸 것이다. 그림에서 회색 부분은 안전등급 기기로 사중화되어 있고, 파란색 부분은 비안전등급 기기로 이중화되어 있다.

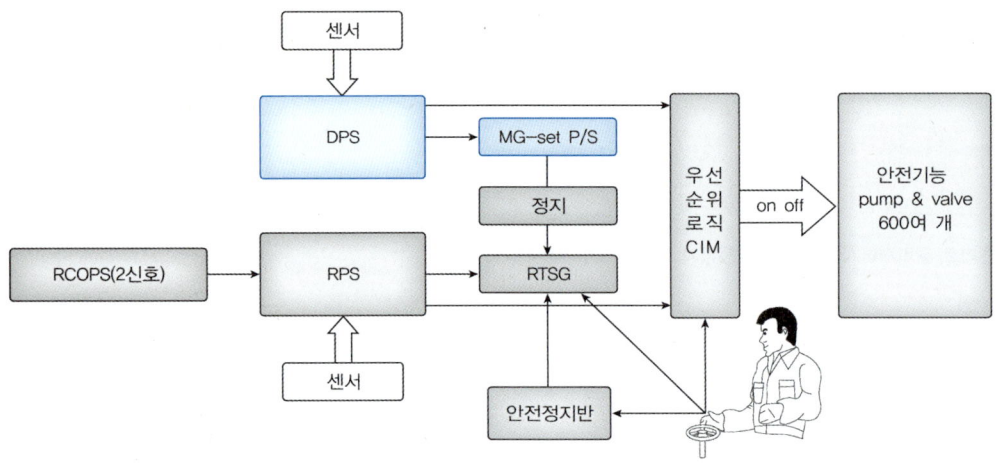

[그림 5-14] 원자로 보호계통과 다양성 보호계통의 연관 관계

원자로 보호계통은 A, B, C, D 네 개의 채널로 구성되며 안전등급 기기다. 원자로 보호계통은 제어봉 제어계통의 전원공급스위치인 RTSS$^{Reactor\ Trip\ Switch\ System}$에 트립 신호를 발생시켜 원자로의 핵분열을 중지시키고 원자로 안전을 유지한다. 반면에 다양성 보호계통은 비안전등급 기기이므로 안전등급인 RTSS에 신호를 줄 수 없다. 그러므로 기능상으로는 제어봉 구동장치의 전원을 차단하는 것이지만 RTSS를 차단하는 것이 아니라 제어봉 구동장치 전력을 생산하는 모터-발전기(M-G set)의 출력을 차단하는 것이다. 이 모터-발전기의 출력차단기는 비안전등급 스위치다.

원자로 보호계통이 원자로를 정상적으로 정지시키는 경우, 원자로 보호계통이 원자로 정지원인을 알고 있으므로 적절한 후속조치로 공학적 안전설비를 조작하게 된다. 그러나 공통원인고장으로 원자로 보호계통이 동작하지 못하고 다양성 보호계통이 동작하여 원자로를 정지시킨 경우에는 그 원인을 다양성 보호계통이 알고 있을 것이다. 그러므로 이 경우 공학적 안전설비는 다양성 보호계통에 의해 동작되어야 한다. 즉 공학적 안전설비 제어계통은 원자로 보호계통이 동작할 때는 원자로 보호계통의 지시를 받고, 원자로 보호계통이 비정상일 때는 다양성 보호계통의 지시를 받아야 한다. 이 두 가지 경우 외에 운전원이 판단하여 수동으로 원자로를 정지시키는 경우가 있다. 이 때는 운전원의 지시를 우선적으로 수행해야 한다. 그러므로 공학적 안전설비 기기제어계통은 기기조작 명령을 수동 명령, 원자로 보호계통, 다양성 보호계통의 세 곳에서 받을 수 있는데, 정상적인 경우에는 어느 한 곳으로부터 명령이 들어올 것이다. 그러나 항시 비정상인 경우에 대비하는 대책이 있어야 하는 것이 안전필수 시스템이다. 그러므로 **공학적 안전설비 제어계통은 상부의 명령을 수신할 때 우선순위가 정해져 있고 이에 의해 기계적으로 처리하게 된다.** 이것이 [그림 5-14]에서 CIM$^{Component\ Interface\ Module}$이 하는 역할이다. CIM은 원전 MMIS 설계에서 '안전계통은 비안전계통에서 신호나 정보를 받지 않는다.'라는 원칙을 지키지 않는 유일한 예외 장치다.

5.1.5 비안전등급 제어 플랫폼 DCS

5.1.4절의 비안전등급 제어시스템들은 비안전등급 전용 플랫폼인 DCS에 의해 구현된다. 발전소가 정상운전 중인 경우 일부 계측기를 제외하고는 비안전등급 제어설비로 구성된다. 안전등급 보호설비는 진단 및 필요 시 동작을 위한 대기상태에 있으며, 안전등급 감시진단 모니터링 설비가 안전등급 변수를 감시하는 상태다. 국내 원전의 비안전등급 플랫폼은 원전계측 제어시스템 개발 사업을 통해 개발된 우리 기술인 OPERA System DCS를 사용한다. OPERA system은 다음과 같은 특성을 갖는 산업용 DCS 표준을 따르는 시스템이다.

[표 5-1] OPERA system의 주요 특징

구분	특징
산업표준의 개방형	• VME-BUS 기반의 하드웨어 • 100Mbps Ethernet(TCP/IP, UDP/IP) 통신 • IEC61131-3 표준 제어 언어 및 SAMA 언어 지원
Scalable System	• Plant 규모에 따른 최적의 구성(대, 중, 소 규모별 구축) • MUX Station을 이용한 대용량 Input/Output 처리 • 1msec의 SOE(Sequence Of Events) 무제한 설정 • Digital Input과 SOE 혼합구성 가능
시스템 확장성	• 손쉬운 이기종(다른 기종) 인터페이스(Modbus 등 다양한 프로토콜 지원) • iFix 등 다양한 산업용 MMI 지원 • Hart Protocol 등 Smart Device 지원
신뢰성과 안정성	• CPU, Network, I/O, Power 등 이중화 구성 • 제어망과 정보망 분리로 통신의 안정성 및 정시성 보장 • 원전안전등급 기준의 기기검증
유지보수 장점	• 운전 중 보드의 탈/장착 가능(연속운전) • On-Line 고장 감시 및 진단

[표 5-2] FCS(Field Control Station) 사양

구분	사양
시스템 확장성	• FCS 수량: Max. 288 FCS/System(이중화 기준) • I/O Card 수량: Max. 16 Cards/FCS • Point 수량: Max. 512 Points/FCS(Digital 기준) • 최대 Point 수량: 147,456 Points/System • OIS 수량: Max. 64 OIS/System
시스템 확장성(MUX 구성 시)	• MUX Station 수량: Max. 64 MUX/System • MUX Expansion Unit 수량: 32 Units/MUX Station • I/O Card 수량: Max.16 Cards/MUX Expansion Unit • Point 수량: Max.512Points/MUX Expansion Unit • MUX 최대 Point 수량: Max. 1,048,576Points

[표 5-3] OIS, EWS, 데이터베이스 사양

구분	사양 및 특징
OIS (Operator Interface Station)	• 운영체제: MS Windows 7, 10 • 최대 Station 수: 64OIS / System • 사용자 친화적 화면(NUREG-0700에 의한 인간공학적 설계) • 다양한 Viewer 지원: Graphic, Point, Trend, Event, Group viewer 등 • ODBC를 지원하는 다양한 관계형 데이터베이스 인터페이스 • 다양한 산업표준 지원(VB Script, ActiveX, JAVA, OPC 등)

EWS
(Engineering Work Station)
	• 운영체제: MS Window 7, 10
	• Engineering을 위한 다양한 Builder 제공
	  : System Builder, Logic Builder, Group Builder, Graphic Builder
	• Logic 구현을 위한 ISaGRAF 지원(IEC61131-3 국제규격의 제어 언어)
	  : Function Block Diagram, Ladder Diagram, Sequence Flow Chart 등
	• On-line Logic Debugging
	• Control Logic Diagram Display
	• 제어로직 Simulation 기능
	• 프로그램 Backup & Restore 기능

데이터 서버	• 운영체제: MS Window Server, Linux 지원 • 시스템 규모에 따라 적절한 데이터베이스 연동(MySQL, Oracle 등) • 데이터베이스 단중화, 이중화 구성 • SOE 수집 서버 • Gateway 서버 • History Data Server

분산 제어시스템은 비안전등급제어 플랫폼이므로 시스템 OS부터 각종 부품과 사용되는 하드웨어 및 소프트웨어가 성능을 만족할 경우 사용할 수 있어 설계에 융통성이 많다. 기본적으로 이중화 구성과 함께 사용 편리성이 강조되지만 원전 MMIS에 사용되기 위해 추가적인 평가를 거친다. [그림 5-15]는 분산 제어시스템을 이용한 제어 및 운용 화면의 예이다. 안전등급 POSAFE-Q를 이용한 설비에서는 화면설계를 위한 소프트웨어 및 화면 구성 응용 소프트웨어도 안전등급에 해당하는 개발 및 검증절차를 거쳐야 하므로 화려함보다는 필수기능만 표현하는 것이 요구된다.

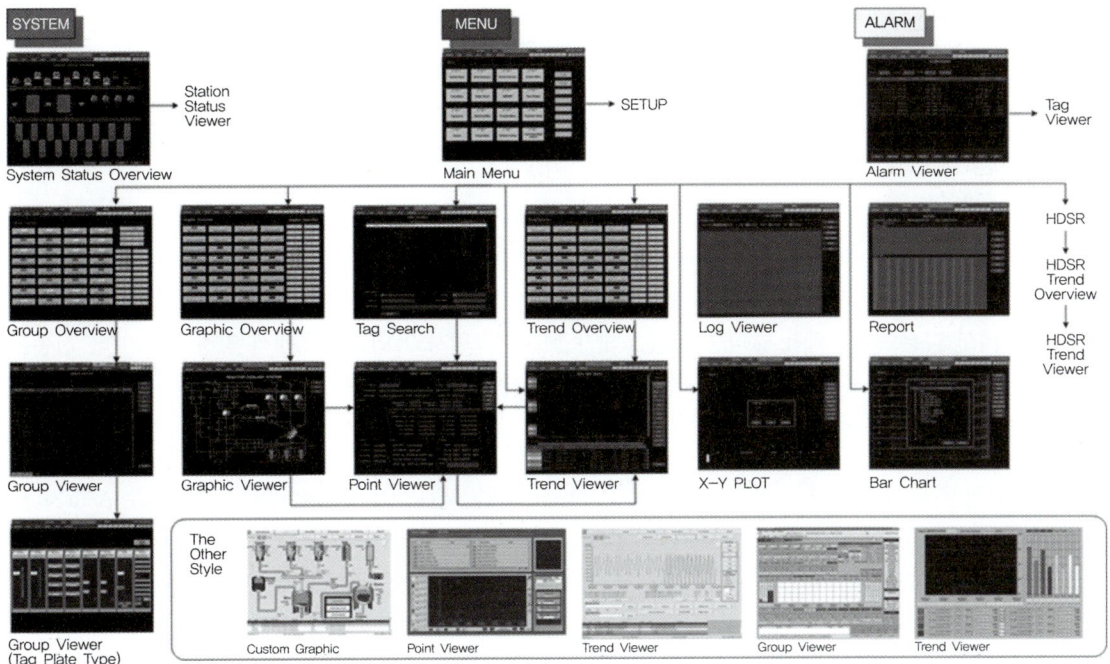

[그림 5-15] DCS 주요 구성 화면의 예

이중화된 DCS 제어기는 상호 감시하며 건전성을 확인한다. 주제어기가 PI 제어결과를 내보내 구동기기를 제어한다. 주제어기의 고장에 대비해 보조제어기가 존재한다. 주제어기와 보조제어기의 두 제어기는 서로를 감시진단하면서 주제어기가 우선적으로 출력을 내보낸다. 주제어기 기능과 보조제어기 기능은 주기적으로 전환시킬 수 있다. 주제어기의 고장이 감지되면 보조제어기가 기능을 수행하는데, 제어기가 변경되는 순간 펌프나 밸브의 구동속도나 개도에 원하지 않는 변화가 발생하지 않아야 한다. 제어기 변경에 따른 충격으로 인해 이런 현상(출력 변화)이 발생하지 않아야 제대로 설계된 이중화제어시스템이라고 할 수 있다. 이를 무충격 제어 bumpless control 라고 한다.

> **여기서 잠깐**
>
> **무충격 제어**는 제어기 전환 시 충격이 없도록 마치 하나의 제어기가 계속 제어하는 것과 같은 형태로 제어되는 것을 의미한다. 무충격 기능이 구현되지 않으면 제어기 전환 시 제어변수가 계단형 변화를 일으키며 이 변화의 폭이 크면 플랜트에 악영향을 끼치므로 무충격 제어가 필요하다. PI 제어기가 교체될 때 기존 제어기와 새 제어기의 적분항이 같아지도록 해야 무충격 제어를 실현할 수 있다. 이를 위해 두 제어기 간에 적분항을 공유하거나 교체 시 구 제어기의 적분항을 신 제어기로 넘겨주는 과정이 필요하다.

5.1.6 통신 및 네트워크 구성

MMIS를 통해 원자력발전소의 상태를 알 수 있다. MMIS는 원자력발전소의 상태를 보여주며 각각의 기기와 발전소 상태를 진단, 모니터링하면서 기록을 저장하는 장치로서 거대한 자료를 실시간으로 주고받는 시스템이다. 이들 자료에 포함되는 정보 중에는 안전등급기기로부터 발생하는 정보와 비안전등급 기기로부터 발생되는 정보가 있다. 안전등급 통신망에는 안전등급의 정보만 유통되고 비안전등급 통신망에는 비안전등급 정보와 안전등급 정보가 모두 유통되어야 한다.

안전등급 통신망

안전등급의 통신은 기본적으로 전기 1등급 PLC에 적용된 통신방식을 사용한다. 통신망이라고 표현했지만, 안전등급통신은 1 대 1 통신을 하는 경우와 통신망 방식의 통신으로 구분된다. 1 대 1 통신을 SDL$^{\text{Safety Data Link}}$이라고 부르며 한 방향으로만 데이터를 보낼 수 있다. 그러므로 송수신을 원한다면 별개의 포트에서 다른 통신 제어 방식으로 운용해야 하는데, 원자력 안전계통에서 양방향 데이터 전송은 사용하지 않는다. 이는 고장유형이나 영향분석 등에서 명확하게 분석 가능하고 상위계통은 하위계통에 의해 영향을 받지 않도록 하려는 개념에서 출발한다고 보면 된다.

[그림 5-9]의 좌측 윗부분 A-a에서 A-1, A-2, A-3로 연결된 것이 단방향 통신이다. 이는 A-a가 센서로 계측한 값들을 A-1, A-2, A-3로 정해진 시간에 정해진 주기로 보내기만 한다는 의미다. 취득한 데이터와 추가로 하드웨어 결선에 의해 자신의 건전성을 알리는 맥동신호를 보내는 것이 포함된다. 원자로 보호계통의 동작과 관련된 정보 송신에는 1 대 1 통신이 적용된다. 그러나 원자로 보호계통 각각의 상태를 모니터링하거나 각 채널의 정보를 공유하는 통신에는 통신망 방식, 즉 1 대 N 방식을 사용한다. 여러 대의 기기가 정보를 공유하기 위해 각각 1 대 1 통신을 한다면 $_nC_c$의 통신연결이 필요하여 현실적인 문제도 발생하지만, 안전등급 1 대 1 통신망의 신뢰도와 응답시간 충실도가 보장되므로 1 대 N 방식의 통신망을 사용한다. 원자로 보호계통에서 공학적 안전설비 제어계통으로 연결되는 통신도 단위 기기를 on/off하는 제어명령은 1 대 1 통신을 사용하지만, 제어 대상 기기의 상태 정보 및 공학적 안전설비 제어계통의 상태 진단 등을 위한 통신은 1 대 N 방식을 사용한다.

요약하면, 안전등급 통신망은 기기의 보호나 제어에 직결되는 신호 및 명령 전송에는 1 대 1 통신을 사용하며, 보호대상 기기 상태 및 설비의 정보공유를 위한 통신은 1 대 N 통신을 사용한다. 그러나 제어 및 보호를 위한 명령에도 통신망 방식이 사용되는 경우가 있다. 이는 수동 제어 및 보호기능이며, 정상 상태에서 동작하는 단방향 통신 기능 이상 등의 경우 사용할 수 있는 백업 기능은 1 대 N 통신을 사용할 수 있다.

[그림 5-16]은 안전등급 PLC의 1 대 1 통신 즉 SDL의 연결방식을 나타낸다. PLC 간의 통신은 광전분리기를 거친 fiber optic cable로 연결되며 하나의 케이블은 한 방향으로만 데이터를 보낼 수 있다. 그림의 RS-485는 안전등급 SDL이 아니라 시스템을 설치 및 테스트하기 위한 보조수단이며 설치 후에는 제거된다.

[그림 5-17]은 보호계통의 CTIP가 1 대 N 통신(SDN)$^{\text{Safety Data Network}}$ 방식으로 연결된 구조다. 각각 연결된 노드(PLC)가 정해진 타이밍에 정해진 순서대로 데이터를 보내고 수신하는 구조다. 이는 주로 안전계통의 동작보다는 시험, 모니터링 등의 용도로 사용되는 통신 방식이다.

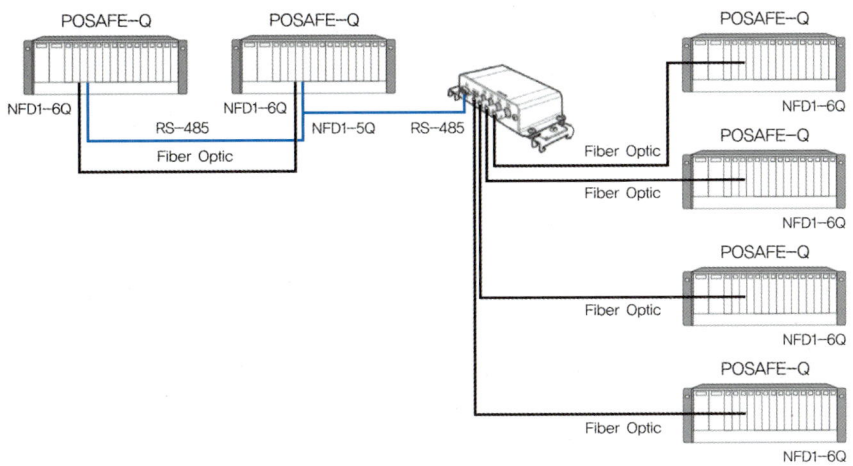

[그림 5-16] SDL 구성도의 예

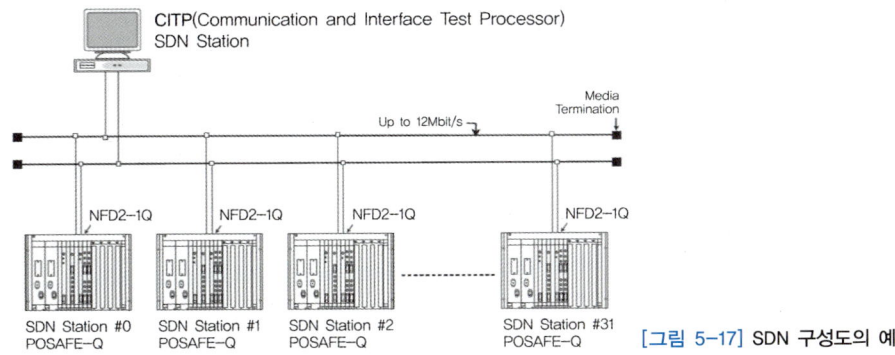

[그림 5-17] SDN 구성도의 예

비안전등급 통신망

비안전등급 통신망을 통해 전달되는 정보는 크게 [그림 5-18]과 같은 제어계통 기기 상태에 관한 정보와 기기 제어에 관한 명령 등으로 구분할 수 있다. 많은 경우 비안전등급 통신망은 기기의 제어와 정보를 하나의 통신망에서 처리하며 이 통신망은 이중화된 구조로 사용된다. 그러나 국내 APR-1400 원전은 비안전등급 통신망을 정보용과 기기제어용으로 구분해 각각을 이중화하는 방식으로 운용한다. 이렇게 함으로써 통신망의 부하율을 낮추는 효과와 함께 통신의 front-end 부분에 향후 cyber security 대응을 강화할 수 있는 통신망 성능 여유를 제공할 수 있다. 반면에 광케이블의 수량이 두 배로 늘어나며 서버의 용량(개수)도 두 배가 된다.

비안전등급 통신망은 발전소 서버와 이중화로 연결되어 모든 운전정보를 서버에 저장하는데, 여기에는 안전등급 기기와 제어 및 보호시스템 상태 등이 모두 포함된다. 이런 정보는 안전등급 시스템에서 발생되고 가공되며, 최종 저장장치인 서버로는 비안전등급 통신망을 통해 저장된다. 그러므로 안전계통시스템인 원자로 보호계통, 공학적 안전설비 제어계통 및 안전등급 정보계통과의 통신연계가 필요하다. 이러한 통신 연계에는 특별한 요구조건이 있다. 안전등급 통신망에서 비안전등급 통신망으로의 데이터 전송은 단방향, 광전기 분리 장치를 이용하는 광통신으로 연결되어야 한다는 것이다. 이렇게 함으로써 비안전등급 기기나 통신기능의 어떤 문제도 안전등급 기기의 기능에 영향을 미치지 않음이 입증되어야 한다.

[그림 5-18]은 [그림 5-2]와 비슷하다. 여기서는 통신 네트워크에 중점을 두고 관찰한다. 그림 중앙을 가로지르는 두 네트워크 DCN-I(I)는 이중화된 data communication network이며 I는 information을 의미한다. 즉 모니터링용 데이터 통신망이라는 의미다. DCN-I(C)는 똑같이 data communication network지만 C, 즉 control 명령이 전송되는 통신망이라는 의미다. 이는 비안전등급 데이터 통신망이 모니터링용과 제어용으로 각각 이중화된 구성임을 보여준다. 두 종류의 네트워크 밑에 있는 서버 및 각종 장치들은 I와 C를 통해 네트워크와 연결되는데, 이는 모니터링 데이터와 제어용 데이터가 각각 연계됨을 의미하며, 각각 이중화되어 송수신한다. 이런 구조의 장점은 모니터링 통신망과 제어용 통신망이 분리됨으로써 각각의 통신부하를 줄이며, 결정론적 통신망이 아닌 비안전등급 정보통신망에서 제어의 응답성을 확보하는 데 도움이 될 수 있다. 반면에 더 많은 비용이 소요된다는 단점이 있다.

MMIS 네트워크 개념도

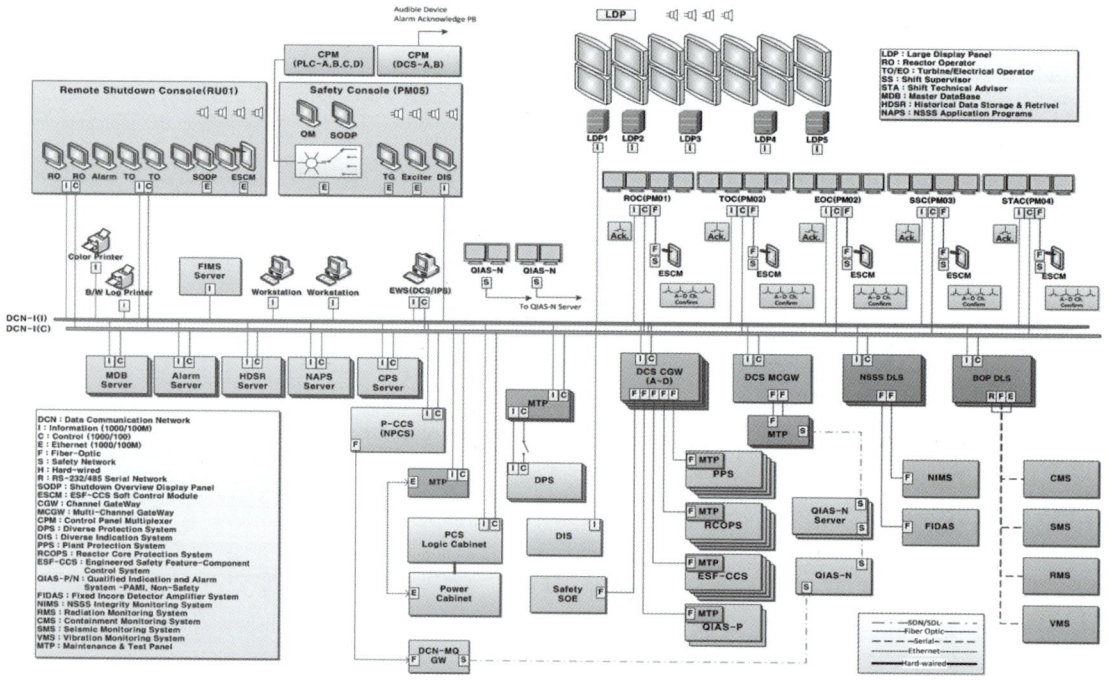

[그림 5-18] MMIS 네트워크 개념도

정보처리계통

원자력발전소 주제어실은 자동차 또는 비행기의 조정실과 같은 기능을 담당하는 곳으로 발전소 감시를 위한 대형 모니터(70인치) 14개와 감시 및 제어를 위한 소형 모니터(19인치), 컴퓨터 및 서버로 구성되는 하드웨어와 이러한 하드웨어에 기능을 부여하고 동작하기 위한 소프트웨어로 구성된다. [그림 5-19]와 같이 정보처리계통은 주제어실 기기(MCR Consoles, LDP$^{Large\ Display\ Panel}$, Network)에서 DCS 및 다른 설비로부터 수신한 다양한 형태의 데이터를 안정적으로 운전원에게 전달하고, 제어 화면을 통해 기기 제어 신호를 각 제어계통으로 전달하는 기능을 수행한다. 데이터 취득 및 제어를 위해 MDB, HDSR, ALARM, NAPS Server가 각각 이중화로 구성되어 작동한다. 이때 네트워크는 정보망 이중화, 제어망 이중화와 더불어 보다 안정적인 데이터 처리를 위해 별도의 내부망 이중화를 구성하고 있다.

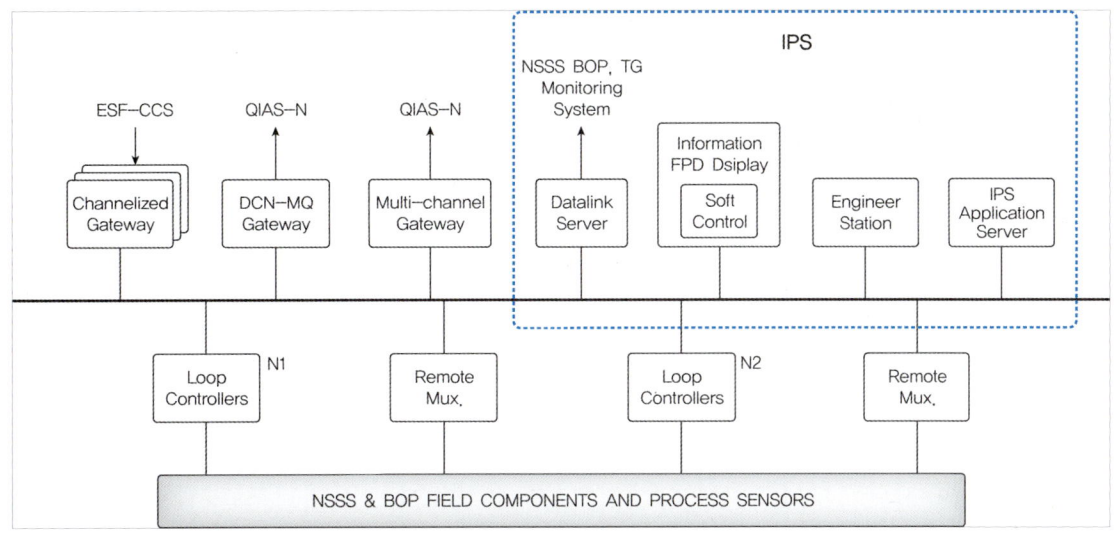

[그림 5-19] 정보처리계통의 통신망 구조 개요도

모든 정보를 처리하는 계통을 IPS$^{\text{Information Processing System}}$라고 하며 이는 [그림 5-19]의 오른쪽 윗부분이다. IPS는 안전등급 모니터에 표시되는 정보 및 비안전등급 정보 등 모든 것을 관리하며 표시할 수 있다. [그림 5-19]의 ESF-CCS Gateway, QIAS-N 및 QIAS-P Gateway 들은 안전등급정보를 비안전등급 시스템으로 보내므로 정보를 단방향으로 보내기만 한다. 나머지 비안전등급 설비들의 데이터는 IPS로 정보를 보내며 IPS의 요청을 받기도 한다. 그림에서 한 선으로 표시되어 있지만 이들은 이중화된 광케이블로 구현된다.

[그림 5-18]의 OWS$^{\text{Operator Workstation System}}$는 원자로 차장, 터빈 차장, 전기운전원, 안전 차장과 발전팀장의 5개 그룹 및 LDP로 구성되며, 운전원 앞쪽에는 [그림 5-20]과 같이 발전소 전체 정보를 볼 수 있는 LDP가 설치되어 있다. 또한 IPS의 MDB$^{\text{Main Database Server}}$는 전산화절차서계통(CPS)과의 데이터 연계를 통해 발전소 운전에 필요한 절차서를 출력된 문서가 아닌 OWS 화면을 이용해 수행할 수 있으므로 신속하고 정확한 운전이 가능하다.

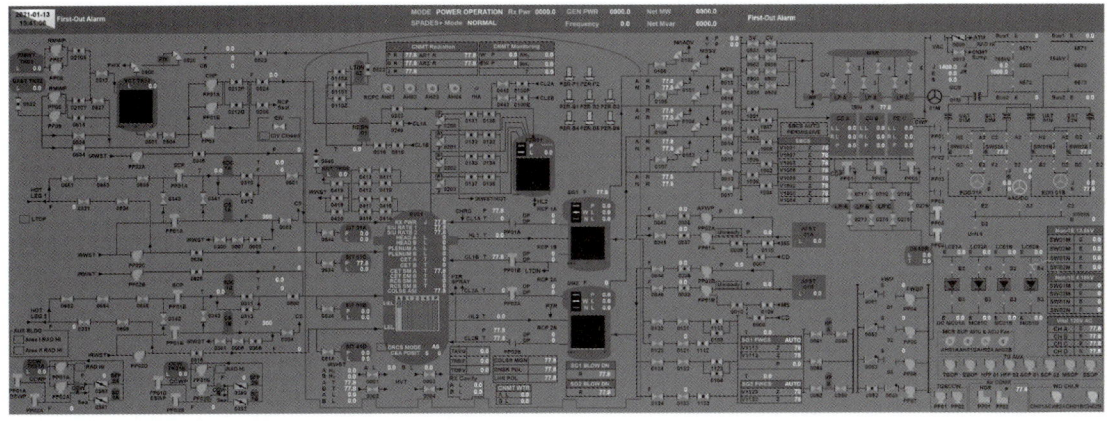

[그림 5-20] 중앙제어실 전면 표시판의 고정 화면 원전 상태 표시

SECTION 5.2 | 전기 1등급 PLC: POSAFE-Q

프로그래머블 로직 컨트롤러(PLC)^{Programmable Logic Controller}는 플랜트의 자동제어 및 감시에 사용하는 장치로서 프로그램에 의해 순차적으로 논리를 처리하고 출력 결과를 이용해 외부장치를 제어한다. PLC는 시퀀스 제어에 사용되는 대표적 장치로 자동제어로직(예를 들면 PID 제어 등)을 실행할 수도 있다. 또 산업현장에서 기계, 화공 등의 플랜트 제어에 많이 사용한다. 여러 개의 입력과 출력을 운영할 수 있으며 래더 다이어그램, 함수블록 등에 의해 프로그램이 가능하다. 이외에 c 프로그램에 의한 사용자 파일 함수 추가가 가능하고 다양한 통신모듈 등을 포함하고 있다.

PLC는 산업용으로 가장 많이 사용되는 자동화기기의 일종으로 PLC의 프로그램 표현은 IEC61131-3에 의해 표준화되어 있다. 세계적으로 수십 종의 PLC가 있는데 그 하드웨어 및 소프트웨어의 개발 및 확인검증 과정이 얼마나 잘 되었는가에 따라 안전등급 제어시스템에 사용할 수 있는가가 결정된다. 이를 안전등급 PLC 또는 전기 1등급 PLC라고 하는데, 주로 원자력 안전계통용으로 사용될 수 있는가에 대한 심사를 거쳐 결정된다. 원자력발전소 보호계통은 SIL 4에 해당하는 계통이므로 SIL 4 계통 개발에 사용되는 PLC는 당연히 SIL 3 계통 개발에 사용될 수 있다. 대표적인 SIL 3급의 제어 및 보호계통은 화학 및 정유공정의 보호계통이다.

POSAFE-Q PLC는 국내에서 원자력발전소 보호계통에 사용할 수 있는 안전관련 제어시스템용으로 인허가 받은 것이며 세계에서 몇 안 되는 Class 1E PLC로서 5.1절의 원자력발전소 MMIS의 안전계통 설계에 사용된 플랫폼이다. POSAFE-Q PLC의 특성과 개발 과정을 통해 안전등급 기기의 개발요건과 설계, 제작 및 시험평가 과정을 알아보자.

PLC는 기본적으로 다음과 같이 구성된다.

- 전원 모듈
- 프로세서 모듈
- 통신 모듈
- 입출력 모듈
- 확장용 모듈과 케이블
- 외함(서브 랙)
- 기타 특수 모듈

이 모듈들은 최고급 사양의 소자 부품을 사용하고 최고의 품질절차를 거쳐 생산하더라도 각각의 모듈(PCB) 고장률이 $2 \sim 5 \times 10^{-6}$/hr 수준이다. 이런 모듈과 센서 수십~수백 개로 SIL4 수준의 불가용도 $1 \sim 5 \times 10^{-5}$/demand 를 확보한다는 것은 대단히 어려운 일이다. 이를 구현하기 위해서는 고장허용

설계와 빠른 고장감지 및 고장복구로만 가능한 것임을 잘 알아두어야 한다. PLC 등의 단위기기로는 아무리 신뢰성 있게 설계제작해도 최대 SIL 3가 가능하며, 이들을 이용한 시스템으로 SIL 4 구현이 가능할 수 있다. SIL 4 구현을 위해서는 최고의 고장허용설계 및 운전 중 유지보수능력 확보와 fault, error 감지 및 복구, 정기적 시험을 통한 건전성 유지 등이 수반되어야 한다.

5.2.1 POSAFE-Q 상세 구성

[그림 5-21]에 PLC 구성품의 사양을 요약했다. 각각의 모듈 특성은 일반 산업용 PLC의 특성과 크게 다르지 않다. 여기에 사용되는 운영시스템의 특성은 오히려 일반 산업용 PLC의 운영시스템보다 기능면에서 열등하며, 기본적으로 사용하는 통신 특성도 겉보기에는 더 열등한 것처럼 보일 것이다. 이는 일반 산업용 PLC의 특성이 보다 화려한 기능의 저가 구현에 있다면 안전등급 PLC의 특성은 요구 성능을 100% 보장하는 것이 중시되기 때문이다. 예를 들면 99.9%의 확률로 100Mbps의 통신을 보장하는 것보다는 100%의 확률로 10Mbps 또는 5Mbps를 보장해야 하는 것이다. 안전관련 기능을 수행하기 위해 사용되지 않는 기능은 없어야 하며 운영체계는 완전히 해독되고 검증되어야 한다. 그러므로 가장 많이 사용되는 PC의 Windows나 리눅스, Vx-Works 등의 실시간 운영체계는 안전등급 PLC에서 사용될 수 없다. 또한 전기 1등급 PLC의 엔지니어링 툴로 사용될 산업용 PC는 인증을 받아야 하며, 그래픽 처리 등에 사용될 소프트웨어도 엄격히 규제를 받는다.

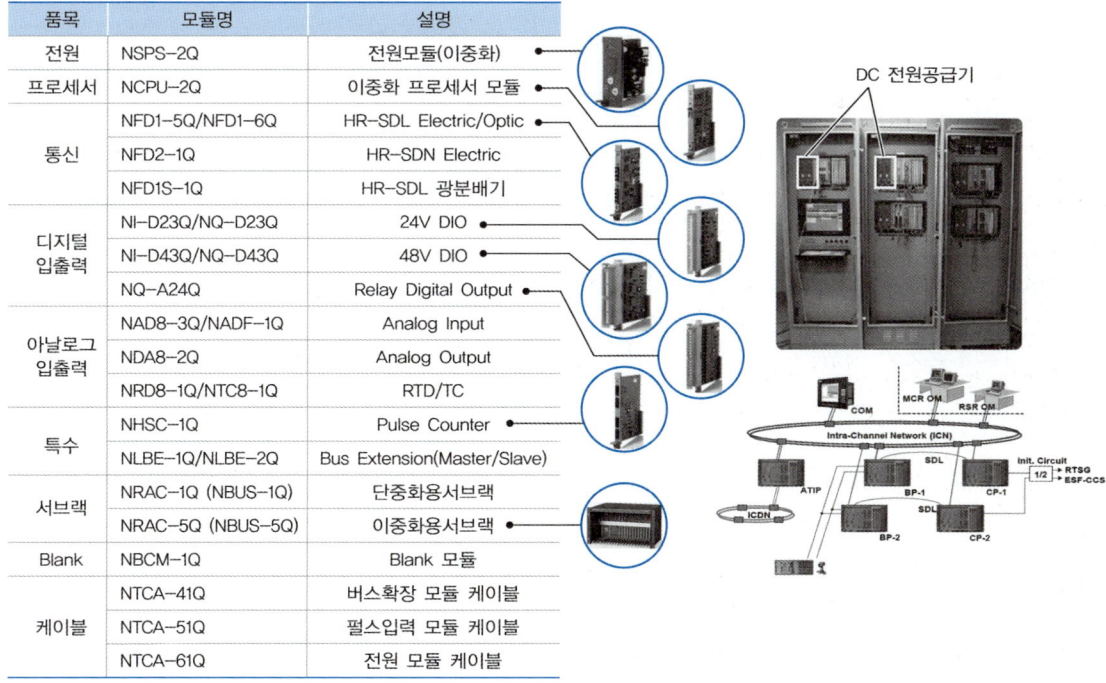

[그림 5-21] POSAFE-Q 하드웨어 구성

각각의 구성품과 특성에 대해 좀 더 상세히 알아보자.

■ 전원공급기 모듈

[그림 5-21]의 오른쪽 캐비닛 상부의 DC 전원공급기는 두 개로 구성되어 있다. 기본적으로 이중화된 각각의 전원공급기 상태는 중앙제어실에서 모니터링이 가능하다. DC 전원공급기는 PLC 모듈들에 5V, 24V, 48V 직류를 공급하며 AC 입력이 끊어져도 40ms 동안 DC power를 공급할 수 있다. DC 전원공급기가 이중화되어 있어도, 전원공급기에 공급되는 전원이 없어지면 DC를 공급할 수 없게 된다. 그러므로 **전원설계는 항상 장치(여기서는 DC 전원공급기)와 전원 각각의 이중화가 필요하다.**

■ 프로세서(CPU) 모듈

프로세서 모듈은 각각 CPU와 주변회로를 포함한다. 두 개의 프로세서 모듈을 사용하면 CPU 이중화가 가능하고 하나의 프로세서 모듈만으로도 운용 가능하다. 하나의 랙에 두 개의 프로세서 모듈을 사용하면 각각 상대 프로세서 모듈의 건전성을 진단 및 모니터링할 수 있으며 하나의 랙에 하나의 CPU 모듈을 사용할 수도 있다. 안전등급 PLC는 메모리 또는 레지스터 변화에 의한 오동작을 방지하기 위해 메모리 정기점검이 필수적이다. 안전등급용도로 사용하므로 CPU 부하는 70% 이하에서 운용하는 것이 권장된다.

■ 통신 모듈

통신은 기본적으로 결정론적 통신이 가능해야 한다. 통신 모듈은 Profibus 기반 설계로 결정론적 통신 요건을 만족한다. HR-SDL$^{\text{High Reliability Safety Data Link}}$은 로컬과 원격 간에 1 대 1로 연결되며 사용자가 작성하는 응용프로그램에 따라 단방향 또는 양방향 통신이 가능하다. HR-SDN$^{\text{High Reliability Safety Data Network}}$은 네트워크 통신용으로 사용자가 작성하는 응용 프로그램에 따라 단방향 또는 양방향 통신이 가능하며, 이는 보호계통의 작동에 관한 통신보다 주로 보호계통들의 상태를 공유하는 기능을 수행한다. 모든 통신 모듈은 전기적, 물리적 독립 조건을 만족하도록 설계되었다. HR-SDL 통신에서 수신한 전기 신호를 광신호로 변환함으로써 단방향 브로드캐스팅 통신이 가능한 광분배기를 지원할 수 있다.

■ 디지털 입출력 모듈

디지털 입출력 모듈은 접점신호를 읽는 용도로 대상 기기의 특성에 따라 선택할 수 있도록 24 V, 48 V 등으로 설계된다. 이 전압이 높을수록 외부의 전자파 영향을 적게 받는다. 과거에는 5V 디지털 입출력 모듈도 많이 사용되었으나 안전필수 시스템 및 기타 중요 설비에는 24V, 48V 디지털 입출력 모듈이 사용된다. 디지털 입출력 모듈에는 32 point 24V 입력 모듈/출력 모듈, 32 point 48V 입력 모듈/출력 모듈, 16 point (Relay 모듈) 등이 있으며, CPU가 자기 보드의 출력을 감시할 수 있는 루프백 기능이 구현되었다.

■ 아날로그 입출력 모듈

아날로그 전압 및 전류 입력 모듈은 외부로부터 −10∼10VDC 혹은 0∼20mA의 입력을 받아 디지털 값으로 변환하는 기능을 가진다. 아날로그 전압 및 전류 출력 모듈은 프로세서 모듈로부터 디지털 값을 받아 외부로 −10∼10VDC 혹은 0∼20 mA를 출력하는 기능을 한다. 이는 아날로그 전류모듈이 통상적으로 4~20 mA의 범위를 갖는 것에 비해 캘리브레이션 및 단선 등의 오신호 검출을 위해 보강된 사양이다. 아날로그 입출력 모듈들은 다음과 같다.

- 출력 모듈: 0~20 mA, 8channel
- 입력 모듈: ±10V, ±20mA, sampling(8channel 및 16channel)
- RTD 모듈
- 열전대 모듈

■ 특수 모듈

펄스 입력 모듈은 외부로부터 들어오는 펄스 3상 입력 신호를 이용해 계수 카운트/샘플링/주기 측정을 하고 프로세서 모듈로부터 전달하는 기능을 한다. 이는 주로 축의 회전속도를 가장 신뢰성 있게 측정할 수 있는 방법을 제공한다. 또한 CPU 모듈의 확장(추가)은 필요 없지만 입출력 개수가 증가되는 경우 버스 확장 모듈(마스터 확장 모듈과 슬레이브 확장 모듈)을 이용하여 최대 7단까지 확장 가능해진다. 이는 고속연산보다 많은 입출력 요소의 제어가 필요한 경우 효과적으로 사용할 수 있는 옵션이다.

■ 서브 랙(외함)

서브 랙은 PLC의 구성 모듈을 장착할 수 있는 버스 모듈과 일체형이며 산업용 표준 캐비닛에 설치할 수 있는 구조로 되어 있다. 또한 PLC의 기기구조 건전성, 전자파 문제, 냉각 등에 대응할 수 있도록 설계되었다.

■ 연결 단자 및 케이블류

버스 확장용, 펄스 카운터용, 전원용 케이블 등이 있으며 각각 난연 재질로 이루어져 있고 원전이 요구하는 40년 수명조건 만족을 위한 가속노화시험을 통과했다.

■ 프로세서 모듈의 운영시스템(OS)

PLC는 하나의 산업용 컴퓨터라고 볼 수 있으므로 이를 제어하는 운영체계가 필요하다. 안전등급 PLC에 사용되는 운영체계는 안전등급 인증을 받아야 하는데, 일반 산업용 운영체계(예를 들면 MS-Window, Linux, Vx-Works 등)는 안전등급 인증을 받지 못했거나 받지 않았으며 실제로 안전등급 인증을 받는 것이 거의 불가능하다. POSAFE-Q PLC는 오픈소스 형식의 RTOS를 검증하여 인증 받은 후 PLC의 운영체계로 사용했다. 오픈소스 RTOS에서 불필요한 기능을 삭제하여 코드를 최적화하고 필요한 기능을 추가했다. IEEE 1012를 기반으로 하는 소프트웨어 개발절차를 적용하여 이에 요구되는 설계 문서 및 코드가 작성되었으며 재무적, 조직적으로 분리된 검증기관에 의해 검증, 시험, 안전성 평가, 사이버보안 평가 등을 수행하는 형태로 소프트웨어 개발 절차가 진행되었다. 완전한 확인검증 절차를 거치고 안전필수 기능에 필요한 임무만 수행하도록 최적화된 운영시스템이므로 소스 코드의 길이는 상용 운영시스템의 수십 분의 일 정도로 작다. 이렇게 개발 및 검증된 운영체계는 시스템 운영 중에 원치 않는 동작이 일어날 가능성을 최소화한다. 운영체계를 포함한 소프트웨어의 개발 및 검증과정은 5.2

절에서 간단히 설명하고 7장, 8장에서 상세히 다룬다.

■ 사용자 인터페이스

사용자 소프트웨어의 개발 및 로딩을 위해 p-SET II 소프트웨어가 개발되었다. p-SET II는 다음과 같은 사용자 프로그램 작성 환경을 지원한다.

- Function Block Diagram
- Ladder Diagram
- C-code 작성기

앞에 나온 POSAFE-Q의 외형적 사양 특성은 일반 산업용 고기능 PLC에 비해 연산속도, 통신속도, 사용자 인터페이스 다양성, OS의 고기능성 등에서 오히려 열등하게 보인다. 그러나 내부의 검증과정은 완벽하게 이루어졌으며 안전필수 시스템의 보호계통으로 사용될 수 있는 인허가를 받은, 세계적으로 드문 class 1E PLC이다.

[그림 5-22]는 Ladder Diagram을 사용하는 예이며 [그림 5-23]은 FBD를 이용하는 예이다. [그림 5-24]는 사용자가 직접 C coding을 할 수 있도록 제공되는 기능을 보여준다.

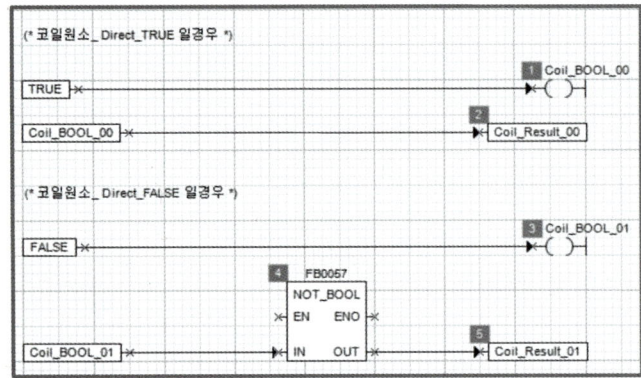

[그림 5-22] POSAFE=Q의 Ladder Diagram 응용 화면

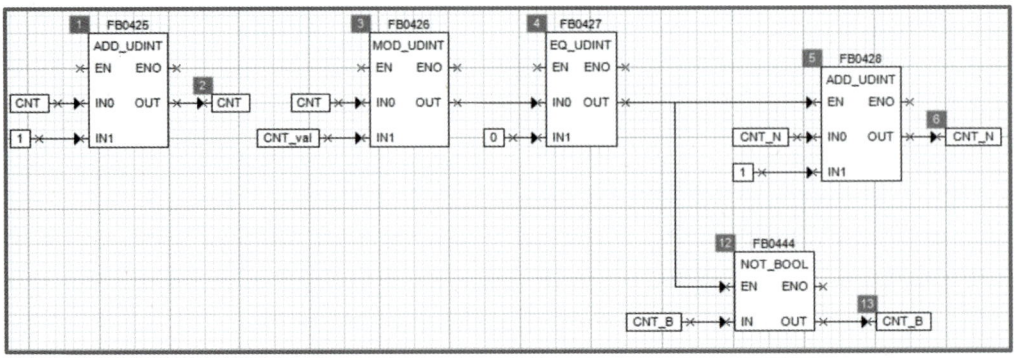

[그림 5-23] pSET-II FBD 프로그램의 예

```
UDINT BASE_MW1_3456 = 0x0;
UDINT Q_PACK = 0xFFFFFFFF;

//only for SHN12 LC
if(((STATION < 0) || (STATION > 1)) || ((SLOT < 0) || (SLOT > 11))) {
    Q_PACK = 0x0;
}
else{
    BASE_MW1_3456 (UDINT) * ((UDINT *) (&MW1_3456 + (STATION *16) + SLOT));

    if(((BASE_MW1_3456 & 0xE) != 0) || ((DIAG_E & 0x3C) != 0)) {
        Q_PACK = 0x0;
    }
    else{
        if(MODE == TRUE) {
            Q_PACK = ~(LB_E | USR_E | OSR_E | LINE_E);
        }
        else{
            Q_PACK = ~(LB_E | SR_E | LINE_E);
        }
```

[그림 5-24] pSET-II C coding의 예

5.2.2 POSAFE-Q 개발 과정과 절차

POSAFE-Q는 2001년부터 개발에 착수하여 2009년에 인허가 심사를 마치고 안전관련 제어시스템의 보호계통으로 사용할 수 있는 인허가를 받았다. POSAFE-Q의 개발 과정을 살펴보자.

개발 적용 기준

안전등급 PLC가 만족해야 할 요건들은 하드웨어에 관한 것과 소프트웨어에 관한 것으로 분류할 수 있는데, 하드웨어에 관한 것은 기존 산업계에서 많이 안정화되었고 전자소자 및 IC Chip 기술이 발전함에 따라 기술개발 과정이 잘 확립되었다고 할 수 있다. 특히 하드웨어 오류는 대부분 설계 초기에 발견돼 엄격한 기기검증 과정 중에 걸러지며 잔류 오류 확인도 비교적 용이하다.

반면에 소프트웨어 오류는 발견되지 않는 경우도 많고 항상 동작하는 것이 아니며 시험을 통해 모든 경우를 확인하는 것은 불가능하다. PLC 내부에 오류가 있더라도 오류 영역을 응용소프트웨어가 사용하느냐 하지 않느냐에 따라 오류가 발현할 수도 있고 그렇지 않을 수도 있다. 언제 어떻게 발현할지 모르는 소프트웨어의 오류를 시험으로만 100% 찾아내는 것은 불가능하다. 따라서 근본적으로 엄격한 개발 및 확인검증 절차를 지켜 오류 발생의 가능성을 원천적으로 최소화해야 한다. 이 절차는 소프트웨어 개발단계가 진행될 때마다 설계자의 개발 절차뿐만 아니라 제3자에 의한 확인검증 작업을 반드시 수행해야 한다. 확인검증 과정은 소프트웨어 설계 문서를 기반으로 하므로, 최초 소프트웨어 요건서부터 상세 구현 단계까지 문서추적성을 기본으로 하는 소프트웨어 코드와 설계문서의 일치성을 확인하고 시험하는 과정이다. 단계별 문서의 추적성 확보와 함께 각각의 문서에 대한 형상관리(CM)$^{Configuration\ Management}$가 이루어져야 한다. 형상관리는 문서 재개정 시마다 버전을 관리하고 관련 조직에 공유하는 것을 의미한다.

> **여기서 잠깐**
>
> **추적성**이란 모든 문서에 사용되는 용어 및 의미들이 하위문서에서 사용되고 처리됨을 투명하게 보이는 것이다. 설계문서나 요건서의 어느 한 부분(문장 또는 단어)이라도 변경되면 이와 관련된 모든 사항들이 추적되고 바르게 처리되고 있는지 밝혀야 한다. 개발과정에서 개정된 설계문서의 관리체계는 개발조직을 신뢰할 수 있는 근거가 된다. 추적성의 예로, 상위문서에서 정의된 변수가 하위문서에서 사용되지 않거나 상위문서에서 정의되지 않은 변수가 하위문서에서 나타날 경우 원인을 밝히고 오류를 수정하여 최상위부터 재설계 및 검증 작업이 진행되어야 한다.

[그림 5-25]는 안전등급 PLC 개발을 위해 따라야 할 규정과 표준의 관계를 보여준다. 각 단계의 상세 설명은 7~8장에서 상세히 다룬다.

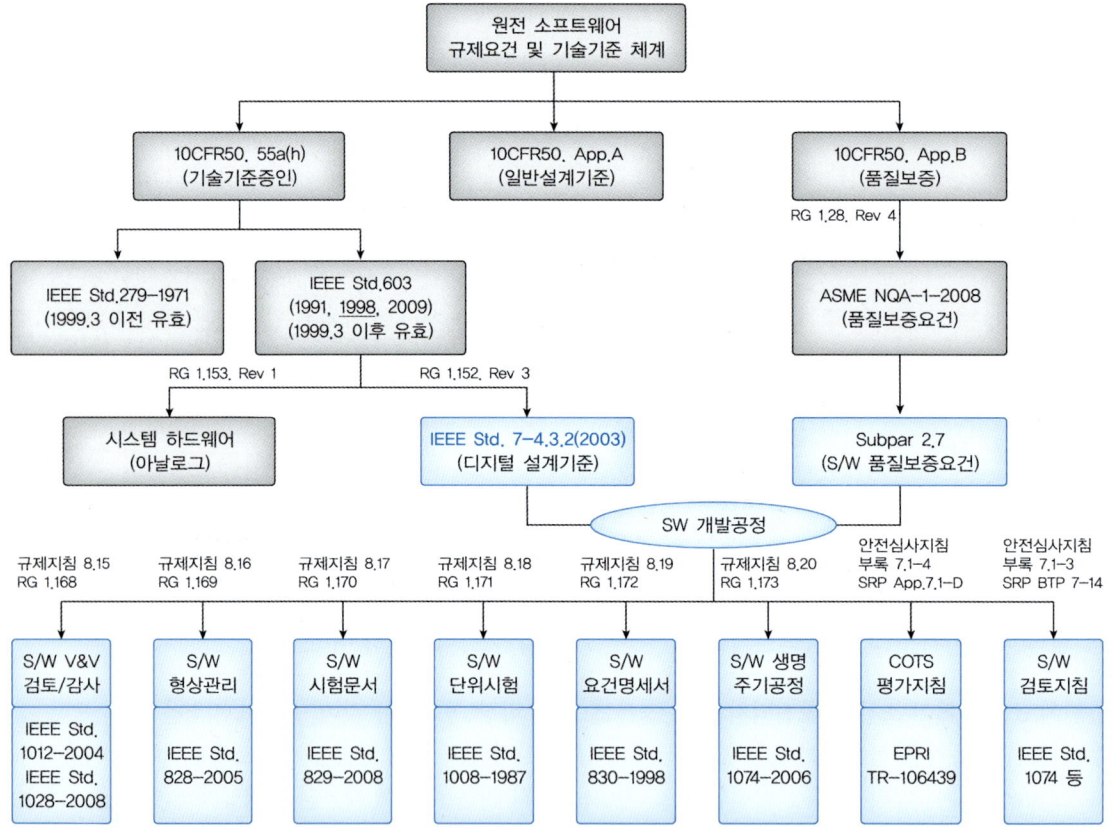

* 인용 : '가동원전 소프트웨어 변경에 대한 규제 방향'(KINS) - 원자력안전규제 정보회의 발표 자료(2017년)

[그림 5-25] 원전 소프트웨어 규제 및 기술 기준 체계

[그림 5-25]에서 눈여겨 볼 사항은 우측의 품질보증, 품질보증요건, S/W 품질보증요건이다. 디지털 설계기준과 품질보증요건이 S/W의 개발공정을 만드는 기본이 된다. 이에 의해 [그림 5-25]의 아랫부분인 S/W 개발공정 각각이 정의 및 규정되는 것이다. **모든 것의 기본과 시작은 품질이다.**

개발 및 생산 과정 상세

POSAFE-Q가 안전관련 제어시스템의 자격을 얻기 위해 거쳐야 하는 과정(소프트웨어 및 하드웨어 전체)을 몇 단계로 나누어 설명한다.

■ 소프트웨어 개발 과정

[그림 5-26]은 소프트웨어 개발 생명주기 IEEE 1074에 따라 실행한 내용을 도식적으로 나타낸 것이다.

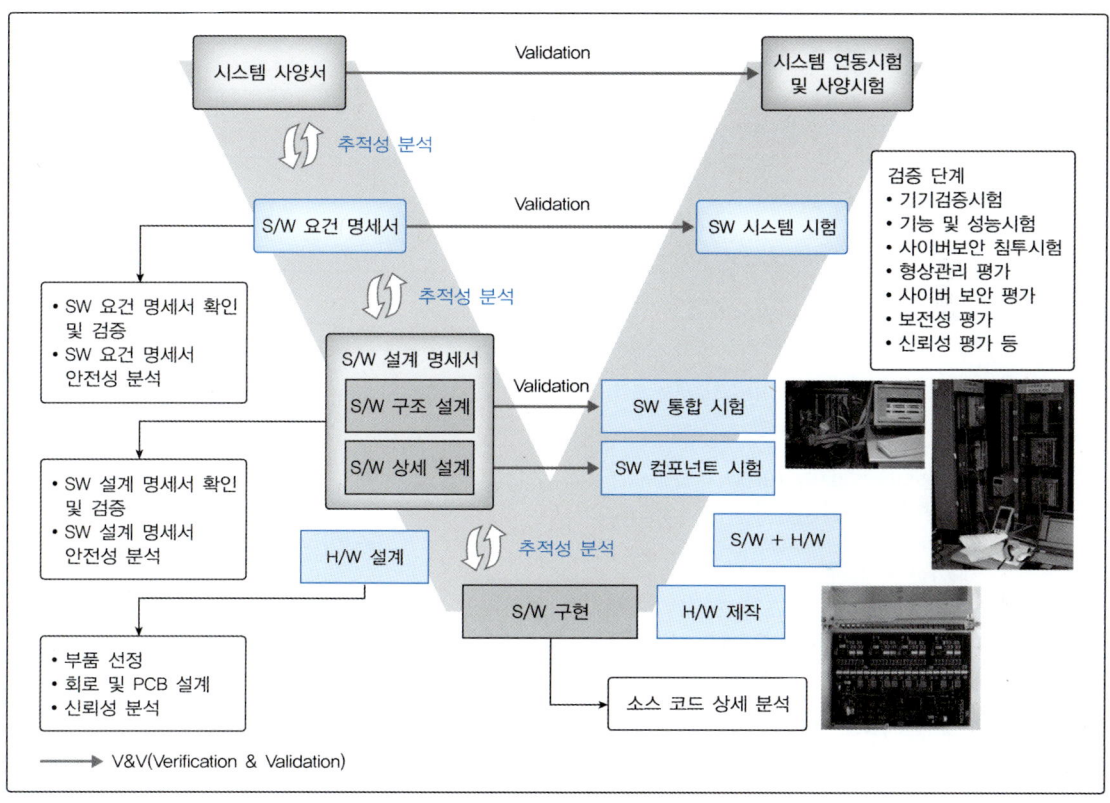

[그림 5-26] POSAFE-Q에 적용한 IEEE 1074 소프트웨어 생명 주기 활동

[그림 5-27]은 POSAFE-Q의 여러 모듈 중 대표적인 프로세서 모듈을 설계/개발/검증하는 과정이다. 기본적으로 모델 방법론을 다룬다는 것을 기억해야 한다. 최상위에는 프로세서 모듈의 상위 기기인 POSAFE-Q의 요건서가 위치하며 요건서에 기초해 POSAFE-Q 전체의 설계사양서가 작성된다. 이를 기반으로 프로세서 모듈의 소프트웨어 요구사항 명세서가 작성되고 이 요구사항 명세서는 최상위인 POSAFE-Q 시스템 요건서부터 내용 흐름에 따라 추적성 검증을 수행한다. 이 단계에서는 소프트웨어 코딩이 전혀 이루어지지 않는다.

프로세서 모듈 소프트웨어 요구사항 명세서의 예는 [그림 5-28], [그림 5-29]와 같다.

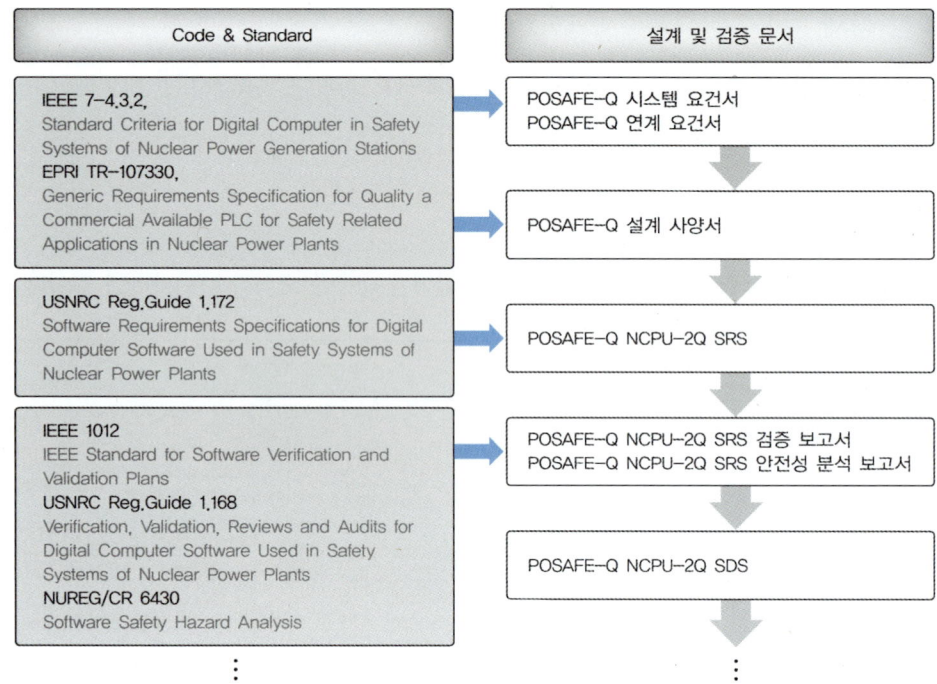

[그림 5-27] POSAFE-Q 개발 표준 및 적용(프로세서 모듈)

5.6.2 [R-6-2] 마스터/슬레이브 정상 상태에서 클락틱의 발생에 따라 마스터/슬레이브 모드 상태를 LED를 통해 나타내야 한다.
   (A) 입력: 클락틱, CPLD_BUS_BLOCK
   (B) 출력: ACS_LED

[그림 5-28] 프로세서 모듈 소프트웨어 요구사항 명세의 예 ①

5.10.1 [R-10-1] 마스터/슬레이브 정상 상태에서 시리얼 인터럽트의 발생에 따라 시스템 태스크는 pSET-II으로부터 데이트를 수신해야 한다.
   (A) 입력: SER_PHR
   (B) 출력: SER_THR
   (C) 처리: 수신 데이터 길이, 수신 헤더, 수신 길이만큼의 데이터, 수신 CRC값을 받아야 한다. 수신 데이터 길이, 수신 헤더, 수신 길이만큼의 데이터를 바탕으로 자체 CRC를 계산해야 한다. SER_PHR에서 헤더 길이, CRC 데이터 등을 읽어 CRC를 검사하고 명령어의 종류를 파악하여 그에 따라 처리한다. CRC 값의 계산은 [R-10-1-1]에 해당하며, CRC 검사는 [R-10-2]에 해당한다. 또한 명령어 종류에 따른 처리는 [R-10-2-1]~[R-10-2-32]에 별도로 기술한다.
   (D) 예외 처리: 없음

[그림 5-29] 프로세서 모듈 소프트웨어 요구사항 명세의 예 ②

프로세서 모듈 소프트웨어 요구사항 명세서를 기반으로 프로세서가 안전성에 문제가 없는지에 대해 분석한다. 이 작업이 완료되면 소프트웨어 설계사양(SDS)$^{\text{Software Design Specification}}$을 작성한다. 프로세서 모듈 소프트웨어 설계명세의 예는 [그림 5-30]과 같다.

4.2.3 shell 태스크

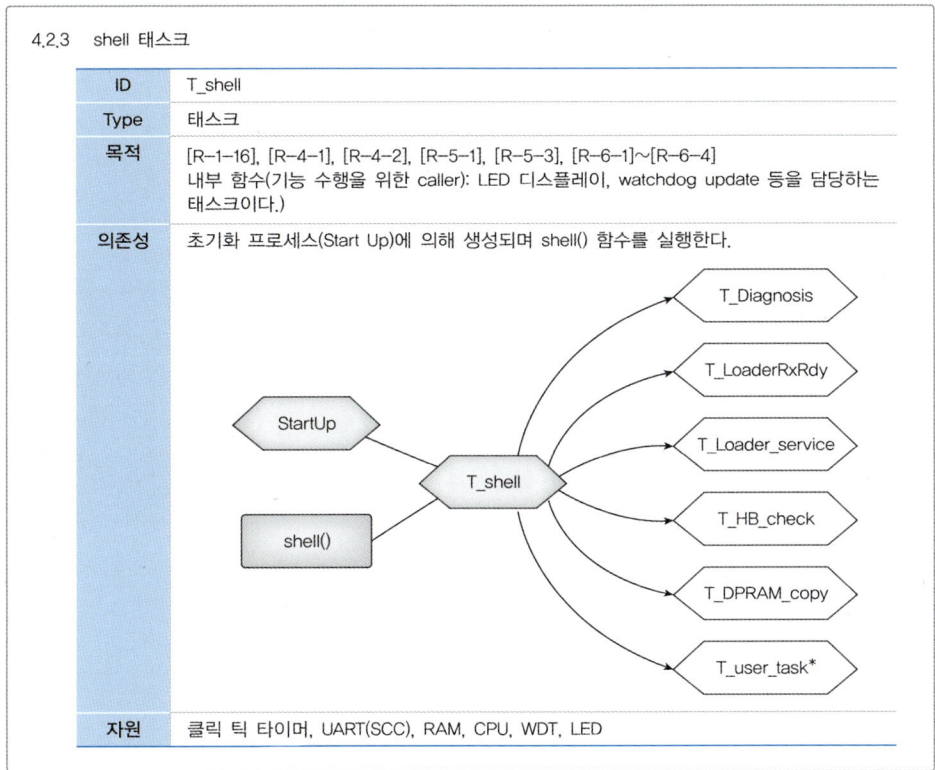

ID	T_shell
Type	태스크
목적	[R-1-16], [R-4-1], [R-4-2], [R-5-1], [R-5-3], [R-6-1]~[R-6-4] 내부 함수(기능 수행을 위한 caller): LED 디스플레이, watchdog update 등을 담당하는 태스크이다.)
의존성	초기화 프로세스(Start Up)에 의해 생성되며 shell() 함수를 실행한다.
자원	클릭 틱 타이머, UART(SCC), RAM, CPU, WDT, LED

[그림 5-30] 프로세서 모듈 소프트웨어 설계명세의 예

소프트웨어 설계사양에 대해서도 확인 및 검증 작업을 수행하며 이를 마친 설계사양에 의해 소프트웨어 코딩이 착수된다. 코딩은 검사자가 이해할 수 있고 최소 단위 소프트웨어의 기능시험이 가능하도록 최소 단위 모듈로 작성해야 한다. 이렇게 개발자에 의해 작성된 코드는 자체 시험을 마친 후 다시 제3자의 확인 및 검증을 받는다. 소프트웨어가 설계 사양대로 작성되었는지 검사하며 최소 모듈부터 하나하나 기능시험을 수행한다. 최소 단위 모듈이 모여서 함수 단위의 기능 시험을 하고 점점 더 큰 규모의 소프트웨어 시험을 거친다.

이러한 반복과정에서 문제가 발생해 수정할 필요성이 있으면 최상위 단계부터 다시 확인검증과 수정작업을 반복한다. 이 모든 과정이 문서화되어 유지 및 관리된다. 그리고 모든 시험, 확인, 검증, 안전성 평가, 사이버보안 평가는 개발조직과 완전 별개인 제3자가 수행하며 대부분의 경우 전문적인 소프트웨어 확인검증 전문 기업들이 수행한다.

■ POSAFE-Q 생산 과정

[그림 5-31]은 POSAFE-Q PLC의 생산 과정을 보여주는 다이어그램이다. 이 과정에서 자재 구매를 위한 품질절차는 생략되어 있다.

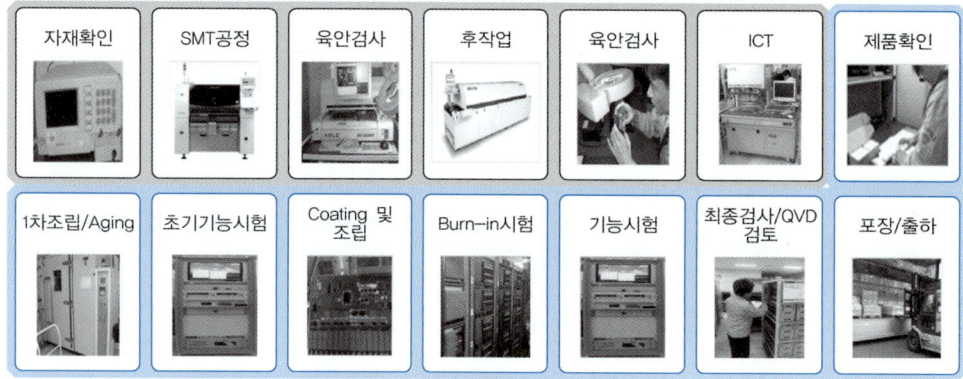

- SMT(Surface Mounted Technology): PCB 기판에 전자 부품을 실장하는 공정
- ICT(In Circuit Tester): PCB에 실장된 부품들에 대해 이상 유무를 검사하는 시험 장비

[그림 5-31] POSAFE-Q 제작 공정

다음 용어 설명을 통해 생산 과정의 엄격함과 치밀함에 대해 이해해보자.

- **SMT**Surface Mount Technology: PCB 제작에서 표면에 설치하는 표면실착기술(표면실장기술)로 불린다. SMT 과정에 사용되는 땜납에 대해서도 엄격한 품질관리와 관리절차가 요구된다. 일반 산업용 전자회로기판의 제작 과정과 유사하지만 부품 수급부터 제작까지 더 엄격하게 관리된다.
- **ICT**In Circuit Test: 제작된 전자회로기판의 각 부품에서 입출력 신호를 테스트하여 부품 및 조립상태의 건전성을 확인하는 가장 확실한 방법 중 하나다.
- **초기기능시험**: ICT가 부품 단위에 대한 시험인 데 비해 조립된 전자기판 전체에 대한 기능을 시험하는 것으로, 이 시험을 마쳐야 습기 및 이물질로부터 보호하기 위한 코팅을 실시한다.
- **번인테스트**Burn-in test: 전자회로기판이 조립된 상태에서 부품, 회로패턴, 결합 등이 정상적으로 되어 있는지 확인하기 위해 정상사용조건 또는 그보다 가혹한 조건에서 일정시간 운용시험을 함으로써 초기고장을 발견하고자 하는 시험이다. 이 시험을 통과하면 이 제품(여기서는 전자회로기판 또는 조립된 POSAFE-Q PLC)은 욕조곡선의 고장률 평탄구간에 들어가는 제품으로 인식된다(모든 제품에 대해 번인테스트를 한다).
- **QVD**Quality Verification Document: 품질보증문서로서 제공할 부품이나 시스템에 대한 신분증명서라고 보면 된다. 쉽게 말해 5W1H 조건을 투명하게 입증할 수 있는 자료들의 총합을 의미하며, 많은 경우 QVD 작성 미비로 잘 만들어진 물건을 사용할 수 없는 경우가 발생한다.
- **포장 및 출하**: 각각의 전자회로 기판, 액세서리 등의 모든 식별번호와 함께 QVD를 고객에게 보내는 과정이다. 계약서에는 각각의 제품에 대한 명판 크기 및 부착 방법, 포장 방법 및 운송 방법까지도 상세하게 기술된다. 이는 대부분 운송과정에서의 파손, 침수 이물질 침투에 대비하기 위해서지만, 각각의 제품에 대한 포장 및 운송요건도 매우 엄격하게 준수되어야 한다(POSAFE-Q와는 관계 없지만 방사선 관련 제품의 포장, 운송, 취급은 별도의 허가를 받아야 한다).

■ POSAFE-Q 기기검증 예시

[그림 5-32]는 시제품 POSAFE-Q의 기기검증 과정이다. 번인테스트는 고장률이 평탄화 구간에 들어가는 조건의 시험이라고 설명했다. 다음 기기검증은 욕조곡선 평탄화 구간에 들어가는 제품이 사용기간 중에 건전성을 확보할 수 있고 내외부에서 발생하는 환경 변화(예를 들면 지진, 진동, 전자파 등)를 이겨낼 수 있는 능력이 있는지 평가하는 것이며, 특별히 정한 경우가 아니면 시험 순서가 지켜져야 한다. [그림 5-32]의 POSAFE-Q 기기검증에는 없지만 내방사선 시험과 내진동시험이 요구되는 경우도 있다. 각각의 시험에 관한 내용은 10장(기기검증)에서 상세히 다룬다.

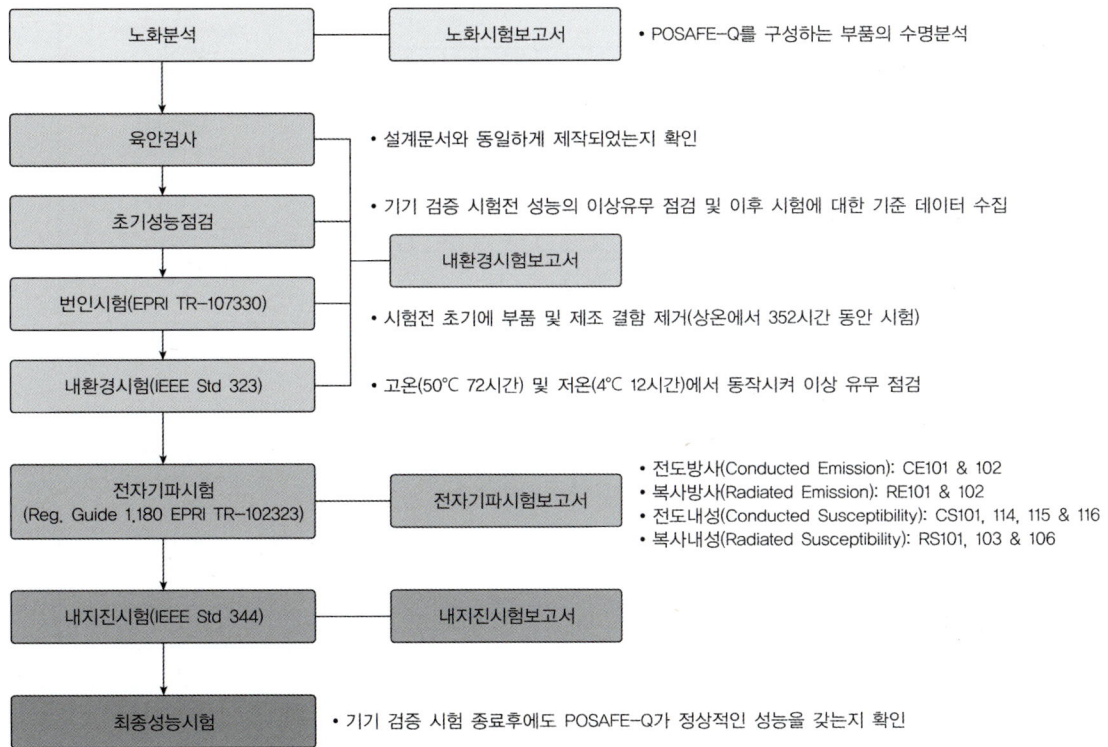

[그림 5-32] POSAFE-Q 기기검증 절차

[그림 5-33]은 POSAFE-Q 기기검증을 위한 시스템 구성을 나타낸다. 기기검증 시편은 피시험기기가 사용되는 모든 조건을 포함해야 하므로 통신과 디지털 입출력, 아날로그 입출력, 특수 모듈 등이 실제 사용조건과 동일하게 운용되는 상황을 모사해야 한다. 따라서 외부에서 입력신호를 주었을 때 각각의 모듈 간 연산과 통신, 디지털 및 아날로그 입출력 기능 등을 확인할 수 있도록 3대의 POSAFE-Q를 동작시키며 [그림 5-32]의 절차를 거치게 된다. 이 과정에서 어느 하나의 시험을 실패하면 보완 또는 개선한 새로운 시편을 이용해 최초 단계부터 다시 시행해야 하며 이는 엄청난 납기지연의 요인이 될 수 있다.

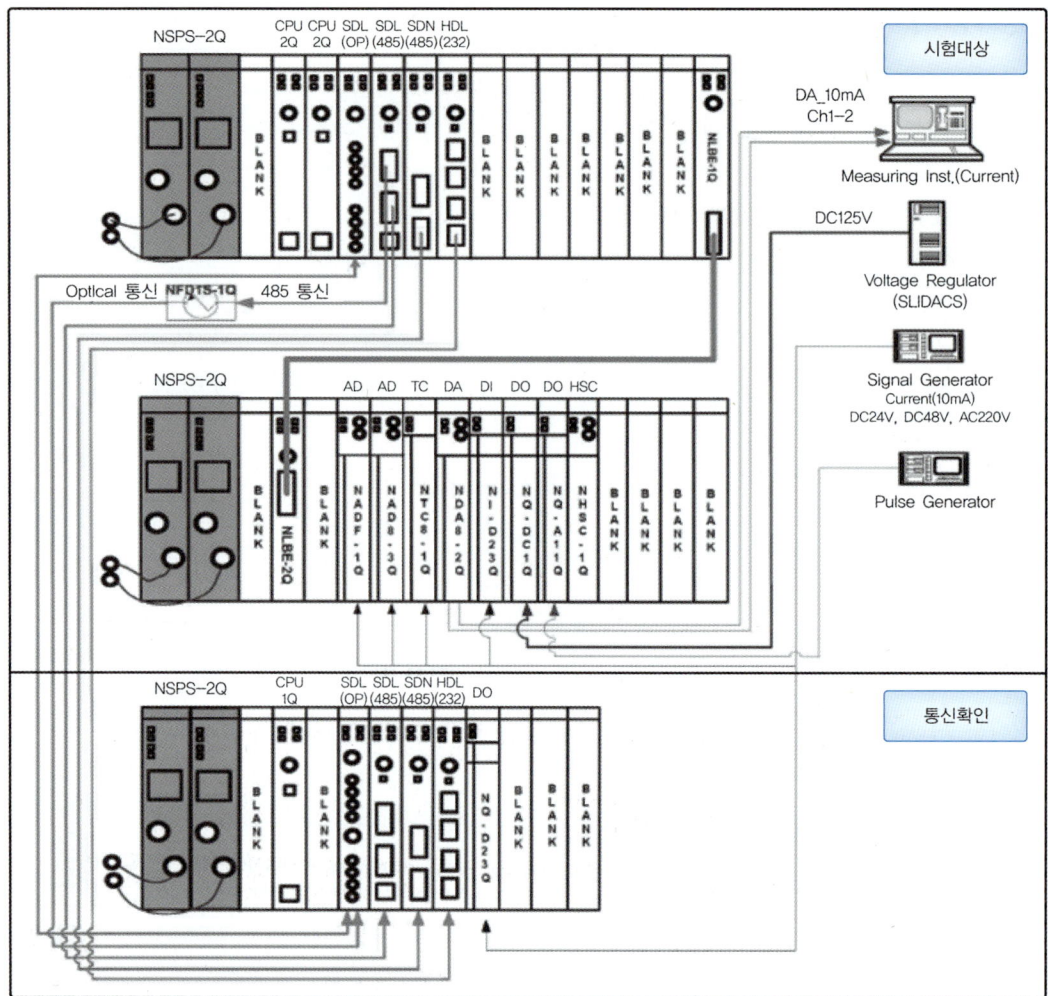

[그림 5-33] POSAFE-Q 기기검증 시험 구성도

SECTION 5.3 MMIS 확인검증 과정

5.1절에서 MMIS의 구조와 상세에 대해 설명했고 5.2절에서 안전계통 PLC인 POSAFE-Q의 사양과 개발 과정을 설명했다. 여기서는 거대시스템인 MMIS의 개발 과정에 대해 알아봄으로써 안전관련 제어시스템의 설계 및 제작에 대해 독자들이 간접경험을 해볼 수 있도록 한다.

MMIS에서 보호계통과 공학적 안전설비 제어계통 설계과정에 가장 많은 안전필수 시스템의 탄생요건이 적용된다. 여기서는 이 시스템을 대상으로 설계부터 제작 및 시험까지의 과정을 알아본다. [그림 5-34]는 MMIS의 최초 설계 단계부터 공장인수시험까지의 단계를 나타낸 것이다.

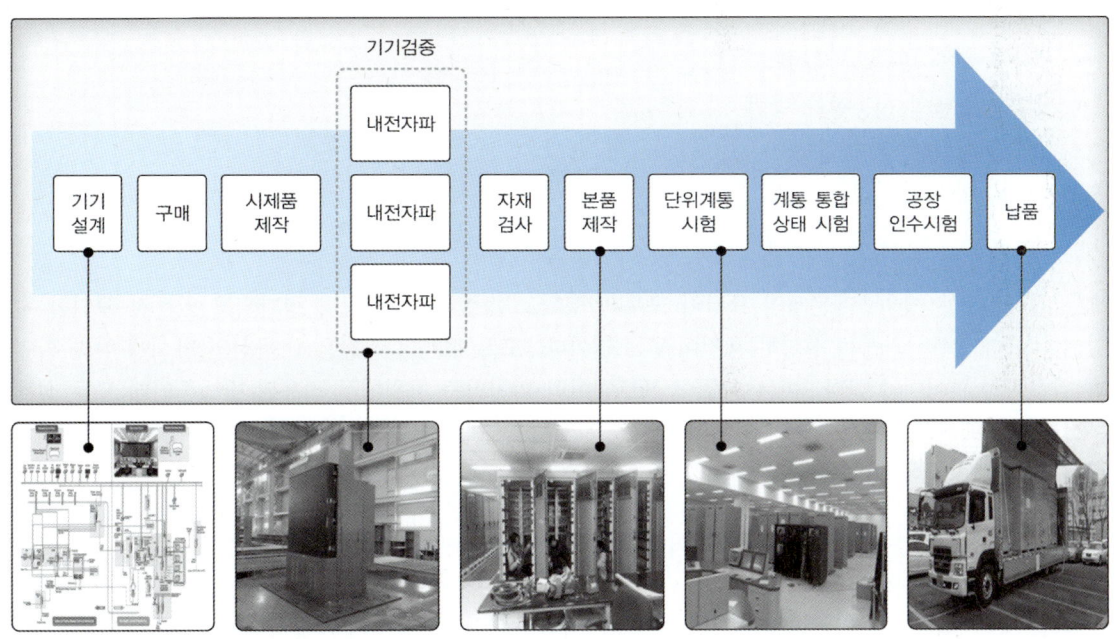

[그림 5-34] MMIS 개발 단계

최초 설계 단계부터 납품까지의 전 과정에 걸쳐서 준수되어야 할 품질요건과 보호계통 중심의 설계 요건, 시험평가 과정에 대해 알아보자.

5.3.1 전 과정의 품질요건

품질에 관한 사항은 업무 시작부터 적용되는 가장 폭넓은 준수요건이다. 그러므로 첫 번째 단계인 설계부터 품질규정의 적용이 시작된다. 이는 업무를 수행하는 조직에서 품질보증과 관리에 관한 제반 규정이 국제표준에 맞게 제정되고 준수되고 있어야 함을 의미한다.

원전에서의 MMIS든 다른 설비에서의 제어시스템이든, 제어시스템이 갖춰야 할 시스템 요건은 제어시스템보다 상위 업무에서 정의된다고 했다. 그러므로 제어시스템 설계에 착수하는 조직은 상위 요건서(때로는 계약서 포함 사항)를 분석하고 그에 따라 세부적인 제어시스템 설계에 착수하는 것이다.

원전 MMIS의 경우 상위 요건서에는 다음 사항들이 기술된다.

- 각각의 부분 시스템 구성과 기능
- 각각의 부분 시스템에서 요구되는 정량적 특성
- 기본적으로 준수해야 할 기술표준 및 규제조건
- 시험평가 기준

상위 요건서에 따라 제어시스템 설계에 착수하는데 각각의 시스템에는 다음 사항이 기술된다.

- 세부 시스템 상세 설계
- 시제품 제작 및 평가 방법
- 세부 시스템의 성능평가 방법
- 각각의 시스템 통합 방법
- 각 시스템의 기기검증 방법
- 시스템의 통합 및 시험 방법

모든 설계문서는 상위설계문서의 요건이 모두 반영되고 적절하게 설계 및 평가되고 있는지 확인할 수 있어야 한다. 이런 과정을 설명하는 것이 V 모델이다. 모든 절차의 진전은 V 곡선의 방식에 따라 확인과 검증이 이루어져야 한다. 이는 최초 소프트웨어의 확인검증 차원에서 적용된 방법론인데 모든 설계문서는 하드웨어와 소프트웨어의 기본이 된다. 그러므로 설계문서의 한 문장마다 모두 정확히 이해되고 상세설계 및 제작에 반영되어야 한다.

또 하나의 중요한 품질절차는 구매과정이다. 어느 산업이든 제품을 생산하기 위해서는 부품과 용역을 구입해야 한다. 자동차산업을 예로 들면, 자동차 회사가 직접 생산하는 부품 외에도 수많은 부품을 구입해야 한다. 많은 문제들이 부품 선정이나 제작, 구매 과정에서 나오며 자동차 조립과정에서 나오기도 한다. 그러므로 구매의 품질은 부품제작 회사에 대한 품질 문제이며, 이는 부품제작 회사가 사용하는 원자재 생산업체까지 품질의 기준이 적용되어야 한다. 그리고 똑같은 방식으로 부품을 설계, 조립하는 과정에도 같은 품질 기준이 적용되어야 한다. 모든 행위에 품질 기준이 적용되어야 하는데, 이는 마치 의약품의 생산뿐만 아니라 운송과정에서의 요건도 똑같이 중요한 것과 마찬가지다.

적용해야 할 품질단계들은 다음과 같다.

- 설계 품질
- 구매 품질(자재 관리 포함)

- 제작 품질(하드웨어 품질, 소프트웨어 품질 등)
- 시험평가 품질
- 운송 포장 품질

7장, 8장에서 다룰 내용 전체가 소프트웨어의 품질에 관한 사항이며, 9장에서는 전반적인 품질보증과 관리에 관한 상세 내용을 다룬다. 앞의 모든 단계에서 품질이 지켜지고 있음을 나타내는 증거는 품질문서다. 그러므로 모든 단계에서 품질문서가 정형화되어야 한다. 문서 작성일자나 서명일자는 소급해서 기록될 수 없으며 어떤 행위를 정당하게 했는가의 판단은 소급되지 않은 문서의 적절성과 존재 유무로만 판단한다. 그러므로 모든 행위가 문서화되고 문서를 관리할 수 있는 체계가 확립되어야 하며 품질관리자의 서명이 필수적이다.

각 계통의 시제품 제작 및 기기검증 시험이 완료되면 시제품과 같은 형상으로 본품을 제작한다. 본품 형상이 조금씩 다르게 다양한 경우 시제품을 모든 형상으로 다 제작해보는 것이 비효율적일 때가 있다. 이 때는 시제품을 여러 본품의 합집합 형태로 설계해서 성능시험과 기기검증시험을 하면 유효성을 인정받을 수 있다. 예를 들어 유사한 기능을 수행하는 100개의 제어기 하드웨어가 있는데, 어떤 것은 통신포트가 두 개이고 입출력이 많으며 모니터 한 개가 설치된다. 다른 제어기 하드웨어는 통신포트가 네 개이고 입출력 모듈의 수는 적으며 모니터가 없다. 이런 경우 두 가지 모형에 필요한 모든 하드웨어와 소프트웨어 기능을 캐비닛 하나에 넣어서 시제품을 제작하고, 이를 이용해 기기검증을 마치면 두 가지 모델의 본품을 제작할 수 있다.

5.3.2 안전계통 중심의 설계 요건

안전계통이 충족해야 할 기술요건은 대단히 많지만 여기서는 독자들이 디지털 보호 및 제어시스템의 설계관점에서 기본 지식 외에 추가로 알아야 할 몇 가지 요건만 다룬다. 원자로의 안전계통은 온도와 압력, 유량에 관한 보호조치이므로 제한된 시간 내에 위험을 감지하고 조치하는 것이 기본이다. 이런 관점에서 응답속도는 허용된 시간 내에 원자로를 정지시킬 수 있음을 보여야 한다. 이때 원자로를 정지시키지 못할 확률(보호계통의 불가용도)은 정해진 값보다 작다는 것을 보여야 하며, 공학적안전설비 기기제어계통의 동작도 정해진 시간 이내에 완료된다는 것을 나타내야 한다. 보호계통과 공학적안전설비 기기제어계통은 항시 진단 감시되고 동작상태가 SOE$^{\text{sequence of event}}$에 의해 기록되어야 한다. 또한 4중화된 채널들은 한 채널 우회하여 각 채널마다 시험할 수 있어야 한다. 그리고 자체결함이나 오류로 인해 원치 않게 원자로가 정지되는 일도 최소화해야 한다. 이런 방안 중 하나가 안전등급 보호계통에서 공통 timer-clock을 사용하지 않는 것이다. 그 이유는 timer-clock 상실이 보호계통의 동작 실패를 야기할 수 있기 때문이다. 또한 앞의 조건들을 만족한다는 것을 입증하는 시험을 주기적으로 수행할 수 있어야 하며 MMIS 모든 설비는 인간공학 설계가 적용되고 검토되어야 한다. 그리고 앞의 작업 중 일부가 제3자에 의해 진행되는 경우에도 상기 사항을 모두 만족해야 한다.

■ 응답속도

보호계통의 응답속도는, ① 네 채널의 센서에 원자로 정지요건에 해당하는 신호를 주입해 네 개의 채널 내에서 각각 이루어지는 비교절차, ② 타 채널과의 정보교환을 통한 각 채널의 정지신호 발생 여부 판단, ③ 두 개 이상의 채널에서 정지신호를 발생시키는 시간, ④ 공학적 안전설비 제어계통의 펌프나 밸브가 동작할 수 있는 on/off 명령 발생까지의 시간을 말한다. 이 시간의 평가는 시험과 별도로 각 구간의 소요시간을 분석적으로 계산해야 한다. 이 경우 worst case 방법이 적용되어야 한다. worst case 방법은 디지털 동작의 각 단계 연결이 매끄럽지 않은 경우 전체 연결동작 소요시간 분석을 위해 단위 동작시간 중 가장 긴 시간을 한 번 더 더하는 것으로, 이때 더하는 시간이 최악의 경우에도 원하는 동작이 수행될 수 있는 시간이 된다. 이와 같이 보수적으로 계산한 방식이 설계요건에 있는 응답속도 요건을 만족시켜야 한다.

시험을 통해 각 구간별 시간과 최종적으로 공학적 안전설비 제어계통에서의 동작 명령까지 전 구간의 시간을 밀리세컨드 단위로 측정한 결과는 앞에서 설명한 최악의 경우 분석 방법과 일치해야 한다. 현장에서는 이를 입증하기 위해 10회 이상 측정할 것을 권장한다. 이와 같은 해석적인 방법이 100% 신뢰도를 갖기 위해서는 A/D sampling, 스캔, 연산, 통신 등이 설계된 시간대로 동작하는 결정론적 동작을 해야 한다. 결정론적 동작은 운영시스템, 스캔, 연산, 통신 등의 태스크가 각각 정해진 시간에 이루어지도록 설계된다. 결정론적으로 설계되지 않은 시스템은 task가 증가되거나 상황에 따라 예측할 수 없는 동작을 할 가능성이 있기 때문에 보호계통으로서의 동작이 요구되는 경우 응답시간 만족성을 입증할 수 없다.

■ 공통 timer-clock 사용 금지

보호계통에서는 대부분의 산업용 제어시스템에서 사용하는 GPS 연동 timer-clock을 사용하지 못하도록 되어 있다. 여러 개의 CPU가 사용될 경우 각각의 CPU는 독자적인 timer-clock을 사용한다. 이는 보호계통이 GPS 신호 이상이나 공통 timer-clock 연결선의 고장 등으로 인해 전체 시스템이 고장 나는 경우를 방지하기 위해서다. 공통 timer-clock을 사용하지 않기 때문에 각각의 프로세서가 각각의 타이머에 의해 정해진 순서대로 작업을 수행하므로, 특히 응답시간 해석에서는 worst case analysis가 필요해진다. 그렇지만 프로세서 하나의 timer-clock 고장이나 상실은 해당 프로세서만 고장을 일으키므로 고장허용설계에서의 단일고장에 해당하며 시스템 동작에 영향을 끼치지 못한다.

■ 보호계통 불가용도 평가

보호계통의 불가용도는 시스템 안전도를 평가할 때 많이 사용되는 방법이다. 불가용도의 1에 대한 보수(1-불가용도)는 시스템의 안전도가 된다. 불가용도 평가에는 일반적으로 고장나무해석(FTA) 방법이 쓰이는데, 사건 각각의 확률을 구하려면 고장유형 및 영향평가(FMEA)를 통해 설계 또는 제작된 제품에서 사건 각각의 확률을 구해야 한다. 고장나무 해석 방법과 고장유형 및 영향분석 방법은 하향식과 상향식이라는 차이가 있지만, 두 방식은 같이 보완적으로 사용되는 경우가 많다.

■ 타 조직이나 제3자에 의해 수행되어야 할 업무

- 품질관리 및 보증은 설계, 구매, 시험 등의 조직과 별개의 조직이 수행해야 한다.
- 안전등급 기기의 소프트웨어 확인검증은 별도의 독립 조직이 수행해야 한다.
- 안전등급 기기의 설계제작과 비안전등급 기기의 설계제작은 별도의 조직에서 수행해야 한다.
- 모든 기기검증 시험은 별도의 전문기관이 수행해야 한다.

5.3.3 MMIS 통합시험

시험평가과정은 시제품의 기기검증부터 시작해 계통단위의 성능평가시험, MMIS 통합성능시험으로 진행된다. 시제품의 기기검증은 10장에서 상세히 다룬다. 여기서는 계통시험을 포함하여 전 계통을 시험하는 MMIS 통합시험에 대해 설명한다.

■ 시험대상 설비

시험대상 설비는 원전에 설치되는 MMIS 구성품의 거의 모든 설비를 포함한다. 그러므로 주 제어실과 안전정지반, 원자로 보호계통, 공학적 안전설비 제어계통, 다양성 보호계통, 비안전등급 제어시스템, 안전등급 정보처리시스템, 네트워크 및 서버 시스템, 제어봉 구동장치 제어시스템, 운전원 콘솔 및 조작 장치, 원자로건전성 감시장치 등 대략 300개에 가까운 MMIS 시스템 전체가 모두 시험대상이다. MMIS 설비들은 발전소 설치환경과 동일하게 연결된다. 즉 입출력 연계 및 광케이블 연계가 되어 있어서 발전소 신호에 해당하는 어떤 신호를 외부에서 주입하면 이에 따라 MMIS가 동작하도록 설치된다.

■ 시험장비 및 설비

MMIS에 신호를 주입하는 설비들은 모두 발전소의 실제 센서 기능을 수행하도록 한다. 이를 통해 정상 동작 상황 및 비정상 상태 모의가 가능하도록 센서 입력을 프로그래밍할 수 있다. 시험모드는 센서 범위 조정에 의한 정상운전과 비정상상태 운전성을 평가한다. 이 과정에는 응답시간 평가도 포함된다. 또한 고의로 발생시키는 고장으로 제어전원 차단, 제어카드의 강제 오류 발생, 통신 케이블의 고의 제거, 입출력 포트의 고의 제거 등 다양한 고장모드를 연출하고 이에 대해 설계된 대로 적절한 조치가 이루어지는지 확인한다.

앞의 시험은 대략 30장 정도의 제어카드와 10~20개 정도의 광케이블이 연결된, 제어 및 감시진단 캐비닛 300개의 입력사항에 변화를 주면서 응답특성을 시험한다. 이런 과정을 수행하면 수백만 쪽의 시험 결과가 산출된다. 이러한 시험내용 및 결과 확인은 품질관리절차에 의해 수행 및 관리된다. 이는 최종적인 MMIS 통합시험이며 이전 단계인 계통단위 시험과 소프트웨어 확인검증 단계의 보고서는 별도다. [그림 5-35]는 실제품 이전 단계에서의 통합성능시험을 실행하는 모습이다.

[그림 5-35] 통합시험 및 장시간 신뢰성 시험의 예

[그림 5-35]의 시험은 대상 설비의 입력 센서에 신호를 주입함으로써 MMIS의 대응을 보는 것이다. 이 방식은 많은 입력값을 사용하여 테스트가 가능한 반면, 실제 원자로를 포함하는 계통이 실제로 동작하는 형태를 모사할 수 없다는 한계가 있다.

[그림 5-36]은 이런 문제를 극복하는 방법이다. 이는 원자력발전소의 코드시뮬레이터를 사용해 원전을 시험하고자 하는 특정 상태로 유지시킨 후, 제어입력을 변화시키거나 기기에 고장을 일으키는 방식으로 실제 원전계통에서 일어나는 상황을 모사하고, 이 상황에서 MMIS가 대응하는 동작을 평가하는 것이다. [그림 5-36]과 같이 중앙제어실에서 이러한 운전이 진행된다. 이때 플랜트 코드 시뮬레이터와 중앙제어실은 실제 MMIS와 통신망으로 연결되어 있으며, 중앙제어실에서 MMIS 운영에 의한 코드 시뮬레이터의 상태 변화, 또는 코드 시뮬레이터에서 기기 이상상태(예를 들면 펌프 한 대 고장정지 또는 센서 고장을 모의)가 발생하면, 이에 MMIS가 적절히 대응하는지를 평가 시험한다. 이러한 시험은 MMIS의 정성적 연동 성능을 평가하는 데 효과적이다. 응답시간의 만족성을 이 방식으로 시험할 수는 없다. 코드시뮬레이터와 MMIS의 연계에 통신망이 사용되고, 코드 시뮬레이터의 응동시간과 실제 플랜트의 응동시간에 차이가 있을 수 있기 때문이다. 그렇지만 [그림 5-35], [그림 5-36]과 같이 시험하면 응답시간을 제외한 정성적 특성과 정량적 특성을 거의 모두 테스트할 수 있다.

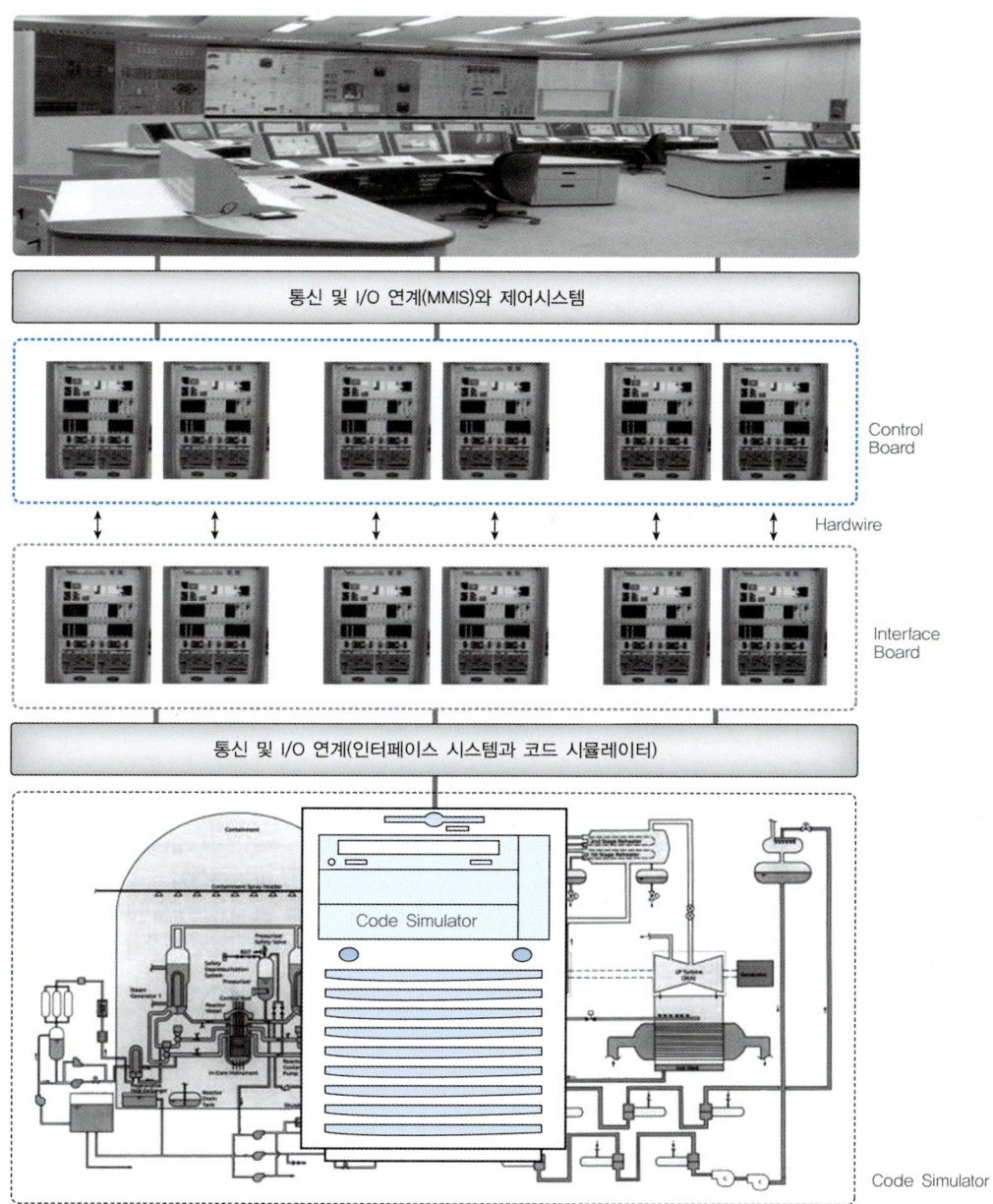

[그림 5-36] 코드 시뮬레이터와의 통합 연계시험 개념도

■ 설비 및 계통명

MMIS를 이루는 주요 구성설비의 명칭은 다음과 같다.

- MCR: 주 제어실
- SFC: 안전제어반
- RSC: 원격정지제어반
- LDP: 대형정보표시반

- QIAS-P: 주요변수 지시 및 경보계통-PAMI
- QIAS-N: 주요변수 지시 및 경보계통-Non-Safety
- ESF-CCS: 공학적 안전설비기기 제어계통
- P-CCS: 공정기기 제어계통
- CPCS: 노심보호연산기계통
- RCOPS: 원자로 노심보호계통
- DPS: 다양성 보호계통
- NPCS: 핵증기공급계통 공정제어계통
- FWCS: 주급수 제어계통
- SBCS: 증기우회 제어계통
- PLCS: 가압기수위 제어계통
- RRS: 원자로출력 제어계통
- FIDAS: 고정형 노내검출기 증폭기 계통
- ASTS: 지진원자로 자동정지계통
- PCS: 출력제어계통
- RPS: 원자로 보호계통
- PPS: 발전소 보호계통
- IPS: 정보처리계통
- DIS: 다양성 지시계통
- DRCS: 디지털제어봉 제어계통
- CEDMCS: 제어봉 구동장치 제어계통
- NIMS: 핵증기공급계통 건전성 감시계통
- RCPSSSS: 원자로냉각재펌프축 속도감지계통

CHAPTER
06

TMR 디지털 여자시스템 설계와 분석

발전기와 여자시스템 소개 _6.1
기능구현과 설계검증 _6.2
RAMS 비교 분석(삼중화 여자시스템) _6.3
생각해보기

PREVIEW

5장의 원전 MMIS에서는 안전필수 시스템 제어 분야에서 안전무결성 수준이 가장 높은 원자력발전소의 보호시스템을 포함한 대규모 계측제어시스템의 설계와 구성에 대해 설명했다. 이는 대규모 시스템 설계의 한 가지 예시로 적합하지만 어느 특정 시스템을 설계하고 평가하는 사례로서는 너무 방대해서 교육의 목적을 100% 달성하기가 쉽지 않다.

6장에서는 삼중화 디지털 여자시스템의 기능부터 설계, 평가과정을 상세히 설명함으로써 공학도가 하나의 시스템을 설계하고자 할 때 설계부터 평가까지의 과정을 밟아볼 수 있도록 했다. Exciter는 SIL 4를 요구하는 설비는 아니지만 발전소에서 가장 많은 불시정지를 유발하는 설비이므로 높은 신뢰도가 요구된다. 필자는 Exciter를 디지털 삼중화 방식으로 설계하여 국내 모든 발전소에서 초기 공사과정을 제외하고는 대략 1500 운영 연수 operation year 동안 system fail이 발생하지 않도록 했다. 이런 운영이력을 가진 설비의 효과적인 정량적 평가와 함께, SIL 4 수준과 비교했을 때 TMR Exciter 개발과정에서 어떤 부분이 부족했는지 검토하고자 한다. 이를 통해 독자들은 하나의 시스템을 설계하고 평가하면서도 SIL 수준에 따라 어떤 사항들이 더 요구되는지 습득할 수 있는 기회가 되기를 바란다.

SECTION 6.1 발전기와 여자시스템 소개

6.1절에서는 여자시스템의 기능분석부터 시작해 요건서(SRS)$^{System\ Requirement\ Specification}$를 작성하고 이를 검증하는 과정을 거친다.

6.1.1 동기발전기의 구성과 원리

이 책에서는 동기발전기의 구성과 원리, Exciter에 대해 상세히 설명하지 않는다. 기본 지식이 되는 동기발전기의 구조와 원리를 포털에서 검색하여 이해하거나 적절한 교재를 이용하기 바란다.[1]

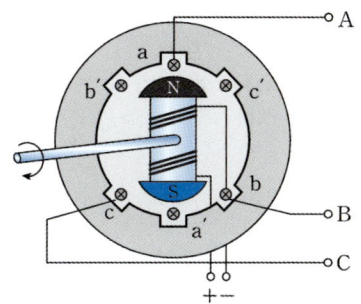

발전기의 기본 지식은 주파수(f)와 회전수(N, [rmp])의 관계식으로 식 (6.1)과 같이 주어진다. 여기서 p는 발전기의 극수다.

$$f = \frac{N \times p}{120} \ [\text{Hz}] \qquad (6.1)$$

[그림 6-1] 동기발전기의 원리

또한 발전기의 전압은 식 (6.2)와 같다. 여기서 E는 발전기 전압(무부하 전압, 유기기전력), k는 발전기 정수, i_f는 여자전류$^{field\ current}$이다.

$$E = k i_f N \qquad (6.2)$$

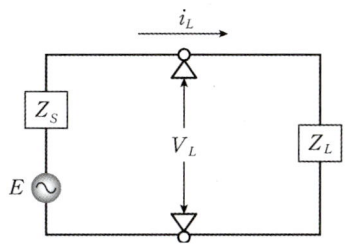

발전기에 부하가 연결되는 형태는 [그림 6-2]와 같다. 이 회로에서 전압전류 방정식을 세우면 다음과 같이 된다.

[그림 6-2] 발전기의 부하전류와 단자전압의 관계

$$E = V_L + i_L Z_S \qquad (6.3)$$
$$V_L = i_L Z_L \qquad (6.4)$$
$$V = E - i_L Z_S \qquad (6.5)$$

---

[1] 참고도서: 『처음 만나는 전기기기』, 최은혁 외, 한빛아카데미, 2016

대형 발전기에서는 식 (6.3)~(6.5)가 매우 복잡하고 다양한 전기적 의미를 갖지만 여기서는 Exciter의 기능을 설명하기 위한 목적으로 간단히 설명한다.

발전기의 전류는 부하에 따라 변하는데, 발전기의 단자전압은 동기임피던스(직류기기의 경우 내부 저항)에 의해 저감된다. 식 (6.3)은 교류 벡터도로 표시되며 대형 발전기에서는 부하전압이 계통전압의 의미가 된다. 그리고 교류계통에서 전류는 부하의 역률에 따라 위상이 바뀌며 이에 따라 단자전압이 발전기 유기기전력보다 높은 현상도 일어날 수 있다. 이는 직류발전기에서는 볼 수 없는 현상이며 이처럼 다양한 경우에 발전기의 단자전압을 제어하거나 발전기의 역률을 제어하는 기능을 수행하는 것이 Exciter이다.

6.1.2 Exciter의 제어 및 보호 기능

모든 제어시스템은 제어 대상 설비가 요구되는 기능을 수행하도록 한다. 여기서 요구되는 기능은 크게 제어 기능, 진단모니터링 기능, 보호 기능으로 나뉜다. SIL 등급이 높을수록 제어 기능과 보호 기능의 엄격한 분리 및 격리 등이 요구된다. 발전기 제어시스템인 Exciter에서는 보호 기능과 제어 기능을 동일한 제어시스템 내에서 구현해도 된다.

발전기 Exciter의 요구 기능에는 다음과 같은 것들이 있다.

❶ **자동전압조정(AVR)**$^{\text{Automatic Voltage Regulation}}$: 식 (6.4), (6.5)에서 부하인 Z_L이 변해도 V를 설정값으로 유지시키는 피드백 제어가 필요하다. 피드백 제어의 요소로 단자전압을 사용하는데, 이는 계통전압과 같으므로 전압 크기에 따라 역률도 바뀐다. 전압조정의 개념은 발전기의 고정자 권선을 보호하기 위해 제어하는 개념이지만, 발전기의 역률과도 밀접한 관계를 갖는다.

❷ **수동전압조정(MVR)**$^{\text{Manual Voltage Regulation}}$: 발전기의 전압을 운전원이 조정해서 올리고 내릴 수 있는 기능이다. 목표값 설정이 아니라 현재 값에서 올리거나 내리며 조정할 수 있는 기능이다. 과거에는 센서 고장 및 기타 계통 상황에 따라 이 기능을 사용했지만 이제는 발전기 시험 등의 용도로 사용한다.

❸ **과여자 제한 설정 및 과전압 보호(OEL)**$^{\text{Over Excitation Limit}}$: 발전기 계자의 과전류로 인한 계자권선 과열 및 소손을 방지하기 위한 기능으로, 제한값을 넘으면 계자전류를 줄이는 제한 기능^{Limiter}과 일정시간 이상 계자 과전류가 발생하면 발전기 여자전류를 차단하고 발전기를 정지^{protection}시키는 기능이 있다. 피드백 제어에서 부하가 증가하면 발전기의 단자전압이 저하되므로 전압을 유지하기 위해 발전기 유기전압 E를 올리려고 하는데 이 과정에서 과도한 여자전류 i_f는 계자권선 소손의 문제를 발생시킬 수 있다. 그러므로 발전기 단자전압의 제어 기능 외에 발생할 수 있는 문제에 대한 보호 기능으로 과여자 제한 및 과전압 보호 기능이 필요하다.

❹ **저여자 제한 설정 및 저여자 보호(UEL)** Under Excitation Limit: 발전기 단자전압이 저전압으로 운전되면 부하전류는 진상이 되며, 이에 의해 고정자 stator 끝부분에 자속이 밀집되어 고정자단부철심 과열 stator end overheating 현상이 발생하는 것을 제한하거나 보호하는 기능이다. Exciter가 자동전압 조정 기능을 수행하더라도 어떤 이유로 계통전압이 상승하면 발전기는 상대적으로 저전압이 되어 진상부하 운전을 하게 된다. 이 경우 유효전력을 전송하는 데 문제가 생기며 발전기 내부에는 고정자 말단부에 과열현상이 생긴다. 이를 방지하기 위한 보호 및 제한 기능이 필요하다.

❺ **전압/주파수 비(V/Hz) 제한:** 발전기 전압이 100%에 도달하지 않더라도 낮은 주파수에서의 전압은 [V/Hz]의 크기에 의해 발전기나 변압기에 손상을 줄 수 있다. 그러므로 이를 제한하거나 보호하는 기능이 필요하다.

이상과 같이 여자시스템의 필수 기능을 살펴보면 설정 전압값을 유지하기 위한 피드백 제어와 함께 보호 기능이 필요하다는 것을 알 수 있다. 그리고 구현하고자 하는 여자시스템은 디지털 제어시스템이므로 관련 요건을 상세히 정리하고 설계에 착수해야 한다.

6.1.3 요건의 상세 전개

설계단계에서는 앞에 나온 ❶~❺의 요건을 상세히 풀어쓰고 추가적인 필요 기능을 분석해 설계의 기본 자료를 작성해야 한다. 다음은 요건 전개 양식을 소개하는 관점에서 간략히 기술한 것이다.

> **[설계 조건]**
> 여자시스템은 다음의 제어 및 보호 기능을 수행하며 대상 발전기는 500 MW 한국표준화력 발전기이고 디지털 직접여자시스템을 적용한다.

❶ 여자기는 전자석인 계자에 공급되는 직류 전류를 **3상 위상제어정류기**로 제어해서 발전 전압과 이에 의한 부하전류를 공급한다.

❷ 발전기 계자 전류를 조절함으로써 발전기를 제어하고 보호하는 여자시스템은 다음 기능을 갖춰야 한다.
  - 성능을 제어하는 자동전압조정(AVR) Automatic Voltage Regulation 기능
  - 발전기의 고정자 권선과 회전자 권선, 고정자 단부철심 등을 보호하기 위한 보호 기능
  - 전력계통 측면에서 안정도를 유지하기 위한 한계 및 보호 기능

이는 [그림 6-3]의 동기발전기 운전영역 곡선으로 나타난다.

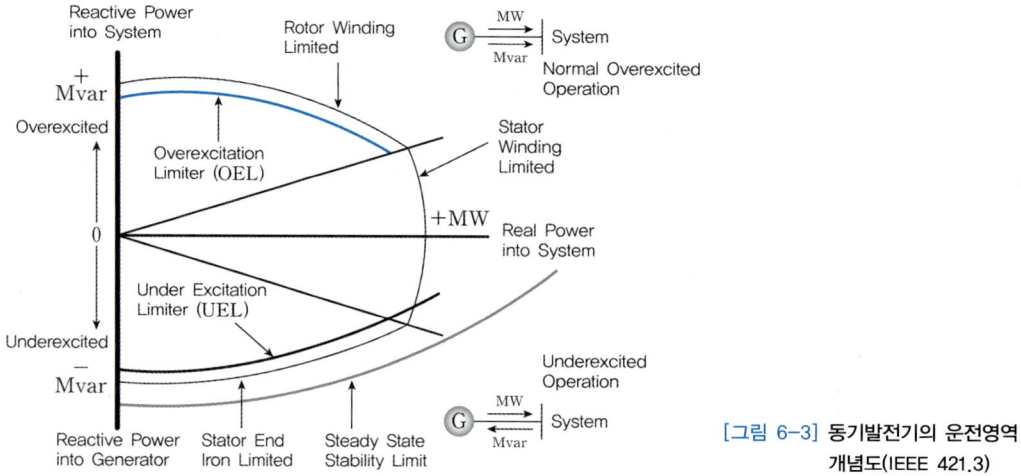

[그림 6-3] 동기발전기의 운전영역 개념도(IEEE 421.3)

전압 및 무효전력 제어는 계자 권선에 흐르는 DC 전류를 제어하는 것이다. 디지털 여자시스템은 속응성을 전제로 하므로, 3상 교류 전압 및 전류의 실효값과 계자 전류를 실효값으로 측정할 때 다이오드 정류회로에 비해 속응성이 좋은 A/D 샘플링을 이용한 디지털 계산 방법을 사용한다. 디지털 여자시스템은 디지털 설비로서 기존 아날로그 이중화방식의 신뢰도와 동급 이상의 신뢰도를 확보해야 한다.

자동전압조정기는 비례적분제어기(PI control)$^{Proportional\ and\ Integral\ control}$ 알고리즘을 사용하며, 운전원이 제어모드를 수동으로 선택하면 계자전류를 직접 조정해 발전기 전압을 상승 및 하강시키는 동작이 가능해야 한다. 자동전압조정기는 발전기 전압, 전류, 역률 및 여자전류가 보호영역 안에 머물도록 제한하는 기능을 수행하며 이 한계를 벗어날 경우 디지털 출력$^{digital\ output}$을 통해 여자기 정지, 발전기 정지 등의 후속조치를 강구한다. 여자기 정지가 실행되면 이후에 여자기의 구성품을 보호하기 위한 보조 보호회로인 크로바 회로$^{crowbar\ circuit}$가 동작한다. 만약 동작상황이 아닌데도 크로바 회로가 먼저 동작하면 여자기 정지, 발전기 정지로 이어진다. Exciter의 개념도를 [그림 6-4]에 나타냈다.

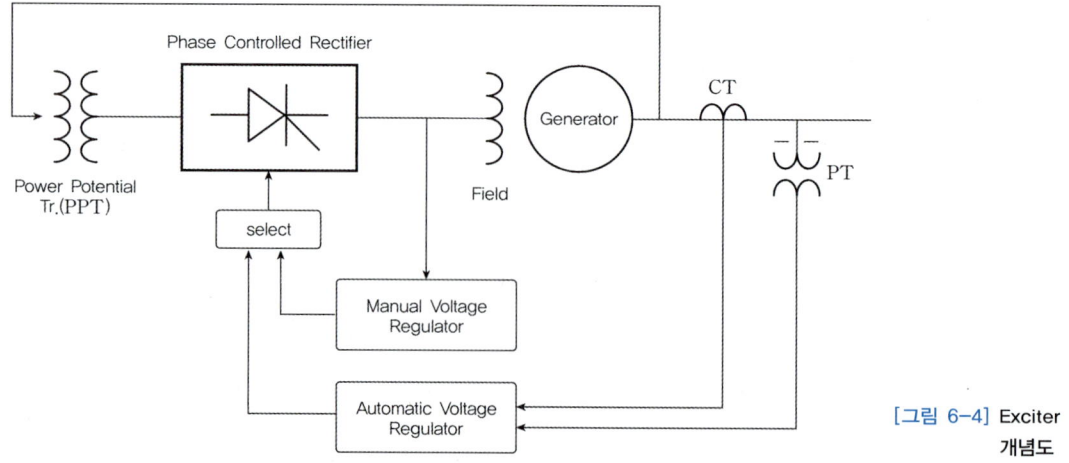

[그림 6-4] Exciter 개념도

설계요건서를 검토하고 확인하는 과정을 거쳐 설계를 확정하고 상세 설계를 진행한다. 상세 설계 과정은 6.2절에서 계속된다.

SECTION 6.2 기능구현과 설계검증

6.2절에서는 6.1절에서 검토 확인한 설계요건서를 기준으로 설계사양서(SDS)$^{\text{System Design Specification}}$를 작성하고 이에 대한 확인과 함께 설계를 확정해간다.

6.2.1 적합성 평가를 위한 사전 시험 수행

고신뢰도 여자시스템의 설계 착수 이전에 기본 기능의 설계 적합성 여부를 판단하기 위해 기능 확인 실험들을 수행했고, 500 MW 발전기와 50 km 의 345 kV 송전선을 모의하는 5 kW 동기발전기 MG-set와 송전선 시뮬레이터를 제작했다. 발전기와 송전선은 MG-set 및 시뮬레이터를 이용하여 실제 제어 기능을 수행한다. 또 교류 전압전류의 측정 연산은 고속 푸리에 연산(FFT)$^{\text{Fast Fourie Transform}}$을 사용하고, 제어는 PI 제어 알고리즘을 이용한다.

Exciter의 하드웨어와 소프트웨어를 함께 테스트하기 위한 목적, 특히 삼중화 구조의 제어시스템 시험을 위해 디지털 시뮬레이션 외에 상기의 축소형 하드웨어인 MG-set 및 송전선 시뮬레이터를 활용하여 시험했다.

❶ 전압제어 기능 시험
- 앞의 MG-set를 이용한 Exciter 시험결과는 몇 시간 동안 완벽했는데, 서서히 전압의 동요가 일어나면서 안정화되지 않는 현상이 발견되었다.

- **원인 분석**: 3상 전압, 전류의 계측연산에서 연산량 축소를 위해 검증된 고속푸리에 변환법(FFT)을 사용했고, 시뮬레이션 및 함수발생기를 이용하여 적합성을 철저하게 검증했다. 그러나 MG-set를 이용한 시험 중 심각한 문제가 발생했다.

- **문제점**: FFT는 신호처리 방법 중에서 주파수와 위상을 계산하는 데 아주 효과적(고속)인 방법이다. DFT에 비해 획기적으로 연산량을 줄여주므로 3상 교류전압, 전류의 평균값 계산에 사용하기 좋은 방법이며, 이는 함수발생기(60 Hz 파형)를 이용한 시험에서 완벽함이 입증되었다. 그러나 MG-set를 이용한 시험은 통과하지 못했다. FFT는 주파수가 일정한 경우에만 평균값(진폭)을 계산할 수 있다는 한계가 있는데, 함수발생기는 60 Hz로 일정하지만 MG-set의 전압 전류파형은 59.8~60.2 Hz사이에서 흔들렸기 때문이다. 실제 발전소의 주파수도 59.9~60.1 Hz 사이에서 변화한다. 그러므로 '**고속푸리에 변환법은 실계통의 3상 전압전류 계측연산에 사용할 수 없다**'는 사실을 간과한 것이 문제였다.

❷ 새로운 계측연산 알고리즘의 적용 및 평가

가장 신뢰성이 높은 기본적인 방식인 Root Mean Square 방식을 적용하여 상기 시험을 수행하고 설계요건의 적합성을 확인했다.

[그림 6-5]는 ❶~❷의 과정을 그림으로 나타낸 것이다.

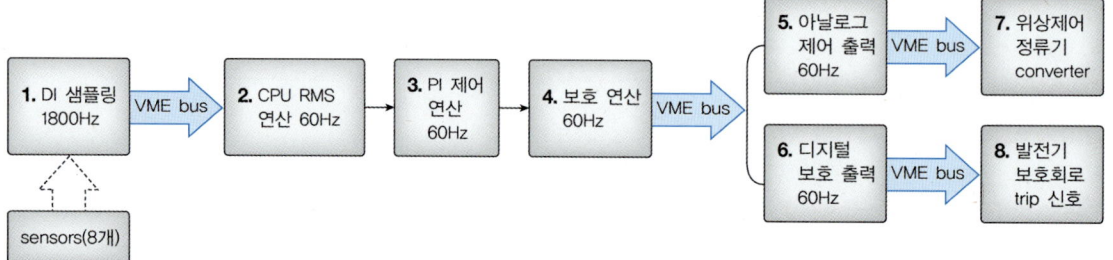

[그림 6-5] 단일 모듈 여자시스템 소프트웨어 구조

이상의 설계적합성 평가를 거친 여자기 요건 및 설계요건을 기반으로 [그림 6-6]과 같이 기본 여자시스템을 구성했다. 이는 기능구현을 위한 단일 모듈 Exciter의 구현 개념도이다. 발전기의 여자시스템에 소요되는 전력은 대략 발전기 출력의 0.2 % 정도이므로 500 MW 발전기는 1,000 kW의 컨버터를 필요로 한다. 이는 매우 큰 용량이므로 500 kW 컨버터 세 대를 준비하여 2 out of 3, 여기서는 (2 + 1)의 개념과 동일한 시스템으로 구성한다. 3상 컨버터는 고장 발생 시 유지보수가 간단하지 않으므로 이러한 유지보수를 고려한 설계 개념이다.

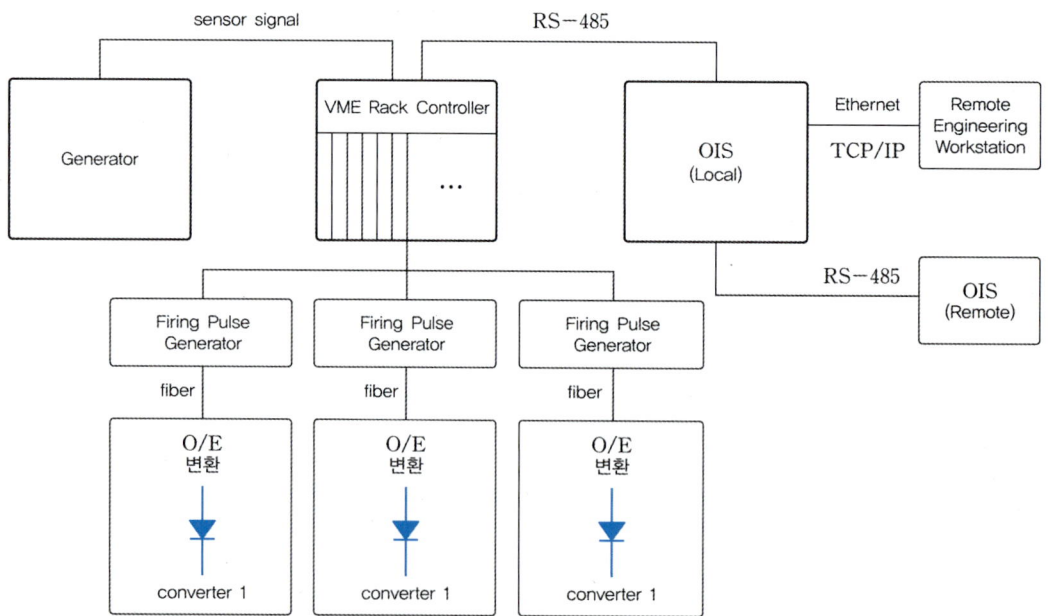

[그림 6-6] 단일 모듈 여자시스템 + 삼중화 컨버터 구성도

6.2.2 삼중화 여자시스템 구조 설계

■ 기본적인 삼중화 구조 설계

삼중화 시스템의 설계에도 다양한 방법이 있다. [그림 6-7]은 가장 간단한 개념의 삼중화 방식이다.

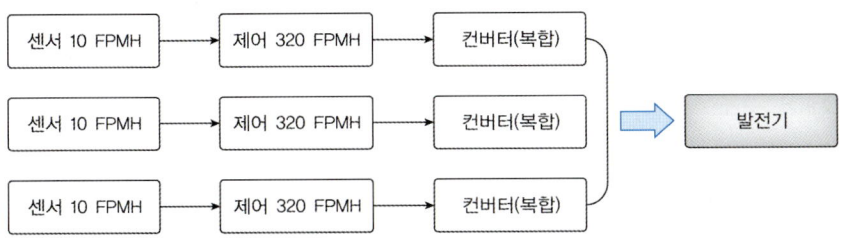

[그림 6-7] 기본적인 삼중화 여자기 모델

[그림 6-7]은 세 개의 횡으로 가는 기기, 즉 개개의 여자시스템이 병렬로 발전기 계자에 연결되는 구조다. 이런 단순 삼중화 구조의 문제는 무엇일까? 물론 3장에서 단일 여자시스템보다 신뢰도가 월등히 높다고 설명했다. 단일 시스템의 신뢰도가 R이라고 했을 때 삼중화 시스템의 신뢰도는 $3R^2 - 2R^3$이며 이를 R과 비교하면 $R \geq 0.5$에서 $(3R^2 - 2R^3) \geq R$의 관계에 있다고 설명했다. 그러나 이것으로 충분한 결과를 얻었다고는 할 수 없다. [그림 6-7]의 삼중화에서 가장 위에 있는 모듈의 센서가 고장 나고, 가운데 모듈에서 제어기가 고장 나면 두 개의 모듈은 동작하지 않는다. 다음 설명을 살펴보자.

[그림 6-8]은 한 줄과 두 줄, 세 줄, 그리고 세 줄 사다리를 나타낸 것으로, 빙벽이나 고층 건물을 오르기 위한 로프다. 그림을 보고 다음과 같이 생각할 수 있다.

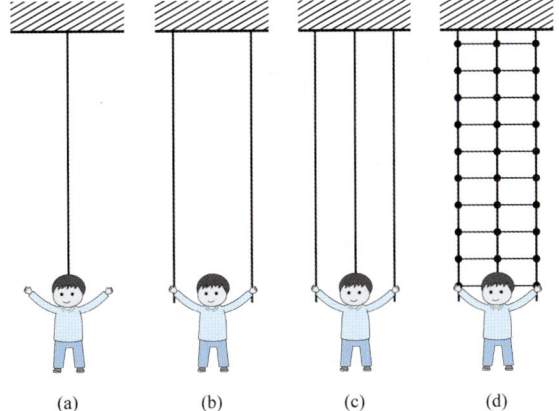

- 로프가 한 줄인 경우보다 두 줄인 경우가 안전하고 신뢰도가 높다.
- 한 줄의 경우 길이가 매우 길다고 했을 때 위쪽 어느 부분에서 끊어질 위험이 있는지 알 수 없다.
- 두 줄은 한 줄보다 좀 더 안전하다. 또한 세 줄이 두 줄보다 안전할 것이다. 이는 [그림

[그림 6-8] (a) 한 줄, (b) 두 줄, (c) 세 줄, (d) 세 줄 사다리

6-7]의 기본적인 삼중화와 같은 개념이다. 세 줄이 각각 어느 부위에서 끊기면 세 줄은 모두 끊어진다.
- 세 줄 사다리에서 같은 단계의 세 줄이 동시에 끊어지지만 않는다면 여러 곳이 끊겨도 안전이 확보될 수 있다.

그렇다면 다중화 설비의 설계도 [그림 6-8(d)]와 같은 방식으로 해야 하지 않을까? 그런데 세 줄 사다리가 다른 것들보다 더 안전하려면 매듭부분이 원래의 로프 이상으로 튼튼해야 한다는 가정이 필요하다. **디지털 시스템에서의 매듭은 통신, 접점연계, 서버 공유 등의 부분이 되며 이 부분에서 고장 나**

지 않아야 함을 의미한다. 그러므로 통신 및 접점 연계, 서버 등의 신뢰성 확보와 소프트웨어 오류 방지를 위한 적절한 대책 수립과 확인 검증이 필수다. 또한 세 줄 사다리의 매듭 부분에 해당하는 설비, 즉 비용이 많이 들어가는 구조다. 예를 들어 삼중화시스템은 센서의 개수가 3배인데, 각각의 채널에 3배의 센서 신호가 입력되려면 AD 컨버터, DI 등도 모두 3배가 필요하다. 통신부하 및 통신연계, 연산량 등은 각각의 채널에서 3배 이상이 소요되므로 전체적으로 최소 9배 이상의 하드웨어 및 소프트웨어가 투자되어야 한다는 것을 의미한다.

■ 줄사다리형 삼중화 제어 구조

[그림 6-8(d)]의 세 줄 사다리와 같은 다중화 시스템 설계가 잘 구현되면 가장 신뢰도가 높을 수 있다. 이런 관점에서 구조 설계 사양을 다음과 같이 작성했다.

❶ 디지털 삼중화 제어방식을 사용한다. 발전기를 안전필수 시스템$^{Safety\ Critical\ System}$ 관점보다 가용도가 더 중요한 시스템으로 평가하고, 삼중화 제어기 중 한 개의 제어기가 정상이어도 계속 발전할 수 있도록 한다. 이를 위해 삼중화 제어기는 철저한 자기 및 상호진단이 가능하도록 한다.

❷ 사용되는 센서는 삼중화 채널별로 독립적인 센서를 사용한다.

❸ 삼중화 제어기의 보호 기능은 2 out of 3 다수결 보팅으로 설계하며 이는 하드와이어 보팅을 포함한다. 삼중화 제어기의 제어 기능은 중간값 선택$^{median\ selector}$ 방식의 보팅을 하며, 삼중화 제어기 또는 이중화 운전 등에서 무충돌제어(제어기 전환 시 제어 대상 변수의 계단적 변화가 없다는 의미)$^{bumpless\ control}$를 구현한다.

❹ 삼중화 제어기는 계측연산, 제어연산, 보호제한 연산 등 각 단계마다 아날로그 보팅을 하여 소프트웨어 모듈이나 하드웨어 모듈의 소단위 고장진단을 강화하고 소프트웨어 연산 시 보팅을 통해 같은 값이 사용되도록 한다(이 부분에서 줄사다리 개념이 극대화됨).

❺ 3상 컨버터는 (2+1) 개념을 사용해 한 개의 컨버터 용량을 500 kW 이상으로 하고 세 개의 컨버터 중 하나가 고장 나도 두 개의 컨버터로 장시간 정상운전이 가능하도록 한다.

❻ 보조보호 기능은 한 회로를 구성하여 3개의 컨버터와 계자권선을 보호한다.

❼ 삼중화 제어기의 연산장치는 연산, 통신 및 비교 보팅 등의 연산소요 시간을 고려하여 고속 연산장치와 버스를 사용한다.

❽ 효과적인 시스템을 구현하기 위해 VME 버스구조를 사용하는 것 등의 삼중화 설계요건을 확정한다.

❾ 무충돌 제어를 위한 제어기 내부 정보 공유 방법, 자기 채널 및 타 채널의 건전성을 확인하기 위한 구현 방법을 확정한다.

❿ 삼중화 시스템은 이중화된 직류 전원공급기를 공유한다.

■ 구조 설계 확인

설계안에 대해 확인검증을 수행했다. 확인검증은 소프트웨어 및 하드웨어 설계자들이 각 모듈단위의 기능을 확인하며 설계검증하는 것이다. 다음은 앞에 나온 ❶~❿의 각 설계안에 대한 확인검증 과정을 나타낸 것이다.

❶ **[검토]** 상호진단 방식 및 보터 설계에서 종합적인 건전성 확인
- 보터는 3개의 제어기로부터 각각의 출력신호와 함께 건전성 여부를 판단할 수 있는 개별 신호를 받음
- 제어기 각각의 제어기판 제거 또는 제어기의 전원 OFF 등 다양한 단일고장 시험을 통해 보터의 진단 능력을 평가하고 이상 없음을 확인함

❷ **[검토]** 센서와 제어기의 성능에 관해 검토
- 각각의 센서로부터 계측 연산한 값의 평가를 통해 설계의 적절성(sampling 순간의 차이에도 계측값은 동일함) 확인
- 샘플링 주기 및 개수에 대한 평가결과 정상적인 계측이 가능함을 확인
- 한 개의 센서에 고의로 다른 신호를 인가했을 때 삼중화 제어기에서는 통신보팅을 통해 확보한 정상 센서값을 제어 및 보호연산에 사용함을 확인
- RMS 연산의 실시간성 확인

❸ 제어기 상호 간의 통신보팅 및 보터에서의 디지털 보팅, 아날로그 보팅의 건전성 확인

❹ 설계 문서 검토를 통해 500 kW 컨버터 설계 및 제작 방법 확정

❺ 문서 확인 및 MG-set용 소규모 컨버터 세대 제작, 시험

❻ 보조회로로서 크로바회로$^{crowbar\ circuit}$를 설계하여 Exciter 보호동작 시 계자권선 보호 기능 확인

❼ VME bus type의 CPU, 아날로그/디지털 입출력, 통신 등을 선정하고 성능을 평가함. 이 과정에서 가장 유연한 실시간 운영체계인 VxWorks 사용

❽ 삼중화 제어 기능 시험을 통해 설계 적합성 확인

❾ 삼중화 PI 제어기의 적분항 공유 및 보터 출력 공유로 삼중화 제어기가 동일한 조건에서 동작하는 조건 확보

❿ 이중화 직류 전원공급기의 진단모니터링이 확실하게 보장되어야 하며, 운전 중에 고장이 확인된 직류전원공급기의 교체가 가능해야 함

이상의 구조 설계에 대한 검증과정을 V model에 적용하면 [그림 6-9]와 같이 설명할 수 있다.

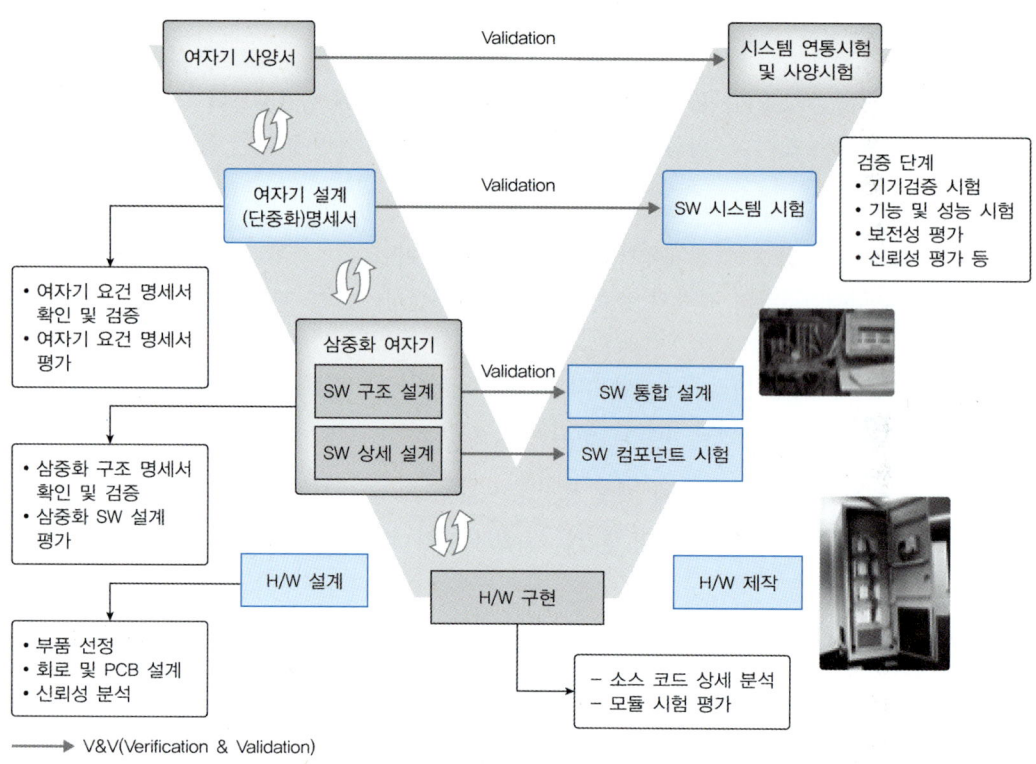

[그림 6-9] 여자시스템에 적용한 V-model 개발절차

■ 설계 확정

[그림 6-9]의 절차를 거쳐 확정된 삼중화 여자시스템의 소프트웨어 연산 및 진단 구조는 [그림 6-10]과 같다.

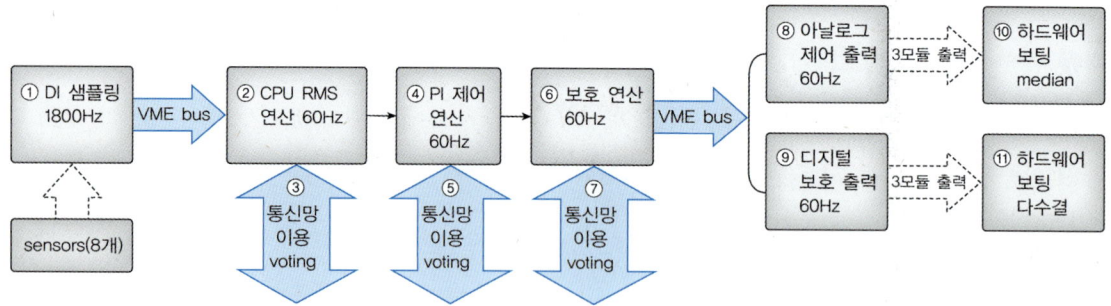

[그림 6-10] 삼중화 여자시스템 모델의 소프트웨어 연산 및 진단 구조

[그림 6-10]에 표기된 항목별 기능과 동작을 상세히 설명한다.

❶ 삼중화 제어기의 A/D, A/I 카드는 각각 8개의 신호에 대해 1800 Hz의 샘플링을 한다.
❷ 각 제어기의 CPU는 VME 버스를 통해 소속 센서 신호의 RMS 연산을 하여 평균 전압과 전류를 계산한다.

❸ CPU 세 개가 연산한 평균 전압, 전류를 통신(CRC 확인) 보팅으로 교환해 중간값을 선택한다.
❹ 선택된 중간값을 이용하여 세 개의 CPU가 PI 제어연산을 한다.
❺ PI 연산 결과와 적분항을 세 개의 CPU가 통신(CRC 확인) 보팅을 하고 중간값을 선택한다.
❻ 중간값을 이용하여 세 개의 CPU가 보호연산을 한다.
❼ 통신(CRC 확인) 보팅을 이용하여 중간값을 선택하고 최종 보호신호 발생 여부를 판단한다(세 개의 CPU가 같은 보호신호 발생).
❽ 보호신호가 필요 없을 때는 제어신호(gate turn-on 각도)를 60 Hz 주기로 하드웨어 메디안 보터로 보낸다.
❾ 보호신호가 필요할 때는 디지털신호를 60 Hz 주기로 하드웨어 다수결 보터로 보낸다.
❿ 메디안(중간값 선택) 보터가 컨버터를 제어한다.
⓫ 다수결 보터 동작 시에는 여자시스템 트립, 발전기 트립으로 이어지며, 정상 상태에서는 보호신호가 동작하지 않는다. 보호신호 동작 시에는 전압전류 관계에서 자동으로 보조보호 기능이 동작한다.

Note 각각의 CPU는 watchdog timer 사용과 함께 타 CPU에 주기적으로 맥동신호를 보내서 자기상태가 건전함을 알린다.

[그림 6-11]은 [그림 6-10]의 삼중화 여자시스템을 하드웨어 관점에서 그린 것이다.

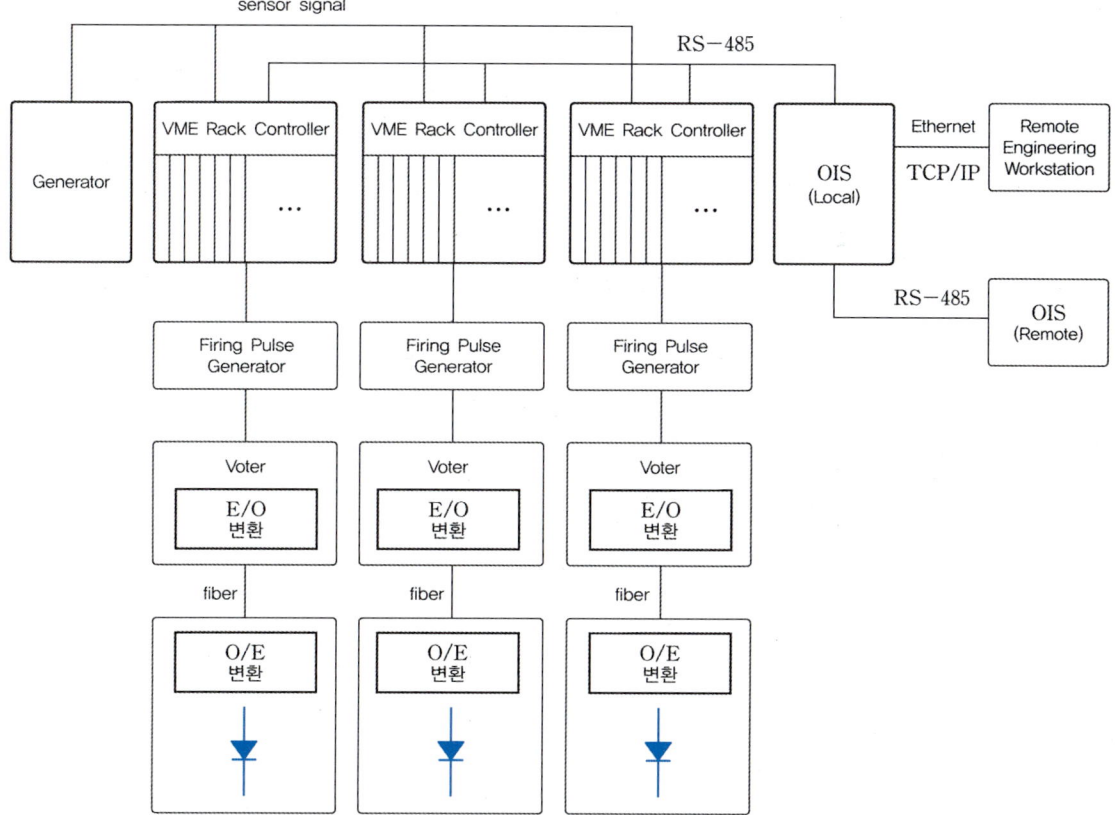

[그림 6-11] 삼중화 여자시스템 제어구조

[그림 6-9]의 구성도에서 OIS$^{Operator\ Interface\ System}$는 사용자 단말로 발전기 및 여자시스템 상태를 진단 모니터링해서 보여주며, 사용자가 MVR 조작 및 각종 자동제어 설정치를 조정할 수 있는 기능을 제공한다. OIS는 터치패드와 키보드로 조작할 수 있으며, 글씨와 그래픽으로 발전기 및 Exciter의 상태를 보여준다. Remote Engineering Workstation은 공급자 및 허가된 엔지니어가 소프트웨어 포팅 및 변경 등의 작업을 할 수 있는 컴퓨터 설비다.

■ 신뢰도와 가용도 검토(유지보수시간과 감지 능력)

3장에서 시스템의 신뢰도와 가용도는 고장허용 설계의 적합성과 함께 fault, error의 복구 능력이 매우 중요하다고 설명했다. 고장허용 설계에서 운전 중 유지보수하는 것의 RAMS 평가를 위해 마코프 모델링을 하며 여기에는 fault detection 능력과 fault, error의 복구 능력이 정량적으로 사용된다고 설명했다(고장복구율 μ 사용 등).

- VME card 등의 디지털 시스템 유지보수는 1시간 이내에 처리 가능
- PT, CT 등의 센서 교체는 5시간 이내에 교체 가능
- 보터 교체는 5시간 이내에 가능
- 컨버터 고장 시 최장 100시간 이내에 수리 가능
- 모든 모듈의 고장은 거의 확실하게 진단/모니터링됨을 확인
  (고장감지율을 0.99로 가정할 수 있지만 시뮬레이션에서는 보수적으로 적용)

고장허용 설계와 다중화 설계는 거의 같은 개념이다. 그러나 설계된 모형에 대해 RAMS 평가 시 고장수리를 반영하는가와 반영하지 않는가에는 엄청난 차이가 있다. 예를 들어 2 out of 3 모델에서 고장수리를 반영하지 않으면 MTTF는 단일 모듈 시스템의 5/6로 감소하며 MTTF에서의 신뢰도는 0.4 정도가 된다. 이는 단일 모듈 설계의 경우 MTTF에서의 신뢰도가 0.37이지만 MTTF가 2/3 설계의 6/5배임을 알면 2 out of 3 삼중화 설계가 의미 없다고 생각할 수도 있다. 하지만 이는 매우 잘못된 생각이다.

고장허용 설계로서 2 out of 3 설계를 하는 것은, 운전 중 어떤 모듈이 고장 났을 때 이를 신속하게 인지하여 고장 모듈을 수리하는 것을 목표로 한다. 그러므로 신뢰도 평가에서도 고장이 복구될 수 있음을 정확하게 반영해야 한다. 고장률이 일반적으로 1/1,000 ~ 1/10,000 정도인데 반해 고장복구율이 1/10 ~ 1/100이라고 하면 하나의 모듈이 고장 났을 때 추가 고장으로 시스템이 정지될 확률보다 고장이 복구되어 세 개의 모듈이 정상으로 운전될 확률이 최소 10배~1,000배 가까이 된다는 것이 핵심사항이다.

SECTION 6.3 RAMS 비교 분석 (삼중화 여자시스템)

3장에서 다뤘던 RAMS 분석 방법을 실제 여자시스템에 적용해본다. 신뢰도를 높이며 가용도를 올리기 위한 방법으로 사용되는 다중화 설계, 그리고 다중화 설계 내부의 특화된 방법으로서의 고장진단 및 보수 방법 등을 고려했을 때 어떤 변화가 일어나는지 경험해보자. 신뢰도를 알아보려면 사용하는 부품들의 고장률을 알아야 한다. [표 6-1]의 고장률 데이터는 여자시스템에 사용된 부품들의 고장률을 계산한 결과다. 이는 제작사 데이터 또는 그 데이터를 활용해 복합모듈의 등가 고장률을 계산한 것이다. 6.3.1에서는 [표 6-1]의 고장률을 개략적으로 풀어썼다.

6.3.1 고장률 계산

디지털 Exciter의 신뢰도 평가를 하려면 그 구성품의 고장률을 알아야 한다. 그러므로 센서(PT, CT)부터 제어기, 컨버터 등 모든 구성요소의 고장률을 조사해야 한다.

❶ **제어기 한 모듈의 고장률 평가:** PT, CT의 고장률은 가장 나쁘게 가정해도 $1.0 \times 10^{-8}/hr$ 보다 작은 값이다. 센서의 개수는 3상 전압, 전류를 측정하기 위한 세 개의 PT, 세 개의 CT, 직류용 PT, CT 등 도합 8개를 사용하므로 대략 $1.0 \times 10^{-7}/hr$로 사용한다. VME bus 카드들의 고장률은 개략 $13 \times 10^{-6}/hr$이며, 하나의 제어시스템은 대략 7장으로 구성되므로 $91 \times 10^{-6}/hr$로 고려할 수 있다. 이는 제조사 데이터다. 그러므로 제어기 한 모듈의 고장률 합계는 $91.1 \times 10^{-6}/hr$가 된다. 그러나 입출력$^{\text{analog input-output, digital input-output}}$ 모듈은 개발시험 중 오류를 경험했으므로 더 높은 고장률로 평가하기 위해 마진을 추가하여 제어기 단일 모듈의 고장률을 $130 \times 10^{-6}/hr$로 평가하고 신뢰도 시뮬레이션에 사용한다. 개발시험 중의 오류는 환경시험 50 ℃에서 레지스터 오류가 발생한 것이며, 이는 모든 입력 모듈에서 공통적으로 발생했다. 나중에 입력모듈을 모두 교체했다.

❷ **전원공급기의 고장률 평가:** 전원공급기의 고장률 $10 \times 10^{-6}/hr$는 평가된 결과를 그대로 사용한다.

❸ **보터와 컨버터 고장률:** 보터는 하드웨어 보터로서 고장률은 $5 \times 10^{-6}/hr$이다. 3상 컨버터는 확립된 기술로 검증(500 kW 실부하 운전)했으므로 평가된 고장률로 $25 \times 10^{-6}/hr$를 적용했다.

6.3.2 신뢰도 계산 복습

3장의 신뢰도 계산 방법을 간단히 복습해보자. 단일 모듈 여자시스템은 [그림 6-12]와 같이 나타낼 수 있다.[2] 이 시스템의 신뢰도는 전체 고장률로부터 구할 수 있다. 어느 부품 하나의 고장도 여자시스템의 고장을 유발하므로 고장률은 모두 합해 하나의 부품 고장률로 사용할 수 있다.

[그림 6-12] 단일 모듈 여자기 구조

고장률의 합계는 (130+10+25)이므로 $\lambda = 165 \times 10^{-6}/\mathrm{hr}$가 된다. 그러므로 단일 모듈 여자기의 신뢰도는 $R_1(t) = e^{-1.65 \times 10^{-4}t}$이며 그래프로 그리면 [그림 6-13]과 같다. 이 경우의 MTTF는 $\frac{1}{\lambda} = 6,060\,\mathrm{hr}$이다.

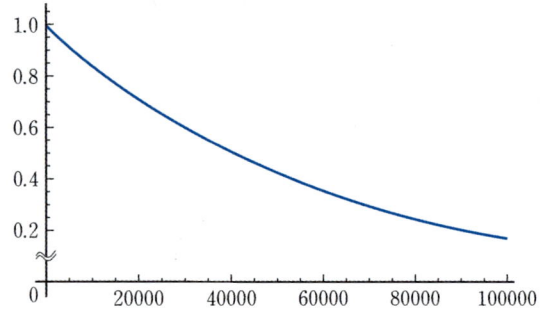

[그림 6-13] 단일 모듈 여자시스템의 신뢰도

[그림 6-13]의 신뢰도 특성은 1,000시간만 지나도 신뢰도 0.9가 되지 않는다. 이는 1~2년을 연속 운전해야 하는 발전소 상황에서 받아들일 수 없는 신뢰도다. 이 설계의 MTBF는 252일 정도이며 이때의 신뢰도는 0.37 수준이다. 이는 절대로 사용자가 받아들일 수 없는 설계다. 발전소는 1년 또는 1.5년 주기로 정기점검을 하는데 그 사이에 고장이 나지 않기를 바란다. 이러한 문제를 해결하기 위해 [그림 6-7]과 같이 단순 삼중화 설계를 하면 신뢰도는 $R_3(t) = 3R_1^2(t) - 2R_1^3(t)$가 된다. 이를 그래프로 나타낸 것이 [그림 6-14]다. 이 설계의 MTTF는 210일 정도로 더 짧아진다.

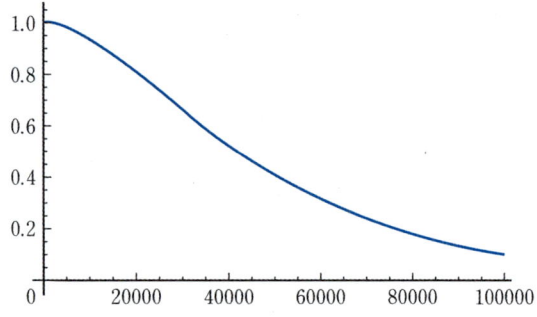

[그림 6-14] 단순 삼중화 여자시스템 신뢰도

[그림 6-15]는 [그림 6-13]과 [그림 6-14]를 비교한 것이다. 단일 모듈의 신뢰도가 0.5 이상인 시간 구간에서는 삼중화 모듈의 신뢰도가 더 높지만 신뢰도 0.5 이하의 시간 구간에서는 삼중화 모듈의 신뢰도가 더 낮아지는 관계를 표시한 것이다. [그림 6-15]에서 종축이 양수인 부분은 2/3 설계의 신뢰도가 높음을 나타내며, 음수인 부분은 단일 모듈 모델의 신뢰도가 더 높음을 나타낸다. 비교적 짧은 시간 구간에서만 삼중화 모

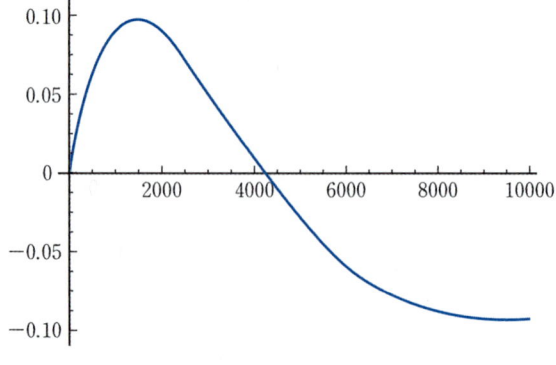

[그림 6-15] 삼중화 모듈과 단일 모듈의 신뢰도 차이

---

[2] OIS는 신뢰도 평가 모델에서 제외했다.

델의 신뢰도가 단일 모듈 모델보다 높다는 것을 알 수 있다. 그러나 이 곡선은 신뢰도가 0.5인 시간에 교차되는^{cross-over} 단순 삼중화의 전형적인 특성을 보인다. 이 평가 결과로는 [그림 6-7]의 단순 삼중화 구조에서 신뢰도가 특별히 개선되지 않은 것처럼 보인다. 하지만 좀 더 정확히 이야기하면 [그림 6-7]의 모델의 신뢰도가 별로 개선되지 않은 것이 아니라 개선될 수 있는지 없는지에 대한 정밀한 분석이 이뤄지지 않은 것이다. 이러한 분석은 3장에서 설명한 마코프 모델 방법으로 분석할 수 있다.

마코프 모델에 들어가기 전에 부품의 고장률을 개선하면 얼마나 좋은 효과를 거둘 수 있을지 검토해보자. [그림 6-16]은 단일 모듈 부품의 고장률을 모두 1/2로 낮춘다고 가정하고 신뢰도를 계산한 것이다. 그러므로 전체 고장률은 $\lambda = 8.25 \times 10^{-5}$/hr 이며 $R(t) = e^{-0.0000825t}$ 가 된다. 이 경우 고장률이 1/2 이므로 MTBF는 2배로 길어진다. 그래도 일 년의 운전 기간 중에는 신뢰도가 0.6에 미달한다. 개선효과는 있지만 충분하지는 않다.

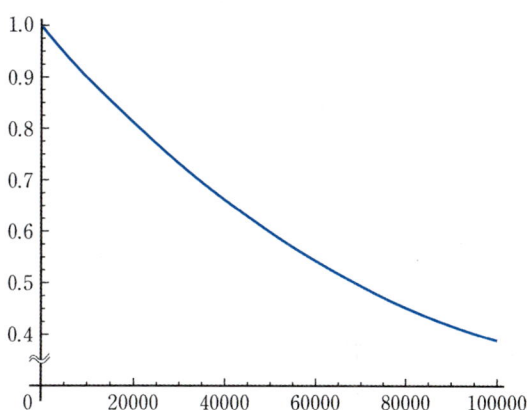

[그림 6-16] 고장률을 1/2로 낮춘 단일 모듈 여자시스템의 신뢰도

그런데 이 방법이 공학적으로 현실성이 있을까? 고장률을 일률적으로 1/2로 낮추는 것이 가능할까? 이미 산업현장에서 사용하는 수준급의 부품소자는 고장률이 일정값으로 유지되며, 한두 개의 고장률을 낮추는 것은 가능할지 모르겠지만 고장률을 획기적으로 1/2로 낮추는 것은 거의 불가능하다. 부품의 고장률 데이터에 관해서는 MIL 217 F를 살펴보자. 동일 부품의 고장률은 사용 온도를 낮추거나 사용 부하율을 낮추면 낮아지는데, 엔지니어링 설계에서는 대부분 이 사항들을 마진으로 고려한다. 또한 추가적으로 전자제어설비의 운전환경 개선을 위해 항온항습설비를 운용하는데 이런 효과는 고장률을 20~30 % 낮추는 효과를 주지만 모든 부품의 고장률을 1/2로 낮추는 것은 거의 불가능하다. **결론적으로 고장률을 획기적으로 낮추는 것은 거의 불가능하며, 고장률을 1/2로 낮춰도 신뢰도 개선이 만족스럽지 못하다는 것이다.**[3]

더 높은 신뢰도의 Exciter 개발과 제대로 된 평가를 위해서는 어떻게 해야 할까? 운전 중 유지보수가 가능해야 하며 이를 신뢰도 평가에 반영해야 한다는 것이 핵심일까?

6.3.3 설계 확정한 삼중화 여자시스템의 신뢰도 평가

실제 시스템에서 RAMS 평가를 하려면 RBD를 그려야 한다. 이 경우 RBD는 크게는 여러 개의 블록이 직렬구조로 되며, 하나의 블록 내부는 병렬 또는 직렬과 같이 다양한 형태의 모델로 변경 가능하다. 삼

---

[3] 이상의 고장률 평가는 MIL 217 F의 방식으로 진행한 것이며, 고장률 평가를 SR-332 방식으로 하면 고장률이 많이 낮아진 결과를 얻을 수도 있다. 이를 위해서는 가속노화시험을 실시하고 많은 운전이력을 확보해야 한다.

중화 여자시스템은 [그림 6-17]처럼 간단한 모형으로 표시할 수 있다. 삼중화 여자시스템에서 센서와 디지털 제어기는 1 out of 3 설계, 전원공급기는 1 out of 2 설계, 보터와 컨버터는 2 out of 3 설계로 [그림 6-17]과 같이 직렬구조로 해석하는 것이 편리하다.

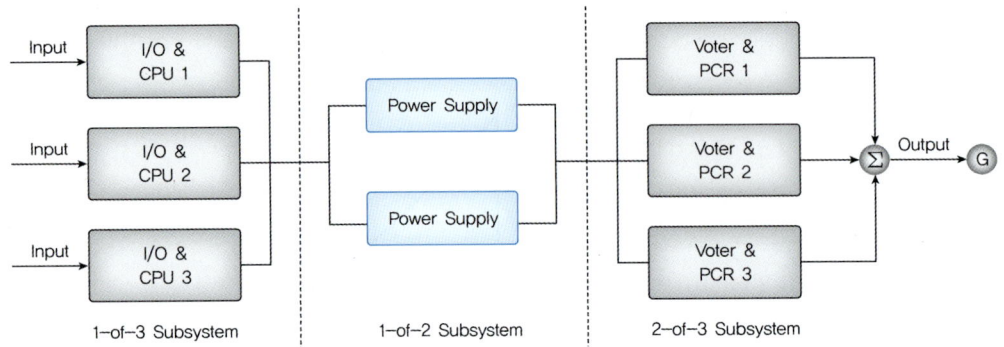

[그림 6-17] 설계 확정 삼중화 여자시스템의 신뢰도 모델

[그림 6-17]은 [그림 6-11]에서 OIS와 EWS가 포함되지 않았다. 이는 OIS가 Exciter의 제어 및 보호 기능에 중대한 영향을 끼치는가, 또는 보조적인 운영수단으로서 OIS에 의한 조작이 없어도 발전기 제어에 이상이 없는가가 관건이 될 것이다. 즉 여기서는 OIS의 고장이 발전기나 Exciter를 trip시키는가에 대한 판단이 모델에 OIS를 포함시킬지 여부를 결정하는 것이다. 여기서는 OIS가 Exciter 운전의 보조수단(자동 기능이 우선한다는 개념)이라는 관점에서 모델링에서 제외했으며 이에 대해서는 다른 의견도 있을 수 있다. 입력센서 및 제어시스템은 독립적 삼중화 구조이며, 직류 전원공급기는 이중화 설계로 전체를 공급한다. 보터와 컨버터는 2 out of 3 삼중화 시스템이다. 제어기 모듈은 세 개의 모듈 중 한 개만 정상이어도 운전이 가능하도록 설계됐고, 직류 전원공급기는 하나만 정상이어도 시스템이 동작한다. 보터와 컨버터는 세 개 중 두 개 이상이 정상이어야 정상 운전이 가능하다.

이제 [그림 6-17]의 직렬 블록 세 개를 모델링하고 이들의 단순 곱으로 전체 시스템의 신뢰도를 계산할 수 있다. 다음에 [그림 6-17]의 직렬 세 개 부분을 각각 모델링한다.

■ 1 out of 3 제어기 모델(비보수 모델)

삼중화 제어기는 세 모듈 중 하나만 정상이어도 시스템이 운전되도록 설계했다. 이 경우에는 어떤 모듈에 어떤 고장이 발생했는지 다른 모듈들이 정확히 알 수 있어야 한다. 간단한 상태모델은 [그림 6-18]의 다이어그램으로 나타낼 수 있다. [그림 6-18] 이후에서 $\Delta t = 1$로 놓으면 Δt는 생략이 가능하다.

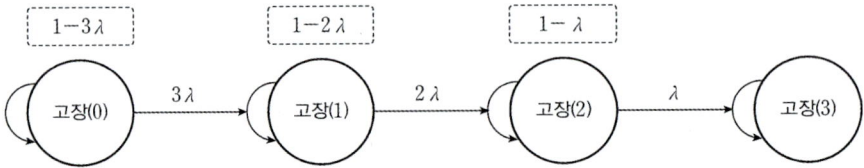

[그림 6-18] 비보수 삼중화 제어기 모델

[그림 6-18] 좌측의 고장(0)으로 표시된 원은 고장 모듈이 없는 상태이며, Δt(이후 Δt 표기를 생략하면 단위시간의 확률이 됨) 시간 동안 상태가 바뀔 수 있는 경우는 자기상태, 즉 단위시간 동안 고장나지 않는 상태를 유지하는 확률($1-3\lambda$)과, 한 개의 모듈만 고장(단일고장으로 가정한다고 했으며 단일고장만 나도록 설계되어야 함) 나는 확률(3λ)이다. 모든 상태에서 자기상태 유지 및 타 상태로의 전이 확률의 합계는 1이 되어야 한다. 고장(1) 상태도 자기상태 유지확률($1-2\lambda$)과 한 모듈이 추가로 고장날 확률(2λ)이며, 고장 수리가 포함되지 않으므로 우측에서 좌측으로 가는 전이는 있을 수 없다.

[그림 6-18]의 마코프 모델을 상태방정식으로 나타내보자. 고장(0)을 $x_1(t)$, 고장(1)을 $x_2(t)$, 고장(2)를 $x_3(t)$, 고장(3)을 $x_4(t)$로 정의하면 다음과 같다.

$$X^T(t) = [x_1(t),\ x_2(t),\ x_3(t),\ x_4(t)]$$

각각의 상태에서 다른 상태로 천이되는 관계를 상태방정식으로 만들면 다음과 같은 형태가 된다.

$$\dot{X}(t) = AX(t)$$

$$A = \begin{bmatrix} (1-3\lambda) & 0 & 0 & 0 \\ 3\lambda & (1-2\lambda) & 0 & 0 \\ 0 & 2\lambda & (1-\lambda) & 0 \\ 0 & 0 & \lambda & 1 \end{bmatrix} \tag{6.6}$$

앞의 상태 $X^T(t) = [x_1(t),\ x_2(t),\ x_3(t),\ x_4(t)]$에서 운전이 가능한 확률은 $R(t) = x_1(t) + x_2(t) + x_3(t)$이다. 식 (6.6)에서 천이행렬 A는 고장이 발생한 모듈의 수리를 통한 개선, 즉 고장(1)에서 고장(0)으로 또는 고장(2)에서 고장(1)로의 개선이 고려되지 않은 모델이다.

■ 1 out of 3 제어기 모델(감지 및 보수 가능 모델)

안전필수 시스템이나 고신뢰도 시스템 설계에서 고장허용 설계, 즉 다중화 설계를 하는 이유는 운전 중 한 모듈에 고장이 발생해도 시스템을 정상운전하면서 고장모듈을 교체 또는 수리하기 위해서다. 그러므로 모델링에는 당연히 고장수리가 반영되어야 하며 수리를 위해서는 고장 감지가 필수적이다.[4] [그림 6-18]을 고장이 감지되는 확률과 유지보수율을 고려하는 상태방정식으로 만들면 [그림 6-19]와 같이 나타낼 수 있다. [그림 6-19]에서는 고장 감지율 D, 고장지연 감지율 C가 도입되었다. D는 고장발생 시 감지되는 비율이며, ($1-D$)는 감지되지 않는 고장 비율이다. C는 고장 이후에 검사 등으로 감지되는 비율이며, ($1-C$)는 끝까지 감지되지 않는 고장 비율이다.

---

[4] 1장의 직류 전원공급기 이중화 설계 예제를 복습해보자.

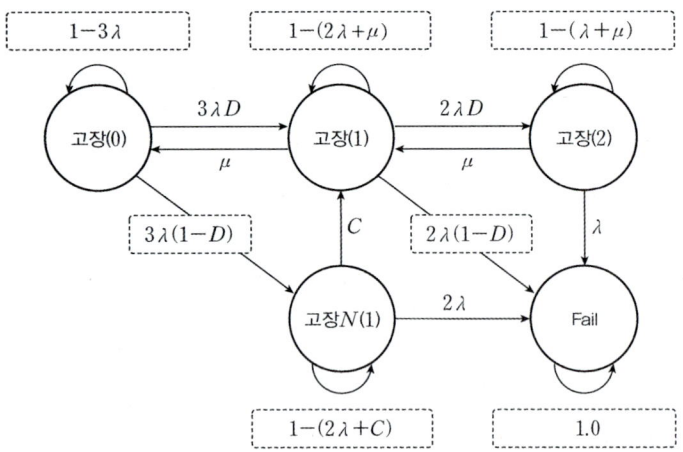

[그림 6-19] 유지보수를 고려한 1/3 모듈 제어시스템

시스템 동작원리는 삼중화 시스템에서 두 개 이상의 모듈이 정상이면 정상동작하는 것이다. 그리고 한 개의 모듈만 정상인 경우 모듈 두 개의 고장이 완전히 식별되면 한 개의 모듈만으로도 정상동작이 가능한 구조로 설계되었다.

[그림 6-19]는 다섯 개의 상태를 가지며 [그림 6-18]과 비교하면 하나의 상태를 더 갖는다. 이들을 상세히 구분하면 다음과 같다.

- $x_1(t)$: 고장(0), 고장 모듈이 없는 상태로 정의한다.
- $x_2(t)$: 고장(1), 고장 모듈이 한 개이며 고장이 식별되는 상태다.
- $x_3(t)$: 고장$N(1)$, 고장 모듈이 한 개지만 고장을 식별하지 못한 상태. 이 상태는 2/3 운전이 되므로 정상운전이 가능하다. 그러나 추가로 식별되지 않는 고장이 발생하면 한 개의 정상 모듈로는 운전되지 못하며 fail한다.
- $x_4(t)$: 고장(2), 고장 모듈이 두 개지만 고장이 식별되는 상태다. 이 경우에는 건전한 모듈에 의한 운전이 가능하여 fail하지 않고 정상운전이 가능한 상태다.
- $x_5(t)$: 고장(3), 세 개의 모듈이 모두 고장인 상태다.

고장$N(1)$ 상태는 하나의 모듈만 고장이지만 어떤 모듈이 어떻게 고장 난 것인지 식별되지 않는 상태다. 그러므로 고장$N(1)$ 상태에서는 어떤 형태의 추가 고장도 fail을 유발한다. 고장(1) 상태에서 식별되지 않는 고장이 추가로 발생하면 fail이지만 식별되는 고장이 발생하는 경우에는 한 개의 모듈만 정상이어도 정상운전이 가능한 상태가 된다.

이제 정의된 다섯 개의 상태들을 벡터로 나타내 $X_c^T(t) = [x_1(t)\,x_2(t)\,x_3(t)\,x_4(t)\,x_5(t)]$로 놓는다. 각 상태를 기준으로 [그림 6-19]의 모델에서 단위시간 동안의 상태천이 확률을 생각해보자.

❶ 고장(0)

고장이 없는 상태에서 일어날 수 있는 고장과 그 확률은 다음과 같다.

- 어느 한 모듈이 감지되는 고장 확률: $3\lambda D$
- 어느 한 모듈이 감지되지 않는 고장 확률: $3\lambda(1-D))$
- 고장 발생 없이 그대로 유지될 확률: $1-3\lambda$

이 확률의 합은 1이 되어야 한다(다른 상태에서도 합은 전부 1이 됨).

❷ **고장(1)**

한 모듈의 고장이 감지된 상태에서 일어날 수 있는 고장과 확률은 다음과 같다.
- 고장이 수리될 확률: μ
- 추가로 한 모듈의 감지고장이 발생할 확률: $2\lambda D$
- 상태를 그대로 유지할 확률: $1-(2\lambda+\mu)$
- 감지되지 않는 추가 고장이 발생할 확률: $2\lambda(1-D)$

❸ **고장$N(1)$**

하나의 모듈에서 감지되지 않는 고장이 발생한 상태에서 일어날 수 있는 고장과 확률은 다음과 같다.
- 늦게라도 고장을 인지하여 고장(1)로 될 확률: C
- 어느 하나의 모듈에 추가로 고장이 발생할 확률: 2λ
  이 경우에는 두 개의 모듈이 고장인데 한 개 이상의 모듈에 대한 고장 식별이 되지 않으므로 fail이 된다. 그러므로 고장(3)으로 가는 것과 마찬가지라고 판단한다.
- 상태를 그대로 유지할 확률: $1-(2\lambda+C)$

❹ **고장(2)**

두 개의 모듈에서 감지된 고장이 발생한 상황에서 일어날 수 있는 고장과 확률은 다음과 같다.
- 한 모듈의 수리로 고장(1)로 될 확률: μ
- 한 모듈의 추가 고장으로 고장(3)으로 될 확률: λ
- 상태를 그대로 유지할 확률: $1-(\lambda+\mu)$

❺ **고장(3): 시스템 정지**

이와 같이 상태를 정의하면 신뢰도는 고장(0), 고장(1), 고장$N(1)$, 고장(2)의 합이 된다. [그림 6-19]를 상태방정식으로 나타내면 식 (6.7)과 같다.

$$\frac{dX_c(t)}{dt} = \begin{pmatrix} 1-3\lambda_c & \mu_c & 0 & 0 & 0 \\ 3\lambda_c D_c & 1-2\lambda_c-\mu_c & C_c & \mu_c & 0 \\ 3\lambda_c(1-D_c) & 0 & 1-(2\lambda_c+C_c) & 0 & 0 \\ 0 & 2\lambda_c D_c & 0 & 1-(\lambda_c+\mu_c) & 0 \\ 0 & 2\lambda_c(1-D_c) & 2\lambda_c & \lambda_c & 1 \end{pmatrix} X_c(t) \quad (6.7)$$

식 (6.7)을 간단히 $\dot{X}_c(t) = A_c X_c(t)$로 나타낼 수 있다. 식 (6.7) 행렬의 열의 합은 모두 1이 되어야 의미(천이 가능성을 정의한 대로 표현) 있는 모델이 된다. 소문자 c는 제어기를 의미한다. 여기서 삼중화 제어기의 신뢰도는 $R_c(t) = x_1(t) + x_2(t) + x_3(t) + x_4(t)$가 된다.

> **여기서 잠깐**
>
> ■ **상태를 앞과 같이 분류하면서 왜 고장$N(2)$는 정의하지 않는가?**
> 고장$N(2)$가 고장(1) 또는 고장$N(1)$에서 천이될 수 있는 상태인 것은 맞다. 그러나 고장$N(1)$에서 하나의 모듈이 추가로 고장 날 경우 고장모듈과 건전모듈이 구분되지 않는 상황에서 하나의 건전모듈이 주도적으로 제어하기 어려우므로 시스템이 정지되는 것으로 모델링한 것이다.
>
> ■ **고장$N(1)$에서 고장(2)로 천이되는 것은 왜 고려하지 않는가?**
> 고장$N(1)$에서 모듈 한 개가 추가로 고장 나면 1 out of 3 보팅^{voting}에서 고장 모듈을 파악하지 못하므로 보팅이 실패한다. 그러므로 고장$N(1)$에서 하나의 모듈이 추가로 고장 나면 시스템이 정지되는, 즉 고장$N(1)$에서 고장(3)으로 천이되는 것으로 모델링한 것이다.

[그림 6-19]의 모델은 상당히 합리적인 모델로 평가할 수 있다. 완전한 모델은 없으므로 합리적이라는 표현을 사용하는 것이다. 그러나 아직도 남은 과제가 있다. λ, μ, D, C를 각각 얼마로 하는 것이 합리적일까?

λ는 고장률이므로 부품 각각 또는 부품의 복합체로서 고장률을 구할 수 있다. μ는 단위시간당 고장수리율이므로 한 시간에 몇 개의 고장을 수리할 수 있는가를 말한다. 이는 디지털 시스템과 센서 고장의 고장수리 기대시간을 계산하여 구할 수 있고, 이의 산정은 실제와 근사하게 정할 수 있다. 실제 플랜트에서는 예비품의 준비 여부와 고장진단, 판정 및 행정 처리시간, 수리 또는 교체 및 복구 후 시험 등의 시간을 모두 포함하며 실증적으로 구해지는 값을 사용해야 한다. D는 어떻게 정할 것인가? 고장허용 시스템 설계의 목표 중에는 고장을 감지, 차단 및 복구하는 것이 있는데 감지율을 얼마로 해야 할까? 고장감지율을 높이기 위해서는 진단기법이 상세하면서도 오류가 없어야 하는데, 모의 고장들을 발생시키며 확인함으로써 고장감지율을 추산할 수 있고 시뮬레이션 데이터로는 보수적으로 낮게 정해야 한다. C는 얼마로 해야 할까? C는 처음에 고장을 감지하지 못했다가 어떤 이유(예를 들면 운전원의 시험 등)로 한 모듈의 고장을 감지하게 되는 확률을 의미하므로 대체로 낮게 정한다.

■ **이중화 직류 전원 공급기의 신뢰도 계산**

여자시스템의 전원공급기는 이중화되어 있으며 둘 중 하나만 정상이어도 여자시스템은 정상 동작이 가능하다. 또한 전원공급기 각각의 상태는 매우 높은 신뢰도로 감지된다고 할 수 있다. 그리고 어느 하나의 고장이 감지되면 운전 중에 전원공급기를 교체할 수 있다. 이런 상황의 이중화 전원공급기는 [그림 6-20]과 같은 다이어그램으로 나타낼 수 있다.

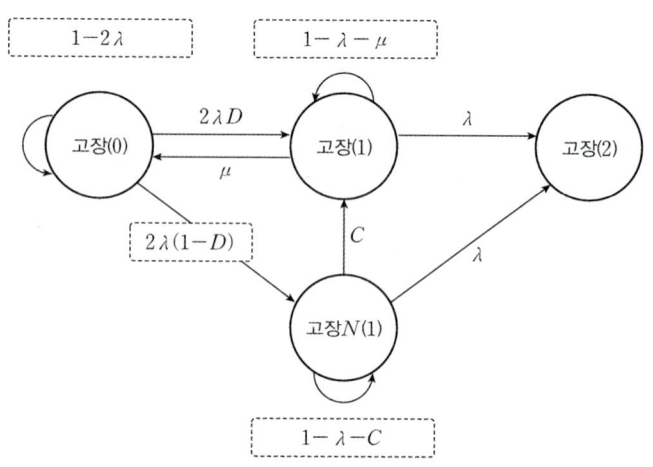

[그림 6-20] 이중화 전원공급기 마코프 모델

먼저 각 상태를 다음과 같이 정의한다.

$$x_1(t): 고장(0) \qquad x_2(t): 고장(1)$$
$$x_3(t): 고장N(1) \qquad x_4(t): 고장(2)$$
$$X_p^T(t) = [x_1(t)\,x_2(t)\,x_3(t)\,x_4(t)]$$

그리고 [그림 6-20]의 다이어그램을 상태방정식으로 나타내면 다음과 같다.

$$\dot{X}_p(t) = A_p X_p(t)$$

$$A_p = \begin{bmatrix} (1-2\lambda) & \mu & 0 & 0 \\ 2\lambda D_p & (1-\lambda-\mu) & C_p & 0 \\ 2\lambda(1-D_p) & 0 & (1-\lambda-C_p) & 0 \\ 0 & \lambda & \lambda & 1 \end{bmatrix} \tag{6.8}$$

여기서 직류 전원공급기의 신뢰도는 $R_p(t) = x_1(t) + x_2(t) + x_3(t)$가 된다.

■ 2 out of 3 모델링(보터+컨버터)

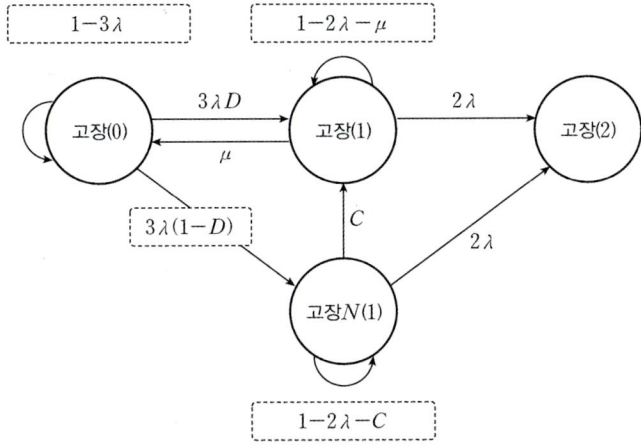

[그림 6-21] 2 out of 3 삼중화 보터 마코프 모델

이 다이어그램을 상태방정식들과 같은 형태로 유도하면 다음 식으로 간단히 나타낼 수 있다.

$$\dot{X}_v(t) = A_v X(t)$$

$$A_v = \begin{bmatrix} (1-3\lambda) & \mu & 0 & 0 \\ 3\lambda D_v & (1-2\lambda-\mu) & C_v & 0 \\ 3\lambda(1-D_v) & 0 & (1-2\lambda-C_v) & 0 \\ 0 & 2\lambda & 2\lambda & 1 \end{bmatrix} \tag{6.9}$$

이 모델에서 신뢰도는 $R_v(t) = x_1(t) + x_2(t) + x_3(t)$가 된다.

■ 삼중화 여자시스템 신뢰도 평가

삼중화 여자시스템은 [그림 6-22]와 같이 간단한 모델로 나타낼 수 있다. 그러므로 전체 시스템의 신뢰도는 $R_T(t) = R_c(t)R_p(t)R_v(t)$로 나타낼 수 있다. 이를 계산할 때는 $R_c(t)$, $R_p(t)$, $R_v(t)$ 각각을 계산하여 곱의 형태로 나타내면 된다. $R_c(t)$, $R_p(t)$, $R_v(t)$ 각각은 MATLAB을 이용하여 계산할 수 있다.

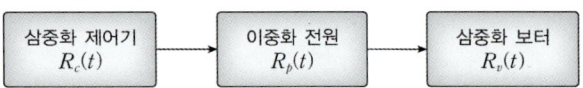

[그림 6-22] 설계 확정 여자시스템 신뢰도 모델

6.3.4 MATLAB 시뮬레이션 실습

MATLAB에 익숙하지 않은 독자를 위해 MATLAB 코드를 제공한다. 이때 MATLAB 상태방정식의 해를 구하는 방식을 사용하며, 상태방정식은 식 (6.7)~(6.9)를 이용한다.

■ 시뮬레이션 조건

시뮬레이션을 위해 식 (6.7)~(6.9)에 입력해야 할 변수들은 λ, μ, D, C 등과 같은 상수다. 시뮬레이션에 사용될 제어기, 전원장치 및 보터/컨버터의 고장률은 다음과 같이 설정했다.

- 제어기: 1.3×10^{-4}/hr
- 전원장치: 1.0×10^{-5}/hr
- 보터/컨버터: 2.5×10^{-5}/hr

앞의 고장률은 공급사에서 제공하는 고장률 및 MIL 217 F에서 확인한 고장률 등으로, 보수적이지만 현실성 있는 고장률이다.

고장률 외에 필요한 고장감지율과 복구율, 지연감지율 데이터는 [표 6-1]과 같이 세 가지로 했다. case 1은 고장감지율을 실제상황과 비슷한 정도로 설정했고 case 2는 실제 상황보다 매우 낮은 수준의 고장감지율 및 고장복구율을 적용했다. case 3는 전혀 고장이 감지되지 않고 고장이 복구되지도 않는 모델에 해당하는 감지율과 복구율을 적용했다. 그러므로 case 3는 수리 불가 모델에 해당한다.

[표 6-1] 삼중화 여자시스템 마코프 모델 시뮬레이션 조건

case	감지율(D)			지연감지율(C)			복구율(μ)		
	제어기	직류 전원	보터	제어기	직류 전원	보터	제어기	직류 전원	보터
1	0.95	0.95	0.8	0.05	0.05	0.2	1.0	0.5	0.02
2	0.1	0.1	0.1	0.1	0.1	0.1	0.5	0.01	0.001
3	0	0	0	0	0	0	0	0	0

■ 실습용 코드

다음은 [표 6-1]의 case 1, 2, 3를 모두 포함하는 MATLAB 시뮬레이션 코드다.

```matlab
%MATLAB code
close all;
clear;
clc;

format long e;
ts=1; % Initial Time
tf=50000; % Final Time (hours)

% Case 1) Controller
% Probability of automatic detection of a fault

Dc1=0.95; Dc2=0.1; Dc3=0.0; % Controller
Dp1=0.95; Dp2=0.1; Dp3=0.0; % Power Supply
Dv1=0.8;  Dv2=0.1; Dv3=0.0; %Voter

% Probability of the detection of an undetected fault later
Cc1=0.05; Cc2=0.1; Cc3=0.0; % Controller
Cp1=0.05; Cp2=0.1; Cp3=0.0; % Power Supply
Cv1=0.2;  Cv2=0.1; Cv3=0.0; % Voter

% Failure Rate
Yc=0.00013; % Controller
Yp=0.00001; % Power Supply
Yv=0.000025; % Voter

% Recovery Raee
uc1=1;    uc2=0.02;  uc3=0.0; % Controller: Replacement
up1=0.5;  up2=0.01;  up3=0.0; % Power Supply
uv1=0.02; uv2=0.001; uv3=0.0; % Voter

C1=[ 1-3*Yc uc1 0 0 0;
    3*Yc*Dc1 1-2*Yc-uc1 Cc1 uc1 0;
    3*Yc*(1-Dc1) 0 1-(2*Yc+Cc1) 0 0;
    0 2*Yc*Dc1 0 1-(Yc+uc1) 0;
    0 2*Yc*(1-Dc1) 2*Yc Yc 1;]
C2=[ 1-3*Yc uc2 0 0 0;
    3*Yc*Dc2 1-2*Yc-uc2 Cc2 uc2 0;
    3*Yc*(1-Dc2) 0 1-(2*Yc+Cc2) 0 0;
    0 2*Yc*Dc2 0 1-(Yc+uc2) 0;
    0 2*Yc*(1-Dc2) 2*Yc Yc 1;]
```

```
C3=[ 1-3*Yc uc3 0 0 0;
    3*Yc*Dc3 1-2*Yc-uc3 Cc3 uc3 0;
    3*Yc*(1-Dc3) 0 1-(2*Yc+Cc3) 0 0;
    0 2*Yc*Dc3 0 1-(Yc+uc3) 0;
    0 2*Yc*(1-Dc3) 2*Yc Yc 1;]

Pc1_0=[1 0 0 0 0]; % Initial Condition, P3(0)=1, P2d(0)=0, P2nd(0)=0, P1d(0)=0, Pf(0)=0
Pc1_N=[0 0 0 0 0];

Pc2_0=[1 0 0 0 0]; % Initial Condition, P3(0)=1, P2d(0)=0, P2nd(0)=0, P1d(0)=0, Pf(0)=0
Pc2_N=[0 0 0 0 0];

Pc3_0=[1 0 0 0 0]; % Initial Condition, P3(0)=1, P2d(0)=0, P2nd(0)=0, P1d(0)=0, Pf(0)=0
Pc3_N=[0 0 0 0 0];

for n=ts:1:tf % Dt=1 hour, to 50,000 hours
  Pc1_N = C1^(n-1)*Pc1_0.';
  P3_1(n)=Pc1_N(1);
  P2d_1(n)=Pc1_N(2);
  P2nd_1(n)=Pc1_N(3);
  P1d_1(n)=Pc1_N(4);
  Pf_1(n)=Pc1_N(5);

  Pc2_N = C2^(n-1)*Pc2_0.';
  P3_2(n)=Pc2_N(1);
  P2d_2(n)=Pc2_N(2);
  P2nd_2(n)=Pc2_N(3);
  P1d_2(n)=Pc2_N(4);
  Pf_2(n)=Pc2_N(5);

  Pc3_N = C3^(n-1)*Pc3_0.';
  P3_3(n)=Pc3_N(1);
  P2d_3(n)=Pc3_N(2);
  P2nd_3(n)=Pc3_N(3);
  P1d_3(n)=Pc3_N(4);
  Pf_3(n)=Pc3_N(5);
end;
Rc1=P3_1+P2d_1+P2nd_1+P1d_1; % Reliability
Rc2=P3_2+P2d_2+P2nd_2+P1d_2; % Reliability
Rc3=P3_3+P2d_3+P2nd_3+P1d_3; % Reliability

figure
plot(Rc1, 'r'); hold on
plot(Rc2, 'b');
plot(Rc3, 'black');
```

```
title('Reliability of Controller');
xlabel('Time(hours)');
ylabel('Reliability');
grid on;

% Case 2) Power Supply

P1=[1-2*Yp up1 0 0;
    2*Yp*Dp1 1-Yp-up1 Cp1 0;
    2*Yp*(1-Dp1) 0 (1-Yp-Cp1) 0;
    0 Yp Yp 1;]
P2=[1-2*Yp up2 0 0;
    2*Yp*Dp2 1-Yp-up2 Cp2 0;
    2*Yp*(1-Dp2) 0 (1-Yp-Cp2) 0;
    0 Yp Yp 1;]
P3=[1-2*Yp up3 0 0;
    2*Yp*Dp3 1-Yp-up3 Cp3 0;
    2*Yp*(1-Dp3) 0 (1-Yp-Cp3) 0;
    0 Yp Yp 1;]

Pp1_0=[1 0 0 0]; % Initial Condition, P2(0)=1, P1d(0)=0, P1nd(0)=0, Pf(0)=0
Pp1_N=[0 0 0 0];

Pp2_0=[1 0 0 0]; % Initial Condition, P2(0)=1, P1d(0)=0, P1nd(0)=0, Pf(0)=0
Pp2_N=[0 0 0 0];

Pp3_0=[1 0 0 0]; % Initial Condition, P2(0)=1, P1d(0)=0, P1nd(0)=0, Pf(0)=0
Pp3_N=[0 0 0 0];

for n=ts:1:tf % Dt=1 hour, to 50,000 hours
  Pp1_N = P1^(n-1)*Pp1_0.';
  P2_1(n)=Pp1_N(1);
  P1d_1(n)=Pp1_N(2);
  P1nd_1(n)=Pp1_N(3);
  Pf_1(n)=Pp1_N(4);

  Pp2_N = P2^(n-1)*Pp2_0.';
  P2_2(n)=Pp2_N(1);
  P1d_2(n)=Pp2_N(2);
  P1nd_2(n)=Pp2_N(3);
  Pf_2(n)=Pp2_N(4);

  Pp3_N = P3^(n-1)*Pp3_0.';
  P2_3(n)=Pp3_N(1);
  P1d_3(n)=Pp3_N(2);
```

```
    P1nd_3(n)=Pp3_N(3);
    Pf_3(n)=Pp3_N(4);
end;
Rp1=P2_1+P1d_1+P1nd_1; % Reliability
Rp2=P2_2+P1d_2+P1nd_2; % Reliability
Rp3=P2_3+P1d_3+P1nd_3; % Reliability
figure
plot(Rp1, 'r'); hold on
plot(Rp2, 'b');
plot(Rp3, 'black');
title('Reliability of Power Supply');
xlabel('Time(hours)');
ylabel('Reliability');
grid on;

% Case 3) Voter

V1=[1-3*Yv uv1 0 0;
    3*Yv*Dv1 (1-2*Yv-uv1) Cv1 0;
    3*Yv*(1-Dv1) 0 (1-2*Yv-Cv1) 0;
    0 2*Yv 2*Yv 1;]
V2=[1-3*Yv uv2 0 0;
    3*Yv*Dv2 (1-2*Yv-uv2) Cv2 0;
    3*Yv*(1-Dv2) 0 (1-2*Yv-Cv2) 0;
    0 2*Yv 2*Yv 1;]
V3=[1-3*Yv uv3 0 0;
    3*Yv*Dv3 (1-2*Yv-uv3) Cv3 0;
    3*Yv*(1-Dv3) 0 (1-2*Yv-Cv3) 0;
    0 2*Yv 2*Yv 1;]

Pv1_0=[1 0 0 0]; % Initial Condition, P3(0)=1, P2d(0)=0, P2nd(0)=0, Pf(0)=0
Pv1_N=[0 0 0 0];

Pv2_0=[1 0 0 0]; % Initial Condition, P3(0)=1, P2d(0)=0, P2nd(0)=0, Pf(0)=0
Pv2_N=[0 0 0 0];

Pv3_0=[1 0 0 0]; % Initial Condition, P3(0)=1, P2d(0)=0, P2nd(0)=0, Pf(0)=0
Pv3_N=[0 0 0 0];

for n=ts:1:tf % Dt=1 hour, to 50,000 hours
    Pv1_N = V1^(n-1)*Pv1_0.';
    P3_1(n)=Pv1_N(1);
    P2d_1(n)=Pv1_N(2);
    P2nd_1(n)=Pv1_N(3);
    Pf_1(n)=Pv1_N(4);
```

```
    Pv2_N = V2^(n-1)*Pv2_0.';
    P3_2(n)=Pv2_N(1);
    P2d_2(n)=Pv2_N(2);
    P2nd_2(n)=Pv2_N(3);
    Pf_2(n)=Pv2_N(4);

    Pv3_N = V3^(n-1)*Pv3_0.';
    P3_3(n)=Pv3_N(1);
    P2d_3(n)=Pv3_N(2);
    P2nd_3(n)=Pv3_N(3);
    Pf_3(n)=Pv3_N(4);

end;
Rv1=P3_1+P2d_1+P2nd_1; % Reliability
Rv2=P3_2+P2d_2+P2nd_2; % Reliability
Rv3=P3_3+P2d_3+P2nd_3; % Reliability
figure
plot(Rv1, 'r'); hold on
plot(Rv2, 'b');
plot(Rv3, 'black');
title('Reliability of Voter');
xlabel('Time(hours)');
ylabel('Reliability');
grid on;

for n=ts:1:tf % Dt=1 hour, to 50,000 hours
R1(n)=Rc1(n)*Rp1(n)*Rv1(n); % System Reliability
R2(n)=Rc2(n)*Rp2(n)*Rv2(n); % System Reliability
R3(n)=Rc3(n)*Rp3(n)*Rv3(n); % System Reliability
end;
figure
plot(R1, 'r'); hold on;
plot(R2, 'b');
plot(R3, 'black');
title('System Reliability');
xlabel('Time(hours)');
ylabel('Reliability');
grid on;
```

앞의 시뮬레이션에서 $X_c(t)$, $X_p(t)$, $X_v(t)$의 **첫째 벡터인** $x_1(0)=0$이 되어야 한다. 이는 삼중화 제어기, 이중화 전원공급기, 삼중화 보터 모두 초기 상태에서는 정상이므로 고장(0) 상태에 있음을 의미하며 **다른 상태변수의 초깃값은 모두 0**이다.

■ 시뮬레이션 관찰과 토의

❶ 시뮬레이션 관찰

MATLAB을 이용한 시뮬레이션 결과는 그 원리를 이해하지 못하면 단순한 숫자의 나열과 이를 그래프로 처리한 그림에 지나지 않는다. 독자 여러분은 시뮬레이션 결과를 비교할 수 있어야 하며, 설계 결과로부터 시뮬레이션 결과를 예측할 능력도 있어야 한다. 우선 시뮬레이션 결과를 살펴보자.

- **case 1**: 실질적인 경우를 가정한 것으로 고장감지율은 0.95 및 0.8이다. 지연감지도 가능하며 복구율도 아주 우수하다고 가정했다. 삼중화 제어기의 고장인 경우 고장 card를 교체하는 작업 등으로 한 시간 이내에 복구가 가능하며, 전원공급기도 2시간 이내에 교체할 수 있다고 가정했다. 보터와 컨버터는 50시간이 소요되는 것으로 가정했으며, 이는 예비품이 확보되어 있고 사용자가 조치할 수 있는 경우의 복구율이다. 이상적인 경우를 가정한다면 고장감지율은 모두 1이 되며 고장복구율도 더 높게 잡을 것이다. 고장복구율이 높아진다는 의미는 고장이 발생했을 때 긴급 복구가 가능하도록 모든 예비품과 작업인력을 확보하고 대기한다는 의미이며 이런 경우에는 경제성이 함께 평가되어야 한다.

- **case 2**: 고장감지율을 0.1로 낮게 잡았으며 지연감지율도 같은 수준이라고 가정했다. 복구율은 제어기 카드 교체에 두 시간, 전원공급기 교체에 100시간, 보터 및 컨버터 수리에 1,000시간이 소요된다고 가정했으므로, 실제 상황에서 조치할 수 있는 능력보다 낮은 복구율로 가정했다고 할 수 있다. card 교체 이외의 작업은 공급자 측 엔지니어가 정비할 수 있는 충분한 시간을 가정한 것이다. 이는 비교적 낮은 고장복구율을 가정하고 고장감지율도 시험 및 분석 결과보다 매우 낮게 잡은 것이다.

- **case 3**: 모든 고장감지 및 복구가능성을 0으로 한 경우다. 이는 유지보수 불가 모델에 해당하므로 MTTF는 M of N의 관계를 따른다.

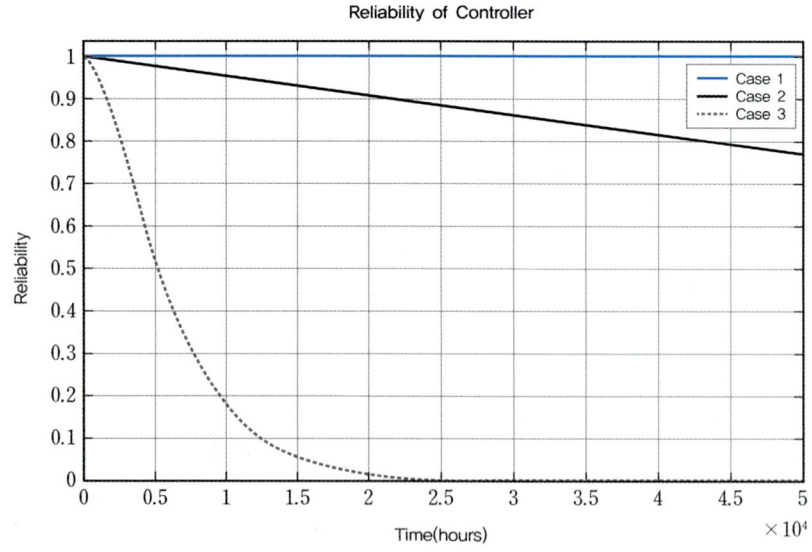

[그림 6-23] 삼중화 제어기 마코프 시뮬레이션 case 1~3

[그림 6-23]은 삼중화 제어기의 신뢰도를 [표 6-1]의 세 가지 경우에 대해 계산한 것이다. 맨 아래의 그래프(case 3)가 고장감지 및 복구가 안 되는 모델이며, 위로 올라갈수록 고장감지와 복구가 잘 되는 모델이다.

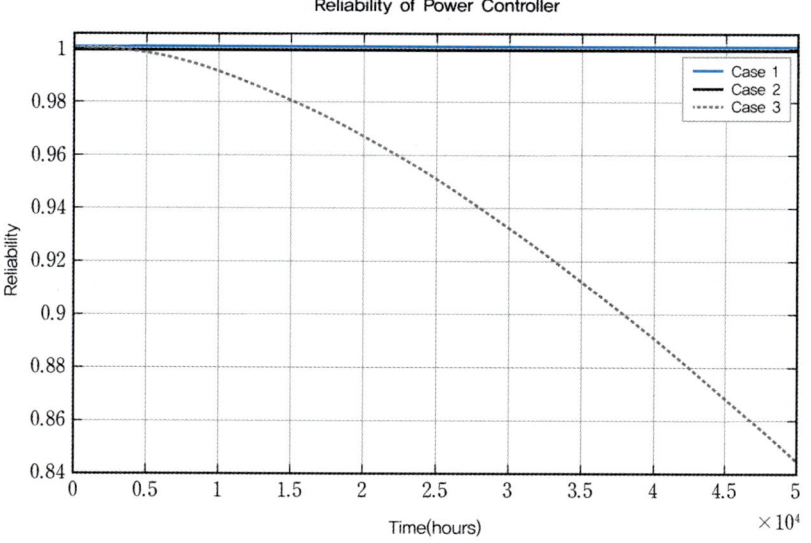

[그림 6-24] 이중화 전원공급기 마코프 시뮬레이션 case 1~3

[그림 6-24]는 이중화 전원공급기를 [그림 6-24]의 세 가지 경우처럼 계산한 것이며, [그림 6-25]는 삼중화 보터/컨버터의 신뢰도를 계산한 것이다.

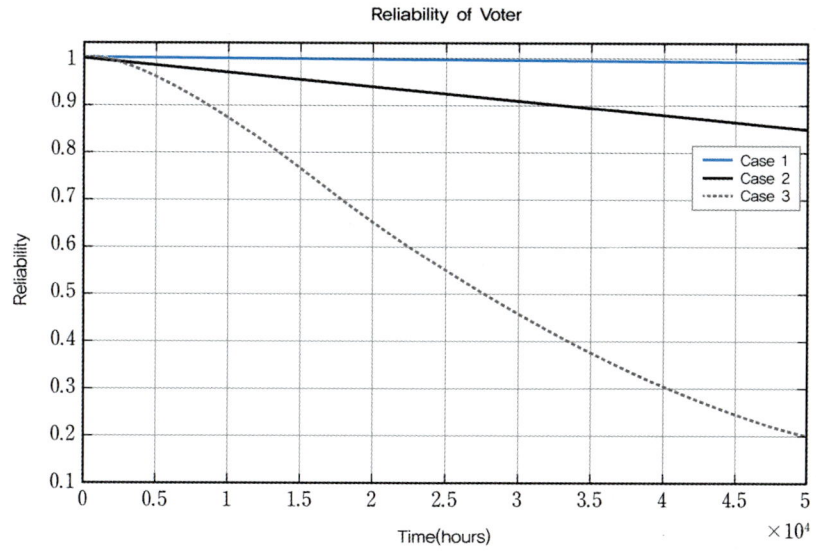

[그림 6-25] 삼중화 보터 마코프 시뮬레이션 case 1~3

[그림 6-26]은 삼중화 디지털 여자시스템을 고장감지, 지연감지 및 고장복구율 세 가지 경우에 대해 계산한 것으로 [그림 6-23], [그림 6-24], [그림 6-25] 세 개의 그래프를 곱한 것이다. 즉 삼중화 여자시스템의 세 가지 case의 신뢰도 곡선이다. [그림 6-26]을 잘 살펴보자. case 3의 경우 신뢰도가 0.36 정도 되는 시간이 대략 6,000시간 정도. 이는 MTTF가 1년(8,760시간)보다 짧음을 의미하며, 확률적으로 1년에 한 번 이상 발전소가 정지될 수 있음을 의미한다. case 2의 경우는 약 50,000시간이 경과해도 신뢰도가 0.65 정도인 시스템이 된다. 1년인 8,760시간 정도에서는 신뢰도가 0.92 정도인 시스템이다. 이것이 발전소라면 가용도 측면에서 상당히 높은 값을 보일 것이다. case 3를 살펴보자. 이 경우에는 10,000시간에서도 신뢰도가 0.99 이상을 나타내는 초고신뢰도 특성을 보인다.

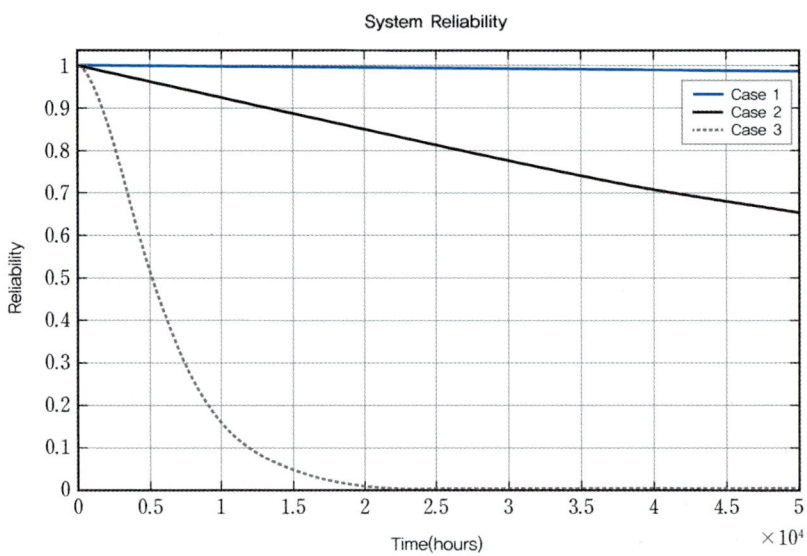

[그림 6-26] 삼중화 여자시스템 마코프 시뮬레이션 case 1~3

[그림 6-26]의 case 2, case 1에 대해 가용도를 생각해보자. case 2의 MTBF는 대략 100,000시간 정도로 생각할 수 있다. 평균 고장복구시간을 100시간 정도라고 가정하면, case 2의 가용도는 $A_{case\,2} = \dfrac{100000}{100000+100} = 0.999$가 된다. case 1은 가용도가 0.99999 이상이 된다.

❷ 결과 토의
- 감지고장, 고장복구가 가능한 경우의 신뢰도는 불감지고장, 복구불능인 경우에 비해 신뢰도가 월등히 증가한다.
- case 1과 case 2는 고장감지 및 복구율에 큰 차이를 두더라도 1년(8760시간) 정도의 정기점검 주기에 0.9 이상의 신뢰도를 보인다.
- case 2의 시뮬레이션 변수인 고장감지율, 지연 고장감지율 및 고장수리율은 현실적으로 조치가 가능한 데이터보다 열등한 조건으로 시뮬레이션했다고 할 수 있는 조건인데, 이때 매우 높은 신뢰도가 확보된다.

- 모의시험에서는 고장감지율을 0.9로 계산해도 가능할 것으로 판단했지만 매우 낮은 고장감지율인 0.1을 가정해도 상상 이상의 높은 신뢰도가 나온다. 이는 여자시스템 70개를 운전한 1,500 operation year 동안 정지가 없었던 것을 뒷받침하는 결과다.

■ 실무 설계와 평가과정에서의 고민

현장의 설계 엔지니어는 다중화와 고장허용설계, 운전 중 유지보수 기능을 반영하는 평가의 차이를 어느 정도 이해하면서도 마코프 모델링과 MATLAB을 사용하는 것에 대한 거부감 등으로 인해 시스템을 단일 모듈로 설계하며 부품의 고장률을 매우 낮게 했을 때 어떤 결과를 얻을 수 있는가에 대해 생각한다. 이 책을 공부한 독자라면 이제 그런 생각을 할 필요가 없으며 또 그런 생각을 해서도 안 된다. 그 이유는 고장률을 획기적으로 낮추는 것이 불가능하기 때문이다. [그림 6-27]은 단일 모듈 여자시스템의 부품 고장률을 모두 1/10로 낮게 가정한 경우의 여자시스템 신뢰도 곡선이다. 이 특성은 [그림 6-26]의 유지보수 불가모델(case 3)보다는 높은 신뢰도를 보이지만 case 2보다 낮은 신뢰도를 보인다. 또 앞에서 가정한 고장률 1/10은 사실 영원히 불가능한 가정이다. 산업계에서 사용되는 전기전자부품의 고장률은 그 부품의 설계제작기술이 확립되고 오랜 기간 사용되면서 구축된 결과인데, 이런 부품의 고장률을 1/10로 낮추는 것은 불가능하며 품질이 개선되면 1/2 정도로는 낮출 수 있다. 신뢰도를 올리고 MTTF를 길게 하려면 고장허용설계와 함께 고장복구율과 고장감지율을 올리는 것이 핵심임을 명심해야 한다. 또한 앞의 신뢰도 모델링이 실제 설계/제작 결과와 잘 매칭되도록 하는 것이 중요하다.

6.3.5 삼중화 디지털 여자시스템의 fault, error 사례 분석

1994년부터 26년 동안 삼중화 여자시스템과 관련된 개발 및 시험과정, 운전과정 등에서의 fault, error와 시운전 과정에서의 정지사례를 분석한다. 이는 많은 설계자들이 삼중화 시스템 설계에서 실제로 적용하지 못하는 실수이기도 하다.

■ 개발과정

❶ 오류 1

3상 전압전류의 평균값 측정 계산 알고리즘을 연산량이 가장 작은 방식인 FFT로 사용했는데, 함수발생기를 이용한 시험에서는 완벽한 평균값 계산이 가능했으나 MG-set의 3상 전압전류를 계산하는 실험에서는 디지털 전압계로 측정하는 전압과 편차를 보이는 현상이 발견되었다. FFT를 이용하여 전압전류 평균값을 계산하는 원리는 주파수가 일정하다는 가정이 필수인데, MG-set에서의 실제 3상 전압은 $\pm 0.1 \sim 0.2\,\text{Hz}$의 변화가 있었기 때문에 전압 및 전류 평균값을 정확하게 구할 수 없었다. 그러므로 주파수 변화에 상관없이 평균 전압과 전류를 계산할 수 있는 RMS[Root Mean Square] 방식으로 변경했다.

❷ 오류 2
- **상황:** 삼중화 제어기의 내환경 시험 중 0~50 ℃의 온도 사이클 시험을 하다가 50 ℃ 부근에서 삼중화 제어기 모두 CPU halt가 발생하는 현상을 발견했다.
- **원인:** VME 아날로그 입력카드가 제작사 운전 허용 범위 내에서도 오류가 발생했다. 온도 상승(50℃) 시 아날로그 입력카드의 레지스터 값이 바뀌어서 레지스터 값을 읽고 순차 동작하는 CPU가 halt되는 현상이 발생한 것이다(삼중화 CPU 모두 발생).

■ 시운전 과정

❶ 시운전 중 정지 사례
- **상황:** 삼중화 여자시스템을 설치하고 운전 중 보조 캐비닛(Aux Cabinet으로 relay 및 연결 단자대 등이 있는 캐비닛) 문을 열다가 발전기가 정지되는 사고가 발생했다.
- **원인:** 지속적인 실험을 통해 문을 여닫을 때 캐비닛 내부 전등이 점등되는 접점 스위치의 전원선이 여자시스템 보조 보호회로 신호선(5 V)과 평행으로 근접한 것을 발견했다. 문의 접점 스위치 ON/OFF 반복 시 아주 드물게 3 V 이상의 신호가 5 V 릴레이에 유기되어 보조 보호계통을 동작시킬 수 있음을 확인했다.
- **설계제작 시험의 문제**
    - 삼중화 여자시스템은 내전자파 시험 등을 했지만, 보조 캐비닛은 시험범위에서 제외됐다.
    - 현장 설치 과정에서 어떤 이유로 보조 캐비닛 내부의 배선을 변경했고, 이때 신호선과 220 V AC 선이 인접하게 되었으며, 제어함 문 개폐 시 조명 점등 서지가 5 V로 구동되는 보호 릴레이 선에 유기되어 오동작을 일으켰다.
- **대책**
    - 현장 작업도 원 설계 및 제작 원칙이 준수되어야 한다.
    - 원래 내전자파 시험에서 보조 캐비닛이 제외된 것은 잘못이다.
    - 보호용 릴레이 동작전압 5 V는 너무 낮기 때문에 noise 등에 의한 오동작 위험이 있다. 보호 동작용 릴레이는 24 V 또는 그 이상의 전압으로 구동되는 것을 추천한다.

■ 다수 호기 설치 이후의 문제들

❶ 설치 후 운전 중에 계속 발전기 전압이 요동치는 현상이 발생했다.
- **원인:** 하드웨어 수정 변경 후 적절한 소프트웨어 관리가 이루어지지 못했다. 소프트웨어 형상관리가 되지 않았고, 공장시험이 충분한 시간 동안 이루어지지 않았다.
- **처리:** 문제 발생을 인지하고 소프트웨어를 수정한 후 운전했다.

❷ 다수 호기의 삼중화 채널 중 1~2개에서 채널 트립(한 채널만 정지되어 발전소 운전은 정상)이 반복적으로 발생했다.
- **원인:** 삼중화 제어기 Analog Input Card의 SRAM$^{\text{Static RAM}}$ 특정 부위의 데이터가 바뀌는 것을 확인했다. 이에 의해 Analog Input Card는 SRAM 데이터 변경으로 인스트럭션이 연속적으로 실행되지 못하고 halt되는 현상이 발생했다.

- **에러 실행 확인:** 9014AEh에서 68200013h로 읽혀야 할 데이터가 68200001h로 읽혔다.
- **대책:** 오류의 원인과 형태는 **개발과정 오류 2**의 Register data 변경과 동일한 형태지만, 발전소 운전 중에 발생한 사례이며 세 채널에서 모두 발생하지 않아서 발전소가 정지되는 일은 없었다. 문제가 되었던 Analog Input card의 SRAM은 모두 같은 회사의 동일 lot라는 것이 확인되었고, SRAM 공급사에 의해 SRAM 문제였음이 밝혀졌다.

SIL 4급의 제어 및 보호시스템에서는 메모리 오류를 감지할 수 있는 기능이 필수사항으로 요구된다. 메모리 오류를 감지하는 방법은 주지적으로 메모리 값을 확인하는 것으로 이중화 메모리 등과 같은 방법이 쓰인다.

6.3.6 삼중화 여자시스템은 안전관련 제어시스템인가?

삼중화 디지털 여자시스템의 설계 개념부터 1,500 동작년 동안의 우수한 현장이력 및 설계 개념으로 봤을 때, TMR Digital Exciter는 어떤 안전계통보다도 훌륭하게 동작했다고 평가할 수 있다. 그렇다면 이 시스템은 안전관련 제어시스템이라는 호칭을 받을 수 있을까? 대답은 "**현재의 TMR Digital Exciter는 안전관련 제어시스템이 아니다**"이다. 그렇다면 그 이유는 무엇일까? **독자 여러분이 그 이유를 모두 찾을 수 있다면 안전관련 제어시스템 설계를 착수할 자격이 주어졌다고 할 수 있다.**

삼중화 디지털 여자시스템은 성능과 신뢰도 측면에서 안전관련 제어시스템 수준의 역할을 했다. 그렇지만 SIL4에 해당하는 안전관련 제어시스템이라고는 할 수 없다. 그 이유는 4장의 설계과정과 5장의 MMIS 보호계통 설계과정에서 필요한 제3자 검증 등이 누락 또는 간략하게 진행되었으며, 결정론적 통신 및 확인검증된 운영시스템 사용 등의 조건을 만족하지 못하기 때문이다. 발전소의 제어시스템은 SIL 2 또는 SIL 3 수준의 요건을 만족시킨다.

CHAPTER 06 생각해보기

다음 절차를 따라가면서 삼중화 여자시스템이 안전관련 제어시스템이 아닌 이유를 찾아보자. 6장의 본문에서 거론하지 않은 행위는 없었던 것으로 간주하고 평가해야 한다. 안전계통으로 인허가를 받기 위해서는 문서 작성 시 당연한 것으로 보이는 행위도 이를 제대로 수행한 내용과 결과가 투명하게 작성되어야 한다. 인허가는 모든 행위가 절차대로, 제대로 되었는지 심사하는 행위이므로 독자 여러분도 인허가 심사자의 입장에서 모든 것을 의심하며 보아야 한다. 이런 과정을 거친 엔지니어만이 안전관련 제어시스템을 제대로 설계, 제작한 후 승인 과정을 거쳐 실용화를 시도할 수 있다.

※ 6장에서 설명한 삼중화 디지털 여자시스템은 VME System, Vx-Works 운영시스템을 사용하며, 산업용 PC를 OWS$^{\text{operator workstation}}$로 사용했고 통신은 RS-485 serial 통신을 사용했다. 이 설계가 안전등급 시스템(SIL 4)이 되려면 어떤 변화를 주어야 하는지 다음 문제를 풀면서 생각해보자.

6.1 hardware platform(VME system)은 어떻게 바뀌어야 하는가?

6.2 VME system에 사용되는 Vx-Works는 무엇으로 바뀌어야 하는가?

6.3 RS-485 통신은 무엇으로 바뀌어야 하는가?

6.4 설계 및 구현(coding)된 소프트웨어는 어떤 방법으로 확인/검증되어야 하는가?

> **Hint** 이 문제는 8장 전반을 이해하고 요약하면 된다.

6.5 기기검증을 class 1E PLC와 같은 수준으로 하려면 어떤 기기검증 시험들을 해야 하는가?

CHAPTER 07

안전필수 소프트웨어 개발 방법론

안전필수 소프트웨어 개발 방법론_7.1
소프트웨어 요구사항_7.2
소프트웨어 설계_7.3
소프트웨어 구현_7.4
사이버 보안_7.5
안전필수 소프트웨어 개발_7.6
생각해보기

PREVIEW

안전필수 시스템의 상위 설계가 완료되면 시스템 구현은 시스템의 하드웨어 부분과 소프트웨어 부분으로 분할되어 진행된다. 안전필수 시스템은 하드웨어나 소프트웨어 단독으로 구성되기보다는 하드웨어와 소프트웨어가 함께 동작해서 최종 기능을 수행하는 것이 일반적이다. 예를 들어 하드웨어 부분에 센서가 부착되면 소프트웨어 부분에서 센서값을 주기적으로 읽어 허용치를 넘으면 알람을 발생시키는 기능을 수행하는 식이다. 최근에는 안전필수 시스템의 기능이 복잡해짐에 따라 유연성이 높은 소프트웨어의 비중이 점점 증가하고 있고, 소프트웨어의 개발 품질이 곧 제품의 품질로 직결되는 추세다. 이 장에서는 안전필수 소프트웨어 개발 시 수행하는 활동과 고려사항을 일반적인 개발 방법론 중심으로 알아보고자 한다.

SECTION 7.1 안전필수 소프트웨어 개발 방법론

안전필수 소프트웨어 safety critical software 는 하드웨어와 결합해 기능을 수행하는 내장형 소프트웨어 형태가 많으므로 소프트웨어 개발 생명 주기만 별도로 존재하지는 않는다. 따라서 소프트웨어 개발 프로세스 또한 제품의 개발 프로세스 일부분으로 정의되는 경우도 많다. 자동차 분야에서 널리 사용되는 ISO 26262 기술 표준[1]에서 정의하는 제품 개발 프로세스와 소프트웨어 개발 프로세스의 상관관계는 [그림 7-1]과 같다. 그림에서 보듯이, 전체 제품의 개발(4)은 하드웨어 개발(5)과 소프트웨어 개발(6)로 나뉘고 다시 제품으로 통합되는 형태다.

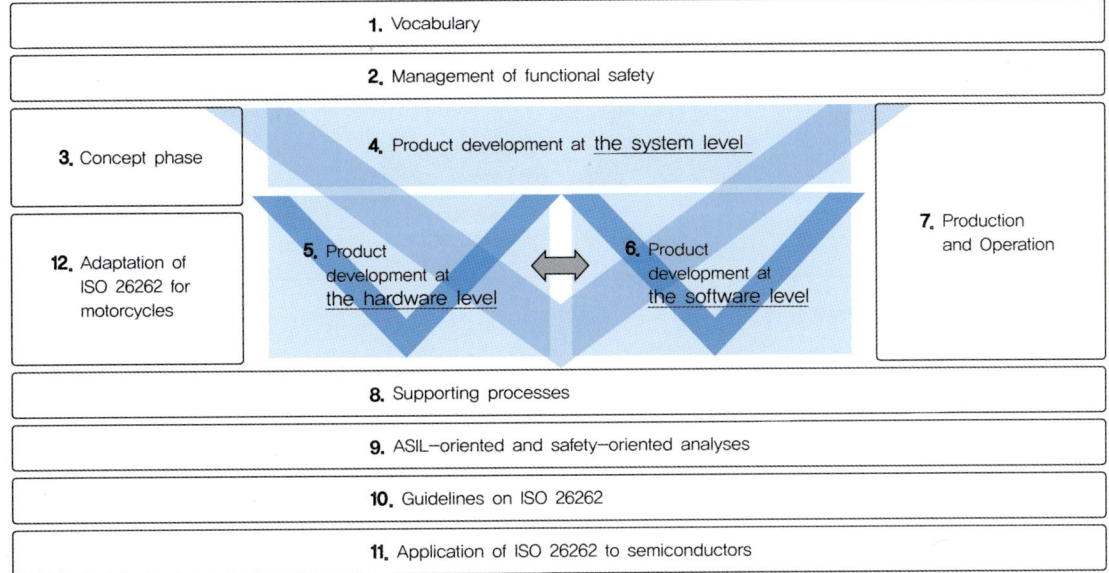

[그림 7-1] ISO 26262 'Road vehicles – Functional safety' 기술 표준의 구성

안전필수 소프트웨어의 개발 방법은 적용 분야 특성에 따라서 정의된다. 그중 가장 전통적인 모델로 폭포수 모델 waterfall model 을 들 수 있다. 폭포수 모델에서 소프트웨어 개발 단계는 다음과 같이 진행된다.

- **요구사항 단계**: 시스템 설계를 기반으로 소프트웨어 요구사항을 추출한다.
- **설계 단계**: 요구사항을 만족하는 아키텍처를 설계하고 상세 흐름을 설계한다.
- **구현 단계**: 설계를 만족하는 소스코드를 작성한다.
- **시험 단계**: 구현된 프로그램이 요구사항 및 설계를 만족하는지 시험한다.
- **운영 단계**: 개발 완료 후 설치와 유지 보수를 수행한다.

---

[1] International Organization for Standardization, ISO 26262: Road Vehicles – Functional Safety – Parts, 1~10, 2011

전통적인 폭포수 모델은 최근 IT 분야에서는 많이 사용되지 않지만, 안전필수 소프트웨어의 경우 개발 기간이 길고 완성된 소프트웨어가 장기 사용되기 때문에 개발 절차도 보수적인 경향을 보이는 경우가 많다. 따라서 분야별로 개발 방법론에 차이가 있다고 해도 폭포수 모델에서 정의한 단계 구분이 어느 정도 소프트웨어 개발 생명 주기에 반영된 경우가 많다. 폭포수 모델을 확장한 소프트웨어 개발 프로세스 중 대표적으로 내장형 소프트웨어 개발에 널리 사용되는 V 모델이 있다. ISO 26262에서도 소프트웨어 개발을 위한 참조 모델을 V 모델 형태로 정의하고 있다. [그림 7-2]는 소프트웨어 개발 V 모델[2]의 한 예를 보여준다.

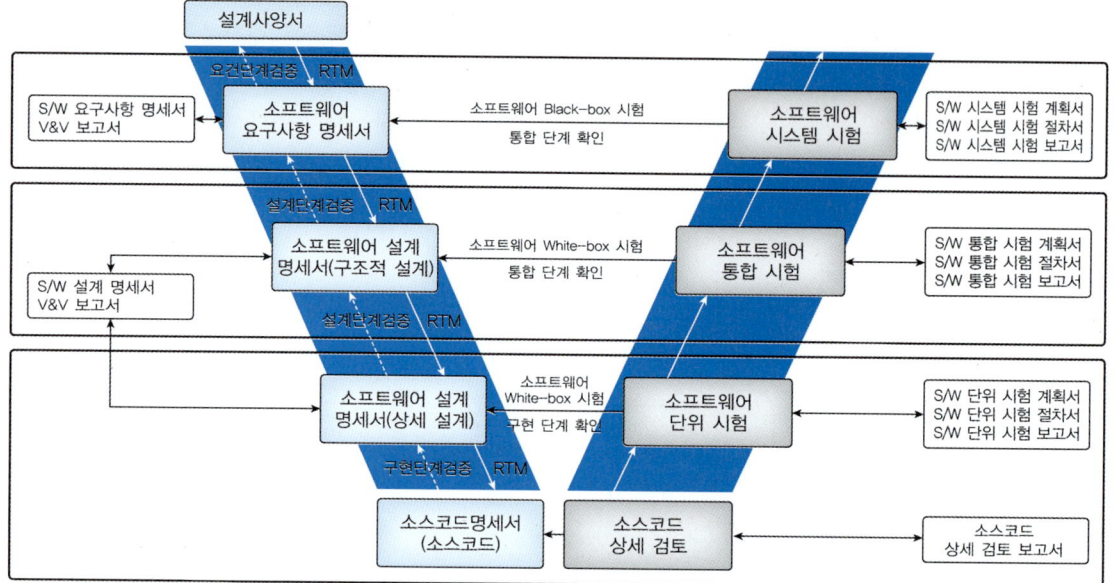

[그림 7-2] 소프트웨어 개발 V 모델의 예

V 모델에서는 폭포수 모델과 유사하게 개발 단계를 정의할 수 있으나, 구현 단계 이후 우상향의 시험 단계들과 이에 상응하는 왼쪽 개발 단계와의 상관관계가 잘 표현되어 이해하기 쉽고 단계별 활동에 대한 목표가 명확하다. 즉 소프트웨어 단위시험 software unit testing 은 소프트웨어 단위 설계 및 구현을 확인하는 것이고, 소프트웨어 통합 시험 software integration testing 은 소프트웨어 아키텍처에 따라서 통합된 모듈을 시험하며, 그 다음 안전 요구사항은 소프트웨어 시스템 시험 software system testing 에서 확인한다.

소프트웨어 생명 주기를 정의하려면 각 단계의 세부 활동을 정의해야 한다. 세부 활동은 각 분야와 프로젝트의 속성에 따라, 또 해당 제품에 적용되는 기술 표준에 따라 다를 수 있다. 예를 들어 자동차 분야의 기술 표준인 ISO 26262는 참조 모델과 함께 각 단계의 세부 활동에 대한 필수 요구사항을 모두 정의한다. 하지만 또 다른 기술 표준인 IEEE Std. 1074 'Standard for Developing a Software Project Life Cycle Process'는 단계와 상관없이 각 세부 활동의 입력, 활동, 결과물을 정의하고 각 활동의 의존성(입출력 간의 관계)만 만족한다면 자유롭게 세부 활동들을 묶어 개발 단계 및 생명 주기를 정의하고 개발 계획을 수립할 수 있다. [그림 7-2]는 V 모델의 단계별 산출물과 활동을 세분화해 보여준다. 이 그림에서 소프트

---

[2] 소프트웨어 개발 V 모델의 경우 '소프트웨어 요구사항'과 '소프트웨어 인수 시험'을 상응하도록 표현하는 경우도 많으나, 여기서는 소프트웨어 개발이 시스템 개발의 일부분인 내장형 시스템의 형태를 다루고 있으므로, 예시와 같이 '소프트웨어 시스템 시험'을 요구사항의 확인 단계로 표현했다.

웨어 개발이 이루어지는 왼쪽 단계들에서는 단계별 검증을 수행하고, 오른쪽 단계는 각 설계 내용이 최종 프로그램에 정확히 반영되었는지 확인하는 여러 단계 소프트웨어 테스팅으로 구성되어 있다.

최근 안전필수 소프트웨어의 개발은 수작업으로 개발 방법론을 수행하기보다는 소프트웨어 개발 단계별 활동을 관리하는 ALM$^{Application\ Lifecycle\ Management}$ 도구를 사용하는 것이 일반적이다. ALM 도구를 활용하면 단계별 활동 산출물을 체계적으로 관리할 수 있을 뿐만 아니라, 산출물 간 의존성이나 제약을 자동으로 검사하여 발생 가능한 인적 오류를 줄여주고, 형상 관리 기능을 제공하여 여러 개발자가 협업할 때 발생할 수 있는 불일치 사항을 방지하여 품질을 높이는 데 도움을 준다. ALM 도구의 필요성이 점점 강조되는 이유를 살펴보면 다음과 같다.

❶ **개발 환경, 고객 요구사항, 프로젝트 규모의 대형화**
국방, 항공, 원자력, 자동차, 철도, 의료기기와 같은 소프트웨어 개발 프로젝트의 대형화로 인한 투입인력, 업무, 산출물, 프로젝트 진행 현황들을 통합적으로 관리하는 데 한계가 존재한다.

❷ **개발단계별 정보 공유 및 의사 결정에 대한 커뮤니케이션 필요성 증가**
대규모 인력이 전문 영역별 조직으로 나뉘어 각 단계를 개별적으로 수행하며 서로 협업하는 형태로 변화하고 있으나, 각 개발 단계별로 서로 다른 소속의 이종 도구가 사용되는 현행에서는 데이터 공유 및 커뮤니케이션이 어려워 개발 효율성 감소로 이어진다.

❸ **소프트웨어 신뢰성 및 안전성 표준 적합성**
국내뿐만 아니라 전 세계적으로 소프트웨어의 신뢰성과 안전성 보증을 요구하는 국제 표준에 따른 산출물을 요구하고 있어 통합 관리 솔루션이 필수적으로 요구되고 있다.

❹ **설계 결과물에 대한 반복적인 재생산으로 인한 비용 및 인력 소모**
통계자료에 따르면 약 69%의 소프트웨어 개발 프로젝트에서 최대 75%의 요구사항이 프로젝트마다 재사용되고 있다. 이로 인해 약 58%의 요구사항이 불필요하게 재작성되고 있다.

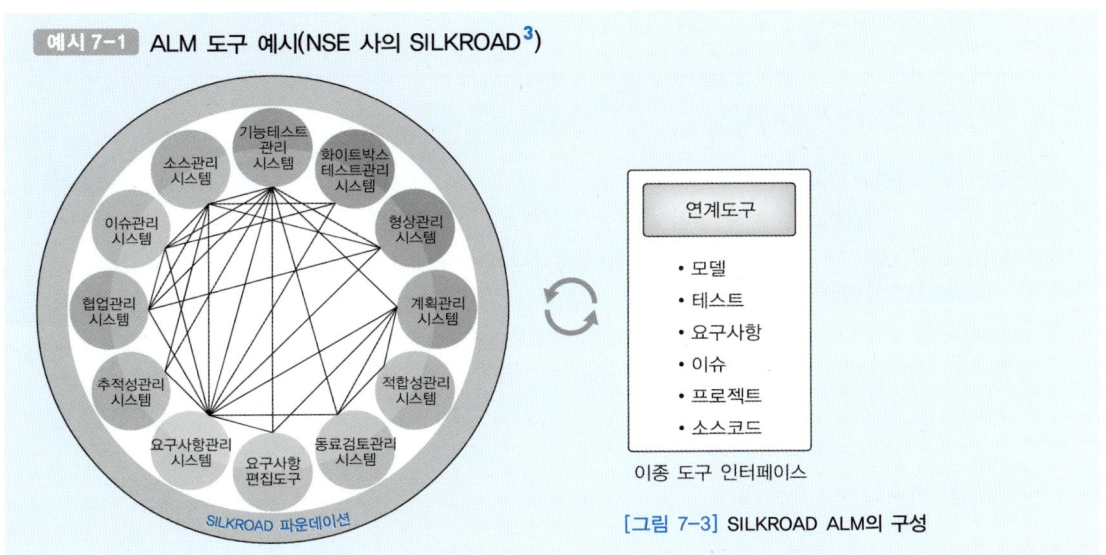

예시 7-1 ALM 도구 예시(NSE 사의 SILKROAD[3])

[그림 7-3] SILKROAD ALM의 구성

SILKROAD는 국방, 항공, 원자력, 자동차, 철도, 의료 등과 같이 높은 수준의 안전성과 신뢰성이 요구되는 산업 분야에서 소프트웨어 개발 전 단계에 적용할 수 있는 통합관리 솔루션으로 요구사항 관리, 형상 관리, 이슈 관리 등 12개 단위 시스템으로 구성되어 각 개발 단계에서 필요로 하는 정보들을 쉽게 공유할 수 있도록 구성되어 있다.

안전필수 소프트웨어 개발에서는 개발 산출물의 품질뿐만 아니라 지원 및 분석 도구의 신뢰성도 중요하다. SILKROAD는 도구 자체의 신뢰성 확보를 위해 독일 TÜV SÜD(ISO26262, IEC61598) 인증(2015)과 국내 GS$^{Good\ Software}$ 인증(2015)을 획득했다. SILKROAD는 소프트웨어 개발에 요구되는 모든 데이터를 사용자가 쉽게 확인할 수 있도록 구성되어 있으며, 특히 각 데이터 간의 연계 및 추적성을 제공한다. SILKROAD는 각 단위 시스템의 데이터와 문서를 관리하며 다양하고 가시성 높은 뷰 형태(추적성 뷰, Hyperbolic 뷰, 커버리지 뷰 등)와 요구사항 추적성 매트릭스, 영향도 분석 등을 통해 추적성 정보를 제공한다. 또한 SILKROAD와 연계되어 있는 외부 도구에 저장된 데이터와 문서를 SILKROAD에서 다양한 형태의 데이터 분석을 통해 체계적이고 효율적인 추적성 관리가 가능하다.

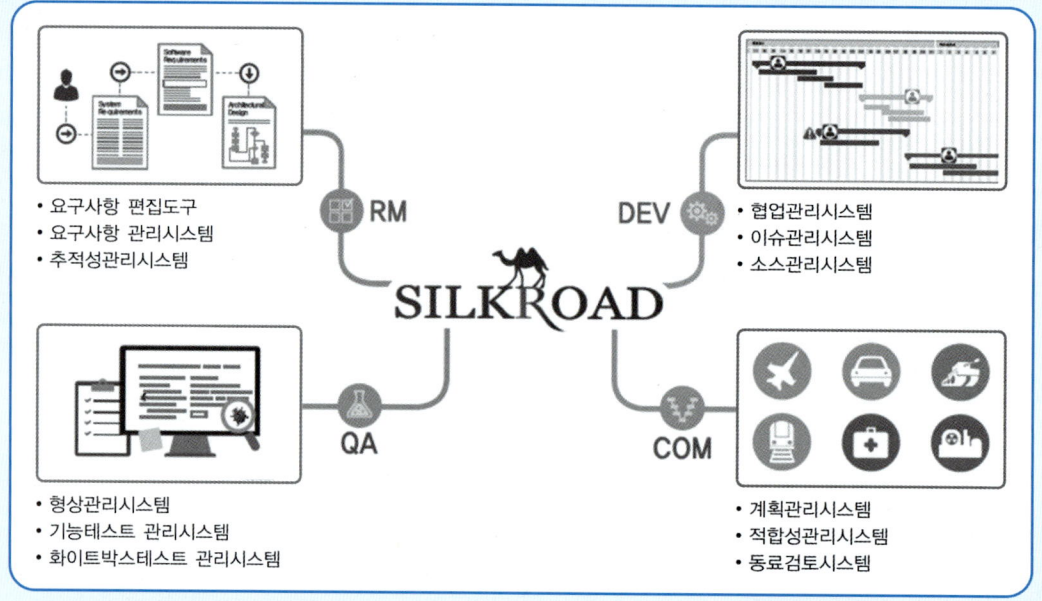

[그림 7-4] SILKROAD ALM의 활용 예

예를 들어 이슈 관리 시스템의 데이터는 요구사항, 대시보드, 워크플로우 등과 통합적으로 관리/추적되며 직관적인 사용자 인터페이스를 통해 편의성을 높여 체계적이고 효율적으로 업무를 수행할 수 있게 한다. 또한 모델링 도구, 테스팅 도구와 같은 소프트웨어 개발 도구와의 연동을 통해 소프트웨어 개발 전체 프로세스를 통합적으로 관리할 수 있다.

---

3 SILKROAD 추가정보 사이트(www.silkroadALM.com)

SECTION 7.2 소프트웨어 요구사항

7.2.1 소프트웨어 요구사항 개요

소프트웨어 요구사항 명세서(SRS)^{Software Requirements Specification}는 소프트웨어 개발의 첫 단계로 무엇을 개발할지 정의하는 문서다. 무엇을 개발해야 하는지('요구사항')를 쓴다는 것은 어떤 의미일까? 소프트웨어 요구사항 명세서와 같이 각자의 관점이 다르고 오해가 많은 문서도 드물다. 개발자가 본인이 개발할 소프트웨어에 대해 필요한 정보를 쓰면 충분하다고 생각하는 때도 많고, 또는 특정 기준이 없이 자유롭게 기술하는 문서로 생각하기 쉽다. 왜 소프트웨어 요구사항 명세서가 이런 수준으로 충분하다고 보기 힘든지 설명하기 위해 잠시 소프트웨어 공학^{Software Engineering} 이야기를 해보고자 한다.

[그림 7-5]는 단계별로 결함을 수정하는 비용의 변화를 나타낸 차트[4]다. 요구사항에서 발견한 결함은 이를 수정하는 데 $139가 필요하고 설계 단계에서 발견한 결함은 $445, 시험 단계에서는 $7,136, 유지보수 단계에서는 $14,102로 기하급수적으로 증가한다. 이 통계에서 중요한 점은 비용이 얼마인가보다 수정 비용이 증가하는 추세라고 할 수 있다. 즉 개발이 많이 진행된 이후에 결함이 발견될수록 수정 비용이 급격하게 커진다. 여기서 보이는 '유지보수' 단계를 소프트웨어 출시 이후로 생각할 수 있는데, 토요타 차량의 소프트웨어 결함으로 인한 리콜 사례를 생각하면 이해하기 쉽다. 요구사항이나 설계 단계의 결함은 회사 내부에서 쉽고 빠르게 수정할 수 있는 반면, 차량에 탑재되어 출시된 소프트웨어를 수정하는 데는 회사 이미지의 직간접적인 타격뿐만 아니라 수정 자체에도 큰 비용이 든다. 안전필수 소프트웨어라면 출시 후 결함이 사람의 생명을 빼앗거나 대규모 비용 손실을 발생시키므로 그 비용은 무한대라고 할 수 있다.

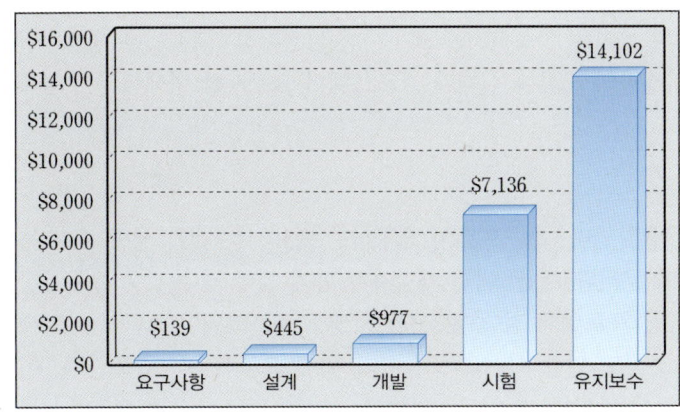

[그림 7-5] 개발 단계별 결함 수정 비용

---

[4] B. Boehm and v. Basili, "Software Defect Reduction Top 10 List", IEEE Computer

> **예시 7-2** 토요타 리콜 사태
>
> 2009년부터 2010년까지 급발진과 관련해 토요타의 리콜 사태가 발생했다. 토요타는 전자제어장치(ECU)에 오류가 없다고 주장했으나, 바(BARR) 그룹의 토요타 급발진 조사보고서로 ECU에 내장된 소프트웨어의 오류를 확인하고 이를 실험으로 증명하면서 ECU 소프트웨어 결함이 확인되었다. 이 사건으로 토요타는 신뢰도에 치명적인 타격을 받았으며 미국에서 사상 최대 1조 3천억 원의 벌금이 부과되었다.

소프트웨어 공학은 소프트웨어를 저렴한 비용으로 원하는 기간 내에 개발하는 기술이다. 결함 수정 비용이 개발 단계를 지남에 따라 급격히 증가하므로 소프트웨어 공학에서는 각 개발 단계별로 결함을 최소화하거나 빠르게 결함을 찾고, 효과적으로 수정하는 방안이 핵심 기술로 자리하고 있다.

다시 돌아가서 개발자가 요구사항 명세서에 자유롭게 원하는 정보를 기술하는 상황을 가정하자. 이런 방법으로 요구사항 문서를 작성하는 과정 중 요구사항 단계에서 발견할 수 있는 결함을 찾을 수 있을까? 물론 개발자가 문서를 작성하면서 고민하는 과정에서 결함을 발생시킬 수 있는 몇몇 이슈를 고려할 수도 있다. 하지만 대부분은 어떤 소프트웨어를 개발할지에 대해 어느 정도 이해는 할 수 있으나 이때 발생할 수 있는 결함을 찾기에는 부족할 것이다. 이런 숨겨진 결함은 결국 개발 이후 단계로 전가되고 그 수정 비용은 점점 증가한다.

7.2.2 소프트웨어 요구사항 명세서

좋은 소프트웨어 요구사항 명세서의 조건

좋은 소프트웨어 요구사항 명세서는 어떤 것일까? 소프트웨어 요구사항 명세서 작성 기술 표준인 IEEE Std. 830[5]은 다음과 같은 소프트웨어 요구사항 명세 속성을 강조하고 있다.

❶ **정확해야 한다**

당연히 소프트웨어 요구사항은 원하는 바를 정확히 기술하고 있어야 한다. 소프트웨어 요구사항은 앞서 말한 대로 개발 단계의 첫 단추다. 첫 단추를 잘못 끼운다면 소프트웨어 개발이 끝까지 잘못되는 것은 자명하다. 너무 당연해 보이는 속성이지만 요구사항을 정확히 쓰는 것은 생각처럼 쉽지 않다. 그리고 많은 소프트웨어 개발의 오류나 실패가 소프트웨어 요구사항 명세서의 부정확성 때문에 발생하기도 한다.

❷ **모호하지 않아야 한다**

소프트웨어 요구사항은 모호하지 않아야 한다. 소프트웨어 요구사항 명세서는 개발 생명 주기 동안 다양한 사람이 읽게 되는 핵심적인 문서다. 우선 여러 개발자가 함께 일할 경우 같은 요구사항을 다르게 이해해서는 안 될 것이다. 소프트웨어 검증 및 시험 시에도 소프트웨어 요구사항 명세서를 참조한다. 소프트웨어 안전성 분석도 일탈 사건을 도출하기 위해 요구사항을 참조한다. 이처럼 배경, 업무, 지식이 다른 다양한 사람이 함께 읽고 이해하는 문서이므로 내용이 모호해서는

---

[5] IEEE 830-1998, "IEEE Recommended Practice for Software Requirements Specifications", 1998

안 된다. 하지만 불행하게도 소프트웨어 요구사항 명세서를 모호하지 않게 기술하는 것은 매우 어렵다. 많은 이유가 있겠지만 소프트웨어 요구사항 명세서는 자연어로 쓰이는 경우가 많고, 자연어는 태생적으로 모호함을 가진다. 오래된 농담으로 '정의'가 영어로 무엇인지 물어보면 문과생과 이과생을 구별할 수 있다고 한다. 문과생은 사회 정의 'justice'라 대답하고, 이과생은 수학 정의 'definition'을 먼저 떠올리기 때문이다. 이처럼 같은 단어 같은 문장을 읽더라도 독자의 배경지식, 업무에 따라서 매우 다양하게 해석될 수 있는 것이 자연어로 된 문서다.

❸ 완전해야 한다

소프트웨어 요구사항 명세서는 소프트웨어로 가능한 모든 경우에 대해 소프트웨어가 해야 하는 행위를 기술해야 한다. 이 속성은 매우 중요한데, 많은 소프트웨어 명세서가 행위의 일부분만 기술하는 경우가 많기 때문이다. 기술되지 않은 부분에 대해서는 독자 스스로 판단하면 되지 않느냐고 할 수도 있겠지만, 앞에서 말한 '정확성'과 '일관성'을 생각한다면 이는 정답이 아니다. 특히 당연하다고 여겨 생략하는 경우에도 서로 다르게 생각할 가능성이 많다. 예를 들어 '모듈이 활성화되었을 때 참을 출력한다.'라는 요구사항이 있다 하자. 그렇다면 모듈이 비활성화되었을 때는 무엇을 출력해야 할까? 참일까? 거짓일까? 아니면 상관없이 참과 거짓 아무것이나 괜찮다는 의미일까? 아니면 그전에 출력했던 결과값을 바꾸지 말고 그대로 출력해야 할까? 이처럼 간단한 요구사항조차 기술되지 않은 경우에 대해서는 서로 다른 해석이 가능하다. 따라서 모든 경우에 대해 기대하는 행위를 완전하게 기술하는 것은 매우 중요하다.

❹ 일관되어야 한다

소프트웨어 요구사항 명세서는 동일한 경우에 대해 행위가 일관되게 기술되어야 한다. '일관성'은 '완전성'과 함께 매우 중요한 속성이다. 소프트웨어 요구사항 명세서의 한 부분에 '입력이 1이라면 2를 출력하라.'라고 기술하고 다른 부분에 '입력이 1이라면 0을 출력하라.'라고 기술하면 독자는 어떤 것이 옳은지 모를 것이다. 이렇게 쉽게 눈에 띄는 상반된 기술도 있지만, 입출력이 많은 경우라면 그 조합에 따라서 서로 충돌하는 요구사항이 숨어 있을 수 있다.

❺ 검증할 수 있어야 한다

소프트웨어 요구사항 명세서는 소프트웨어가 개발된 다음에 요구사항이 만족하는지 확인할 수 있어야 한다. 이 속성도 보기에 당연해 보이나 간과하기 쉬운 속성이다. 예를 들어 'A 소프트웨어는 충분히 빨라야 한다.'라든가 'B 소프트웨어의 GUI는 사용자에게 친절하고 미려해야 한다.' 같은 요구사항은 그 기준이 모호하므로 검증할 수 없다. 요구사항 명세서를 작성할 때 잘 되었는지 확인하는 방법을 함께 고민한다면 좋은 요구사항 명세서를 작성할 수 있다.

❻ 추적할 수 있어야 한다

소프트웨어 요구사항 명세서는 상위 요구사항으로부터 추적할 수 있어야 한다. 보통의 경우 소프트웨어 요구사항은 시스템 설계 명세서로부터 오거나 사용자 문서로부터 분석을 통해 소프트웨어가 수행해야 하는 역할을 기술한다. 그렇다면 요구사항 명세서에 따라서 개발해야 하는 소프트웨어는 상위의 요구사항을 모두 반영하고 있는지 '추적할 수 있어야' 개발이 잘 된 것이다. 또 '추적할 수 없는' 원하지 않는 기능은 포함되지 않아야 한다.

지금까지는 소프트웨어 요구사항 명세서가 가져야 하는 속성에 대해 간단히 알아보았다. 이런 속성을 기억하면서 IEEE Std. 830에서 설명하는 소프트웨어 요구사항 명세서의 구성에 대해 알아본다.

소프트웨어 요구사항 명세서의 구성

IEEE Std. 830에서 예시로 제시하고 있는 소프트웨어 요구사항 명세서 목차인 [그림 7-6]을 참조하면 요구사항 명세서는 크게 ① 개요^{Introduction}, ② 총괄 기술$^{\text{Overall Description}}$, ③ 상세 요구사항$^{\text{Specific Requirements}}$으로 이루어진다. 1장의 '개요^{Introduction}'는 일반적인 기술 문서에 해당하는 부분이므로 여기서는 설명을 생략한다.

2장 '총괄 기술$^{\text{Overall Description}}$'은 개발할 소프트웨어에 요구사항을 기술하기에 앞서 전체적인 개괄 설명을 하는 부분이다. 이 부분은 요구사항을 이해하기 위해 전제가 되는 사항들을 명시한다고 생각하면 편하다. 비록 개관은 소프트웨어 요구사항은 아니지만 소프트웨어 개발에서 매우 중요한 사실 및 결정 사항들을 기술하기 때문에 부가 정보 정도로 생각하는 것은 좋지 않다. 개관에서 기술되는 중요한 내용은 다음과 같다.

```
Table of Contents
1. Introduction
    1.1 Purpose
    1.2 Scope
    1.3 Definitions, acronyms, and abbreviations
    1.4 References
    1.5 Overview
2. Overall description
    2.1 Product perspective
    2.2 Product functions
    2.3 User characteristics
    2.4 Constraints
    2.5 Assumptions and dependencies
3. Specific requirements
    3.1 External interface requirements
        3.1.1 User interfaces
        3.1.2 Hardware interfaces
        3.1.3 Software interfaces
        3.1.4 Communications interfaces
    3.2 Functional requirements
        3.2.1 Mode 1
            3.2.1.1 Functional requirement 1.1
            3.2.1.n Functional requirement 1.n
            ...
        3.2.2 Mode 2
        ...
        3.2.m Mode m
            3.2.m.1 Functional requirement m.1
            3.2.m.n Functional requirement m.n
    3.3 Performance requirements
    3.4 Design constraints
    3.5 Software system attributes
    3.6 Other requirements
```

[그림 7-6] IEEE Std. 830 소프트웨어 요구사항 명세서 목차 예시

■ 제품의 조망(product perspective)

일반적으로 소프트웨어는 독립적으로 구성되기도 하지만 안전 시스템에서 많이 사용되는 내장형 소프트웨어의 경우 더 큰 시스템의 일부를 이루거나 다른 시스템과 연계해 작동한다. 여기서는 개발할 소프트웨어가 전체 구성에서 어느 부분에 해당하는지, 다른 개발 또는 구성 요소들과 어떤 인터페이스를 갖는지 명확히 한다. 보통 소프트웨어 문맥도$^{\text{software context diagram}}$와 같이 다이어그램 형태로 전체 시스템의 구성 요소들을 표시하고, 그 안에서 소프트웨어 요구사항 명세서가 대상으로 하는 소프트웨어의 범위 및 경계를 명시한다. 이 소프트웨어 경계는 외부와 어떤 인터페이스를 갖는지를 정의하는 것으로, 이후 구체화한 인터페이스 요구사항을 정의하고 이해하는 데 필수적이다. 여기에 기술하는 정보들은 다음과 같다.

- **시스템 인터페이스**$^{\text{System interfaces}}$: 소프트웨어가 연계하는 다른 시스템과의 인터페이스를 기술한다.
- **사용자 인터페이스**$^{\text{User interfaces}}$: 소프트웨어 사용자를 위한 인터페이스를 기술한다. 예를 들어 이후 기능 요구사항을 명세할 때 사용될 화면 구성이나 메뉴 구성이 여기에 해당한다.

- 하드웨어 인터페이스$^{Hardware\ interfaces}$: 소프트웨어와 하드웨어 컴포넌트 간의 인터페이스에 관해 기술한다. 내장형 시스템에서 사용하는 센서와 통신을 위한 하드웨어 포트나 핀 구성을 예로 들 수 있다.
- 소프트웨어 인터페이스$^{Software\ interfaces}$: 개발하는 소프트웨어가 다른 소프트웨어와 연계하여 동작하는 경우 이를 위한 인터페이스를 기술한다. 데이터베이스나 운영체제, 소프트웨어 라이브러리가 여기에 속할 수 있다. 이때는 상대의 버전 정보와 같이 구체적으로 연계하는 소프트웨어를 특정할 수 있는 정보가 중요하며 어떤 목적으로 인터페이스가 필요한지, 어떠한 방법으로 데이터를 교환할지를 함께 기술해 이해를 높인다.
- 통신 인터페이스$^{Communications\ interfaces}$: 네트워크를 통한 통신이 있는 경우 이때 필요한 정보들을 기술한다.
- 메모리^{Memory}: 메모리 용량과 같이 소프트웨어를 개발하는 데 제약이 될 수 있는 정보를 기술한다.
- 제품 동작^{Operations}: 소프트웨어가 동작하는 모드를 설명하고 주기적으로 수행된다면 이때의 동작 방법을 기술한다. 특히 안전필수 소프트웨어의 경우 fail-safe 등 다양한 동작 모드가 존재할 수 있으므로 이를 소개한다.
- 사이트 적용 요건$^{Site\ adaptation\ requirements}$: 설정값 등 소프트웨어 초기화나 설치 후 동작에 필요한 정보를 기술한다.

■ 제품의 기능(product functions)

여기에는 개발할 소프트웨어의 기능을 소개한다. 구체적인 요구사항을 정의하기 전에 개발 산출물에 대해 이해하기 쉽도록 설명함으로써 앞으로 정의할 다양한 요구사항을 이해하기 위한 기반을 제공한다. 따라서 매우 자세할 필요는 없지만 요구사항을 이해하기에는 충분히 기능을 설명한다.

■ 사용자 특성(user characteristics)

대상 소프트웨어를 사용할 사용자에 대한 특성을 기술한다. 교육 수준이나 기술 숙련도 등을 명시하여 이후 개발할 소프트웨어의 요구사항이나 설계를 위한 결정을 내릴 때 사용자의 특성이 충분히 반영될 수 있도록 한다.

■ 제약사항(constraints)

개발자에게 제약이 될 수 있는 사항을 기술한다. 소프트웨어 개발 시에는 다양한 설계 결정$^{design\ decision}$을 내리게 되는데, 이때 개발자가 선택할 수 있는 선택에 제한을 미리 기술함으로써 최종 개발품이 의도와 다르지 않도록 한다. 특히 안전필수 소프트웨어의 경우 규제 또는 법령에도 영향을 받는 경우가 많으므로 정책적인 제약사항이나 사용할 프로그래밍 언어와 같이 실무 제약사항을 모두 도출한다.

제약사항은 요구사항을 이해하는 데도 중요하지만 소프트웨어가 가질 수 있는 한계를 명확히 하는 데 그 의미가 있다. 특히 신뢰도, 중요도, 안전성, 보안성에 대한 정보들도 충분히 기술하여 설계 관련 의사 결정에 도움이 되게 한다.

■ 가정 및 의존성(assumptions and dependencies)

소프트웨어 요구사항 명세서는 작성하는 사람에 따라서 다양한 가정과 의존성을 가진다. 예를 들어 계산기를 개발한다고 하자. 어떠한 계산기를 개발할 것인가? 개발자는 Microsoft Windows용 계산기로 이해할 수 있을 것이다. 하지만 발주자는 휴대전화에서 동작할 수 있는 계산기를 상상했을 수도 있다. 이처럼 가정 사항은 작성자에게 아주 당연해 보이지만 사람마다 모두 다른 배경지식을 갖고 있고 또 소위 이야기하는 '상식' 또한 달라 반드시 명시적으로 기술되어야 한다. 소프트웨어를 개발하다 보면 고객사가 원하는 것은 이것이 아니라고 얘기하거나 요구사항을 바꾸는 일이 자주 생긴다. 이런 현상도 서로 다른 가정을 갖고 있는 것과 무관하지 않다. 보통의 경우 '상식'이라고 생각하는 것은 굳이 얘기하거나 문서로 쓰지 않고 넘어가기 쉬운데 대부분의 오류나 결함은 이런 곳에서 발생하곤 한다.

특히 소프트웨어를 재사용할 때는 이런 가정 사항을 잘 알아야 한다. 만일 위도와 경도를 이용한 소프트웨어가 있다고 했을 때 북반구에서 잘 사용되던 소프트웨어를 수출하여 남반구에서 사용하면 오류가 발생할 수 있다. 왜냐하면 양수 위도 값을 북위로 생각하여 계산하던 소프트웨어를 남반구로 가져왔을 때 음수 위도가 되면 오류가 발생하기 때문이다. 이처럼 기존에 개발했던 소프트웨어를 재사용할 경우 그 소프트웨어를 사용하기 위한 제약이나 가정 사항을 잘 고려하지 않으면 오히려 오류가 발생할 수 있으므로 주의해야 한다.

세부 요구사항 기술

요구사항 명세서 3장 'Specific Requirements'에서는 소프트웨어가 가져야 하는 요구사항을 상세히 기술한다. 3장에서 기술하는 요구사항 요소는 다음과 같다.

■ 외부 인터페이스(external interface)

소프트웨어의 모든 입력과 출력을 상세히 기술한다. 이때 포함되어야 하는 주요 내용은 다음과 같다.

- 인터페이스 명칭
- 인터페이스의 목적
- 입력의 출처와 출력의 목적지
- 유효범위, 정밀도, 그리고/또는 감내성
- 측정 단위
- 타이밍
- 다른 입/출력과의 관계
- 데이터 형식

인터페이스 요구사항은 기능 요구사항의 기반이 되므로 다음 기능 요구사항을 정확히 이해할 수 있도록 명확하게 기술해야 한다. 외부 인터페이스로 다음과 같은 요소들이 기술될 수 있다.

- 사용자 인터페이스
- 하드웨어 인터페이스
- 소프트웨어 인터페이스
- 통신 인터페이스

■ 기능 요구사항(functional requirements)

소프트웨어 기능 요구사항은 입력을 받아서 처리해 출력을 생성하는 소프트웨어의 기본적인 행동들을 정의한다. 자연어로 기술할 때는 일반적으로 '소프트웨어는 … 해야 한다.'와 같은 형태로 기술된다. 이때 주의할 점은 소프트웨어 요구사항의 경우 해당 기능이 무엇what을 하는 것인지 기술해야 하며, 어떻게how-to에 대한 기술은 되도록 지양해야 한다는 것이다. 그리고 각각의 요구사항은 이후 추적성 분석을 통해 설계 및 구현에 반영되었는지 확인되어야 하므로 고유한 ID를 부여하여 이를 쉽게 한다.

각 기능 요구사항을 기술할 때는 다음과 같은 사항을 고려하여 작성한다.

- 사용 인터페이스 요구사항
- 입력에 대한 유효성 검사
- 입/출력 간의 관계 및 처리 방식
- 비정상적인 상황에 대한 반응

다음은 자연어 요구사항의 한 예시를 나타낸 것이다.

> **예시 7-3**
> [R-1] 마스터와 슬레이브 모듈이 정상 모드에서 점검신호 발생에 따라 메모리 진단을 실시하여 메모리 에러 여부를 점검해야 한다.

이 예시는 자연어로 기술된 요구사항으로, 요구사항에 ID '[R-1]'을 부여했고, 해당 요구사항의 설명을 기술했다. 하지만 이와 같은 요구사항은 소프트웨어의 기능이 추상적으로 기술되어 이후 얼마든지 읽는 사람에 따라 오인할 여지가 있다. 우선 해당 요구사항의 입력과 출력이 명확하지 않다. 그리고 그 입력과 출력의 상관관계가 명확하게 기술되어 있지 않다. 또한 예외사항에 대한 고려사항이 충분하지 않다. 이와 같은 약점을 보완하기 위해서는 다음과 같이 설명을 추가할 수 있다.

> **예시 7-4**
> [R-1] 마스터와 슬레이브 모듈이 정상 모드에서 점검신호 발생에 따라 메모리 진단을 실시하여 메모리 에러 여부를 점검해야 한다.
> (A) 입력: TICK, REG_RUN, REG_ERR, REG_INI
> (B) 출력: ERR_LED, REG_FLT, BUS_RST
> (C) 처리: <아래 별도 기술>
> (D) 기타: 점검신호가 2ms 내에 발생하지 않는 경우 등

이 예시에서는 입력과 출력에 외부 인터페이스$^{External\ Interface}$에 정의된 인터페이스 요구사항 ID를 기술했고, 기타에 비정상적인 상황에 대한 처리 방법을 기술했다. 이를 이용하여 요구사항 [R-1]의 처리 방식을 다음과 같이 기술할 수 있다.

[표 7-1] 요구사항 [R-1]의 처리 방식

입력		처리				출력		
TICK	REG_RUN, REG_ERR, REG_INI	조건1	조건2	조건 3	행위	ERR_LED	REG_FLT	BUS_RST
2ms마다 발생 시	'REG_RUN'이 1이 아니거나, REG_ERR가 0이 아니거나, REG_INI가 1이 아닌 경우	메모리 에러 발생	마스터 모드로 동작 중인 경우	사용자가 해당 에러 발생 시 계속 동작으로 설정한 경우	메모리 에러 발생 및 사용자 태스크 계속 실행	01	N/A	N/A
				그 외의 경우	메모리 에러 발생 및 사용자 태스크 중지, 마스터 Fail-Safe 상태로 전환	01	1	1
			슬레이브 모드로 동작 중인 경우	모든 경우	메모리 에러 발생 및 슬레이브 비정상 상태로 진입	01	N/A	N/A
		그 외의 경우	모든 경우	모든 경우	N/A	N/A	N/A	N/A
	그 외의 경우	…	…	…	…	…	…	…

앞의 입출력 간 관계 및 처리 방식은 결정표$^{decision\ table}$ 형태로 기술한 예시다. [예시 7-3]의 자연어 요구사항 '[R-1] 마스터와 슬레이브 모듈이 정상 모드에서 점검신호 발생에 따라 메모리 진단을 실시하여 메모리 에러 여부를 점검해야 한다.'는 단순한 요구사항처럼 보였지만, [예시 7-4]와 같이 상세 요구사항을 기술해 보면 5가지 이상의 경우를 포함하는 복합적인 요구사항임을 알 수 있다. 이와 같은 형태로 요구사항을 상세히 기술하지 않았다면 이후 설계자나 시험자는 해당 요구사항을 다르게 해석하거나 경우의 수를 다르게 생각할 수 있고, 이는 최종적으로 의도하지 않은 동작을 발생시킬 확률을 높일 수 있다.

안전필수 소프트웨어에서는 요구사항을 정확^{correctness}하고 완전^{completeness}하며 일관성^{consistency} 있게 기술해야 하는데, 많은 프로젝트에서 요구사항 분석 및 기술에 많은 시간을 투자하지 못하고 단순 자연어로 기술하는 경우가 있다. 이는 처음에 설명한 소프트웨어 공학의 오류 수정 비용을 고려하면 바람직하지 않은 사례다. 즉 요구사항은 단순히 머릿속의 생각을 기록하는 문서가 아니라 검증을 통해 오류 가능성을 초기에 걸러낼 수 있을 만큼 상세히 기술되어야 한다. 만일 이와 같은 과정을 간과하면 결국에는 소프트웨어 출시 후 오류가 발견되어 그 수정 비용이 훨씬 더 크게 돌아온다. 또한 앞의 상세 요구사항을 보면 각각의 경우들이 모두 어떠한 형태로 시험해야 하는지 그 방안을 쉽게 도출할 수 있다(시험가능성^{testability}). 따라서 최종 소프트웨어의 시스템 테스트 시에도 시험 사례 도출 및 수행 비용을 크게 낮출 수 있다.

복잡한 시스템인 경우에는 소프트웨어의 상태에 따라 동일한 입력에 대해서도 행위가 달라질 수 있다. 이럴 때는 소프트웨어의 모드를 구별하고 각 모드에서의 요구사항을 기술할 수 있다. 대표적으로 생각할 수 있는 모드는 초기화 모드, 정상 모드, Fail-Safe 모드 등이 있다. 이때는 [그림 7-6]의 목차에서처럼 3.2.1절 Mode 1, …, 3.2.m절 Mode m과 같이 작동 모드에 따라서 절을 구분하고 해당 모드에서의 요구사항을 그 안에 기술할 수 있다.

예시의 상세 요구사항이 어느 정도 자연어 형태를 유지하면서 결정표 형식으로 기술되어 정확성, 완전성, 일관성을 높였다면 다음 절에서는 더 수학적인 방법으로 요구사항을 기술하는 방법에 대해 알아본다.

7.2.3 소프트웨어 요구사항 정형 명세

앞서 설명한 바와 같이 자연어로 쓰인 문서는 읽는 이에 따라 의미가 달라질 수 있다. 이와 같은 한계를 극복하기 위해 수학적 논리에 기반을 둔 정형 기법에 관한 연구가 끊임없이 계속되었다. 정형 기법 formal method은 소프트웨어의 요구사항이나 설계를 명확하고 모호하지 않게 표현하는 정형 언어 formal language로 기술하는 정형 명세 formal specification 방법과 이를 이론적으로 검증할 수 있는 정형 검증 formal verification 기법을 적용하여 자연어에 발생할 수 있는 오류를 없애고자 하는 노력이다.

정형 언어는 엄밀하게 말하면 소프트웨어 개발에 관련된 어떤 인원이 보더라도 단 하나의 의미로 해석되는 언어라고 생각하면 이해하기 쉽다. 예를 들어 고등 교육을 받은 사람이라면 수학 기호로 쓴 '1 + 1 = 2'라는 수식을 다르게 해석하는 일이 없을 것이다. 이와 같은 개념을 더 확장하면 프로그램 소스코드도 프로그래밍 언어의 의미만 명확하다면 정형 언어라고 할 수 있다. 현재 사람들에게 정확한 의미를 전달 수 있는 방법으로 다양한 정형 언어들이 제안 및 사용되고 있다. 정형 언어 중 대표적인 형태는 아마도 상태도와 같이 그림이나 다이어그램으로 표현하는 시각적 언어 visual language들일 것이다. 그림이나 다이어그램은 우선 배우기가 쉽고 보는 사람도 이해하기 쉬우므로 도입하는 데 거부감이 적다. 이 절에서는 대표적인 정형 언어인 Statecharts를 간략히 소개한다. Statecharts는 David Harel에 의해 제안된 정형 명세 언어로서 브로드캐스팅 broadcasting, 동시성 concurrency과 계층구조 hierarchy 개념이 추가된 유한상태기계(FSM) Finite State Machine이다. 특히 Statecharts는 반응시스템 reactive systems을 기술하고 모델링하는 데 많이 사용되고 있다.

[그림 7-7]은 커피자판기(CVM) Coffee Vending Machine를 Statecharts로 기술한 예이다. CVM은 OFF 또는 ON 상태에 있을 수 있으며, ON 상태인 동안은 COFFEE와 MONEY의 상태에 따라서 시스템의 상태가 결정된다. COFFEE의 상태는 커피가 나오는 중이면 BUSY, 그렇지 않으면 IDLE 상태가 된다. MONEY를 나타내는 변수인 m값이 0보다 크면 MONEY의 상태는 NOTEMPTY이고, m이 0이면 EMPTY이다. 외부 환경에서 들어오는 이벤트는 CVM의 전원을 ON 또는 OFF시키는 power-on, power-off와 커피 버튼이 눌리는 이벤트인 coffee, 동전을 넣는 이벤트인 inc가 있다. 이밖에 dec는 커피가 나오면서 동전이 하나 줄어드는 이벤트이며 done은 커피가 다 나왔음을 의미하는 시스템 내부 이벤트이다.

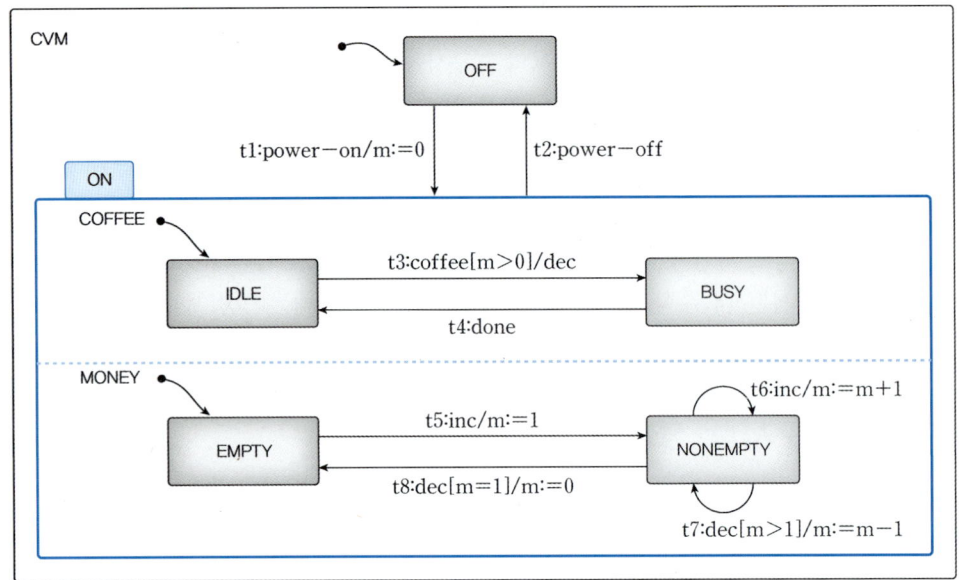

[그림 7-7] 커피자판기 Statecharts의 예

[그림 7-7]에서 알 수 있듯이 Statecharts는 둥근 상자로 표시된 상태state들의 집합과 상태전이transition를 나타내는 화살표로 이루어져 있다. 상태는 내부상태sub-state가 없는 기본상태basic state와 내부상태를 갖는 복합상태composite state로 구분할 수 있다. CVM은, 시스템이 CVM 상태에 있을 때 OFF 상태 또는 ON 상태에 있을 수 있음을 의미(OR 복합상태)하며, ON 상태는 COFFEE와 MONEY라는 두 상태에 동시에 있게 됨을 의미하고 각각 병렬적으로 수행될 수 있다(AND 복합상태). 특별히 OFF, IDLE, EMPTY는 초기 상태로서 시스템이 구동될 때의 상태를 말한다. 상태전이는 event[condition]/action의 형식으로 표시될 수 있다. [그림 7-7]에서 전이 t3는 coffee[m>0]/dec로 표시되어 있는데, 이것은 coffee라는 이벤트가 발생했을 때, m의 값이 0보다 크면 dec라는 action을 취하면서 COFFEE의 상태를 IDLE에서 BUSY로 전이하는 것을 의미한다.

시각적인 언어를 사용했지만 Statechart는 이 언어를 이해하고 있는 사람들에게 동일한 의미를 가지므로 모호성이 적고, 서로 다른 의미로 받아들여 일관성을 잃는 일이 줄어든다. 만약 이와 같은 정형 언어로만 표현하여 개발자가 이해하기 힘든 경우에는 자연어 설명을 함께 기술하기도 하고, 프로그램 전체가 아니라 정확한 의미 전달이 중요한 주요 로직부분만 정형 명세를 하기도 한다. Statecharts 모델과 같이 정형 언어로 표현된 정형 명세의 또 다른 특징은, 명확한 의미를 가지기 때문에 다양한 자동 검증 기술 적용이 가능하다는 것이다. 기본적으로 Statecharts는 시뮬레이터를 지원하고 있어 다양한 상황을 시각적으로 보면서 수정할 수 있다. 다른 정형 검증 기법으로는 자동 정리 증명Automatic Theorem Proving 기술과 모델 체킹Model Checking 기술 등이 있다. 최근에는 이와 같은 개념을 보다 확장한 모델 기반 개발(MBD)Model Driven Development 방법론이 주목을 받고 있다. 모델 기반 개발은 개발자가 Statecharts와 같이 시각적인 형태로 소프트웨어의 행위를 표현하면 그 정형 명세로부터 코드를 자동으로 생성해서 개발을 완성하는 방법이다. 따라서 정형 명세만 정확히 기술하면 이후 발생할 수 있는 코딩 오류 등이 발생하지 않기 때문에 오류 가망성을 최소화할 수 있다. 산업계에서는 Matlab/Simulink를 활용한 모델 기반 개발 방법이 점점 더 많이 사용되는 추세다.

7.2.4 소프트웨어 안전성 분석과 안전 설계

안전필수 소프트웨어는 개발 시 기능뿐 아니라 다양한 안전 요구사항에 대비하기 위한 안전 설계 기법들을 사용할 수 있다. 대표적인 안전 설계 기법의 예는 다음과 같다.[6]

■ Design for Fail-Safe

일부 시스템에서는 설계자가 시스템의 안전 모드를 제공할 수 있다. 위험 이벤트가 발생하거나 작동으로 인해 위험한 상태가 발생할 수 있는 경우, 시스템 또는 운영자는 위험 상황을 감지하고 그 위험을 최소화할 수 있는 작업 상태인 안전한 상태로 전환한다. 이 모드 전환으로 위험 작업을 중지하거나 새로운 모드를 시작해서 위험 요소를 최소화하여 수행할 수 있다.

■ Design for Fault Tolerance

구성하는 부품 일부에서 결함 또는 고장이 발생해도 정상적 혹은 부분적으로 기능을 수행할 수 있도록 시스템을 구성한다. Design for Fault-Tolerance(고장 감내 설계)는 고장 감내 시스템을 만들기 위한 설계를 말한다. 고장 감내 시스템은 부품 고장이 발생하면 부분적인 기능을 멈추고, 추가 고장이 발생하면 점진적으로 사용할 수 있는 기능을 점점 줄이다가 치명적인 결함이나 고장이 발생하면 시스템을 정지시킨다. 고장 감내 시스템은 사소한 결함이나 고장이 발생해도 시스템의 동작이 정지하는 일반 시스템과 달리 graceful degradation(단계별 성능저하) 특징이 있다.

■ Design for Redundancy

시스템의 신뢰성을 높이고 시스템의 고장 가능성을 줄이기 위해 중요한 기능이나 모듈을 N version programming과 같이 중복하여 개발한다. 이 경우 설계자는 항목을 실패한 주요 모듈의 백업으로 중복 모듈을 사용하여, 구성 요소 하나가 고장 날 때 자동으로 대기 모듈이 수행을 지속하거나 여러 형태의 중복을 동시에 실행하여 투표를 통해 최종값을 결정할 수 있다.

K out of N system은 매우 민감하고 중요한 시스템에서 시스템을 구성하고 있는 N개의 컴포넌트 중 K개 이상이 정상적으로 작동하면 시스템이 작동되는 시스템이다. 예를 들어 2 out of 3 시스템에서는 출력을 계산하는 3개(N)의 소프트웨어 모듈을 중복해서 구현하고 출력을 결정할 때 이 중 2개(K) 이상의 모듈 출력이 같다면 투표를 통해 그 출력을 최종 출력으로 결정하도록 구성할 수 있다. 이 경우 고장 난 모듈의 수가 (N-K) 모듈보다 적으면 시스템 성능 저하 없이 수행을 계속할 수 있다.

■ Provide early warning

경고 없이 발생하는 오류는 경고가 있는 실패보다 훨씬 더 위험하므로 소프트웨어 설계 시 다양한 경고 장치를 추가하여 치명적인 영향을 줄인다.

---

[6] Oveisi, Shahrzad & Farsi, Mohamad & Moeini, Ali, "Software Safety Design in requirement analysis phase for a control system", 2019

SECTION 7.3 소프트웨어 설계

소프트웨어 설계는 정의된 요구사항을 만족시키기 위해 소프트웨어 시스템을 어떻게 구성할 것인지 결정하여 아키텍처를 설계하고, 소프트웨어 구조/소프트웨어 모듈/인터페이스, 구현 단계에 필요한 데이터들을 정의하여 구현 활동의 세부적인 청사진을 마련한다. 소프트웨어 설계는 구현에 사용할 프로그래밍 언어나 프레임워크에 따라서 다양한 형태로 결정할 수 있다. 이때 설계의 다양한 관점view에 따라 설계 사항을 기술함으로써 소스코드 구현을 원활하게 할 수 있다. IEEE Std. 1016 'IEEE Recommended Practice for Software Design Descriptions'에서 권장하는 대표적인 설계 관점은 다음과 같다.

[표 7-2] IEEE Std. 1016의 설계 관점

설계 관점	범위	요소 속성	표현 방법 예시
분해 기술	설계 요소로의 시스템 분할	식별, 유형, 목적, 기능, 종속자	계층적 분해도, 자연 언어
의존성 기술	설계 요소들과 시스템 자원 간의 관계 기술	식별, 유형, 목적, 의존성, 자원	구조도, 자료흐름도, 트랜잭션 다이어그램 (transaction diagram)
인터페이스 기술	시스템을 구성하는 설계 요소를 사용하기 위해 알 필요가 있는 모든 목록	식별, 기능, 인터페이스	인터페이스 파일, 매개 변수 테이블
상세 기술	설계 요소의 상세한 내부 설계 기술	식별, 처리, 데이터	순서도, N-S 차트, PDL

IEEE Std. 1016에서는 이와 같은 관점을 고려하여 [그림 7-8]과 같은 설계 명세서 작성 예시를 제공한다. IEEE Std. 1016 소프트웨어 설계 명세서의 각 구성에 대해 살펴보자.

■ 분해 기술

분해 기술에서는 소프트웨어의 구성 요소를 분할하며 구현할 수 있는 단위로 상세화한다. C 언어를 예로 들면, 프로그램을 분할하여 모듈을 정의하고 모듈을 분할하여 함수를 정의한다. 이와 같은 과정을 통해 도출된 설계 요소(예를 들면 함수)의 상세한 사항은 '상세 설계'에 기술하지만 유형, 목적, 기능, 하부 종속자와 같은 사항은 분해 또는 상세 설계에 함께 기술한다. 특히 목적의 경우 상위 요구사항과 추적성을 분석하고 유지하는 데 중요한 정보이므로 해당 설계 요소가 어떤 이유로 도출되었는지 명확하게 하는 것이 중요하다. 이를 위해 관련 요구사항 ID 등을 명시할 수 있다.

```
1. 개요
    1.1 목적
    1.2 범위
    1.3 정의 및 두문어
2. 참고문헌
3. 분해 기술
    3.1 모듈 분해
        3.1.1 모듈1 설명
        3.1.2 모듈2 설명
    3.2 병행 프로세스 분해
        3.2.1 프로세스1 설명
        3.2.2 프로세스2 설명
    3.3 데이터 분해
        3.3.1 데이터 엔티티1 설명
        3.3.2 데이터 엔티티2 설명
4. 의존성 기술
    4.1 내부 모듈 의존성
    4.2 내부 프로세스 의존성
    4.3 데이터 의존성
5. 인터페이스 기술
    5.1 모듈 인터페이스
        5.1.1 모듈1 설명
        5.1.2 모듈2 설명
    5.2 프로세스 인터페이스
        5.2.1 프로세스1 설명
        5.2.2 프로세스2 설명
6. 상세 설계
    6.1 모듈 상세 설계
        6.1.1 모듈1 상세 사항
        6.1.2 모듈2 상세 사항
    6.2 데이터 상세 설계
        6.2.1 데이터 엔티티1 상세 사항
        6.2.2 데이터 엔티티2 상세 사항
```

[그림 7-8] IEEE Std. 1016 소프트웨어 설계 명세서 구성 예시

■ **의존성 기술**

의존성 기술에서는 설계 요소 간의 관계를 기술한다. 이를 통해 관련 있는 설계 요소를 파악하고 이때 필요한 자원을 정의한다. 이 설계 관점은 설계 요소가 어떻게 상호작용하는지 파악하는 데도 유용하지만, 개발 완료 후 소프트웨어 변경 시 그 영향을 파악하는 데도 활용될 수 있다.

■ **인터페이스 기술**

인터페이스 기술은 설계 요소가 제공하는 기능을 올바르게 사용하기 위해 설계자, 개발자, 시험자가 필요한 정보를 기술한다. 인터페이스 기술은 요구사항 명세서의 인터페이스 요구사항을 구체화하여 인터페이스의 자세한 내용을 포함하도록 작성한다.

■ **상세 설계**

상세 설계 기술은 각각의 설계 요소에 대한 내부 상세 사항을 기술한다. 특히 기능을 처리하기 위한 상세 처리 방안을 기술하기 때문에 소스코드 작성과 직접적으로 관련된다. 일반 개발자에게도 익숙한 흐름도flowchart를 활용할 수 있다.

SECTION 7.4 소프트웨어 구현

소프트웨어 구현 단계에서는 소프트웨어 요구사항과 설계를 기반으로 프로그램의 소스코드를 작성한다. 프로그램의 코드는 프로그래밍 언어programming language로 작성하며, 프로그래밍 언어를 통해 프로그램을 구현하는 과정을 '코딩coding'이라고 한다. 코딩 규칙은 소스코드를 작성할 때 개발자가 지켜야 하는 규약을 정의한 것이다. 우선 상용 소프트웨어는 대부분 여러 사람이 함께 개발한다. 이때 서로가 작성한 소스코드를 읽고 수정할 필요가 있는데, 같은 프로그래밍 언어를 사용하더라도 작성 방식이 서로 다르면 소스코드의 의미를 이해하기가 매우 힘들다. 또 프로그램 개발자와 유지 보수하는 사람이 다른 경우도 많으므로 작성한 소스코드의 가독성은 매우 중요하다.

소프트웨어 프로젝트에서는 코딩 스타일coding style, 코딩 관습coding convention을 정하고 함께 작성하는 경우가 일반적이다. 코딩 스타일이나 관습은 '변수와 함수의 이름은 의도를 알 수 있도록 정한다.'와 같이 추상적인 경우도 있지만, '변수명은 소문자로 시작하고 underscore(_)를 쓰지 않는다.'와 같이 구체적인 경우가 많다. 오픈소스 프로젝트도 개발자가 지켜야 하는 규칙들을 개발자 가이드라인에 포함시키는 경우가 많고, 별도의 문서로 코딩 규칙을 배포하여 이 규칙을 위반한 소스코드는 기여하지 못하도록 하기도 한다.

안전필수 시스템의 경우 앞에서 설명한 가독성을 높이는 목적을 넘어 안전성, 보안성과 같이 소스코드의 품질을 높이는 방법으로 코딩 규칙을 사용한다. 내장형 시스템 개발에 널리 사용되는 C 언어의 경우 거의 모든 형태의 코드를 표현할 수 있을 만큼 자유도가 높지만, 메모리에 직접 접근하는 코드에 오류가 있어 시스템에 치명적인 영향을 주는 경우도 존재한다. 이 같은 경우를 코딩 단계에서 미리 방지하기 위해 'Safer C: Developing Software for High-Integrity and Safety-Critical Systems'와 같이 C 언어의 일부 문법을 제한하고 코드 작성 규칙을 엄밀하게 정의해서 프로그램 오류를 줄이고자 하는 코딩 규칙들이 생겨났다. 코딩 규칙이 안전필수 소프트웨어 프로젝트에 보편적으로 사용되면서 코딩 규칙을 표준화하기 위한 노력도 함께 이루어졌는데, 이 중 대표적인 것이 자동차 분야에서 1998년 처음 제정된 MISRA-C이다. MISRA-C는 MISRA Motor Industry Software Reliability Association에서 C 언어 프로그램 개발 표준으로 1998년(MISRA-C:1998)에 127개의 코딩 규칙을 갖고 있었고, 2004년 개정(MISRA-C:2004)에서는 141개 규칙으로 보완되었다. 현재 최신 버전인 MISRA-C:2012에는 C 언어의 개정된 표준인 C99 버전을 위한 규칙들이 포함되었다.

[그림 7-9]는 MISRA-C 코딩 규칙 13.3의 예시다. MISRA-C:2004는 코딩 규칙을 필수required 항목과 권고advisory 항목으로 구분하고 있다. 예시의 규칙은 필수로 요구되며, 실수floating-point 형식은 서로 같다 또는 서로 다르다와 같은 비교를 하지 않아야 한다는 규칙이다. 이 규칙은 앞서 설명한 요구사항 명세서의 정밀도에 대한 원칙과 일맥상통하는 것으로, 실수형은 정밀도에 따라 실제로 같은 값도 컴퓨터

내부에서 다른 값을 가질 수 있으므로 '서로 같다'로 비교하면 오류가 생길 수 있다. MISRA-C는 이와 같은 이유나 소스코드 예시를 설명, 코딩 규칙과 함께 제공한다.

Rule 13.3 (required):   Floating-point expressions shall not be tested for equality or inequality.

The inherent nature of floating-point types is such that comparisons of equality will often not evaluate to true even when they are expected to. In addition, the behavior of such a comparison cannot be predicted before execution, and may well vary from one implementation to another. For example the result of the test in the following code is unpredictable:

```
float32_t x, y;
/* some calculation in here     */
if ( x == y )     /* not compliant */
   { /* ... */ }
if ( x == 0.0f )  /* not compliant */
```

An indirect test is equally problematic and is also forbidden by this rule, for example:

```
if ( ( x <= y ) && ( x >= y ) )
   { /* ... */ }
```

The recommended method for achieving deterministic floating-point comparisons is to write a library that implements the comparison operations. The library should take into account the floating-point granularity (FLT_EPSILON) and the magnitude of the numbers being compared.
See also Rule 13.4 and Rule 20.3.

[그림 7-9] MISRA-C 코딩 규칙 예시

MISRA-C:2004는 다음과 같은 21개의 분류로 총 141개의 규칙(필수: 121개, 권고: 20개)을 정의하고 있다.

- ❶ **Environment**: 개발 환경에 대한 규칙 5개(필수: 4개, 권고: 1개)
- ❷ **Language extensions**: 언어 확장 구문에 대한 규칙 4개(필수: 3개, 권고: 1개)
- ❸ **Documentation**: 문서화에 대한 규칙 6개(필수: 5개, 권고: 1개)
- ❹ **Character sets**: 사용 문자 세트에 대한 규칙 2개(필수: 2개)
- ❺ **Identifiers**: 식별자에 대한 규칙 7개(필수: 4개, 권고: 3개)
- ❻ **Types**: 타입에 대한 규칙 5개(필수: 4개, 권고: 1개)
- ❼ **Constants**: 상수에 대한 규칙 1개(필수: 1개)
- ❽ **Declarations and definitions**: 선언과 정의에 대한 규칙 12개(필수: 12개)
- ❾ **Initialisation**: 초기화에 대한 규칙 3개(필수: 3개)
- ❿ **Arithmetic type conversions**: 연산 시 형변환에 대한 규칙 6개(필수: 6개)
- ⓫ **Pointer type conversions**: 포인터 형변환에 대한 규칙 5개(필수: 3개, 권고: 2개)
- ⓬ **Expressions**: 표현식에 대한 규칙 13개(필수: 9개, 권고: 4개)
- ⓭ **Control statement expressions**: 제어 표현식에 대한 규칙 7개(필수: 6개, 권고: 1개)
- ⓮ **Control flow**: 제어흐름에 대한 규칙 10개(필수: 10개)
- ⓯ **Switch statements**: Switch 구문에 대한 규칙 5개(필수: 5개)
- ⓰ **Functions**: 함수 사용에 대한 규칙 10개(필수: 9개, 권고: 1개)
- ⓱ **Pointers and arrays**: 포인터와 행렬에 대한 규칙 6개(필수: 5개, 권고: 1개)
- ⓲ **Structures and unions**: 구조체에 대한 규칙 4개(필수: 4개)

- ⑲ **Preprocessing directives**: 전처리 지시자에 대한 규칙 17개(필수: 13개, 권고: 4개)
- ⑳ **Standard libraries**: 표준 라이브러리 사용에 대한 규칙 12개(필수: 12개)
- ㉑ **Run-time failures**: 런타임 오류에 대한 규칙 1개(필수: 1개)

앞에서와 같이 MISRA-C의 경우 매우 많은 규칙을 광범위하게 정의하고 있으므로 규칙 중 일부분을 선택하여 프로젝트에 적용하는 예도 있다.

코딩 규칙은 프로그래밍 언어에 따라 달라지고 적용 분야에 따라서도 달라질 수 있어서 C 언어를 대상으로 한 MISRA-C에도 언어별, 분야별로 다양한 표준이 존재한다. 예를 들어 'NUREG-CR 6463: Review Guidelines on Software Languages for Use in Nuclear Power Plant Safety Systems'는 원자력 분야에 사용되는 코딩 가이드라인이며 이 코딩 규칙에서는 일반적인 코딩 규칙과 함께 다음과 같은 6가지 언어에 특화된 코딩 규칙을 추가로 제공한다.

- Ada
- C/C++
- PLC Ladder Logic
- Sequential Function Charts
- Pascal
- PL/M

또 최근에는 디지털 기반 시설에 대한 사이버 공격이 급격히 증가함에 따라 사이버 보안을 위한 코딩 규칙도 적극적으로 도입하고 있다. 이를 보통 '시큐어 코딩$^{secure\ coding}$' 규칙이라 하며, 다음과 같이 다양한 시큐어 코딩 지침들이 발행되고 있다.

- SEI, 'CERT-C Coding Standard'
- MITRE, 'Common Weakness Enumeration(CWE)'
- 대한민국 행정안전부, 'C 시큐어코딩 가이드'

[표 7-3]은 2019년에 집계된 사이버 보안 측면에서 가장 위험한 소프트웨어 오류 형태를 25위까지 집계한 결과다. 이 중 가장 높은 점수를 받은 CWE-119는 소프트웨어가 메모리 버퍼를 넘어선 위치의 값을 읽고 쓸 때 발생할 수 있는 오류다. CWE 홈페이지에는 이와 같은 오류 형태와 그 오류가 미칠 수 있는 영향, 공격 빈도 등이 자세히 소개되어 있다. 또한 각 항목별로 코드 작성 예시를 제공하여 취약점을 발생시키는 유사한 경우를 파악할 수 있도록 돕고 있다.

[표 7-3] CWE Top 25 Most Dangerous Software Errors

Rank	ID	Name	Score
[1]	CWE-119	Improper Restriction of Operations within the Bounds of a Memory Buffer	75.56
[2]	CWE-79	Improper Neutralization of Input During Web Page Generation ('Cross-site Scripting')	45.69
[3]	CWE-20	Improper Input Validation	43.61
[4]	CWE-200	Information Exposure	32.12
[5]	CWE-125	Out-of-bounds Read	26.53
[6]	CWE-89	Improper Neutralization of Special Elements used in an SQL Command('SQL Injection')	24.54
[7]	CWE-416	Use After Free	17.94
[8]	CWE-190	Integer Overflow or Wraparound	17.35
[9]	CWE-352	Cross-Site Request Forgery(CSRF)	15.54
[10]	CWE-22	Improper Limitation of a Pathname to a Restricted Directory('Path Traversal')	14.10
[11]	CWE-78	Improper Neutralization of Special Elements used in an OS Command('OS Command Injection')	11.47
[12]	CWE-787	Out-of-bounds Write	11.08
[13]	CWE-287	Improper Authentication	10.78
[14]	CWE-476	NULL Pointer Dereference	9.74
[15]	CWE-732	Incorrect Permission Assignment for Critical Resource	6.33
[16]	CWE-434	Unrestricted Upload of File with Dangerous Type	5.50
[17]	CWE-611	Improper Restriction of XML External Entity Reference	5.48
[18]	CWE-94	Improper Control of Generation of Code('Code Injection')	5.36
[19]	CWE-798	Use of Hard-coded Credentials	5.12
[20]	CWE-400	Uncontrolled Resource Consumption	5.04
[21]	CWE-772	Missing Release of Resource after Effective Lifetime	5.04
[22]	CWE-426	Untrusted Search Path	4.40
[23]	CWE-502	Deserialization of Untrusted Data	4.30
[24]	CWE-269	Improper Privilege Management	4.23
[25]	CWE-295	Improper Certificate Validation	4.06

[그림 7-10]의 CWE-119 예시 코드를 살펴보면 사용자가 입력한 IP 주소에 해당하는 호스트 명을 조회하는 루틴에서 최종 결과를 저장하는 hostname 변수가 최대 64byte로 한정되어 있다(line 4). 하지만 조회 후 결과값을 저장하는 과정에서 조회한 결과값이 64byte보다 큰 경우라면 hostname의 버퍼를 넘어가면서 민감한 데이터를 덮어쓰거나 제어흐름을 바꿀 수 있다(line 9). 이와 같은 코드의 결함을 이용하기 위해 공격자는 64byte를 넘는 호스트 명을 가진 IP를 조회하여 공격할 수 있다.

```
1: void host_lookup(char *user_supplied_addr){
2:     struct hostent *hp;
3:     in_addr_t *addr;
4:     char hostname[64];
5:     in_addr_t inet_addr(const char *cp);

       /*routine that ensures user_supplied_addr is in the right format for conversion */

6:     validate_addr_form(user_supplied_addr);
7:     addr = inet_addr(user_supplied_addr);
8:     hp = gethostbyaddr( addr, sizeof(struct in_addr), AF_INET);
9:     strcpy(hostname, hp->h_name);
   }
```

[그림 7-10] CWE-119 예시

안전과 보안을 위한 코딩 규칙의 경우 서로 목적은 다르지만 유사한 규칙이 존재하는 경우도 있는데, 앞의 CWE-119 예시와 같이 buffer overflow 공격은 안전에서도 자주 발생하는 오류의 형태며 앞에서 예시로 언급한 NUREG/CR-6463의 코딩 지침에서도 [그림 7-11]과 같이 버퍼의 경계값을 한정하는 함수를 사용하도록 권고하고 있다.

```
…
4.1.1.1 Minimizing Dynamic Memory Allocation
…
        • Use library copy and move functions with specific lengths. As will be discussed below, use of library
          copy and move functions with specific lengths (e.g., strncopy rather than strcpy) should be used.
```

[그림 7-11] NUREG/CR-6463의 외부 라이브러리 함수 사용에 대한 코딩 규칙 예시

따라서 안전필수 소프트웨어를 개발할 때는 안전과 보안을 모두 고려한 코딩 규칙을 정하고 이를 별도로 문서화하여 개발 인원이 모두 따를 수 있는 통합 지침을 만들어서 적용하거나, 대표적인 안전 관련 코딩 규칙과 보안 규칙을 중복으로 적용하여 구현 시 활용한다.

앞서 설명한 코딩 규칙을 개발자가 모두 숙지한 후 이를 만족하도록 소스코드를 구현하는 것이 바람직하나, 이 과정에서 개발자의 실수가 발생하기 마련이다. 따라서 작성된 소스코드가 코딩 규칙을 준수하고 있는지 별도로 확인하는 것이 중요하다. 또 코딩 규칙 준수 검사는 사람이 직접 검토하기에 매우 힘든 과정이므로 자동화된 도구를 사용하는 방법을 적극 권장하고 있다. 이미 시장에는 Perforce(구 PRQA) 사의 QAC, LDRA 사의 LDRArules, 슈어소프트테크 사의 Code Inspector와 같은 상용도구들이 많이 출시되어 있어 다양한 코딩 지침 표준 준수 여부를 검사할 수 있다. 또한 cppcheck와 같이 무료 오픈 소스 도구도 존재하며, IAR 임베디드 컴파일러와 같이 별도의 도구 없이 입력 소스코드의 MISRA-C 준수 여부를 검사하는 기능을 포함하기도 한다.

SECTION 7.5 사이버 보안

7.5.1 안전필수 시스템의 사이버 보안

최근 사회기반시설에 대한 사이버 공격이 증가함에 따라 안전필수 시스템에서도 사이버 공격에 대비하기 위한 사이버 보안 기술이 주목받고 있다. 안전필수 시스템에 대한 사이버 공격은 정치, 경제, 사회에 끼치는 영향이 지대하므로 향후 개발되어야 하는 안전필수 소프트웨어는 사이버 보안 평가 및 설계가 필수적이다. 이와 같은 분야를 기존의 IT 분야의 사이버 보안과 구별하여 OT$^{Operational\ Technology}$ 보안, 제어시스템 보안, CPS$^{Cyber\text{-}Physical\ System}$ 보안과 같은 용어로 분류하여 연구 개발이 진행되고 있다. [그림 7-12]는 최근 10년간 발생한 OT 보안 사고의 대표적인 사례다.

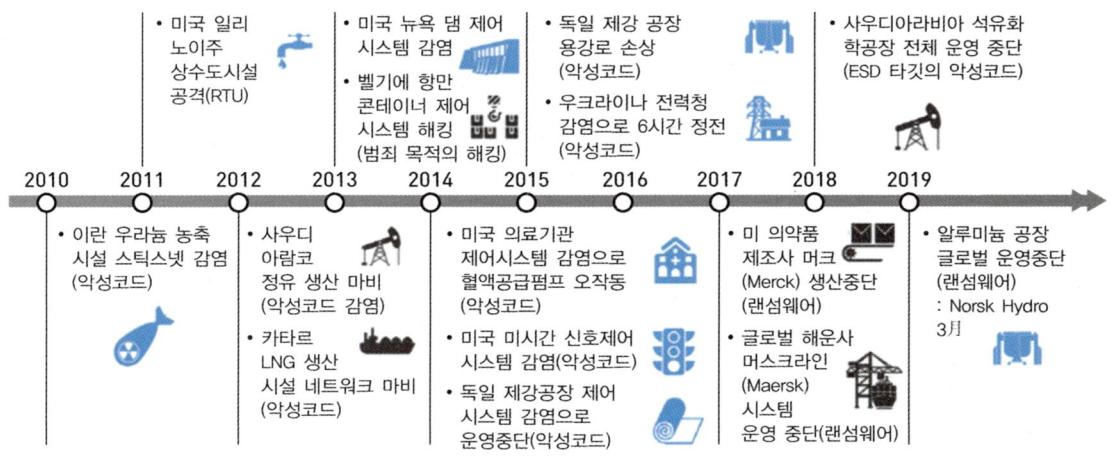

[그림 7-12] 최근 10년간 OT 시스템 감염 및 공격 사례[7]

안전필수 소프트웨어 분야에서도 분야 특성에 맞춰 사이버 보안 관련 지침들이 정의되고 있다. 예를 들어 자동차 분야의 SAE J3061 'Cybersecurity Guidebook for Cyber-Physical Vehicle Systems' 기술 지침에서는 생명 전 주기 동안의 차량용 시스템을 위한 사이버 보안 활동을 [그림 7-13]과 같이 정의하고 있다.

J3061 사이버 보안 기술 지침과 같이, 사이버 보안 활동은 개발 초기부터 사이버 보안을 염두에 두고 개발하는 것이 중요하다. 이와 같은 활동으로 수립된 사이버 보안 계획은 시스템 개발 전 주기 동안 단계별 활동을 통해 지속적으로 반영되고 검증되어야 한다. 이를 위해서는 개념 단계에서 사이버 보안 계획을 수립하는 것이 가장 중요한데, 이때의 활동은 [그림 7-14]와 같이 정의될 수 있다.

---

[7] 출처: https://byline.network/2020/01/7-59

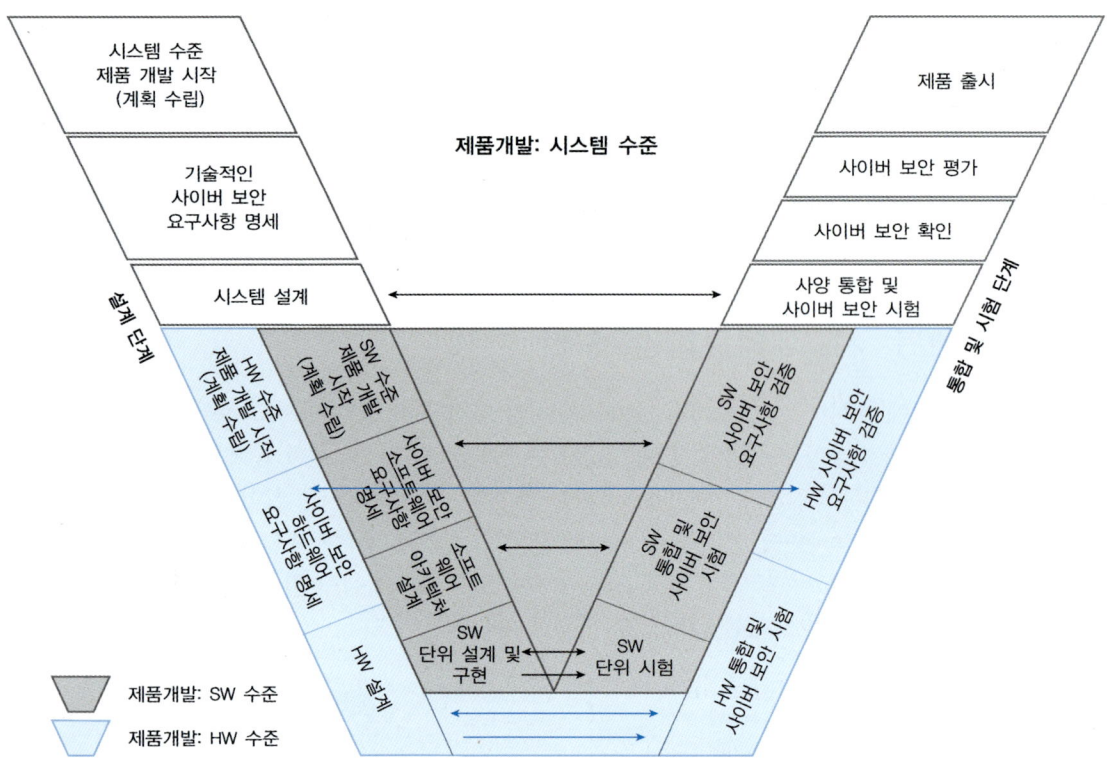

[그림 7-13] J3061 기술 지침의 사이버 보안 생명 주기 예

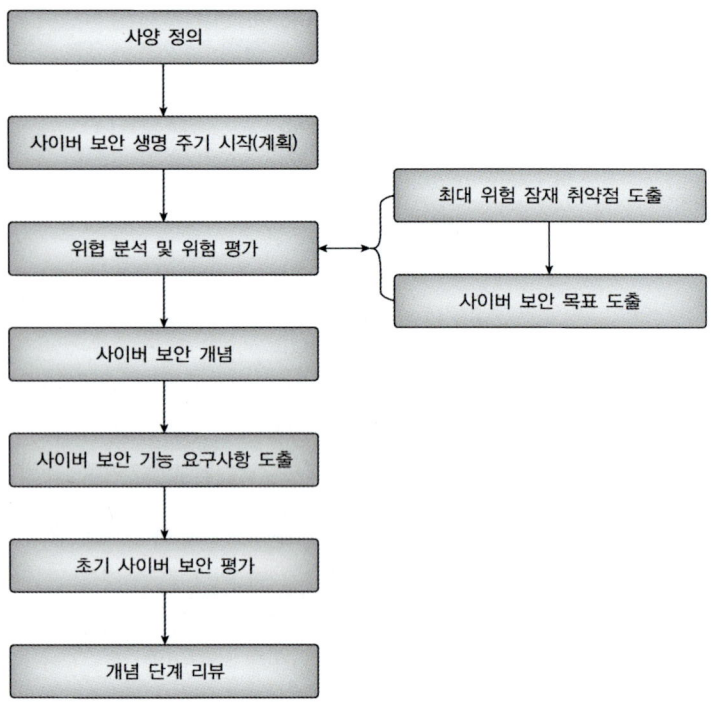

[그림 7-14] 개념 단계의 사이버 보안 활동(J3061)

개념 단계 활동 중 중요한 것은 위협을 식별하고 그 위험도를 평가하며 이에 대응하기 위한 사이버 보안 요구사항을 개발하는 것이다. 취약점 분석은 개발 생명 주기 중 시스템 단계 초기에 잠재적인 위협들을 식별하고 위협에 대한 우선순위를 산정하는 활동이다. 취약점 및 위협 분석은 이미 정의된 대상 시스템의 제공 서비스 및 주요 기능을 수행하는 과정에서 발생할 수 있는 사이버 보안 위협을 미리 분석하여, 대상 시스템의 기능 특성을 고려한 보안 요구사항을 도출하기 위해 수행한다. 취약점 분석을 수행하지 않고 보안 요구사항을 도출할 경우 대상 시스템에 필요한 보안 요구사항의 도출 기준을 수립하기 어려우므로, 불필요한 보안 요구사항이 포함되거나 필수적인 보안 요구사항이 포함되지 않는 경우가 발생할 수 있다.

대표적인 사이버 보안 위험 평가 방법론으로 HEAVENS Security Model, TVRA 등을 들 수 있다. 이러한 방법론들의 취약점 분석 방법을 일반화해보면 다음과 같이 세 가지 활동으로 정의할 수 있다. 이 활동들은 취약점 분석 활동을 위해 필수적인 활동으로 수행되며, 대상 시스템의 특성을 고려하여 각 활동에서 적용되는 기준 혹은 분석 대상 시스템이 달리 적용될 수 있다.

- **자산 분석**: 자산 분석은 대상 시스템에서 제공하는 주요 기능과 다루고 있는 데이터, 데이터의 흐름을 분석하는 활동이다. 이 활동은 대상 시스템에서 위협이 발생할 수 있는 대상을 이해하고 목록화하기 위한 목적을 가지고 수행한다.

- **위협 분석**: 위협 분석은 대상 시스템에서 제공하는 데이터와 기능을 대상으로 발생할 수 있는 사이버 공격 방식들을 식별한다. 이 활동은 대상 시스템에서 다루는 데이터와 제공하는 기능을 대상으로 발생 가능한 위협 상황을 식별하여 목록화하는 것을 목적으로 한다(7.5.2절).

- **위험 평가**: 위험 평가는 이전 단계에서 목록화한 위협들에 대한 위험성을 정량적인 평가 기준에 따라 평가한다. 이 활동은 식별한 위협들에 대한 처리 방안을 결정하기 위한 기준을 제시하는 것을 목적으로 한다(7.5.3절).

7.5.2 사이버 보안 위협 분석 기법

사이버 보안 위협 분석은 발생 가능한 사이버 공격 시나리오와 그 영향을 파악하는 과정으로, 이를 통해 사이버 공격으로부터 대상 시스템을 보호하기 위한 필수적인 정보를 파악한다. 사이버 보안 위협을 성공적으로 파악해야 이에 대비하는 효과적인 사이버 보안 대응 체계를 수립할 수 있기 때문에 사이버 보안 적용 과정의 핵심 중 하나라고 할 수 있다. 사이버 보안 위협 분석은 보안 회사의 컨설팅을 받아 이뤄지는 경우가 많기 때문에 분석자의 노하우, 실력, 경험에 의해 품질이 좌우되는 경우가 많다. 또한 보안 분야의 특성상 취약점과 같은 예민한 정보들이 공개되지 않아 위협 분석 결과의 수준을 판단하기가 쉽지 않다. 이와 같은 산업계의 현실을 극복하기 위해 체계적인 사이버 보안 위협 분석 기법들이 개발되고 있는데, 여기서는 대표적인 사이버 보안 위협 분석 기법으로 STRIDE, TVRA, HEAVENS Security Model을 소개한다.

■ STRIDE

STRIDE는 위장Spoofing identify, 변조Tampering with data, 부인Repudiation, 정보 노출Information disclosure, 서비스 거부Denial of service, 권한 상승Elevation of privilege의 두문자어이며, 마이크로소프트의 SDLSecure Development Lifecycle에서 사용하는 위협 모델링 기법으로 위협 모델링 분야에서 널리 사용되고 있는 유용한 도구다. 이 기법은 경험을 바탕으로 소프트웨어의 공격 유형을 정의하는 것을 돕기 위해 1999년 Loren Kohnfelder와 Praerit Garg에 의해 설계되었다.

STRIDE에서 말하는 위협은 시스템이 가져야 할 보안 속성(신뢰성, 무결성, 부인 방지, 기밀성, 가용성, 권한 부여)과 반대되는 개념이다. 위협 분석을 수행할 때 위협에 대한 분류 기준을 분석가 혹은 개발자에게 제공함으로써 위협 분석을 지원해주는 역할을 한다. 이러한 접근 방식은 아무 기준 없이 전문가의 능력에 의존하는 방식과 달리 분류 및 기준을 통해 검토하지 못한 항목이 발생하지 않도록 함으로써 위협 분석의 품질을 향상시킬 수 있다. STRIDE에서 언급하는 위협은 [표 7-4]와 같은 의미를 가진다. 이는 자산 분석 결과인 기능별로 위협 목록을 작성하며, 데이터 흐름 분석 결과(DFD)를 활용해 분석을 수행한다.

[표 7-4] STRIDE의 위협 분류 및 정의[8]

위협	관련 보안 속성	위협 정의
위장(S)	인증	거짓된 계정 등을 이용하여 시스템 접근 권한 획득
변조(T)	무결성	불법적으로 데이터 변경
부인(R)	부인 방지	특정 서비스를 수행하지 않았다고 부인하거나 책임이 없다고 부인
정보 노출(I)	기밀성	접근 권한이 없는 누군가에게 정보 제공
서비스 거부(D)	가용성	서비스 또는 애플리케이션이 정상적으로 수행되지 않게 함
권한 상승(E)	인가	누군가가 권한을 부여받아 권한이 없는 서비스 수행

■ TVRA

Threat, Vulnerabilities, and implementation Risks Analysis의 약자인 TVRA는 2009년에 개발되었으며 2010년 ETSIEuropean Telecommunications Standards Institute에서 수정된 프로세스 기반 위협 평가/위험 평가 방법이다. TVRA는 시스템의 자산과 관련된 약점과 위협을 식별하고 공격 가능성 및 영향을 분석하여 시스템에 대한 위험 수준을 결정하기 위해 다음과 같은 10단계의 활동을 수행한다.

❶ 대상 시스템의 자산을 식별하고 분석의 목표, 목적 및 범위를 지정한다.
❷ 해결이 필요한 사이버 보안 이슈에 대한 상위 수준의 상태를 제시하고 목표를 식별한다.
❸ 기술적 사이버 보안 요구사항을 식별한다(2단계에서 파생됨).
❹ 자산을 목록화하고 1단계의 분석 목표, 목적 및 범위를 보완하며 2단계와 3단계에서 식별된 자산 목록을 추가한다.
❺ 위협, 악용될 수 있는 취약점, 악용 결과를 식별한다.

---
[8] IITP, 사이버 보안 표준 및 위협 분석 기법 동향

❻ 위협의 존재, 가능성 및 영향을 결정한다.
❼ 위험을 결정한다.
❽ 위험을 완화하기 위한 사이버 보안 통제를 식별한다.
❾ 사이버 보안 통제 비용 편익을 분석하여 먼저 구현되어야 하는 사이버 보안 통제를 식별한다.
❿ 9단계에서 확인된 사이버 보안 서비스 및 기능을 구현하기 위한 요구사항을 상세화한다.

TVRA는 차량과 같이 사이버 물리적 시스템에 존재하는 결합된 제어 및 데이터 네트워크가 아닌 데이터/통신 네트워크를 위해 개발되어 정보시스템의 네트워크에 적용하는 것이 적합하다. TVRA는 ISO/IEC 15408에서 정의한 보안 보증 및 평가에 대한 공통 기준을 기반으로 위협 및 위험 평가를 수행한다. TVRA에서는 공격 성공 가능성(위협 수준)을 평가하기 위해 다음 요소들을 고려한다.

- 식별 및 악용에 걸리는 시간(경과 시간)
- 요구되는 전문가의 기술적인 전문지식
- TOE 설계 및 운영에 관한 지식(TOE 지식)
- 공격에 노출되는 기간(기회)
- 악용을 위해 요구되는 IT 하드웨어 및 소프트웨어 또는 기타 분석 장비

TVRA에서는 자산에 대한 침해 영향도를 평가하기 위해 다음과 같은 기준을 사용한다.

- **Low**: 해당 당사자는 매우 강력하게 해를 입지 않는다. 손상이 적다.
- **Medium**: 위협은 제공자/가입자의 이익과 관련되며 무시할 수준이 아니다.
- **High**: 사업 기반이 위협받으며 심각한 피해가 발생할 수 있다.

■ HEAVENS Security Model

HEAVENS Security Model은 차량 전기 및 전자 시스템에 대한 위협 분석, 위험 평가를 위한 방법과 프로세스 및 도구 지원에 초점을 맞춘 보안 모델이다. HEAVENS Security Model은 위협 분석 및 평가에 대한 최신 기술들을 검토한 후 그 결과를 기반으로 개발됐다. 이 보안 모델은 승용차 및 상업용 차량과 같은 광범위한 차량에 동일하게 적용할 수 있다. 이 모델은 위협을 중심으로 하고 차량의 전자 시스템 맥락에서 Microsoft의 STRIDE 방식을 적용하여 구현됐다. 추가적으로 위험 평가 시 보안 목적(안전, 재무, 운영, 개인정보보호 및 법률)과 영향도 평가를 매핑한다. 이는 특정 이해 관계자(예를 들면 OEM)에 대한 특정 위협의 비즈니스 영향을 이해하는 데 도움이 될 수 있다.

HEAVENS Security Model의 사이버 보안 평과 과정은 다음과 같이 위협 분석, 위험 평가, 사이버 보안 요구사항의 세 가지 요소로 구성된다.

❶ **위협 분석**: 사용 시나리오 또는 기능 유즈케이스use case에 대한 설명을 위협 분석 프로세스에 대한 입력으로 시작한다. 위협 분석은 두 가지 결과를 산출한다. (a) 유즈케이스 맥락에서 각 자산에 대한 위협과 자산 간의 매핑 및 (b) 위협과 보안 속성 간의 매핑으로 자산의 맥락에서 특정 위협으로 인해 영향을 받는 보안 속성을 설정한다.

❷ **위험 평가**: 관련 자산에 대한 위협이 식별되면 다음 단계는 위협의 순위를 매기는 것이다. 이것은 위험 평가 중에 수행되며 보호해야 할 자산을 대상으로 도출된 위협에 대해 위협 수준$^{threat\ level}$과 위험 수준$^{impact\ level}$을 결정한다. 위험 평가의 최종 결과로 평가 대상/유즈케이스의 각 자산과 관련된 각 위협에 대한 보안 수준이 식별된다.

❸ **보안 요구사항**: 마지막 단계로 위협과 보안 수준에 따라 평가 대상 자산에 대한 사이버 보안 요구사항을 식별하는 단계이다. 사이버 보안 요구사항은 자산, 위협, 보안 수준 및 보안 속성을 고려하여 도출된 보안 관련 기능이다.

Heavens Security Model은 공격 가능성을 평가하기 위해 다음과 같은 기준을 사용한다.

- **전문 지식**: 요구되는 전문가의 기술적인 전문지식
- **자산에 대한 지식**: 공격자가 사용 가능한 시험 대상 정보
- **접근 기회**: 공격자가 평가 대상에 대한 공격을 수행하는 데 필요한 접근 유형
- **장비**: 악용을 위해 요구되는 IT 하드웨어 및 소프트웨어 또는 기타 분석 장비

HEAVENS Security Model에서는 자산에 대한 침해 영향도를 평가하기 위해 다음과 같은 요소를 사용한다.

- **안전**^{safety}: 차량 안전에 미치는 영향을 평가
- **재정**^{financial}: 직간접적으로 발생할 수 있는 모든 재정적 손실 및 손해를 평가
- **운영**^{operation}: 원하지 않거나 예기치 않은 차량 기능 변경(또는 손실)으로 인한 운영상 손해 평가
- **개인정보보호 및 법령**$^{privacy\ and\ legislation}$: 이해 관계자(예를 들면 차량 소유자, 운전자 등)의 개인정보보호 위반 또는 법률, 규정으로 인한 피해 평가

7.5.3 사이버 보안 위험 관리

사이버 보안 위험 평가가 완료되면 각 위협에 대한 가능성 또는 위협 수준과 해당 위협의 영향 정도가 도출된다. 이를 기반으로 현재 안전필수 소프트웨어의 위협별 사이버 보안 위험 수준을 도출할 수 있다. [그림 7-15]는 사이버 보안 위험 평가 예를 보여준다. 예를 들어 위협의 가능성$^{threat\ level\ score}$을 0(발생 가능성 낮음)에서 4(발생 가능성 높음)로 평가하고, 침해 영향 정도$^{impact\ level\ score}$를 0(영향이 미약함)에서 4(영향이 지대함)로 평가하여 점수를 매길 수 있다. 이때 위험 수준은 두 요소의 곱으로 나타낼 수 있다. [그림 7-15]에서 위협 가능성이 1점이고 영향 정도가 0점인 경우는 QM(품질 관리로 대응 가능한 수준)으로 평가되었고, 위협 가능성이 3점이고 영향 정도가 4점인 경우는 High(높은 위험) 수준으로 평가되었다.

Security Risk Level		Impact Level Score				
		0	1	2	3	4
Threat Level Score	0	QM	QM	QM	QM	Low
	1	QM	Low	Low	Low	Medium
	2	QM	Low	Medium	Medium	High
	3	QM	Low	Medium	High	High
	4	Low	Medium	High	High	Critical

[그림 7-15] 보안 위험 수준의 예

위험 수준이 결정되면 프로젝트 자원, 일정, 중요도 등을 종합적으로 판단하여 대응하고자 하는 위험 수준을 설정하고, 이에 대응하기 위한 사이버 보안 요구사항을 도출한다. 즉 예산 및 기간이 충분하다면 모든 위협에 대응할 수 있겠지만 일반적으로 그런 경우는 극히 드물다. 만일 [그림 7-15]의 예에서 개발하는 과제에 허용하는 위험 수준을 Low(낮은 위험 수준)로 설정한다면, Low보다 높은 위험 수준 (즉 Medium, High, Critical)에 해당하는 위협에 대해서는 사이버 보안 대응책을 수립하여 적용하고, 그 아래 Low와 QM 등급의 위협에 대해서는 문서화하되 특별한 별도의 사이버 보안 대책을 적용하는 않는다.

SECTION 7.6 안전필수 소프트웨어 개발

지금까지 소개한 안전필수 시스템의 소프트웨어 개발을 요약하면 [그림 7-16]과 같다. 안전필수 소프트웨어는 요구사항, 설계, 구현, 시험 단계로 개발되고 이때의 활동 및 산출물에는 7.1절~7.3절에서 소개한 바와 같이 체계적이고 구체적인 문서 작성 및 코딩 기술이 적용된다. 특히 중요한 것은 소프트웨어 개발 초기에 결함을 찾아내고 수정할 수 있는 상세 수준으로 문서가 작성되어야 하며, 프로그래밍 코딩도 안전에 위험이 될 수 있는 오류 가능성을 최소화하도록 규칙을 정하여 구현하는 것이 바람직하다는 것이다.

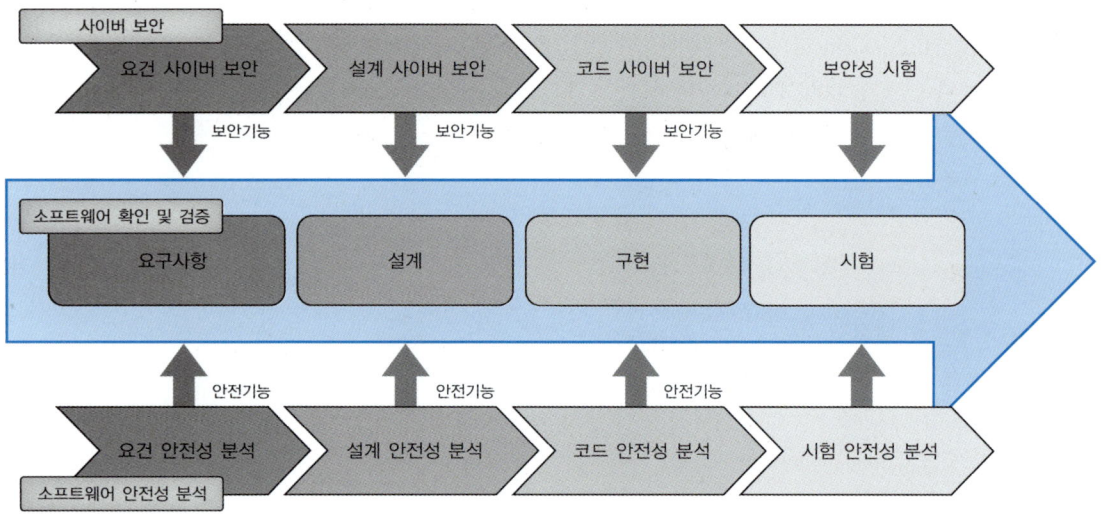

[그림 7-16] 안전필수 소프트웨어 개발

안전필수 시스템의 소프트웨어는 필요한 기능의 설계 및 구현도 중요하지만, 사이버 보안 및 소프트웨어의 안전성을 개발 초기부터 충분히 고려해야 한다. 사이버 보안 활동은 [그림 7-16]과 같이 단순히 개발 초기의 사이버 보안 위협 및 위험 평가로 그치는 것이 아니라 단계별로 사이버 보안 분석을 통해 대상 소프트웨어에 필요한 보안 요구사항 및 기능을 지속적으로 보강한다. 또 여기서는 자세히 소개하지 않았지만, 소프트웨어 안전 활동은 안전성 분석을 통해 대상 소프트웨어에 필요한 안전 기능을 지속적으로 보완한다.

> **예시 7-5** SW안전 가이드[9]
>
> 국내에서는 소프트웨어 안전성 분석 및 안전 관련 활동을 권장하기 위해 정보통신산업진흥원(NIPA)이 각 산업 분야에 필요한 안전관련 활동을 위한 지침 및 기술 활용서를 지속적으로 개발하여 보급하고 있다. NIPA는 S/W안전 가이드를 통해 다음과 같은 분야별 지침과 중소기업의 실무를 위한 활용서도 함께 제공함으로써 국내 안전필수 소프트웨어 개발자의 활동을 돕고, 안전필수 시스템의 개발자 역량 강화를 위해 지속적인 서비스를 제공하고 있다.
>
> - 산업 일반 분야 S/W안전 확보를 위한 IEC 61508 기반 프로세스 적용 가이드
> - 철도 분야 S/W안전 확보를 위한 IEC 62279 기반 프로세스 적용 가이드
> - 항공기 분야 S/W의 안전성 확보를 위한 DO-178C 기반 프로세스 적용 가이드
> - 자동차 분야 S/W안전 확보를 위한 ISO 26262 기반 프로세스 적용 가이드
> - 의료기기 분야 S/W안전 확보를 위한 IEC 62304 기반 프로세스 적용 가이드
> - 제조 분야 S/W안전 확보를 위한 IEC 61511 및 IEC 62061 기반 프로세스 적용 가이드

안전과 사이버 보안 활동에서 특히 중요한 것은 이들 활동이 개발 소프트웨어의 안전 또는 사이버 보안 점수를 매기는 평가 활동이 아니라, 파악된 안전 또는 사이버 위험을 경감하기 위한 추가적인 대책들(안전/사이버 보안 기능 또는 요구사항)을 대상 소프트웨어에 반영시키기 위한 활동이라는 점이다. 즉 사이버 보안이나 안전 활동은 추가적인 안전 및 보안 기능을 각자의 역할에서 분석하여 개발하고, 개발된 요구사항은 앞서 설명한 바와 같이 소프트웨어 요구사항 명세서와 설계 명세서에 기능으로 추가되며 최종 코드로 구현되어야 한다.

그렇다면 개발 중인 소프트웨어가 제대로 개발되고 있는지는 어떻게 평가 및 수정할 수 있을까? 다음 8장에서는 안전필수 소프트웨어 개발의 필수적인 요소인 소프트웨어 확인 및 검증 기술에 대해 알아본다.

---

[9] 출처: SW안전기술 활용서, https://www.sw-safety.co.kr/swguide

CHAPTER 07 생각해보기

7.1 일반 소프트웨어 개발 과정과 안전필수 시스템 개발 과정의 차이점을 설명하고, 이런 차이점이 생기는 원인에 대해 논하라.

7.2 자연어 문장으로 된 소프트웨어 요구사항을 작성해보고, 자연어 요구사항에서 발생할 수 있는 모호성에 대해 논하라.

7.3 우리가 생활하는 주위에서 안전 설계 기법이 적용된 예를 찾아보고, 이때의 기술에 대해 논하라.

7.4 안전 기술이 적용되어야 하는 시스템의 예를 찾아보고, 이때 적용 가능한 안전 기능에 대해 논하라.

7.5 공개된 프로젝트에서 사용하고 있는 코드 작성 규칙을 찾아보고, 이 규칙이 안전필수 시스템 개발에 적용 가능한지 안전 및 보안 관점에서 설명하라.

7.6 최근 일어난 사이버 공격으로 인한 제어시스템 침해 사례를 찾아보고, 어떠한 대응이 추가로 필요한지 생각해보자.

7.7 기본 기능, 사이버 보안 기능, 안전 기능이 서로 상충하는 경우를 생각해보고 어떻게 해결할 수 있는지 설명해보자.

CHAPTER 08

소프트웨어 확인 및 검증 방법론과 사례

소프트웨어 확인 및 검증 방법론_8.1
소프트웨어 요구사항 및 설계 문서 검증_8.2
소프트웨어 구현 검증_8.3
소프트웨어 테스팅_8.4
생각해보기

PREVIEW

안전필수 시스템은 소프트웨어 개발 품질도 중요하지만, 개발 소프트웨어가 상위 요구사항을 만족하고 의도한 대로 정확히 동작하는지 검사하는 소프트웨어 확인 및 검증(V&V)[1] 과정이 필수적이다. 앞서 소개한 바와 같이 안전필수 시스템의 소프트웨어 결함은 시스템의 고장을 넘어 인명 피해로 이어지거나 대규모 자산 손실을 발생시킬 수 있어, 소프트웨어 개발 산출물에 대해 면밀히 검토하고 평가하는 과정을 반드시 거쳐야 한다. 이 장에서는 개발 생명 주기 동안 소프트웨어 개발 산출물을 어떤 방식으로 확인 및 검증할 수 있는지 알아보고 이때 고려해야 할 주안점들도 살펴본다.

---

[1] 국내에서 소프트웨어 확인 및 검증이라는 용어가 사용될 때 그 의미가 다른 경우가 종종 있다. 즉 영문 'verification'을 '검증'으로, 영문 'validation'을 '확인'으로 번역할 때가 많으나 영문 'verification'을 '확인'으로, 영문 'validation'을 '검증'으로 번역하는 예도 상당히 많다. 아마도 영문으로 'software verification and validation'이라는 문구가 일반적이고, 국문으로는 '소프트웨어 확인 및 검증'이라는 문구가 일반적으로 사용되기 때문으로 용어를 순서대로 대응시켜 생긴 혼선으로 보인다. 정형 검증(formal verification), 정적 검증(static verification) 등 다른 기술 용어에서 볼 수 있듯이 여기서는 영문 'verification'을 '검증'으로, 영문 'validation'을 '확인'으로 번역하여 사용한다.

SECTION 8.1 소프트웨어 확인 및 검증 방법론

소프트웨어 확인 및 검증(V&V)^{Verification and Validation}은 개발 활동의 산출물과 프로세스가 그 활동의 요구사항을 만족하는지와 최종 소프트웨어가 의도된 용도 및 사용자의 요구를 만족하는지 분석하고 평가하는 활동이다. 소프트웨어 검증^{Software Verification}은 어떤 특정 개발 단계에 있는 제품이 단계 시작 시점에서 부과된 조건을 만족하는지 문서 또는 소프트웨어 산출물을 평가하는 활동이다. 소프트웨어 확인^{Software Validation}은 개발된 소프트웨어를 개발 중 또는 완료 후 요구사항이 만족하는지 검사하는 과정이다.

소프트웨어 '확인' 및 '검증'이라는 두 용어는 상당히 비슷해 보일 수 있지만 엄연히 다른 뜻이다. 두 용어를 구별하는 대표적인 문구는 다음과 같다.

- **검증**^{Verification}: 제품을 올바르게 만들고 있는가? (Are we building the product right?)
- **확인**^{Validation}: 올바른 제품을 만들고 있는가? (Are we building the right product?)

즉 검증은 상위 단계 제약사항을 위반하지 않는 데 중점을 둔다면, 확인은 결과물이 의도한 대로 만들어졌는지에 중점을 둔다고 생각할 수 있다. 우리가 7장에서 살펴본 [그림 8-1]과 같은 V 모델을 예로 들면 좌측의 단계별 활동은 소프트웨어 검증에, 우측의 시험은 소프트웨어 확인에 해당한다고 할 수 있다.

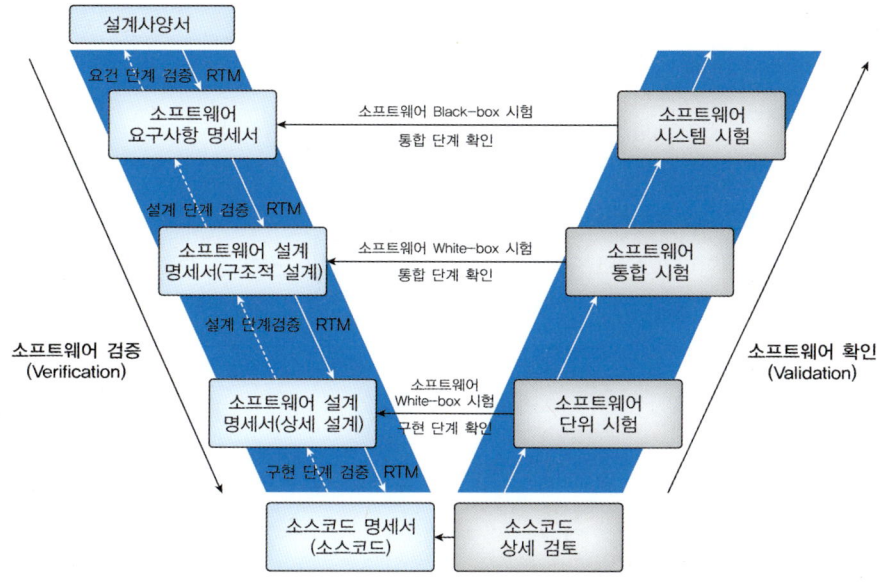

[그림 8-1] 소프트웨어 확인 및 검증

안전필수 소프트웨어$^{safety\ critical\ software}$는 프로젝트 시작 단계에서 전체 개발 생명 주기 동안의 활동을 엄격하게 계획하는 것이 일반적이다. 이와 같은 계획 또한 문서로 작성하여 모든 인원이 엄격하게 준수하고, 필요한 경우 상세 계획을 이행하기 위한 상세 절차를 수립하여 진행한다. 안전필수 소프트웨어 개발에 널리 작성되는 계획 문서는 [표 8-1]과 같다.

[표 8-1] 안전필수 소프트웨어 개발을 위한 계획 문서의 예

산출물	목적 및 관련 기술표준
Software Project Management Plan(SPMP; 소프트웨어 과제 관리 계획서)	전체 과제 진행 계획(과제 조직, 관리적 프로세스, 기술적 프로세스, 자원, 일정 등) 수립 IEEE Std. 1058, "Standard for Software Project Management Plans"
Software Quality Assurance Plan(SQA Plan; 소프트웨어 품질 보증 계획서)	산출물의 품질 보증 계획(QA 조직, 적용 표준, 검토 및 감사 계획, 시험 계획 등) 수립 IEEE Std. 730, "Standard for Software Quality Assurance Plans"
Software Configuration Management Plan (SCMP; 소프트웨어 형상 관리 계획서)	산출물의 형상 관리 계획(형상 관리 방안, 형상 관리 도구, 형상 관리 기술, 공급자 통제 방안, 기록 관리 방안 등) 수립 IEEE Std. 828, "Standard for Software Configuration Management Plans" IEEE Std. 1042 "IEEE Guide to Software Configuration Management"
Software Verification and Validation Plan (소프트웨어 확인 및 검증 계획서)	소프트웨어 확인 및 검증 계획(확인 및 검증 조직, 확인 및 검증 일정, 단계별 V&V 활동, V&V 보고 방안, V&V 수행 절차 등) 수립 IEEE Std. 1012, "Standard for Software Verification and Validation Plans"
Software Safety Plan (SSP; 소프트웨어 안전 계획서)	소프트웨어의 안전성 분석 방안(조직, 자원, 단계별 안전성 분석 방안 등) 수립 IEEE Std. 1228, "Standard for Software Safety Plans"
Software Development Plan (소프트웨어 개발 계획서)	소프트웨어 개발 방안(소프트웨어 생명 주기, 활동별 절차, 개발 방법론 및 도구, 주요 일정 및 Milestone 등) 수립 IEEE Std. 1074, "Standard for Developing Software Life Cycle Processes"
Software Integration Plan (소프트웨어 통합 계획서)	소프트웨어 통합 방안(조직, 절차, 조건 등) 수립
Software Installation Plan (소프트웨어 설치 계획서)	소프트웨어 설치 방안(조직, 설치 환경, 설치 패키지, 설치 절차 등) 수립
Software Maintenance Plan(소프트웨어 유지 보수 계획서)	소프트웨어 유지 보수 방안(오류 보고, 오류 수정, 재배포 절차 등) 수립 IEEE Std. 1219, "Standard for Software Maintenance"
Software Training Plan(소프트웨어 훈련 계획서)	소프트웨어 사용자 교육 방안 수립

이 중 소프트웨어 확인 및 검증 계획(SVVP)$^{Software\ Verification\ and\ Validation\ Plan}$은 소프트웨어 개발 시 수행해야 하는 확인 및 검증 활동을 정의한다. 소프트웨어 확인 및 검증은 개발 단계 전 주기에 걸쳐 수행되며, 해당 활동들은 모두 철저하게 문서화하여 관리되어야 한다. 소프트웨어 확인 및 검증의 주요 산출물은 [표 8-2]와 같다.

[표 8-2] 소프트웨어 확인 및 검증 활동의 주요 산출물

개발 단계	소프트웨어 확인 및 검증 산출물
개념/계획 단계	소프트웨어 확인 및 검증 계획서
	소프트웨어 시험 마스터플랜
요건 단계	요건 단계 소프트웨어 확인 및 검증 요약 보고서
	소프트웨어 시스템 시험 계획서

설계 단계	설계 단계 소프트웨어 확인 및 검증 요약 보고서
	소프트웨어 단위 시험 계획서
	소프트웨어 단위 시험 설계서
	소프트웨어 통합 시험 계획서
	소프트웨어 시스템 시험 설계서
구현 단계	구현 단계 소프트웨어 확인 및 검증 요약 보고서
	소프트웨어 단위 시험 절차서
	소프트웨어 단위 시험 보고서
	소프트웨어 통합 시험 설계서
시험/통합 단계	시험 단계 소프트웨어 확인 및 검증 요약 보고서
	소프트웨어 통합 시험 절차서
	소프트웨어 통합 시험 보고서
	소프트웨어 시스템 시험 절차서
	소프트웨어 시스템 시험 보고서
	최종 소프트웨어 확인 및 검증 요약 보고서

소프트웨어 확인 및 검증은 우선 개발 전 주기에 걸친 추적성 분석을 수행하고, 이에 대한 RTM(Requirement Traceability Matrix)을 관리해야 한다. 즉 개발이 진행되는 동안 소프트웨어 요구사항이 적절하게 설계, 구현, 시험되는지 종합적으로 추적하여 요구사항을 빠뜨리거나 의도하지 않은 기능이 들어가지 않도록 관리한다. 또한 소프트웨어 시험 활동은 시험 절차, 사례, 결과 등을 모두 문서화하고, 오류 발견 시 TER(Testing Error Report)을 발행해 체계적으로 해당 오류가 수정되도록 조치해야 한다.

각각의 개발 단계에서는 각 단계의 검증 활동을 종합한 확인 및 검증 요약 보고서를 작성하는데, 주요 내용은 다음과 같다.

- 수행된 V&V 활동 설명
- 수행된 V&V 결과 요약
- 발견된 문제점과 수정에 대한 요약
- 소프트웨어 품질에 대한 평가
- 권고 사항

모든 개발 활동이 완료된 이후에는 최종 확인 및 검증 보고서(Final V&V Report)를 작성하며 다음 내용을 기술한다.

- 개발 주기 동안의 V&V 활동 요약
- 개발 주기 동안의 V&V 결과 요약
- 발견된 문제점과 수정에 대한 요약
- 전체 소프트웨어 및 시스템의 품질에 대한 평가
- 개선을 위한 권고 사항
- 최종 소프트웨어 코드에 대한 인증

SECTION 8.2 소프트웨어 요구사항 및 설계 문서 검증

소프트웨어 요구사항 및 설계문서는 7.2절 및 7.3절에서 소개한 바와 같이 자연어 문서 형태인 경우가 많지만, 아주 중요한 로직의 경우 정형 명세를 포함하는 예도 있다. 그렇다면 개발 초기 문서 산출물을 어떻게 검증할 수 있을까?

차량 전자 시스템의 검증 표준인 ISO 26262에서는 요구사항 검증 방법을 [표 8-3]과 같이 권고하고 있다. ASIL은 Automotive Safety Integrity Level의 약자로 D등급으로 갈수록 더 높은 안전성을 요구한다. 그리고 각 기법의 권고 정도를 나타내는 기호는 다음과 같다.

- "++" The method is highly recommended for this ASIL.
- "+" The method is recommended for this ASIL.
- "o" The method has no recommendation for or against its usage for this ASIL.

[표 8-3] 소프트웨어 요구사항 기법

	Methods	ASIL			
		A	B	C	D
1a	Informal verification by walkthrough	++	+	0	0
1b	Informal verification by inspection	+	++	++	++
1c	Semi-formal verification	+	+	++	++
1d	Formal verification	0	+	+	+

Method 1c can be supported by executable models.

안전성이 매우 중요한 시스템(ASIL C~D)의 경우 앞의 권고 사항과 같이 정형 검증formal verification(1c~1d) 기법이 바람직하지만, 아직도 많은 사례에서 문서들은 워크스루walkthrough 또는 정형 검토inspection 기법을 사용하여 비정형적으로 검증한다. 그 이유는 정형 검증을 적용하기 위해서는 요구사항 명세나 설계 기술서가 실행 가능한 모델의 형태이거나 정형 명세 형태로 기술되어야 하는데, 이를 위한 노력과 자원이 충분하지 못한 경우가 많기 때문이다.

문서 검증에 널리 쓰이는 기법의 차이는 다음과 같다.

[표 8-4] 문서 검증 기법 비교

구분	피어 리뷰 (Peer Review)	정형 검토 ((Fagan) Inspection)	워크스루 (Walk Through)
개념	개발단계별 발생산출물 대상 동료 검토 기법	산출물 대상 결함 발견을 위한 공식 검토 기법	개발팀 내 결함 해결 방안 상호검토 기법
목적	명세서/계획의 적합성 평가	• 결함 발견 • 설계 내용 협의	• 결함 발견 • 해결 방안 검토
기법	• 개별 검토 • 검토 회의	이해관계자 산출물 검사	• 벤치마킹 • 집중검토 기법
추천 규모	3명 이상	3~6명	2~7명
참석자	경영자, 관리자, 개발자	문서화된 공식 참석 대상자	개발자
리더십	선임 관리자	훈련된 중재자	개발자 본인
산출물	기술검토보고서 적합성 평가보고	검사보고서 결함 목록	결함 해결 방안 검토서

예시 8-1 정형검토(페이건 인스팩션) Fagan Inspection

정형검토는 문서 검증 방법 중 가장 공식성이 높은 방법 중 하나로 문서 검증뿐 아니라 소스코드 검증 기법으로도 널리 쓰인다. 보통 Fagan inspection으로도 불리며 1976년에 IBM의 Michael Fagan이 개발했다.

정형검토는 다음과 같은 역할로 조직을 구성한다.

- **저자/설계자/코더**: 문서를 작성한 사람
- **리더** reader: 문서를 읽고 설명하는 사람
- **검토자** reviewers: 문서를 검토하고 수정 사항을 도출하는 사람
- **중재자** moderator: 정형검토를 원활하게 진행하기 위해 코치하는 사람

이와 같은 조직을 이용하여 다음과 같은 단계로 정형검토를 진행한다.

- **계획**: 검토 자료 준비, 조직 구성, 일정 및 공간 계획 수립
- **개괄**: 검토 대상에 대한 설명 및 역할 분담
- **준비**: 검토 대상 자료 및 보조 자료 리뷰를 통해 사전 검토 수행
- **인스팩션 미팅**: 미팅을 통해 실제 결함 발견
- **재작업**: 저자, 설계자, 프로그래머가 발견된 결함 수정
- **확인** follow-up: 중재자에 의해 발견된 모든 결함이 수정되었는지 확인

보통 정형검토만으로도 25~50% 정도의 오류를 줄일 수 있고, IBM에서는 82~93%의 오류를 정형검토로 찾아내는 등 소프트웨어 품질이 중요한 다양한 산업 분야에서 문서 및 코드 검토에 널리 사용되고 있다.

문서 산출물에 대해서는 이러한 방법으로 다음과 같은 속성을 검증한다.

- **추적성** traceability: 소프트웨어 요구사항을 추적하여 시스템 요구사항(개념 문서)을 밝혀내 의도하지 않은 기능이 포함되지 않았는지 확인하고, 시스템 요구사항을 추적해 이에 대응하는 소프트웨어 요구사항을 밝히고 누락된 기능이 없는지 확인한다. 상위 요구사항이 다음 단계 하위 요구사항 또는 설계 요소에 모두 반영되었는지 확인하는 것을 순방향 추적성이라 하고, 이 과정은 개발이 진행

되는 동안 상위 요구사항이 누락되지 않았다는 것을 검증한다. 하위 요구사항 또는 설계 요소가 모두 상위 요구사항으로부터 온 것인지 확인하는 것을 역방향 추적성이라 하고, 이 과정은 개발이 진행되는 동안 의도하지 않은 기능이 추가로 들어가지 않았다는 것을 검증한다.

- **정확성** correctness: 소프트웨어 요구사항이 시스템의 전제조건과 제약 범위 안에서 시스템 요구사항을 만족하고 표준, 참고문헌, 규칙, 정책, 물리적 법칙, 사업적인 규칙을 따르는지 검증한다.
- **일관성** consistency: 모든 용어와 개념이 일관성 있게 문서화되고, 기능적 상호작용과 가정이 일관적이며 소프트웨어 요구사항 사이의 내부적 일관성과 시스템 요구사항 사이의 외부적 일관성이 있음을 검증한다.
- **완전성** completeness: 다음 요소가 시스템의 전제조건과 제약사항 내에서 완전하게 기술되었는지 검증한다. ① 기능, ② 프로세스 정의 및 스케줄링, ③ 하드웨어, 소프트웨어, 사용자 인터페이스 설명, ④ 성능 평가 기준, ⑤ 중요한 형상 데이터, ⑥ 시스템, 장치, 소프트웨어 제어
- **정밀성** accuracy: 논리적, 계산적, 인터페이스의 정확도(예를 들면 반올림, 버림)가 시스템 환경에서 요구사항을 만족하는지 확인하고, 모형화된 물리적 현상이 시스템의 정밀성 요구사항과 물리적 법칙을 따르는지 확인한다.
- **가독성** readability: 문서가 사용자에게 읽기 쉽고 이해하기 쉬우며 모호하지 않고 두문자 약어, 기억술, 약어, 용어, 기호를 정의하고 있음을 검증한다.
- **시험 가능성** testability: 요구사항을 확인하는 수락 기준이 존재하는지 검증한다.

문서 검증 시 중요한 점은 모든 결과물이 증거와 함께 체계적으로 문서화되어야 한다는 것이다. 검증 문서 산출물은 실제 최종 시스템이 인허가 또는 인증을 받는 데 필수적이기 때문에 개발을 위한 설계문서와 동일하게 관리되어야 한다. 또한 문서 검증은 검증자의 사전 지식이나 가정들을 최대한 배제하고 작성된 설계문서 자체에 집중해야 한다. 7장에서 기술한 바와 같이 요구사항 명세서나 설계 명세서는 자연어로 쓰인 경우가 많으므로, 검증자가 작성자의 의도를 유추해서 검증하기보다는 명확한 표현으로 명세서를 수정해 그 문서를 읽는 다른 사람도 오인하지 않도록 하는 것이 중요하다.

또 문서 검증은 개발자가 작성한 명세서의 품질과 매우 밀접하게 연관된다. 예를 들어 7장의 [예시 7-3]에서 '[R-1] 마스터와 슬레이브 모듈이 정상 모드에서 점검신호 발생에 따라 메모리 진단을 실시하여 메모리 에러 여부를 점검해야 한다.'는 자연어 기술보다 7장 [예시 7-4]의 결정표 형태로 기술된 경우가 모든 조합을 표현하고 있기 때문에 일관성 및 완전성을 검증하기에 적합하다.

SECTION 8.3 소프트웨어 구현 검증

8.3.1 코드 기반 소프트웨어 정형 검증

정형 기법은 고신뢰도를 요구하는 시스템의 안전성을 높이기 위한 한 가지 방법으로 많은 연구 및 사례 적용을 통해 그 유용성을 인정받고 있다. 지금까지의 정형 기법에 관한 연구는 시스템의 행위나 특성을 엄밀히 기술하기 위한 정형 명세 언어에 대한 연구와 실제 시스템이 가져야 하는 안전성 속성safety property 등을 검증하기 위한 정형 검증 방법으로 크게 나눌 수 있다.

모델 체킹model checking은 정형 검증 방법의 하나로서 자동으로 수행 가능하다는 장점이 있지만, 이 방법의 특성상 상태 폭발state explosion 문제를 내포한다는 단점이 있다. 최근 상태 폭발 문제를 해결하기 위한 많은 연구가 수행되었고 모델 체킹 기법의 발전으로 인해 초기에 소규모 시스템에만 적용되었던 모델 체킹은 최근 대규모 시스템에도 그 적용 가능성을 인정받고 있으며 점차 적용 분야를 넓혀가고 있다. 최근 일련의 연구들에서 모델 체킹 방법의 대상이 정형 명세 언어에서 실제 구현에 사용되는 고수준 언어의 검증으로 점차 옮겨가고 있다. 그 이유는, ① 구현 과정 자체도 오류 가능성이 매우 큰 과정이고, ② 검증을 코드 자체에 수행함으로써 정형 기법의 비전문가인 개발자가 더 고품질의 소프트웨어를 생산할 수 있으며, ③ 코드 수준에서의 오류를 피드백feedback함으로써 직접적인 오류를 더욱 쉽게 찾을 수 있다. 추가로 ④ 지금 동작하고 있는 많은 시스템에 정형 명세된 요구사항이나 설계에 대한 문서가 존재하지 않으며, 극단적으로는 자연어 요구사항 및 설계문서 등이 존재하지 않는 예도 있다.

코드 모델 체킹과 같이 소스코드를 직접 대상으로 하는 정형 검증 기술은 비전문가도 정형 검증할 수 있도록 하고, 이미 동작 중인 소프트웨어도 검증할 수 있게 한다. 검증을 위한 정형 명세를 기술하는 것은 정형 기법의 비전문가인 개발자에게 쉽지 않은 일이다. 하지만 소스코드를 입력으로 직접 검증을 수행함으로써 개발자도 정형 검증 방법에 대한 충분한 이해 없이 더 양질의 소프트웨어를 생산할 수 있다. 또한 검증 결과가 코드 수준에서 피드백되기 때문에 통합 개발 환경에서의 디버거와 같이 오류 지점 등을 직접 찾는 방법으로 사용될 수 있다. 또 현재 동작하는 시스템은 정형 명세된 요구사항 및 설계문서가 존재하지 않는 경우가 많다. 이 같은 경우 검증을 위해서는 코드부터 역으로 모델을 추출하거나 자연어로 된 명세를 정형화하는 과정이 필요하다. 하지만 코드를 직접 검증하는 경우 이러한 과정이 필요 없어진다. 따라서 별다른 추가적인 노력 없이 검증을 수행할 수 있다. 하지만 코드 기반 모델 체킹 방법도 다음과 같은 사항을 고려해야 한다.

■ 추상화 문제

기존의 정형 명세 언어에 대한 모델 체킹에도 추상화abstraction 문제는 여전히 존재했다. 모델 체킹은 간단히 말하면 방법의 특성상 가능한 시스템의 모든 상태를 방문함으로써 특정 속성을 만족하는지 검사하는 방법이다. 따라서 시스템이 가진 상태들이 너무 많거나 혹은 무한대의 수를 가진 경우 모델 체킹 방법은 적용될 수 없다. 따라서 이 같은 경우 상태 공간을 되도록 작게 만들고 유한하게 만들기 위해 검증자가 수동으로 추상화를 수행했다.

이와 같은 문제는 코드를 검증할 때 더욱 결정적인 요소가 된다. 왜냐하면 우선 구현된 코드의 경우 사용되는 변수들이 많다. 예를 들어 몇몇 정수형 변수가 사용되더라도 시스템이 가질 수 있는 상태들은 모든 조합으로 단순히 계산했을 때 급격히 증가한다. 또한 코드에서는 동적인 데이터 구조를 사용함으로써 무한대의 상태 공간을 가진 경우도 빈번히 발생한다. 따라서 추상화는 코드를 모델 체킹하는 데 있어서 가장 중요하고 결정적인 문제가 된다. 그러므로 코드 기반 모델 체킹에서는 추상화 방법이 핵심적인 부분을 차지한다.

■ 코드와 모델 체킹 입력과의 대응^{mapping} 문제

코드 기반 모델 체킹 수행 시 코드는 연구에서 사용하는 모델 체커^{model checker}의 입력으로 변환된다. 모델 체커는 그 입력에 대해 검증하고자 하는 속성이 만족하면 참이라는 결과를, 만족하지 않으면 거짓이라는 결과와 반례^{counter example}를 출력한다. 여기서 반례는 검증하는 속성이 만족하지 않는 시스템의 수행 경로^{execution path}가 된다.

모델 체킹에서의 반례는 다시 해당 시스템을 디버깅^{debugging}하기 위한 중요 정보가 된다. 이때 모델 체커에서 반례를 입력언어 수준에서 출력하므로 사용자가 실제로 코드를 고치려면 출력된 반례를 코드 수준에서 이해해야 한다. 따라서 코드와 변환된 모델 체커 사이의 추적성^{traceability}이 유지되어야 한다. 같은 문제로 추상화 문제에서도 주어진 코드를 추상화하여 추상화된 코드가 생성된다면, 다시 이들 사이에도 추적성을 유지해야 최종 검증의 결과인 반례를 통해 코드를 수정하기가 용이해진다.

■ 자동화 문제

앞에서 언급한 바와 같이 모델 체킹은 자동화의 장점을 갖는다. 코드 기반 검증 방법 중에서도 특히 모델 체킹이 주목받는 것은 구현된 코드가 그 특성상 매우 크고 복잡하기 때문이다. 따라서 자동화된 검증 가능한 모델 체킹 방법이 코드 검증에 유리하다. 이와 같은 문제를 고려하여 프로그램 소스코드를 대상으로 하는 대표적인 모델 체커로는 Microsoft Slam[2], BLAST[3], CPAChecker[4] 등이 있다.

Slam 프로젝트는 Microsoft에서 C언어로 작성된 프로그램을 검증하기 위한 도구를 만드는 프로젝트로, 운영체제에서 치명적인 오류가 되는 디바이스 드라이버^{device driver}를 검증하기 위한 Static Driver Verifier(SDV) 도구로 Windows Driver Kit(WDK)에 포함되었다. Slam 프로젝트는 내부적으로 명제 요약 또는 추상화^{predicate abstraction} 기법을 사용하는데, 이 방법은 프로그램을 이진 명제로 재해석하여 추상화하는 기술이다.

---

[2] https://www.microsoft.com/en-us/research/project/slam/
[3] http://cseweb.ucsd.edu/~rjhala/blast.html
[4] https://cpachecker.sosy-lab.org/

[그림 8-2(a)]의 코드는 간단한 C언어 프로그램의 예제다. 이 프로그램은 1번 줄에서 보듯이 4개의 정수형 변수(x, y, z, w)를 가진다. 간단히 정수형 크기(4byte 기준 2^{32}) 4개 조합($2^{32} \times 2^{32} \times 2^{32} \times 2^{32}$)만큼의 상태 공간을 가진다고 할 수 있다.

```
1 : int x, y, z, w;
2 :
3 : void foo()
4 : {
5 :     do {
6 :         z=0;
7 :         x=y;
8 :         if(w) {
9 :             x++;
10:             z=1;
11:         }
12:     } while(x!=y);
13:     if(z) {
14:         assert(0);
15:     }
16: }
```

```
1 : decl b1 , b2;
2 : /* b1 stands for predicate (z ==0) and
3 : b2 stands for predicate (x==y ) */
4 :
5 : void foo ()
6 : begin
7 :     do
8 :             b1 := 1;
9 :             b2 := 1;
10:             if (*) then
11:                 b2 := choose (0, b2 );
12:                 b1 := 0;
13:             fi
14:     while (! b2 )
15:     if (! b1 ) then
16:         assert (0);
17:     fi
18: end
19:
20: bool choose (e1 , e2)
21: begin
22:     if ( e1 ) then
23:         return (1);
24:     elsif ( e2 ) then
25:         return (0);
26:     else
27:         return (0);
28:     fi
29: end
```

(a) C 프로그램 소스코드   (b) (b1: z=0)과 (b2: x=y)로 추상화한 코드

[그림 8-2] 프로그램 명제 추상화 예시

명제 요약은 주어진 특정 명제predicate를 기준으로 이 C 프로그램을 추상화시킨다. [그림 8-2(b)]는 b1:'z==0', b2:'x==y' 두 개의 명제로 프로그램을 추상화한 예시다. 예를 들어 C 프로그램의 6번째 줄에서 z=0의 문장은 주어진 명제 관점으로 해석했을 때 b1:'z==0'이라는 명제를 참의 값으로 만드는 구문이다. 따라서 추상화된 프로그램의 8번째 줄에서 b1 := 1과 같은 문장으로 변환된다. 그리고 x=y 문장(C 프로그램 7번째 줄)은 x==y 명제를 참으로 만들기 때문에 b2 := 1과 같이 변형된다. 이와 같은 과정을 통해 C언어 프로그램에 대한 이진 명제(예시에서는 b1과 b2)만 포함한 프로그램이 생성된다.

이와 같은 방법으로 프로그램을 특정 명제에 대한 변화로 해석하는 것을 명제 추상화라고 한다. 이같이 변환하면 처음에 매우 큰 상태 공간(예시에서는 $2^{32} \times 2^{32} \times 2^{32} \times 2^{32}$)을 가진 프로그램을 명제만 존재하는 아주 작은 상태 공간을 가진 프로그램으로 변환할 수 있다. 예시에서 사용된 명제는 b1:'z==0', b2:'x==y' 2개이고 명제는 참과 거짓 2개의 상태를 가지므로 $2^{32} \times 2^{32} \times 2^{32} \times 2^{32}$개 조합이 총 4개의 상태 조합으로 줄어들어 검증이 쉬워진다.

BLAST^{Berkeley Lazy Abstraction Software verification Tool}는 C언어를 입력받은 모델 체커로 명제 추상화를 개선한 기술을 사용한다. 앞에서 설명한 SLAM에서 보는 바와 같이 명제 추상화는 프로그램을 검증하는 데

효율적으로 사용될 수 있지만, 어떤 명제로 추상화하는지에 따라 검증의 효율이 영향을 받는다. BLAST에서는 추상화, 검증, 상세화하는 과정을 보다 체계화하여 자동으로 추상화에 필요한 명제를 추출할 수 있는 기술을 제공한다.

이와 같은 C언어 프로그램에 대한 모델 체커는 별도의 정형 명세 없이 대상 프로그램을 정형 검증할 수 있는 기능을 제공하지만, 여전히 상태 폭발 문제에서는 자유롭지 않으므로 소규모 중요 로직을 검증하는 데 사용하는 것이 효율적이다. 또한 원자력과 같이 사용하는 검증 및 분석 도구에 대한 품질을 보장해야 하는 분야에서 사용할 경우 도구 자체의 품질을 검증하는 Tool Qualification 과정이 필요하므로 이에 대해서도 고려해야 한다.

8.3.2 프로그램 정적 분석

정적 분석 static analysis 은 프로그램 미실행을 전제로 자동화 도구를 활용해 소스코드만으로 프로그램 특성을 분석한 후 보안 취약점, 실행 오류 등 발생 가능한 소스코드의 잠재적인 취약점과 결함을 찾아내는 방법이다. 정적 분석은 소프트웨어 개발 주기상 코딩을 완료하여 개발된 프로그램을 실행하면서 결함을 찾아내는 동적 테스트를 수행하기에 앞서, 상세 설계 및 코딩을 진행하면서 프로그램을 실행하지 않은 상태로 소스코드와 모델에서 결함을 찾아내는 방법이며 비교적 개발 초기의 결함을 찾아내 전체 개발 수명 주기의 효율을 높이고 개발 비용을 낮추는 데 도움을 준다. 정적 분석을 수행하는 도구는 이미 정의된 코딩 규칙이나 표준을 준수하는지 확인하는 용도로 컴포넌트 혹은 소프트웨어 모듈 및 컴포넌트 통합 구현 단계에서 주로 개발자에 의해 사용되고, 모델링하는 동안에는 설계자에 의해 사용된다. 또 소프트웨어 개발 완료 시점에는 개발 소프트웨어의 정해진 품질 목표에 대해 품질관리자 또는 테스터에 의해 개발된 소스코드의 품질 검증을 확인하는 차원에서 사용된다.

정적 분석의 가치는 동적 테스트에서 발견하기 힘든 결함을 조기에 찾아내고 개발된 소스코드에서 코딩 복잡도, 모델 의존성, 불일치성 등을 분석하며 보안 취약성이나 버퍼 오버플로 buffer overflow 및 메모리 릭 memory leak 과 같은 실행 오류를 찾아내 개발자에게 경고 메시지를 알려줌으로써 개발 소스코드에서 잠재적 결함을 사전에 조치할 수 있도록 한다. 소프트웨어 개발 주기에서 자동화 도구를 이용하는 정적 분석을 수행하므로 개발 효율성과 비용 절감을 유도할 수 있다.

정적 분석 도구는 기본적으로 분석하고자 하는 속성 또는 요건에 대해 이를 검사하는 도구의 형태로 개발된다. 즉 각각의 정적 분석 도구는 검출하고자 하는 오류 형태가 정해져 있으므로 해당 오류 형태를 대상 프로그램에서 모두 찾을 수 있지만, 정적 분석 기법을 적용한다고 해서 대상 프로그램에 다른 오류가 존재하지 않는다고는 보장할 수 없다. 또 정적 분석 도구가 오류를 찾아도 해당 오류가 실재하지 않는 오탐지 false alarm 인 경우도 있다. 정적 분석 도구에서 주로 검출하는 오류의 형태는 다음과 같다.

- **보안 취약점**: 버퍼 오버플로, 유효하지 않은 입력 등
- **메모리 오류**: 널 포인터 참조, 초기화되지 않은 데이터 등
- **자원 누출** leak: 메모리 또는 OS 자원 누출
- **API나 프레임워크 위반**: windows device driver, GUI framework와 같이 정해진 형태로 사용되

어야 하는 API 패턴 오류 검출
- **예외처리**: 수식, 라이브러리, 사용자 함수의 예외처리 오류
- **캡슐화**encapsulation **위반**: 내부 데이터 접근, private 함수 호출 등
- **경쟁 조건**: 같은 데이터를 두 개 이상의 스레드가 동기화 없이 접근

정적 분석에서 주로 사용되는 데이터 흐름 분석data flow analysis 기법을 살펴보면 다음과 같다. 대상 프로그램에서 각각의 변수가 0의 값을 가질 수 있는지 아닌지 분석하는 정적 분석을 가정하자. 이때 변수가 가질 수 있는 상태가 0인 경우(Z), 0이 아닌 경우(NZ), 0인지 아닌지 모르는 경우(MZ)로 표시한다.

[그림 8-3]의 Output1 예시는 왼쪽 while 루프가 1번만 실행되었을 때 소스코드 위치에서 각 변수의 상태를 표시한 것이다.

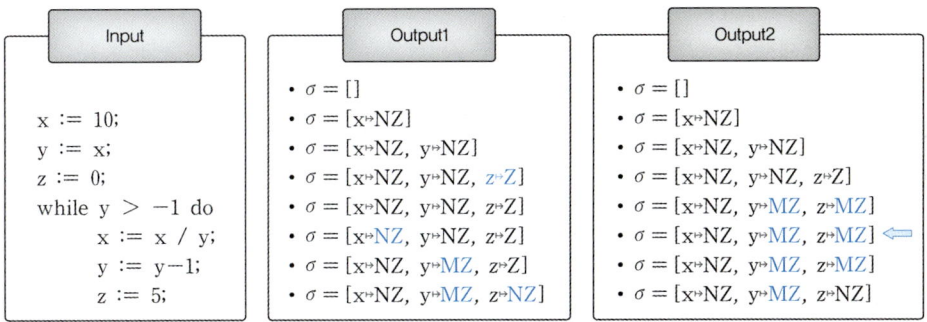

[그림 8-3] 데이터 흐름 기반 정적 분석 예시

예를 들어 입력 3째 줄의 'z:=0' 구문은 변수 z를 Z(0인 경우) 상태로 만들기 때문에 이전 상태 [x: NZ, y:NZ]에서 z 상태를 갱신해 [x: NZ, y:NZ, z:Z] 상태가 되었다. 이와 같이 루프가 1번 실행된 이후 2번째 반복되는 경우를 살펴보면 Output2와 같다. 이때 중요한 것은 'while y > -1 do' 위치가 위(z:=0) 구문에서 오는 경우와 끝(z:=5) 구문에서 오는 경우로 2가지이고, 이때 각각의 상태는 [x: NZ, y:NZ, z:Z]와 [x: NZ, y:MZ, z:NZ]이다. 이때 'while y > -1 do' 위치에서의 상태는 2가지 상태를 합쳐서 결정한다. 예를 들어 x는 두 상태 모두 NZ이므로 NZ가 되고, y는 NZ이거나 y는 MZ이므로 더 큰 의미의 MZ가 되며, z는 Z이거나 NZ이므로 MZ가 된다. 더는 각 위치의 상태가 변경되지 않을 때fixed point까지 이 과정을 반복해서 계산하면 각 위치에서 변수 x, y, z가 가질 수 있는 상태는 Output2와 같이 결정된다.

이와 같은 방법으로 데이터 흐름 분석이 완료되면 구문 'x:=x/y'에서 y 상태를 예측할 수 있다. 이 위치에서 y 상태는 MZ 즉 0일 가망성이 있으므로 해당 위치에서는 divide by zero 오류가 발생할 수 있다. 이와 같은 분석은 추상화 값(예시에서는 Z, NZ, MZ)이 lattice 형태(2개의 값 사이에 항상 상한값이 존재)면 분석이 종료되고 유효하다는 것이 증명되며, 정적 분석의 경우 이를 체계화한 요약 해석abstract interpretation 기법이 일반적으로 사용되고 있다.

이와 유사한 방법으로 각 변수를 값의 범위interval로 해석하면 [그림 8-4]와 같은 분석도 가능하다. 이 경우 각 변수의 값의 범위를 알 수 있으므로 array out of index 오류 발생 가능성을 검사할 수 있다.

```
void foo(int b) {
    int a=3;           { a:[3..3], b:[-∞..+∞] }
    if(b>0){           { a:[3..3], b:[1~+∞] }
        a++;           { a:[4..4], b:[1~+∞] }
    } else {           { a:[3..3], b:[-∞..0] }
        a--; }         { a:[2..2], b:[-∞..0] }
    return a;          { a:[2~4], b:[-∞..+∞] }
}
```

[그림 8-4] Interval 분석 예시

[그림 8-3], [그림 8-4]의 예시들과 같이 각 데이터 흐름 기반 정적 분석은 프로그램을 요약하는 방법을 미리 정해서 분석하므로 새로운 속성(예를 들면 포인터 오류)을 분석하려면 다른 형태의 분석기가 필요하다. 또 상태를 병합하는 과정에서 추상화 때문에 상태값이 부정확해지므로 오탐지$^{false\ alarm}$가 발생할 수 있다. [그림 8-4] 예시의 'return a' 구문에서 a가 가질 수 있는 값은 정확하게는 2나 4지만 이를 범위로 표현하면 [2...4]가 되고 가질 수 없는 3의 값도 이 범위에 포함된다.

정적 분석은 모델 체킹과 같은 정형 검증기보다 매우 빠르게 수행할 수 있고 분석 결과도 소스코드에 직관적으로 표시할 수 있으므로 안전-필수 소프트웨어 개발 시 널리 사용되고 있다. 따라서 국내외에서 다양한 상용 및 무료 도구들이 개발, 판매되고 있다. 대표적인 정적 분석 도구로는 MathWorks 사의 Polyspace, Grammatech 사의 CodeSonar, Synopsys 사의 Coverity, 스패로우(구 파수닷컴) 사의 Sparrow 등이 있다. 이들 도구는 주로 기능 오류나 속성을 검사하지만 최근에는 비기능적 속성을 검사하는 정적 분석 도구들도 개발되고 있으며, 대표적인 예로 최장수행시간(worst-case execution time)을 통해 프로그램의 성능을 분석하는 포멀웍스 사의 TimeBounder와 AbsInt 사의 aiT 등이 있다.

SECTION 8.4 소프트웨어 테스팅

8.4.1 소프트웨어 테스팅의 주요 개념

소프트웨어 테스팅은 소프트웨어 개발의 역사와 함께 가장 오래된 확인 및 검증 기술이다. 소프트웨어 테스팅은 개발된 개발 산출물, 즉 소프트웨어가 해야 하는 행위를 올바르게 수행하는지 확인하는 행위다. 그리고 확인해야 하는 항목은 다양한 시험 수준으로 정의할 수 있다.

소프트웨어 테스팅을 수행하는 절차는 간략히 다음과 같다. 우선 소프트웨어 테스팅을 위해 시험 계획을 수립한다. 그리고 시험하고자 하는 대상 항목(e.g. 대상 기능, 대상 모듈)을 도출한다. 이후 각 시험 항목을 확인하기 위한 시험 사례와 수행 절차를 수립하고 그 절차에 따라서 시험을 수행한다. 시험이 끝나면 그 결과가 원하는 바와 같이 되었는지 확인하고 오류가 있을 경우 오류를 보고하며 만족하면 다음 절차를 진행한다.

소프트웨어 테스팅은 일반적으로 다음과 같은 속성을 가진다.

■ 소프트웨어 테스팅은 완전하지 않다

앞서 소프트웨어 테스팅은 개발 산출물, 즉 소프트웨어가 해야 하는 행위를 올바르게 수행하는지 확인하는 행위라고 정의했다. 그렇다면 열심히 시험하면 소프트웨어가 올바르게 개발되었다고 할 수 있을까? 불행하게도 소프트웨어 테스팅으로는 결함이 없음을 증명할 수 없다. 대상 프로그램이 언제나 올바르게 동작한다고 증명하기 위해서는 가능한 모든 입력(내부 상태도 고려)에서 기대한 출력이 나오는지 확인해야 한다. 이렇게 모든 경우를 시험하는 것을 완전한 시험$^{\text{exhaustive testing}}$이라고 하는데 이는 이론적으로도 현실적으로도 불가능하다. 예를 들어 정수 A와 B를 입력받는 덧셈 프로그램을 생각해보자. 요즘의 64bit 컴퓨터에서 4byte 정수형^{integer}의 범위는 $-2,147,483,648 \sim 2,147,483,647$과 같다. 즉 $2^{32}=4,294,967,295$ 가지 수를 가진다. 따라서 이 프로그램은 2개의 입력 A와 B를 받으므로 모든 조합의 수는 $2^{64}=18,446,744,073,709,551,616$ 개의 경우가 존재한다. 이와 같은 모든 입력값 조합 A와 B를 모두 넣어보는 것은 현실적으로 불가능하다. 사실 누구나 이렇게 시험하는 것은 효과적이지 않다고 생각할 것이다. 이 예시에서는 입력이 2개지만 입력 변수가 조금만 늘어나도 경우는 기하급수로 늘어날 것이다.

소프트웨어 테스팅은 필연적으로 일부 입력에 대해서만 시험할 수밖에 없고 그 결과를 통해 대상 프로그램이 올바르게 구현되었는지 부분적으로 확인한다. 그렇다면 소프트웨어 테스팅은 왜 하는 것일까? 앞서 언급한 특성을 거꾸로 생각해보면, 몇몇 시험을 했는데 그 안에서 오류가 발견되었다면 그 오류는 프로그램에 존재하는 오류 중 하나다. 이 문장은 당연해 보이지만 소프트웨어 테스팅은 실제 프로그램을 구동해서 오류를 찾기 때문에 이러한 특성을 갖는다. 오류를 찾는 방법 중에는 정적 분석과 같이 분석과 예측을 이용하는 방법도 있는데, 이때는 분석기가 오류를 찾았다고 해도 반드시 프로그램에 실재하는 오류가 아닐 수도 있다.

그래서 소프트웨어 테스팅은 프로그램에서 오류를 찾는 과정으로 간단히 정의되기도 한다. 이와 같은 정의를 먼저 소개하지 않은 이유는 소프트웨어 테스팅의 효용성이 오류를 찾는 것에만 집중됨에 따라, 해야 하는 동작이 제대로 되는지 확인하는 과정에 소홀해지기 쉽기 때문이다. 정리하면, 소프트웨어 테스팅은 원하는 행위가 프로그램에 올바르게 구현되었는지 확인하는 과정에서 오류를 찾는 기술이다.

■ 개발자가 아닌 독립 시험자가 수행한다

소프트웨어 테스팅은 일반적으로 개발자가 아닌 제3자가 수행하는 것이 효과적이다. 개발자는 자신이 개발한 프로그램에 대해 자신도 모르게 많은 선입견을 갖고 있다. 실제 업무에서는 개발자들이 잘 되는 기능을 여러 번 시험해본 후 잘되고 있다고 스스로 오해하는 경우를 종종(사실상 자주) 보게 된다. 이는 개발자가 프로그램을 어떻게 조작해야 잘 수행되는지 알고 있고 자신이 의도하지 않은 방법으로는 프로그램을 잘 동작시켜보지 않는 습성이 있기 때문이다. 조금 더 과장되게 얘기한다면, 개발자는 수없이 많은 밤을 지새워 개발한 프로그램이 잘못되는 것을 보고 싶지 않은 것이다.

따라서 IEEE Std. 1012와 같은 소프트웨어 확인 및 검증 기술표준에서도 개발자가 아닌 독립 시험자가 시험을 수행하는 것을 권고하고 있다. 물론 시험자의 노하우도 존재하지만, 그래야 개발자가 생각하지 못한 경우를 시험하고 오류를 찾을 가망성이 높다.

■ 시험자는 근거에 따라서 성공/실패를 결정한다

어떤 시험입력에 대한 출력이 기대한 출력인지 비교하여 해당 시험 사례가 성공인지 실패인지 확인한다. 제3자가 시험을 수행할 때를 포함해 개발자가 시험할 때도 시험의 성공/실패를 판단하는 데 명확한 근거가 있어야 한다. 이는 기대 출력을 결정하는 과정에서 시험자의 추측이나 경험이 최소화되어야 한다는 의미다. 특히 안전필수 소프트웨어처럼 단계별 개발 산출물이 존재할 때는 기대 출력을 항상 소프트웨어 요구사항이나 설계 명세서에서 기술한 바를 근거로 도출해야 한다. 만일 설계문서가 시험의 성공/실패를 판단하기에 불충분하다면 문서들을 상세화하고 구체화하기 위해 노력해야 한다.

안전필수 소프트웨어의 경우 소프트웨어 테스팅 과정도 체계적으로 문서화하여 테스팅 결과 및 수준을 평가할 수 있어야 한다. 테스팅 문서는 내부적인 결과 확인을 위해 사용할 수도 있지만, 안전필수 소프트웨어가 인증이나 인허가를 받아야 하는 경우 특히 더 중요하다. [그림 8-5]는 소프트웨어 테스트 문서화에 관련 기술 표준인 IEEE Std. 829 Standard for Software and System Test Documentation에서 설명하는 테스팅 문서화 흐름이다.

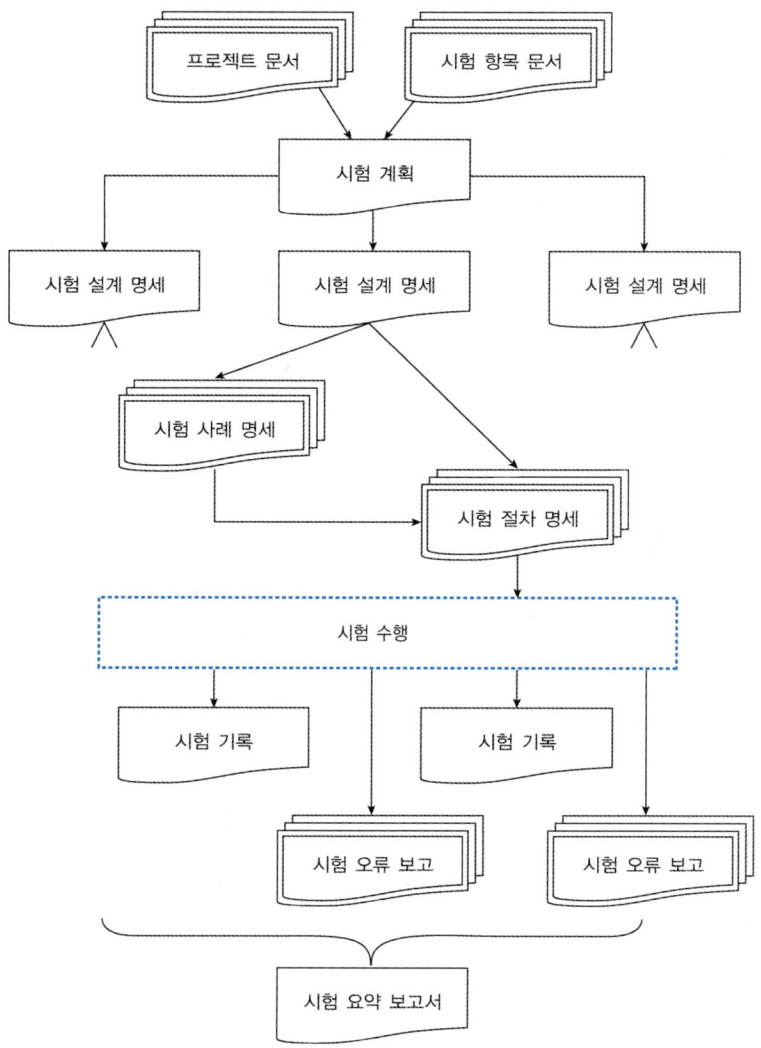

[그림 8-5] 소프트웨어 테스트 문서화 흐름

테스트 문서화 흐름에서 보듯이 소프트웨어 테스트는 테스트의 관리 방안과 테스트할 대상을 도출하고, 테스팅에 필요한 활동 및 R&R을 기술하는 시험 계획 문서로 시작한다. 시험 계획서는 다음과 같은 내용을 포함한다.

- 시험 개요
- 시험 항목
- 시험하는 사양
- 시험하지 않는 사양
- 시험 방법
- 성공/실패 기준
- 시험 중지 및 재개 요건
- 시험 산출물
- 시험 업무
- 시험 환경
- 시험 책임
- 시험자 자격
- 일정
- 위험 및 비상조치
- 시험 승인

시험 계획이 수립되면 시험 방안을 구체화하고 시험할 사양을 도출하는 시험 설계 과정을 수행한다. 시험 설계 과정에서는 시험하고자 하는 사양 또는 기능을 위한 시험 사례를 정의한다. 각 시험 사례는 다음과 같은 항목을 고려한다.

- 시험 사례 번호
- 시험 항목
- 시험 입력
- 시험 출력
- 시험 환경
- 특별한 시험 절차 요구사항
- 시험 사례 간 의존성

이후 각 시험 사례를 테스트하기 위한 절차를 수립한다. 테스트 절차는 다음과 같은 항목을 고려한다.

- 시험 절차 번호
- 시험 목적
- 특수 요구사항
- 상세 시험 절차

시험 사례와 절차가 수립되면 테스팅을 수행$^{\text{test execution}}$하고, 이때 발생하는 기록은 테스트 로그$^{\text{test log}}$로 남긴다. 테스팅 수행 과정에서 오류가 발견되거나 조사가 필요한 경우에는 시험 사고 보고$^{\text{test incident report}}$를 발행하며, 시험이 종료되면 시험 요약 보고서를 작성한다.

8.4.2 시험 수준

소프트웨어 테스팅은 여러 수준으로 수행하는 것이 일반적이다. [표 8-5]는 다양한 소프트웨어 시험 수준$^{\text{test levels}}$을 보여준다. 제일 작은 프로그램 구성 단위에 대한 시험을 '단위 테스트'라고 하는데, C언어로 비유하면 함수 각각에 대한 시험이 이에 해당한다. 그 다음으로 단위들이 합쳐진 모듈이나 컴포넌트에 대한 시험을 '통합 테스트'라고 한다. 통합 테스트의 경우 소프트웨어-소프트웨어 통합이나 소프트웨어-하드웨어 통합을 모두 의미하기도 한다. 또 모든 단위를 한꺼번에 통합해 시험$^{\text{big bang integration testing}}$하기도 하며 단계별로 통합하면서 시험하기도 한다. 모든 통합이 끝나고 실제 수행 환경과 동일하게 완성되면 '시스템 테스트'를 수행한다. 그 다음 완성된 프로그램이 고객이나 발주자에게 전달되면 사용자 환경에서 '인수 테스트'를 통해 모든 요구사항이 만족하는지 최종적으로 확인한다.

[표 8-5] 시험 수준의 예

테스트 수준	목적	수행 환경
단위 테스트	단위 모듈 내의 결함 발견	개발 환경
통합 테스트	단위 모듈 간의 인터페이스에서 결함 발견	개발 또는 테스트 환경
시스템 테스트	대상 프로그램의 전체적인 (비)기능 시험 확인	사용자 환경과 유사 환경
인수 테스트	고객 요구사항과의 일치성 확인	사용자 환경

다양한 시험 수준이 존재하며 여러 번 다른 형태의 시험을 수행하는 이유는, 앞서 말한 바와 같이 소프트웨어 테스팅이 완전하지 않으므로 같은 종류의 시험을 계속 반복할 경우 특정 형태의 오류를 계속해서 놓칠 수 있는 가망성이 높기 때문이다. 따라서 형태와 기법이 다른 다양한 테스팅을 수행하면 혹시

라도 있을 수 있는 프로그램 오류를 최소화할 수 있다. 앞서 기술한 바와 같이 최대한 효과적인 방법으로 테스트를 수행하려면 테스트 커버리지 개념을 사용해서 얼마나 충분히 시험했는지 정량적으로 측정할 필요가 있다. 원자력 분야의 규제지침 U.S. NRC R.G. 1.171에서는 안전필수 시스템에 대한 테스트 커버리지에 대해 다음과 같이 기술하고 있다.

"안전 시스템 소프트웨어에 대한 단위 테스팅에서 특히 중요한 테스트 커버리지 두 종류는 요구사항 커버리지와 코드 내부 구조의 커버리지다. 안전 시스템 소프트웨어에 대해 단위 테스트 커버리지 기준은 명시되고 정당화되어야 한다."

이와 같은 기준에서 보는 바와 같이 소프트웨어 테스트는 테스트의 충분성을 측정하기 위한 커버리지 기준과 테스팅을 종료하기 위한 종료 조건이 수립되어야 한다. 다음은 소프트웨어 테스트 수준별 테스트 커버리지 예이다.

[표 8-6] 소프트웨어 시험 수준별 커버리지 예

테스팅 종류	테스팅 목적 (Testing Objectives)	테스팅 범위	테스팅 방법	테스팅 품질 측정 (Test Coverage)
단위 시험 (Software Unit Test)	소프트웨어 구성 단위가 의도한 대로 올바르게 동작하는지 시험	함수	프로그램상의 function 각각에 대해 White-box 시험 수행	구문(Statement), 분기(Branch(Decision)), MCDC 커버리지
통합 시험 (Software Integration Test)	소프트웨어 구성 단위의 부분 통합들이 의도한 대로 올바르게 동작하는지 시험	함수 집합	Bottom-up 방식으로 함수들 통합. 각 통합 부분에 대해 함수 호출을 이용한 상호작용이 정확한지 White-box 시험 수행	Call Graph, Function Coverage
시스템 시험 (Software System Test)	전체 소프트웨어 모듈이 의도한 대로 올바르게 동작하는지 시험	전체 프로그램	소프트웨어 요구사항을 검사할 수 있도록 세분화하고, 전체 모듈 소프트웨어에 대해 Black-box 시험 수행	요구사항 커버리지 (Requirement Coverage)

[표 8-6]과 같이 시험 수준을 시험 대상 기준으로 나눌 수도 있고, 소프트웨어의 테스트 목적에 따라 다양한 테스트 수준으로 나눌 수도 있다. Guide to the Systems Engineering Body of Knowledge (SEBoK)[5]에서 정리한 시험 목적에 따른 시험 종류는 다음과 같다.

- 인수acceptance/자격qualification 시험: 인수 시험은 고객의 요구사항에 시스템이 부합하는지 검사
- 설치installation 시험: 보통 인수 시험이 완료된 후 수행되며 대상 환경으로의 설치에 대한 검증 수행
- 알파alpha/베타beta 시험: 소프트웨어를 배포하기 전에 소규모의 잠재적 사용자 대표 집단에 시험적으로 사용하게 하는 것으로, 해당 사용자가 개발사 내부면 알파, 외부면 베타 시험으로 수행
- 부합Conformance/기능Functional/정확성Correctness 시험: 소프트웨어가 자신의 명세에 맞게 동작하는지 검증하기 위해 수행
- 회귀regression 시험: 수정이 의도하지 않은 영향을 미치는지 검증하기 위한 시스템 또는 컴포넌트의 선택적 재시험 수행
- 성능performance 시험: 용량 및 반응 시간 등의 성능 요구사항에 부합하는지 검증 수행

---

[5] https://www.sebokwiki.org/wiki/Guide_to_the_Systems_Engineering_Body_of_Knowledge_(SEBoK)

- **스트레스**stress **시험**: 소프트웨어를 설계 부하의 최고치 또는 그 이상에서 수행했을 때 소프트웨어가 동작을 유지하는지 확인
- **Back-to-back 시험**: 단일 시험 집합을 단일 소프트웨어 제품의 두 버전에 수행하여 결과 비교
- **복구**recovery **시험**: 재해disaster 이후의 소프트웨어 재시작 능력에 대한 검증 수행
- **형상**configuration **시험**: 소프트웨어가 다양한 사용자를 위해 만들어졌을 경우, 다양한 특정 형상에서의 소프트웨어 수행 능력 분석
- **사용성**usability **시험**: 소프트웨어 및 해당 문서에 대해 최종 사용자의 사용 편의성 평가

또 소프트웨어 테스트는 시험 설계 기법에 따라 구분하기도 하는데 대표적으로 명세기반 테스트, 구조기반 테스트, 경험기반 테스트가 있다.

8.4.3 명세기반 테스트(블랙박스 테스트)

명세기반 테스트는 요구사항 또는 설계 명세에 바탕을 두고 시험 사례를 도출하는 기법으로 코드 내부에 대한 이해가 없어도 수행 가능한 시험 기법이다. 이와 같은 시험을 일반적으로 블랙박스 테스트라고 한다. 이를 간단히 도식화하면 대상 프로그램은 [그림 8-6]과 같이 N개의 입력을 받아 어떤 알고리즘을 수행함으로써 M개의 출력을 결정하는 형태이며 내부에 대한 정보는 알 수 없는 경우 수행하는 시험 형태이다.

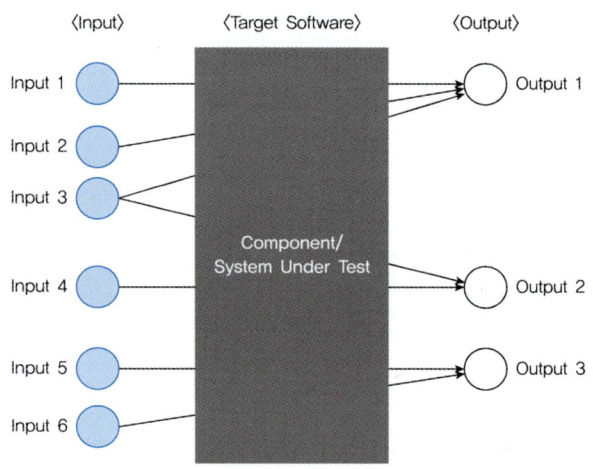

[그림 8-6] 블랙박스 테스팅 개념

블랙박스 테스트의 시험 사례는 외부 인터페이스external interface인 입력과 출력 관계로 기술된다. 블랙박스 테스트의 경우 대상 프로그램의 내부 정보를 활용하지 않으므로 시험 사례는 주로 명세에 기반을 두고 작성한다. 앞서 언급한 바와 같이 [그림 8-6]에서 완전한 시험exhaustive testing이 되기 위해서는 Input 1~6까지의 모든 가능한 입력이 조합되어야 하나, 이는 현실적으로 불가능하므로 다양한 기법이 활용되고 있다.

우선 등가/동등 분할equivalence partitioning 기법은 입력에 대해 같은 의미의 출력을 갖는 입력을 하나의 그룹(클래스)으로 고려하여 가능한 입력의 조합을 줄이는 기법이다. 즉 소프트웨어/시스템에서 특정 범위의 입력값에 의해 결괏값이 동일한 경우 해당 범위의 입력값 범위를 하나의 그룹으로 간주하고, 같은 범위 내의 입력값은 내부적으로 같은 방식으로 처리된다고 가정할 수 있다. 이처럼 도출된 동등한 그룹에 대해서는 중복을 최소화하여 시험 사례를 생성하는 기법이다.

[그림 8-7]은 동등 분할의 예다. 이 동등 분할에서는 입력(IN)에 대해 출력(LO, HI, HI-HI) 간의 관계를 통해 그룹을 생성했는데, 예를 들어 IN이 0과 10 사이면 {LO=1, HI=0, HI-HI=0}이 출력되므로

그 범위의 입력은 모두 같은 종류의 입력이라고 생각할 수 있다. 즉 실수 범위의 무한한 입력을 6개의 입력 그룹으로 생각하여 대표적인 입력값들(-10, 5, 20, …)로 시험하는 방법이다. 이와 같은 과정을 통해 무한한 개수의 입력이 시험 가능한 유한한 개수의 입력으로 표현될 수 있다.

Domain Partition (Variable: IN)		Output		
Category / Class	조건	LO	HI	HI-HI
Class A (Invalid Input)	IN < 0			
Class B	0 <= IN <= 10	1	0	0
Class C	10 < IN < 30	0	0	0
Class D	30 <= IN < 34	0	1	0
Class E	34 <= IN <= 50	0	1	1
Class F (Invalid Input)	IN > 50			

[그림 8-7] 동등 분할의 예

이같이 동등 분할을 통해 도출된 클래스 범위에서 대표적인 입력값을 선택할 때도 선택하는 방법이 중요하다. 일반적으로 오류가 경계값에서 발생하는 경우가 많으므로 되도록 결함 방지를 위해 경계값을 포함하여 시험하는 것이 중요하다. 이와 같은 기법을 경계값 분석 boundary value analysis이라고 한다. 보통 동등 분할과 경계값 분석은 함께 적용되는 경우가 많으므로 별도로 구분하지 않기도 한다. [그림 8-8]은 [그림 8-7]의 동등 분할 예에서 경계값 분석 결과를 추가 입력한 사례다.

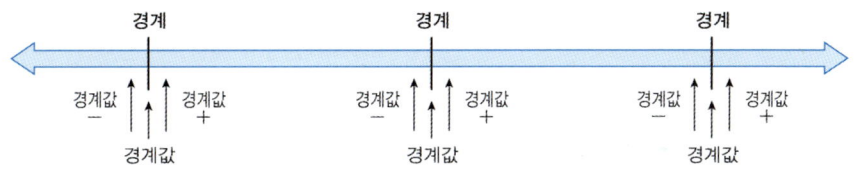

Boundary Value Analysis		Class A	Class B			Class C			Class D			Class E				Class F
		Invalid A	경계값+	경계값	경계값-	경계값+	경계값	경계값-	경계값+	경계값	경계값-	경계값	경계값+	경계값	경계값	Invalid B
Test Case #		T1	T2	T3	T4	T5	T6	T7	T8	T9	T10	T11	T12	T13	T13	T14
INPUT	IN	-0.5	0	0.5	9.5	10	10.5	29.5	30	30.5	33.5	34	34.5	49.5	50	50.5
OUTPUT	LO	?	1	1	1	0	0	0	0	0	0	0	0	0	0	?
	HI	?	0	0	0	0	0	0	1	1	1	1	1	1	1	?
	HI-HI	?	0	0	0	0	0	0	0	0	0	1	1	1	1	?

[그림 8-8] 경계값 분석의 예

동등 분할 및 경계값 분석이 1개의 입력에 대해 같은 의미의 그룹으로 단순화할 수 있더라도 대부분의 소프트웨어는 [그림 8-6]과 같이 여러 개의 입력(Input 1~6)이 함께 조합되어 출력을 결정한다. 이때 입력의 개수가 많아지면 모든 동등 클래스의 조합도 기하급수적으로 늘어나므로 실제로 시험이 불가능한 경우가 발생한다. 예를 들어 만일 Input 1~6개의 입력이 [그림 8-8]과 같은 형태의 입력값들이라면 15개의 가능한 입력이 선택되므로 총 조합의 개수는 15^6=11,390,625개이다.

이처럼 입력이 여럿일 때 이를 효율적으로 조합하는 방법으로 Pairwise 테스팅 기법을 사용한다. Pairwise 테스팅 기법은 각 2개의 입력 쌍들 사이에서만 모든 조합을 취하는 방법이다. 예를 들어 [그림 8-9]과 같이 입력(강도: {강, 약}, 색깔: {흑, 백}, 비용: {고, 저}) 조합이 있다고 가정하면, 모든 조합은 8개의 시험 사례가 필요하지만 Pairwise 기법에서는 4개의 시험 사례가 필요하다.

강도(강/약)	색깔(흑/백)	비용(고/저)
강	흑	고
강	흑	저
강	백	고
강	백	저
약	흑	고
약	흑	저
약	백	고
약	백	저

〈All combination〉

강도(강/약)	색깔(흑/백)	비용(고/저)
강	흑	고
강	백	저
약	흑	저
약	백	고

〈Pairwise Combination〉

[그림 8-9] Pairwise 테스팅

Pairwise 기법을 통해 도출된 4개의 시험 사례에는 3개 입력의 모든 조합이 존재하지는 않지만 강도와 색깔, 색깔과 비용, 비용과 강도 간에는 모든 조합이 존재함을 알 수 있다.

[그림 8-10]은 입력 변수 A, B, C를 동등 분할한 후 조합에 따라서 필요한 시험 사례를 비교한 것이다. 우선 각 변수에서 독립적으로 각 클래스가 한 번 이상씩만 사용되는 경우each used에는 최소 3개의 시험입력으로 가능하다. 입력 변수를 모두 조합하면 12개의 시험 사례all combination가 필요하나, Pairwise 기법을 적용하면 최소 6개의 시험 조합으로 시험을 수행할 수 있다.

Each used

각 변수의 대표값(클래스의 특정 값)이 한 번씩만 나오면 만족

시험 사례	A	B	C
TC1	−0.5	T	T
TC2	0	F	F
TC3	0.5	T	T

Pairwise

각 변수 2개의 쌍에 대하여 모든 조합이 시험되면 만족
(학계에서 권장하는 수준)

시험 사례	A	B	C
TC1	−0.5	T	F
TC2	−0.5	F	T
TC3	0	T	T
TC4	0	F	F
TC5	0.5	T	F
TC6	0.5	F	T

All combination

모든 값 조합에 대하여 시험

시험 사례	A	B	C
TC1	−0.5	T	T
TC2	−0.5	T	F
TC3	−0.5	F	T
TC4	−0.5	F	F
TC5	0	T	T
TC6	0	T	F
TC7	0	F	T
TC8	0	F	F
TC9	0.5	T	T
TC10	0.5	T	F
TC11	0.5	F	T
TC12	0.5	F	F

3개의 시험사례 필요

6개의 시험사례 필요

12개의 시험사례 필요

시험 입력	입력 종류	대표값(클래스의 특정 값)		
A	Analog	−0.5	0	0.5
B	Digital	T	F	
C	Digital	T	F	

[그림 8-10] 시험 조합에 따른 시험 사례 비교

8.4.4 구조 기반 테스트(화이트박스 테스트)

소프트웨어 테스트 시 프로그램의 내부 구조(소스코드)를 참조하면 프로그램의 행위를 더 상세히 관찰할 수 있다. 이처럼 테스트 과정에서 프로그램의 내부 구조를 참조하여 시험 사례를 생성하고 내부 상태를 모니터링하여 성공 실패를 판단하는 기법을 구조적 시험structural testing 또는 코드 기반 시험code-based testing이라고 한다. 구조적 시험에는 크게 제어 흐름 시험control flow testing과 자료 흐름 시험data flow testing이 있다.

제어 흐름 테스트는 프로그램 코드상의 수행 경로execution path를 정의하고, 그 경로를 지나는 시험 사례를 개발해 시험을 수행한다. 제어 흐름 테스트 수행 시에는 다음과 같은 코드 커버리지를 적용할 수 있다.

- **구문 커버리지**Statement coverage: 테스트로 실행된 구문statement이 몇 %인지 측정
- **결정 커버리지**Decision coverage, Branch coverage: 테스트로 실행된 결정 포인트 내의 전체 조건식이 최소한 참 한 번, 거짓 한 번의 값을 갖는지 측정
- **조건 커버리지**Condition coverage: 전체 조건식의 결과와 관계없이 개별 조건식이 참 한 번, 거짓 한 번을 모두 갖도록 개별 조건식 조합
- **조건/결정 커버리지**Condition/Decision coverage: 전체 조건식의 결과가 참 한 번, 거짓 한 번을 갖도록 개별 조건식을 조합하는데 이때 개별 조건식도 참 한 번, 거짓 한 번을 모두 갖도록 조합
- **변경 조건/결정 커버리지**Modified Condition/Decision coverage: 조건/결정 커버리지를 향상시키는 커버리지로, 조건/결정 커버리지를 만족하면서 각각 개별 조건식의 값이 바뀌었을 때 전체 조건의 결과가 달라지도록 조합. 즉 개별 조건식이 다른 개별 조건식에 무관하게 전체 조건식의 결과에 독립적으로 영향을 주도록 함
- **다중 조건 커버리지**Multiple condition coverage: 모든 개별 조건식의 모든 가능한 논리적인 조합을 고려

제어 흐름 테스트를 수행하기 위해서는 우선 프로그램의 제어 구조를 제어 흐름 그래프control flow graph로 나타낸다. 제어 흐름 그래프는 프로그램 블록과 분기로 구성되며 일반적인 제어 흐름은 [그림 8-11]과 같이 표현된다.

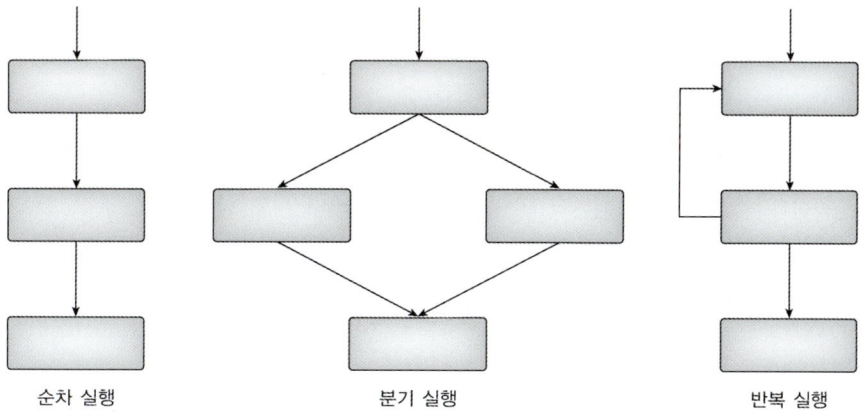

[그림 8-11] 제어 흐름 그래프

각각의 코드 커버리지를 이해하기 위해 [그림 8-12]와 같은 예시를 생각해보자.[6] 구문 커버리지Statement coverage는 프로그램 내 모든 구문statement을 수행하는지 측정한다. [그림 8-13]의 예시에서는 Line 1-2-3-4-5-6의 경로를 수행하면 프로그램의 모든 구문을 수행할 수 있다. 따라서 이 경로를 지나기 위한 시험 사례로 {x=2, y=0, z=4}인 경우를 수행하면 구문 커버리지를 만족할 수 있다.

```
1:  if (x)1) and (y=0)
2:    then z:=z/x;
3:  endif;
4:  if (z=2) or (y)1)
5:    then z:=z+1;
6:  endif;
```

[그림 8-12] 소스코드 예시

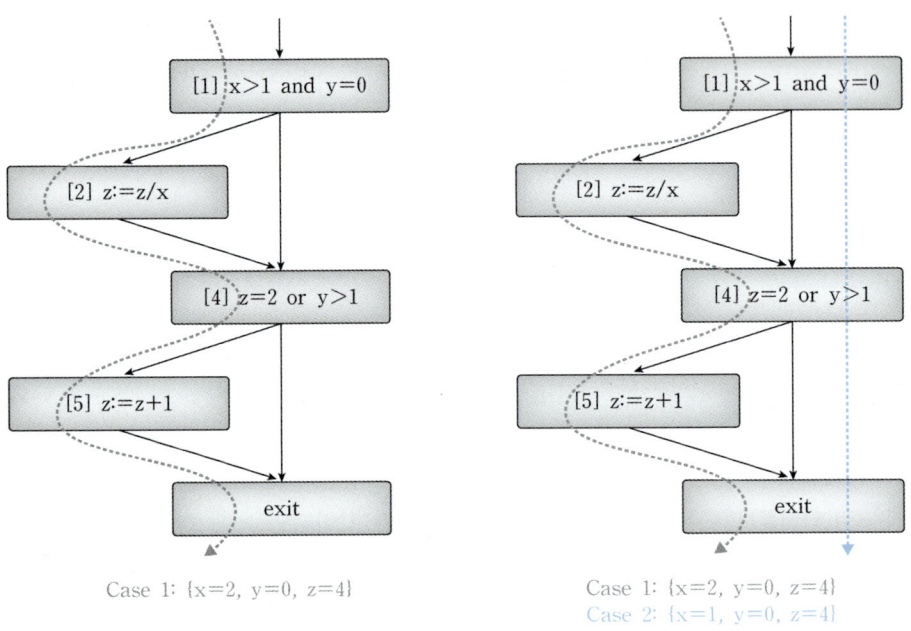

[그림 8-13] 구문 커버리지 예시   [그림 8-14] 분기 커버리지 예시

분기 커버리지Branch Coverage는 테스트로 실행된 결정 포인트 내의 전체 조건식이 최소한 참 한 번, 거짓 한 번의 값을 갖는지 측정하는 방법이다. 즉 if 구문에 대해 true인 경우와 false인 경우가 한 번씩은 모두 포함되어야 한다. [그림 8-13]의 예시에서는 모든 구문이 수행되었지만 if 조건문들에 대해 false인 경우가 모두 수행되지 않았다. [그림 8-14]와 같이 [그림 8-13]의 시험 사례에 {x=1, y=0, z=4}인 경우를 추가하면 각 조건문이 true인 경우와 false인 경우를 모두 포함할 수 있다.

조건 커버리지Condition coverage는 전체 조건식의 결과와 관계없이 개별 조건식이 참 한 번, 거짓 한 번을 모두 갖도록 개별 조건식을 조합하는 방법이다. 즉 [그림 8-12]의 예시에서 x>1, y=0, z=2, y>1의 조건식 각각이 true와 false가 한 번씩 되도록 수행한다. 이를 위해서는 2개의 시험 사례 {x=2, y=2, z=2}와 {x=1, y=0, z=4}인 경우가 필요하다. [그림 8-15]와 같이 조건 커버리지를 만족할 때도 분기 커버리지는 만족하지 않을 수 있다.

---

[6] 출처: 슈어소프트테크, 『코드 분석 기술을 활용한 화이트박스 테스팅』

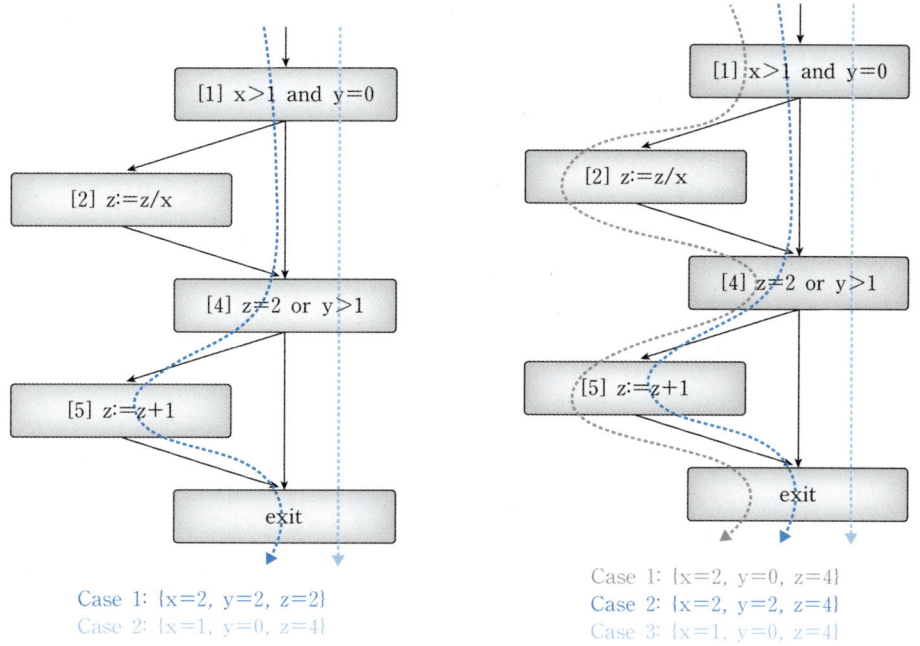

[그림 8-15] 조건 커버리지 예시

[그림 8-16] 변경 조건/결정 커버리지 예시

조건/결정 커버리지^{Condition/Decision coverage}는 전체 조건식의 결과가 참 한 번, 거짓 한 번을 갖도록 개별 조건식을 조합하는데 이때 개별 조건식도 참 한 번, 거짓 한 번을 모두 갖도록 개별 조건식을 조합하는 방법이다. 여기서 or 같은 경우 개별 조건이 전체 조건에 영향을 미치지 않는 예도 있으므로, 개별 조건식이 다른 개별 조건식과 무관하게 전체 조건식의 결과에 독립적으로 영향을 주도록 하는 변경 조건/결정 커버리지^{Modified Condition/Decision coverage}를 주로 사용한다.

테스트 커버리지 간에도 그 정도에 따라 포함관계^{Subsume Relation}가 존재하는데, 이는 상위 커버리지가 100% 만족했을 때 하위 커버리지는 100%임이 보장되는 관계를 체계화한 것이다. 앞에서 소개한 제어 흐름 테스트의 코드 커버리지 간 관계를 나타내면 [그림 8-17]과 같다.

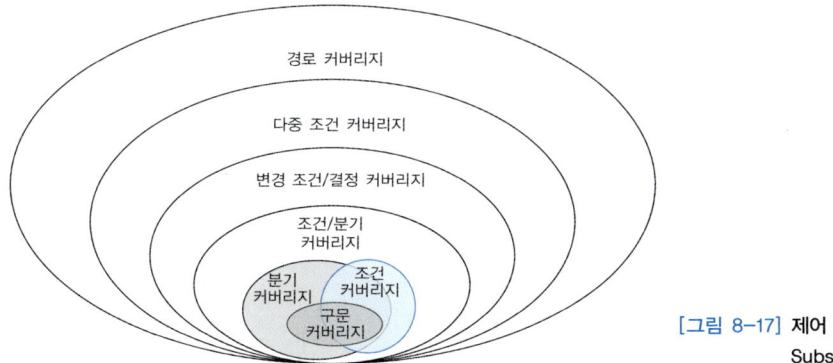

[그림 8-17] 제어 흐름 테스트 커버리지 간의 Subsume Relation

제어 흐름 테스트와 함께 프로그램의 데이터 흐름에 기반한 데이터 흐름 테스트 기법도 코드 기반 테스팅에 사용된다. 이 기법에서는 변수의 정의(d)^{defined}, 소멸(k)^{killed}, 사용(u)^{used} 관계에 따라 시험 사례를 정의하며 이 중 사용에 대해서는 사용되는 형태에 따라 c-use(변수 v의 값이 주어진 위치의 계산식에서 사용)$^{computation\ use}$와 p-use(변수 v의 값이 주어진 위치의 조건식에서 사용)$^{predicate\ use}$로 구분한다. [그림 8-12]의 예시 코드에 있는 각각의 위치에서 변수의 정의, 사용을 정리하면 [그림 8-18]과 같다.

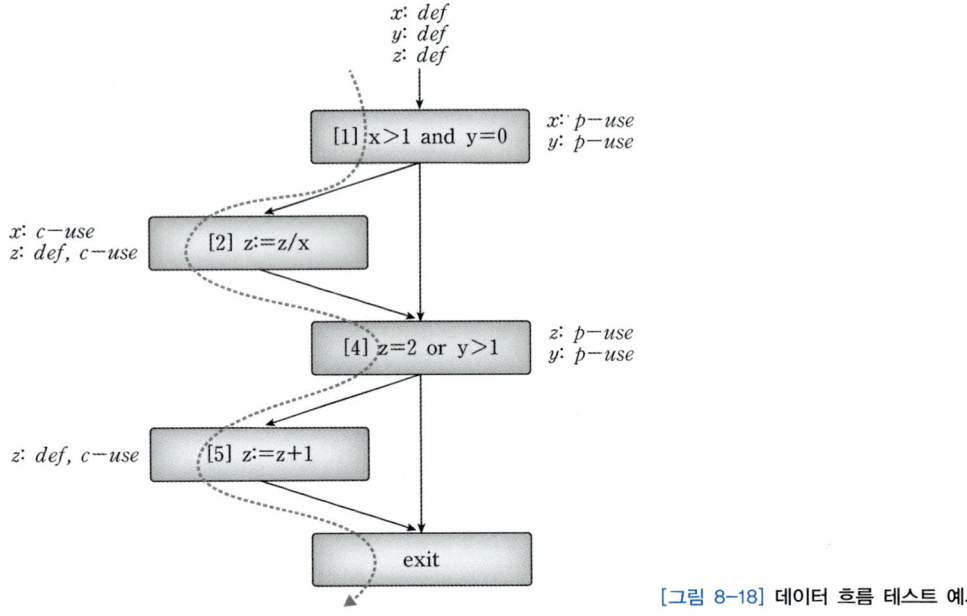

[그림 8-18] 데이터 흐름 테스트 예시

[그림 8-18]의 데이터 흐름 테스트 예시에서는 각 위치에서 변수 x, y, z의 정의(def) 및 사용(p-use 및 c-use)을 표시하고 있다. 대표적인 데이터 흐름 커버리지 중 all-defs 커버리지는 변수가 정의(def)된 위치에서 적어도 한 번 사용(p-use 또는 c-use)되는 위치까지 시험할 수 있도록 시험 사례를 생성한다. 이 예시에서 {x=2, y=0, z=4}의 시험 사례는 회색 점선 경로를 지나며 4개의 정의는 3개의 p-use와 1개의 c-use를 지나므로 all-defs 커버리지를 만족한다.

주요 데이터 흐름 커버리지로 all-defs 커버리지 외에 all-c-uses(변수 정의로부터 영향받는 c-use 계산식 실행), all-p-uses(변수 정의로부터 영향받는 p-use 조건식 실행), all-uses(변수 정의로부터 영향받는 모든 변수 사용 실행) 등 다양한 커버리지가 존재하지만, 산업계에서는 일반적으로 제어 흐름 기반의 구조적 커버리지가 사용되고 있다.

8.4.5 소프트웨어 테스팅 도구

소프트웨어 테스팅은 수작업으로 이루어질 때가 많으나, 안전중요 소프트웨어의 복잡도가 증가함에 따라 이를 자동화하기 위한 노력이 지속적으로 이루어졌다. 그리고 안전중요 소프트웨어에 적용할 수 있도록 도구 자체에 대한 인증 패키지를 제공하는 경우도 점점 증가하는 추세다. 테스팅 자동화 도구는 시험 사례 자동 생성 도구, 시험 커버리지 측정 도구, 시험 수행 자동화 도구 등 그 형태 또한 다양하다. 대표적인 소프트웨어 테스팅 자동화 도구로는 LDRA 사의 LDRA Tool Suite, 슈어소프트테크 사의 CodeScroll, Vector 사의 VectorCAST, V+Lab 사의 CROWN 등이 있다.

8.4.6 소프트웨어 시험 수행 및 자동화

소프트웨어 시스템 시험 환경은 대상 하드웨어 및 소프트웨어 구성에 따라서 다양하게 구축될 수 있다. [그림 8-19]는 일반적인 임베디드 시스템 구성 계층이다. 하드웨어는 소프트웨어 플랫폼과 HAL$^{\text{Hardware Abstract Layer}}$을 포함할 수 있으며, 이를 기반으로 임베디드 응용 프로그램$^{\text{embedded software}}$이 탑재될 수 있다. 소프트웨어 플랫폼 및 HAL은 상황에 따라 별도로 구성되지 않고 임베디드 소프트웨어의 일부분으로 함께 구현될 수 있다. 이처럼 구분의 경계가 모호한 상황도 많이 존재한다.

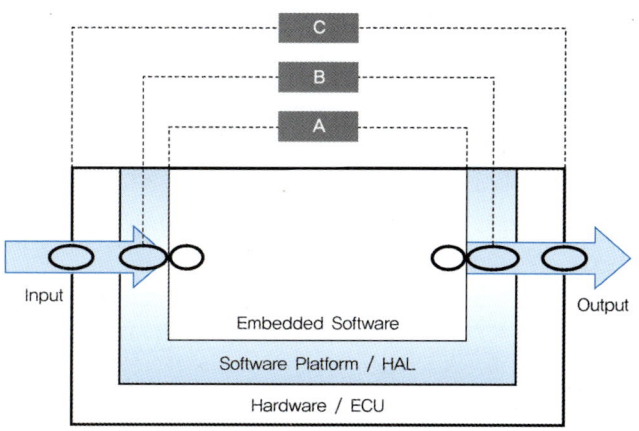

[그림 8-19] 임베디드 시스템 시험 위치 구성 예시

이와 같은 구성 계층에서 대상 임베디드 소프트웨어의 특징, 소스코드 접근 가능 여부 등에 따라 다음과 같이 입력을 제어하고 그 출력을 모니터링할 수 있다.

우선 임베디드 소프트웨어의 소스코드 및 내부가 접근 가능한 경우 온-칩-디버거를 활용해 소프트웨어 시스템 시험을 수행([그림 8-19]의 A)할 수 있다. 다음으로 소프트웨어 플랫폼/HAL 또는 임베디드 소프트웨어의 제한된 입출력 인터페이스를 활용([그림 8-19]의 B)하여 소프트웨어 시스템 시험을 수행할 수 있다. 이와 같은 방법은 차량 전자 시스템의 AUTOSAR$^{\text{AUTomotive Open System Architecture}}$와 같이 소프트웨어 플랫폼/HAL이 존재하고 여기에 소프트웨어의 입출력 인터페이스가 접근 가능하도록 지원하는 경우에 유용하다. 끝으로 임베디드 시스템의 하드웨어 입출력 신호([그림 8-19]의 C)를 외부에서 제어하고 모니터링하여 소프트웨어 시스템 시험을 수행할 수 있다. 이와 같은 방법은 소프트웨어 소스코드가 접근 불가능하거나 직접적인 소프트웨어 제어를 위한 하드웨어의 지원이 미흡할 경우 유용하다.

온-칩-디버거를 이용한 소프트웨어 시스템 테스팅([그림 8-19]의 A 예시)

■ 사례 개요

온-칩-디버거를 이용한 소프트웨어 시스템 시험은 소스코드가 모두 접근 가능하고 내부 상태 정보가 소프트웨어 시스템 시험 수행에 필요한 경우 효과적으로 적용할 수 있다. 온-칩-디버거 환경은 프로세서 수준에서 시험 대상 소프트웨어의 정밀한 제어가 가능하므로 시험 입출력을 모니터링하기 쉽고 상세 기능을 시험하는 데도 유리하다.

이와 같은 환경을 이용한 소프트웨어 시스템 시험의 예로 PLC^Programming Logic Controller 제어기기 펌웨어의 시스템 시험 적용 사례를 간략히 소개한다. PLC 시스템은 하나의 랙rack에 독립된 단위 모듈이 슬롯 형태로 설치되어 동작하는 시스템으로, 각 단위 모듈 자체도 별도의 전용 하드웨어에 전용 소프트웨어가 탑재되어 기능을 수행한다.

■ 환경 구성 및 시험 수행

PLC 제어기기 모듈의 펌웨어에 대한 소프트웨어 시스템 시험을 수행하기 위해 온-칩-디버거 환경으로 Lauterbach 사의 TRACE32와 같은 JTAG(Joint Test Action Group) 디버거를 활용할 수 있다. JTAG 디버거들은 탑재 프로그램 변경, 프로세서 제어, 실시간 메모리 분석을 할 수 있고 분석이나 제어를 입력 소스코드 수준에서 할 수 있어 개발자에게 편리한 시험 환경을 제공한다.

PLC 시스템 중 JTAG 연결을 제공하는 단위 모듈에 대해 소프트웨어 시험 환경을 [그림 8-20]과 같이 구성할 수 있다. 이와 같은 구성은 펌웨어 개발자와 동일한 환경을 사용할 수도 있고, 상이한 환경이라도 동일한 대상 소프트웨어 심벌 정보를 이용하면 같은 시험 결과를 얻을 수 있다.

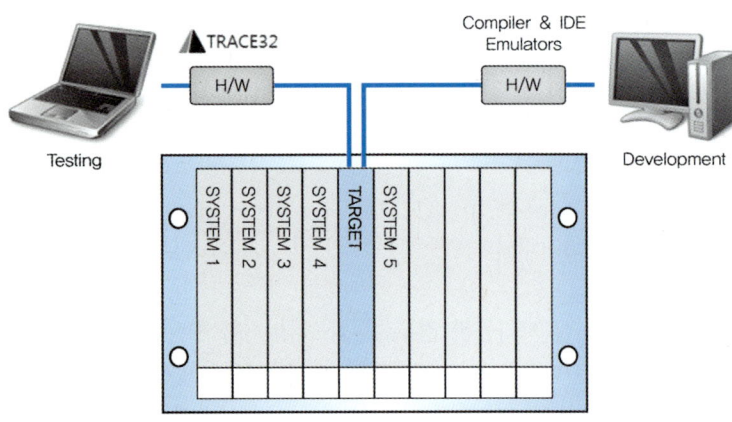

[그림 8-20] PLC 소프트웨어 시스템 시험 환경

PLC 시스템의 단위 모듈 펌웨어에 대한 소프트웨어 시스템 시험 역시 일반적인 소프트웨어 시스템 시험의 개념에 따라, 해당 모듈의 소프트웨어 요구사항 명세서의 각 요구사항이 올바르게 구현되어 정상적인 행위를 보장할 수 있는지 확인할 수 있다. 이를 위해 주어진 요구사항 명세서의 전체 요구사항을 가장 단순한 입출력 관계의 기능들로 나열하여 시험 항목을 추출하고 전체 시험 항목이 최소한 한 번 이상 실행되도록 시험 사례를 작성하여 시스템이 의도한 대로 구현되었는지 시험한다. 이러한 과정을 통해 요구사항 커버리지를 만족할 수 있도록 시험을 설계할 수 있다.

■ 특징

온-칩-디버거를 사용한 소프트웨어 시험은 시스템 시험 이전의 통합 시험, 단위 시험과 달리 하드웨어에 탑재되어 실행되는 실제 소프트웨어를 변경하지 않고 시험을 수행할 수 있다는 특징이 있다. 시험을 위한 제어 역시 소프트웨어 자체를 변형하지 않고 프로세서 또는 주변 입출력, 메모리 등을 조절하며 시험에 필요한 외부 입출력을 하드웨어 수준으로 제어할 수 있다.

온-칩-디버거는 소프트웨어 요구사항에서 기술한 하드웨어와의 모든 인터페이스를 제어하고 입력을 모사하며 출력을 확인하는 데 충분한 기능을 제공할 뿐 아니라, 필요한 경우 메모리 파괴 모사 및 워치독watchdog 기기 이상 등 소프트웨어에서 제어 불가능한 상황을 모사하는 데도 사용할 수 있다. 특히 재연이 힘든 특정 소프트웨어 상태로 바로 진입하도록 상태를 수정하는 등 시험의 사전 조건을 모사하는 데도 유리하다. 또한 온-칩-디버거를 활용할 경우 소프트웨어의 입출력 및 수행 흐름을 모두 제어할 수 있기 때문에 입출력 관계에 대한 정확한 확인이 가능하다.

최신 온-칩-디버거에서는 특정 동작을 자동으로 수행하기 위한 스크립트 언어를 제공하는 경우가 많다. 이와 같은 스크립트 언어를 사용해 시스템 시험 사례를 구현하면 반복적으로 테스팅을 자동 수행할 수 있어 재시험 비용을 최소화할 수 있다.

하지만 온-칩-디버거로 다양한 하드웨어에 필요한 기능을 사용하려면 다소 어렵고 복잡한 초기화 과정을 통해 프로세서 및 하드웨어 아키텍처에 적합한 설정을 해야 한다. 그리고 소스코드 또는 심벌 정보를 사전에 알아야 그 효과를 극대화할 수 있기 때문에 완전히 블랙박스 테스트와 같은 형태로 진행하는 데는 한계가 있다. 또 JTAG 포트에는 안전과 보안 문제가 있기 때문에 개발자용 보드에 사용되다가 최종 제품에서는 불능화하는 경우도 많아 적용 가능한 경우가 제한된다. 또한 내부 소프트웨어 상태를 직접 조작하기 때문에 시험 설계 시 하드웨어와 연계했을 때 발생할 수 있는 오류들에 대해 충분히 고려해야 한다.

ECU 테스트 도구를 사용한 소프트웨어 시스템 시험 사례([그림 8-19]의 B 예시)

■ 사례 개요

ECU 테스트 도구를 사용한 소프트웨어 시스템 시험은 차량 전장 시스템에서 널리 사용되고 있는 개발 환경 구성을 사용한다. 이 환경 구성은 직접적으로 소프트웨어의 입출력 인터페이스를 제어할 수 있는 디버거 환경을 구축할 수 없거나 전체 소스코드에 대한 접근이 불가능할 때 유용하다. 이와 같은 환경에서는 외부와 입출력을 연계하기 위한 플랫폼 또는 HAL 지원이 필요하며, 해당 부분에서는 시험을 위한 외부 입출력을 소프트웨어 입출력으로 변환하여 제어하고 모니터링하는 기능을 수행해야 한다. 이와 같은 시험환경의 예로 Vector 사의 CANape 테스트 환경상에서 CCP 프로토콜을 이용해 전역변수의 접근을 제어하는 경우를 소개한다.

■ 환경 구성 및 시험 수행

[그림 8-21]은 ECU 테스트 도구 기반 시험 환경의 예를 나타낸 것이다. ECU 테스트 도구 수행 환경에서 Host PC에는 Vector 사의 CANape 테스트 도구 환경을 구성했고, 해당 PC는 차량 전자 시스템 ECU와 연계하며 해당 ECU는 HW 환경과 센서, 엑추에이터와 연계한다. Host PC의 CANape ECU 테스트 도구는 다른 도구나 디버깅 환경으로 대체 가능하다.

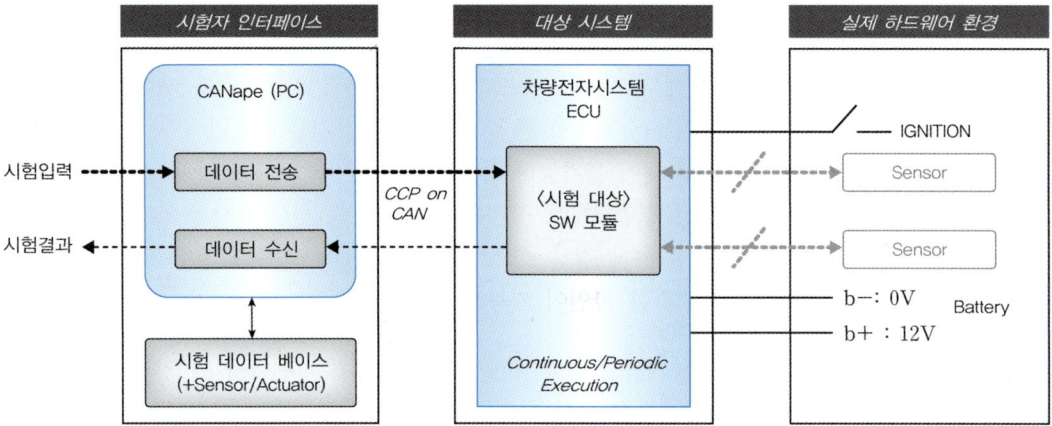

[그림 8-21] ECU 테스트 도구 수행 환경

이 환경을 이용한 시스템 시험을 위해, 실제 하드웨어의 센서 및 엑추에이터와 연계되는 부분을 소프트웨어로 모니터링하도록 구성한다. 이때 다음과 같은 사항을 고려해야 한다.

- **ECU의 상태 제약**: 소프트웨어에서 특정 시험 사례를 수행할 경우, 시스템 초기화 등의 Fault가 발생해 수행 자체가 어려운 경우가 있다. 이와 같은 제약은 시험 수행 준비 과정과 시험 수행 과정을 분리하여 해결할 수 있다. 즉 소프트웨어 전체를 업로드하여 초기화 등의 기능을 수행한 후 시험 사례를 선별하여 시험 수행한다.

- **설정 입력값 유지 및 대응 결괏값 확인의 제약**: ECU는 입출력 변수의 값을 주기적으로 변경하므로 시험의 입출력값을 유지하는 데 어려움이 있다. 또한 ECU에서 CAN 통신으로 전달하는 출력값에 지연이 발생하므로 CANape에서 입력 대응 출력값을 확보하기가 어렵다. 이러한 경우의 해결책으로 입력값을 일정시간 고정해 시험의 입력을 유지하고, 이에 대한 지속적인 결괏값을 확인할 수 있다.

- **입력값 설정 및 결괏값 확인의 제약**: 일부 입력값 및 결괏값은 HW 환경을 통해 식별되어 설정 및 확인이 어렵다. 또한 의도하는 입력값을 HW 환경에서의 입력값으로 해석하여 적용하기가 어렵다. 예를 들어 외부에서는 단순히 전압값을 입력 받는 경우에도 전압값을 측정하는 하드웨어 모듈이 최종적으로 소프트웨어에 전달할 때는 제품 특성에 따라 외부에서 추측이 어려운 형태의 값으로 전달될 수 있다. 또 하드웨어와 직접적으로 공유된 메모리 영역 등에 대해서도 외부에서 제어할 수 있도록 탑재 소프트웨어를 수정해야 할 수도 있다.

■ 특징

ECU 테스트 도구 환경을 사용하여 소프트웨어 시스템 시험을 수행할 때는 다음과 같은 특징이 존재한다. 우선 입출력을 소프트웨어 수준에서 직접적으로 제어할 수 없기 때문에 일정 기간 값을 유지하고 그 결과를 확인하기 위한 시간적인 설정이 필요하다. 일반적인 안전중요 임베디드 소프트웨어의 경우 노이즈 문제 등을 방지하기 위해 센서 하드웨어로부터의 값을 그대로 사용하지 않고 몇 주기 동안의 평균값을 사용하는 등 보정을 위한 루틴이 포함되어 있다. 따라서 특정 입력이 주어지면 그 결과가 바로 반영되는 것이 아니라 ECU 제어 소프트웨어의 특성에 따라 일정한 변화가 일정 기간에 걸쳐 발생한다.

[그림 8-22]는 입력값 변화('V'자를 뒤집은 모양의 아래쪽 곡선)에 따른 출력값의 변화('U'자 모양의 위쪽 곡선)를 모니터링한 결과 예시다. 이 결과에서 입력값은 일정 시간 동안 유지하여 대상 시스템에 반영될 수 있도록 했기 때문에 계단과 같이 표현된다. 하지만 출력 그래프에서는 곡선 형태로 출력에 반영되는 것을 볼 수 있다. 따라서 이와 같은 경우 입력에 따른 출력의 값보다 변화의 상관관계에 따라 시험의 성공 여부를 판단할 수 있다.

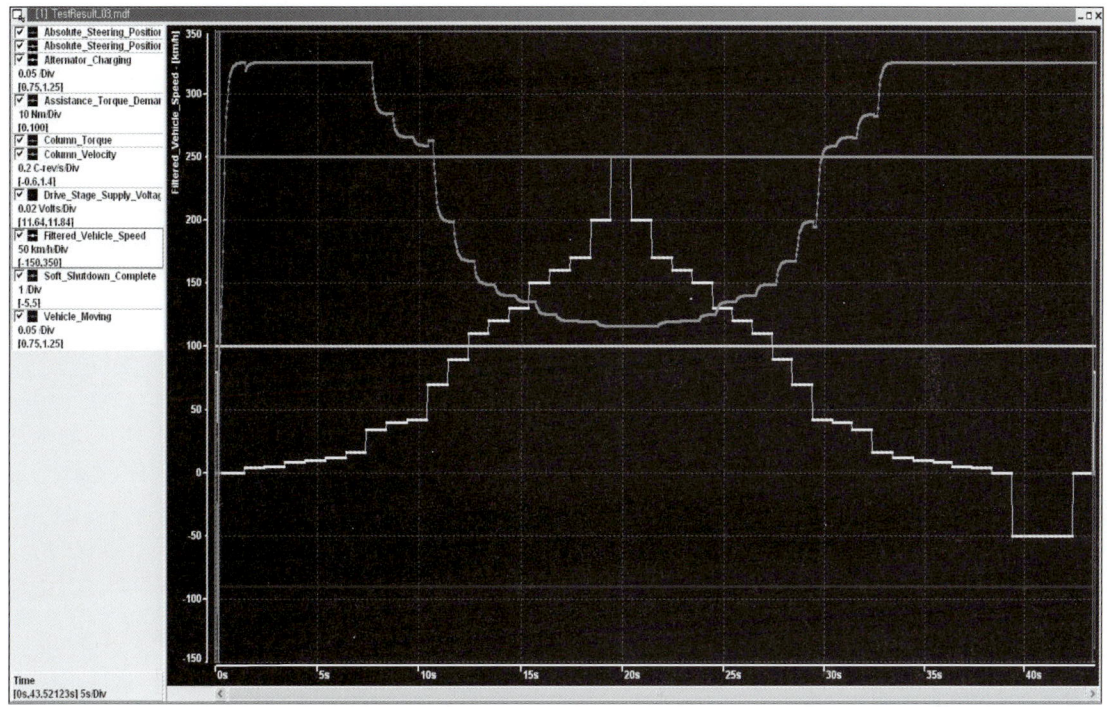

[그림 8-22] ECU 테스트 도구의 입출력 예시

산업계에서는 외부 하드웨어와 연계가 많은 복잡한 시스템에 대해 정확한 입출력 비교보다는 입출력 간 상관관계 또는 변화 경향을 분석하여 시험의 만족 여부를 파악하는 경우도 많기 때문에 이같은 기법이 유용할 수 있다. 하지만 입출력을 ECU 테스트 도구로 제어하기 위해서는 플랫폼 또는 HAL의 통신을 통한 입출력 기능 지원이 필수적이다. 이는 차량 전자 시스템의 경우 일반적이지만 연산 능력이 부족한 하드웨어에서는 지원하지 않는 경우도 많아 적용이 힘들 수 있다.

하드웨어 테스트 환경을 활용한 소프트웨어 시스템 시험 사례([그림 8-19]의 C 예시)

■ 사례 개요

하드웨어 테스트 환경을 활용한 소프트웨어 시스템 시험은 시험하고자 하는 ECU의 외부에서 하드웨어 입출력을 제어해 소프트웨어 시험을 수행한다. 이와 같은 환경에서는 입력을 제어하기 위해 소프트웨어 인터페이스가 아닌 하드웨어 인터페이스를 사용하고, 출력은 외부 출력을 모니터링하여 사용한다. 이와 같은 시험 환경을 구성하는 예로 Vector 사의 ECU 시험 시뮬레이터인 VT System을 사용한 HILS Hardware In the Loop Simulation 시험 환경을 소개한다.

■ 환경 구성 및 시험 수행

VT System을 통해 ECU를 시험하려면 ECU에 연결된 모든 입출력 인터페이스와 통신 네트워크를 VT System과 연결하며, VT System과 시험 시스템(예를 들면 Host PC)을 연결하여 사용자가 ECU를 제어할 수 있도록 한다. VT System은 시험 입출력을 제어하기 위해 ECU 테스트 소프트웨어 도구인 CANoe를 지원한다. 시험자는 이 도구를 사용해서 시험 수행을 자동화하는 스크립트를 작성할 수 있다.

시험 대상 ECU 모듈이 제어 관련 아날로그/디지털 입력과 함께 다른 ECU와의 통신을 위해 CAN, LIN 등의 통신을 지원하는 경우 해당 신호들의 정상 입력 처리와 비정상 상황에서의 신호 입력 처리 등을 시험하기 위해 [그림 8-23]과 같이 시험 환경을 구성할 수 있다.

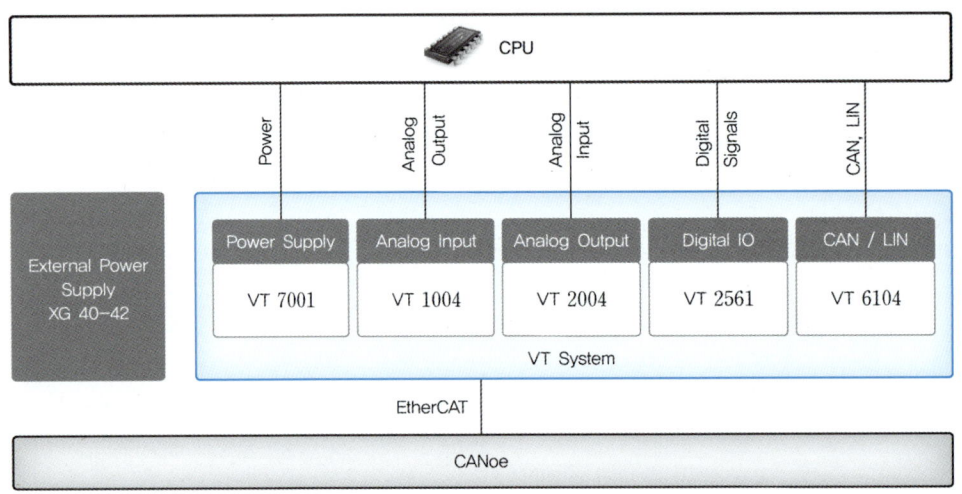

[그림 8-23] VT System 환경 구성

■ 특징

이와 같은 소프트웨어 시스템 시험 환경 구성은 ECU 대상 시스템 기능 시험 환경과 유사한 형태로 사용할 수 있기 때문에, 개발용 ECU가 아닌 최종 제품 형태에서도 수행 가능하다는 특징이 있다. 하지만 외부에서 제어를 수행하기 때문에 소프트웨어 내부의 세밀한 제어가 힘들며 이를 위해서는 별도로 임베디드 소프트웨어 시험을 위한 지원이 필요한데, 이는 앞에서 설명한 ECU 테스트 도구를 활용한 소프트웨어 시스템 시험과 유사한 형태로 진행된다. 또한 하드웨어 테스트 환경을 구축하기 위해서는 [그림 8-24]와 같은 시험 설비를 별도 제작해야 한다. 이 경우 예산이 많이 소요되기 때문에 반복적으로 시험되어야 하는 안전필수 시스템에 주로 사용된다.

[그림 8-24] 하드웨어 시험 설비 예

CHAPTER 08 생각해보기

8.1 소프트웨어 검증verification과 소프트웨어 확인validation의 차이점이 무엇인지 설명하고, 두 기법이 서로 어떻게 연관되는지 논하라.

8.2 소프트웨어 정형 검증formal verification과 정적 분석static analysis의 차이점 및 각각의 장단점을 논하라.

8.3 소프트웨어 테스팅의 한계와 그 한계를 극복하는 방안을 제시하라.

8.4 소프트웨어 테스팅 결과가 있는 공개 소프트웨어를 찾아 어떤 커버리지를 적용했고, 커버리지 측정 결과가 어떤지 설명하라. 또 커버리지를 높이기 위한 새로운 시험 사례를 제시하라.

8.5 구문 커버리지가 100%인데 분기 커버리지가 100%로 될 수 없는 프로그램 및 시험 사례를 제시하라.

현장의 목소리 #02

글: 강영철(한수원 신고리 5·6호기 건설소장)

신고리 5·6호기 원전 건설소장

누가 뭐래도 이 책 『안전필수 시스템 제어 설계』는 원전 MMIS를 빼놓고 이야기할 수 없을 것입니다.

2021년 5월 현재 신고리 5·6호기[7] 건설현장에서는 국산 MMIS 설치 작업이 한창 진행 중이며, 신한울 1·2호기에서는 시운전시험을 마치고 운영허가를 기다리는 중입니다. 2001년 7월 기술 자립을 위해 원전디지털계측제어시스템(KNICS) 사업단이 발족했고, 대한민국의 모든 산·학·연 원전 계측제어 전문가들의 열정이 모여 국산화 MMIS가 탄생했습니다. 국책 과제인 NuTech-2012를 통해 상용화 검증 단계를 거쳤고, 이후 국내 규제기관과 IAEA 전문가 평가 등 여러 단계의 사업화 과정을 거쳐 국내 원자력발전소에 도입되었습니다. 당시 MMIS의 국산화에는 일부 부정적인 시각도 있었습니다. 그러나 이 책의 저자인 김국헌 사업단장님이 돈키호테처럼 좌충우돌하며 연구개발을 선도하고, 이후 두산중공업으로 옮겨서 MMIS 실용화 사업을 성공적으로 진행할 수 있었습니다.

기술 자립을 열망하던 모든 분들의 피와 땀이 담긴 국산화 MMIS가 신한울 1·2호기 시운전을 통해 외국의 MMIS 대비 플랫폼과 성능, 신뢰도 및 정비 편의성 등 다방면에서 비교우위에 있음을 증명할 수 있었습니다. 가까운 미래에 세계 최고의 국산화 MMIS가 탑재된 한국형 명품 원전이 세계 각국에서 위용을 뽐내기를 기대합니다. 동시에 『안전필수 시스템 제어 설계』의 탄생을 계기로 국가와 국민의 안전이 한층 더 향상되기를 기대합니다.

---

[7] 신고리 5·6호기 원자력발전소는 APR-1400이다.

PART 03

제어시스템 하드웨어 건전성

CONTENTS
CHAPTER 09 품질보증과 관리
CHAPTER 10 기기검증 시험
CHAPTER 11 인간공학

PART 3에서는 고장허용설계 기반의 하드웨어와 소프트웨어를 통합한 시스템을 고객에게 인도하기 전에 거쳐야 하는 **품질보증** 절차, 설계 확인을 위한 **기기검증** 절차에 대해 알아본다. 그리고 시스템의 신뢰도, 안전도 및 가용도화 함께 또 다른 중요한 설계 요소인 **인간공학**의 개념을 살펴보고, 엔지니어링의 역할에 대해서도 살펴본다. 뛰어난 엔지니어가 설계한 시스템이라도 '원래 의도한 바와 같이 잘 만들어지고 제대로 사용될 수 있도록' 감독하는 역할의 필요성에 관해서는 대재앙에 가까운 사건들로부터 교훈을 얻었다. 1986년 미국의 챌린저호 폭발사고, 1986년 체르노빌 원전사고, 1994년 성수대교 붕괴사건, 1995년 삼풍백화점 붕괴사건, 2010년 멕시코 만의 유정 폭발사고, 2019년 보잉 737 MAX 8 추락 사고를 통해 품질절차와 연계한 엔지니어링 역할을 생각해보고자 한다.

조직과 구성원 사이에 소통이 제대로 이루어지지 못하는 내재된 문제가 있으면 최초의 설계 의도가 제대로 반영되지 않으며 설계 검증이 제대로 되지 않은 상태로 최종 결과물이 고객에게 인도되어 위험한 문제에 봉착할 수 있는 리스크가 생긴다. 따라서 소통과 함께 초기 단계부터 철저히 검증하는 자세를 갖는 것이 미래의 리스크를 방지하는 방법이다.

CHAPTER 09

품질보증과 관리

서론 _9.1
품질 시스템의 필요성 _9.2
품질체계 _9.3
품질활동 _9.4
품질보증 시스템 _9.5
생각해보기

PREVIEW

안전관련 제어시스템의 탄생 요건에 따라 제작한 제품이라고 해도 고객에게 인도하기 위해서는 품질보증 절차를 제대로 준수했다는 것을 보증해야 한다. 품질보증에 필요한 품질체계를 이해하기 위해 국제 표준인 ISO 9000의 요구사항과 ASME NQA-1의 18개 품질 요건을 살펴본다. 사업 수행 중에 발생할 수 있는 품질 문제와 [부록]에 수록한 보잉 737 맥스 품질 사례를 통해 엔지니어링의 역할을 짚어본다.

SECTION 9.1 서론

9.1.1 반도체 고장

안전관련 제어시스템의 주요 부품인 반도체가 고장 나면 시스템 정지를 유발할 수 있다. 메모리 반도체의 불량율은 10ppm 단위이며 10여 개를 고집적 조립할 경우 100ppm 수준이 될 수 있다. 불량품은 고객 인도 전 검사를 통해 제거하고, 초기 고장의 경우에도 예비품으로 교체하면 수율은 나빠지지만 고객 문제는 해결할 수 있다. 그러나 완성된 시스템을 사업적으로 운용하는 과정에서 원인 모를 불량이 발생하면 안전에 심각한 영향을 미칠 수 있다.

반도체 사업은 집적도를 높이는 초미세공정 개발을 혁신적으로 진행하고 있다. 막대한 개발 비용과 시간 투자가 요구되지만 성능 향상, 소비전력 감소 및 수율 확보라는 큰 장점과 시장 주도권을 유지하기 위한 선택이다. 통상적으로 미세공정을 고도화 처리하면 한 장의 웨이퍼로 더 많은 칩을 생산할 수 있으며 DRAM의 경우 매 단계별로 20~30%까지 생산성을 향상시키는 효과가 있다고 한다. 하지만 초미세공정화는 미세한 방사선 물질(알파파티클 등)의 영향을 많이 받는다. 회로 제조 공정이 미세화될수록 각 노드의 정전용량은 작아지며 전하의 수도 감소하여 방사선 입자가 충돌하면 반도체 비트의 반전 확률이 증가하고 고객에게 납품 완료한 반도체 소자에서도 소프트에러가 발생할 수 있다는 것이다. 하드에러는 반도체 집적회로의 물리적 결함으로 인해 비트가 지속적인 에러를 일으키는 것이지만, 소프트에러는 일시적인 비트값 변경으로 나타난다.

9.1.2 소프트에러의 영향

반도체 칩을 사용하는 항공, 우주, 원자력 등 필수안전계통 운전 중 반도체 소자에 이러한 일시적 불량(소프트에러)이 발생하면 원인 미상의 반전 신호값으로 인해 시스템 운전에 영향을 준다. [그림 9-1]의 예는 우주선 충돌에 의한 반도체 내부의 소프트에러 발생 메커니즘이다. 은하계나 태양풍으로 발생하는 우주선은 지구 대기와 복잡하고 연속적인 상호작용을 거치면서 전하를 생성하지만, 대부분의 전하는 지구 자기장으로 인해 지표면까지 도달하지 못하며 약 1%의 중성자들만 지표면까지 도달한다고 한다. 약 5MeV 이상의 에너지를 가진 중성자의 경우 소프트에러를 발생시킬 수 있으며 반도체 재료에 의한 알파입자, 보론 반응 등에 의해서도 소프트에러가 생길 수 있다.

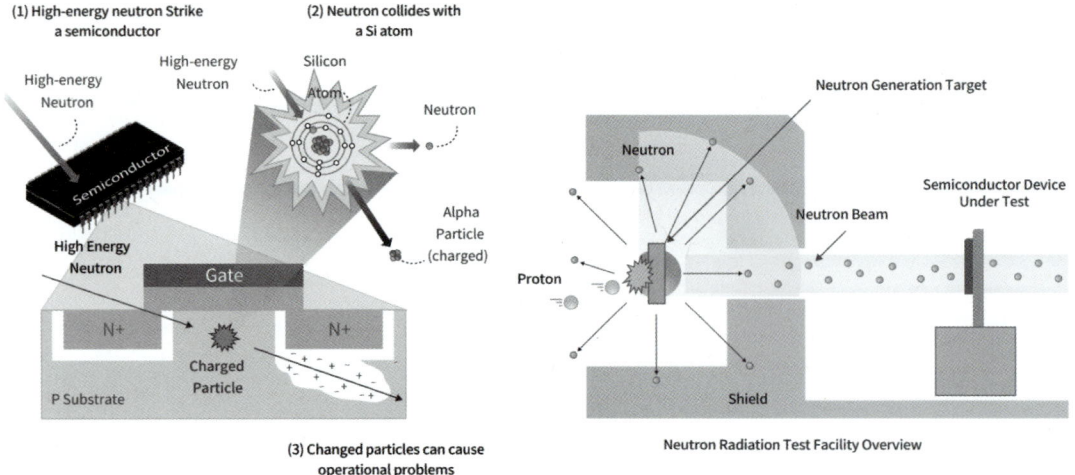

[그림 9-1] 중성자에 의한 반도체 소프트에러 발생 및 시험설비[1]

엔지니어는 시스템을 설계할 때 주요 부품인 반도체 칩들의 다양한 error 및 fault 발생 현상에 대해 이해하고 있어야 하며, 품질 프로세스 종사자들도 이러한 오류 현상을 이해하고 구매 및 인수 과정의 품질체계[2]에서 걸러낼 수 있도록 해야 한다.

---

1 출처: www.qrtkr.com
2 품질체계는 품질 시스템으로 표현할 수 있다.

SECTION 9.2 품질 시스템의 필요성

2019년 하반기에 국내 A업체의 파운드리 사업 관련 불량문제에 대한 인터넷 기사가 게재된 적이 있었다. 파운드리 사업은 위탁 생산인 만큼 품질 확보가 고객신뢰를 위한 중요 사업지표 중 하나다. 조사 결과에 의하면 오염된 장비를 공정에 잘못 투입하여 D램 제품에 불량이 생겼으며 피해 규모는 수십억~수백억 원이라고 한다. 전체 반도체 사업의 규모로 봤을 때는 큰 규모가 아닐 수 있지만, 오염된 장비가 사용된 과정을 분석하여 다양한 형태의 품질관리 요소를 찾아내야 한다.

제품을 만드는 데에는 수많은 조직과 인원이 필요하다. 이들이 '어떤 기준과 약속에 따라 행동하며, 의사결정의 권한과 책임은 어떻게 분산되어 효과적으로 이행될 것인가?'라는 것은 큰 문제이며 끊임없이 개선되어야 하는 프로세스다. **품질은** 제품 설계 및 제조 전 과정을 연결하는 중요한 고리이며 독립적인 역할을 한다. 제조 과정이나 최종 출하 시점의 검사행위를 통한 불량품 식별 제거라는 단순한 역할뿐만 아니라 사업 초기 계획 단계부터 설계, 제작/생산 및 시험 과정을 통해 이뤄지는 모든 산출물의 적합성을 검토하게 된다. 제작 및 시험 과정의 입회 및 검사행위를 통해 확인되는 품질 이슈들에 대해서는 유효성을 검토하고 의사결정하는 독립적인 조직기능이 있음을 알아야 한다.

바이러스와 세균은 우리 주변에 다양한 형태로 항상 존재한다. 다만 사람의 눈으로 식별하지 못할 뿐이다. 이들은 보유 숙주와 함께 살아가며 숙주 환경이 사라지면 대체 숙주를 찾아 나선다. 코로나 바이러스도 보유 숙주인 박쥐가 생태계 파괴로 인해 사라지자 대안을 찾다가 쉽게 접근할 수 있고 어디든지 돌아다니는 인간을 대체 숙주로 삼았다는 의견을 제시하는 사람도 있다. 품질 이슈(품질 문제)의 경우도 바이러스와 비슷하다. 설계자나 작업자가 업무 수행 중에 인지하지 못하는 기저상태에 있다가 누군가(품질요원 등 제3자)의 확인 행위를 통해 불만족 사항이 드러난다. 면밀히 따져보지 못한 불만족 요인들은 설계 과정에 묻어 있게 되고, 후속 공정이 진행되면서 그 흔적이 여기저기에 퍼져 최종적으로는 회복하기 어렵거나 그 파급 영향이 심각한 상태가 되어서야 표면에 드러날 수 있다. 따라서 이러한 문제를 방지하기 위한 진단, 감시 및 지속적으로 개선할 수 있는 품질체계를 잘 구축해야 한다. 설계 검토, 3자 검토, 확인 및 검증, 심사, 감사, 인수검사 등의 활동은 미흡사항이나 불일치사항[3]들을 걸러내 바이러스-프리 제품을 만들어서 인도할 수 있게 하는 활동이다.

하지만 많은 노력에도 불구하고 내재된 미흡 사항을 사전에 완전히 제거하지 못하는 경우를 봤을 때 '품질 시스템을 수립한다고 해서 인적 실수를 모두 제거할 수 있을까?'라는 의문이 든다. 단계별 검토 및 확인 과정을 거치는 품질 시스템이 작동하지만 그 자체가 품질을 보장하는 것은 아니며, 품질을 지킬 수 있는 환경을 만들어주는 것이다. 사업에 참여하는 엔지니어, 설계자, 품질요원 및 사업관리자 등 이해관계자 모두가 공통의 기준을 가지고 직접 업무를 수행할 수 있도록 구체적 절차서나 지침을 개발

---

[3] 불일치사항은 NCR을 의미하며, 부적합사항은 위중한 사항으로 규제기관 보고사항이다.

하고 적용해야 한다. 또한 좋은 문서나 절차서 및 지침서를 만들었다고 품질이 저절로 따라오는 것은 아니며 참여하는 개개인의 관심과 노력이 필요하고 품질활동도 설계의 한 부분이 되어야 한다는 주도적인 생각을 가져야 한다.

9.2.1 이해관계자들의 역할

사람마다 생각하는 판단의 기준이 다를 수 있으므로 절차서와 지침서에는 품질 관련 규정과 판단 기준을 명확하게 정의해야 한다. 품질요원과 설계자를 포함한 이해관계자가 올바르게 해석하고 제대로 이행할 수 있도록 구체화된 합/부 판정 기준을 제시해야 한다.

사업 참여자는 업무 수행 중 항상 고객(C), 품질(Q), 원가(C), 납기(D)에 대해 이해하고 있어야 한다. 품질 이슈가 발생하면 납기와 품질 사이에서 흔들리지 않고 신속 정확하게 의사 결정을 할 수 있는 공통의 인식 기준과 판단을 수용할 수 있는 연결고리를 갖추고 있어야 한다. 즉 참여자 개개인은 품질인식, 사업요건과 규제요건에 대해 정확하게 인식하고 있어야 할 뿐만 아니라 계약적

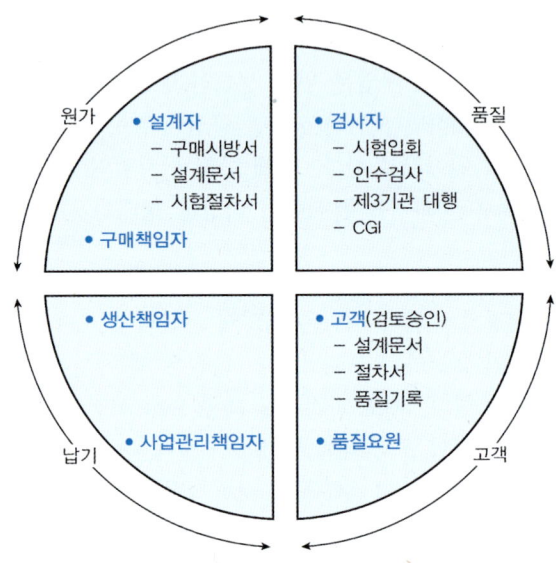

[그림 9-2] CQCD와 고객과의 관계

배상, 보상 및 인허가 책임에 따른 영향에 대해서도 인지하고 있어야 한다. 또 경영진은 지속적인 관심과 적정한 인력 보강 및 역량 향상을 위한 제도 마련을 통해 이를 적절히 지원해야 한다. 이들의 상호 관계를 [그림 9-2]에 나타냈다.

9.2.2 계약적 책임과 인허가 요건 준수

설계자는 계약 내용에 포함되는 인허가 및 보증 책임의 위중함을 알고 있어야 한다. 복잡한 과정을 거치는 제품일수록 내용을 잘 이해하는 설계자가 주도적인 역할을 해야 하며 사업관리 책임자는 고객의 요구 사항을 정확히 파악해 설계자의 제품 개발, 설계, 제작에 제대로 반영되도록 지원해야 한다. 납기를 준수하지 못하면 고객의 불만에 더해 배상 및 보상 책임이 뒤따른다. 이를 방지하려면 품질에 대한 개개인의 인식 전환과 적극적인 의사소통이 필요하다. 제품 생산이나 시험 및 검사에 사용되는 각종 절차서와 문서에 기재되는 점검 항목의 합/부 판정기준은 단순 명확하게 작성되어야 한다.

품질문서는 다음의 **작성요령**을 참조하여 작성한다.

❶ 반복 사용할 수 있게 해야 하고 요구사항들이 너무 전문적이지 않아야 한다.

❷ 감사자가 짚어내고 강제할 수 있어야 하며 요건들은 근거를 제시할 수 있어야 한다.
❸ 요건들은 실행 가능하며 명확한 지침이어야 한다. 일반적이거나 모호하게 작성하지 말아야 하며 설명이 아닌 구체적인 지침을 제공해야 한다.
❹ 요건들은 현실적이어야 한다. 관계가 없거나 과도하거나 필요 이상의 제한적인 내용은 포함하지 않는다. 과도하거나 불필요하게 세부적인 내용 증가는 품질 향상이 아니라 원가만 상승시킨다.
❺ 요건들은 권위를 가질 수 있도록 기술적으로 올바르고 정확해야 한다. 통제 목적의 속성을 규정할 수 있어야 하며 실제 적용이 가능하도록 작성한다.
❻ 모든 질의사항 또는 유추 해석에 대해 답변이 가능하도록 완벽하게 작성한다.
❼ 요건들은 중복되거나 복잡한 문장구조들을 피하고 쉽게 이해할 수 있는 언어로 명확하게 작성한다.
❽ 요건들은 서로 상충되지 않고 호환성과 일관성을 갖도록 작성한다. 참조표준의 요건들, 참조표준의 참조문서 요건과도 동일하게 적용되어야 한다. 표준이 아닌 크기, 외형, 시험 요건들을 규정하면 사용자에게 과도한 부담을 주며 원가 부담이 발생하고 유지보수를 어렵게 한다.
❾ 하나의 표준에 너무 많은 요건을 포함하면 사용자가 어떤 부분을 적용해야 할지 혼란이 생기고 효과적이지 않게 된다. 여러 사용자에게 서로 다른 요건을 적용해야 할 때는 별도의 표준을 제공한다.

[그림 9-3]에 계약적 및 인허가적 요건에 따른 책임사항과 제품보증을 위한 작업중지 조치에 대비하기 위한 QA system 및 경영방침의 필요성에 대해 나타냈다.

계약서에 명시된 규격, 사양 및 인허가 요건을 따르지 않거나 만족하지 못하면 계약적 및 법적 책임이 뒤따르는 중대결함 사항임을 인지하고 있어야 한다. 품질관리 조직은 [그림 9-3]과 같이 검사 및 심사를 수행하면서 요건을 만족하지 못하는 품질 이슈가 발생할 경우 **작업중지**를 요구할 수 있다. 제품을 보증할 수 없는 상태에서는 해당 제품을 고객에게 인도할 수 없기 때문에 제작 공정이나 설계 진행 중에도 불일치사항을 인지하면 작업중지를 명령한다.

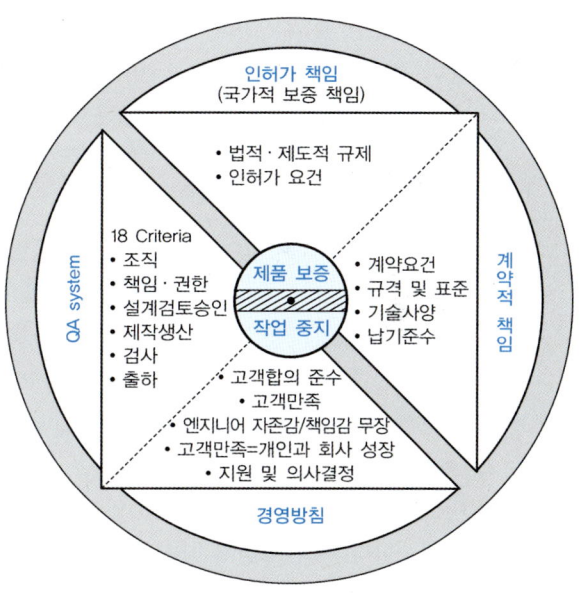

[그림 9-3] **제품보증을 위한 책임사항과 작업중지**

또한 사업 수행 중 많이 접하게 되는 사양서, 표준 및 규격에 대한 이해도 갖추고 있어야 한다.

- **사양서**: 특정기기, 설비, 재료에 대해 요구되는 특정 성능, 구조, 치수, 제조 및 시험 방법 등을 규정하는 것으로 표준 및 규격요건을 기술하고 사업주의 추가적인 요구사항을 반영하여 발행하는 고객 문서이다.

- **표준:** 산업체들의 실제 경험을 반영하여 만들어지는 것으로 강제준수를 요구할 수는 없으나 안전성을 확보하고 제품을 균일하게 만들기 위한 노력의 일환으로 개발된 요건이며 기술적 정의와 가이드라인을 제시한 것이라고 할 수 있다. IEEE, ANSI, IPCEA, IEA, ASTM 등은 주로 민간단체나 전문가 조직(학회, 협회 및 기타 기구)의 자발적인 참여로 개발되며 '표준'이라고 부르는 것이 올바른 표현이다. 표준을 발주자 사양에 명시하거나 인허가 요건에서 인용하면 계약상의 강제요건이 된다. 표준은 자재 및 기기의 설계, 제작, 시험과 관련된 내용에 대해 이해당사자 사이에 일관된 기준을 제공함으로써 구매자와 공급자 모두 상호 이해와 기대치를 동일하게 만들 수 있다. 이러한 표준이 없으면 기술 사양 및 품질요구조건을 아무리 상세하게 기술해도 서로 다르게 이해할 수 있다. 표준에 기술된 요건들은 기술력이 없는 엔지니어 또는 회사가 생각하기에 실현하기 어려운 요건으로 이해할 수 있으나, 거의 대부분의 산업계에서 이미 구현된 기술 중 필요한 부분을 기초로 산업분야의 대표 또는 자발적 참여자가 함께 만들기 때문에 적정수준의 기술력을 갖춘 회사라면 만족시킬 수 있는 기술사항들이다.

- **규격:** 규격은 정부(규제기관)에 의해 만들어지거나 표준이 법에 의해 채택되어 법적 구속력을 갖는 강제요건을 의미한다. 즉 특수목적으로 특정 분야에 관계된 규정을 효과적으로 사용하기 위해 체계적으로 정리한 것이 규격이며, 표준 중에서도 규격에서 인용하거나 준수하도록 요구할 경우 이를 규격이라고 부를 수 있다. 미국의 연방규제법(CFR)$^{Code\ of\ Federal\ Regulation}$, NEC$^{National\ Electrical\ Code}$ 등이 규격에 해당되며, ASME(미국기계학회)$^{American\ Society\ of\ Mechanical\ Engineers}$ 표준 중 일부는 미국 연방규제법에 의해 인용되어 '규격'이라고 불린다.

이해 관계자들은 다음과 같은 인식을 갖추고 품질 이슈를 최소화해야 한다.

- 사업관리, 설계 및 품질 상호 조직 간의 책임과 권한을 규정한다.
- 해당 조직은 산출하는 결과물의 정합성을 위해 단계별 검토와 승인 지도의 책임을 갖는다.
- 경영진은 적절한 지원 조치와 조속한 의사결정을 해야 한다.
- 엔지니어는 결과물 작성 근거를 항상 준비하고 제시할 수 있어야 한다(고객합의사항 포함).
- 설계 오류를 없애기 위한 절대적 요소는 엔지니어의 자존감과 책임의식이다.
- 규격 요건과 인허가 요건의 이해와 설계 반영을 위한 교육 및 숙지 여부를 확인한다.
- 요건 미준수에 뒤따르는 계약적 배상 및 보상 책임의 중대성에 대해 인식하고, 이러한 사항들에 대해 교육을 진행한다(계약 조건에 따라 중대 사항은 국가적 배상 책임^{liability}으로까지 확대될 수 있다).
- 고객만족은 개인의 성장으로도 이어진다.

9.2.3 엔지니어링 역할

발주자는 요구사항을 사양서^{specification}로 제시하지만 처음 시도하는 제품이나 기술 구현의 경우 충분한 정보를 담지 못하거나 애매모호한 표현으로 인해 사업 수행 중 문제가 발생하기도 한다. 알기 쉬운 사례로 연계사항을 들 수 있다. 1970년대까지 국내 플랜트용 기기 발주 및 공급 사업에서 가장 많이 나타난 형태가 상호 연결 방법과 사양 누락이었다. [그림 9-4]를 보면 발주자가 A 사는 좌측 설비를, B 사는 우측 설비를 납품하고, C 사는 연결 작업 및 신호 연계를 위한 케이블류(또는 파이프류)를 납품하도록 요구하고 납품이 끝나면 설비는 자연스럽게 연계되며 가동이 가능할 것으로 단순하게 생각하는 경우다. C 사의 케이블이나 파이프는 납품되었지만 접속재나 접속 공정에 대한 요건이나 역무를 누락함에 따라, 사업이 진행되고 나서 이를 발견하고는 급히 회의를 거쳐 추가발주나 책임문제를 따져야 하는 등의 문제가 발생할 수도 있다.

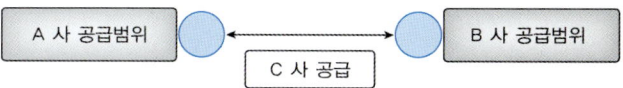

[그림 9-4] 공급 기기의 연계사양이 누락된 경우

항공기의 경우도 발생한 사례가 있다. 유럽에서 에어버스를 개발할 때 다국적 기업(프랑스, 독일 등) 간에 서로 역할을 나눠 주요 부품을 개발했다. 그런데 최종 조립 장소에 부품이 도착하여 연결하는 도중에 전기회로 배선 설계 문제를 알게 되었다. 에어버스가 A380을 주문한 항공사 고객들에게 비디오나 전화 등 전자기기를 각자 편리한 대로 설치할 수 있도록 허용하여 비행기마다 서로 다른 케이블 시스템(표준)을 갖게 된 것이 원인이었다. 제작공정을 표준화하지 못해 발생한 문제로 인해 재작업 효율성이 떨어졌고, 공식 운항이 계속 지연되는 등 비용도 눈덩이처럼 불어났다.

또한 1970년대에 국산 자동차가 최초 중동에 수출했을 때는, 열사의 온도를 이기지 못하고 냉각수가 터지고, 자동차 도장이 벗겨진다는 등의 불만족 사항이 많았었다. 이는 발주자의 발주사양 작성능력 부족과 함께 공급자 또한 제품이나 서비스가 사용되는 현장의 특성들을 제대로 파악하지 못하면 일어날 수 있는 일들이다. 이런 일들이 발생하는 사유는, 발주자나 공급자가 공통으로 인식하고 지키기로 한 약속들이 없었거나 활용하지 못하여 필요사항을 기술하는 과정에서 누락사항이 발생했기 때문이다. 따라서 발주자와 공급자가 공통으로 인식할 수 있는 기본 요구사항을 기반으로 특정 요구사항을 기술하면, 발주자나 공급자가 잘못 이해할 가능성을 최소화하고 제대로 된 사양서를 작성할 수 있을 것이다. 만약 구매자와 공급자 모두 동일한 규격과 표준을 적용하면 상호 이해나 기대치가 동일해질 수 있다. 이러한 표준이 없다면 구매자의 기술 사양 및 품질요구조건을 아무리 상세하게 기술하더라도 서로 다르게 이해할 가능성은 얼마든지 발생하게 된다.

이와 같이 사업 수행 중에 발생할 수 있는 많은 오류를 최소화하기 위해서 일종의 권고 또는 제안으로 만들어지는 것이 산업 표준^{standards}이다. 그러다가 점차 시간이 지나면서 사회적/산업적으로 표준이 정착되면 법규처럼 강제 효력을 가질 수 있는 규격^{code}으로 진화하게 된다. 규격은 표준을 기반으로 하나, 새로 만드는 경우와 표준 자체를 규격으로 인용하는 경우도 있다.

SECTION 9.3 품질체계

회사에는 수많은 업무들이 존재한다. 이를 프로세스^{process}라고 한다. 여기에는 인사, 경리, 설계, 구매, 생산, 사업관리, 영업, 검사 등의 업무들이 있으며, 품질경영시스템(QMS)은 이러한 업무들 중에서 품질에 영향을 미칠 수 있는 업무를 선별하여 명확한 절차를 수립하도록 요구하는 것으로 매뉴얼, 절차서, 지침서 등의 형태로 존재한다. 예를 들면 '불일치 제품 관리'라는 요구항목을 만족시키기 위해 '불일치처리 절차'라는 절차서를 작성, 운용한다. 이때 부적합 품목이 발생하면 어떻게 처리하고 관리되는지 보여주고 입증함으로써 제품을 '보증'하는 것이다.

ISO는 이러한 품질 '**요구사항**'들을 회사에 전달하고 이를 준수했는지에 대한 심사를 수행 및 평가하여 인증을 유지할 수 있도록 했다. 또한 회사의 성과 평가를 위한 ISO 9004와 지구온난화 등 환경 이슈에 대처하기 위한 ISO 14001(환경경영시스템) 지침을 추가로 도입했다. 환경적으로 건전한 실천 방법론을 도입하여 지속 가능한 회사 성장이 가능하다는 취지로 제정되었으며 환경담당자 위주의 업무에서 전 구성원이 참여하고, 이윤창출과 환경 성과개선이라는 두 가지 목표를 달성할 수 있도록 체계적 식별, 평가, 관리 및 개선을 통해 환경위험성을 효율적으로 관리하도록 지침을 개발했다.

ISO에는 수많은 규격과 표준이 있으나 품질경영과 관련된 표준은 다음과 같으며, 이를 패밀리 규격[4]이라고 부른다.

- ISO 9000 품질경영시스템: 기본사항, 용어(KS Q ISO 9000 참조)[5]
- ISO 9001 품질경영시스템: 요구사항
- ISO 9004 품질경영시스템: 성과개선지침
- ISO 19011 품질경영시스템 및 환경경영시스템: 심사지침

9.3.1 ISO 9000의 기본 개념

ISO 9000 표준을 적용할 수 있는 **범위**를 다음과 같이 규정하고 있다.

- 품질경영시스템의 실행을 통해 지속적인 성취를 추구하는 조직
- 자신의 요구사항에 적합한 제품 및 서비스를 일관되게 제공한다는 확신을 갖고자 하는 고객
- 조직의 공급망에 대해 제품 및 서비스 요구사항이 충족될 것이라는 확신을 추구하는 조직

---

[4] 패밀리 규격: ISO9000 시리즈 규격이 단기간에 많이 작성되어 규격 간의 부조화, 사용자 혼란을 해결하기 위해 ISO 9001과 ISO 9004 규격을 중심으로 4개의 기본 규격으로 재편성했다.
[5] 산업통상자원부 국가기술표준원 KS Q ISO 9000(2015.12.29.)

- 용어에 대한 공통이해를 기반으로 의사소통을 추구하는 조직과 이해 관계자
- ISO 9001 요구사항에 대한 적합성 평가를 수행하는 조직
- 품질경영에 대한 교육훈련, 평가 또는 조언 제공자
- 관련 표준 개발자

시장 변화와 정보 지식 출현 등 급속한 환경변화에 대응해야 하는 조직과 이해관계자들에게 필요한 **기본 개념**과 **원칙**을 제공한다. 모든 개념, 원칙 및 상호관계는 서로 다르지 않으며 전체로서 이해하고 적용할 때도 올바른 균형을 강조한다. ISO 9000에서는 다음과 같이 5가지 기본 개념을 정의하고 있다.

❶ 품질
- 품질에 중점을 두는 조직은 고객의 니즈와 기대 충족을 통해 가치를 제공한다.
- 제품 및 서비스의 품질은 고객 만족 능력과 이해관계자들과의 영향에 의해 결정된다.
- 제품 및 서비스 품질에는 고객에게 인지된 가치와 이익도 포함된다.

❷ 품질경영시스템
- 목표에 따른 결과를 달성하기 위해 필요한 프로세스와 자원을 정하는 활동을 포함한다.
- 이해관계자에게 가치를 제공하고 실현하는 데 필요한 프로세스와 자원을 관리한다.
- 제품 및 서비스 제공 결과와 조치를 파악할 수 있는 수단을 제공한다.

❸ 조직상황
- 조직상황을 이해하고 조직의 목적, 목표 및 지속가능성에 영향을 미치는 요인을 정한다.
- 내적요인은 조직의 가치, 문화, 지식 및 성과를 고려해야 한다.
- 외적요인은 법적, 기술적, 경쟁적, 시장, 문화적, 사회적 및 경제적 환경 등을 들 수 있다.
- 조직의 목적을 표현하는 방법에 조직의 비전, 미션, 방침 및 목표가 포함된다.

❹ 이해관계자
- 이해관계자의 개념은 고객뿐만 아니라 모든 이해관계자를 고려하는 것이다.
- 조직상황에 대한 프로세스의 일부는 조직의 이해관계자를 파악하는 것이다.
- 이해관계자는 조직의 지속가능성에 심각한 리스크를 제공하는 사람들이다.
- 조직의 성공은 이해관계자의 지지를 끌어들이고 획득하여 유지하는 것이다.

❺ 지원
- 최고경영자의 지원과 사람들의 적극적인 참여를 통해 다음 네 가지가 가능하다.
  (i) 충분한 인적자원과 기타 자원 제공
  (ii) 프로세스의 결과에 대한 모니터링
  (iii) 리스크와 기회의 명확화/결정 및 평가
  (iv) 적절한 조치 실행
- 자원의 책임 있는 획득, 배분, 유지, 증대 및 처분을 통하여 조직의 목표달성을 지원한다.

기본 개념과 함께 제시하고 있는 **품질경영의 원칙**은 8가지로 시작했으나 2015년 개정본에서 시스템적 접근 방법 system approach to management 이 제외되고 내용도 수정되어 **7대 품질경영원칙**이 되었다.

❶ 고객중심 customer focus
❷ 리더십 leadership
❸ 사람들의 참여 involvement of people 는 조직원의 적극적 참여 engagement of people 로 변경
❹ 프로세스 접근법 process approach
❺ 지속적인 개선 continual improvement 은 개선 improvement 으로 변경
❻ 의사결정에 대한 사실적 접근 factual approach to decision making 은 증거기반 의사결정 evidence based decision making 으로 변경
❼ 상호 유익한 공급업체관계 mutually beneficial supplier relationships 는 관계관리/경영 relationship management 으로 변경

품질경영시스템에 사용되는 용어는 KS Q ISO 9000을 참조하여 숙지하기 바라며, ISO 9000의 기본 개념은 다음 예제를 통해 알아보자.

예제 9-1

ISO 품질 관련 규격/표준은 무엇이며 차이점은 무엇인지 설명하라.

풀이

① ISO 9000은 품질경영시스템의 기본사항과 용어에 대한 정의를 제시함으로써 품질경영체계에 대한 이해를 마련한 것이다.
② ISO 9001은 제품 및 서비스에 대한 신뢰를 가질 수 있도록 하는 품질경영체계를 갖추기 위해 필요한 사항을 기술한 것으로, 조직이 준비해야 하는 요구사항을 제공한다.
③ ISO 9004는 ISO 9000에서 설명한 품질관리원칙을 참조하여 복잡하고 까다로우며, 끊임없이 변화하는 사업 환경에서도 지속적으로 성공하기 위한 지침을 제공한다.

예제 9-2

ISO 9000이 ISO 9001 표준을 사용할 때 자주 등장하는 이유는 무엇인가?

풀이

2000년 개정 이전에는 9001, 9002, 9003을 통칭하는 패밀리 이름으로 사용했다. 즉 ISO 9000(1994) 시리즈는 대상 부문에 따라 9001부터 9003까지 세 종류의 규격이 있으며, 기업이 갖추고 있는 품질 시스템의 특성에 따라 규격별 인증이 가능했다.

- ISO 9001: 제품설계 개발에서부터 제조, 설치, 서비스에 이르는 품질보증체제
- ISO 9002: 설계, 개발 부문의 품질 시스템이 존재하지 않는 품질보증체제
- ISO 9003: 최종 검사 및 시험에 관한 품질보증체제

2000년 개정 이후 ISO 9000은 9000, 9001, 9004를 통칭하는 이름으로 사용된다. 그 구성은 다음과 같다.

- ISO 9000: 기본 개념 및 용어

- ISO 9001: 요구사항(ISO 9001 인증을 획득할 수 있음)
- ISO 9004: 성과개선지침

예제 9-3

ISO 9000에 기술된 기본사항과 용어에 대한 정의를 읽어보고, 품질경영활동에 대한 이해를 바탕으로 관계도를 그려보자.

풀이

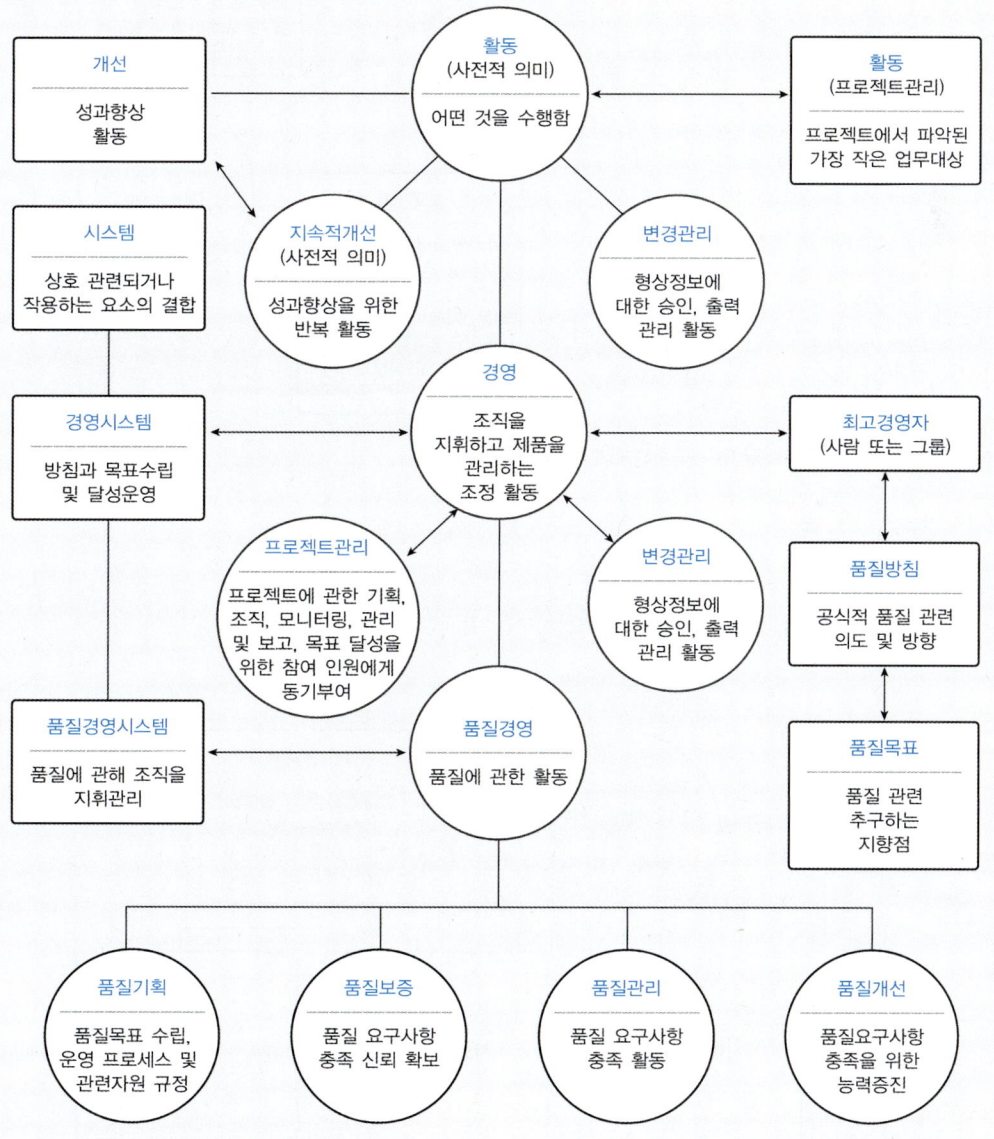

[그림 9-5] 품질 경영활동에 대한 관계도의 예

예제 9-4

ISO 9000에서 강조하는 프로세스 및 제품과 관련된 개념도를 그려보자.

풀이

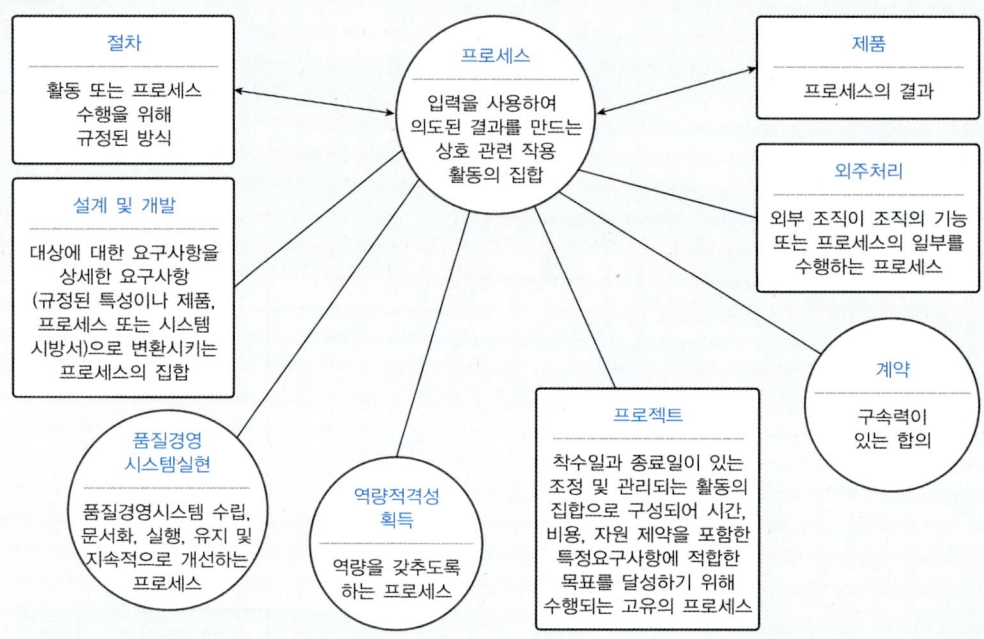

[그림 9-6] ISO 9000 품질 프로세스와 제품과의 관계 예

예제 9-5

ISO 9000에 설명하고자 하는 조직 개념과 이해관계자들 간의 관계도를 그려보자.

풀이

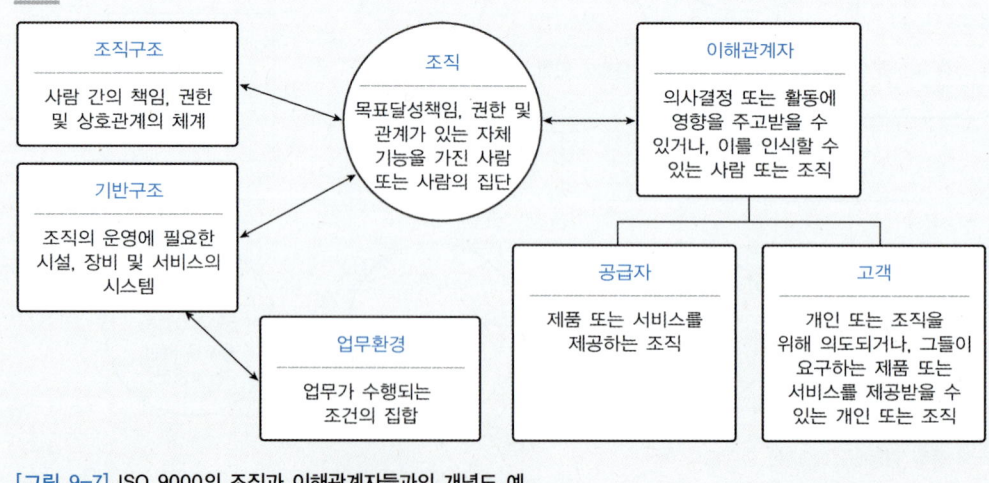

[그림 9-7] ISO 9000의 조직과 이해관계자들과의 개념도 예

> **예제 9-6**

ISO 9000의 요구사항 대비 부적합/불일치사항이 발생했다고 가정하고 적합성 평가 조치와 관련된 관계도를 그려보자.

풀이

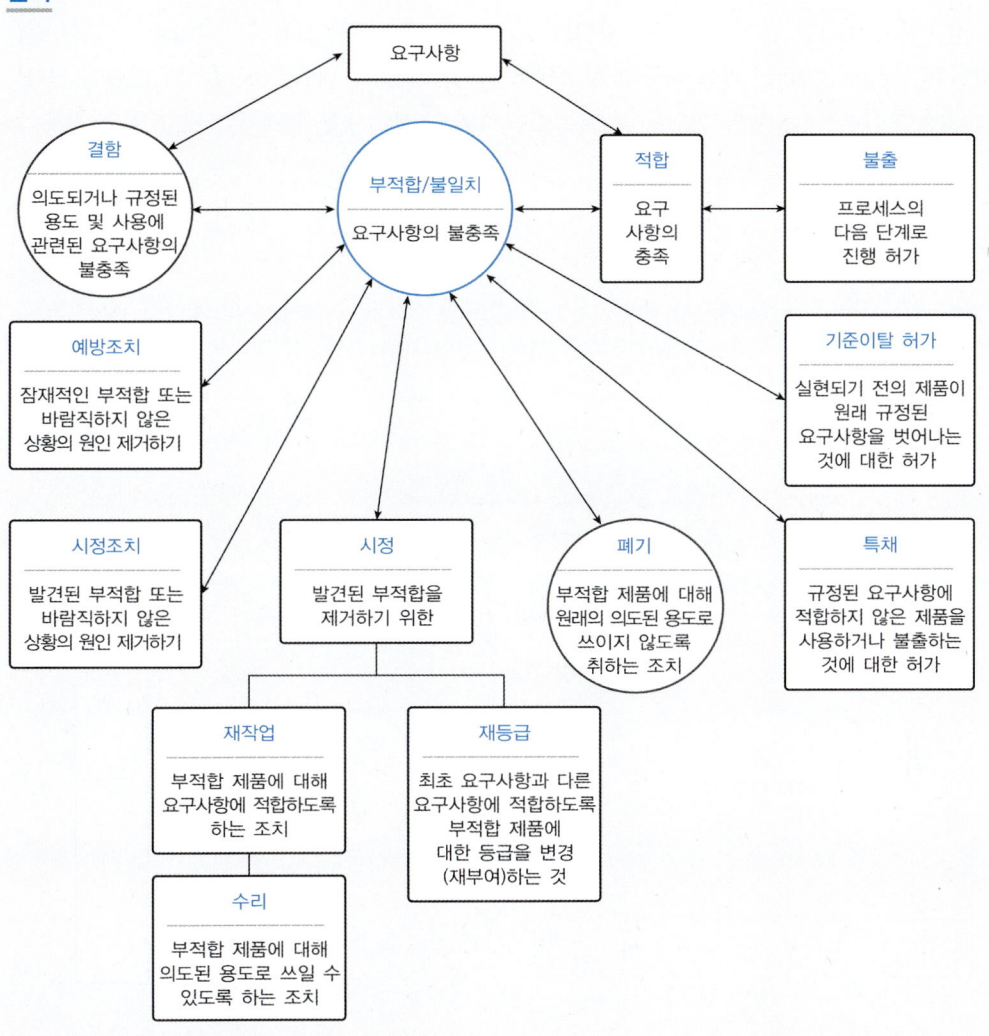

[그림 9-8] ISO 9000의 부적합 및 불일치 처리 예

9.3.2 ISO 9001의 요구사항

여기서는 품질경영시스템의 이해를 위한 **일반사항**으로 계획-실행-검토-조치(PDCA) 개념과 프로세스 접근법을 소개한다. 또 시스템 구축에 필요한 **요구사항**도 알아본다. 시스템 요구사항은 제품 및 서비스에 대한 요구사항과 상호 보완적으로 적용된다. ISO 9001의 일반사항에서는 품질경영원칙, 프로세스

접근법, 표준과의 관계를 설정하고 있다.

품질경영원칙은 ISO 9000의 품질경영원칙을 준용한다. ISO 9000(기본사항과 용어)과 ISO 9004(조직의 지속적인 성공을 위한 경영/품질경영 접근법)와의 관계를 설명하고 실행을 위한 배경설명과 발전을 목표로 하는 조직들에 대한 가이드를 제공한다.

프로세스 접근법은 조직의 효과적인 기능 발휘를 위해 상호 연관해서 작용하는 수많은 프로세스를 파악하고 관리하기 위한 것이다. 어느 하나의 프로세스 출력은 곧바로 다음 프로세스의 입력이 된다. 조직 내에서 적용된 프로세스, 특히 그런 프로세스 간의 상호작용에 대한 체계적인 파악 및 관리를 '프로세스 접근법'이라고 부른다.

예제 9-7

PDCA 사이클 개념은 모든 프로세스와 품질경영시스템 전체에 적용될 수 있다. ISO 9001을 읽어보고 상기 프로세스 접근법에 기초한 고객과 품질경영시스템의 운용에 대한 개념도를 그려보자.

풀이

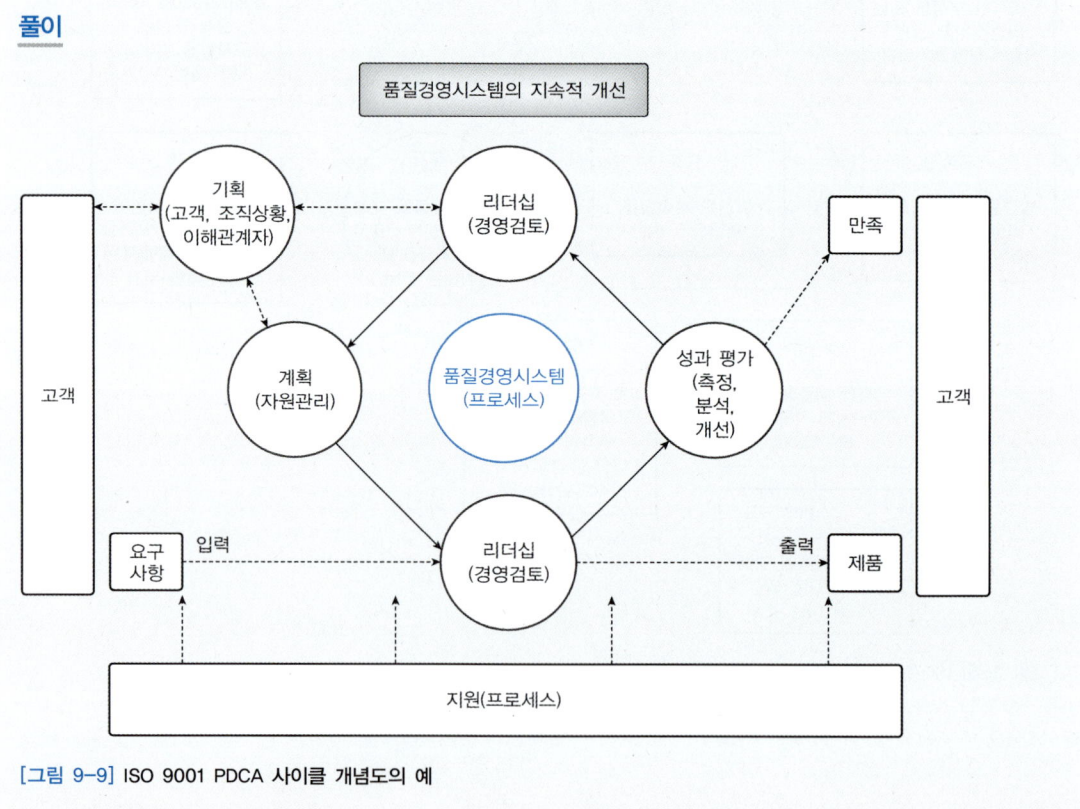

[그림 9-9] ISO 9001 PDCA 사이클 개념도의 예

품질경영시스템의 **요구사항**은 다음과 같이 구성되어 있다.

요구사항의 목차

1. 적용범위
2. 인용표준(규격)
3. 용어 및 정의
4. 조직의 상황
    - 4.1 조직과 조직상황의 이해
    - 4.2 이해관계자의 니즈와 기대 이해
    - 4.3 품질경영시스템의 적용범위결정
    - 4.4 품질경영시스템과 그 프로세스
5. 리더십
    - 5.1 리더십과 의지 표명
    - 5.2 방침
    - 5.3 조직의 역할 책임과 권한
6. 기획
    - 6.1 리스크와 기회를 다루는 조치
    - 6.2 품질목표와 품질 목표달성 기획
    - 6.3 변경 기획
7. 지원
    - 7.1 자원
    - 7.2 역량/적격성
    - 7.3 인식
    - 7.4 의사소통
    - 7.5 문서화된 정보
8. 운용
    - 8.1 운용 기획 및 관리
    - 8.2 제품 및 서비스 요구사항
    - 8.3 제품 및 서비스 설계와 개발
    - 8.4 외부에서 제공되는 프로세스, 제품 및 서비스 관리
    - 8.5 생산 및 서비스 제공
    - 8.6 제품 및 서비스 불출/출시
    - 8.7 부적합 출력/산출물 관리
9. 성과 평가
    - 9.1 모니터링, 측정, 분석 및 평가
    - 9.2 내부 심사
    - 9.3 경영검토/경영평가
10. 개선
    - 10.1 일반사항
    - 10.2 부적합 및 시정조치
    - 10.3 지속적 개선

품질경영시스템의 요구사항을 일반사항의 PDCA 사이클 개념과 연계하면 [표 9-1]과 같이 구성할 수 있다. PDCA 개념은 품질 절차나 프로세스를 개발하기 위해 많이 사용된다.

[표 9-1] PDCA 개념과 품질 시스템의 관계

구분	요구사항	세부 항목

품질경영시스템 도입	1. 적용범위
	2. 인용표준
	3. 용어 및 정의
		1. 적용범위(품질경영시스템에 대한 요구)
		  1) 고객 요구사항과 법적 및 규제적 요구사항을 충족하는 제품 및 서비스를 일관성 있게 제공할 수 있는 능력을 실증할 필요가 있는 경우
		  2) 시스템 개선 및 1)항의 요구사항에 따른 적합함을 보증하기 위한 프로세스와 시스템의 효과적인 적용을 통해 고객만족을 증진시키고자 하는 경우
		2. 인용표준: ISO 9000
		3. 용어정의: ISO 9000

계획(plan)	4. 조직의 상황 5. 리더십 6. 기획	4.1 조직 및 조직의 상황 이해 4.2 이해당사자의 니즈 및 기대 이해 4.3 품질경영시스템의 적용범위 결정 4.4 품질경영시스템 및 프로세스 5.1 리더십 및 의지표명 5.2 방침 5.3 조직의 역할, 책임 및 권한 6.1 리스크 및 기회를 다루기 위한 조치 6.2 목표 및 목표를 달성하기 위한 계획 6.3 변화에 대한 기획
실행(do)	7. 지원 8. 운영	7.1 자원 7.2 역량 7.3 인식 7.4 의사소통 7.5 문서화된 정보 8.1 운영 기획 및 관리 8.2 제품 및 서비스 요구사항 8.3 제품 및 서비스 설계, 개발 8.4 외부에서 공급된 프로세스, 제품 및 서비스 관리 8.5 생산 및 서비스 제공 8.6 제품 및 서비스 배포 8.7 부적합 제품 관리
검토(check)	9. 성과 평가	9.1 모니터링, 측정, 분석 및 평가 9.2 내부 심사 9.3 경영 검토
조치(action)	10. 개선	10.1 일반사항 10.2 부적합 및 시정 조치 10.3 지속적 개선

ISO 표준의 의도는 조직관리를 위한 프로세스 접근 방법의 채택을 장려하는 것이다. 정책은 조직과 조직 사이의 프로세스 및 절차를 이끄는 지침이 된다. 프로세스는 조직 활동의 상위에 위치해 중요한 작업을 식별하며 입력을 출력으로 변환시키는 상호 관련 활동의 집합이다. 이를 통해 명확히 식별된 입력과 출력의 내외부 소유자에 따라 관련 고객과 이해관계자가 존재하게 된다. 제품에 대한 요구사항은 고객, 조직 및 관련 법규에 의해 규정될 수 있으며 관련된 프로세스에 대한 요구사항을 포함한다. 예를 들어 기술시방서, 제품규격, 프로세스 규격, 계약서 및 규제 요구사항을 포함한다. 절차는 프로세스를 단계별로 수행하는 데 필요한 사항을 자세히 기술한 것으로 매뉴얼, 지침서, 절차서 등이 이에 해당된다.

사업 수행 프로세스의 예를 들어보면 다음과 같다.

- 시장조사(마케팅) – 명세사항 작성(개발 및 마케팅) – 개발솔루션(개발) – 시장 내 테스트(마케팅) – 생산(운영) – 출시 및 판매(세일즈 및 마케팅)

- 입찰안내서 입수(영업) – 입찰제안서 작성(영업, 사업준비, 설계 및 생산) – 입찰 참여(경영진, 영업) – 수주(영업, 사업관리) – 설계문서 및 제작도면 작성(설계) – 자재구매 및 관리(운영) – 생산(운영) – 출하(품질 및 사업관리) – 사후관리(사업관리 및 서비스)

프로세스를 성공적이고 효과적으로 진행하기 위해서는 각 기능부서 간에 성공 모습에 대한 공통된 이미지를 가지고 상호 협력해야 한다. 하지만 실제로는 개별 부서의 목표나 우선사항이 선행되는 경우가 많다. 따라서 프로세스 관리에 대한 소유권을 주는 것은 성공적인 프로세스를 위한 핵심사항이 될 수 있다.

9.3.3 품질보증과 품질관리의 개념

품질보증은 품질을 보장하기 위한 활동을 통해 제품을 보증하는 것이며, 품질관리는 불량품의 원인을 가능한 한 미연에 방지하거나 그 원인을 제거하여 품질 유지 및 향상을 도모하는 활동이다. 소프트웨어의 품질보증은 요구되는 기능을 확인 및 검증하는 시험의 일종이라고 할 수 있다. 품질인식은 다음과 같은 품질 용어에 대한 이해로부터 시작된다고 볼 수 있다.

> **품질**
>
> 품질보증(品質保證, Quality Assurance)은 일정한 효율과 품질이 보장되어야 하는 활동 또는 제품에 대하여 보증을 부여하기 위하여 필요한 증거를 제공하는 것을 이른다(출처: 위키백과).
>
> 품질관리(品質管理, Quality Management)는 생산관리에 통계적 방법을 이용하여 불량품의 발생원인을 발견하고 그것을 제거함으로써 품질의 유지와 향상을 꾀하는 것이다. 즉, 품질관리란 제조공정 중에서 불량품을 발생시키는 원인을 가능한 한 미연에 방지하는 것을 말한다(출처: 위키백과).
>
> 소프트웨어에서의 품질보증은 소프트웨어나 게임이 출시되기 전 요구하는 품질에 충분히 만족하는지를 테스트하는 소프트웨어 테스트의 일종이다(출처: 위키백과).
>
> 품질보증(Quality Assurance): All those planned and systematic actions necessary to provide adequate confidence that an item or a facility will perform satisfactorily in service(ANSI N45.2.10-1973).
>
> 품질보증은 구조물, 계통설비 및 구성기기가 사용과정에서 만족스럽게 기능을 발휘할 것이라는 확신을 줄 수 있는 계획적이고 체계적인 모든 행위(USNRC 10 CFR 50, Appendix B)
>
> 품질관리(Quality Control): Those quality assurance actions which provide a means to control and measure the characteristics of an item, process, or facility to established requirements(ANSI N45.2.10-1973).

안전관련 제어시스템을 적용하는 항공, 원자력, 우주 산업 분야에서는 다양하고 엄중한 요구사항을 제시하고 있다. 따라서 공급자 및 제조사는 규격, 표준 및 기술 사양서에 명시된 요건들 외에 계약서에 명시된 고객 요구사항을 바탕으로 체계적으로 품질체계를 구축하고 이행해야 한다. 내부 이해관계자들의 요구사항들도 이에 포함된다고 할 것이다. 따라서 고객만족 달성을 최우선 목표로 하는 **품질방침**을 설정하고 계약 역무와 관련된 모든 제품 및 서비스에 대해 계약요건, 규정된 기술 및 품질 요건, 해당 코드, 표준, 규정 및 규제기관의 요구사항 등을 충족할 수 있도록 하는 품질활동을 규정해야 한다.

일반적으로 품질 프로세스는 품질정책 이행 및 감사를 위한 품질보증활동과 품질통제를 위한 품질관리 활동으로 구분할 수 있다.

- 품질보증은 품질정책과 절차, 관련 법규와 표준 등 영향을 주는 규정 준수 여부 및 표준제조공정 준수 여부를 감시하며, 품질통제를 위한 품질관리 절차 및 표준절차의 준수 여부와 적절한 수행 여부를 감사^{audit}해야 한다.

- 품질통제를 위한 품질관리는 제작에 직접적으로 참여하지 않은 전문가들이 제작 중이거나 제작이 완료된 제품에 대해 인수기준의 부합 여부를 검증하고 작업 산출물을 검사하여 사양서, 인수기준, 법규, 표준 및 변경 승인사항 등을 만족하는지 종합적으로 평가한다. 결함 사항에 대해서는 교정하여 재발을 방지하도록 하고, 제조공정을 감시해 불안정할 경우 원인을 찾아 조치하고 개선하는 활동을 한다. 즉 제품이나 서비스가 규정된 표준에 적합하다는 것을 확신시키기 위해 생산 시스템 내에서 측정, 피드백, 표준과의 비교, 검토 및 수정을 하는 것이다.

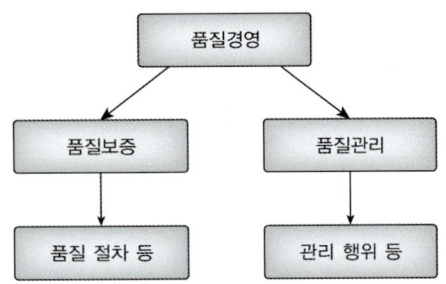

[그림 9-10] **품질보증과 품질관리의 관계**

SECTION 9.4 품질활동

9.4.1 품질의 역사

품질규격은 1950년대에 제정된 미국 군사규격(MIL-Q-9858)으로부터 시작해 미국, 유럽, 일본에서 산업별로 다양한 형태로 발전하여 국방, 항공 산업이나 원자력발전 등에 사용되었다. 1990년대에 들어서면서 세계 무역시장의 급격한 성장과 더불어 세계 각국이 서로 상이한 품질 시스템을 적용함에 따른 국가 간 마찰을 방지하고 자유무역을 촉진하기 위한 표준화의 일환으로 BS 5750 규격을 토대로 ISO 9000 시리즈 규격을 제정했다.[6] 이후 각 분야별 품질체계는 ISO 표준을 접목하면서 다음과 같이 차별화와 통합화가 진행되고 있다.

- 국방 분야의 품질경영시스템은 ISO 9000 시리즈 규격과 NATO 지역에서 품질 시스템으로 사용하던 AQAP$^{Allied\ Quality\ Assurance\ Publication}$ 시리즈 및 미 육군의 계약자품질인증프로그램(CP2, CPCP)$^{contractor\ performance\ certification\ program}$을 참고하여 1998년 국방품질 시스템 규격서를 제정했다.

- 항공우주 분야는 미국정부에서 1996년 이후 군수품 품질규격인 MIL-Q-9858A를 폐지시키고 ISO 9000 시리즈를 산업용 품질 시스템 규격으로 인정했다. 그리고 미국과 유럽에서는 서로 다른 품질 시스템 요구사항을 공급업체에 요구하는 문제점을 보완하기 위해 범세계적인 항공업체 단체인 국제항공품질그룹(IAQG)$^{International\ Aerospace\ Quality\ Group}$을 발족시키고 국제적인 항공우주 품질경영시스템 규격인 AS 9100을 제정했다.

[표 9-2] 품질 규격 관계도

	MIL-Q-9858	ISO 9001	AS 9100
제정일	1959	1987	1999
적용 분야	국방	산업체	항공
주안점	계약이행, 제품 적합성	공정 효율 및 효과	안전, 신뢰성, 물류
주요 요건	• 독립성 보장 • 검사 결과 • 대량생산 • 도면 및 문서 관리 • 정부 기관	• 최고경영자의 의지 • 자원관리 • 인프라 및 작업 환경 • 설계 확인 및 개발	• 독립성 보장 • 형상관리 • 도면적합성 및 설계 변경 • 식별 및 추적 • 재료 검토 • 리스크 관리

- 1970년대 우리나라는 취약한 산업기반에도 불구하고 원자력 발전소를 도입했는데 안전성을 확보하

---

[6] 출처: 품질경영시스템 규격 및 감항인증적용에 관한 연구 ISSN 2887-9005(Online)

고 높은 이용율을 유지할 수 있었던 기술적 배경으로는 원전도입 초기 미국연방법(10 CFR PART 50, Appendix B)과 미국기계학회(ASME)$^{American\ Society\ of\ Mechanical\ Engineers}$ NQA-1의 엄격한 품질보증요건을 준수한 것을 들 수 있다. 1995년도에는 국내에서 NQA-1 기반의 전력산업기술기준(KEPIC)을 개발했으며 화력, 원자력, 송배전 분야의 전력산업에 적용하고 있다. 1987년에 ISO 9000 품질 시스템이 제정된 이후 원자력분야의 적용을 검토했고 현재는 NQA-1과 상호 보완적으로 적용되고 있다.[7]

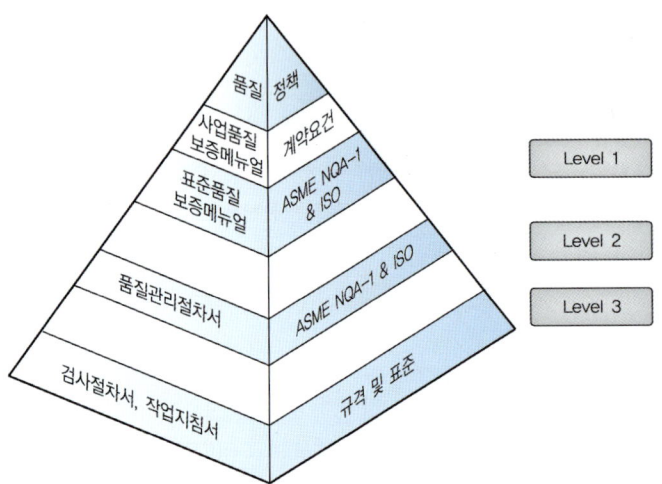

[그림 9-11] 품질보증 시스템 체계 예

주요 표준의 제정이력을 살펴보면, 미 국방성에서 품질불량 문제를 해결하기 위해 제정한 품질요건이 전 세계적으로 확대되면서 국제표준인 ISO의 기반이 되었으며 현재는 전 세계에서 ISO를 공통적으로 적용하고 있다. 국제표준화기구 ISO 9000 시리즈의 품질표준은 여러 가지 국가표준들과 국제표준을 일치시켜야 한다는 요구에 따라 개발된 것으로서 미국규격협회(ANSI)를 포함한 국제적인 노력에 의해 개발되었다. 이 규격의 결과로 제품과 서비스 공급자는 세계 어느 곳에 있는 고객이든 인정할 수 있는 품질 시스템을 개발 운영할 수 있게 되었다. ISO 9000 표준은 품질 인증^{certification}을 받을 수 있도록 운영하고 있다.

표준의 연혁은 다음과 같다.

- 1959년: 미국방성 MIL-Q-9858
- 1963년: 미국방성 MIL-Q-9858A/원자력잠수함 건조용 QA 요건(ISO 9000의 기반이 됨)
- 1968년: 나토 AQAP -1
- 1970년: 미국 원자력위원회 USNRC 10 CFR 50, App. B 발전사업자 준수요건
- 1971년: 미국표준 ANSI N45.2 Series 및 ASME Code Sec. III 발행
- 1979년: 영국표준 BS 5750(ISO 9000의 모태)

---

[7] 출처: 산업경영시스템학회지, "Journal of the Society of Korea Industrial and Systems Engineering", Vo;.34, No3, pp79-89, Sep.2011
참고: ISO 9000 규격과 원자력품질보증 규격과의 비교 및 예상 적용효과(한국원자력연구원)

- 1979년: 미국표준 ASME NQA-1(ANSI N45.2 Series의 QA Program 요건 취합)
- 1983년: 미국표준 ASME NQA-2(ANSI N45.2 Series의 기술요건 취합)
- 1987년: 국제표준화기구 ISO 9000 & 9001 발행(전 산업 적용: 제조업 위주)
- 1999년: 항공품질경영시스템 AS 9100 발행
- 2000년: 국제표준화기구 ISO 9000 전면 개정발행(**전 산업 적용, 제조업 위주 탈피**)

9.4.2 대기업의 품질조직(사례)

이제 대기업의 품질조직 사례를 살펴보자. 품질본부는 최고경영자(CEO) 직속으로 있으며, 각 사업본부에 있는 품질관리조직을 통해 사업본부의 품질뿐만 아니라 전사적 품질향상 및 품질관리를 총괄한다. 기업의 모든 행위에 대해 적용되므로 연구 개발부터 생산, 판매, 판매 후 보증기간 또는 사용수명 기간을 포함하는 서비스까지 모든 활동에 대해 적용되어야 한다. [그림 9-12]는 H 자동차의 품질조직 개념도이다.

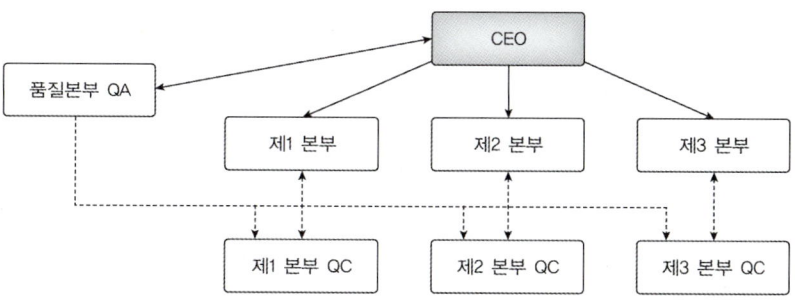

[그림 9-12] 대기업의 일반적인 품질조직 체계도(사례)

핵심기능은 신차 개발(신기술 포함), 자동차 생산, 판매 및 판매 후 서비스 등으로 나눌 수 있으며 지원업무로는 구매 등이 있을 것이다.

■ 신차 및 신기술 개발 단계

신차 개발은 개념 설계부터 주요 기능 정의와 부품 선정, 체계화 작업 등을 거치며 성능 및 신뢰성, 친환경성, 경제성 등의 경쟁력 확보를 주요 목표로 부품 및 차량 설계, 소프트웨어 개발 등을 진행한다. 단계별로 Quality Gate가 정의되며, Quality Gate를 통과해야 다음 단계를 연구개발할 수 있도록 절차화되어 있다. 왜 연구개발에도 엄격한 품질관리가 적용될까? 연구개발은 자유롭게, 창의적으로 개념을 잡고 진행해야 하는 것이 아닌가? 맞는 말이다. 신차 개발 이전에는 사전 연구를 통해 기능과 성능에 중점을 둔 신개념의 연구가 자유롭게 이루어지지만, 신차 모델을 정의하고 생산과 판매를 전제로 하는 연구개발은 엄격한 품질체계에서 이루어져야 한다. 초기에 오류를 발견하면 수정, 보완, 개선에 시간과 비용이 많이 들지 않지만 많이 진행된 다음에 오류를 발견하면 수정, 보완, 개선이 어렵거나 아예 불가능할 수도 있다. 개발비만 수천억 원 또는 조 단위 비용이 투입되는 연구개발에서 품질 강화는 비용 증가가 아니라 비용 절감을 가져오는 효과적인 방법이다.

연구개발의 품질적용은 모든 문서의 체계 및 설계과정의 투명성과 시험결과의 입증 등을 포함하며 시제 자동차의 제작 공정 및 부품 선정 등 모든 절차가 회사가 정의한 품질절차를 준수하며 진행되어야 한다.

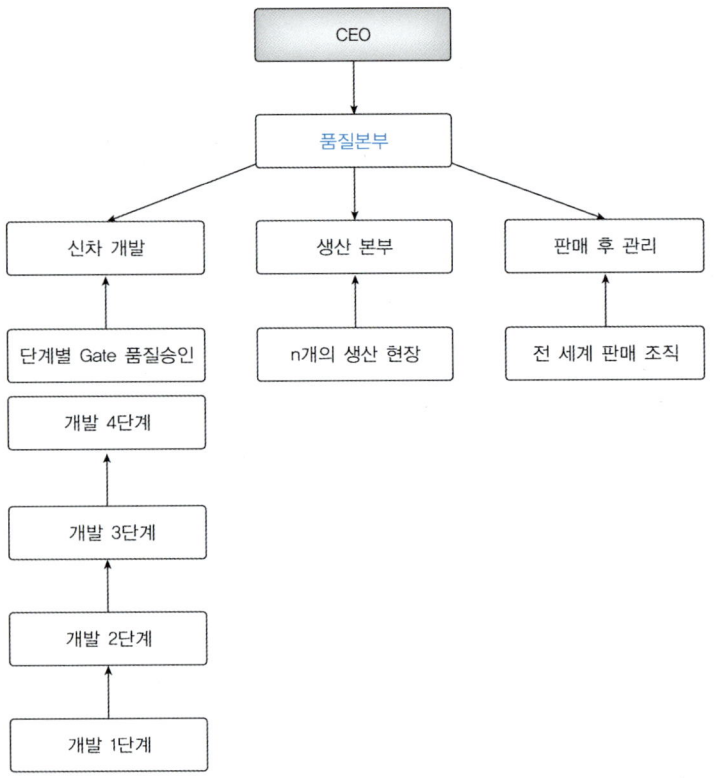

[그림 9-13] H 자동차 회사의 품질조직

■ 생산 단계의 품질

H 자동차는 전 세계에 n개의 공장이 있으며 연간 1,000만 대 가까운 차량을 생산한다. 여기에는 아마도 수십 개 국적을 가진 수십만 명의 인원이 참여하고 있으며, 이들이 모두 똑같은 지침 아래 회사의 품질목표를 맞추고 생산효율을 올리려 할 것이다. 이는 쉬운 일이 아니다. 각각의 생산 공장에 품질본부 산하의 별도 품질관리 조직을 두고, 품질관리 및 개선 등의 활동을 지원한다. 각 공장의 품질조직 책임자는 공장장의 가장 중요한 참모이자 건전한 내부 고발자 역할을 한다. n개의 생산 공장은 매달 품질지표 평가를 받는다.

자동차 회사뿐 아니라 거의 모든 회사에서 중대 품질문제가 발생하거나 품질평가에서 최하위를 받은 사업본부는 최고경영자 주관 회의에서 개선대책을 보고하는 등의 어려움을 겪는다. 이는 품질이 회사 성과와 발전의 밑바탕이 되며, 일순간에 회사가 없어질 수도 있는 리스크를 막는 가장 효과적인 방법이기 때문이다.

■ 판매 후 관리 단계

자동차의 판매 후 관리는 누구나 잘 아는 분야다. 그중에서도 가장 대표적인 것이 리콜이다. 리콜은 자동차 회사의 매출 이후 가장 큰 손실을 불러올 수 있으며, 반대로 제대로 된 선제적 리콜은 고객의 신뢰를 높이기도 한다. 고기능화되고 있는 자동차산업에서 리콜이 전혀 없다는 것은 매우 힘든 일이 되었다. 얼마나 리콜의 가능성을 줄이느냐가 초기의 품질활동이라고 하면 리콜을 제대로 하는 것은 후기 품질활동이라고 할 수 있다.

리콜에 대해 간단히 살펴보자.

❶ **리콜**은 제작과정상의 문제로 자동차 안전기준에 부적합하거나 안전운행에 지장을 줄 수 있는 결함이 있는 경우 자동차 소유주에게 공개적으로 알리고 결함부품을 교환 또는 수리해주는 제도다.

❷ **리콜 해당 결함사례(국토해양부 자료)**
- 조향장치(핸들 등) 고장으로 운전자의 의도대로 조정되지 않는 결함
- 주행 중 연료 누유로 화재발생 가능성
- 가속장치(가속페달 등) 고장으로 운전자의 의도대로 가감속되지 않는 경우
- 창 닦이기(와이퍼)가 동작하지 않아서 시야 확보가 어려운 경우
- 전기장치 고장으로 화재발생 우려
- 에어백이 작동하지 않아야 하는 경우에 작동하는 결함
- 운행 중 중요 부품이 떨어지거나 분리되어 안전운행에 지장을 줄 수 있는 경우
- 이러한 결함 외에도 법규에 규정된 안전기준에 부적합한 경우

❸ **리콜 대상 제외 사례**
- 에어컨, 라디오 등의 동작 불량
- 소모품, 도색 품질, 소음 진동 등의 승차감 관련 품질 등

❹ **리콜의 종류**
- 자발적 리콜
- 강제적 리콜

❺ **리콜 조사 방법**
- 검토(신고자료 검토), 조사(결함조사), 리콜 시행의 3단계로 진행

자동차 회사는 리콜 대상인지 아닌지를 빨리 판단하고 자발적 리콜 형태를 취하는 것이 유리하다. 또한 리콜의 대상 폭을 잘 결정해야 한다. 예를 들면 특정 부품의 결함인지 아니면 그 부품의 특정 생산 롯트[lot]들의 결함인지는 매우 중요한 문제다. 특정 부품의 문제면 그 부품이 들어가는 차량 모두를 리콜해야 하며, 특정 롯트[lot]의 문제면 리콜 대상이 크게 줄어든다. 우리나라의 경우는 국토해양부 교통안전공단과 한국소비자원이 자동차 결함에 대한 신고 업무를 주관하며, 미국은 NHTSA[National Highway Traffic Safety Administration]가 담당한다. 별도로 배기가스 및 연비 등의 환경문제는 환경부가 담당하고 있다.

H 자동차 회사는 문제가 발견되면 엄격한 자체 조사를 실시한 후 리콜 대상에 대해 선제적으로 자발적 리콜을 시행하기 위해 많은 노력을 하고 있다. 먼저 세계 각지의 대리점(판매 에이전시)으로부터 고객 불만사항들을 접수하여 고객품질 보고서를 작성한다. 본사의 품질본부에서는 품질조기경보체계$^{Quality\ Early\ Warning\ System}$를 구축하여 품질 이슈에 대해 선제적 대응을 함으로써 자동차 안전 확보와 고객만족을 통한 회사의 성장을 시도한다.

9.4.3 엔지니어링 역할

공학적 행위는 발주자(사용자)의 요구로 시작되며 발주자의 요구사항을 만족시키는 제품을 공급하는 것으로 종결된다. 발주자의 요구사항은 처음으로 시도하는 제품이나 기술의 경우 발주자가 해당 사양서에 충분한 정보를 담지 못하거나 애매모호하게 표현하여 사업 수행 중에 문제가 되기도 한다.

알기 쉬운 사례로 연계사항을 들 수 있다. 1970년대까지 국내의 플랜트용 기기 발주 및 공급 사업에서 가장 많이 나타나는 형태는 상호 연결 방법과 사양 누락이었다. [그림 9-14]를 보면 발주자가 A 사는 좌측 설비를, B 사는 우측 설비를 납품하고 C 사는 연결 작업 및 신호 연계를 위한 케이블류(또는 파이프류)를 납품하도록 요구하면서 납품이 끝나면 설비 가동이 가능할 것으로 생각한다. 그러나 C 사의 케이블이나 파이프는 납품되었지만 접속재나 접속 공정에 대한 요건이나 역무가 누락됐고 사업 진행 중 이를 발견함으로써 황급히 회의를 통해 추가발주나 책임문제를 따져야 하는 등의 문제가 발생했다.

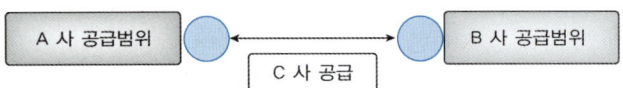

[그림 9-14] 공급 기기의 연계사양이 누락된 경우

항공기의 경우에도 발생한 사례가 있다. 유럽에서 에어버스를 개발할 때 다국적 기업(프랑스, 독일 등) 간에 서로 역할을 나눠 주요 부품을 개발했다. 그런데 최종 조립 장소에 부품이 도착하여 연결하던 중 전기회로 배선 설계의 문제를 알게 되었다. 에어버스가 A380을 주문한 항공사 고객들에게 비디오나 전화 등 전자기기를 각자 편리한 대로 설치할 수 있도록 허용함에 따라 비행기마다 서로 다른 케이블 시스템(표준)을 갖게 된 것이 원인이었다. 제작공정을 표준화하지 못해 발생한 문제로 인해 재작업 효율성이 떨어졌고 공식 운항이 계속 지연되는 등 비용도 점점 눈덩이처럼 불어났다.

SECTION 9.5 품질보증 시스템

9.5.1 품질보증 활동

ISO 9000의 자격을 얻고자 하는 회사나 회사의 특정 사업부는 ISO 9001의 요구사항을 만족해야 한다. 산업별 특성에 따른 품질자격 인증제도가 있으며 ASME NQA-1의 경우 18가지의 품질요건을 요구하고 있다. 업무 수행 특성이나 관련 요건에 따라 항목을 가감하여 적용할 수 있고, ISO의 제시 항목과 아래 18개 항목은 상호 보완적으로 적용할 수 있다.

① 조직
② 품질보증계획
③ 설계관리
④ 구매문서관리
⑤ 지시서, 절차서 및 도면
⑥ 문서관리
⑦ 구매 기자재/품목 및 용역 관리
⑧ 품목/기자재의 식별관리
⑨ 공정관리/특수작업관리
⑩ 검사관리
⑪ 시험관리
⑫ 측정 및 시험장비 관리
⑬ 취급, 저장 및 운송
⑭ 검사, 시험 및 운전상태
⑮ 부적합 품목 관리
⑯ 시정조치
⑰ 품질보증기록
⑱ 품질보증감사

고객은 계약서를 통해 품질 방침 및 요건들을 제시하고 사업자는 사업별 품질보증계획에 이를 반영하여 고객에게 제출해야 한다. 즉 프로젝트에 적합하게 별도의 품질프로그램을 수립할 수 있으며 품질보증계획의 세부 내용은 다음 사항을 포함하여 작성한다.

① 조직
   품질보증 및 관리 조직은 다음과 같이 구성해야 한다.

- 품질업무를 담당하는 책임조직의 독립성 및 권한 보장
- 각 조직의 권한과 책임사항을 구분하여 문서화
- 업무에 대한 위임사항 관리
- 조직 간 연계^{interface} 관리
- 문제 색출 및 해결권한 규정

❷ 품질보증계획

품질보증프로그램 관리는 품질보증계획서 작성, 검토 및 승인, 배포, 이행 및 유효성 확인 단계를 거친다. 계획서 작성 시 고객의 요건을 반영해야 하며, 유효성을 확인하기 위해 다음과 같은 분야에 대해 지속적인 모니터링 및 이행감사가 요구된다.

- 문서화된 품질보증계획 수립, 이행 및 유지
- 품질보증계획의 적용 대상 명기
- 품질보증계획의 확립, 유지, 배포, 개정 및 관리절차
- 감사, 검사 및 시험을 수행하는 인원의 자격사항 규정
- 검사 및 시험자
- 비파괴시험자
- 감사자 및 선임감사자
- 품질에 영향을 미치는 업무를 수행하는 인원에 대한 교육 및 훈련 규정
- 품질보증계획의 주기적 적합성 평가를 이행하도록 규정

❸ 설계관리

설계관리를 위한 주요 항목들은 다음과 같다.

- 설계 입력자료 문서화: 설계기준^{criteria}, 변수^{parameter}, 근거^{bases}, 설계요건$^{design\ requirement}$ 등을 체계적으로 확인할 수 있도록 해야 하며 부족한 사항은 지침서로 보완할 수 있다. 설계계획서$^{design\ plan}$를 만들어 변경 이력이나 확인사항을 점검할 수 있도록 한다.
- 설계공정관리 항목
  - 설계해석$^{design\ analysis}$: 수 계산을 포함하여 컴퓨팅으로 수행
  - 계산서$^{calculation\ sheet}$
  - 설계해석 확인$^{design\ calculation\ verification}$
  - 전산프로그램 관리, 도면 관리, 사양서 관리
- 설계확인은 다음과 같이 이루어지며 점검 목록을 만들어 확인한다.
  - 설계검토$^{design\ review}$
  - 대체계산$^{alternate\ calculations\ or\ analyses}$
  - 인증시험$^{qualification\ test}$
- 설계변경관리 절차를 규정한다.
- 설계요원 자격인정 절차를 규정한다.

❹ 구매문서관리

구매문서에 포함되어야 할 요건은 다음과 같다.

- 구매범위
- 기술적 요구사항
- 공급자(또는 하수급자)의 품질보증프로그램에 대한 요구사항
- 사업장 출입요건
- 문서화에 대한 요구사항
- 예비부품 및 대체품에 대한 사항
- 기타 계약서에 요구되는 사항
- 구매문서 변경관리

❺ 지시서, 절차서 및 도면 관리

품질에 영향을 미치는 사항들에 대해 규정해야 하며, 적절한 정량 및 정성적인 합격판정 기준을 제시해야 한다. 가능한 한 검사자 및 감사자의 이해를 돕고 오독을 방지할 수 있도록 구체적이고 명확하게 작성해야 한다.

❻ 문서관리

작성된 문서의 적합성 검토 및 권한이 부여된 자에 의한 문서 승인 및 배포가 가능해야 한다. 변경된 문서에 대해 원 문서와 동일한 검토 및 승인절차가 요구되지 않는 경미한 변경의 종류와 그 결정 및 처리 방법에 대해 명확하게 규정한다.

❼ 구매 기자재/품목 및 용역 관리

구매 전 제출하는 참여 업체의 현황보고서를 통해 업체의 품질 매뉴얼과 설비/인원현황 등을 파악하고 기술부문 및 품질부문을 각각 해당 부서에 송부하여 평가를 의뢰한다. 승인된 업체에 대해서는 승인업체 목록관리를 통해 업체의 자격을 정기적으로 평가 및 감사한다.
- 공급자 평가 및 선정

❽ 품목/기자재 식별관리

식별관리는 매우 중요하며 특히 전기계장품목과 같이 수많은 부품을 조립하여 생산하는 제품의 경우 계약업체와의 세부적인 계획뿐만 아니라 주기적 점검 및 실행이 가능하도록 원칙을 세우고 사전에 관리할 필요가 있다.

품목에 대한 식별관리는 품질관리에 꼭 필요한 추적성의 기본이 되므로 전체적으로 봐야 한다. 즉 당해 제조사의 식별관리뿐만 아니라 원재료 및 원부품을 생산하고 납품하는 공급자망 전체 과정에서 해당 부품들이 위·변조되지 않고 적합한 판정기준에 의해 시험 및 검사가 이루어졌으며, 이러한 품질 기록 등이 정확하고 적확하게 기재된 품질 문서가 주민등록처럼 따라다닐 수 있도록 해야 한다. 기준에 부합되고 합격한 품목만 사용 또는 설치되도록 해야 한다. 예를 들면 다음과 같다.
- 식별 방법은 품목의 초기 인수 및 제작단계부터 마련되어야 하고, 제품 사용 시까지 물리적인 식별방안을 강구해야 한다.
- 식별 및 추적관리에 대한 계획수립은 소재에 대한 식별, 용접자재 식별, 조립품 식별, 완성품 식별 등으로 구분할 수 있다.
- 수명제한품목은 사용주기가 제한된 품목의 관리를 의미한다.

❾ 공정관리/특수작업 관리

공정관리는 품질 확보뿐만 아니라 납기관리를 통한 고객만족을 달성하는 데 중요한 과정이다. 여기에는 완전구매품, 하도제작 업체 및 부품공급업체들에 대한 공정관리도 관리 대상에 포함된다고 할 수 있다. 그리고 특수공정에 대해서는 특별한 주의를 요한다. 특수공정은 사업의 특성에 따라 추가할 수 있다.

- 공정관리: 지시서나 절차서, 도면, 작업공정표^{traveller} 등 적절한 방법으로 관리해야 한다.
- 제작관리 절차: 식별관리, 공정관리, 문서관리, 출하관리
- 특수공정관리: 용접, 열처리, 비파괴검사, 도장, 단말처리 등에 대해 인원, 절차서 및 장비의 규정을 요건화한다. 절차서나 지시서에 포함되어야 할 필수요건 및 합격기준을 명시한다.
- 용접관리: 용접절차검정 및 사양서, 용접자재관리, 공정 수행 및 기록관리
- 열처리공정: 열처리사양서 관리, 공정 수행 및 기록 관리
- 비파괴시험: 비파괴시험절차서 작성, 시험수행 기록 관리
- 기타특수공정: 도장, 단말처리 및 접속, 세척, 운송 등

❿ 검사관리

검사계획의 수립 및 이행을 위해 다음과 같은 활동을 수행한다.

- 검사계획 수립(필수 확인사항: hold point / 입회확인사항: witness point)
- 검사절차서 및 지시서 관리
- 검사요원의 독립성 및 자격 유지
- 검사결과 기록 유지
- 검사종류: 수입/외주 검사, 공정 중 검사, 최종 검사 등
- 검사관리 및 불일치 관리: 검사, NCR, CAR

⓫ 시험관리

시험계획의 수립 및 이행을 위해 다음과 같은 활동을 수행한다.

- 시험절차서 및 지시서 관리: 검/교정된 계측기, 적정 장비, 훈련된 인원, 시험장비 및 시험품목의 조건, 환경조건 등 시험 요건 및 합격기준을 제시해야 한다.
- 시험결과 및 기록 유지: 시험품목, 시험일지, 시험원, 관찰형태, 합부판정, 문제점, 조치사항, 시험결과 평가자 등의 기록을 남긴다.
- 테스트의 종류 구분: 압력시험, 기계시험, 화학분석, 성능시험, 기능시험, 확인 및 검증시험 등을 구분하여 표기한다.

⓬ 측정 및 시험장비 관리

품질에 영향을 미치는 업무에 사용되는 공구, 계기, 측정 및 시험장비의 관리로 제3기관에 의뢰하는 검교정 업무 관리도 포함된다.

- 관리목적: 사용장비의 정도 및 추적성 관리
- 사용장비 선정: 정밀도유지, 사용범위 내의 장비, 교정상태 유지, 장비식별상태 유지 확인
- 장비 관리절차서: 교정 방법, 교정주기, 교정표준, 장비식별, 교정자 자격 등 확인
- 취급, 저장 및 기록: 측정 및 시험장비에 대한 정확도 유지를 위한 취급 및 기록 유지 관리

⑬ 취급, 저장 및 운송 관리

품목의 취급, 저장, 세척, 포장, 운송 및 보관관리를 포함하여 다음 사항을 관리한다.
- 절차서 관리
- 특수장비 및 특별보호 환경 명시
- 특수취급 및 인양장비의 운전원 훈련
- 특수 관리 필요성 및 보존 환경요건 표시

⑭ 검사, 시험 및 운전상태 관리

검사 및 시험 수행 상태 추적관리 방법을 표시한다.
- 수입 및 외주검사 현황관리, 검사보고서나 제품상에 식별 표시한다.
- 공정검사 현황관리: 검사추적지나 검사보고서에 현황을 표시한다.
- 부적합사항관리: 명판/꼬리표 부착, 격리, 문서화

⑮ 부적합 품목 관리

부적합 자재, 부품 및 구성품에 대한 처리절차를 규정한다.
- 부적합 품목의 식별 및 격리
- 부적합 품목의 조치 및 관리절차를 수립하여 부적합 품목의 특성 검토 및 처리, 책임과 권한을 명기하도록 한다.
- 특채, 폐기, 보수 또는 재작업 등의 조치(품질문제 종결을 의미하며 영어로는 disposition이라고 함)를 명시하고 보수 또는 재작업된 품목의 합격기준에 따른 재검사를 실시한다.

⑯ 시정조치 관리

중대한 품질 위배사항의 조기 색출 및 재발방지 조치를 규정한다.
- 시정조치 책임조직에 통보하여 원인 분석 및 재발방지 대책을 요구한다.
- 시정조치 발생 근거 서류를 마련하고 부적합보고서, 내·외부 심/감사보고서, 품질경향 분석보고서 등 기타 품질 관련 기록 근거를 마련한다.

⑰ 품질보증기록 관리

품질을 증빙하는 기록서의 목록 작성 및 유지관리 방법을 명시한다.
- 관리대상 기록서 선정
- 기록서 구비 조건은 선명하고 정확한 내용, 서명날인 및 색인, 기록서 추적
- 기록서의 보관기간 선정 표기
- 기록서 발행, 수집 및 수행
- 분류: 영구 기록 및 비영구 기록
- 기록서 저장, 보관, 처리 및 보안 설비

⑱ 품질보증감사

품질보증계획서 및 절차서의 요건에 따른 이행 상태를 확인한다.
- 감사일정 수립 및 정기적 검토
- 감사준비: 계획수립 및 독립적인 감사팀 선발

- 감사수행: 점검표 또는 절차서, 객관적 증거, 결과문서화
- 감사결과 보고 및 회신
- 시정조치에 대한 확인
- 기록 관리

9.5.2 품질관리활동

품질보증 시스템이 18개 항목을 조직 내에 체계화하고 문서화한 것이라면, 품질관리는 설계부터 구매, 조립 및 생산, 시험 및 납품까지의 전 주기 활동에 걸쳐 18개 항목들 중 '관리'라는 표현이 붙은 항목들을 제대로 이행하는 것이다. 요건에 적합하다는 것을 확신하고 생산 시스템 내에서 측정, 피드백, 표준과의 비교, 검토 및 수정을 통해 적합도를 향상시키는 활동이다.

- 품질관리는 생산관리에 통계적 방법을 이용하여 불량품의 발생 원인을 발견하고 그것을 제거함으로써 품질의 유지와 향상을 이루는 것이다. 서비스나 제조공정 중에서 불량품을 발생시키는 원인을 미연에 방지하는 활동도 포함한다.

생산되는 제품의 범위에는 하드웨어와 소프트웨어뿐만 아니라 검사업무, 용접작업, 가공작업, 건설 및 설치 등의 서비스활동(용역)도 포함된다. 소프트웨어는 초기부터 더욱 엄격한 품질절차가 요구되므로 '검사'라는 용어로 표현될 수 없는 복잡한 과정을 통해 평가된다. 그리고 항공, 원자력, 우주산업 등의 산업 분야에서 사용되는 안전관련 제어시스템의 품질 확보를 위해서는 더욱 다양하고 엄중한 요구사항들을 검토하고 이를 바탕으로 체계적인 품질체계를 구축 및 이행해야 한다.

[그림 9-15]는 품질관리절차에서 자재 검사와 이의 후속조치 사항을 나타낸 것으로 하드웨어 자재뿐만 아니라 서비스(검사, 작업 등)도 같은 개념으로 적용 가능하다.

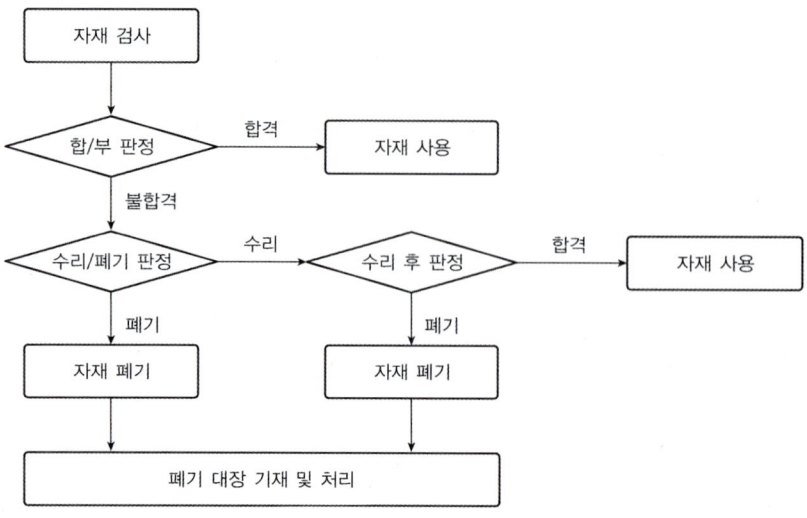

[그림 9-15] 자재 검사 후 처리방안 절차도의 예

품질관리 담당자는 18개 조항을 이해하고 조직에서 작성한 품질관리절차서에 따라 업무를 수행하게 된다. 다음 예제를 통해 "이런 것도 품질관리 대상인가?", "이렇게 하면 문제가 되는가?"라는 의문에 대해 답변해보면서 개념을 이해해보자.

예제 9-8

A 사는 중소기업이다. 사장, 영업 및 구매 담당 임원과 생산 및 기술 담당 임원이 있으며, 생산 및 기술 담당 임원 밑에 품질보증/관리부서가 위치한다. 이 회사의 품질보증 및 관리 업무 조직은 일반적 품질보증 시스템에 적합한가?

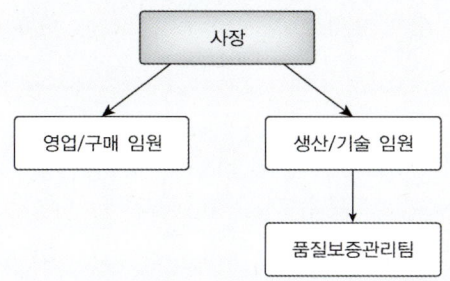

[그림 9-16] 품질관리 조직이 독립되지 않은 조직도의 예

풀이

[그림 9-16]과 같은 조직체계에서는, 품질보증 및 품질관리 업무가 제대로 수행될 수 없다. 생산/기술 담당 임원 산하에서는 구매과정의 품질절차를 확인할 수도 없으며, 특히 생산/기술 임원조직 산하에 품질조직이 있으면 생산 및 기술과 관련된 사항에 대해서 품질조직이 독립적인 감사 및 검사 활동을 할 수가 없으므로 품질보증 시스템 체계가 잘못된 것이라 할 것이다. 이러한 체계는 품질보증 시스템 자격(예를 들면 ISO 9000 등) 인증 과정에서 통과될 수 없는 조직 체계이다.

그러므로 품질조직은 우선 인원수의 많고 적음과 관계없이 기능적 독립성과 보고라인의 독립성을 가져야 한다. 그러므로 [그림 9-17]의 예와 같이 품질관리는 독립된 조직으로 구성되어야 한다. 또는 영업, 구매, 생산, 기술 등과 관련이 없는 임원 post가 있는 경우에는 그 임원 산하의 조직으로 위치할 수 있을 것이다. 독립성이 유지되어야 품질관리 활동이 설계/구매/조립생산/시험 등의 전 과정에 걸쳐 회사 내의 담당자들과 직접 소통하며 품질업무를 수행할 수 있게 된다. 품질관리 활동에서의 문제는 품질 관련 담당자가 정확한 판단에 근거한 휘슬을 불 수 있는 권한이 있어야 한다.

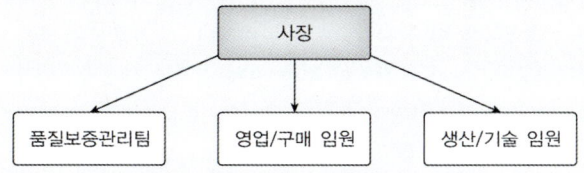

[그림 9-17] 품질관리 조직이 독립된 조직도의 예

예제 9-9

중공업이 원자력사업, 화력발전사업, 방위산업 등의 다양한 사업 분야를 갖고 있다고 하면, 이 회사의 품질보증 및 관리체계는 어떻게 구성되어야 할까? 각각의 사업부문은 부문장이 있으며, 부문장은 사업부문을 총괄한다.

풀이

거대 기업들은 다양한 사업부문이 있으므로 [그림 9-18]과 같이 전사적 품질보증체계는 공통부분(예를 들면 ISO 9000)을 기본으로 구성하고 각 사업부문별로 필요한 부분(예를 들면 원자력 분야, 수화력 분야, 방위산업 분야 등)은 특화된 품질 시스템을 별도의 영역으로 구성하도록 한다. 하나의 품질체계로 구성할 경우 어느 분야에는 너무 과도한 품질보증/관리 체계가 적용될 수 있고, 반대로 어느 분야에서는 요건을 만족할 수 없는 느슨한 절차가 될 수 있기 때문이다.

품질보증 관련 임원조직은 CEO 산하에 위치하고 각각의 사업부문장 산하에는 사업부문의 특성에 맞춰 전문화된 품질관리조직이 위치하도록 한다. 따라서 품질보증조직은 CEO에게, 품질관리조직은 사업부문장에게 보고하는 체계로서, 전사 또는 사업부문 내에서 독립적 활동이 보장된다.

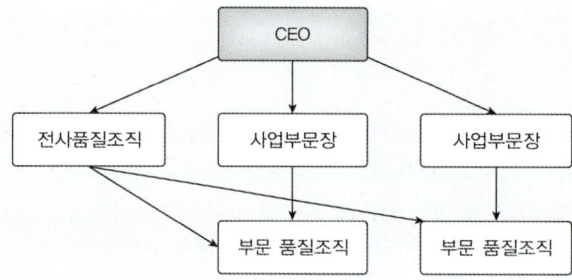

[그림 9-18] 다양한 사업을 수행하는 기업의 품질조직도의 예

예제 9-10

품질 검사자는 설계관리 부분에 대하여도 품질검사를 수행하게 된다. 사실 검사자는 설계자만큼의 전문성은 없다. 이 경우에도 품질검사를 받을 경우 이 품질검사는 유효한가?

풀이

우선 품질 검사자는 검사자격이 부여되어야 하는데, 이는 품질보증 시스템에서 규정한 소정의 교육, 유지보수교육 등을 통해 확인된 것이다. 하지만 실제 설계업무를 담당하는 담당자에 비하면 그 전문성은 낮을 수 있다. 그렇더라도 검사자는 문서화된 설계 입력자료에서부터 시작하여 최종 설계 결과물 산출과정까지의 추적성/투명성 확인을 통해 검사할 수 있다. 피검사자는 품질관리 요원의 요구에 협조해야 한다.

예제 9-11

A 사는 안전필수계통을 제작하기 위해 B 사로부터 안전등급에 사용할 PLC를 지속적으로 공급받고 있었다. B 사는 사업이 번창하여 대규모 신규투자를 통해 수작업하던 공정도 완전히 자동화한 현대식 생산설비를 갖춘 공장을 신도시에 준공하고, A 사에서 발주받아 생산하던 물량을 신규시설에서 더 잘 만들기 위해 기존 공장 생산계획을 수정하여 최신 공장에서 생산을 시작하기로 했다. 신규시설에서 제작한 제품은 품질인증을 받을 수 있을까?

풀이

구매 계약은 공급자에 대한 품질보증 시스템과 생산시설에 대한 품질관리의 적절성을 평가한 후 이루어지는데, 앞의 내용으로 보면 구매계약 시에는 기존 공장에 대해서만 품질보증 시스템 인증받았다. 따라서 구매계약서는 당연히 기존 공장에서의 생산을 전제로 한다. 그러나 신규 공장은 그 공장의 성능과 관계없이 발주자인 A 사의 품질보증 감사를 거치지 않은 공장이므로, 이 공장에 대한 품질보증체계와 관리에 관한 인증을 받기 전까지는 신규공장에서 생산한 제품을 A 사에 그대로 납품하기 힘들다. 생산 제품에 대한 추가적인 적합성 시험, 평가 및 신축 공장에 대한 품질체계 감사 등 복잡한 과정을 거쳐야 하는 등의 어려운 절차가 이루어져야 검토 대상이 될 수 있을 것이다.

예제 9-12

기자재 검사를 마치고 자재 입고 후 생산조직에서 생산을 위해 일부 자재를 임시 보관(적치)하고 있다가 품질검사자의 지적을 받았다. 어떤 지적이 가능했을까?

풀이

사용되는 자재는 그 특성에 따라 온도범위, 습도범위 및 먼지 수준까지도 규정되어야 하는 경우가 많다. 또한 안전등급과 비안전등급은 물리적으로 구분된 장소에 보관 및 통제 관리되어야 한다. 이는 잘못된 자재 사용과 자재 보관 중 혼재 및 오손을 막기 위한 품질관리 지침이며, 품질보증 시스템에서도 요구되는 사항이다. 자재 분류 및 보관상의 품질 문제도 지적 대상이다. 식자재나 바이오 물질이라면 보관관리절차가 더욱 엄격하게 규정되고 준수되는 것이 당연할 것이다.

예제 9-13

A 사는 B 사로부터 전기 안전등급의 PLC 100대를 구입하여 40개의 제어용 안전등급 캐비닛 제작 조립에 2개씩 사용하고, 예비품으로 10개씩 각각 다른 발전소로 보냈다. A 사의 캐비닛 각각의 부품 리스트는 어떻게 작성되어야 하는가?

풀이

PLC는 하나의 랙으로 제작되며 그 내부는 여러 전자회로기판, 버스 랙, 직류 전원공급기, 외부 연결용 단자대 등으로 구성된다. 이 각각의 부품에 대한 원생산자의 식별번호가 기록되며 A 사가 추가 작업을 한 경우에는 추가 작업 내용을 반영하여 재분류/부여한 식별번호가 작업서에 명기되고 식별표가 부착되어야 한다. 그리고 각각의 캐비닛 납품 서류에는 이러한 부품 리스트가 명확하게 기재되어야 한다.

예제 9-14

용접품질 검사자가 검사한 결과 용접 불량이 발견되면 어떻게 처리해야 하는가?

풀이

용접 검사는 불량 부위와 불량의 크기에 따라 다양한 조치사항이 있을 수 있다. 규정 용접봉 이외의 용접봉을 사용한 경우 복잡한 전문적 적합성 여부를 평가하여 폐기/재작업 후 사용/사용 등의 후속 조치를 결정한다. 용접 후 검사에서 미세한 부분의 용접 이상 발견은 규정에 따라 부분 재용접 혹은 전체 재용접, 폐기 등의 절차가 있을 수 있다. 용접은 용접 작업 외에 전후 열처리 과정에 대한 규정도 복잡하며 필수적으로 준수해야 용접의 건전성을 확보할 수 있다. 열처리의 경우는 자동 또는 수동으로 온도를 기록하면서 필요 작업을 수행해야 하는 것이 필수사항이다.

예제 9-15

A 사의 화공플랜트 유지보수를 맡은 용접 전문회사인 B 사가 7월 1일부터 10명의 용접사를 투입하여 10일간 용접작업을 하는 것으로 계약했는데, 당일에 20명의 용접사가 와서 5일 안에 일을 끝내겠다고 하고 용접을 시작했다. 이때의 문제는?

풀이

해당 작업에 투입될 인력(여기서는 용접사로 표현)은 사전에 자격 적합도가 확인되고 발주자 또는 발주자 업무 대행 품질관리자로부터 자격 적합도 등의 평가를 받아야 하는데, 이런 과정이 없으면 작업할 수 없다. 또한 개별 용접사의 용접 범위가 사전에 지정되고 어느 부위를 누가, 언제 용접했는지를 기록에 명확히 남겨야 한다. 조선시대 화성(경기도 화성시 소재) 건설(정조시대)에서 "누가 어떤 일을 얼마만큼 했고, 삯을 얼마 받았다"고 기록한 것은 품질관리의 원조라고 볼 수 있다.

예제 9-16

10.4절 '일반규격품의 품질검증(CGID)'에서 일반규격품 품질검증에 대해 설명한다. 이를 읽어본 후 이 장에서 기술한 품질 관점에서 일반규격품 품질검증에 대해 간략하게 요약해보자.

풀이

원자력 분야에서는 안전기능을 수행하기 위해 사전에 인증된 제품 및 부품을 사용해야 한다. 인증제품 생산이 중단되었거나 존재하지 않는 경우 사양과 환경에 맞는 일반규격품을 선택해 안전기능 수행평가 및 필요한 시험 수행절차를 거쳐 합격평가를 받는 것과 같이 원자력 품질보증 시스템에서 제작된 품목과 동등함을 보증하는 활동을 일반규격품품질검증이라고 한다. 항공 국방 분야 등에서도 상용제품 사용절차가 많이 개발되어 적용되고 있다.

다음은 구체적인 실행 방법이다.

- 특수시험 및 검사
- 일반규격품 공급자 검사

- 제작 중 입회검사
- 공급자/품목 이력 검사

특수시험 및 검사 요건에 파괴시험이 있을 경우 시험을 거친 모든 부품들은 쓸 수 없는 상태가 되어 버린다(예를 들면 퓨즈). 이러한 품목의 경우 일정한 수량을 샘플링하여 시험을 수행할 수 있다. 일반규격품 품질검증 대상을 절차서에 정의(개수, 제조번호 등으로 식별관리)해두고 규격에 의해 정해진 샘플링 비율로 추출한 품목에 대해 파괴시험을 실시할 수 있다. 모두 파괴시험을 통과하면, 파괴시험 전에 대상으로 기재했던 일반규격품품질검증 대상 기기들은 모두 통과된 것으로 인증된다. 단, 파괴시험 이외의 특수시험은 모든 대상 기기에 대해 시험을 수행하여 통과된 것만 인증한다. 샘플 비율로 추출된 기기의 파괴시험에서 어느 하나라도 실패하면 그 대상 집단은 모두 검증이 실패한 것으로 취급되며, 다시 검증 대상에 오를 수 없다. 안전기능을 수행하는 모니터, 퓨즈, 스위치, 차단기 등의 품목으로 전기안전등급 인증 제품이 없는 경우에 주로 적용된다.

예제 9-17

똑같은 일반 규격품 모니터 100개를 구매하여 50개는 안전등급 모니터에 사용하고 50개는 비안전등급 모니터로 사용하고자 한다. 50개는 앞의 일반규격품 품질검증을 했고 50개는 하지 않은 상태에서 안전등급으로 사용하려던 모니터가 파손되었다면 비안전등급 용도의 모니터를 모자라는 한 개의 대체품으로 사용할 수 있을까?

풀이

할 수 없다. 외형과 기능이 똑같아 보여도, 일반규격품 품질검증을 거치지 않은 제품은 품질검증을 거친 제품과 완전히 다른 제품이다. 경우에 따라서는 품질검증을 거친 제품의 가격이 몇 배에서 몇 십 배에 이를 수도 있다.

예제 9-18

도장 작업은 왜 특수공정인가?

풀이

자동차에서 도장기술의 차이가 얼마나 큰 제품의 차이를 만드는가? 색상, 벗겨짐, 내구성 등뿐만 아니라 브랜드 가치에서도 큰 차이를 만든다. 중요 플랜트나 선박 등에서 도장작업은 부식을 방지하기 위한 것이며 특히 해수나 고습도 환경에서의 방식을 위해 필수적이다. 품질절차에 규정된 도장 방법과 재료를 사용해야 하며, 결과물로서 도장 두께 측정 및 벗겨짐 여부 확인 등이 필요한 특수 공정 작업이다. 장기간 운용되는 설비의 부식을 방지하기 위해서 필수적인 요소이기 때문이다.

예제 9-19

A 사의 생산팀은 납품할 장비를 조립하고 7월 1일부터 10일간 자체 보유하고 있는 DVM$^{\text{digital voltmeter}}$과 오실로스코프를 이용하여 각종 공장시험을 실시하며 7월 15일에 납품할 예정이었다. 다행히 고객 입회하에 7월 10일 정상적으로 시험을 마치고 성능도 우수한 것으로 확인되어 고객도 A 사 담당자에게 감사를 표했다. 공장시험보고서를 작성하는데 오실로스코프의 검교정 유효기간이 7월 7일까지로 확인되었다. 이 일은 어떻게 처리해야 하는가?

풀이

7월 7일까지 해당 오실로스코프를 사용한 시험 측정에 명확히 날짜와 시간, 확인 날인이 되어 있으면 7월 7일까지의 시험은 유효하다. 그런 기록(매일 시험기록의 유지와 날인 서명) 없이 시험을 진행했다면 전 과정을 검교정 유효기간이 확보된 오실로스코프를 사용하여 다시 실시해야 한다. 또한 시험조건이 10일 연속시험 조건(예를 들면 온도 상승 또는 하강 과정에서의 측정 등)이면 전 과정을 다시 해야 한다.

예제 9-20

위변조품(CFSI)$^{\text{Counterfeit, Fraudulent and Suspect Item}}$ 식별 방법을 제시해보자.

풀이

위변조품은 위조제품, 모방제품, 기준 미달제품 및 위변조 의심 제품을 의미한다. 상기 위변조품은 원래 알려진 제조사의 제조물품이 아닌 경우와 [예제 9-21]의 보고서 위조 등으로 나눌 수 있으며, 여기서는 제조 물품에 국한하여 설명한다.

위변조품을 확인하는 가장 확실한 절차는 구매 발주서에서 제조사 및 납품자(대리점 또는 구매대행인 등)를 확인, 구매 대행자의 원천 제조사 주문서 확인, 납품 시 제품제작자의 품질문서 확보(제품 일련번호와 발주자 기재) 및 원천 제조사에 품질문서 작성 여부 확인 등으로 완료될 수 있다.

여기서 잠깐

위변조제품은 유명 제품, 대량으로 판매되는 제품일수록 많다. 필자도 세계 유명 제품의 위변조제품으로 모든 제작을 마친 후 그 사실을 발견했으나 다행히 재작업을 할 수 있었다. 1980년대에는 반도체 집적회로 칩셋^{chipset}이 빈 플라스틱 깡통으로 들어오는 사례도 있었으나, 최근에는 위변조제품도 고급화(?)되어 기능시험에는 이상현상이 전혀 나타나지 않을 수 있다. 예를 들어 사이리스터^{thyristor}의 경우 모든 기능이 완벽하게 나오는데, 게이트^{gate} 특성을 보면 약간의 차이가 있는 정도다. 그러나 내부를 뜯어보면 PNPN 정션을 연결하는 방식이, 정품은 얇고 가는 버스 바$^{\text{bus-bar}}$ 형태인 데 반해 위변조품은 가는 와이어^{wire}로 연결된 조악한 형태다. 사이리스터 위변조품을 경험한 이후 필자가 국내 공급사를 통해 긴급구매를 시도할 때는 이미 대부분의 군소 공급자들이 위변조품임을 알고도 공급하려고 한다는 것을 알게 되었고, 이를 방지하기 위한 방법으로 공급 대상품 중 한 개를 분해하여 찍은 사진을 보낼 것을 요청하자 직간접으로 접촉했던 군소공급자들 중 소수만이 요구를 만족시켰다. 긴급구매를 위한 품질절차는 당연히 매우 복잡하게 진행된다.

예제 9-21

기기검증 수행 시 시편 사용의 오류로 인한 문제점을 살펴보고, 기기검증절차의 기본원칙을 제시해보자.

Note 2013년에 국내 원자력계가 엄청난 불신을 받는 큰 사고가 일어났다. 이는 케이블 분야에서 제작자의 사양 위반(난연성 케이블 요건 불만족) 제품 공급이 있었고, 또 하나는 제3자 검증에 해당하는 기기검증 전문 업체의 기기검증 보고서 위변조가 있었다는 것이다. 이 사례를 통해 기기검증 품질 절차에 대해 알아보자.

풀이

기기검증 활동은 안전필수 시스템이 되기 위한 지智, 덕德, 체體 중에서 체體에 해당하는 것으로, 기기가 설치되는 열악한 환경에서의 동작성과 수명기간을 보장하기 위해 시제품으로 내구성을 검증하는 것이다. 시험기간을 설계수명기간 동안으로 확대할 수 없기 때문에 사용 환경을 단시간에 가속화하는 시험 방법을 사용한다. 기기검증시험의 기본 원칙은 다음 사항을 준수하여 수행해야 한다.

❶ 실제 제품과 동등하게 구성되어야 한다.
❷ 제품이 사용되는 조건에서 수명보장을 입증해야 한다.
❸ 특수 환경에서도 정상동작이 가능함을 보여야 한다.
❹ 정해진 시험순서를 지켜야 한다.
❺ 각각의 시험단계에서 시험강도(예를 들면 전자파 세기, 지진 및 진동 세기, 방사선량 등)를 준수한다.
❻ 하나의 피시험품으로 모든 시험을 종료해야 한다.
❼ 모든 시험 방법과 절차, 시험자 및 사용기기, 사용기기 설정값, 시험 모습 등이 품질절차에 따라 기록되고 확인되어야 한다.
❽ 사용기기는 모두 표준 검·교정을 받은 유효기간 이내에 있어야 한다.

기기검증보고서 이슈의 문제는 앞에 나온 [Note]의 사례에서 제출된 기기검증보고서를 검토하는 과정에서 파악되었다. 첨부된 방사선시험 사진과 시험을 위한 방사선시험센터 출입기록을 확인한 결과 방사선 시험에 사용된 시편의 일련번호가 기기검증보고서에 기재된 시편번호와 다른 것을 발견해 상기 ❻항을 만족하지 않았음을 확인했다. 이를 역추적한 결과, 해당 공급사에서 여러 개의 시편으로 기기검증시험을 수행했다고 파악되었다. 이미 납품한 제품의 기기검증보고서 내용에 허위로 작성된 부분이 있음을 발견하여 즉시 고객에게 내용을 설명하고 똑같은 공법으로 제작한 다른 시편으로 기기검증시험을 재차 수행했다. [Note]의 사례는 품질관리 측면에서 발견할 수 있었던 제3 시험전문 업체의 오류 또는 거짓 시험사례였다.

9.5.3 품질지적 사항의 처리

품질지적은 품질검사원에 의해서 시작되거나 구성원이 설계/구매/제작 과정에서 이상을 발견하고 보고함으로써 시작된다. 간혹 최종 납품단계에서 고객에 의해 발견되어 문제되는 경우 그 파장이 더 크고 오래가는 경우가 많다.

품질문제가 발견되면 투명한 절차로 진행되어야 하며 종결 형태는 다음과 같다.

❶ **원상태유지/사용**: 품질 검토 결과 괜찮다는 평가
❷ **수리 후 사용**: 부분적인 문제가 발견되어 그 부분만 수정하면 괜찮다는 의미
❸ **폐기**: 제작품 또는 서비스 결과 전체를 신뢰할 수 없는 경우

이 판단 과정에서 원상태 **유지/사용**으로 결정될 수 있는 경우들은 다음과 같다.

- 시험/검사 등에서 사양서의 표준을 적용하지 않았으나 확인 과정을 통해 동급 또는 상위의 더 엄격한 표준이 적용되었음을 입증할 수 있는 경우
- 규격 및 표준, 사양에 명시적으로 저촉되는 요건이 존재하지 않는 경우
- 유추 또는 해석에 따라 다른 의견을 가질 수 있는 사안에 대해서는 설계자의 책임 아래 기술적 합리성 평가보고서를 생산하고 품질과 설계부서가 확인하여 해결되는 경우
- 품질 서류 일부 누락이나 미작성이 발견되었으나, 관련 작업의 모든 과정을 투명하게 나타내는 자료를 구비할 수 있는 경우(예를 들면 일부 부품의 구매 시 사양서의 요구조건이 명시되지 않은 상태가 발견되었으나, 부품 공급사에서 명확한 품질보증 및 관리가 이루어졌고 공급사가 그 제품을 구매하여 생산에 사용했다는 근거를 투명하게 보여줄 수 있는 경우 등)
- 기타 품질관리부서 책임자와 고객이 동의하는 경우

이 경우 모두 품질검사원 및 품질관리책임자 회의를 거쳐 결정할 수 있고, 이 결정은 발주사 품질관리자의 확인을 받는 것이 일반적인 절차이다.

수리 후 사용으로 판정될 수 있는 대표적인 예를 살펴본다. 폐기해야 하는 경우는 설명할 필요가 없다.

- 결선 오류는 재결선 후 검사를 통해 사용 가능 평가를 받아야 하며 가장 많이 발생하는 경우다.
- 대형 용접물에서 부분적인 용접결함이 발견되었는데, 품질 및 용접전문가의 평가에 의해 부분 재용접으로 판정하는 경우 재용접 절차에 따라 작업하고 검사를 받아 종결한다.
- 가공 오류는 추가 가공을 통해 규격을 맞출 수 있는 경우와, 과절삭 등으로 인해 설계 평가를 거쳐 조립 후 정상기능을 수행할 수 있는지 평가해야 하는 경우의 품질지적사항이 있다. 구조물 등은 매우 드물게 단순 용접을 통해 과절삭 부위를 육성 복구하는 경우도 있으나 이것이 가능한가의 여부는 매우 신중한 평가와 고객 품질의 판단이 요구된다.

CHAPTER 09 생각해보기

품질 이슈는 단순하게 시작하지만 예측하지 못한 사항들과 서로 엉키면 복잡한 형태로 전개되어 조기에 걸러내지 못하고 심각한 상황까지 진전되는 경우가 많다. 엔진 또는 일부 부품 문제로 수십만 대의 차량을 리콜하거나 배터리 화재로 인한 갤럭시노트9의 교체 손실 등이 실제 사례다. 가상의 예로 100층 건물을 짓는 데 구조물의 철강 성분이 사양서 요건과 달라 힘을 제대로 받지 못한다든가 수명이 20~30년밖에 되지 않는다면 어떻게 해야 할까? 최근에 발생한 보잉737맥스 추락사고의 경우 관련 기사내용을 살펴보면 경영진의 압박, 엔지니어의 판단 잘못, 이해 관계자들과의 소통 미흡, 설계요건 수립 및 설계변경 오류, 인허가 기준 등 많은 이슈를 찾아볼 수 있다. 품질 시스템은 고객 요건을 만족시키기 위해 필요한 행위를 규정한 것이다. 품질과 관련된 다음 사례들을 품질계획서의 항목들과 연계하여 살펴보자.

다음 사례들은 실제 경험 사례와 간접 경험 및 가상의 사례를 묶어 하나의 시나리오로 만든 것으로, 어느 특정 사실(프로젝트, 기업 등)과의 관련성은 없으며 전개되는 모든 상황이 동시에 발생할 수는 없음을 밝혀둔다. 그러나 어느 하나 또는 다수 개가 발견되어 문제가 될 수 있으며 대재앙 사고들의 경우 다수의 문제가 발견된 사례가 있음은 분명하다.

※ [문제 9.1~9.7 | 최고경영자의 지시형태와 품질 절차 준수] 다음 상황을 읽고 물음에 답하라.

상황 1 절차준수의 필요성

- A 사의 CTO는 안전필수 safety critical 기능을 수행할 모터의 속도와 토크 제어특성을 기존 제품보다 개선할 필요를 느끼고 최고의 전문가를 보유한 B 사를 찾아 문제해결을 의뢰했다. B 사는 최고의 전문가인 S를 활용해 원하는 모터 제어기를 개발하고 이를 A 사에 납품할 수 있다고 판단했다. 계약과정은 CTO와 CEO를 겸하고 있는 A 사 사장의 지시를 통해 일사천리로 진행되었고, 이제 막 납품 전 최종 시험에 돌입하는 상태였다. B 사는 자체 시험을 통해 A 사가 원하던 기능요구사항을 완전히 만족시킨다는 자체 평가를 이미 마친 상태였다.

- B 사는 최근 여러 프로젝트를 수주해 제조라인을 차지하고 있는 기존 제품들의 조립을 빨리 마무리하고 다음 제품을 조립해야 하는 상황이었다. 그리고 제작 완료된 제품을 시험하기 위한 시험 장비가 1대뿐이며 시험을 위해서는 시험장비와 결선하기 위해 추가 일정이 필요하므로 공정 간에 여유가 없고 납기일정에도 독촉이 심한 상황이었다.

- A 사의 엔지니어가 방문하여 성능 확인을 하고 매우 만족하는 가운데, A 사의 품질관리자가 관련 서류를 검토하기 시작했다. 그런데 A 사 품질관리자가 시험 성적서에 시험자의 서명이 누락된 것을 발견하고 지적했고, B 사에서는 해당 시험 수행자를 찾아서 서명을 완료했다.

- 그리고 A 사 품질관리자는 혹시 B 사의 시험 수행자가 시험자 자격을 갖추고 있는지 궁금하여 추가 질의했다. B 사는 아주 실력 있는 전문가로서 석사이며 10년 이상 이 일을 해왔다고 대답했다.

- A 사 품질관리자는 자격 인증 여부 확인 절차에 들어갔고, 그 결과 B 사의 시험자는 3년 전에 자체 교육을 받은 기록은 있으나 그 이후에는 교육을 받은 기록이 없었다. B 사 시험자는 재교육을 받았고 B 사는 3일이 소요되는 시험을 재수행하여 시험보고서를 제출했다.

- A 사의 품질팀장이 B 사의 시험인력에 대한 교육 부실이 걱정되어서 B 사의 품질보증체계에 관해 확인을 시작했다. B 사는 사장 직속으로 품질보증 담당 임원이 있었으나 3년 전에 해당 임원이 퇴사하고 그 자리가 공석으로 되어 있었다.

상황 2 부품 관련 품질문제
- A 사는 B 사가 사용한 부품들의 정합성에 대해 확인을 시작했다.
- A 사는 B 사의 부품 구매 발주서를 검토하여 다음 사항들을 지적했다.
  ❶ 구매사양서를 발행한 B 사는 QC 검토 없이 C사로 구매 발주가 진행되었다.
  ❷ B 사가 C 사의 부품을 인수할 때 인수검사 서명이 없었다.
  ❸ B 사가 C 사의 부품을 인수할 때 식별 번호가 누락되어 언제 구매한 부품인지 식별되지 않았다.
  ❹ B 사가 C 사로부터 공급받은 부품 중에 위변조품과 식별불가 품목이 일부 포함되어 있음이 확인되었다.

상황 3 일정 관련 품질문제
- A 사 품질 검사자는 B 사가 사용한 부품들의 조립과정에 외부기관에서 시험(CGID)이 완료되어야 조립할 수 있는 품목이 있음을 확인했다.
- A 사 품질 검사자는 외부기관에서 수행하는 시험(CGID)에 입회했다.
- 외부 시험기관의 담당자는 수십 종의 부품에 대해 다량으로 특성시험을 실시해야 하며 시험 종류에 따라 많은 시간이 소요되고 시험기록 및 결과 승인 절차 준수 일정이 있기 때문에 시험 완료일정을 특정하지 못하거나 변경되는 경우가 빈번히 발생했다.

B 사는 부품 시험일정으로 인해 조립일정에 맞춰 부품자재를 공급하지 못했고, 시험과정에는 합부 판정 기준 문제가 불거져 절차서를 개정 및 승인받는 추가적인 절차가 발생했다. 이로 인해 제작일정과 타 프로젝트 일정에도 심각한 영향을 주게 되어 전체적인 일정이 함께 지연되는 최악의 상황이 되었다.

9.1 앞의 [상황 1]과 같이 절차상 쓸 수 없는 물건으로 판명이 났는데 성능시험을 해보니 정말 좋았다면 이 일을 어떻게 해야 할까? 그리고 이런 일이 왜 발생했을까?

9.2 최초의 문제 인식은 어디에서부터 시작해야 할까?

9.3 사업을 수행하는 제작자 입장에서는 많은 수주를 통하여 일감을 많이 확보하고자 할 것이다. 이때 경영진이 사전점검하고 준비해야 할 사항은 무엇이라고 생각되는가?

9.4 장애 요인이 될 장비나 인력은 어떻게 관리해야 할까?

9.5 부품의 식별체계에는 어떤 것이 있을까?

9.6 시험자 등의 교육훈련기록지는 어떻게 운용되어야 하는가?

9.7 시험을 수행하기 전에 완료해야 할 사항은 무엇인가?

※ [문제 9.8 | 기기검증 과정에 설계변경사항을 누락한 사례(설계관리)] 다음 상황을 읽고 물음에 답하라.

> **상황** 설계변경 사항이 발생했으나 기기검증 시 반영 누락
> 제품의 기기검증을 하는 데는 다양한 방법이 있다. 그중에 시제품을 사용하여 제품이 설치되는 환경에 적합한 시험조건을 부가한 후 안전기능 유지 여부를 내진시험으로 검증하고, 내전자파 환경조건에서 시험하여 본 제품에 대한 안전성 및 완전성을 확보하는 방법이 있다. 이때 본제품의 형상과 동일한 형태로 시제품이 제작되어야 하는데, 사용부품을 포함해 제작 형상이 설계와 다를 경우 시험 결과가 만족스러워도 기기검증의 유효성을 확보했다고 할 수 없다.

9.8 기기검증보고서는 여러 단계의 검토 및 확인을 거치게 된다. 설계사의 검토 및 승인, 3자 검증, 품질확인 절차를 통한 기기검증보고서 유효성 확인 절차가 포함되어 있다. 설계변경과 관련된 유효성을 확보하기 위해서는 어떠한 절차를 거쳐야 하는지 논하라.

※ [문제 9.9 | 제작 도면과 실제품 간의 형상이 불일치하는 경우(설계관리, 제작관리)] 다음 상황을 읽고 물음에 답하라.

> **상황** 제작도면과 실제품 간의 형상이 불일치하는 경우
> 운전조작반을 제작하기 위한 제작도면과 제품 간 형상이 불일치하여 유사사례를 조사하는 과정에서 다수의 형상불일치 사항이 발견되었다. 원인을 파악해보니 설계업체(I 사)에서 배포한 제작도면은 Rev.01이었으나 외함제작업체(S 사)는 Rev.0으로 제작하여 일부 불일치 사항이 발생한 것으로 파악되었다. 맞춤제작 형태로 제관 작업을 하는 운전조작반은 손이 많이 가는 제품이다. 따라서 작업자 및 검사자의 품을 팔아서라도 하나하나 점검하여 다음 공정으로 이행하는 절차 및 검사과정이 필요했다. 확인사항은 다음과 같다.
> ❶ 입고 전 도면형상에 따른 치수 검사를 모두 실시하지 못해 조립 제작공정에서 도면 불일치가 발견되었다.
> ❷ 도면승인현황 및 배포 여부를 사전에 확인하지 못했다(형상관리 체계 강화 및 이행).
> ❸ 예상문제점 및 선행호기 경험사례 등이 제작공정표에 명시되지 못했다.

9.9 앞의 형상불일치 사례는 최신 개정본을 관련자가 동시에 모두 갖추고 관련 작업을 진행하지 못하여 발생한 경우다. 이를 방지하기 위해 어떤 조치가 필요할지 정리해보자.

※ [문제 9.10 | 상위 요건과의 불일치(설계관리, 설계변경)] 다음 상황을 읽고 물음에 답하라.

상황 기본원리에 대한 이해 부족에 따른 설계관리의 어려움

계측기는 작동원리를 바탕으로 제품을 만들고 기능 요건이나 표준에 따라 기능 및 성능을 보증할 수 있도록 제조한다. 경우에 따라서는 사양서에 규정한 요건이 계측기의 작동원리와 성능 시험 방법에 대한 계산 근거 없이 참조한 문서의 요건을 그대로 적용하는 경우도 있다. 따라서 기기검증이나 시험과정에 이러한 수치에 대한 실질적인 검증이 이루어지는 계기를 마련해야 한다.

중성자속을 측정하는 계측기의 계측 방법을 알아보자.[8] 전기적으로 중성인 중성자는 직접 측정 또는 계측할 수 없다. 따라서 중성자 계측기는 중성자와 물질의 원자핵의 반응으로 생성된 입자들의 전리작용을 이용한다. 측정 기본원리는 전리현상을 이용하는 방사선 측정 방법과 같으며, 다음 계측기를 사용하여 열중성자를 측정하게 된다.

- **핵분열계수관:** 계수관의 양전극(+, -)에 농축 우라늄의 얇은 막을 입히면 열중성에 의해 핵분열이 일어나고, 생성된 핵분열 파편이 계수관 내 기체를 전리시켜 이온쌍(전자 및 이온핵)이 전극으로 이동하면서 순간적으로 전류(펄스)를 발생시킨다. 이를 증폭해서 계산하면 중성자선의 세기를 구할 수 있다.

계측기는 내부에 절연물질을 사용하여 신호를 검출하는 구조를 갖고 있다. 이 절연물에 절연내력 이상의 동작전압을 가하면 절연파괴에 의해 신호에 이상전압이 발생한다. 설계사양서에 절연내력과 동작전압의 관계를 규정한 제한치를 제시하지 못했다.

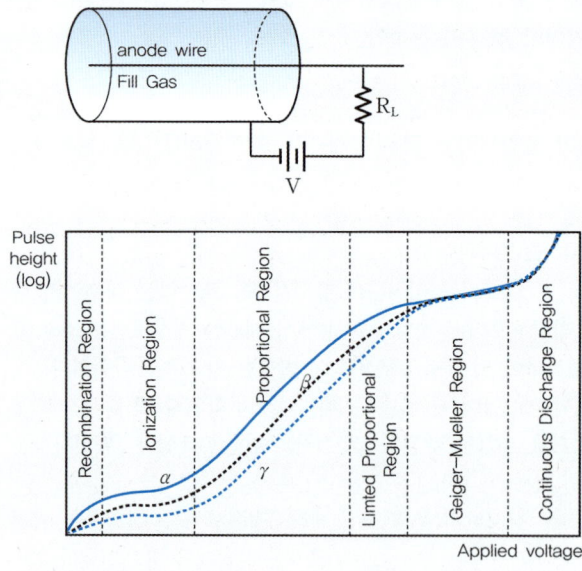

[그림 9-19] 중성자속 계측기의 예

9.10 사양서의 설계 요구값의 근거를 마련하려면 어떤 과정이 필요한지 제시하라.

---

8 출처: 위키백과

※ [문제 9.11 | 자재성적서 오류] 다음 상황을 읽고 물음에 답하라.

상황 자재성적서: 사람의 신분을 확인하는 것과 같은 중요한 품질 서류

안전관련 제어시스템을 구성하는 많은 부품들은 캐비닛 내에 장착되고 부품 및 외부와의 신호연계를 위해 단자대와 케이블을 사용하여 상호 연결된다. 이러한 장비를 수용하는 캐비닛은 주위 사용 환경으로부터 구성품을 보호할 수 있어야 하며 사고환경에서도 건전성을 유지할 수 있도록 내구성 있게 제작되어야 한다. 이때 캐비닛의 구조를 유지하기 위해 각형강관 자재가 사용된다. 기기검증을 위한 시제품은 구성품을 내장한 상태로 제작하게 된다.

시제품은 제작하기 전에 구조에 대한 해석모델을 만들어 취약한 부분을 파악하여 보완한 후 기기검증을 위한 시제품을 최종 제작한다. 구조 설계를 해석할 때 자재사양(성분, 강도 등)으로 각형강관 자재의 데이터(data)를 입력해야 하며, 캐비닛을 제작 및 공급할 때는 각형강관 자재의 검사성적서가 족보처럼 함께 제공되어야 한다. 위변조품 여부를 확인하기 위한 품질보증 활동의 일환이다. 간혹 일부 공급업체에서 임의로 검사성적서를 발행하거나 재고자재를 불출하면서 선입선출 또는 식별 절차에 따른 기록을 남기지 않고 임의 반출해 제대로 된 성적서가 갖춰지지 않은 채 공급되는 경우가 있다. 이렇게 되면 원소재에 대한 추적이 불가능해지고 성적서의 데이터를 신뢰할 수 없는 품질문제가 발생하게 된다.

9.11 품질문서인 자재성적서의 오류로 인해 문제가 발생하면 제작 일정 지연뿐 아니라 기기검증의 유효성 및 본 제품의 적합성이 확보되지 않는다. 이를 방지하려면 어떻게 해야 할까?

※ [문제 9.12 | 위변조품 이슈(설계관리, 구매관리, 품질관리)] 다음 상황을 읽고 물음에 답하라.

상황 위변조품의 거래현황과 품질관리

제어시스템에 위변조품을 사용하면 해당 제품을 고객에게 인도할 수 있는 품질보증을 할 수 없다. 혹여 이러한 부품이 사전에 걸러지지 않고 납품될 경우 불량자재 사용에 따른 신뢰성이 떨어지며 안전 기능이 제대로 작동하지 못하는 사고가 발생할 수 있다. IAEA 보고서에 따르면 사전에 발각되지 않는 경우가 60%에 이르며, 이 중 20%는 비파괴검사를 통해 확인되었다고 한다.

경제협력개발기구에서 발표한 '위조·해적상품 무역 보고서'에서는 2013년 기준 전 세계 위조상품 거래금액이 4610억 달러(약 527조 6606억 원)에 이른다고 밝혔다. 이는 같은 기간의 총 무역금액(약 17조 9000억 달러)의 2.5%에 달하는 어마어마한 수치다. 2011~2013년 3년간 압수된 위조상품 거래량을 기준으로 큰 손해를 입은 나라는 다음과 같다. ▲ 미국(거래량의 20%) ▲ 이탈리아(15%) ▲ 프랑스(12%) ▲ 스위스(12%) ▲ 일본(8%) 등 고가상품에 대한 지적 재산권을 많이 보유한 나라일수록 위조상품 거래로 큰 피해를 입은 것으로 나타났다. OECD에서 2019년도에 발표한 보고서에 따르면 품목별 적발 건수 분포는 대략 다음과 같으며 전기 관련 제품이 Top 4에 속해 있음을 알 수 있다.[9]

---

[9] 참고문헌: Trends in Trade in Counterfeit and Pirated Goods

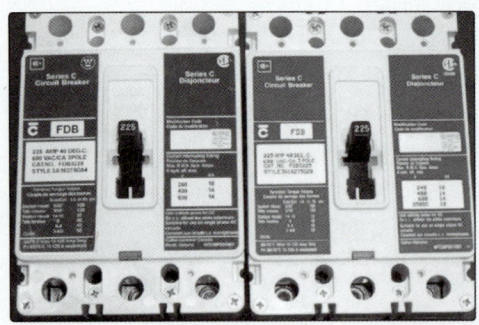
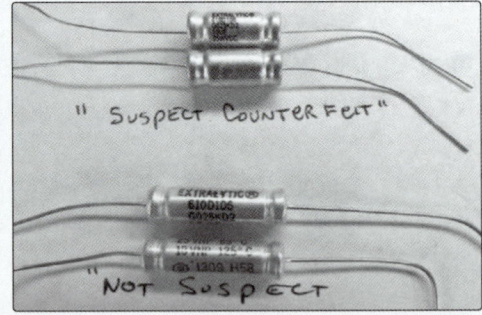
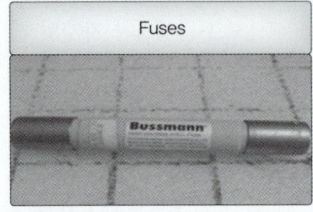
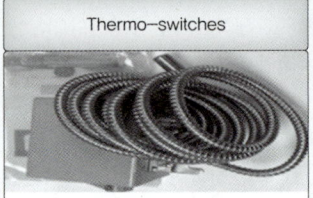
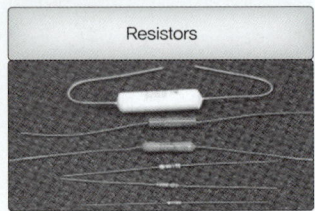
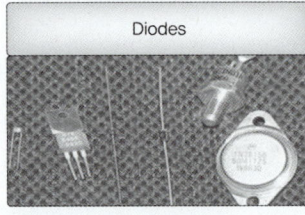

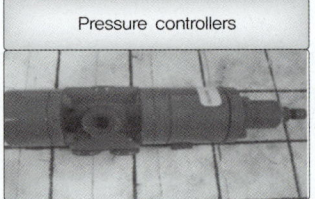

[그림 9-20] 위변조품 사례(차단기, 퓨즈 등)[10]

[표 9-3] 위변조 품목의 구성비

품목	구성비(%)_2013	구성비(%)_2016
신발류	22	24
의류	18	17
가죽제품	16	14
전기기계 및 기구	15	14
시계	6	6
광학, 사진 및 의학 장비	4	5
향수 및 화장품	4	4
장난감	4	3
보석	2	2
제약	3	2

[10] 참고문헌: IAEA Nuclear Energy Series, Managing Counterfeit and Fraudulent Items in the Nuclear Industry

9.12 이 자료들에 따르면 상당한 위변조 시장이 형성되어 있기 때문에 사전에 걸러내는 품질활동이 필요하다. 위변조 품목이 어떠한 상황으로 인해 시장에 나오는지 그 배경을 이해하면 품질활동에 도움이 될 것이다. 이를 찾아서 정리해보자.

※ [문제 9.13 | 내전자파 강성설계가 필요한 부품(설계관리)] 다음 상황을 읽고 물음에 답하라.

> **상황** 기기검증 수행 전 사전점검을 통한 효과적 검증 절차
> 시제품에 대한 내전자파 시험을 위해 전문기관에 기기검증을 의뢰하여 시험함으로써 보완설계를 마련하는 경우가 있다. 특히 내전자파의 CE101 시험항목의 경우 실패(fail) 가능성이 많다. 고조파 발생을 많이 하는 부품들에 대한 설계분석과 부품공급사의 데이터를 철저히 사전점검하는 과정이 필요하다.

9.13 내전자파 시험 실패로 인해 후속 공정이 지연되는 등의 영향이 발생한다. 기기검증과 요건 분석 및 세부 설계에 대한 설계관리를 어떻게 해야 할지 논하라.

※ [문제 9.14 | 자재 공급사의 부품 단종 대책(설계관리/구매관리)] 다음 상황을 읽고 물음에 답하라.

> **상황** 구매 취약 부품 점검을 통한 일정 준수 리스크 최소화
> 안전관련 제어시스템을 구성할 때는 네트워크 스위치 등 다양한 디지털 기기를 사용한다. 그리고 이러한 기기들을 공급하는 회사는 빠른 기술 발전에 대응하기 위해 새로운 기종의 제품을 계속해서 개발한다. 특히 장기간의 건설과정이 필요한 사업의 경우 사업 수행 중에 내부 주요 부품(예를 들면 CPU) 공급사로부터 부품 공급 단종 정책을 통보받는 경우도 있다. 부품 생산이 중단되면 설계변경 확인을 위해 기기검증을 수행해야 한다. 사업 수행이 상당기간 진행된 경우에는 부품 단종으로 인해 설계변경을 할 수도 있다.

9.14 부품 생산 중단으로 인한 품질비용과 설계비용 및 사업일정의 영향을 최소화하기 위한 설계 및 구매 관리단계에서 고려해야 할 사항을 기술해보자.

※ [문제 9.15 | 자재 선정오류(설계관리, 구매관리, 품질관리)] 다음 상황을 읽고 물음에 답하라.

> **상황** 설계 구현 및 제작 전 실물을 통한 사전점검
> 설계가 어느 정도 진행되면 부품목록(BOM)을 산출하고 필요한 부품을 구매하는 절차가 진행된다. 이때 부품 공급자가 제공하는 데이터시트(data sheet)와 관련 정보에 따라 제작도면 및 조립절차에 해당 부품의 정보를 반영한다. PCB 보드를 사용할 경우 외부와의 입출력을 위해 케이블로 연결할 때 절연 캡을 사용하여 단말 처리를 한다. 이때 사용하는 절연 캡의 실물을 확인하지 않고 구매를 진행하거나 인수검사를 하면 조립 과정에서야 미흡사항이 확인되는 문제가 발생한다. 절연 캡의 경우 단순 부품이며 특히 벌크자재이기 때문에 결선 조립공정에 자재를 투입하지 못하는 일정 문제가 생길 수 있다. 그리고 관리자가 인지하지 못하거나 간과하고 지나갈 경우 조립작업자가 PCB 기판의 단자대와 무리하게 임의로 조립해버리는 상황이 생길 수도 있다. 결국 최종 조립된 상태에서 불량이 인지되고 재작업 및 납기일정에 영향을 미치게 된다.

9.15 벌크자재 설계 및 구매는 어떻게 해야 할까?

※ [문제 9.16 | 정전용량과 응답시간 설계특성과의 관계(설계관리)] 다음 상황을 읽고 물음에 답하라.

> **상황** 명시된 설계 수치의 근거 확인: 계산값 또는 실험값
> 미세전류신호를 보내는 MI C케이블 기기 검증과정에 설계사양서에 명시된 커패시턴스(pF) 요건 불만족 이슈가 발생했다. 기술검토를 수행하는 과정에 발전소의 해당 신호에 대한 응답시간 요건을 확인한 결과, 신호발생부터 운전자가 실제 운전 정보를 확인하는 데 허용되는 소요시간 대비 커패시턴스 현상으로 인한 시간 지연의 영향이 미미한 것으로 확인되었다. 그리고 커패시턴스 시간 지연을 계산한 결과, 규정된 설계 요건이 과도한 것으로 확인되었다. 산출근거 없이 참조자료에 명시된 설계 기준값을 인용하여 만족도를 평가하는 미흡사항이 발생했다. 또한 설계관리 절차상 설계 입력/출력물 요건으로 규정하지 않은 설계 요건임을 확인했다.

9.16 사양서에 명시된 규정값에 대한 근거는 없어도 되는 것인가?

CHAPTER

10

기기검증 시험

생활 속의 기기검증 _10.1
기기검증이란 _10.2
기기검증 수행 _10.3
일반규격품의 품질검증(CGID) _10.4
문서화 _10.5
인증 _10.6
생각해보기

PREVIEW

안전관련 제어시스템은 주어진 기술기준에 따라 설계되어야 하며 향후 고객에게 인도 설치한 후에는 운전 환경을 견디고 지진 등 열악한 사고 환경에서도 주어진 책무에 따라 기능을 수행할 수 있어야 한다. 따라서 설계 확인 후 제작 및 납품하는 절차가 수립되어야 한다. 일상생활에서 무리한 힘과 반복된 동작이 신체의 응력을 가져오듯이 기기의 노화 현상은 설계수명기간 동안 작동성을 저해할 수 있으므로 중요한 검증 요소다.

이 장에서는 기기검증을 통한 설계확인 방법과 기기검증 절차를 알아보고 인증 제도와 일반규격품의 품질 검증 절차에 대해 알아본다.

SECTION 10.1 생활 속의 기기검증

필자는 광교산을 좋아한다. 광교신도시가 개발되면서 사람들이 많아졌지만 서울 인근의 북한산이나 청계산보다는 한적함을 즐길 수 있다. 문서 작업을 하느라 뭉친 근육들을 자연 속에서 풀기 위해 몇 주 만에 산행에 나섰다. 지하철역의 계단을 내려갈 때 무릎에 부담이 느껴지기에 엘리베이터를 이용하다 보니 벌써 몸을 조심스럽게 다뤄야 하는 나이가 되었나 하는 아쉬움이 들었다. 역의 출구 오른쪽에 있는 작은 개울 옆부터 시작하는 광교산 초입을 천천히 올라갔다. 몸이 아직 예열되지 않았는지 아니면 피곤한 탓인지 쭉쭉 나가지 않는 느낌이었다. 무릎 관절은 한 걸음 내딛을 때마다 강성$^{剛性,\ stiffness}$**1**을 느끼지 못하고 휘청거리는 느낌이 들었다. 왼쪽 아파트 단지와 오른쪽 차량기지 사이의 야트막한 능선을 제법 올라가니 경기대학교 주차장에서 올라오는 길과 만났다. 조금 힘이 들었지만 쭉 올라갔다.

주능선의 산행 길에는 코코매트를 깔아두었다. 새것이라 그런지 처음에는 푹신한 느낌이 좋았으나 조금 걷다 보니 오히려 반동이 많이 느껴지면서 불편해졌다. 푹신한 깔창을 넣은 신발을 신었을 때 바닥에 닿을 때마다 발목이 휘고 무너지는 느낌과 비슷했다. 이렇게 계속해서 발목에 반동이 생기면 우리 몸은 발목의 안정성을 유지하기 위해 주위 근육을 수축하는 일을 반복하고 그로 인해 주위 근육이 피로**2**해지는 현상이 나타난다고 한다.

제법 경사가 있는 오르막이 나타났다. 젊은 남녀들이 산악훈련을 하고 있는지 뛰어서 내려갔다. 예전에 태백산에서 하산하다가 왼쪽 무릎이 바깥쪽으로 접히고 통증을 느낄 정도로 인대가 늘어났는데 아픈 것을 참고 그냥 내려온 적이 있었다. 이후 자연적으로 치유가 될 것이라고 생각하고 그냥 둔 것이 후유증(잔류응력)**3**으로 남았다. 아픈 무릎의 설계수명$^{design\ life}$**4**을 나름대로 생각해보면서 잘 관리하고 아껴 써야겠다는 생각이 든다. 처음에는 힘이 들었지만 30분 정도 걸어서 올라가니 몸이 따뜻해지고 걷기가 편해지는 느낌이 들었다. 몸의 이완이 느껴지면서 무릎의 통증, 잔류응력을 완화시키는 변화가 느껴졌다.

광교산이 높지는 않지만 청계산까지 이르는 연결 산행로를 따라가면 7~8시간의 종주코스도 있다고 한다. 은근히 도전해보고 싶은 생각과 함께 무릎 관절이 잘 버텨낼 수 있도록 강화훈련을 해야겠다는 생

---

1 강성은 어떤 물체가 힘을 받을 때 모양이나 부피 변형에 대해 저항하려는 성질을 말한다.
2 여기서의 피로는 구조적으로 보면 피로 하중(fatigue loading)이라고 부를 수 있다. 구조물의 부재에 피로 파괴가 발생하는 것은 반복적으로 작용하는 피로 하중(피로 응력), 부재의 형상과 재질, 환경적인 요인의 상호작용에 의해 피로 균열의 생성과 성장에 영향을 미치기 때문이다.
3 잔류응력은 운동 시합을 하다가 다리 근육에 심한 경련이 일어났거나 좌상을 입었을 때 잔류응력이 발생한 것과 같다고 할 수 있다. 잔류응력을 줄여주지 않고 시합을 계속하면 근육이 심하게 손상되거나 심하면 영구적으로 손상될 수도 있다. 하지만 근육을 마사지하여 긴장을 풀어주면 시합을 계속한 후 경기를 끝내고 손상을 예방할 수 있을 것이다. 응력 완화 프로그램의 일례로 볼 수 있다.
4 설계수명이란 처음 설계할 때 설정한 운영기간/설계 시 설정한 목표 기간으로, 주어진 환경조건에서 발전소의 안전성 및 성능 기준을 만족하면서 공학적으로 안전하게 운전할 수 있을 것이라고 예측된 기간을 말한다(위키피디아 참조).

각도 들었다. 예전에는 겨울이 되면 신문마다 설악산의 토왕성 폭포에서 해외 원정을 위해 빙벽 훈련을 한다는 기사가 단골로 게재되곤 했다. 히말라야를 오르려면 많은 사전준비와 훈련이 필요한데, 그 시절에는 국내에서밖에 훈련할 수 밖에 없었으며 검증시설[5]로는 토왕성 폭포가 유일했다. 해외 원정을 위해서는 더욱 가혹한 환경에서 훈련하고 검증해두어야 만에 하나라도 일어날 수 있는 사고 환경[6]에 대처하는 능력이 생겨날 것이다. 이와 마찬가지로 안전등급기기를 사용하기 전에 사용환경을 모사하여 검증해두는 것을 기기검증이라고 표현할 수 있다.

정상에 다다르기 위해서는 팀워크와 어려운 상황에 대처하는 결정을 내릴 때 서로 믿고 동의할 수 있는 원칙과 수용성이 중요하다. 기기검증 행위 또한 사고 시 환경을 모의하여 안전등급기기의 대처 능력을 확인하기 위한 것이므로 검증과정의 사실 관계를 간결하고 명확히 해둬야 한다. 팀원들은 원칙을 지킬 수 있어야 하며 검증 기록물에 의해 가혹한 환경에서도 기기들이 기능하고 견뎌낼 수 있다는 믿음을 가질 수 있도록 준비해야 한다.

---

[5] 검증시설은 기기를 환경조건에 맞춰 검증시험을 하는 시설로 다양한 장비와 기술을 필요로 한다. 예를 들면 진동대, 전자파, 온습도 챔버(chamber), 방사선, 풍동, 수조 등이 있다.
[6] 사고 환경은 기기가 사용할 수 있는 최악의 환경을 사전에 검증하기 위한 것으로, 설계검토 및 시험을 거친다. 설계 기준에서 벗어나는 가혹한 사고 환경에 대해서는 확률론적으로 모의할 수 있으며 예측하지 못한 사고가 발생한 이후 재발 방지를 위해 강화된 기준을 설정하기도 한다.

SECTION 10.2 기기검증이란

10.2.1 기기검증의 필요성

안전관련 제어시스템을 사용하는 플랜트나 항공기는 구조물^{structure}, 계통^{system}, 기기^{equipment}들로 구성되어 있다. 시스템은 사용 목적에 따라 제품 생산, 전력 생산 및 운송수단으로서의 기능을 수행하도록 설계 및 제작된다. 구조물이나 기기는 설치 주변 환경 및 다양한 재해로부터 시스템의 작동부품을 보호하는 역할을 한다. 안전관련 제어시스템은 가상사고$^{postulated\ accident}$ 조건에서도 설비의 안전 기능을 반드시 수행할 수 있도록 설계하고 사전에 검증해야 한다. 즉 설계수명기간 동안에는 정상 및 비정상[7] 운전 상태를 견뎌야 하며 설계수명의 마지막 시점에 사고[8]가 발생할 수 있다고 가정하고 이때도 의도한 안전 기능을 수행할 수 있도록 설계, 제작해야 한다. 기기검증을 수행하는 이유는 이러한 운전 및 사고 조건을 만족하도록 설계 및 제작되었는지 확인하기 위한 것으로, 설치 환경과 유사한 환경을 모의^{模擬}한 상태에서 사고 발생 조건에서의 안전기능 수행 여부를 시험으로 검증하고 문서화하여 기록물로 보관한다.

기기는 설치 환경 및 운전조건에 의해 설계수명기간 동안 노화의 영향을 받는다. 노화의 요인으로는 열(온도 및 온도 변화), 습기(습도 수준, 응축, 침수, 부식), 방사선, 기계적 영향(개폐 사이클, 충격, 마모, 진동), 전기적 영향(전기 부하 및 변동, 동작횟수) 등을 고려할 수 있다. 부품이나 재료가 심각한 노화메커니즘$^{significant\ aging\ mechanism}$[9]을 갖고 있다면 사고 발생 시 작동해야 할 안전기기의 성능에 영향을 미치게 된다. 따라서 기기검증 시험은 **노화 영향**을 반영한 시제품을 이용해 내환경 및 내지진 시험을 수행함으로써 기기가 수명기간이 완료되는 시점에도 안전기능을 제대로 수행하는지 종합적으로 검증한다.

10.2.2 응답스펙트럼[10]

기기가 설치된 구조물은 지진활동의 영향을 받는다. 지진활동은 지반진동을 통해 구조물에 영향을 주며 기기가 설치된 위치에서 느끼는 진동은 응답스펙트럼의 특성을 통해 확인할 수 있다. [그림 10-1]은 지진이 발생했을 때 지반 형태에 따라 응답스펙트럼이 형성되는 과정이다.

---

[7] 정상운전은 출력운전, 기동정지 등이며 비정상운전은 공조설비 상실, 운전가능 수준의 지진을 뜻한다.
[8] 사고의 개념은 설계기준 사고(배관파단, 지진 등), 극한 자연재해, 중대사고 등으로 분류할 수 있다.
[9] 심각한 노화 메커니즘은 정상 및 비정상운전조건에서 기기 열화로 인해 설계기준에 따른 안전기능을 제대로 수행하지 못할 가능성이 점진적으로 높아지는 메커니즘을 뜻한다.
[10] 박병철 외(2011. 12), 『지진가속도 응답신호 특성 및 활용방안』, 국립방재연구원

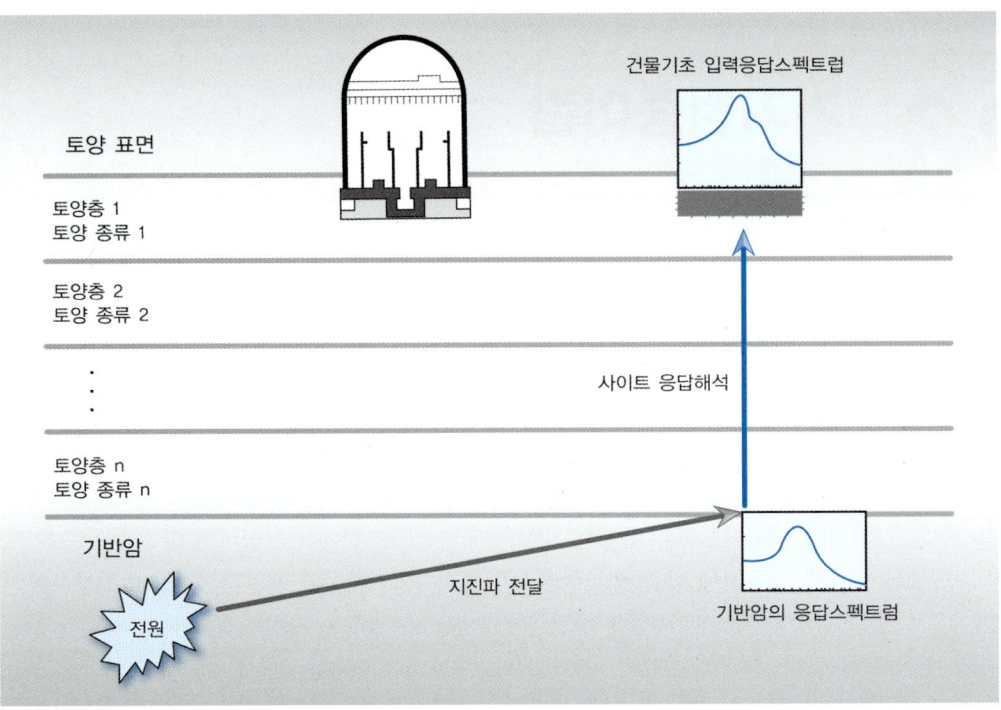

[그림 10-1] 지진활동에 따른 지반 영향과 구조물의 층응답스펙트럼(floor response spectrum) 생성 과정

응답스펙트럼의 특성에 영향을 미치는 인자로는 구조물의 고유주파수, 진앙거리, 부지의 지반종류, 지진 규모, 지진원의 단층운동 형태 및 퇴적층의 깊이 등이 있다. 이 중에서 주파수와 진앙거리가 가장 민감한 특성이며 응답스펙트럼 형성에 영향을 미친다. 진앙거리가 짧을 경우(50~100km) 고주파수가 지배적이고, 진앙거리가 길 경우(150km~200km) 저주파수가 지배적이다. 그 이유는 거리가 길어질수록 고주파가 감쇠하고 상대적으로 저주파가 많이 존재하기 때문이다.

지진파를 보면 지진의 계속 시간이나 최대 가속도와 같이 비교적 간단한 특성은 파악되지만 지진파 속에 포함된 주파수 성분까지는 파악하기 어렵다. **주파수 성분**을 파악하기 위해 수학적 도구를 사용하여 주파수별 성분을 분해하는데, 이러한 분석 방법 중 하나가 응답스펙트럼이다. 응답스펙트럼 해석은 복잡한 구조물을 **단일자유도** 시스템으로 가정하여 해석한 결과로부터 전체 구조물의 응답을 구하는 방법이다. 여기서 단일자유도 시스템이란 개별 진동 모드를 뜻한다. 고유주기마다의 단일자유도 시스템 최대 응답을 스펙트럼이라는 형식으로 생성하는 과정과, 이 결과를 조합해 전체 구조물의 응답을 구하는 과정으로 이루어진다.

어떤 물체에 강제적인 **변위**를 가한 후 이를 해제하면, 원위치로 되돌아가려는 복원력과 제자리에 있고자 하는 관성력이 작용하므로 그 물체는 **진동**하게 된다. 이처럼 물체가 진동하는 주기를 물체의 **고유주기**라고 하는데, 이 고유주기는 물체의 재료와 형상에 따라 달라진다. 또한 물체가 진동하는 동안 열이나 소리로 에너지를 소비하는데, 이런 현상을 **감쇠**라고 한다. 주기와 감쇠를 갖고 진동하는 물체를 매개로 하여 지진파의 주파수 성분을 분석한 결과가 **응답스펙트럼**이다. 이해를 돕기 위해 지진판 위에 여러 종류의 스프링이 있다고 하자. 지진동에 의해 판이 흔들리면 이 추들은 각자의 고유주기에 따라 흔들릴 것이다. 이때 개별 추들의 **시간에 따른 응답치**를 측정하고 이들 응답치 중 **최대치**를 찾아 x축에 고유주기를, y축에 고유주기에 대응하는 응답의 최대치를 표시한 그래프, 즉 단일자유도 시스템의 고유주기마다 최대 응답을 대응시킨 그래프가 **응답스펙트럼**이다. 응답의 종류로는 변위, 속도, 가속도가 있으며 각각 단일자유도 시스템의 최대 응답을 구할 수 있다. 응답스펙트럼의 형상은 지진파의 주기 특성에 따라 많은 굴곡을 가지며 감쇠가 클수록 주기의 특성은 적어지고 굴곡들은 완만한 모양을 갖게 된다. 지진력이 가진 힘의 크기와 직접 관련 있는 가속도응답스펙트럼을 보면 주기가 길어짐에 따라 응답치가 급속히 떨어지는 경향이 있다. 어떤 주기에서 응답이 크다는 것은 지진파 속에 이러한 주기의 성분이 많이 포함되어 있다는 것을 의미한다.

[그림 10-2]는 응답스펙트럼의 개념[11]을 간략히 설명한 것이다. ①은 지진동의 시간 이력을 나타내고 ②는 스프링상수 및 감쇠계수는 같지만 질량이 다른 경우, 즉 감쇠계수는 같지만 고유진동수가 각각 다른 1차원 시스템의 열을 나타낸다. ②에서 오른쪽으로 갈수록 질량이 작아지므로 고유진동수는 커진다. ③은 ①의 지진동이 ②에 가해졌을 때 ②의 각 고유진동수에 해당하는 질량의 움직임에 대한 시간 파형이다. 즉, 지진동에 대한 1차원 시스템 각각에 대한 응답의 시간 파형이다. ③에서 각 파형의 검은색 점은 각 파형의 최댓값을 나타낸다. ④는 ③에서 구한 각 고유진동수에 대한 지진 응답의 최댓값(하나의 점)을 진동수×응답 평면에 나타낸 것으로, 응답스펙트럼은 단순한 점의 나열이며 최댓값을 제외한 다른 모든 점에 대한 정보는 포함되어 있지 않다. 여기서 감쇠계수를 달리하여 ①~④ 과정을 반복하면 여러 가지 감쇠계수에 대한 응답스펙트럼이 만들어진다. 감쇠계수가 작을수록 응답스펙트럼은 커진다.

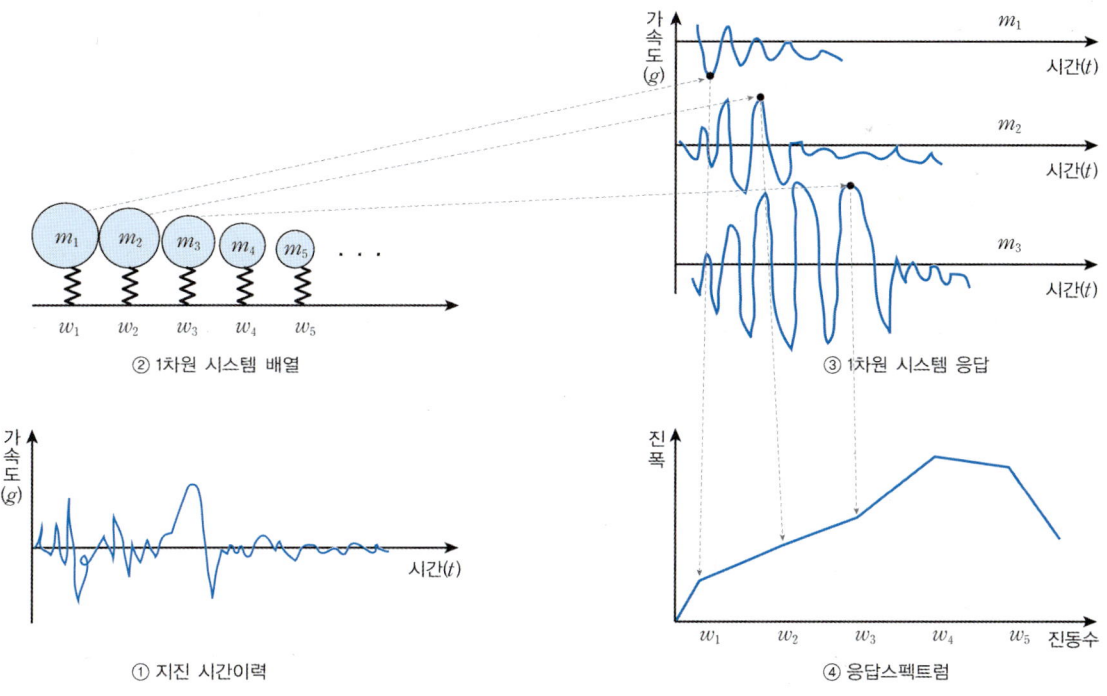

[그림 10-2] **응답스펙트럼의 개념도**(m: maximum time response)

---

11 그림 출처: 신강식 외(2016), 『Time domain method to generate artificial time history from a given reference response spectrum』, Nuclear Engineering and Technology 48, 831~839

구조물마다 다양한 고유주기를 가지며 대부분의 토목 및 건축구조물의 고유주기는 1Hz에서 5Hz 범위이다. 따라서 이러한 주파수 대역에서 구조물의 응답특성은 대단히 중요하다. 원전구조물의 고유주기는 대부분 4~10Hz 구간에 있다.[12]

10.2.3 내진과 면진

■ 내진

구조물을 아주 튼튼하게 건설함으로써 지진이 발생했을 때 구조물에 지진력이 작용하더라도 이에 대항하여 구조물이 지진력을 감당하는 개념이다. 즉 구조물에 작용하는 지진력을 부재의 강도 및 인성을 통해 대항하는 것이다. 예를 들면 달리는 버스에서 사람들이 손잡이를 붙잡고 버티는 것처럼 구조물에 보조적인 부재를 설치하여 지진에 견딜 수 있게 하는 것이 내진 구조물, 즉 내진 설계라고 할 수 있다.

■ 면진

지진파의 주기 특성을 파악하여 지진력의 강한 대역을 피해가는 개념이다. 지구상에서 관측한 각종 지진파를 분석 일반적으로 지진동의 성질은 단주기 성분이 강하고 장주기 성분은 약한 경향이 있음을 파악했다. 구조물과 고유주기가 비슷한 지진력이 작용하면 구조물과의 **공진현상**으로 인해 큰 피해를 주므로 구조물의 고유주기를 인위적으로 길게 하여 지진의 탁월주기 대역을 벗어나게 함으로써 지진력이 구조물에 상대적으로 약하게 전달되도록 설계한 것이 면진 구조물이다. 초고층 건물이나 교각이 아주 높은 교량은 그 자체의 고유주기가 충분히 길기 때문에 자동적으로 면진 구조물 역할을 하게 된다. 저층 건물의 경우 지반과의 연결 부위에 적층고무 등을 삽입하여 구조물의 고유주기를 인위적으로 늘려야 한다.

■ 최대 지반 가속도

최대 지반 가속도(PGA)$^{\text{Peak Ground Acceleration}}$는 순수 지진파에서 계측된 최대 가속도 값이다. 내진설계를 수행할 때 사용하는 실제적인 지진력의 크기를 나타내는 수치다. 단주기 구조물에 작용하는 지진력은 최대 지반 가속도와 비례하므로 내진설계에 적용하기 쉽다. **최대 지반 가속도**는 리히터 규모 또는 지진 규모와 같은 지진의 총에너지를 나타내는 척도가 아니라 각 위치에서 지반이 얼마나 강하게 진동하는지를 나타내는 크기다. 따라서 최대 지반 가속도의 크기에는 지반의 **지질학적 특성**이 모두 반영되어 있다.

[표 10-1]은 이들 간의 관계를 알아볼 수 있는 도표이며 국립방재연구원의 자료 등을 참고하여 정리했다. 최대 지반 가속도는 지표면으로부터 계측된 지진가속도 시간 이력 중에서 절댓값의 최댓값을 말한다. 즉 최대 지반 가속도는 구조물의 응답과는 상관이 없으며 지반의 특성과 관련이 있다.

---

[12] 출처: EPRI TR 102470, 1993

[표 10-1] 진도, 규모, 최대 지반 가속도와의 관계(예시)

진도(MMI[13] 계급)	리히터 규모(M[14])	최대 지반 가속도 (PGA, g)[15]
I (instrumental) 극히 예민한 극소수의 사람을 제외하고는 전혀 느낄 수 없다.	1.67	0.002
II (weak) 소수의 사람들만 느낄 수 있고 매달린 물체가 섬세하게 흔들린다.	2.33	0.004
III (slight) 실내에서 뚜렷이 느껴지며 특히 고층일수록 더 큰 진동이 느껴진다. 그러나 많은 사람들은 지진이라고 인식하지 못하며 정지한 차가 약간 흔들리고 트럭이 지나가는 것과 같은 진동이 느껴진다.	3	0.008
IV (moderate) 낮에는 실내에 있는 많은 사람들이 느낄 수 있으나 실외에서는 거의 느낄 수 없다. 밤에는 일부 사람들이 잠을 깨고 그릇, 창문, 문 등에서 소음이 발생하며 벽이 갈라지는 소리가 난다. 정지한 차가 움직이고 대형트럭이 벽을 들이받는 진동과 같이 느껴진다.	4	0.015~0.02
V (rather strong) 거의 모든 사람들이 느끼고 많은 사람들이 잠에서 깬다. 그릇과 창문이 깨지며 석고벽면에 금이 간다. 실내의 물건이 넘어지고 나무, 전봇대가 심하게 흔들린다.	4~5	0.03~0.04
VI (strong) 모든 사람들이 느끼며 많은 사람들이 놀라서 밖으로 뛰어나간다. 무거운 가구가 움직이며 일부 굴뚝에 파손이 있다.	5	0.06~0.07
VII (very strong) 모든 사람들이 밖으로 뛰어 나오고 내진설계 건축물은 피해가 없으나 일반 건축구조물에 약간의 피해가 발생한다. 굴뚝이 무너지고 운전하는 사람들이 느낄 수 있다.	6	0.1~0.15
VIII (destructive) 내진설계 건축물에 약간 피해가 있고 일반 건축구조물에는 부분적 붕괴가 발생한다. 창문에서 창틀이 떨어져 나가며 굴뚝이 무너진다.	6~7	0.25~0.3
IX (violent) 내진설계 건축물에 상당한 피해가 있으며 기울어짐이 발생한다. 일반 건축구조물이 붕괴되고 지표면에 금이 간다.	7	0.5~0.55
X (intense) 대부분의 석조구조물이 붕괴되고 지표면이 갈라지며 기차선로가 휘어진다.	8	0.6
XI (extreme) 남아 있는 석조구조물이 거의 없고 지표면에 심한 균열이 발생하며 지하파이프가 완전히 파괴된다.	8~9	0.6
XII (catastrophic) 지표면에 파동이 보이고 수평면이 뒤틀리며 물체가 공중으로 튀어 나간다.	9	0.6

[13] MMI: Modified Mercalli Intensity Scale(진도)
[14] M: Richter magnitude scale(리히터 규모)
[15] PGA: Peak Ground Acceleration(최대 지반 가속도)

10.2.4 노화 처리

기기검증 시험 전에 노화 처리를 실시하는 목적은 대상 기기가 설계기준 사고 직전까지 수십 년의 수명 기간 동안 겪을 환경조건을 모사하여 시편/시제품을 최악의 열화(노화) 상태로 만들어두기 위해서이다.

노화 현상은 다음과 같이 분류할 수 있다.

■ 열적 노화

열적 노화는 시간과 온도의 관계만 고려하여 기기의 노화를 예측하는 것으로, 수명기간(~60년) 동안 축적되는 장기간의 노화 현상을 짧은 시험기간 동안 가속화하는 데 적합한 모델(예를 들면 아레니우스 방식)을 이용한다. 대상 기기의 최대 사용 온도 및 수명시간을 적용할 수 있으나 기기의 물리·화학적인 물성의 변화를 초래하는 온도의 상한을 초과하지 않아야 한다.

■ 방사선 노화

주로 흡수선량[16]에 의해 영향을 받기 때문에 선량률[17]이나 조사방사선 종류와는 무관하다는 개념으로 가속화 모델을 만든다. 선량률 선정은 합리적인 비용과 일정을 고려하되 가능한 한 낮게 선정하며 방사선에 심각한 노화 현상을 일으키는 모든 재질 및 부품에 대해 수행해야 한다. 반도체 및 폴리머 재질은 방사선 및 가열 모두에 민감하다. 안전등급의 케이블의 경우 정상상태에서는 0.5MGy, 냉각재 상실사고 시에는 1.5MGy의 설계기준을 갖고 있다. 방사선은 직선성이므로 모든 부위에 최소 요구 선량 이상의 방사선조사를 이루기 위해 방사선 시험설비 내에서 대상기기를 회전시키는 경우가 많으며, 각 부위의 최대 및 최저 방사선량 평가를 위해 확률론적 방법을 사용하기도 한다.

■ 마모진동에 의한 노화

전기기기의 기계적 마모 및 접점의 손상을 평가할 때는 운전 중 발생하는 반복동작을 재현하고 내진시험 이전에 수행해야 한다. 예상되는 전기부하를 인가한 상태에서 마모노화 시험을 수행해야 하며 정상운전 조건으로 가압하고 주기적으로 점검한다. 릴레이 접점의 동작횟수 등이 이에 속한다.

---

[16] 방사선에 의해 어떤 물질에 에너지가 전달되었을 때 이것을 나타내는 것이 흡수선량이다. 흡수선량은 물질의 단위질량당 흡수된 방사선의 에너지로 정의된다. 단위는 그레이(Gy)를 사용한다. 1Gy는 1kg의 물질에 1J(약0.24cal)의 에너지가 흡수된 것을 의미한다.

[17] 선량률(조사선량)은 단순히 공간상의 어떤 위치에서 방사선의 세기를 나타내는 것으로 가장 오래전부터 전통적으로 사용되어 온 선량이며 지금도 실무에서 널리 쓰이고 있다. 단위로는 뢴트겐(X 또는 R)을 사용한다. 1R은 표준상태의 공기 1kg당 2.58×10^{-4}C(쿨롱)의 전하를 만드는 방사선의 양으로 정의되며 감마선이나 X-선에서만 사용한다.

10.2.5 사고조건 시험

사고조건 시험은 노화 처리된 시험샘플(시편/시제품)을 이용하여 수행해야 한다. 설계기준 사고 (DBA)$^{Design\ Based\ Accident}$ 발생 및 사고 이후에도 기기가 의도된 안전 기능을 수행하는지 입증하기 위해 감시되어야 한다. 그리고 시험 프로파일을 생성할 때는 [표 10-2]의 시험 여유도를 포함해야 한다.

[표 10-2] 변수별 시험 여유도

변수(parameter)	여유도(margin)	비고(comment)
온도	+8 ℃	첨두 온도 적용
압력	+10 %	첨두 게이지압력 적용
TID(total radiation dose)	+10 %	사고방사선량 적용
전기특성	±10% ±5%	공급전압: 기기의 설계한계에 추가 정격주파수 대비 여유
운전시간	+10 %	사고개시 후 동작 필요 기간
지진동	+10 %	기기 부착 위치에서의 지진가속도 요건

안전등급설비의 안전기능과 구조적 건전성을 입증하기 위해 내환경 및 내진검증을 수행한다.

❶ **내환경검증**: 기기 및 부품이 설치된 환경(온·습도, 염무, 모래·먼지. 폭발성 가스, 결빙 등)에 대한 내열성, 내습성, 방사선 내성, 압력 내구성, 내전자파 등을 견딜 수 있음을 입증하는 과정이다. 그리고 수명기간 동안 계속적 사용으로 인한 기기 및 부품의 경년열화현상을 평가하여 검증수명$^{Qualified\ Life}$을 도출하고 이를 기반으로 적절한 정비, 교체 및 보수계획을 수립하는 것이다.

❷ **내진검증**: 충격, 지진이나 진동에 대해 기기 및 부품의 구조적 건전성 및 기능적 건전성을 입증하는 과정이며 구조적 변형이나 기능 저하가 일어나지 않도록 설계 및 제작되어야 한다. 내지진시험은 기기가 설계수명 마지막 시점의 노화된 상태에서 지진(예를 들면 0.3g)이 발생해도 기기의 건전성을 유지하고 안전기능이 제대로 작동하는지의 여부를 확인하는 것이다.

국방항공 산업의 경우 구체적인 시험방법론이 MIL STD-810F에 기술되어 있다. 운송 수단별 환경 조건은 [표 10-3]을 참조하기 바란다.

[표 10-3] 운송 수단별 환경 조건

메커니즘	육상 운송 수단	철로 운송 수단	항공	선박
유발환경	도로 충격(대형 충돌, 웅덩이) 도로 진동 취급 충격	철로 충격 (굴곡) 철로 진동 취급 충격	운항 중 진동 (엔진, 터빈) 착륙 충격 취급 충격	파도 유발 진동 파도 폭발 충격 취급 충격
자연환경	고온(건조·다습) 저온 강수·우박 모래·먼지	고온 저온 강수·우박 모래·먼지	감압 열충격	고온(건조·다습) 저온 강수 염무

환경시험을 수행할 수 있는 국내 주요 공인 기관의 시험 가능 항목은 [표 10-4]와 같다. 시험기관은 보유 장비와 기술적 역량에 따라 타 시험기관에 필요한 시험 항목을 의뢰할 수 있다.

[표 10-4] 시험기관별 시험 가능 항목(예시)

구분	시험 항목	시험기관 A	시험기관 B	시험기관 C	시험기관 D
1	저압(고도)	O	O	O	
2	고온	O	O	O	O
3	저온	O	O	O	O
4	온도 충격	O	O	O	O
5	습도	O	O	O	
6	곰팡이			O	
7	염무	O	O	O	
8	모래·먼지	O		O	
9	폭발성 대기			O	
10	가속도			O	
11	진동	O	O	O	O
12	소음	O		O	
13	충격	O	O	O	O
14	열충격	O	O	O	
15	발포진동	O	O		
16	결빙·동결			O	
17	전자기 간섭	O	O	O	O

10.2.6 기기검증 방법

기기를 검증하기 위한 방법[18]은 크게 다음과 같이 나눌 수 있다.

❶ **형식시험**type test: 대상 기기의 안전기능 작동을 시험으로 입증하는 것이며 온도 및 습도환경을 모사한 내환경 챔버와 지진을 모사하는 진동테이블을 사용한다. 전자파(EMI/EMS/Surge)에 대해서는 전자기파 시험설비를 사용한다.

❷ **운전 경험**operating experience: 대상 기기가 비슷하거나 더 가혹한 환경에서 사용된 이력이 있는 경우 그 기기는 검증된 것으로 간주할 수 있으며 필요한 데이터 검증을 통해 입증해야 한다. 기기검증을 위해 수집한 운전경험을 적용하려면 과거 운전상태에 대한 문서의 적절성adequacy, 기기의 성능 및 검증하고자 하는 기기와의 유사성similarity이 뒷받침되어야 한다.

---

[18] 기기검증 방법은 IEC/IEEE 60780-323, 2016 기술표준을 참조하자.

❸ **해석적 방법**^{analysis}: 기기의 내구성을 수학적인 방법으로 확인 및 검증하는 방법이며 주로 큰 구조물의 내진검증에 사용된다. 해석은 기기검증의 보완적 조치로 주로 사용된다.

❹ **조합된 방법**$^{combined\ method}$: 기기검증 시 상기의 형식시험, 운전 경험 및 해석적 방법을 모두 조합하여 사용하는 경우다. 예를 들어 하나의 온전한 조립물을 사용하여 형식시험 수행이 불가능할 경우에는 콤포넌트에 대한 시험을 수행하고 전체적인 구조에 대해서는 통합적인 해석으로 보완할 수 있다.

10.2.7 적용 법규 및 기술 표준

기기검증 관련 법규는 미국연방규정집[19]을 참조할 수 있다. 항공 산업 분야의 검증^{qualification} 절차는 14CFR 21에 기술되어 있으며 원자력 산업 분야는 10CFR에 규정되어 있다. 그리고 원자력 규제위원회에서 발행하는 규제지침서(RG)$^{Regulatory\ Guide}$와 인용 기술표준(IEEE, ASME, ANSI)도 사용되고 있다. 기기검증 관련 주요 법규는 다음과 같다.

- 10 CFR 50.49: 열악한 환경에 위치한 안전관련 중요 기기들의 내환경검증 요건 제시
- 1RG 1.89: 산업표준인 IEEE 323의 내환경 요건을 인허가 표준으로 승인하고 지침 제시
- RG 1.100[20]: 산업표준인 IEEE 344의 내지진 요건을 인허가 표준으로 승인하고 지침 제시

---

[19] 미국연방규정집(Code of Federal Regulations)은 연방행정부가 발행한 행정명령을 집대성한 것이다. 총 50개의 권(title)으로 구성되며 분야별로 나뉘어 있다. 예를 들어 에너지 분야는 10CFR에, 항공우주 분야는 14CFR에 기술되어 있다(출처: 위키백과).

[20] 적용 범위를 전기기기 외에 기계류 및 해당 기기 고장 시 안전기능에 영향을 주는 기기까지 확대한다. 밸브, 밸브구동장치, 펌프, 압축기, 냉동기, 공조기, 팬, 송풍기, 배관지지대, 행거, 연료봉 집합체 및 제어구동 기구를 포함한다.

SECTION 10.3 기기검증 수행

10.3.1 수행절차

기기검증을 위한 절차는 대상 기기와 산업 분야에 따라 다양하게 수립될 수 있으며 일반적으로 다음과 같은 절차를 거친다.

1. 계획 단계
2. 수행 단계
3. 승인 단계

■ 계획 단계

대상발전소의 기술규격, 환경 조건 및 기술기준을 검토하여 기기검증을 위한 사양을 작성해야 한다. 공급사가 자체적으로 수행할 수 없는 경우에는 기기검증 또는 시험을 대신 수행하는 기관과 용역 계약을 체결하여 수행할 수 있다. 기기검증에 필요한 시험 절차서를 준비하고 이해관계자들의 검토 및 승인을 받아야 한다.

본 제품(시험 대상 기기)과 동일한 형상과 설계특징을 갖는 시험시편/시제품을 준비해야 한다. 구성 부품들은 노화메커니즘을 갖는 것과 갖지 않는 것을 분류하고, 노화메커니즘을 갖는 부품은 검증하고자 하는 수명기간만큼 미리 가속노화 처리를 해야 한다. 계획을 수립할 때는 시험, 검사, 성능평가, 합부판정기준, 안전기능 수행 여부를 입증하는 해석 방법 등에 대한 세부 사항을 규정해야 한다.

■ 수행 단계

1. **인수검사**: 시험시편에 대한 인수검사를 통해 형상관리를 위한 근거를 마련한다. 기기검증대상 기기의 형상 및 구성에 대해 시험절차서에 기술된 내용과의 일치성(제작사, 모델 등) 여부를 확인하고 기기와 부품의 손상 여부 및 조립상태 등을 육안으로 확인한다. 설계문서에 따른 동일 제작 여부와 성능에 영향을 줄 수 있는 외부 결함 여부를 사전에 검사하여 향후 공급할 본 제품의 상태와 동일한 구성 및 기능을 갖춘 시험시편임을 확인하는 품질절차다.

2. **성능시험**: 시험 전후에 기기의 성능을 확인하는 것으로 사전에 정의한 시험항목, 방법, 허용기준에 따라서 시험기관이 직접 수행한다. 이 시험 결과는 이후 각 시험 단계마다 수행되는 성능 시험의 기준 데이터가 된다. 번인테스트는 IEEE 650 기술표준을 적용하며 시험품이 조립되는 과정에서 발생할 수 있는 초기결함을 제거하기 위해 최소 100시간의 가동을 통해 기기의 구조적, 기능적

건전성을 확인한다.

❸ **노화시험:** 설계수명기간 동안 기기의 노화 영향을 모의하는 것이다. 사고모의 시험 이전에 시편/시제품에 대한 노화 영향을 미리 반영함으로써 설계수명 종료시점에 사고가 발생할 때의 안전기능 작동 여부를 검증할 수 있는 조건을 만드는 것이다. 노화시험의 종류에는 열노화, 기계적 노화, 진동노화, 방사선 노화가 있으며 시험 또는 해석 방법을 사용한다. 단, 가혹한 환경에 설치되는 기기의 경우 시험에 의한 검증이 요구된다.

❹ **사고모의시험:** 발전소의 설계기준 사건 및 사고 후 운전조건에서의 기기 성능을 입증하기 위한 시험이다. 대표적 사고 환경으로는 지진, 고온 및 고압 배관 파단, 냉각수 배관 파단 등을 들 수 있다. 이를 위해서는 온습도 챔버^{Chamber}, 지진진동대 등과 같은 검증시험 시설이 필요하다.

(i) **내환경 시험:** 주어진 사용 환경에서의 정상 동작 입증
(ii) **내전자파 시험:** 주변과 자신으로부터의 전자파 영향 입증
(iii) **내진시험:** 지진 발생 시 또는 이후에 주어진 안전기능의 정상 동작 여부 검증

❺ **최종검사:** 시험 종료 후 인수검사와 동일한 수준으로 육안 검사 및 성능 시험을 수행하여 허용기준 만족 여부를 판정하며 만족할 경우 시험을 종료한다.

■ 승인 단계

시험기관은 최종적으로 기기검증 보고서를 작성하고 검토승인을 받는다. 승인이 완료되면 본 제품(대상 기기)을 제작 및 공급할 수 있다.

> **NOTE** 앞의 기기검증 시험단계에 사용하는 피시험품은 하나의 기기로 전 주기를 통과해야 한다. 시험 중에는 보완이나 수리를 할 수 없는 것이 원칙이다.

10.3.2 가속열노화 시험

부품이 받게 되는 수십 년의 열노화 영향을 일반 환경으로 모의하는 것은 많은 시간이 소요되므로 가속열노화 시험을 수행한다. 예를 들어 40년 사용기간에 축적되는 노화 현상을 열적으로 가속화하여 일주일 또는 수주일의 짧은 기간 동안 노화시키는 방식이다.

전력기기에 사용되는 절연재료의 경우 **열화**가 진행되면 분자 구조에 영향을 주기 때문에 기계적, 화학적, 전기적인 특성이 서서히 변하면서 표면손상, 전기절연성 저하 등의 노후화가 진행된다. 노후화되면 절연재료의 표면에 누설전류가 흐르고 부분방전이 발생한다. 이때 높은 에너지의 전자나 이온들이 가속되어 절연재료 표면에 충돌하면서 절연재료의 물리적, 화학적 변화가 생기고 계속 축적됨으로써 부가적인 열화가 생기며 결국 절연재료의 **절연파괴**가 발생한다. 모든 도체는 **전기저항**으로 인해 발열현상이 나타난다. 접속부의 저항은 주요 고려 대상이며 특히 고조파의 영향이 있을 경우 표피효과에 따른 영향이 생길 수도 있다.

활성화 에너지 activation energy 는 어떤 물질이 화학반응하는 데 필요한 에너지를 말한다. 활성화 에너지가 클수록 외부에서 많은 에너지를 흡수해야 하므로 화학반응이 일어나기 어렵다. 반면에 활성화 에너지가 작으면 화학반응이 쉽게 일어난다. 즉 활성화 에너지가 작은 물질은 외부 환경의 변화에 쉽게 반응하며 노화가 빠르게 일어날 수 있음을 의미한다. 활성화 에너지를 측정하는 방법에는 시료물질과 기준물질을 동시에 가열 및 냉각하여 시료의 열 출입을 측정하는 시차주사열량분석법과, 온도 변화에 따른 시료의 무게 변화를 측정하여 온도의 함수로서 측정하는 열중량분석법이 있다. 열중량 분석법(예를 들면 Kissinger)을 사용하여 구한 절연재료별 활성화 에너지 값은 주석의 참고문헌에서 찾아볼 수 있으며 이 중 몇 가지 예를 [표 10-5]에 나타낸다.[21]

[표 10-5] 절연재료별 활성화 에너지

절연재료 종류	활성화 에너지[eV]
실리콘고무(silicone)	4.453
초고분자량 폴리에틸렌(UPE)	3.197
폴리테트라 플루오로에틸렌(PTFE)	2.800
폴리에틸렌(PE)	2.184
폴리프로필렌(PP)	2.085
폴리에틸렌 테레프탈레이트(PET)	1.698
폴리염화비닐(PVC)	1.427
에폭시 글라스(Epoxy Glass)	1.281

시험 절차

일반적인 가속열노화 시험의 절차는 다음과 같다.

❶ 기기의 검증 온도 및 시간을 설정한다.
❷ 기기의 비금속재료 부품리스트를 작성한다.
❸ 각 비금속재료들의 활성화 에너지를 조사한다.
❹ 아레니우스 방정식에 ❶의 온도와 시간, ❸의 활성화 에너지 중 가장 작은 값을 대입하여 가속열 노화 환경 조건(시간)을 도출한다.

기기를 구성하는 부품재료들의 활성화 에너지가 서로 다를 경우 가장 작은 값을 사용하는 것은 가장 보수적인 환경에서의 열노화 시험을 수행하기 위해서다. 예시로 제시하는 각 재료들의 활성화 에너지 값과 최고 사용온도는 주석의 참고문헌[22]에서 찾을 수 있으며 [표 10-6]과 같다.

---

[21] 김진규 외(Aug. 2019), 『가속열화시험을 통한 HVDC 전력기기용 고분자 절연재료의 표면특성연구』, KIEE Vol.68, No8, 987~989
[22] 임병주 외(2013), 『전기기기의 발열을 고려한 다단계 가속열노화 방법』, 한국유체기계학회 논문집 제16권 제5호, 19~20

[표 10-6] 부품 재료별 활성화 에너지와 최고 사용온도

부품 리스트	재료	활성화 에너지(eV)	최고 사용온도(섭씨)
A	Acrylic	1.1	155
B	Polyester-imide	1.5	240
C	Polyester-imide	2.0	130
D	Epoxy	1.3	120
E	Polyester Laminate	0.8	130

등가수명을 구하는 방법

등가수명(시간)은 열적가속노화 시험과 식 (10.1)의 아레니우스 방정식을 이용하여 구할 수 있다.

$$t_2 = t_1 e^{\frac{E_a}{k}\left(\frac{1}{T_2} - \frac{1}{T_1}\right)} \tag{10.1}$$

E_a: 활성화 에너지 k: 볼츠만 상수 t_2: 등가수명(hr)
t_1: 가속열화시간(hr) T_2: 사용온도(절대온도 K) T_1: 가속열화온도(절대온도 K)

열노화시험을 위해 식 (10.1)을 적용할 때 정상운전온도(사용온도)를 제대로 산출해야 한다. 예를 들어 전류가 흐르는 케이블의 경우 정상상태에서 외피의 온도 상승이 환경온도보다 몇도 올라가는가 하는 것은 시험 수행 시 성패의 핵심요소가 된다. 즉 사용온도 T_2 = (환경온도+사용 중 상승 온도)가 되어야 한다.

모터, 솔레노이드 액츄에이터 등의 전기기기는 자체 발열로 인해 사용 중 온도 상승을 일으킬 수 있다. 이 경우에는 사용온도를 구할 때 환경온도에 해당 기기의 발열 온도(사용 중 상승온도)를 추가해야 한다. 이때 실제 사용되는 전기도체의 저항이나 접촉저항을 면밀히 확인하고 이에 따른 발열 영향을 정확히 계산하여 적용한다.

[표 10-6]의 부품 D(Epoxy)에 대한 등가수명을 구해본다. 사용 중 상승온도를 잘못 산정할 경우 등가수명 값에 오류가 발생하므로 상승온도 값을 제대로 산정한 경우와 그렇지 못한 경우를 가정하여 각각 구해본다.

■ 등가수명 계산 예시 A(기기 사용 중 상승온도를 과도하게 산정한 경우: 20도)

주위 환경온도가 섭씨 45도이며 실제 사용 중 발열온도가 섭씨 0.1℃ 미만으로 운전되는 설비임에도 불구하고 발열온도를 20℃로 잘못 계산한 예를 살펴본다.

우선 설계수명 목표를 40년으로 하여 부품 D(Epoxy)의 활성화 에너지(1.3 eV)와 재료의 최고 사용온도(120℃)를 가속열화온도(120+273=393℃)로 적용해 아레니우스 방정식에 따라 예상 가속열화시간을 구해보면 679시간을 얻는다. 여기에 마진 10%를 더한 746.9시간을 최종가속열화시간으로 정하고 역으

로 계산하면 등가수명 44.02년을 구할 수 있다. 시편을 이용하여 열적가속화 시험을 수행하면 44년 동안 동작한 기기노화 상태가 되고, 이 시편을 사용해 기기검증시험을 마치면 설계수명 40년을 만족한다는 것을 입증할 수 있다. 참고로 각 단계의 계산 과정을 [표 10-7]에 정리했다.

[표 10-7] 부품 D(Epoxy)의 등가수명 계산 과정(예를 들면 발열온도 20도의 경우)

설계수명 입력									
재료명	설계수명 (Year)	t2 등가수명 (hr)	t1 가속열화 시간 (hr)	T2 [K] 사용온도=환경온도+발열온도+273	환경온도 (℃)	발열온도 (℃)	T1 [K] =가속열화 온도	불츠만상수	활성에너지
D(Epoxy)	40.00	350400	679	338	45	20	393	8.617E-05	1.3
등가수명 산출									
재료명	등가수명 (Year)	t2 등가수명 (hr)	t1 가속열화 시간 (hr)	T2 [K] 사용온도	환경온도 (℃)	발열온도 (℃)	T1 [K] =가속열화 온도	불츠만상수	활성에너지
D(Epoxy)	44.02	385574	746.9	338	45	20	393	8.617E-04	1.3

■ 등가수명 계산 예시 B(기기 사용 중 상승온도를 제대로 산정한 경우: 0.1도)

등가수명 계산 예시 A(발열온도 20℃)와 달리 발열온도를 제대로 계산하여 0.1℃로 산정하고 환경온도는 섭씨 45℃로 동일한 상태에서 계산하면 [표 10-8]과 같은 결과를 구할 수 있다. [표 10-7]과 [표 10-8]을 비교하여 설명한다.

등가수명 계산 예시 A에서는 개략적으로 20℃로 추정하고 설계수명 40년을 만족하도록 계산했다. 그 결과 등가 수명 44년을 얻기 위해서는 **746.9시간**의 가속열화시험이 필요한 것으로 계산되었다. 하지만 전기 회로를 상세 검토한 후 실제 발열 요소를 선정하여 계산하면 실제 운전 중의 온도 상승은 0.1℃ 미만이라는 것을 확인할 수 있다. 이 값을 사용하여 설계수명 40년을 만족하도록 계산하고 여기에 10%의 마진을 더해 최종 가속 열화시간 46.2시간을 적용하면 등가수명 44.43년을 얻게 된다.

따라서 사용 중 상승온도를 제대로 계산할 경우 설계수명 40년을 만족시키기 위한 가속열화시간이 746.9시간에서 46.2시간으로 대폭 경감된다는 것을 알 수 있다.

[표 10-8] 부품 D(Epoxy)의 등가수명 계산 과정(예를 들면 발열온도 0.1℃의 경우)

설계수명 입력									
재료명	설계수명 (Year)	t2 등가수명 (hr)	t1 가속열화 시간 (hr)	T2 [K] 사용온도=환경온도+발열온도+273	환경온도 (℃)	발열온도 (℃)	T1 [K] =가속열화 온도	불츠만상수	활성에너지
D(Epoxy)	40.00	350400	42	318.1	45	0.1	393	8.617E-05	1.3
등가수명 산출									
재료명	등가수명 (Year)	t2 등가수명 (hr)	t1 가속열화 시간 (hr)	T2 [K] 사용온도	환경온도 (℃)	발열온도 (℃)	T1 [K] =가속열화 온도	불츠만상수	활성에너지
D(Epoxy)	44.43	389190	46.2	31.81	45	0.1	393	8.617E-04	1.3

10.3.3 내환경 시험

내환경 시험을 위해서는 시험환경 조건을 만들기 위한 시험 프로파일profile이 필요하다. 시험 프로파일은 대상 플랜트의 사고 환경 조건을 모두 포괄(포락)하도록 생성해야 한다. 사고 환경을 모사할 수 있는 시험 챔버에 대상 기기를 넣고 온도 압력을 조절하여 시험파일에 근접한 시험환경을 모사한 후 내환경시험을 진행한다. [그림 10-3]은 내환경 시험을 수행하기 위한 설계기준 온도 및 압력 조건을 포함한 프로파일 예이다.

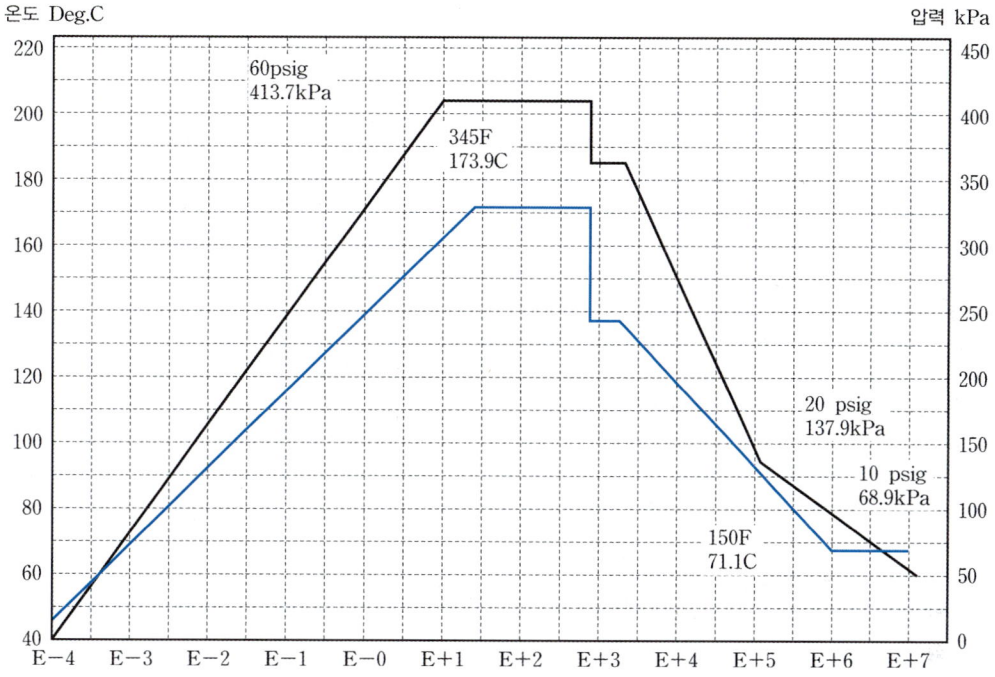

[그림 10-3] 설계기준 온도 및 압력 프로파일 예시[23]

운전원 및 유지보수 요원이 상주하거나 근무할 수 있는 온화한 환경에 대상 기기들이 위치할 때 적용하는 환경 및 시험조건 예는 [표 10-9] 및 [그림 10-4]와 같다.

[표 10-9] 온화한 환경의 내환경시험 및 시험환경 예

정상/비정상 환경조건(연속운전)				시험 환경조건(8시간 이상)		
온도(℃)	습도(% RH)	압력	방사능(Rad)	온도(℃)	습도(% RH)	압력
21~35	40~60	대기압	10^3	4.5~48	~95	대기압

---

[23] 출처: 류경하(과학기술인등록번호 10868992) 외(2017.1.31), 『설계기준사고 및 중대사고 환경 원전기기 평가 미래핵심기술 개발』, 한국기계연구원

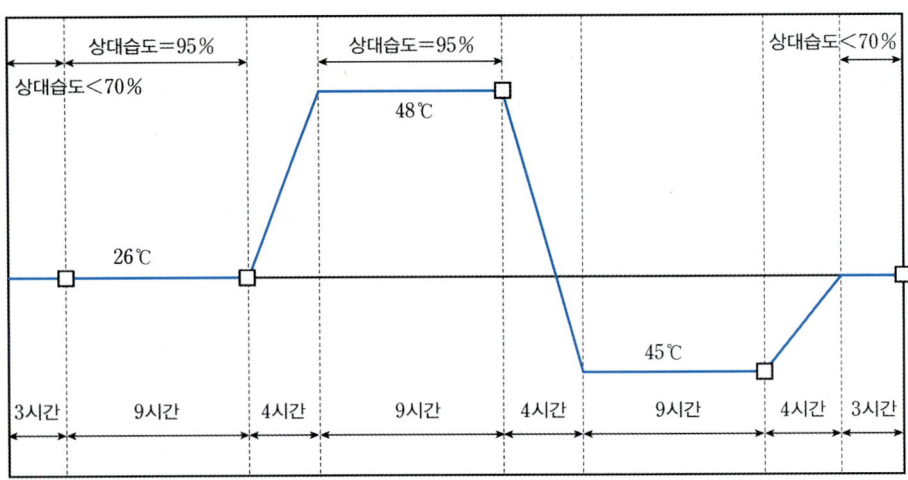

[그림 10-4] 온화한 환경에 위치한 안전계통기기의 내환경 시험 프로파일 예

10.3.4 전자파 시험

전자파 시험은 시제품을 사용해 대상 기기의 설치 현장 주위에서 발생하는 전자파에 의한 대상 기기의 영향, 즉 내성(EMS)을 확인하고 반대로 대상 기기의 전자파로 인해 주변기기에 영향을 미치지 않음(EMI)을 시험으로 입증하기 위한 것이다. 원전의 경우 Reg. Guide 1.180 및 IEC 61000을 참조하여 수행한다.

수행 방법은 절차서 및 표준에서 제시하는 노이즈를 시제품에 인가하여 건전성을 확인하고 시제품에서 방사되는 전자파를 측정해 절차서 및 표준에서 제시하는 허용기준을 만족하는지 확인하는 것이다. 서지 보호를 위한 설계 및 구현은 IEEE 1050을 참조한다.

시험 항목으로는 MIL-STD-461E에 따른 다음 항목이 있으며 IEC 61000에서도 이와 유사한 방법으로 시험하고 있다. 시험 중 입력변수에 따른 안전기능 동작 여부도 확인하여 함께 기록한다.

❶ 전자파 장해 시험 EMI/RFI Emission
- 전도성 방사: CE101(30Hz~10kHz)
- 전도성 방사: CE102(10kHz~2MHz)
- 자기장 방사: RE101(30Hz~100kHz)
- 전기장 방사: RE102(2MHz~10GHz)

❷ 전자파 내성 시험 EMI/RFI susceptibility test
- 저주파 전도 내성: CS101(30Hz~150kHz)
- 고주파 전도 내성: CS114(10kHz~30MHz)
- 전도내성: CS115(impulse excitation)

- 전도내성: CS116(10kHz~100MHz)
- 복사 자기장에 대한 내성: RS101(30Hz~100kHz)
- 복사 전기장에 대한 내성: RS103(30MHz~10GHz)

❸ 서지 내성시험 surge withstand capability
- IEEE C62.41: surge test waveform 설정에 대한 정의
- IEEE C62.45: surge test waveform 관련 시험 방법
- IEC 61000-4: IEEE C62.41의 시험 파형이 동일하고 절차가 유사하여 대체 적용 가능

❹ 전기적 빠른 과도현상(EFT/Burst) 내성시험

❺ 정전기 방전 내성시험(ESD)

내전자파 시험 항목과 관련된 표준들은 [표 10-10]과 같다.

[표 10-10] 시험 관련 표준

표준	내용
IEC 61000-4	EMI/RFI susceptibility Testing
IEC 61000-6-4	EMI/RFI Emissions Testing
IEEE C62.41	Surge voltages in low voltage AC power circuits
IEEE C62.45	Surge testing for equipment connected to low voltage AC power circuits
IEEE 1050	I&C equipment grounding in Generating stations
MIL STD 461 E	Control of RMI characteristics of subsystems and equipment
MIL STD 461 G	Control of RMI characteristics of subsystems and equipment (updated)
IEC 62003	EMC testing
IEC 61000-5	EMC Installation practices
EPRI TR 102323	Guidelines for EMI testing in power plants

[그림 10-5]와 [그림 10-6]은 내전자파 시험/CE 102 시험(10kHz~2MHz) 시 전도성 방사 허용치를 초과하여 전원입력부의 노이즈 필터를 교체한 후 재시험해 통과한 사례를 나타낸 것이다.

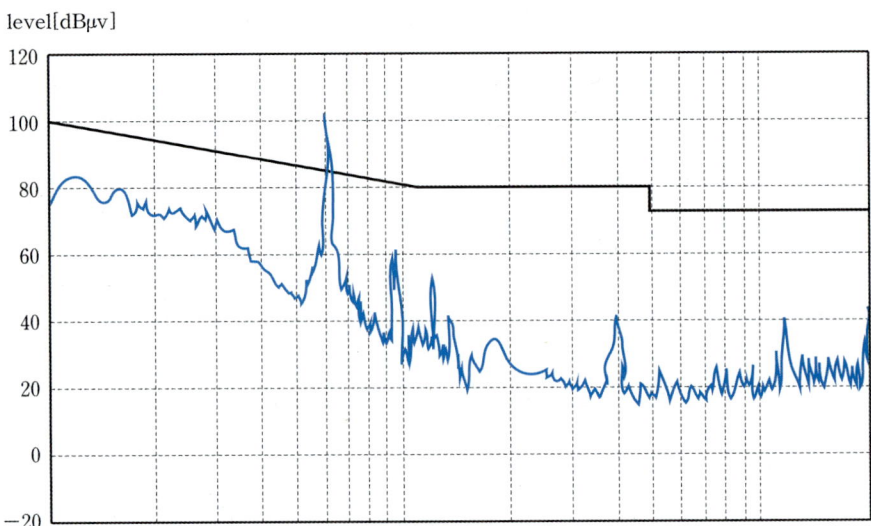

[그림 10-5] 노이즈 필터 교체 전 시험 결과(CE 102)

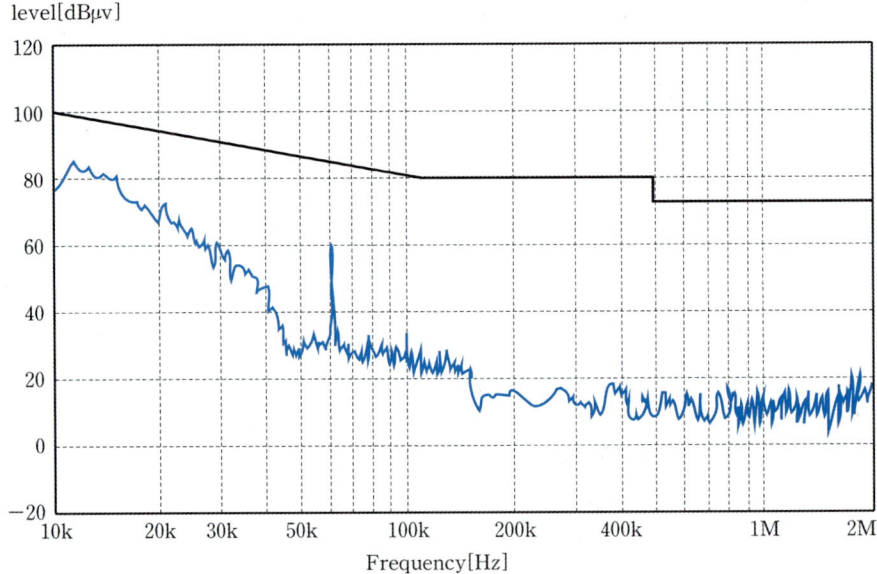

[그림 10-6] 노이즈 필터 교체 후 시험 결과(CE 102)

10.3.5 내진시험

내진검증은 주어진 지진환경에서 대상기기의 구조적 건전성과 기능성 유지 여부를 내진시험 및 해석을 이용해 입증하는 것이며 내진검증 절차는 IEEE 344를 기초로 한다. 주어진 지진환경은 운전 중 발생할 수 있는 운전기준지진(OBE)[24]과 안전정지지진(SSE)[25] 상황에서 발생하는 지진입력 부하로 나뉜다. 대상 기기 설치 위치의 층응답스펙트럼(FRS)을 적용 하중으로 사용하며, 내진 해석을 위한 요구응답스펙트럼(RRS)은 층응답스펙트럼(FRS)의 수치 오차를 고려하여 10%의 마진이 주어진다. 동일한 기기가 여러 장소에 설치되는 경우 모든 위치의 층응답스펙트럼을 모두 포괄하는 층응답스펙트럼을 사용하고, 그 위치의 층응답스펙트럼이 없는 경우에는 상위층의 층응답스펙트럼을 사용해야 한다.

지진은 대략 10Hz 정도의 주파수에서 최대 에너지(진폭)를 나타내며 상세 구분은 지하 지반구조 등에 따라 달라지지만 대략 5~20Hz 정도에 분포한다. [그림 10-7]에서도 8~15Hz 대역에서 최대 진폭의 요구응답스펙트럼(RRS) 생성을 볼 수 있다. 기기의 지배적인 파손모드는 구조적인 파괴보다 계전기의 오작동 등에 의한 기능적 파괴로 나타났다. 일반적으로 계전기의 오작동은 고진동수 지진동에 매우 민감하다. 특히 계전기가 설치된 패널이나 캐비닛 등의 국부적인 고진동수 모드에 의해 크게 영향을 받는다.

응답스펙트럼(FRS, RRS, TRS)의 개념

10.2.2에서 응답스펙트럼의 개념에 대해 알아보았다. 여기서는 기기검증을 위한 내진시험에 사용되는 세 가지 응답스펙트럼에 대해 살펴본다.

층응답스펙트럼(FRS)$^{\text{Floor Rsponse Spectrum}}$은 지진 발생 후 내진시험 대상 기기가 위치한 장소로 파급되는 지진의 강도를 x, y, z 세 방향으로 표시한 것이다. 건물이 위치한 지반에서 발생할 수 있는 최대 지진강도와 건물의 구조강도 및 높이를 종합적으로 평가 및 분석하여 얻게 되며 일반적으로 고객 결정 사항으로 주어지는 요건이다.

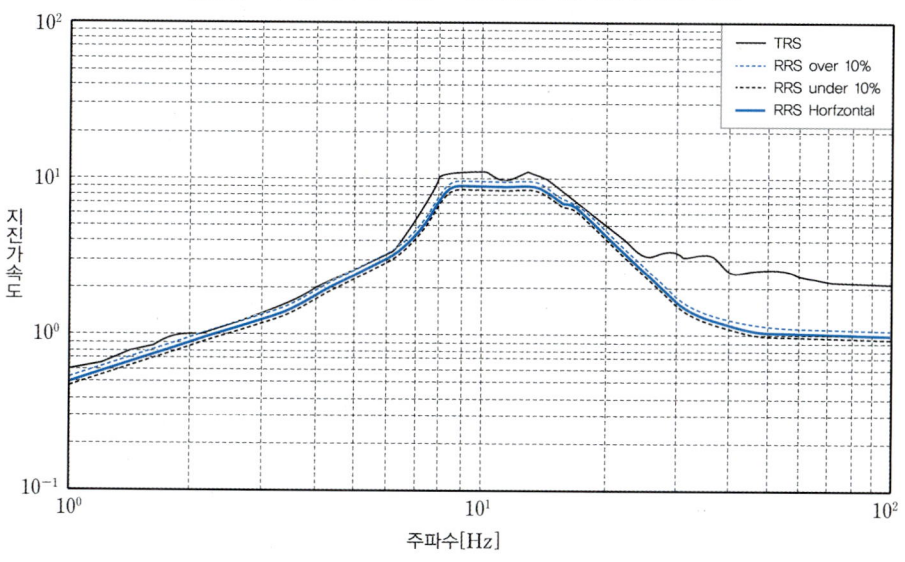

[그림 10-7] 10% 마진을 적용한 요구응답스펙트럼 예

---

24 운전기준지진은 발전소 운전수명기간 동안 발전소 부지에 영향을 미칠 수 있을 것으로 예상되는 지진동으로서 과도한 위험을 초래하지 않고 발전소를 지속적으로 운전하는 데 필요한 설비가 제 기능을 유지하도록 설계하는 지진이다.
25 안전정지지진은 발전소 부지에서 예측되는 최대 지진동으로서 안전관련 구조물, 계통 및 기기가 건전성을 유지하도록 설계하는 지진이다.

요구응답스펙트럼(RRS)$^{Required\ Response\ Spectrum}$은 기기공급자가 층응답스펙트럼에 근거해 산출하며 내진검증을 위한 지진시험장치의 가진에 대한 입력조건이다. 입력 조건은 모든 주파수 대역에 걸쳐 층응답스펙트럼보다 10% 이상의 마진을 갖도록 기술표준에서 요구하고 있다. [그림 10-7]은 10% 마진으로 주어지는 요구응답스펙트럼의 예를 보여준다.

시험응답스펙트럼(TRS)$^{Test\ Response\ Spectrum}$은 요구응답스펙트럼으로 설정한 지진시험장치를 사용해 OBE, SSE 시험을 수행하면서 실제 가속도계를 부착하여 측정한 값이며, 시험대상 기기에 가해지는 지진강도로 해석하면 된다. 요구응답스펙트럼을 규정대로 설정하더라도 지진시험장치의 성능이 부족할 경우 특정 주파수에서 요구응답스펙트럼 값보다 작은 시험응답스펙트럼 값이 측정되어 모든 주파수 대역에서 시험응답스펙트럼이 목표 요구응답스펙트럼을 초과하도록 지진 시험장치의 설정치를 더 올려야 하는 경우도 있다. 시험응답스펙트럼은 시험대상 기기의 바닥부터 최상단 및 주요 부품의 위치 등에 가속도계를 설치하여 측정함으로써 각 부위 및 내부 부착물의 견고성을 평가할 수 있다.

구조적 건전성을 해석으로 수행하는 방법

구조적 건전성을 유지하기 위해서는 최대 응력값이 허용 응력 내에 있어야 하며, 변위 결과는 근접한 기기와 간섭을 일으키지 않도록 해야 한다. 기기의 사양에 따라서는 캐비닛 상부의 변위 결과가 특정값(예를 들면 1/2 inch)을 초과하지 않도록 규정하는 경우도 있다. 이는 인접한 설비와의 영향을 고려한 기준값이다.

내진검증 방법으로 시험만 있는 것은 아니다. 예를 들면 제철소의 대형 고로설비, 원자력발전소의 원자로나 증기발생기 등 수백 톤이 넘는 기기를 시험할 수 있는 지진시험장치는 존재하지 않는다. 이 경우 검증된 유한요소법을 이용한 해석으로 규명할 수 있다. 계측제어 분야의 제어용 캐비닛이나 콘솔은 내부구조가 복잡하고 유한요소법 적용을 위한 경계조건의 설정 적합성 확인이 쉽지 않으며 비교적 경량(1톤 이내)이므로 지진시험장치에서 직접 시험한다.

시험과 해석 방법을 같이 사용할 수도 있다. 같은 구조의 여러 모듈이 용접이나 고장력 볼트 등으로 연결된 대형 구조물은 일부를 지진시험장치에서 시험하고 연결된 구조물에 대해서는 유한요소법 해석으로 검증 가능하다. 이 경우 경계요소 및 강성 관련 여러 가지 변수를 보수적으로 적용하고 공인된 해석툴과 식별이 용이한 프로그래밍으로 입증해야 한다.

[그림 10-8]은 원전에 사용되는 안전정지반[26]에 대한 해석을 수행한 사례로서 시험과 해석을 조합한 경우에 해당된다. 지진테이블에 올라갈 수 없는 크기의 장치일 경우 대표 형상으로 구성한 피시험체를 사용해 내진시험을 수행하고 전체 규모의 구조적 건전성은 해석으로 확인하는 방법이다.

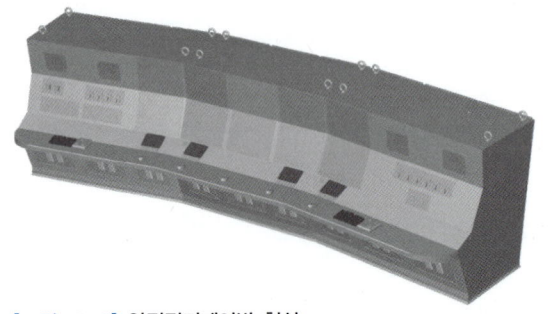

[그림 10-8] 안전정지제어반 형상

---

[26] 안전정지반: 사고 시 공통 유형에 의한 고장에 대비해 독립적으로 구성함으로써 발전소를 안전하게 정지시킬 수 있는 설비

[그림 10-9]는 외력으로 안전정지지진(SSE)을 적용한 응답스펙트럼 해석을 통해 도출된 응력분포를 보여준다. 응력분포 결과 원격정지콘솔의 볼트로 연결된 부분에서 최대 응력이 발생하고 있음을 알 수 있다. 즉 내력이 가장 많이 받는 부분임을 알 수 있으며, 기준응력 대비 마진은 5를 확보했으므로 충분히 안전하다는 것을 확인했다.

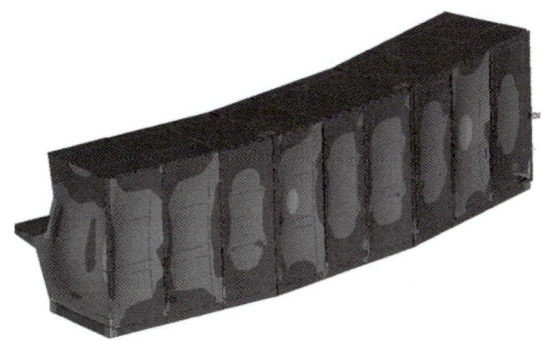

[그림 10-9] 안전정지지진(SSE) 부하가 인가될 경우 안전정지제어반의 Stress 분포

[그림 10-10]은 외력인 안전정지지진(SSE)을 적용할 때의 응답스펙트럼해석을 통해 도출된 변위분포다. 변위분포 결과 원격정지콘솔의 측면 패널과 도어 패널 부분에서 최대 변위가 발생했음을 알 수 있다. 이 부분에서 최대 변위가 발생하는 것은 다른 부분의 패널에 비해 보강제가 밀집되지 않았기 때문이지만, 내부의 연계 기기와의 간섭은 발생하지 않을 만큼 미세한 변형이 발생했다는 것을 알 수 있다. 즉 탄성 영역 내에서 거동하고 있다.

[그림 10-10] 안전정지제어반의 변위 해석 결과

기기 내부에 설치된 부품의 내진검증이 요구될 경우 층응답스펙트럼을 내진검증 요건으로 적용할 수 없으며 부품이 설치된 위치, 즉 기기의 구조에 의해 증폭된 지진입력을 구해 내진시험의 입력조건으로 적용해야 한다. 그리고 부품에 대한 내진 해석을 수행할 경우에는 해석 모델의 정당성을 입증해야 한다. 따라서 시제품의 내진시험을 수행할 때 특정 위치에 가속도계를 설치하여 추출한 시험응답스펙트럼(TRS)과 본 제품 형상 해석모델의 동일한 특정 위치에서 IERS[in-equipment response spectrum]를 추출해 상호 비교분석함으로써 모델의 정당성을 확인하며, 해당 부품이 설치되는 위치의 IERS 값과 시험응답스펙트럼과의 비교를 통해 부품의 내진 건전성을 확인할 수 있다.

[그림 10-11]에서 IERS 값이 시험응답스펙트럼 값보다 낮다는 것을 확인할 수 있다. 따라서 기기 내부에 장착된 부품(전자장비)은 안전하다고 볼 수 있다. 그리고 향후 유지보수를 위해 동일 위치의 부품을 대체품으로 사용할 경우 해당 부품의 검증에도 활용할 수 있다.[27]

---

[27] 손정대 외(2018. 12), "주요기기 내진성능 상향을 위한 설비보강 및 취약부 도출 연구", 『한국압력기기공학회 논문집』, 제14권, 제2호, 16~23

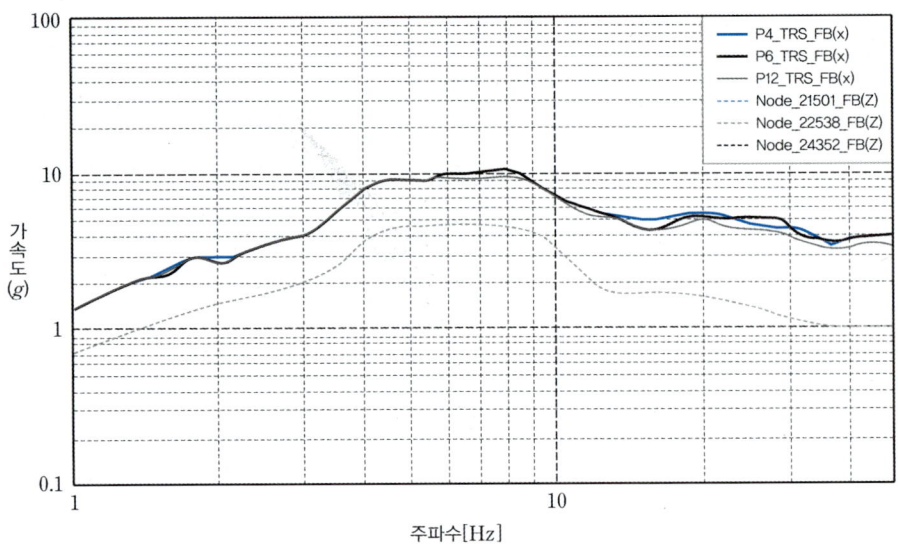

[그림 10-11] TRS 대비 IERS 비교

■ 시험응답스펙트럼과 IERS의 비교 방법

IERS와 시험응답스펙트럼을 확실하게 구분하려면 다음 설명을 참조하기 바란다.

대형구조물의 경우 전체에 대한 내진시험을 할 수 없으므로 축소(예를 들면 1/3 수준)하여 피시험체를 구성한 후 내진시험을 실시할 수 있다. RRS를 만족하는 TRS를 얻은 경우 내진시험을 수행한 구조물의 1/3은 내진안전성을 확보했다고 볼 수 있다. 그러나 '전체 구조물의 내진안전성은 어떻게 보장할 수 있을까?'라는 의문이 들 수 있다. 이를 위해 1/3 기기의 내진시험 중 최상단부와 중요 기기가 설치되는 여러 부위에 가속도계를 설치하여 그 위치에서의 TRS를 측정하고, 전체 구조물의 유한요소법(FEA)으로 해석한 동일 부위의 IERS를 비교한다. 이를 통해 부위별로 1/3 축소기기에서 실측한 TRS보다 전체 기기 IERS의 해석치가 더 작으면 이 기기는 내진 안전성을 확보했다고 평가할 수 있다.

내진시험 수행절차

내진시험은 다음과 같은 절차로 진행한다.

❶ 시험시편/시제품을 설치하고 구조적 건전성을 확인한다
시험시편/시제품을 현장 설치 시의 실제 조건(고정용 볼트, 고정토크 값 등)과 동일하게 진동대에 장착하고 준비된 가속도계는 설치된 시편의 시험 방향과 동일하게 부착하여 시험데이터를 수집할 수 있도록 준비한다. 시험 시작 전에 시편/시제품에 대한 구성품 및 구조물의 균열, 이탈, 변형, 파손 등 물리적 손상 및 기능상에 오류가 없는지 확인한다.

❷ 공진탐색 시험을 실시한다
공진탐색 시험의 목적은 시편/시제품의 공진 특성을 내진시험 전에 알아둠으로써 내진시험으로 인한 구조물의 취약화 여부와 시험 중 구성품 이탈에 의한 충격신호 등의 이상신호 여부를 판단

하고자 하는 것이다. 운전기준지진 시험 전에 수행하는 공진탐색 시험 결과는 향후 각 시험 단계마다 수행되는 공진탐색 시험의 기준 데이터로 사용된다.

그리고 시험응답스펙트럼(TRS)이 요구응답스펙트럼(RRS)을 포락하지 못하는 경우의 평가 방법으로도 사용된다. 특히 저주파 범위에서 진동대 성능의 한계 또는 물리적 구현이 어려운 경우 이런 현상이 나타날 수 있다. 5Hz 미만의 영역에서 공진 응답현상이 존재하지 않는 경우에는 시험응답스펙트럼이 3.5Hz 이상부터 요구응답스펙트럼을 포락하더라도 내진 시험을 만족한다고 평가할 수 있다. 참고로 제어용 캐비닛의 경우는 통상 공진주파수가 전후 및 좌우 방향에 대해 12~13Hz 보다 높으면 강한 구조로 설계되었다고 이해할 수 있으며, 수직 방향의 경우에는 구조적으로 강하기 때문에 40Hz 이상이 나온다. [그림 10-12]를 보면 3Hz 대역에서부터 시험응답스펙트럼이 요구응답스펙트럼을 포락하고 있음을 알 수 있다. 이러한 경우 공진탐색결과가 내진 평가에 유용하게 사용된다.

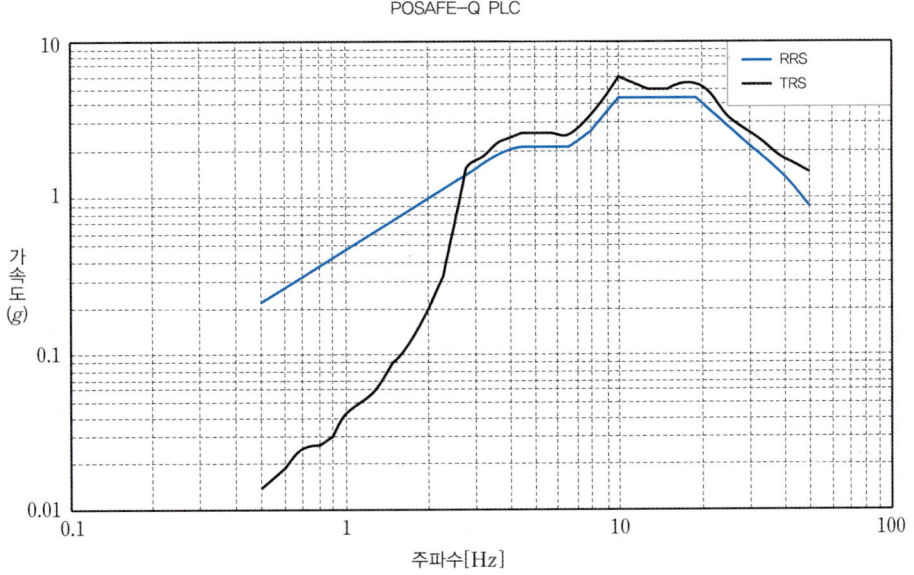

[그림 10-12] 시험응답스펙트럼의 요구응답스펙트럼 포락 여부 확인 및 평가(5Hz 미만)

❸ OBE 시험을 수행한다

요구응답스펙트럼은 해당 발전소의 감쇠율[28] 2%인 층응답스펙트럼(FRS)의 1/2을 모두 포괄하는 여유도 10%의 RRS를 적용한다. 시험 가진은 요구응답스펙트럼에 대해 3축 동시 가진을 적용하여 5회 반복 수행하며 시험응답스펙트럼이 요구응답스펙트럼을 완전히 포락해야 한다. 또한 내진시험 후 각각의 시험 축에 대한 독립성을 확인하기 위해 간섭함수가 0.5 이하 또는 상관계수의 절댓값이 0.3 이하임을 확인한다. 시험 중 시편/시제품에 대한 기능 확인을 반드시 수행해야 하며 정의된 허용기준 만족 여부를 확인해야 한다.

---

28 음향 감쇠율을 예로 들면, 일반적으로 음향 감쇠율이 높을 경우 음향하중 가진에 의한 구조반응이 감소하여 음향피로에 효과적인 구조를 갖는다고 한다.

❹ **SSE 시험을 수행한다**
RRS는 감쇠율 3%인 적용 대상 층응답스펙트럼을 모두 포괄하는 여유도 10%의 요구응답스펙트럼을 적용한다. 시험 가진은 3축 동시 가진을 적용해 1회만 적용한다. OBE, SSE 과정에서 기능이 정상일 뿐만 아니라 외형 변화(예를 들면 찌그러짐이나 문 열림 포함)가 없어야 한다.

❺ **공진시험을 다시 시행한다**
공진시험을 다시 하는 이유는 SSE를 마친 후에도 대상 기기가 구조적 건전성을 유지하고 있는지 확인하기 위해서이다. 만약 x, y, z 세 방향의 공진주파수 중 어느 한 곳이 많이 작아졌으면 이는 구조물에 변형이 왔거나 구조강도가 약해진 것으로 판단하며 내진시험 실패의 사유가 된다.

❻ **최종 검사를 수행한다**
시험 종료 후 시편/시제품의 구성품 및 구조물 균열, 이탈, 변형, 파손 등 물리적 손상이 없는지 또 기능상 오류가 없는지 확인한다. 특히 변형에 취약한 배관 등의 구조물에 대해서는 변형율 게이지를 이용해 변형 정도를 정량적으로 측정한다. 열반되는 캐비닛은 상부 변위 정도를 구체적으로 적시하여 평가할 수 있다(예를 들면 1/2 인치 등).

[그림 10-13]은 OBE 및 SSE[29] 요구응답스펙트럼의 예를 나타낸 것이다.

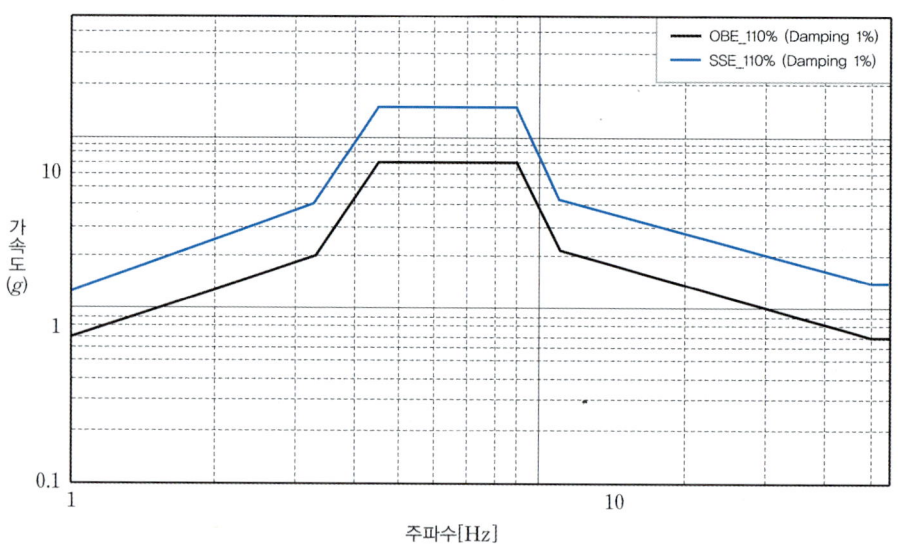

[그림 10-13] 보호계통의 수평내진 RRS(감쇠비 1%)

---

[29] OBE는 정상동작조건 지진 시험이며 적용기준의 지진이 발생해도 대상 기기가 정상으로 동작한다는 것을 입증하는 시험이다(5회 반복 시험). SSE는 가상 최대 지진이 발생할 때 대상 기기가 정상으로 동작하는지 평가하는 시험이다(1회 시험).

[그림 10-14]는 어떤 기기 A의 수평 방향에 대한 SSE 지진 시험 결과 예를 나타낸 것이다.

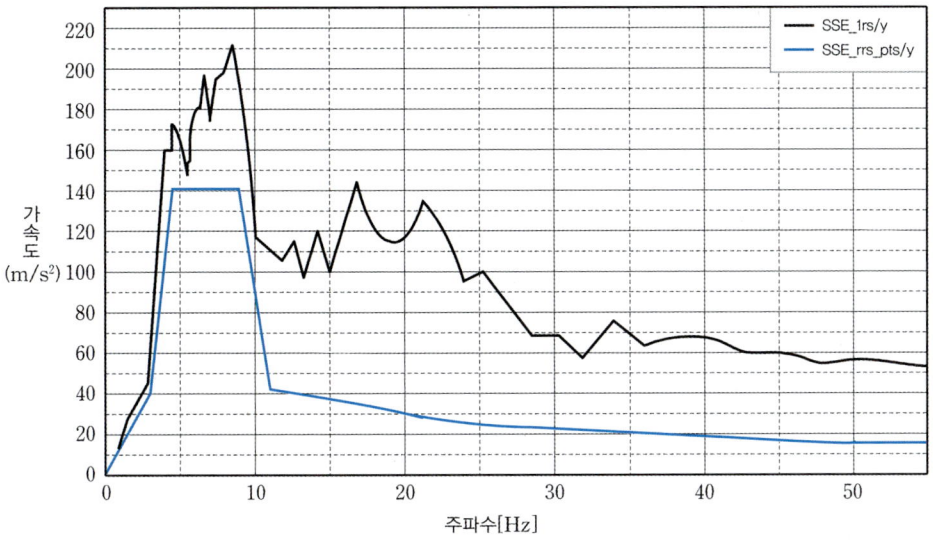

[그림 10-14] 기기 A의 수평방향에 대한 SSE 지진시험결과

감쇠비

지진입력을 선정할 때는 여러 감쇠비$^{damping\ value}$ 중 대상 기기의 구조에 가장 근접한 감쇠비를 선택하여 적용한다. 진동하는 물체는 시간이 지남에 따라 진동이 점차 감소하고 에너지가 사라지는데 이러한 현상을 감쇠라고 한다. 임계감쇠에 대한 비율을 감쇠비로 표현하며, 구조물의 내진설계에서 감쇠비는 구조물의 지진응답을 지배하는 중요한 설계인자가 된다. 따라서 관련 설계기준에서 감쇠비 값을 추천하고 있다.

[표 10-11]은 감쇠비를 규정하고 있는 미국의 안전심사기준(RG1.161) 중 전기기기가 포함된 것을 발췌하여 정리한 것이다.

[표 10-11] RG 1.161 원전 내진설계를 위한 감쇠비 적용

기기 종류(Component Type)	감쇠비(Damping Value)	
	SSE	OBE〉SSE/3
모터, 팬, 콤프레서외함 (보호, 지지구조)	3%	2%
압력용기, 열교환기, 펌프 및 밸브 본체(압력경계)	3%	2%
용접된 계기선반(지지구조)	3%	2%
전기캐비닛, 패널 및 전동기제어반 (보호 및 지지구조)	3%	2%
금속 공기보관탱크(밀폐, 보호)	3%	2%
케이블트레이 ① 최대 케이블 하중 시 ② 비워뒀을 때 ③ 방염 처리 또는 케이블이 구속되어 있는 경우	① 10% ② 7% ③ 7%	① 7% ② 5% ③ 5%
도관(conduit system) ① 최대 케이블 투입 시 ② 비워뒀을 때	① 7% ② 5%	① 5% ② 3%

10.3.6 진동시험

설치되는 기기가 지속적으로 진동의 영향을 받을 경우 진동피로가 누적되는데, 이때 사용기간 동안의 진동누적피로를 이겨낼 수 있는 강도를 갖고 있는지 확인하기 위한 시험이 진동시험이다. 진동시험의 주요 대상은 지속적인 진동이 발생하는 항공기, 선박, 자동차 및 정유화학 플랜트의 특수설비, 원자력 발전소의 원자로 부착 설비 등이다. [그림 10-15]의 진동시험 PSD 그래프는 대상 기기에 주어지는 진동을 예로 나타낸 것이며 그림에서 가로축은 주파수, 세로축은 PSD$^{\text{Power Spectrum Density}}$를 나타낸다.

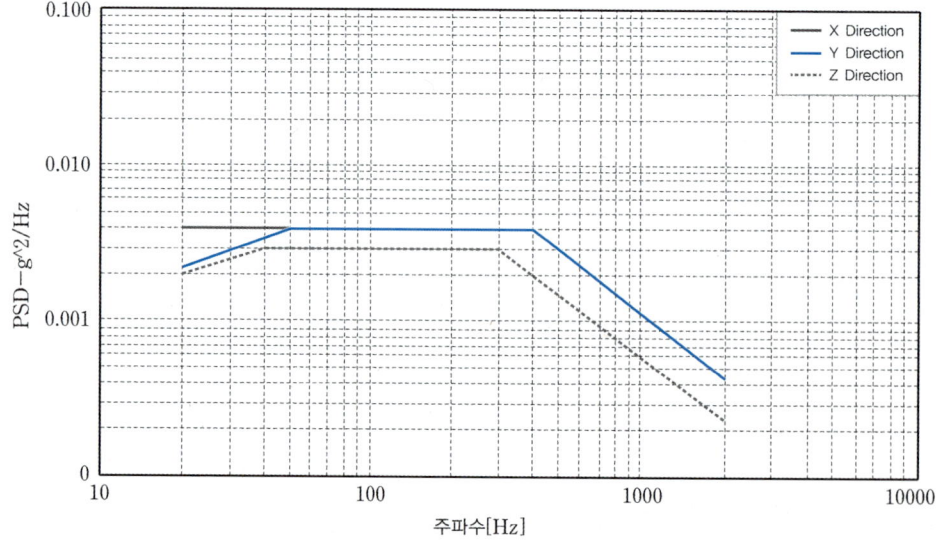

[그림 10-15] 진동시험 PSD

진동시험은 크게 정현파 진동시험과 랜덤 진동시험으로 나뉘며, 두 가지 모두 수행해야 하는 경우가 대부분이다. 일정 회전속도로 회전하는 모터나 펌프에서 발생하는 진동이 전형적인 정현파 진동의 예다. 랜덤진동은 자동차 주행 중의 진동이나 수중 선박의 파도에 의한 진동 등을 예로 들 수 있다. 진동시험에 대한 기준은 IEC 60068, MIL-Std-810F 등에서 취급하며 선박, 자동차 등에 따라서 각각 진동시험 기준이 있다.

진동시험도 노화시험과 마찬가지로 사용기간을 대체할 수 있도록 가속 방법을 사용하는데 그 관계식은 다음과 같다.

$$t_2 = t_1 \left(\frac{S_1}{S_2}\right)^k \tag{10.2}$$

t_1: 기기의 사용수명(예를 들어 40년은 350,400시간)
t_2: 가속시험 시간
S_1: 사용기간의 진동수준(g^2/Hz)
S_2: 가속시험의 진동수준(g^2/Hz)
k: 보정 상수

정현파 진동시험의 경우는 보정상수 $k=6$ 을 사용한다. 예를 들어 가속시험의 진동수준 S_2를 정상상태 진동(사용기간의 진동수준 S_1)의 10배로 하면, 식 (10.2)에 따라 가속시험 소요시간 $t_2 = t_1 \times 10^{-6}$이 된다. 즉 10배의 진동으로 한 시간을 시험하면 백만 시간(10^6)을 가속한 효과를 얻게 된다.

랜덤 진동시험의 경우는 $k=4$ 를 표준으로 하지만 보수적인 산업 분야에서는 $k=3.75$ 적용을 요구하는 경우도 있다. 앞에 나온 백만 시간의 경우, 랜덤 진동시험에서 $k=4$ 를 적용하면 100시간 시험해야 하며 $k=3.75$ 를 적용하면 178시간 동안 가속시험을 해야 한다.

진동가속시험 시에는 다음 사항에 유의한다.

❶ 진동가속시험은 x, y, z축을 동시에 하는 3축 진동시험이 가능한데, 이 경우에는 각 방향 진동 가진의 상관계수가 0.3 미만이어야 한다. 상관계수가 0.3보다 크면, x, y, z 세 방향에 대해 각각 진동시험을 실시해야 한다.

❷ 공급자 입장에서는 [그림 10-15]의 저주파 대역 크기에 특히 주의해야 한다. 경험이 부족한 고객은 저주파 영역을 그냥 수평선으로 그려서 주는데, 이는 결코 조건을 만족시킬 수 없으며 시험도 불가능해진다.

독자의 이해를 돕기 위해 과도한 예를 들어본다. 0.01Hz에서의 PSD 값이 1Hz에서의 PSD와 같은 값이라고 하면, 100초 주기에 한 번 왕복하는 주파수로 1Hz에서의 PSD와 같은 PSD를 만들어야 하고, 그러기 위해서는 몇 미터 이상의 진폭으로 진동을 줄 수 있는 설비도 필요하다. 그러나 이런 진동을 할 수 있는 설비는 고무줄밖에 없을 것이다. 경험이 부족한 고객은 가끔 이런 실수를 한다.

SECTION 10.4 일반규격품의 품질검증(CGID)

10.4.1 일반규격품의 정의와 품질검증

■ 일반규격품

일반규격품은 안전성 관련 법규에 따른 고유의 설계 또는 규격 요건의 적용을 받지 않고 범용 시설에 사용되는 품목으로서 제조자/공급자가 발행한 제품설명서(예를 들면 카탈로그)에 기재된 시방을 근거로 주문할 수 있는 품목이다. 일반산업규격에 의해 제조된 상용제품이라고 할 수 있으며 군수품의 경우에도 상용화 확대 방침에 따라 국방규격 적용 품목을 대체할 수 있도록 구매요구서를 작성하는 등 구매조달에 힘을 기울이고 있다.

■ 기기검증 데이터와 필수특성

안전성 관련기기는 법규나 규격에 따라 설계, 제작되어야 하며 품질요건의 철저한 준수가 요구된다. 따라서 품질절차에 규정한 '설계관리' 공정에 따라 기기의 설계특성, 재료특성 및 성능특성 등을 결정하고 '설계적합성'을 확인함으로써 안전성을 보증할 수 있어야 한다. 기기검증을 수행할 때도 '설계확인' 과정으로 본 제품과의 동질성과 대표성을 확인한 시편/시제품을 사용해야 하며 검증과정에서 생산된 각종 해석, 검사 및 시험 데이터들은 품질기록으로 남겨둬야 한다. 그리고 해당 부품의 필수 특성에 대한 적절성을 확인하여 추후 일반규격품의 품질검증을 위해 사용할 수 있도록 한다. 발전소의 유지보수 등에 필요한 부품들이 생산중단(단종)되었을 때 대체품을 사용하기 위한 검증 활동에 사용된다. 즉 일반규격품의 필수 특성 확인과정에 기본품^{item}의 기기검증 결과를 활용하여 검증할 수 있다.

■ 일반규격품의 품질검증

발전소를 운영하면 지속적인 유지보수가 필요하며 건설 중인 경우에도 선정한 설계 부품이 제조사나 공급사의 사정으로 생산 중단되는 경우가 있다. 특히 디지털기기의 기술이 발전함에 따라 과거보다 그 주기가 단축되는 경향을 보이고 있다. 기존 설계를 유지하면서 대체품을 사용하려고 할 경우 대체품의 설계, 제조 및 생산 과정에서의 품질절차 준수 여부, 설계관리 공정 준수 여부나 입증상태를 직접 알 수 없기 때문에 '일반 규격품 품질검증(CGID)$^{Commercial\ Grade\ Item\ Dedication}$' 활동을 통해 필요한 입력데이터(예를 들면 설계, 재료, 성능 등)를 확보하고 확인 및 검증활동을 수행하게 된다.

일반규격품의 품질검증에 필요한 내용은 관련 법규 및 기술지침에서 잘 정리되어 있다. 다음 기술요건에 근거하여 기술적 평가(대상 기기식별, 기기검증 및 필수 특성 도출 등) 및 적합성 평가를 수행해야 한다.

- Reg. Guide 1.164
- EPRI 3002002982
- EPRI TR1025243 Rev.1 to NP-5652,
- EPRI TR-102260 및 TR-106439

일반규격품 품질검증 활동은 내진 분야의 적합성 평가와 디지털기기의 사용 평가까지 확대되고 있다. 다음 관련 지침들은 인허가 기관의 검토가 완료되지 않아 공식 적용할 수 없으나 추이를 이해하는 데는 도움이 될 것이다.

- EPRI NP7484 "Seismic technical evaluation of replacement items for NPP(STERI)"
- EPRI TR105849 "Plant support engineering: generic seismic technical evaluations of replacement items for NPP"
- EPRI TR1025283 "Commercial grade digital equipment for high-integrity applications: Oversight and review of evaluation and acceptance activities"
- EPRI TR107339 "Evaluating commercial digital equipment for high-integrity applications: A supplement to EPRI TR 106439"
- EPRI 1011710 "Handbook for evaluating critical digital equipment and systems"
- EPRI TR 103291 "Handbook for verification and validation of digital systems"

■ 품질검증 수행절차 및 방법

일반적인 일반규격품 품질검증 수행절차는 다음과 같다.

❶ 구매 item 식별 및 문서화
파트명, 모델명, 원제조 지시 번호, 도면 번호 등을 식별하고 문서화한다.

❷ 안전 기능 수행 여부 결정
안전 기능을 수행하지 않으면 비안전품목으로 구매할 수 있다.

❸ 식별된 item(기본품)을 일반규격품으로 구매 여부 결정

앞의 세 단계는 일반규격품 품질검증(CGID)을 시작하기 전에 완료되어야 한다. 그리고 그 결과는 다음 과정을 포함하며 향후 일반규격품 품질검증 과정의 중심이 된다.

❹ 안전기능의 식별 및 문서화
FMEA(Failure Modes and Effects Analysis) 등을 통해 다음 내용을 문서화한다.

- 필수특성이 선택된 이유
- 필수특성과 안전기능과의 관계
- 필수특성이 안전기능의 수행을 방해할 것으로 예상되는 고장메커니즘과의 관계

❺ 필수특성의 식별 및 문서화

필수 특성은 다음 과정을 통해 구한다.

- 상세한 설계정보가 있을 경우 이로부터 필수 특성을 확인하고 구매문서에 기재한다.
- 설계정보를 구할 수 없을 경우 item의 안전기능에 근거하여 FMEA를 수행하거나 엔지니어링 평가를 통해 고장메커니즘을 식별한다. [표 10-12]는 공통고장모드와 확인이 필요한 필수특성에 대한 예를 나타낸 것이다.[30]

[표 10-12] 고장메커니즘의 예

고장메커니즘	설명
막힘(blockage)	필터 막힘으로 인한 정화기능 불능 또는 흐름 차단
부식	화학 또는 전기방식으로 인한 재료의 갱년열화
연성골절(ductile fracture)	소성변형으로 인한 금속의 찢어짐
침식(erosion)	유체 내부의 고형물에 의한 연마작용으로 인한 재료의 파괴
과도한 변형(excess strain)	외부압력에 의한 부품의 재료 소성 및 왜형
골절(fracture)	소성변형으로 인한 고체분리현상
물성손상(loss of properties)	고온 방사선에 의해 기계적 물리적 특성이 손상되는 것
기계적 변형(mechanical creep)	고온 고압에 장기간 노출되어 물리적 기계적 특성이 차츰 변화함
회로개방(open circuit)	전기회로의 의도하지 않는 단선으로 전류 차단
고착(seizure)	구동부위의 고착(압력, 온도, 마찰, 낌)
단락(short circuit)	전기회로의 비정상 접지 오류 또는 신체 접촉으로 인한 과도한 전류
진동초과(unacceptable vibration)	발란스, 지지미흡, 임계속도 회전으로 인해 허용치를 초과하는 기계적 진동

❻ 적합성 확인

적합성 확인을 위해 다음 방법 중에서 선택하고 허용기준을 설정하여 문서화한다.

- 방법 1: 특수시험 및 검사
- 방법 2: 일반규격품(상용제품) 공급자 실사
- 방법 3: 제작 중 입회검사
- 방법 4: 공급자 및 공급품목의 이력평가
- 조합 방법: 상기 두 가지 이상의 확인 방법 적용

❼ 적합성 평가 수행

적합성 평가를 수행하고 결과를 문서화한다. 평가결과에는 수용 여부를 명확히 기재해야 한다. 수용하기로 결정되면 추적성이 유지될 수 있도록 절차서와 수행 절차를 명확히 식별하고 관리해야 한다.

---

[30] EPRI 3002002982, Plant Engineering: Guideline for the Acceptance of Commercial Grade Items in Nuclear Safety Related Applicationss (September 2014)

> **여기서 잠깐**
>
> 추적성^{traceability}은 안전성 기본기기^{items}들을 찾아내고 검토할 수 있는 수단을 제공하며, 관련 문서는 향후 인허가 요건을 만족시킨다는 것을 보여야 한다.
>
> 추적성 확인을 위해서는 다음 항목들을 명시해야 한다.
> - 원제작자 식별
> - heat number, batch number, production lot
> - purchase order/line item
> - 허가받은 배급자
> - 부품제조자
> - 현장설치품목의 식별역량
> - 공급 과정에 참여한 모든 공급자 구매 문서의 연결

10.4.2 디지털 기기의 일반규격품 품질검증

디지털 기기의 일반규격품 품질검증은 EPRI TR-106439에 따라 기술 평가 및 적합성 평가를 수행한다. EPRI TR-106439에서 참조하는 EPRI NP 5652에서는 다음 네 가지 방법을 제시하고 있다. 하지만 위변조 품목의 식별을 강화하는 데 다음 중 하나의 방법으로는 충분하지 않으므로 ❶, ❷ 및 ❹의 방법을 모두 수행해 적합성을 평가하도록 권고하고 있다.

❶ 특수시험 및 검사$^{special\ tests\ and\ inspection}$
❷ 일반규격품 공급자 실사$^{commercial\ grade\ surveys}$
❸ 제작 중 입회검사$^{source\ verification}$
❹ 공급자 및 공급품목의 이력평가$^{acceptable\ item\ and\ supplier\ performance\ record}$

[표 10-13]은 설계 및 해석용 컴퓨터 프로그램의 일반규격품 품질검증을 위한 필수특성이다. 국내 규제기관인 KINS[31]에서 규제 방향을 제시하고 있으며 상세한 내용은 EPRI TR 25243의 TABLE 6-4와 6-5를 참조하기 바란다.

---

[31] "일반규격품 설계 및 해석용 컴퓨터 프로그램의 품질검증에 대한 규제방향", 이상화(2017.8.31), 2017년 제16회 전력계통 안전성증진 워크샵

[표 10–13] 설계 및 해석용 컴퓨터 프로그램의 형태별 필수특성

형태(type)	필수특성
물리적(physical)	• 포맷(사양요건에 따른 포맷과의 일치성)
성능(performance)	• 출력의 정확도(accuracy of output) • 출력의 정밀도(precision of output) • 출력의 허용오차(tolerance of output) • 기능성(functionality: 안전기능, 알고리즘, 완전성, 정확성[32]) • 연계성(interface: 필수입력변수 및 대역, 출력변수[33])
의존성(dependability)	• 내재된 품질(built in quality) ① 효과적인 개발과정의 품질활동 및 감독(개발 전 과정에 걸친 품질프로그램 작동, 요건서에 따른 프로그램 수행능력 측정, 공인된 품질인증인 경우 개발조직 공인) ② 정형화된 개발 과정(structured development process, 개발과정의 문서화, 코딩 사례 제시, 형상관리/추적성) ③ 복잡도, 간결성(code structure) ④ 관련 코드, 표준 및 산업인증 만족 여부 ⑤ 내부 검토 및 확인(에러 발생 비율/수명주기별) ⑥ 시험 가능성 및 완전성(난이도, 깊이, 검토시간, 에러의 측정/정량화 등) ⑦ 훈련 성과 측정

---

[32] specific safety functions and algorithms, completeness and correctness
[33] critical input parameters and valid ranges, output parameters

SECTION 10.5 문서화

기기검증 문서는 기기검증의 증빙 자료로서 기기의 검증수명기간 동안, 설치기간 동안 또는 향후 사용을 위한 보관기간 동안 계속 유지 보관되어야 한다. 사용된 데이터는 향후 적합하게 사용될 수 있도록 작성해야 하며 제3자 감사에 대비해 손쉽게 이해하고 추적 가능하도록 구성해야 한다.

10.5.1 검증문서 구성

안전등급기기의 검증문서에는 다음 사항들이 포함되어야 한다.

1. 제작사, 모델번호, 하드웨어/소프트웨어 버전, 모델패밀리 번호 등을 포함한 기기의 식별
2. 안전 기능 식별 및 기능요건
3. 설치 고려사항 및 요건(설치, 방향, 연계사항, 전선관 밀봉 등)
4. 운전가능조건(온도, 압력, 방사성, 상대습도, EMI/RFI, 파워서지, 운전사이클)을 포함한 정상환경, 설계기준사고 조건 및 기기가 검증된 사고조건의 식별
5. 중대 노화메커니즘의 평가 및 기기검증 시 조치 방법
6. 내진시험 결과 식별
7. 기기검증 조건 식별
8. 검증 상태를 유지하는 데 필요한 예정감시진단, 유지보수, 주기적 시험, 부품교체 등의 식별
9. 제한사항 및 경고사항을 포함한 요약 및 결론
10. 보완조치가 있을 경우 이의 수용에 대한 정당성 평가
11. 중대 노화메커니즘이 있을 경우 노화시험 결과의 식별
12. 시험수행 시
    - 사용한 기기검증 방법의 식별 및 설명
    - 시험샘플기기 식별
    - 판정기준 및 수행 결과 식별
    - 시험 순서 및 선택 순서에 대한 보수성 입증
    - 시험샘플기기의 검증대상 기기에 대한 대표성
    - 시험 이상상태 평가 및 기기검증에 대한 영향 평가
    - 정상 및 비정상 상태 시험 또는 온화한 환경에서의 시험 증빙

10.5.2 내환경검증 문서

'내환경검증'이라고 하면 원자로시설이 수명기간 동안 환경조건(정상운전조건 또는 설계기준사고조건)의 영향을 받더라도 해당 설비 및 계통이 의도된 기능을 수행 및 유지할 수 있음을 입증하기 위해 수행하는 시험, 해석, 경험자료 분석 등의 활동을 말한다.

'온화한 환경'은 정상운전 및 예상운전과도로 인해 조성되는 환경을 말한다. 그리고 '가혹한 환경'은 원자로시설의 냉각재 상실사고 또는 고에너지배관 파단사고로 인해 조성되는 환경을 말하며, 사고해석을 통해 구역별로 특정값(온도, 습도, 방사능 등)을 규정한다.

온화한 환경에 대비한 검증문서는 정상운전과 지진 환경에 대비할 수 있는 설계 조건을 의미한다. 이를 만족하기 위해서는 설계/구매 사양서, 내진시험보고서, 품질보증서(C of C) 등이 요구된다. 설계/구매 사양서는 정상 및 예상 운전조건별 특정 환경지역에서의 기능 요구값을 수록해야 한다. 온화한 환경에 위치한 기기의 경우 중대한 노화 메카니즘이 없다면 검증수명을 문서화할 필요가 없다. 운전 이력으로 보완할 경우에는 보수 및 감시진단 프로그램에 대한 내용도 포함해야 한다.

가혹한 환경에 대비한 검증문서는 다음 내용이 추가되어야 한다.

1. 시험형상 식별
2. 기기의 검증수명 및 근거에 대한 식별
3. 방사선 형식, 방사선량, 총방사선량을 포함한 방사선 시험결과의 식별
4. 사고시험 결과(온도와 시간 곡선, 압력과 시간 곡선, 습도, 화학살수, 살수, 전기부하, 기계부하, 인가전압, 인가주파수, 침수상태 포함)
5. 피크온도, 피크압력, 방사선, 인가전압, 작동시간 및 지진 레벨에 대한 여유도 식별
6. 검증수명 연장에 대한 정당성 평가

10.5.3 내진검증 문서

내진검증을 위한 문서[34]는 기기검증 사양 요건서와 내진검증 보고서로 구성된다. 기기검증을 받고자 하는 기기들이 지진 상황에서 안전기능을 수행할 수 있다는 것을 이 문서로 나타내야 한다.

> **NOTE** 소유권이 있는 데이터는 검증 보고서에 소스문서가 참조되거나 감사를 통해 확인할 수 있다면 제외할 수 있다.

---

[34] IEEE 344-2013 참조

기기검증 사양 요건서

기기검증 사양 요건서 qualification specification requirements 에는 다음 내용이 적절히 제시되어야 한다.

❶ 기기에 대한 물리적 설명
❷ 안전관련 기기 및 회로의 식별과 해당 안전기능 식별
❸ 조작 기구의 전형적인 운전설정치(또는 범위)
❹ 기기부착 상세(모든 연결부분 포함)
❺ 요구 응답스펙트럼(x축, y축, 감쇠율, 평탄화구간 식별 포함): 여러 위치의 RRS를 포함하고 있는 일반사양서는 해당 RRS가 어떤 기기에 적용되는지 식별해야 한다.
❻ (RRS를 구하지 못할 경우) 각 층의 최대 가속도 또는 모든 주파수 대역에서의 구조물 거동
❼ 요구되는 지진의 강한 거동 strong motion 시간대
❽ 요구되는 OBE/SSE의 횟수 및 크기
❾ 안전기능의 수행이 설계된 기기 설치 환경
❿ 적용 부하 및 연계요건
⓫ 기기검증, 설치 및 부착에 대한 승인요건
⓬ 변위요건
⓭ 시험, 해석, 운전경험에 대한 요건
⓮ 적용 여유도

이러한 요건들이 규정되어 있을 때 해석, 시험, 운전 이력 또는 조합된 방법으로 검증이 이루어졌음을 결정할 수 있다.

내진검증 보고서

내진검증 보고서 seismic qualification report 에는 다음 내용들이 적절히 제시되어야 한다.

❶ 검증 대상 기기를 식별해야 한다. 복잡한 기기의 경우 구성품을 식별하고 해당 구성품들의 기능 요건을 기술해야 한다. 한 가지 이상의 검증 방법을 사용할 경우에는 검증 패키지에 최초 시험, 해석 또는 이력보고서, 조합된 내용이 포함되어야 한다. 문서에는 모든 관련 도면, 부품리스트(BOM), 사용자 메뉴얼을 참조하여 이에 대한 검토를 적절히 수행할 수 있도록 해야 한다.
❷ 요구응답스펙트럼(RRS) 수준 표시
❸ 상세 요약에는 검증시험, 해석절차, 사용된 이력데이터 및 결과(비정상상태 및 조치결과)를 포함해야 한다. 구성품 단위 또는 반조립품 형태로 별도 검증할 때는 사용한 절차를 요약 기술해야 한다.
❹ 기기검증 사양 요건서와 검증 결과의 비교 및 결론
❺ 결재자의 승인과 결재 일자

해석, 시험, 해석과 시험의 조합 및 이력 등 내진검증 방법의 선택에 따라 추가적으로 기술해야 할 내용은 다음과 같다.

■ 해석

내진검증을 해석으로 수행할 때는 사용 방법 및 데이터와 고장모드들에 대해서 해석분야의 조예를 가진 사람이면 바로 감사할 수 있는 형태로 제공되어야 한다. 기기의 고정방식 및 연결 상태를 포함한 경계조건은 반드시 명확하게 규정되어야 한다. 성능을 입증하거나 수학적 모델 확인을 위한 시험 결과 확인에 필요한 입출력 데이터는 보고서에 포함되거나 참조되어야 한다. 또한 구조물과의 연결 부위에 대한 반응력도 제시되어야 한다.

프로그램이 사용되는 컴퓨터 하드웨어 기반 컴퓨터 프로그램에 대해서는 검증되었음을 확인할 수 있도록 컴퓨터 프로그램, 조건사항, 버전번호, 날짜 및 사용된 시스템 등을 보고서에 기술해야 한다.

■ 시험

검증 방법으로 시험 방식을 사용할 경우 내진검증 보고서에 다음 내용이 포함되어야 한다.

1. 검증대상 기기(기구를 포함한 기기식별, 기능사양, 설정치 및 제한치 포함)
2. 시험설비(위치, 시험기기 및 교정기기 포함)
3. 시험 방법 및 절차(동작 감시 및 합격기준 포함)
4. 기기부착 상세(모든 연결부위 포함)
5. 시험데이터
6. 시험결과 및 결론

기기의 동작성 평가는 사전에 규정한 합격기준을 따라야 한다. 시험 실패나 비정상상태가 관찰된 시험 이후에 합격기준을 개정하거나 수정할 경우 이를 문서화해야 하며 정당성을 입증하고 이를 보고서에 포함해야 한다. 비정상상태를 제거하기 위해 기기를 수정하지 않고 계속 사용할 경우에는 반드시 정당성이 입증되어야 하며 기기검증 보고서에 이러한 정당성 입증 내용을 포함해야 한다. 시험 수행 중 보수작업은 반드시 시험보고서에 문서화되어야 하고 유지 및 보수 절차에 따라야 한다.

■ 해석과 시험의 조합

해석 및 시험 또는 유사기기의 외삽에 의해 수행한 입증일 경우 내진검증 보고서에 다음 사항을 포함해야 한다.

1. 해석과 시험의 조합 방법에 사용한 구체적인 방법 참조
2. 해당 기기 설명
3. 해석 데이터
4. 시험 데이터
5. 결과의 정당성

유사기기에 의해 생성된 데이터를 외삽할 경우 실제와 다를 수 있으므로 기준에 대한 설명이 필요하다. 이 차이의 정당성 행위가 판정기준(추가적인 해석이나 시험이 필요할 수 있음)보다 낮아져서 내진의 적정성을 해치지 않도록 해야 하며, 추가 데이터가 있다면 그 데이터도 포함되어야 한다.

■ 이력검증

이력검증을 활용할 경우 내진검증에는 참조데이터와 후보기기검증 내용에 대한 문서화가 필요하다.

❶ 참조데이터 reference data 활용

검증에 사용하는 참조데이터를 문서화할 때는 다음 제한사항들을 고려하고 참조표준에서 요구하는 세부사항들을 포함해야 한다. 지진 이력이나 시험 이력을 사용한 검증이 다음의 **제한사항**에 해당될 경우 적용할 수 없거나 다른 검증 방법을 사용해서 보완해야 한다.

- 복잡한 특징을 가졌거나 시간에 따라 심각하게 변하는 설계특징을 가진 기기의 경우 설계변동성을 상세히 고려해야 한다. 즉 이 경우(예를 들면 마이크로프로세스 기반 시스템)에는 이력데이터 적용이 실질적이지 않기 때문에 반드시 다른 검증 방법을 적용해야 한다.
- 지진이 발생했을 때 기능 동작이 요구되는 스위칭 기기 또는 관성부하로 인해 부적절한 상태변화를 가져오는 전기기계적 기기의 경우(예를 들어 릴레이, 접촉기, 스위치, 브레이크 등) 또는 전압이나 전류조건 및 시차동작이 저해되는 경우와 같이 지진이 발생했을 때 기기의 기능성을 설정하기가 극히 어려운 경우에는 반드시 다른 검증 방법을 적용해야 한다.
- 지진 이력 데이터의 다양성과 숫자가 불충분한 경우 반드시 다른 검증 방법을 사용해야 한다.
- 정상운전부하를 조합한 이력데이터를 사용함으로써 동시부하(즉 유체역학적 영향, 안전밸브 방출)의 영향을 받는 기기의 경우 동시부하의 영향에 대해 반드시 다른 보조적인 검증 방법을 사용해야 한다.
- 압력경계를 구성하는 품목의 경우 해당 콤포넌트의 능력이 지진과 조합된 상태에서도 규정된 압력유지 기능을 수행할 수 있다는 부분에 대해 적합한 판정기준을 별도로 제시해야 한다.
- 수직분 RRS 값이 수평분 RRS를 초과할 경우와 대상 기기의 기능이 수직분 RRS에 대해 불리하게 적용될 때는 다른 내진검증 방법을 사용해야 한다.
- 대상 기기가 낮은 주기의 부하에 대한 피로 파괴 이력을 포함할 때는 대체수단을 사용하여 평가해야 한다.

❷ 후보기기검증 candidate equipment qualification

후보기기검증을 위해서는 내진검증 보고서 형식에 따라 참조표준의 지진 이력과 시험이력요건을 만족해야 한다. 참조기기와 후보기기의 차이점을 반드시 보고서에 명시해야 하며, 참조기기의 요구기능이 후보기기의 조건보다 동등 이상으로 엄격하다는 점을 반드시 입증해야 한다.

SECTION 10.6 인증

발전소를 구성하는 주요 안전기기에 대한 기기검증 요건 및 절차를 살펴보았다. 최근에는 이러한 공급자 중심의 기기검증 수행에서 발주자, 사용자, 인허가 기관 및 다양한 이해관계자들에 의한 전 세계적인 공통적용 표준 제정이나 기기의 인증제도 도입을 통한 검증의 효율화 요구가 꾸준히 제기되고 있다.

인증certification이라는 용어는 다양한 분야에 사용되고 있다. 그리고 사람, 조직, 프로세스, 기기 및 제품 등 분야별 특성과 산업별이나 국가에 따라서 다양하게 적용되고 있다. 사람마다 표현이나 이해의 차이가 있을 수 있기 때문에, 구체적인 절차나 방법론은 계약요건이나 인허가 요건에서 적시하는 관련 코드나 표준의 정의에 따르는 것이 실무 차원에서는 매우 중요하다. 인증의 용어 정의[35]에서도 알 수 있듯이 일반적으로 인증이란 공적인 기관을 통해 증명을 받는 절차를 의미한다.

certification과 qualification

국방항공 분야에서는 '인증'이라는 의미로 certification과 qualification을 혼용하여 사용하고 있다. 예를 들어 감항인증의 경우 미공군은 'Airworthiness certification'을 사용하고, 미육군은 'Airworthiness qualification'을 사용하며 미해군은 'Airworthiness Release'라는 용어를 사용한다.

[표 10-14]와 같이 certification은 국방기술품질원에서 법으로 정해진 인증 요구조건의 합치 여부에 대해 확인 및 검증하는 것이며, qualification은 이를 위한 수단으로 정의하고 있다. 즉 qualification은 개별사업의 품질요구사항이 합치한다는 것을 계약으로 지정한 기관이 검증 및 확인하는 계약활동의 일부로 보며, certification은 법적으로 요구된 항목들을 검증하는 것으로 계약적 요구사항보다는 법에 근거하여 수행되어야 하는 법적 활동으로 보는 것이다. 예를 들어 항공기의 qualification 대상은 비행안전성뿐만 아니라 성능/기능, 신뢰성, 유지보수성 등 항공기의 설계 및 제작과 관련된 제반사항이 될 수 있으나 감항 인증의 경우에는 비행안전성만이 그 검증 및 확인 대상이라고 할 수 있다.[36]

---

[35] 인증(認證)은 제3자에 대해 어떤 인적 물적 객체나 서비스 또는 문서나 행위가 정당한 절차로 이루어졌다는 것을 공적 기관이 증명하는 절차 및 제도를 말한다(Product certification or product qualification is the process of certifying that a certain product has passed performance tests and quality assurance tests, and meets qualification criteria stipulated in contracts, regulations, or specifications (sometimes called "certification schemes" in the product certification industry)). (출처: 위키피디아)

[36] 이제헌 외(2010.9.13), "항공기 부품/구성품 및 훈련체계 인증제도에 관한 연구", 국방기술품질원, 5~6, 169

[표 10-14] certification과 qualification에 대한 이해

구분	certification	qualification
번역	법으로 정해진 인증요구조건	품질인증(기기검증)[37]
합치판단기준	법으로 정해진 인증요구조건	사업별 품질요구 사항 (제품규격, 계약서)
확인 대상	법에 의해 요구되는 검증/확인 항목 · 감항인증 대상은 비행안전성	제품 규격 및 계약요구조건에 의해 정의된 검증/확인 항목 · 비행안전성, 형상, 성능, 기능, 신뢰성 등 체계 및 부품과 관련된 제반사항
확인 기관	법에 의해 지정된 기관	계약에 의해 지정된 기관/업체
비고	qualification은 certification을 위한 수단임	통상적으로 문서검사, 시험/분석 등의 모든 검증/확인 방법을 통칭하기도 하고 품질인증 시험이란 협의의 의미로 사용되기도 함

공급업체에서는 신기술이나 제품을 개발해 상용화 적용이 가능한 시점이 되면 확보한 선도기술을 이용하여 시장을 선점하기 위해 업체 주도의 새로운 표준을 만들어 시장진입 장벽을 쌓는 경우가 있다. 경우에 따라서는 업체 간에 연대하여 카르텔을 형성하기도 한다. 그리고 세계 유수의 표준기관(UL 등)들이 자체적인 인증 행위를 프로그램화하여 제공하기도 한다.

국제 표준화 활동

국제 표준을 보면 과거에는 미국 표준이 강세였으나 세계화 추세 및 제품의 규격화 요구에 상응하여 IEEE와 IEC 상호 간에 표준을 통합하는 노력을 진행하고 있다. IEEE는 한 걸음 더 나아가 IEEE 인증프로그램 certification program 제도의 도입을 시도하고 있다.

국제 표준의 통합 노력은 2003년 몬트리올 IEC 총회에서 협력을 시작하여 일부 동일 주제의 표준에 대해 이중 로고 사용을 합의했고, 기기검증 관련 표준인 IEC 60780과 IEEE 323을 단일 표준으로 제정하는 협력사업을 착수했다. 2016년에는 원자력시설-안전성에 중요한 전기기기-검증이라는 제목으로 통합표준을 최종적으로 발간했다.

IEEE 인증프로그램 소개

IEEE 협회에서는 자체 인증 프로그램을 통해 전기기기검증을 수행할 수 있으며, 인증프로그램은 세계적으로 증가하고 있는 위변조 문제에 대한 대응과 이해관계자들에게도 실질적 도움이 될 수 있음을 제안하고 있다.[38]

- 투자자
- 정부
- 인허가 기관
- 보험회사
- 설계자
- 엔지니어

---

[37] 플랜트 사업에서는 부품 및 기기에 대한 사전검증 행위를 기기검증(Equipment qualification)이라고도 한다.
[38] 출처: Steve Casadevall 외 4인, IEEE: Proposed IEEE certification for Nuclear Qualified Electrical Equipment

IEEE 인증 프로그램은 다음과 같은 관련 표준들을 포함하고 있다.

- IEEE Std 323™—Equipment qualification
- IEC/IEEE 60780-323—Equipment qualification
- IEEE Std 334™—qualification of Motors
- IEEE Std 382™—qualification of Actuators
- IEEE Std 383™—qualification of Cables and Splices
- IEEE Std 344™—Seismic qualification
- IEEE Std 627™—qualification of Safety Equipment
- IEEE Std 572™—qualification of Connectors
- IEEE Std 650™—qualification of Battery Chargers/Inverters
- IEEE Std 649™—qualification of Motor Control Centers
- IEEE Std 1682™—qualification of Fiber Optic Cables

CHAPTER 10 생각해보기

기기검증은 제품의 설계 완전성과 성능을 사전에 검증함으로써 고객에게 제품을 온전하게 납품하기 위한 매우 중요한 절차다. 기기검증 진행과정에 절차 오류가 있으면 진행 중인 활동을 멈추고 되돌아와야 한다. 따라서 본 제품 제작일정에도 영향을 미치므로 사전에 절차와 문서를 철저히 검토하여 완벽히 준비한 후 시행해야 하며, 모든 검증 기록은 품질확인을 통해 문서화될 수 있도록 관리해야 한다.

10.1 안전등급기기는 구조적인 내구성을 갖추고 있어야 한다. 기기의 내구성에 영향을 줄 수 있는 잔류응력에 대해 설명해보자.

10.2 발전소를 건설할 때는 규제 기관으로부터 설계 승인을 받아야 한다. 설계수명은 기기검증을 통해 만족 여부를 입증해야 한다. 설계수명에 대해 설명해보자.

10.3 기기검증의 수행 방법 4가지에 대해 설명해보자.

10.4 기기검증 시험 전에 노화 처리를 해야 하는 이유에 대해 설명해보자.

10.5 기기검증 시험을 위한 프로파일을 생성할 때는 여유도를 변수별로 얼마나 포함해야 하는지 설명해보자.

10.6 기기 및 부품의 내환경검증 대상이 되는 설치 환경은 어떤 것이 있는지 예를 들어보자.

10.7 기기검증 수행 절차에 대해 설명해보자.

10.8 전기재료의 열화 현상에 대해 설명해보자.

10.9 가속열노화 시험을 수행할 때 사용하는 활성화 에너지에 대해 설명해보자.

10.10 부품 리스트 중 어느 한 부품(Type C)을 선정하고, 등가수명(발열온도 20℃, 발열온도 1℃)을 구해보자.

10.11 지진 최대 에너지(진폭)를 나타내는 주파수 대역에 대해 설명해보자.

10.12 내진시험 및 분석에 사용되는 FRS, RRS, TRS의 개념과 차이에 대해 설명해보자.

10.13 TRS와 IERS를 비교하여 분석해보자.

10.14 내진시험 수행절차를 설명해보자.

10.15 기기검증 데이터가 일반규격품 품질검증에 사용되는 이유를 설명해보자.

10.16 일반규격품 품질검증 시 적합성 평가 방법에 대해 설명해보자.

10.17 디지털 컴퓨터 프로그램의 형태별 필수 특성에 대해 설명해보자.

10.18 certification과 qualification 용어 사용의 차이에 대해 설명해보자.

CHAPTER 11

인간공학

서론_11.1
인간공학과 시스템 설계_11.2
인간공학 설계 검토 및 규제 기준_11.3
인간공학 설계 예_11.4

PREVIEW

인간공학은 인간의 능력과 한계, 그리고 신체구조와 관련된 다른 인간의 특징에 관한 지식을 총칭한다. 인간공학의 목적은 작업장에서 이용되는 도구, 기계, 시스템, 안전하고 편안한 환경, 효율적인 인간 활용을 계획하는 것이다. 인간공학은 그동안 우리가 학습해온 안전 관련 제어시스템 설계 지식을 사용하여 산업 재해를 예방하고 피로, 실수, 불안전한 행동의 가능성을 감소시키기 위해 작업자에게 적합한 시스템과 환경을 만드는 것이다.

인간공학은 안전필수 계통 엔지니어링의 시작과 마무리 단계에서 모두 짚어봐야 하며, 감성과 연계되어 사용자가 시스템을 자기 몸의 일부분처럼 느끼도록 만들어야 완벽한 시스템이 될 것이다.

SECTION 11.1 서론

산업설비에서의 인간공학human factors engineering, ergonomics이란, 사람과 사용하는 사물 및 환경 사이의 상호작용을 연구함으로써 인적실수를 방지하고 안전성을 확보하고자 하는 것이다. 인간공학은 인간기계 연계시스템(MMIS)Man Machine Interface System을 구성하는 핵심 분야다. 여기서 MMIS라는 용어는 사람과 기계장치의 연관성을 더욱 강조한 디지털 시스템을 표현한 것이라고 볼 수 있다.

정보 및 통신기술은 사람과 기계의 정보처리 역량을 결합하여 문제를 손쉽게 해결하는 방향으로 발전하고 있다. 제어시스템 설계에 인간공학 개념을 더욱 안정적으로 반영하도록 법규와 표준도 강화되고 있다. 앞으로 기술이 더욱 발전하면 인지공학이나 인공지능 등과의 결합을 통해 영화나 공상과학에서 나올 법한 강력한 시스템이 나올 것이다. 하지만 대규모 재해가 발생한 여러 경우를 살펴보면 아직까지는 인적실수가 많고, 설계 진행 과정에서 인간공학을 적절히 고려하지 않아 사고가 발생했다는 분석 보고서도 많다. 따라서 경험사례를 뒤돌아보고 산업별 특성에 맞는 인간공학 개념을 반영하는 노력을 지속적으로 해야 할 것이다.

11.1.1 자동화와 인적실수

조사 결과에 따르면 자동화 시스템으로 인한 사고의 원인이 대부분 사람의 과실이나 설계환경 조건의 잘못에 기인하는 것으로 분석되고 있다. 항공사고 발생 원인에 대한 [표 11-1]의 FAA자료[1]에 의하면 인적 운항실수가 68%에 달하며, 보잉사 보고서[2]에 의하면 [표 11-2]와 같이 최근의 인적실수는 80%에 달하는 것으로 조사되었다. 해결해야 할 인간공학 과제는 많으며 대재앙 피해까지 고려했을 때 인간공학 설계의 중요성은 매우 크다고 할 수 있다.

---

[1] 출처: Human Error and Commercial Aviation Accidents: A Comprehensive, Fine-Grained Analysis Using HFACS, FAA, July 2006
[2] https://www.boeing.com/commercial/aeromagazine/articles/qtr_2_07/article_03_2.html

[표 11-1] 연도별 인적 운항실수

연도	승무원 및 감독 오류			사고발생건수	백분율 (발생건수 대비 오류)
	항공모함	여객운송	합계		
1990	9	81	90	134	67%
1991	10	71	81	121	67%
1992	9	67	76	103	74%
1993	14	67	81	99	82%
1994	11	74	85	113	75%
1995	13	59	72	105	69%
1996	14	71	85	123	69%
1997	22	68	90	130	69%
1998	14	62	76	121	63%
1999	15	62	77	120	64%
2000	20	62	82	135	61%
2001	18	52	70	120	58%
2002	12	43	55	92	60%
합계	181	839	1020	1516	68%
평균	13.92	64.54	78.46	116.6	

[표 11-2] 항공운항 초기 대비 최근의 인적실수 발생 비율

연도	기계고장	인적실수 (조종사, 관제사, 정비사)
1903	80%	20%
현재	20%	80%

인적실수에 대한 대책 마련을 위해 많은 연구나 사례 분석이 이뤄지고 있지만, 대형 사고가 반복적으로 발생하고 있어 '이를 어떻게 해결해야 하는가'라는 근원적인 문제가 남는다. 설계의 시작인 요건 검토 및 구현과정에 인간공학적 요소를 철저히 검토하여 반영하려는 노력을 지속적으로 기울여야 한다. 또 작업 중에 발생할 수 있는 상해에 대비하는 인간공학적 고려와 제조물책임 관련 사항도 눈여겨봐야 한다. [그림 11-1]과 [그림 11-2]는 미국방성표준$^{MIL\ standards}$에서 밸브를 조작하는 작업자의 안전을 위해 고려해야 할 인간공학적 설계 예시를 든 것이다.

안전필수 시스템 구현을 위한 신뢰성 분석, 하드웨어 설계, 소프트웨어 설계, 제작, 시험 및 품질 확인과 함께 인적실수까지 이겨내는 인간공학적 감성을 갖춘 고장허용$^{fault\ tolerant}$ 설계를 만들어야 한다.

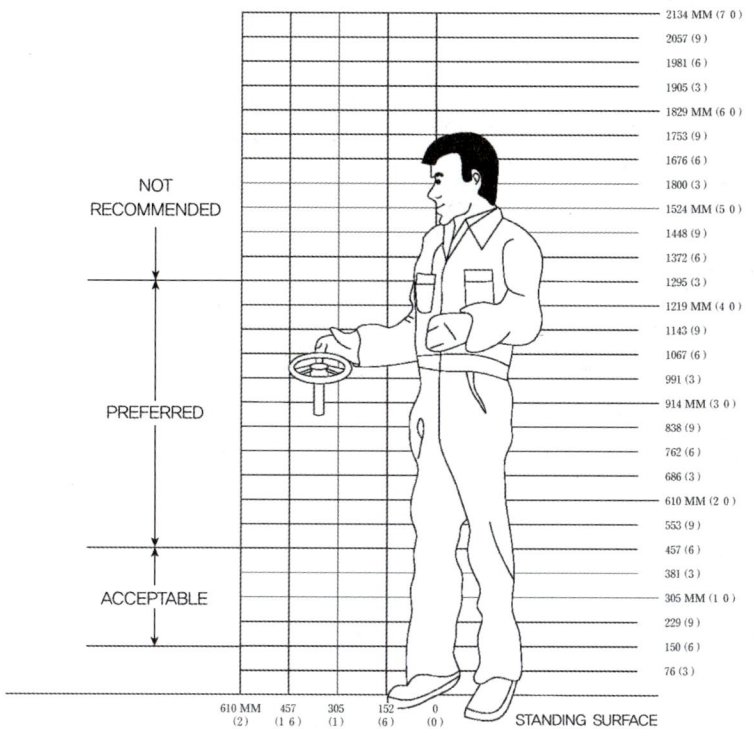

[그림 11-1] 조작자의 안전 위해도를 고려한 인간공학 설계(수동조작밸브의 설치 높이 및 수평이격거리)

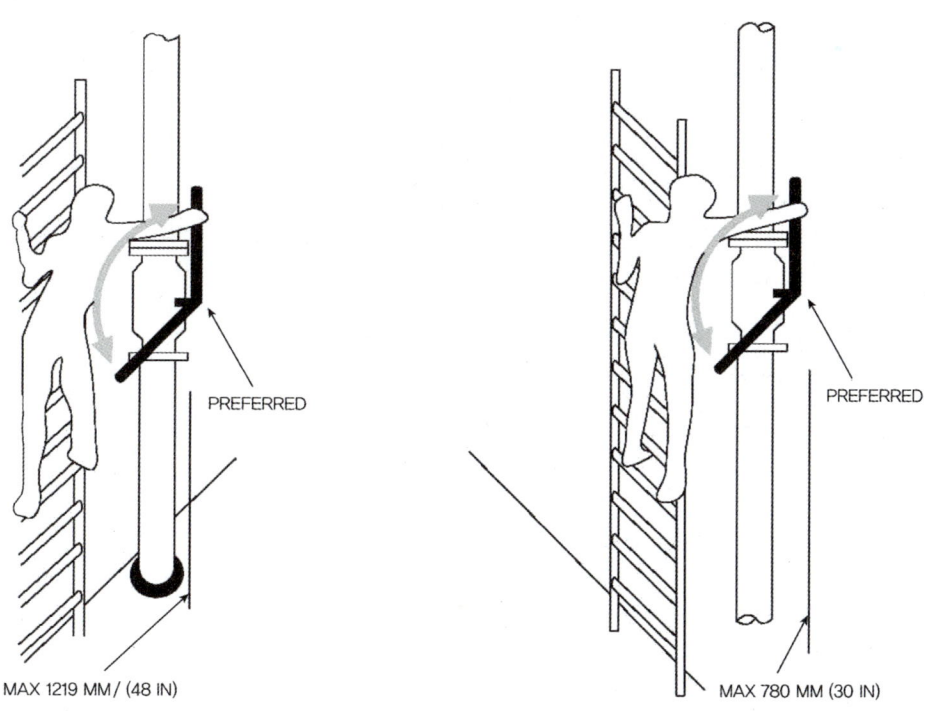

[그림 11-2] 조작자의 안전 위해도를 고려한 인간공학 설계(조작밸브와 사다리의 이격거리)

SECTION 11.1 서론 **449**

11.1.2 인간공학의 개념

공급자 위주의 제품 및 서비스를 공급하던 시대에서 소비자(인간)가 요구하는 제품 및 서비스에 따라 시장이 형성되는 시대로 변화되고 있다. IT 기술 및 인공지능이 발달함에 따라 사람들의 아이디어가 실시간 공유되고 제품화되는 다양한 방법이 개발되고 있다. 특화된 제품과 서비스 공급 체계는 다양한 소집단의 욕구를 응집력 있게 집단화하고, 사람들이 공감하는 제품을 만들어 내면서 폭발적인 인기와 매출 증대를 이끌어 낸다. 이러한 특정 집단을 겨냥한 마케팅과 다양한 특성에 대한 과학적 분석을 통해 사람들의 공감을 이끌어내는 제품을 만드는 인간공학에 대한 관심이 높아지고 있다.[3]

인간시스템연계(HSI)는 인간과 시스템 사이의 상호작용이 발생하는 영역이며 신체적·인지적·감성적 연결고리를 통해 설비의 안전과 품질을 향상시킬 수 있다. 다양한 계기가 복잡하게 설치된 비행기 조종 공간을 설계할 경우, 조종사가 고속비행 중에도 계기로부터 정보를 신속, 정확하게 파악하고 적절히 조작할 수 있도록 해야 한다. 안전하고 편리한 조종을 위해서는 신체적 특성뿐 아니라 인지적 특성까지 고려하여 계기와 조작기기들의 배치, 형태, 크기, 색상, 조작 방식 등을 인간공학적으로 설계할 필요가 있다. 보잉 737 Max 사고 사례와 같이 세계적인 대재앙에는 인적실수가 항시 내재하고 있다. 보잉 737 Max 기종의 조종실 내부 조종간과 받음각(AOA) 센서의 모습은 각주에 있는 시애틀 타임즈 기사에서 살펴볼 수 있다.[4]

인간공학 기술은 다음과 같이 요약할 수 있다.[5]

- **인체공학 기술**: 신체적 활동과 관련된 학문영역을 적용하여 작업부하를 경감하고 사용성을 향상시키도록 제품설계에 반영하는 분야로서 신체의 형태적·역학적(동작, 힘) 특성에 대한 이해를 기반으로 인간과 시스템 간의 물리적 상호작용을 설계하고 평가하는 공학기술이다.

- **인지공학 기술**: 인지 과정과 특성에 대한 과학적 지식을 지각 및 주의집중, 정신적 작업부하, 의사결정, 기억 및 학습, 인간-컴퓨터 상호작용 등에 적용하여 인간과 시스템 간의 상호작용을 설계하거나 운영하는 기술이다.

- **감성공학 기술**: 제품이나 주변 환경으로부터 인식되는 개인의 느낌을 측정, 분석하여 제품 개발에 반영하는 것으로 사용자의 생활 편리에 더해 만족감까지 주는 제품을 만드는 것이라고 할 수 있다. 외형 디자인뿐만 아니라 제품을 만졌을 때의 촉감, 제품 조작 시 느끼는 힘 등 다양한 측면에서 느끼는 감성적인 요소들이 대상이며 자동차 내장 설계에 많이 활용된다.

- **사용자경험 설계**: 사용자가 제품/서비스를 직·간접적으로 이용하면서 느끼고 생각하게 되는 지각, 반응, 행동 등에 대한 총체적 경험을 설계하는 분야다.

인간공학설계를 작업장이나 설계에 반영했더라도 운전자나 작업자가 이를 따르지 않으면 쓸모가 없다. 개선을 위한 변화와 적절성을 결정할 때는 이를 사용할 사람의 도움이 반드시 필요하며, 도움을 받지 않을 경우 의미가 없다. 누구보다도 사용자가 자신의 업무를 잘 알고 있으며 또한 잘 알아야 하기 때문이다.

---

[3] 출처: KEIT PD(15-3) 인간공학의 현황과 전망, 한형상 외
[4] 출처: 시애틀타임즈(https://bit.ly/3uK7IRT)
[5] 참조문서: KEIT PD(15-3) 인간공학의 현황과 전망, 한형상 외

SECTION 11.2 인간공학과 시스템 설계

인간공학의 개념이 시스템 설계와 연계되는 과정을 살펴본다.

11.2.1 인간기계 연계시스템 사용

인간기계 연계시스템은 자동차에서 식음료, 의약품에 이르기까지 다양한 유형의 제조업과 항공, 국방, 에너지, 수자원, 건물 및 교통 산업 등에서 다양하게 사용되고 있다. 인간기계 연계시스템은 사용되는 기계설비 및 시스템의 복잡성 또는 사용 용도에 따라 다르게 구현되며, 다양한 제어기(PLC, DCS, FPGA 등)를 사용하고 수많은 입출력 센서들과 상호 통신하면서 설비의 운전정보를 취득하고 조작하기 위해 인간기계 연계반에 관련 정보를 표시한다. 이러한 정보들은 그래프, 차트, 경보 등 운전자가 읽고 이해하기 쉬운 시각적 형태로 나타난다. 운전자는 시설 내 모든 장비의 성능 정보를 한 곳(중앙제어실)에서 확인할 수 있으며, 제어조작을 통해 제품을 생산하거나 시설을 운영하고 사고발생 시 신속히 확인 및 대처할 수 있다.

사물인터넷, 빅데이터, 인공지능 등의 첨단 기술이 발전하면서 인간기계 연계 설계에 큰 영향을 주었고, 온라인 연결이 가능한 장비의 수가 증가할수록 인간기계 연계는 더 많은 데이터를 수집하고 제어할 수 있다.

11.2.2 정보 표시와 제어장치

사람이 취득하는 정보의 유형은 다음과 같이 분류할 수 있다.

- **양적 정보:** 온도, 속도 등
- **질적 정보:** 변동치의 대략적인 값이나 경향, 변화율, 변화의 방향
- **상태 정보:** 위치, ON-OFF, 시스템의 조건이나 상태 등
- **경계/경보:** 긴급 또는 위험상태, 상황의 유무, 물체나 조건의 존재 유무
- **표시 정보:** 물체나 지역 또는 정보에 대한 그림, 그래프, 도표, 지도 등
- **확인 정보:** 상황이나 경우, 사물의 식별
- **수치문자와 상징적인 정보:** 언어, 문자, 수치, 여러 형태의 코드화된 상징적 정보
- **시간에 따른 정보:** 신호의 지속시간에 따른 구별, 점멸, 펄스 등

시스템을 작동하고 운용하는 제어장치는 상황에 따라 정확하고 재빠르게 식별할 수 있어야 한다. 즉 엉뚱한 제어장치를 작동하거나 제어 행동을 적절히 수행하지 못하여 시스템을 고장 내거나 사고로 파급되지 않도록 해야 한다. 보잉 737 Max 사고의 경우에도 받음각$^{angle\ of\ attack}$ 신호에 대해 잘못 설계하여 문제 발생 시 짧은 순간에 비행사가 여러 가지 조작을 해야 하는 맹점을 갖고 있었다. [그림 11-3]과 같이 MIL standard에서는 조작 스위치의 크기, 누름거리, 이격거리를 상세하게 규정하고 있다.

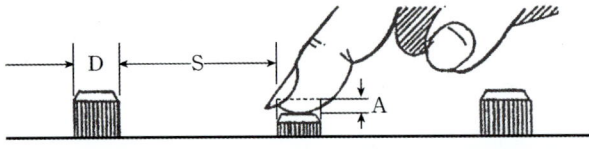

구분	크기(D, 직경)						저항력(N)		
	손가락 끝		엄지		손바닥		한 손가락	다른 손가락	엄지/손바닥
	맨손	장갑 낀 손	맨손	장갑 낀 손	맨손	장갑 낀 손			
최소(mm)	10	19	19	25	40	50	2.8	1.4	2.8
최대(mm)	25	–	25	–	70	–	11.0	5.6	23.0

구분	누름거리(A)	
	손가락 끝	엄지/손바닥
최소(mm)	2.0	3.0
최대(mm)	6.0	38

구분	이격거리(S)				
	한 손가락		한 손가락 순차	다른 손가락	엄지/손바닥
	맨손	장갑 낀 손			
최소(mm)	13	25	6.0	6.0	25
선호(mm)	50	–	13	13	150

[그림 11-3] 조작스위치의 인간공학설계 예(MIL standards)

운전 조작을 위해 필요한 식별 유형은 다음과 같다.

- 제어장치의 위치 식별: 표준화, 간격, 수직배열, 수평배열
- 라벨 식별: 문자, 숫자, 상징 사용, 시스템과 연계된 위치에 부착
- 색깔 식별: 5가지, 4가지, 표시신호와 동일하게 등
- 형상 식별: 촉각, 회전수 등
- 크기 식별: 사람의 인지력
- 촉감 식별: 표면 촉감
- 조작 방법 식별: 회전형, 푸시버튼형으로 구분하며 각각의 방법으로만 작동 가능하게 함

[그림 11-4]는 조작을 용이하게 하기 위해 장갑사용 여부까지 고려한 상세 치수를 MIL standards에서 규정한 사례다.

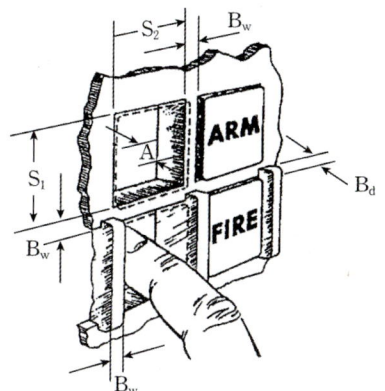

구분	크기(S1 및 S2)		칸막이	
	맨손	장갑 낀 손	폭(Bw)	깊이(Bd)
최소(mm)	19	25	3.0	5.0
최대(mm)	–	38	–	–

[그림 11-4] 동작스위치 사용 설계 시 장갑사용 여부 고려 예(MIL standards)

[그림 11-5]는 MIL STD에서 조작 시 키보드의 작동구역, 이격거리, 작동촉감을 상세하게 규정한 사례다.

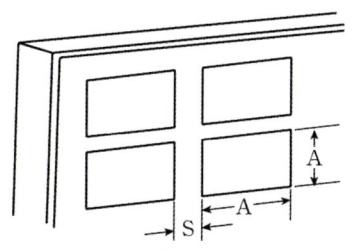

구분	키보드(알파벳, 숫자)		
	A(동작 구간)	S(분리)	저항력
최소(mm)	–	0	250mN
선호(mm)	13x13	–	–
최대(mm)	–	6.0	1.5N

구분	다른 용도		
	A(동작 구간)	S(분리)	저항력
최소(mm)	15x15	3.0	250mN
최대(mm)	38x38	6.0	1.5N

Note
1. 크기는 언급하지 않을 경우 맨손을 기준으로 한다.
2. 표준 방염 면장갑을 사용하는 경우 동작 구간의 크기에 5.0mm를 더한다.
3. 터치스크린에서 '첫 번째 터치 위치 사용' 방법을 적용하는 경우 타킷 사이의 간격은 5.0mm 이상이어야 하며, '마지막 터치 위치 사용'을 적용하는 경우는 5.0mm보다 작을 수 있으나 3.0mm보다 커야 한다.

[그림 11-5] 키보드 사용 시 터치 구획과 이격거리의 예(MIL standards)

[그림 11-6]은 조작 시 이웃한 스위치와의 혼촉을 방지하기 위해 칸막이를 설치한 사례다.

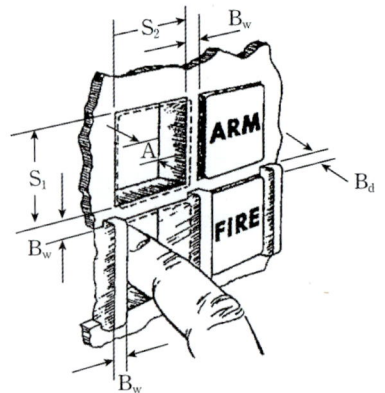

구분	크기(S1 및 S2)		칸막이	
	맨손	장갑 낀 손	폭(Bw)	깊이(Bd)
최소(mm)	19	25	3.0	5.0
최대(mm)	–	38	–	–

[그림 11-6] 조작 시 혼촉방지를 위한 조치의 예(MIL standards)

11.2.3 인간공학 진단 사례 분석

미국의 HFES[6]는 보잉 737 Max 사고의 원인을 분석한 후 다음과 같은 인간공학적 권고 사항을 FAA에 제시했다.[7]

■ 자동화 시스템에서 발생할 수 있는 상황인식 오류

HFES에서는 상황인식에 대한 오류 세 가지를 다음과 같이 제시했다.

❶ **부적절한 디스플레이 정보 표시:** 안전운항을 위해 조종사들이 의존하는 중요 신호들을 시스템 개발자들이 실수 또는 설계 의도에 따라 삭제하는 경우로, 항공사고에서 자주 겪는 사고의 원인이다.

❷ **경계경보의 양면성:** 경계경보가 발생하면 모니터의 지시만 따르기 때문에 사람들이 수동적으로 된다. 사람들이 자동화를 너무 신뢰하면 상황에 대한 경계태세 유지가 취약해진다.

❸ **참여와 이해 부족:** 자동화가 강화될수록 시스템 신뢰도는 높아지고 강인해지지만 이를 감독해야 하는 사람들은 점차 중요한 정보에서 배제되어 정작 필요한 위기 상황에서는 수동으로 전환하기가 어려워진다.

■ 인간공학적 문제 진단

보잉 737 Max의 인간공학적 문제 진단결과를 다음과 같이 정리했다.

❶ MCAS 자동화의 신뢰성 부족

---

[6] https://www.hfes.org/home
[7] 출처: 미하원 청문회 자료(https://bit.ly/2QrU07A)

❷ 자동화 혼선, 훈련 부족, 부적절한 자동화 투명성
❸ 조종사의 업무 과부하
❹ 상황 인식 지원 부족
❺ 수동제어불능

■ 사고방지를 위한 인간공학적 원칙

HFES에서는 사고 방지와 문제 개선을 위한 7가지의 인간공학적 원칙을 다음과 같이 제시했다.

❶ **자동화에 대한 신뢰성을 확보해야 한다**

안전성 확보를 위해서는 우선 높은 신뢰성의 시스템을 설계하는 것이 핵심이다. 자동화를 통해 입력되는 다수의 신호들을 비교 점검하고 단일고장이나 데이터 오류를 막도록 설계되어야 한다. 올바른 데이터를 취득하지 못할 경우 자가진단 기능을 통해 조종사에게 경고 메시지를 제공하는 동시에 시스템 기능이 갑자기 저하되지 않도록 해야 한다. MCAS의 경우 받음각 센서를 이중화하여 취득한 신호를 상호 비교한 후, 오차가 클 경우 MCAS 작동을 멈추고 조종사에게 경보를 제공하여 운전상태를 이해하고 대처할 수 있도록 설계되었어야 했다. 미해군은 MCAS 설비의 센서를 이중화했다.

❷ **사용자는 명령할 수 있는 상태에 있어야 한다**

자동화가 사용자의 수동조작을 방해해서는 안 되며 수동조작은 항상 가능해야 한다. 사람은 시스템의 안전에 무한 책임의식을 갖고 있으며 예측하지 못하는 상황에 대해서도 탁월한 대응이 가능하므로 자동화 시스템이 갖지 못하는 상황 대처능력을 갖고 있을 수 있다. 조종기구인 MCAS의 조작은 다른 전자적 조치보다 매우 손쉽게 작동될 수 있어야 한다.

❸ **자동화에 대한 투명성이 제공되어야 한다**

자율 운전 상황과 의도된 조치 상황들은 조종사에게 매우 투명하게 제공되어야 한다. 자율 운전을 위한 목표와 가정, 현재와 미래의 조치 및 확신의 정도는 사용하는 데이터와 알고리즘에서 명확히 표시되어야 한다. 조종사가 비행모드, 의도, 기능 및 출력을 알 수 있도록 충분한 정보를 제공해야 한다. 자동화의 고장 또는 기능 저하에 대한 정보를 제공하고, 불안정한 운전 모드로 인해 수동으로 선택될 가능성이 있으면 조종사에게 이를 알려야 한다.

자동화 모드와 상태는 명확하고 눈에 띄게 디스플레이되어야 한다. 이 경우 디스플레이는 MCAS 작동 여부, 투입되는 시점뿐 아니라 그로 인한 영향에 대해서도 조종사에게 필수적으로 알려주어 MACAS 시스템이 어떤 일을 하고 있는지 알 수 있도록 해야 한다. 그리고 받음각 센서의 경우 명확히 표시되어 조종사가 자동화 시스템의 신뢰성을 점검하고 이를 믿을 것인지 아니면 무시할 것인지를 결정할 수 있도록 해야 한다.

❹ **충분한 훈련을 제공해야 한다**

자동화에 대해 적절히 이해하고 신뢰할 수 있는 수준이 될 때까지 훈련을 제공하여 신규 자동화 시스템이 어떻게 작동하며 여러 가지 운항 상황에서의 제약사항과 신뢰성은 어떤지 이해할 수 있게 해야 한다. 비정상상태나 고장상황에서 이를 어떻게 감지하고 복구하는지에 대한 정보를 제공하여 신뢰할 수 있는 수준이 되도록 훈련을 제공해야 한다.

❺ 손쉽게 수행할 수 있도록 과도한 요구사항, 업무 부하 및 산만함은 피해야 한다
비슷한 수준의 정보들이 많이 제공되어 이를 선택해야 하는 경우 심각한 산만함이 유발되며 업무 부하가 증가된다. 시스템의 지능화를 통해 과도함, 불확실함 및 오독을 걸러내고 성가신 경보나 불필요한 업무 부하 및 산만함이 없도록 해야 한다.

❻ 경보는 명확해야 한다
센서 신호의 오류로 인한 MCAS 시스템 고장에 대해서는 명확한 메시지가 제공되어야 한다. 다른 의미(예를 들면 고도 불일치 및 속도 불일치 경보 등)를 가진 메시지가 표시된 상태에서 문제 진단을 시도하면 비상상황에서 적절히 대응하지 못하거나 지연으로 인해 심각한 상황이 유발될 수 있다. MCAS의 비정상 거동(센서 훼손이나 다른 요인으로 인해 영향을 받는 경우)은 MCAS 관련 경보를 제공하여 다른 경보와 구분되도록 해야 한다.

❼ 다수의 경보발생 시 상호 관계를 진단하고 평가할 수 있도록 시스템이 지원해야 한다
시스템은 조종사가 경보들 간의 관계를 결정할 수 있도록 디스플레이 정보를 제공하고 경보의 근본 원인을 잘 이해할 수 있도록 해야 한다. 근본 원인이 독립적이지 않은 상태에서 개별적으로 경보를 해결하고자 하면 문제를 해결할 수 없거나 나쁜 상황으로 가게 된다. 다수의 경보에 대한 조치 및 대응에서 절차서와 배치되는지 또는 조종사의 조치를 방해하는지 확인하고, 경고의 유용성에 대해 알 수 있도록 지원해야 한다. 경보관리 시스템은 경보들이 시스템 안에서 어떻게 상호 관계를 맺는지, 선순위는 무엇인지, 근본적인 문제를 해결하려면 실질적으로 어떤 조치가 이뤄져야 하는지에 대해 조종사들이 이해할 수 있도록 설계되어야 한다.

SECTION 11.3 인간공학 설계 검토 및 규제 기준

인간공학에는 다양한 관점이 존재하므로 산업별로도 다양한 접근 방법을 개발하여 활용하고 있다. 여기에서는 원자력 분야를 부분적으로 참조하여 기술한다.

11.3.1 인간공학 기술기준

설계와 규제 기준은 동전의 양면처럼 밀접한 관계에 있다. 특히 인간공학의 경우 사람의 특성이 반영되어야 하는데 사람마다 다른 특성, 즉 백분위(퍼센타일^{percentile})[8]를 어떻게 설정하여 대표성을 갖는 설계기준을 만들어야 하는가의 관점이 맞물려 있다. 그리고 사람들 간의 이해 차이를 줄이고 운용 관점을 고려하여 적절한 훈련을 거치도록 절차를 갖춰야 한다. 따라서 인간공학 설계는 전문성을 갖추면서도 일반성을 갖도록 해야 하는 어려움이 있다.

인간공학 기술 기준은 운전원에게 정확한 정보 제공, 용이한 판단, 오류감지 및 조치수행을 위한 수단을 제공하며 의사결정 및 조치수행에 필요한 시간을 충분히 가질 수 있는 설계를 하도록 규정하고 있다. 인적 오류발생 가능성을 최소화하기 위한 설계활동으로 적용하는 인간공학 프로그램요소$^{human\ factors\ engineering\ program\ elements}$의 계획 및 활동은 안전성 분석을 통해 종합적으로 규정한다. 규제기관에서는 다음 사항에 대해 인간공학 설계 기준 및 적용범위와 인간공학 프로그램 요소의 이행 결과를 함께 검토하여 적합성 여부를 판단한다.

- 정상운전 중 발전소의 안전 운전과 설계 기준사고 발생 시의 안전 정지 기능 보장 여부
- 주제어실에서 운전이 불가능할 경우 외부에서 안전하게 고온정지시키고 관련 절차를 활용해 상온 정지시킬 수 있는 원격정지제어실 기능 만족에 대한 검토

11.3.2 규제 기준

인적요소의 체계적 반영 및 인적오류 발생을 최소화하기 위해 다음과 같은 내용을 규정하고 있다.

❶ 원자로시설 종사자 및 인간, 기계의 연계와 관련된 원자로 시설 설계에는 인적요소가 체계적으로 반영되어야 한다.

---

[8] 퍼센타일: %tile = 평균치수±(표준편차 *%tile 계수), 5%tile = 평균 − 1.645 × 표준편차, 95%tile = 평균 + 1.645 × 표준편차

❷ 원자로시설 설계에는 운전 시 인적 오류 발생을 최소화하기 위해 다음 각 호의 사항을 반영해야 한다.
- 운전원에게 정확한 정보를 제공하여 판단을 용이하게 하며 잘못된 판단을 방지할 것
- 오류를 감지하고 이를 정정하거나 보상하는 수단을 제공할 것
- 운전원에게 의사결정 및 조치수행에 충분한 시간을 허용할 것

규제기관에서는 다음 항목들을 검토한다.

❶ **인간공학 프로그램 관리:** 개념설계과정에서 인간공학의 적용 및 역할의 정의와 방법론 및 수단의 적절성을 확인한다.

❷ **운전경험 검토:** 과거 운전경험이나 유사설계에서의 인간공학 관련 문제점과 현안을 규명하여 동일한 문제가 발생하지 않도록 적절히 개선 및 반영했음을 확인한다.

❸ **기능요건 분석 및 기능 할당:** 발전소의 안전 목표를 만족하기 위한 기능의 정의와 적합한 시스템 할당 여부를 확인한다. 기능요건 분석 및 기능 할당은 설계과정뿐 아니라 발전소 설계 변경 및 폐쇄에 이르기까지 유지된다.

❹ **직무분석:** 발전소 감시 및 제어를 위해 필요한 상세직무 요건을 적합하게 규명했는지 확인하는 것으로 직무분석의 이행 범위와 비정상 또는 사고 시 대응을 위해 선정된 최소 재고목록을 검토한다. 직무분석 이행범위로는 주제어실 및 원격정지제어실에서의 기동, 정상운전, 비정상 및 비상운전, 과도상황, 저출력 및 정지운전 등의 발전소 운전의 전 범위를 포함하며 현장제어반에서의 운전과 중요한 유지보수 및 시험에 대한 중요 직무를 포함하여 검토한다. 비상운전지침서, 각종 운전절차서, 계통운전절차서, 정비 및 유지보수 절차서 등을 활용하여 검토하며 최소 재고목록은 비상운전절차서, 사고 후 감시 관련 변수 및 운전전문가 검토 결과를 반영하여 검토한다.

❺ **운전원 구성:** 안전심사지침 및 Nureg 0800에 근거하여 운전원을 구성하고 자격요건을 부여한다. 최종 운전원 구성은 운전경험 검토, 기능요건분석 및 기능 할당, 직무분석, 인간신뢰도분석, 인간공학 확인 및 검증 등의 인간공학 프로그램 이행 결과 등을 종합 반영하여 결정한다.

❻ **인간신뢰도 분석:** 인적오류 발생유형 및 메커니즘을 체계적으로 규명하고 이를 인간공학 프로그램 요소 및 확률론적 위험도 분석에 반영했는지 검토한다.

❼ **인간-시스템 연계 설계:** HMI 설계 시 적용되는 설계요건, 기본설계 및 상세설계, 설계평가, 설계결과 등에 대한 기술적 타당성을 종합적으로 검토한다.

❽ **절차서 개발:** Nureg 0800을 기준으로 인간공학 측면에서 기술적으로 정확하고 포괄적이며 명시적이고 사용하기 쉬운 절차서가 개발되어 있는지 검토한다.

❾ **훈련프로그램 개발:** 발전소 종사자에 대한 교육훈련계획과 구체적인 방법론 수립 및 이행 여부를 검토, 확인한다.

❿ **인간공학 확인 및 검증:** 인간공학 확인 및 검증을 위한 주요 활동(설계확인, 예비검증, 통합 시스템 검증, 인간공학 결함사항 해결, 최종 확인)들에 대해 목표와 범위, 방법론, 검증설비, 검증 참여자, 검증시나리오 등을 확인 및 검토한다.

⓫ **설계이행:** 준공된 설계가 인간공학 설계공정에 의거했는지, 또 검증된 설계와 일치하는지를 확인하는 것으로 준공까지의 설계변경이나 개정사항 등이 인간공학 원칙에 부합하는지 확인한다.

⓬ **인적수행도 감시:** 건설 중에 확인한 인적수행도가 운전 가동 중에도 유지될 수 있는지 확인한다.

11.3.3 인간공학 설계

인간공학요건을 적용하기 위해서는 우선 설비 전체에 대한 이해를 갖추고 있어야 한다. 운전 행위에 관해서는 운전원이 의견을 제시해줄 수 있으나 이러한 의견과 인간공학적 조치 행위를 문서화하고 관련 설계 및 설비에 반영하기 위해서는 설계자가 처음부터 끝까지 일관성을 가지고 하나의 작품을 만들어내야 한다. 결국 설비의 기능요건과 조작, 작동, 운용 및 사고대처 행동까지 전 범위에 걸쳐 고려해야 한다.

원자력 분야에서는 1980년대 후반부터 디지털계측제어계통 및 인간-기계연계설계를 진행해왔다. 인허가 심사에는 미국원자력 분야의 규제요건인 NUREG-0711과 NUREG-0700을 근간으로 사용하며, 시스템 연계 설계를 위해서는 인간공학설계지침(HF-010)을 작성하여 사용하고 있다.

산업 분야별 적용 지침은 다음과 같다.

- **원자력 분야의 인간공학지침:** NUREG-0700, 0737 등
- **국제 인간공학 지침:** ISO, IEC, ANSI, IEEE 표준 등
- **항공 국방산업 지침:** NASA-3000, MIL STD 1472F 등

인간공학설계 기준은 발전소 종사자의 안전 관련 직무, 절차서 및 훈련프로그램과 제어실, 비상기술지원실, 비상대책실 및 현장제어반 설계에 적용되어야 한다고 규정하고 있다. 단, 비상기술지원실, 비상대책실 및 현장제어반에 대한 인간공학 프로그램 요소의 적용은 차등적으로 수행될 수 있으나 기술적 사유를 명확하게 제시해야 한다.

■ **인간공학 설계공정 요약**

인간공학 설계를 위해서는 다음 기준을 반영하도록 한다.

❶ 인간공학설계 계획은 인간중심설계 개념을 근간으로 수립하고 합리적으로 입증할 수 있는 요건 분석 및 확인검증 등 인간공학 설계 요소의 접근 방법이 제시되어야 한다.
❷ 운전경험 검토에는 알려진 인간공학 관련 문제점 및 현안이 신규설계에 존재하지 않도록 문제점 및 현안을 도출하고 분석해야 한다.

❸ 기능요건을 분석하고 기능을 할당해야 한다. 기능 할당 결과로 인간이 담당하는 역할이 인간의 신체적, 정신적 한계를 넘지 않으면서 인간의 장점을 활용할 수 있도록 정해져 있음을 보여야 한다.
❹ 직무분석은 운전, 유지보수, 시험, 검사 및 감시에 관한 대표적인 직무와 중요 인적행위의 관리를 통해 도출된 원자력 발전소 안전에 중대한 영향을 미치는 인적행위를 대상으로 모든 운전 모드에 대해 수행되어야 한다.
❺ 운전조 구성 및 자격에 관한 분석 내용과 결과는 문서화되어야 한다.
❻ 인간시스템 연계설계는 표준화되고 체계적인 방법론을 적용하여 수행하며, 이를 위해 인간공학 설계 원칙, 지침, 표준을 개발하고 적용해야 한다. 연계 설계 범위에는 작업공간, 제어실 환경, 제어반 및 콘솔, 제어기기, 정보표시기, 경보, 명판, 위치구분 표시 등이 포함되어야 한다.
❼ 절차서 개발과 관련하여 수행된 인간공학 설계 활동은 문서화되어야 한다.
❽ 훈련프로그램 개발과 관련하여 수행된 인간공학 설계 활동은 문서화되어야 한다.
❾ 인간공학 확인 및 검증은 연계 하드웨어 및 소프트웨어 통신, 절차서, 제어반과 콘솔 작업환경, 훈련된 원자로 시설 종사자 등 인간공학 설계 계획에 포함된 모든 종사자의 직무, 설비 및 절차서를 대상으로 수행해야 한다. 설계 확인을 통해 모든 경보, 정보 및 제어능력을 구비했으며 연계 설계특성 및 사용환경이 인간공학 지침에 적합하도록 설계되었음을 확인해야 한다.
❿ 건설 중인 설계가 인간공학 확인 및 검증결과를 충분히 반영했음을 설계 이행을 통해 확인해야 한다.

■ 제어실 인간공학

운전원들이 상주하는 제어실은 다음과 같은 기준을 만족하도록 설계되어야 한다.

❶ 주제어실의 제어반, 정보표시기 및 제어기기는 운전원이 효율적으로 직무를 수행할 수 있도록 배치해야 한다.
❷ 제어실 환경은 조도, 소음, 온도, 습도, 환기 등의 조건을 갖춰야 한다.
❸ 제어기기는 운전원의 조작에 적합하고 인간공학적 특성과 일치해야 한다.
❹ 제어기기의 코딩기법은 제어실의 기기에 대해 일관성을 유지해야 한다.
❺ 정보표시기기는 선정 타당성 및 인적 수행도에 미치는 영향을 문서화해야 한다.
❻ 정보 표시는 연속적으로 이루어져 상태 변화를 적시에 인식할 수 있어야 한다.
❼ 사용편의성을 고려하여 정보의 범위 및 정확도는 의사결정에 필요한 통상적인 정보 요구와 일치해야 한다.
❽ 경보는 운전원 조치의 긴급성 및 안전에의 중요도를 고려하여 제공해야 한다. 경보 설정치는 운전원의 조치 여유를 고려하여 설정해야 하고, 효과적인 경보의 대응을 위해 경보기와 관련 제어기기 및 정보표시 위치를 선정해야 한다. 시각경보기는 정상운전 조건에서 소등상태로 있어야 한다. 경보계통은 시험기능을 갖춰야 한다.
❾ 명판은 안전상의 중요도에 따라 일관성 있게 설치해야 한다.
❿ 제어기기 및 정보표시기를 구분하기 위해 사용되는 위치구분표시는 계통구분, 표시정보 및 제어기기의 용이한 식별 및 이해를 위해 명확하고 일관된 코딩기법을 사용해야 한다.

[그림 11-7]은 신체지수를 고려한 표준제어반 설계에 대한 예를 나타낸 것이다.

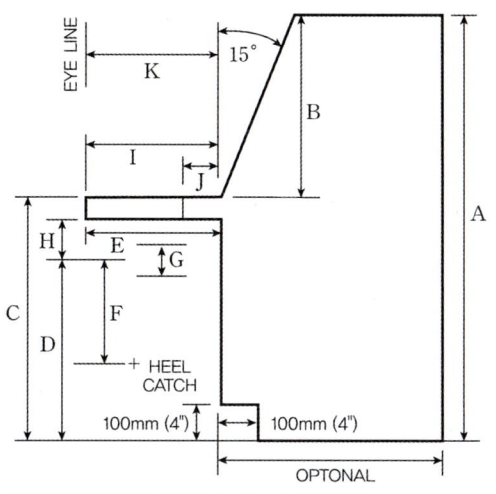

구분	최대 높이 A cm	수직반 B cm	수평반 C cm	의자 높이 D cm	최대 폭 112
좌식 (시야 확보)	117	52	65	43	112
	134	52	81	59	112
	144	52	91	69	112
좌식 (시야 제한)	131	66	65	43	112
	147	66	81	59	112
좌식 및 입식 (입식 시야 확보)	157	66	91	69	112
	154	62	91	69	112
입식(시야 확보)	154	62	91	NA	152
입식(시야 제한)	183	91	91	NA	152

무릎 여유도	발지지대	좌석 여유도	허벅지 여유도	쓰기 공간	최소 선반	시선 길이
E	F	G	H	I	J	K
cm	cm	cm	cm	cm	cm	cm
46	46	15	52	65	43	112

[그림 11-7] 제어반 설계 예(MIL-STD-1472H의 표준 콘솔)

SECTION 11.4 인간공학 설계 예[9]

11.4.1 직무분석

요건 개발이나 설계를 위해서는 직무분석이 필수적이며, 이를 위해 운전원들과의 면담(운전 경험, 현안)을 수행한다. 일반적인 직무분석 방안 수립 및 수행 절차는 [그림 11-8]과 같다.

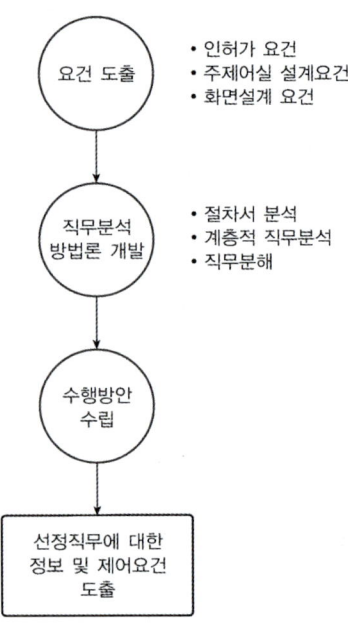

[그림 11-8] 직무분석 방안 수립절차 예

11.4.2 운전원 면담

인간공학 지침을 개선하려면 운전원과의 면담을 통해 운전경험 및 현안을 파악해야 한다. [표 11-3]은 조사한 내용의 예를 나타낸 것이다.

---

[9] 참조문서: 원자력연구소 감시 및 운전지원기술개발 보고서, 이정운외, 2008

[표 11-3] 디지털 MMI 관련 제어반 실사 및 면담 결과 요약의 예

MMI 종류	사용처	운전원 및 설계자와의 면담 내용
디지털 미터	제어반	• 가시성, 동적특성, 지시정밀도 등에서 위치에 따라 아날로그 지침보다 식별이 불가능하다는 단점이 있음 • 변숫값을 나타내는 숫자 표시에는 장점이 있으나 표현의 색, 크기, 표현방식에 문제가 있음(듀얼 컬러 미터(dual color meter)의 경우 적색 상부 지싯값이 너무 작아 가독성 문제가 있음)
디지털제어기	제어반	• 운전원 선호도의 경우 기기별로 차이가 남(특정 계기의 경우 제어버튼의 열화, 제어 입력값의 미세조정 불능 등의 문제 제기) • 다른 타입 제어기와 혼용함으로써 급한 제어 조작 시 혼동될 우려가 있음(표준화 필요) 현장제어기와 동일한 제어기 사용 필요
기록계	디지털 숫자표시 외에는 재래식 기록계 사용	• 기록계의 핵심 기능은 변숫값의 변화 추이를 보여주는 것인데 이 기능에 결함이 있음(어떤 변숫값은 한 번 기록 후 상당한 간격으로 인해 다음 기록 시까지 어떤 변동이 있었는지 알 수 없음) • 상부의 디지털 숫자는 녹색이고 흐려서 잘 보이지 않음. 색 측면에서 배경을 같이 고려해야 함 • 현재의 아날로그 기록계는 별도의 CRT 또는 LCD 디스플레이로 대체해야 함
PDP	제어반	• 화면 표시가 단색이고 시각 입사각이 좁은 것이 CRT에 비해 상대적인 단점이며 터치 민감도가 떨어짐 • CRT와 비교하여 용어 및 구성 등 화면설계의 기준 및 지침이 필요함
CRT	제어반, 운전콘솔	• 설계에 적용할 디스플레이 스타일 가이드가 필요함 • CRT를 사용하는 계통 간에 상이한 디스플레이 협약을 적용하고 있음 • 경보리스트 디스플레이는 많은 경보 발생 시 보지 않게 됨(사후 사건 해석용으로는 유용함)
LCD	캐비닛	• 별도의 디스플레이 협약을 적용해야 함

11.4.3 개선 사례

[표 11-4]는 인간공학지침의 개선이 필요한 항목들의 예를 나타낸 것이다.

[표 11-4] 개선이 필요한 지침항목 및 방안 요약의 예

구역	항목	개선 필요성
1	환경조건	조명, 눈부심, 좌석배치 보완
2	제어실 공간	통신, 보관 장소
3	경보	경보에 대한 지침 등 보완
4	제어반 배치	한국인 체위 반영 등
5	디스플레이(지시, lights)	색상 및 용어 사용 정리
6	제어	• 조작 스테레오타입(stereotype)[10] 기준 자료 반영 • 조작 위치별 색상에 대한 스테레오타입 기준 마련 필요
7	표시	Labeling, Demarcation 등에 대한 보완

---

[10] 스테레오타입(stereotypes)이란 고정관념과 같은 것으로, 신호를 인식하거나 조종장치를 조작할 때 사람들이 발생할 것이라고 생각하는 기대를 말한다(Fitts, 1951).

[그림 11-9]는 디지털 지시계의 물리적 특성(눈금, 숫자, 글자, 수치표시기, LED 발광소자)과 기능적 특성(설정치, 경보기능 등)에 대한 인간공학 적합성 검토를 수행하여 개선한 사례다.

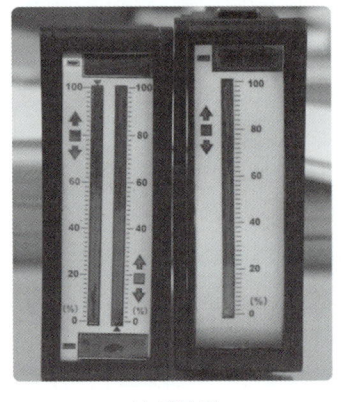
(a) 개선 전

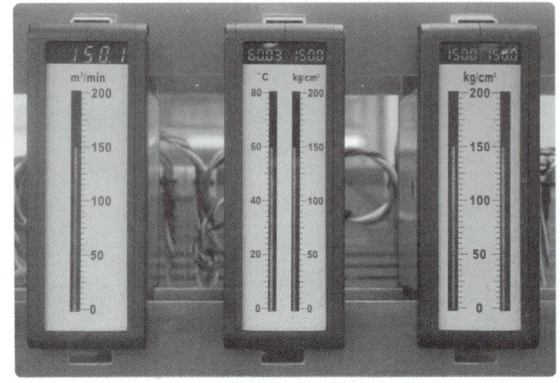
(b) 개선 후

[그림 11-9] 디지털 지시계 개선 전과 후의 예

[표 11-5]는 디지털 지시계 개선을 위한 검토 내용에 대한 예다.

[표 11-5] 디지털 지시계 검토항목의 예

설계항목	검토 내용
눈금 및 숫자 위치(dual type)	눈금 및 숫자가 각 막대그래프(bar-graph) 표시기 바깥에 위치하여 공간 활용이나 집중의 원칙에 어긋남 → 같은 단위 및 스케일을 사용할 경우 안쪽에 눈금을 표시하고 숫자는 가운데 하나만 표시할 것
폰트 크기	참조호기[11]에 사용된 수준의 크기로 통일
눈금구분	일부 대중소 구분이 안 되는 경우가 발견됨 → 구분 용이하게 할 것
set-point 표시 기능	막대그래프 표시기를 101개의 LED 소자로 구분하고 1개 소자의 점등으로 set-point를 표시하는 방법은 가독성에 문제가 있으며 변숫값이 지시되는 상황에서는 현재의 값으로 오독할 우려가 있음 → set-point 표시 기능을 운전원의 선호에 따라 선택적으로 사용할 수 있도록 개선할 것
alarm 표시 기능	set-point를 초과하거나 미달했을 때 경보기능인 Alarm LED로 인해 눈금이 가려지는 현상의 개선이 필요함 → LED 막대그래프 전체가 점멸하도록 경보 표시 기능을 대체할 것
수치표시기의 크기, 색상 및 위치(dual type)	좌우 배치 막대그래프와 상하 배치 수치표시기로 인해 일관성이 없음 → 인간공학적 검토 필요

11.4.4 신체변수 예측치

제어반 설계지침에는 [표 11-6]과 같은 17개 항목의 신체변수 측정 지침이 있다.

---

[11] 발전소의 특정한 호기를 지칭하는 것으로 문서나 계약서에 이를 지칭할 때 사용된다. '선행호기'와 유사한 말이다.

[표 11-6] 신체변수 예측치의 예

측정 항목	95% 남성(male) (25~50년, 최대치)	5% 여성(female) (25~50년, 최소치)
어깨 높이	151.5	120.191
기능적 도달	101.055	79.516
눈높이	171.1	137.219
발 길이	26.7248	21.264
오금 높이	47.751	36.633
무릎 높이	55.231	39.746
궁둥이-오금 길이	55.831	42.927
복부깊이	27.6434	16.055
팔꿈치 높이(의자 표면에서)	30.9811	20.835
엉덩이 폭	39.4	30.300
어깨 높이(의자 표면에서)	65.5	52.099
눈높이(의자 표면에서)	89.939	71.737
어깨 폭	42.2	32.000
팔꿈치와 손끝 길이	51.625	37.381
팔꿈치 높이	110.5	86.915
팔꿈치 간격	54.5868	33.676
궁둥이-무릎 길이	62.338	48.918

11.4.5 스테레오타입 분석 및 조사

스테레오타입stereotype이란 아주 흔해 빠진, 즉 전형적인 타입을 뜻한다. 사람은 경험에서 만들어진 인식을 머릿속에 갖고 있다가 다른 사람이나 사물이 나타나면 자신이 가진 원판으로 비교하게 된다. 즉, 하나의 지각범위에 들어오면 범주를 나눠보는데 나누는 기준은 성, 나이, 국적, 외모, 학력, 출신 지역 등 여러 가지가 있을 수 있다. 이러한 행동은 판단을 빨리 할 수 있다는 이점이 있으나 반면에 오류 가능성이 높다. 상대방에 대한 지각 오류는 경험(예를 들면 함께 근무하는 경우) 공유를 통해 해소될 수 있다. 일상에서 사용되는 단어와 전문 분야에서 사용하는 단어가 같아도 이해되는 의미는 다를 수 있다. 선입견과 같은 경험적 이해의 오류를 없애기 위해 일반인을 대상으로 직무분석을 하게 된다.

디스플레이 및 제어를 위한 특성요인에 따른 분류체계를 우선 개발하고, 이를 이용해 제어반에 부착된 디스플레이 및 제어기의 조작 방향, 눈금자 방향, 지시침 모양 등에 대해 일반인이 생각하는 고정관념을 알아본다.

[표 11-7]과 같은 원전 주제어반에 사용된 48가지의 계기 유형을 디스플레이 타입 8가지, 컨트롤 타입 12가지, 혼합형 3가지 등으로 구분하고, [표 11-8]과 같은 스테레오타입 조사실험 인자를 도출하여 조사했다.

[표 11-7] 스테레오타입 조사를 위한 원전 주제어반 계기 유형 분석결과 예

번호	심벌	개수	형식	번호	심벌	개수	형식
1	AI	4	Display	25	LR	9	Display
2	AL	1	Display	26	MI	4	Display
3	AR	1	Display	27	MS		Control
4	CR	1	Hybrid	28	PDI	20	Display
5	EI	34	Display	29	PDIK	1	Control
6	ER/IR/SR	1	Hybrid	30	PI	1491	Display
7	FI	60	Display	31	PIK	10	Hybrid
8	FIK	18	Hybrid	32	PJR	1	Hybrid
9	FQI	5	Hybrid	33	PR	9	Display
10	FQIS	2	Hybrid	34	RL	1	Display
11	FR	8	Display	35	RR	4	Display
12	HC	1	Control	36	SI	14	Display
13	HIK	28	Hybrid	37	SIS	2	Hybrid
14	HS	1234	Control	38	TI	118	Display
15	HSS	3	Control	39	TIK	2	Hybrid
16	HTS	23	Control	40	TR	11	Display
17	II	8	Display	41	UC	2	Hybrid
18	JI	37	Display	42	UI	12	Display
19	JKI	4	Display	43	UL	34	Display
20	JQI	2	Display	44	UR	2	Display
21	JR	14	Display	45	UU	2	Hybrid
22	KI	6	Display	46	XL	3	Display
23	LI	76	Display	47	ZI	5	Display
24	LIK	13	Hybrid	48	ZL	279	Display
총계						2282	

[표 11-8] 스테레오타입 조사 실험 인자 예

형식		인자
지시계		수직, 수평, 원형
제어기		수직, 수평, 회전
눈금위치	수직지침	좌, 우
	수평지침	상, 하
눈금방향	수직지침	위에서 밑으로 증가, 밑에서 위로 증가
	수평지침	좌측에서 우측으로 증가, 우측에서 좌측으로 증가
제어기 위치		하방향, 우방향
지침 형식		중간위치, 방향성

11.4.6 색상코딩 체계

색상코딩 체계는 외국의 지침을 그대로 수용하고 있으며 일반인들의 색상에 대한 연상체계와 다를 수 있으므로, 근무자와 일반인의 색 연상체계와 비교해 일치성을 분석 및 평가한다. 특히 운전 경험이 없는 일반인들은 색상을 사용하는 특정 용례를 알 수 없으므로 일반인이 이해할 수 있는 형태의 개념으로 변환하고 이러한 개념에 합당한 색상을 선택하도록 설문평가를 실시한다.

인간공학 지침을 기반으로 표준원전의 제어반(경보구분, 상태구분, 경계구분, 버튼 등) 색상 사용현황을 요약하여 [표 11-9]의 재래식 제어반 및 [표 11-10]의 CRT 제어반의 색암호 사용현황 및 스테레오타입 조사항목으로 나타냈다.

[표 11-9] 재래식 제어반의 색암호 사용현황 및 스테레오타입 조사항목의 예

제어반 유형	용도 구분	용도 세분	색상	관련 조치
재래식 제어반	경보 구분	경보창 우선순위	red	우선순위 1
			amber	우선순위 2
			white	우선순위 3
		경보창 긴급성	red	비상사태에 따른 원자로 정지, 발전정지
			amber	발전소를 정지시킬 수 있는 상태에 대한 경보
			white	시스템 기능 저하를 초래할 수 있는 상태에 대한 경보
	상태 구분	상태지시(전구)	red	설비 또는 프로세스 작동 중, 개방, 동작
			green	설비 또는 프로세스 비작동, 폐쇄, 정지
			white or yellow	설비에 문제 발생 또는 작동 불능
			amber	수동 조작이 요구됨, 약간의 주의가 요구됨
	경계 구분	경보창 및 명판 테두리 구분	white	경보창 테두리
			black	명판 테두리
		계기 영역 구분 (정적구분)	red	위험 영역
			yellow	주의 영역
			green	정상 영역
		색에 의한 영역 구분 (동적 구분)	red	빨간색 영역으로 들어오면 기술적 한계를 넘어갔다는 의미(경보 발생 영역)
			yellow	녹색에서 노란색으로 넘어가면 운전원이 어떤 바람직하지 않은 상태 또는 경보의 발생에 대비하라는 의미
			green	녹색 영역으로 들어가면 관련 변수가 정상 영역 내에 있는지 재빨리 재확인하라는 의미
	버튼	동작/정지	red	정지 및 비상상태의 시작 및 중지 버튼
		경보 버튼	yellow	silence
			blue	acknowledge
			red	리셋
			black	시험

[표 11-10] CRT 제어반의 색암호 사용현황 및 스테레오타입 조사항목 예

제어반 유형	용도 구분	용도 세분	색상		관련 조치
CRT 제어반	상태 구분		빨간색		작동 중, 작동
			노란색		주의경보, 주의 요구됨
			녹색		눈에 띄게 그러나 주의를 요구하지는 않음, 비가동
			흰색		눈에 띄게 그러나 주의를 요구하지는 않음
	경보구분	경보 우선순위	심홍색		우선순위1
			노란색		우선순위2
	배경색		검정색		
			흰색		
	글자색	일반글자	흰색		검정색 배경 시
		일반글자	검정색		흰색 배경 시
		아날로그값	흰색		
		긴급메시지	심홍색		
		긴급메시지	오렌지색		
		상태메시지	사이언 (밝은 청색)		
		보조메시지	청색		
		구분선	회색		
		구분선	사이언		

11.4.7 스타일가이드

[그림 11-10]은 메뉴 영역에서 사용되는 스타일 가이드 예시이며 버튼 라벨의 경우 다음 사항을 기준으로 설계한다.

- 라벨은 3행 이내 중앙정렬
- 크기: 3mm 이상
- 서체: 셰리프^{Serif} 계열
- 버튼이 눌린 상태에서는 버튼 표면의 움직임에 따라 이동해야 함

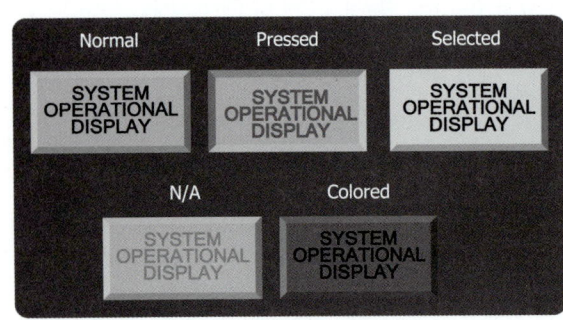

[그림 11-10] 메뉴 영역 스타일가이드 예

11.4.8 아이콘 표준화

아이콘 표본과 동적 아이콘 및 정적 아이콘을 [그림 11-11] ~ [그림 11-13]에 예시했다. 그리고 아이콘의 속성 정의 및 속성 요건에 대한 사항을 참조할 수 있는 예를 [표 11-11] ~ [표 11-12]에 정리했다.

VALVE	고리 1·2호기	월성 1·2호기	PMAS	KNGR SGB	영광 5·6호기	영광 1·2호기
GLOBE VALVE(close)						
GLOBE VALVE(open)						
GATE VALVE						
RELEF OR STFETY VALVE						
SWING CHECK VALVE						
STOP CHECK VALVE						
CHECK VALVE						
PLUG VALVE						
FOOT VALVE						
TURBINE STOP VALVE						
BUTTERFLY VALVE (NORMALLY CLOSED)						
BUTTERFLY VALVE (NORMALLY OPEN)						
ANGLE VALVE						
ANGLE CHECK VALVE						
REGULATING						
BALL CHECK						
NEEDLE VALVE						
DIAPHRAGM VALVE						
AIR REGULATOR VALVE						
BELLOWS SEAL VALVE						
THREE WAY VALVE						
BALL VALVE						

[그림 11-11] 수집된 아이콘 표본 예

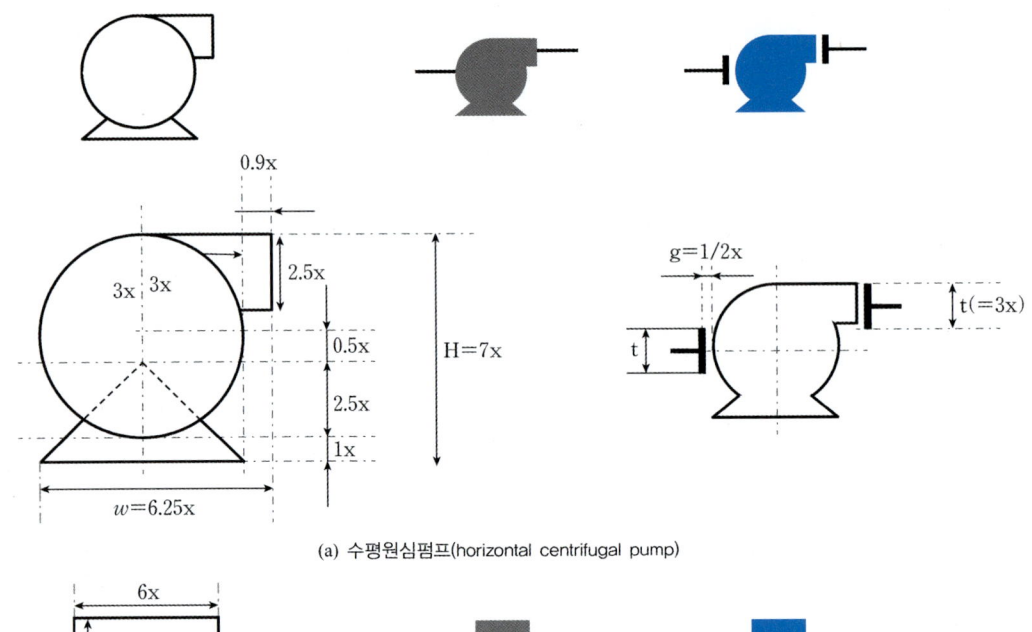

(a) 수평원심펌프(horizontal centrifugal pump)

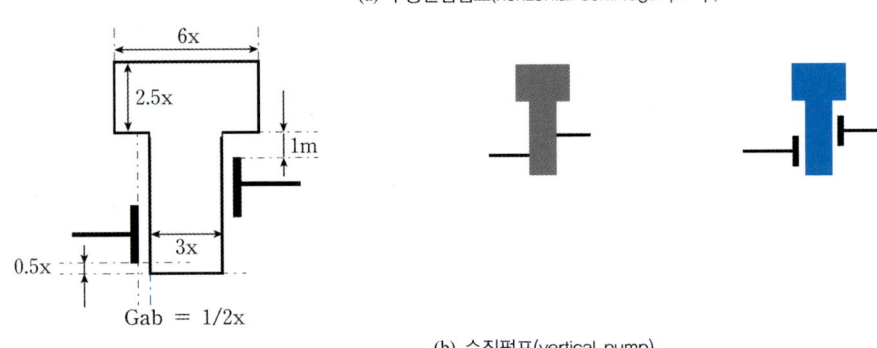

(b) 수직펌프(vertical pump)

[그림 11-12] 동적 아이콘 표현 예

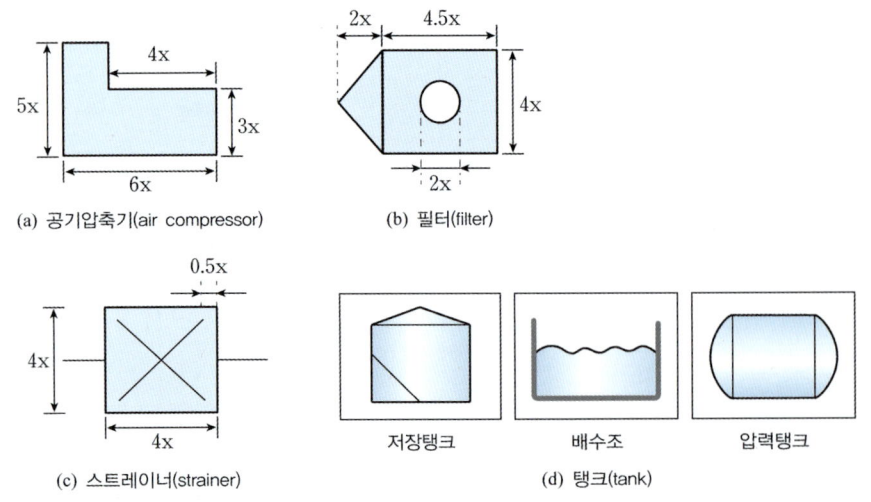

(a) 공기압축기(air compressor)　　(b) 필터(filter)

(c) 스트레이너(strainer)　　(d) 탱크(tank)

[그림 11-13] 정적 아이콘 표현 예

[표 11-11] 아이콘 속성 정의의 예

번호	속성	설명
1	Point ID	입출력 데이터와 연결, 'string' 형태의 속성을 가짐
2	Value	표시하는 값이 string인지 float type인지 지정하는 선택적 속성
3	Type	• 동적 아이콘에 대한 제어수행 방법 지정 • 경우1: Type=no, 해당 아이콘이 선택되지 않음 • 경우2: Type=popup, 오른쪽 마우스 버튼을 클릭하면 해당 아이콘의 제어기 윈도우 화면이 팝업됨 • 경우3: Type=control, 해당 아이콘을 클릭하면 제어영역이라는 특정한 지정 영역에 해당 아이콘의 제어기가 나타남 • 경우4: Type=both, 해당 아이콘이 선택되지 않음 • 경우1: Type=both, 2와 3을 동시에 사용할 수 있음
4	Control Path	Type에서 설정한 제어기 아이콘이 저장된 장소 및 파일명을 지정하는 속성
5	On Color	동적인 아이콘에 대해 On/Run/Open 상태의 색상을 지정하는 속성
6	Off Color	동적인 아이콘에 대해 Off/StopRun/Close 상태의 색상을 지정하는 속성
7	Border Color	아이콘의 경계선 색상을 지정하는 속성
8	Format	변수 범위 Box에 사용되는 속성으로 변수 format을 지정하는 속성, 만약 format이 2라면 표시되는 변수값은 소수점 이하 2자리까지 표시하라는 것임
9	Unit	변수 범위 Box에서 단위를 나타내는 속성으로 String type임
10	Label	변수 범위 Box에서 레벨을 나타내는 속성으로 String type임
11	Label Color	Label Color를 나타내는 속성임. Label 색을 변화시킬 수 있음
12	Trans Label	변수 표시 Box에서 라벨의 색상을 지정하는 속성
13	My Color	아이콘 자체의 색상을 지정하는 속성임
14	Border On Color	On/Run/Open 상태 아이콘의 경계선 색상을 지정하는 속성
15	Border Off Color	Off/StopRun/Close 상태 아이콘의 경계선 색상을 지정하는 속성

[표 11-12] 아이콘 속성 요건의 예

번호	속성	밸브(게이트, 글로브, 체크)	버터플라이 밸브	펌프, 팬	발전기, 차단기	디지털 박스	안내 버튼
1	Point ID	×	×	×	×	×	
2	Value	×	×	×	×	×	×
3	Type	×	×	×	×		
4	Control Path	×	×	×	×		×
5	On Color	×	×	×	×		
6	Off Color	×	×	×	×		
7	Border Color		×				×
8	Format						
9	Unit						
10	Label					×	
11	My Color	×	×	×	×		×

12	Border On Color	×				
13	Border Off Color	×				
14	Minimum			×		
15	Maximum			×		
16	Data Nominal color			×		
17	Minimum color			×		
18	Maximum color			×		
19	Border			×		
20	Label border visible			×		
21	Label border thickness			×		
22	Label data color			×		
23	Label back color			×	×	
24	Label font			×		

11.4.9 경보 화면 처리

[그림 11-14]의 경보 상관관계 수목도와 [그림 11-15]의 경보처리 모드를 살펴보자.

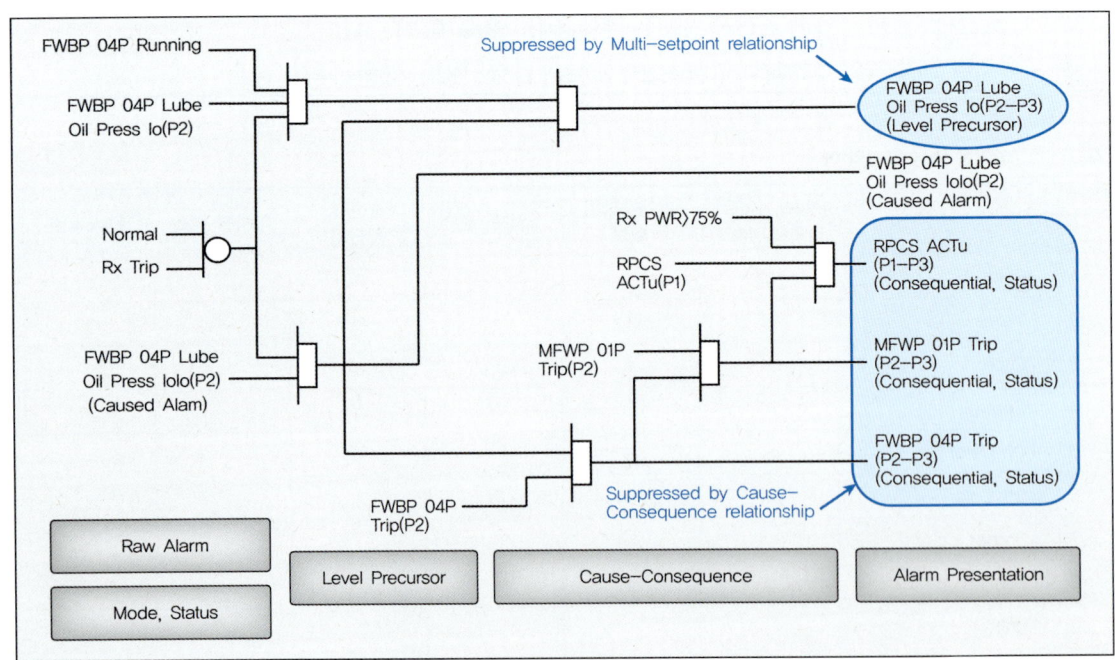

[그림 11-14] 경보 상관관계 분석을 통한 경보상관관계 수목도의 예

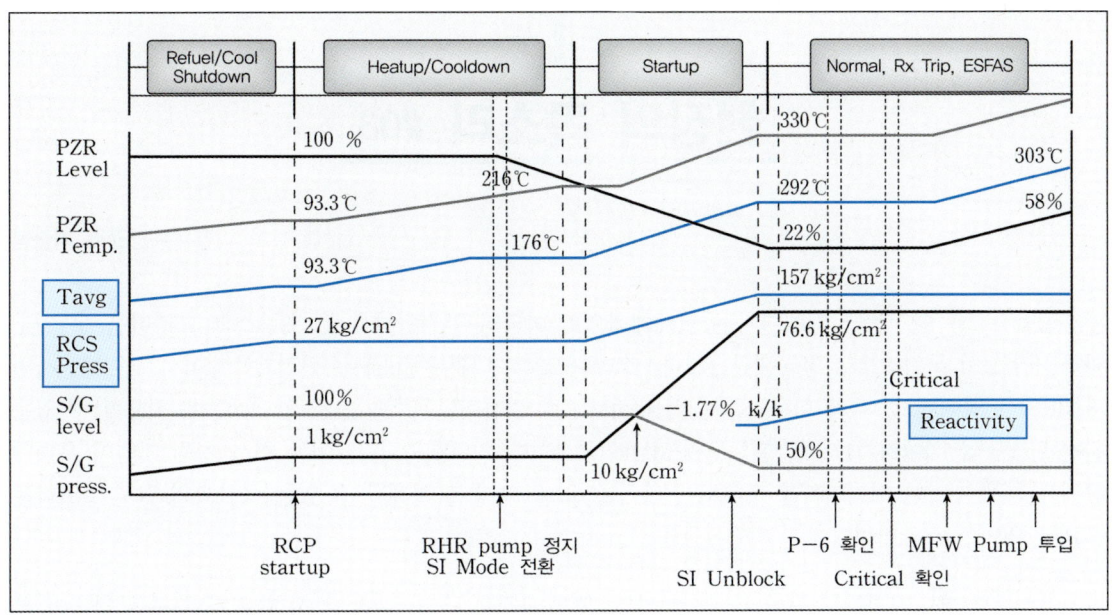

[그림 11-15] ADIOS의 경보처리 모드의 예

현장의 목소리 #03

글: 수산ENS 기술팀

원자력발전소용 안전등급 제어기기는 전세계적으로 미국의 웨스팅하우스, 프랑스의 프라마톰 등 일부 외국 기업들이 독점적으로 공급해왔습니다. 그러나 2001년 ㈜수산ENS는 원전계측제어시스템 개발사업(KNICS)에 참여했고, 우리 회사의 기술력을 바탕으로 원자력발전소의 모든 안전계통에 적용할 수 있는 원전 안전등급 제어기기를 개발함으로써 MMIS 국산화에 일조했습니다. 이는 회사 차원을 넘어 우리나라에서 자체 개발한 제어기기를 토대로 원자력발전소의 계통을 설계할 수 있는 국산화의 길을 열었다는 중요한 의미이기도 합니다.

원전안전등급 제어기기는 성능이 확보되더라도 개발 과정과 근거 문서 및 시험 평가의 모든 과정이 투명하게 확인되고 검증되어야 합니다. 이를 위해 준수해야 할 절차와 개발 문서 형태, 평가 및 검증자의 역할은 기존에 해왔던 연구개발 절차와 너무나도 달랐습니다. 각각 제3의 시험기관인 KTL(한국시험연구원)$^{Korea\ Testing\ Laboratory}$과 원자력연구원의 V&V(확인 및 검증)$^{Verification\ \&\ Validation}$ 팀에 의한 별도의 기기검증 시험을 모두 무사히 통과하여 검증을 완료했습니다. 또한 국내 최초로 한국원자력안전기술원(KINS)으로부터 원전 안전등급 제어기기(POSAFE-Q)의 안전성 평가를 통과했습니다.

이 과정에서 원자력연구원, 전기연구원, 두산중공업, ㈜포멀웍스, 포항공대 등 국내 여러 기관이 적극 협력했습니다. 이같이 수많은 노력으로 일구어 낸 우리의 기술력이며 기반인 만큼, 향후 신한울 1·2호기 원자력발전소를 포함한 국내 원자력 분야뿐만 아니라 해외 원자력 시장에까지 진출하여 우리나라의 기술력을 세계에 널리 알리고 싶습니다. 또한 우리의 POSAFE-Q가 이 책『안전필수 시스템 제어설계』의 중요한 모티브가 된 것을 자랑스럽게 생각합니다.

신한울 1·2호기 POSAFE-Q PLC 출하 기념

부록 A

보잉 737 맥스 품질 사례

> **상황**

최근의 대표적인 항공기 사고로 2018년 10월(Lion Airlines)과 2019년 3월(Ethiopian Airlines) 두 차례에 걸쳐 발생한 보잉 737 맥스의 추락 사고를 들 수 있다. 이 두 사고의 원인과 결과는 똑같다. 이는 이 책에서 RAMS 평가 시 사용하는 random failure가 아닌, 뭔가 큰 시스템 오류가 있으며 이에 의해 항공기가 추락하게 된 것을 의미한다고 할 수 있다.

이후 조사결과보고서에 의해 밝혀진 문제점은 이 책에서 다루는 제어시스템 전주기에서 모두 문제를 드러낸, 말도 안 되는 비행시스템이었음이 밝혀졌다. 이런 결과를 낳게 한 원인과 향후 이런 사태가 일어나지 않도록 엔지니어와 경영자가 해야 할 일들에 대해 문제형식으로 검토해본다.

독자들은 월간조선 2019년 7월호에 게재된 기사(QR 마크 참조)를 읽어보고, 다음에 열거한 해외자료들을 보면 잘못된 부분을 이해할 수 있고 각 장별로 분류되어 나열된 문제를 푸는 데 도움을 받을 수 있을 것이다.

해외자료:
1. Inside story(The Seattle Times, Updated June 24, 2019) (https://bit.ly/3uK7IRT)
2. Doomed Boeing Jets Lacked 2 Safety Features That Company Sold Only as Extras(March 21, 2019 NYT)
3. The inside story of MCAS: How Boeing's 737 MAX system gained power and lost safeguards(June 22, 2019 By Dominic Gates and Mike Baker Seattle Times staff reporters)

사고 원인과 품질의 관점

※ [문제 A.1~A.10] 월간조선 2019년 7월호에 게재된 기사(QR 참고)를 읽으며 다음 문제에 대해 자유롭게 답해보자.

월간조선
(조갑제닷컴)

A.1 다음 물음에 답하고, **전사적** 품질경영의 관점에서 어떠한 문제가 있었는지 평가해보자.

  (a) 받음각 센서를 한 개로 결정하는 과정에서 무시된 것들은?
  (b) 사고가 나기 전에 이 결정이 잘못되었다는 것을 알 수 있었던 사람들은 보잉사에서 어떤 업무에 종사하고 있었을까?
  (c) 보잉사 근무자들의 경우 챌린저호 폭발사고 이후 양심선언을 한 엔지니어들과 같은 양심선언이 나올 것이라고 예상하는가?

A.2 보잉의 최고경영진들은 보잉 737 맥스에 관해 왜 이런 결정을 했다고 생각하는가? 이런 결정을 하게 된 상황과 최종 결정과정에 대해 기술해보자.

A.3 챌린저 폭발사고와의 **유사점**과 **차이점**을 분석하라.

A.4 7장과 8장의 소프트웨어 **개발절차 및 확인검증** 관점에서 문제를 논하라. 그리고 V 곡선의 최초 시작점부터 마지막 시험검증까지의 문제점을 기술하라.

A.5 원자력발전소 운전원 교육과 조종사 **교육의 유사점과 차이점**, 그리고 보잉 737 맥스 8에서의 문제를 논하라.

A.6 **인간공학** 관점에서 문제를 논하라. 허드슨 강에 착륙한 항공기 사례를 읽고 인간공학과 시뮬레이터는 실제 상황과 얼마나 일치하게 제작되는지 정리하라.

A.7 다음 물음에 답하고, 미연방항공청의 **규제 및 승인 절차에 관한 적절성**을 안전필수 시스템의 탄생요건에 비춰 비판하라.
   (a) 이것은 실수로 보이는가 또는 결탁으로 보이는가?
   (b) 미연방항공청에서는 이 승인과정에서 브레이크를 걸 수 있는 단계가 몇 개였을까?

A.8 FMEA를 수행하여 문제를 규명하고 문제를 해결하기 위한 방안을 제시하라. 받음각 센서가 한 개이고 고장률이 10^{-3}/hr이며 비행시간은 10시간이라고 가정한다.
   (a) 받음각 센서 이외의 명시적 각 측정장치는 없다고 할 때 FMEA를 수행하고 이 센서의 고장으로 보잉 737 맥스가 추락할 확률을 구하라.
   (b) 원래의 설계대로 센서를 이중화하면 센서 오동작으로 추락할 확률은 어떻게 되는가?
      (두 센서가 같은 형태로 고장, 즉 두 개의 센서가 모두 고장이며 받음각 표시가 5도 이내로 표시되는 경우에만 추락의 가능성이 있다)

A.9 문제 A.8에서 한 개의 센서를 사용하는 경우와 두 개의 센서를 사용하는 경우(본문에서 상세 파악)의 RBD와 고장나무도를 그리고, 고장나무해석을 시도해보자.

A.10 다음 사항을 CEO 또는 분야 책임자 관점에서 개선방안을 제시하라.
   (a) 회사 조직의 권한과 소통 개혁(9장 품질)
   (b) 설계 및 설계 검증(4장) 적용
   (c) 문제 A.8의 결과는 SIL4 불가용도(고장발생) 조건을 만족하는가?
   (d) 기술을 총괄하는 CTO는 어디까지 알았을 것이라고 예상하는가?

설계 변경과 의사소통

A.11 회사의 품질 조직이 가져야 할 가장 중요한 조직 권한은 무엇인가?

A.12 감사, 검사 및 시험을 수행하는 인원의 자격은 18개 요건 중 어디서 규정해야 하는가?

A.13 설계관리에서 설계 입력(설계기준, 변수, 근거 등)에 대해 문서화한 것을 무엇이라고 부르는가?

A.14 설계관리에서 설계확인을 하는 방법에는 어떠한 것이 있는가?

A.15 품질에 영향을 미치는 작업 지침서, 절차서, 도면에 기술하는 내용을 어떻게 규정해야 하는가?

A.16 품목 및 기자재의 식별관리는 어떻게 해야 하는가?

A.17 특수공정관리 항목들을 아는 대로 열거하라.

A.18 측정 및 시험을 위한 사용 장비를 선정할 때는 어떤 점을 점검해야 하는가?

A.19 보잉 경영진은 엔지니어와 책임자들에게 어떠한 부담을 주었는가?

A.20 왜 보잉은 받음각 센서 이중화를 옵션^{Option} 품목으로 설정하여 판매했다고 생각하는가?

A.21 옵션 품목 판매로 얻는 보잉사 금액 효과 수준은 어느 정도일까?

A.22 풍동 시험과정에 나타난 Max 737 비행 성능은 어떻게 나타났는가?

A.23 항공기 설계를 위한 사고등급은 어떻게 구분하고 있으며 단일 받음각 센서를 채택한 근거는 무엇인가?

A.24 시험비행사가 생각한 비상 운전상황은 어떤 것인가?

A.25 받음각 센서고장의 원인은 무엇이라고 추정하는가?

A.26 MCSA 설계변경 내용을 포함하지 않고 FAA에 안전해석보고서를 제출한 이유는 무엇인가?

A.27 사고조사 위원회에 NASA, Duke, 원자력 등의 관련 인원이 포함되어 있는 이유가 무엇이라고 생각되는가?

A.28 내부 소통의 문제는 무엇이며 개선책으로 무엇을 제시하고 있는지 기술하라.

A.29 보잉 737 맥스와 같은 총체적 부실로 인한 사고가 우리나라에서 발생했다면, 우리나라는 어떤 어려움에 처하게 될까?

부록 B

품질경영 시스템에 많이 사용되는 용어

- **예방조치(preventive action)**: 잠재적 부적합 또는 원하지 않는 잠재적 상황의 원인을 제거하기 위한 조치

- **부적합(nonconformity)**: 요구사항 불충족(품질절차에 따라 불일치와 구분해서 사용하기도 함)

- **결함(defect)**: 의도되거나 규정된 용도와 관련된 부적합. 결함과 부적합이 법적 사항을 함축하고 있으며, 특히 제품 및 서비스 책임문제와 관련되기 때문에 개념 구분이 중요하다.

- **적합(conformity)**: 요구사항 충족. 영어의 conformance, 프랑스 어의 compliance가 동의어지만 사용되지 않는다.

- **시정조치(corrective action)**: 부적합의 원인을 제거하고 재발을 방지하기 위한 조치. 시정조치는 재발 방지를, 예방조치는 발생을 방지하기 위해 실행된다.

- **시정(correction)**: 발견된 부적합을 제거하기 위한 행위. 시정은 시정조치 이전 또는 시정조치와 연계하거나 그 이후 수행될 수 있다. 시정의 예로는 재작업 또는 재등급이 있다.

- **재등급/등급변경(regrade)**: 최초 요구사항과 다른 요구사항에 적합하도록 부적합한 제품 또는 서비스 등급을 변경하는 것을 말한다.

- **특채(concession)**: 규정된 요구사항에 적합하지 않은 제품 또는 서비스를 사용하거나 불출한 것에 대한 허가. 특채는 일반적으로 부적합한 특성을 갖는 제품 및 서비스가 규정된 제한 조건 내에 제한된 양 또는 일정 기간 특별한 사용을 위해 인도되는 것에 국한한다.

- **규격완화(deviation permit)**: 실현되기 전의 제품 또는 서비스가 원래 규정된 요구사양을 벗어나는 것에 대한 허가. 규격완화는 일반적으로 제품 및 서비스의 한정된 수량 또는 한정된 기간에 대해, 그리고 특정 용도에 대해 주어진다.

- **불출/출시/해제(release)**: 프로세스의 다음 단계 또는 다음 프로세스로 진행하도록 허가하는 것. 소프트웨어 및 문서의 맥락에서 'release'란 단어는 흔히 소프트웨어 버전 또는 문서 자체를 말한다.

- **재작업(rework)**: 부적합한 제품 또는 서비스에 대해 요구사항에 적합하도록 하는 조치. 재작업은 부적합한 제품 또는 서비스 부분에 영향을 미치거나 부분을 변경할 수 있다.

- **수리(repair)**: 부적합한 제품 또는 서비스에 대해 의도된 용도대로 쓰일 수 있도록 하는 조치. 부적합 제품 또는 서비스의 성공적인 수리의 경우 반드시 제품을 요구사항에 적합하게 할 필요는 없다. 수리와 연계되어 특채가 요구될 수 있다. 수리는 유지보수의 일부와 같이 이전에 적합했던 제품 또는 서비스를 사용할 수 있도록 복원하는 복구활동을 포함한다. 그리고 수리는 부적합 제품 또는 서비스 부분에 영향을 미치거나 변경할 수 있다.

- **폐기(scrap)**: 부적합 제품 또는 서비스에 대해 원래의 의도된 용도로 쓰이지 않게 하는 조치. 부적합한 서비스 상황에서는 서비스 중지로 그 이용이 불가능해진다.

- **대상(object)**: 인지할 수 있거나 생각할 수 있는 것. 실체(entity), 항목(item)으로 표현되며 예를 들어 제품, 서비스, 프로세스, 사람, 조직, 시스템, 자원 등과 같은 것을 말한다. 대상은 물질(엔진, 종이 한 장 등), 비물질(전환계수, 프로젝트 계획 등) 또는 추상적(예를 들면 조직의 미래상)일 수 있다.

- **품질(quality)**: 대상이 가진 고유 특성의 집합이 요구사항을 충족시키는 정도. '고유'는 '부여'와 반대되는 뜻이며 대상에 존재하는 것을 의미한다.

- **요구사항(requirement)**: 명시적인 니즈 또는 기대. 일반적으로 묵시적이거나 의무적인 요구 또는 기대. 일반적으로 '묵시적인'은 조직 또는 이해관계자의 요구 또는 기대가 묵시적으로 고려되는 관습 또는 일상적인 관행이라는 의미다. 규정된 요구사항은 예를 들면 문서화된 정보에 명시된 것을 말한다. 고객의 기대가 명시되지 않거나 일반적으로 암시적 또는 강제적이지 않더라도 고객만족도를 높이려면 고객의 기대를 충족시켜야 할 수 있다.

- **문서화된 정보(documented information)**: 조직에 의해 관리되고 유지되도록 요구되는 정보 및 정보가 포함된 매체. 문서화된 정보는 관련 프로세스를 포함하는 품질경영 시스템, 조직에서 운영하기 위해 만든 정보(문서화), 달성된 결과의 증거(기록)에 의해 언급될 수 있다.

- **시방서(specification)**: 요구사항을 명시한 문서이며 품질매뉴얼, 품질계획서, 기술도면, 절차문서, 작업지침 등이 있다.

- **품질매뉴얼(quality manual)**: 조직의 품질경영 시스템에 대한 시방서

- **품질계획서(quality plan)**: 특정 대상에 대해 적용시점과 책임을 정한 절차 및 연관된 자원에 관한 시방서. 이들 절차는 일반적으로 품질경영 프로세스와 제품 및 서비스 실현 프로세스에서 언급하는 것들을 포함한다. 품질계획서는 흔히 품질매뉴얼이나 절차문서의 일부를 인용하고, 일반적으로 품질 기획의 결과 중 하나다.

- **특성(characteristic)**: 구별되는 특징(distinguishing feature).
  특성은 고유하거나 부여될 수 있으며 정성적 또는 정량적일 수 있다. 또한 특성은 다음과 같이 분류할 수 있다.
    (a) 물리적(예를 들면 기계적, 전기적, 화학적 또는 생물학적 특성)
    (b) 관능적(예를 들면 후각, 촉각, 미각, 시각, 청각과 관련된 특성)
    (c) 행동적(예를 들면 예의, 정직, 성실 등)
    (d) 시간적(예를 들면 정시성, 신뢰성, 가용성, 연속성 등)
    (e) 인간공학적(예를 들면 생리적 특성 또는 인명 안전에 관련된 특성)
    (f) 기능적(예를 들면 항공기의 최고 속도 등)

- **품질특성(quality characteristic)**: 요구사항과 관련된 대상의 고유 특성. 고유하다는 의미는 사물에 존재하는 것, 특히 영구적인 특성을 뜻한다. 대상에 부여된 특성(예를 들면 대상의 가격)은 그 대상의 품질 특성이 아니다.

- **검토(review)**: 수립된 목표 달성을 위한 대상의 적절성, 충족성 및 효과성에 대해 확인, 결정하는 활동. 경영검토, 설계 및 개발 검토, 고객 요구사항 검토 및 부적합 검토 등을 예로 들 수 있다.

- **확인결정/결정(determination)**: 하나 또는 하나 이상의 특성 및 그 특성값을 찾아내기 위한 활동

- **이해관계자(interested PARTy), 이해당사자(stakeholder)**: 의사결정 또는 활동에 영향을 주고 받거나 그들 자신이 영향을 받는다는 인식을 할 수 있는 사람 또는 조직. 예를 들면 고객, 소유주, 조직 내 인원, 공급자, 금융인, 규제당국, 노동조합 파트너, 경쟁자, 반대 입장의 압력집단을 포함하는 사회 등이다.

- **고객(customer)**: 개인 또는 조직을 위해 의도되거나, 그들에 의해 요구되는 제품 또는 서비스를 받는 개인이나 조직. 소비자, 고객, 최종 사용자, 소매업자, 내부 프로세스로부터의 제품 또는 서비스 수령자, 수혜자 및 구매자 등을 예로 들 수 있다.

- **기록(record)**: 달성된 결과를 명시하거나 수행한 활동의 증거를 제공하는 문서. 기록은 예를 들면 추적성을 문서화하고 검증, 예방조치 및 시정조치에 대한 증거를 제공하는 데 사용될 수 있다. 일반적으로 기록은 개정 관리할 필요가 없다.

- **제품(product)**: 프로세스 결과이며 일반적으로 서비스(예를 들면 운송), 소프트웨어(예를 들면 컴퓨터 프로그램), 하드웨어(예를 들면 엔진 기계부품), 가공물질(processed materials, 예를 들면 윤활유)과 같이 4가지로 분류된다. 서비스는 공급자와 고객 사이의 접점에서 수행되는 활동 결과이며 무형의 제품이다. 소프트웨어는 정보로 구성되며 무형의 제품으로 접근방법, 업무처리, 절차와 같은 형태일 수 있다. 하드웨어는 일반적으로 유형의 제품이며, 그 양을 셀 수 있는 것이 특징적이다. 가공물질은 일반적으로 유형의 제품이며 그 양은 연속적이라는 특성을 갖는다. 하드웨어 및 가공물질은 흔히 상품이라고 한다.

- **설계 및 개발(design and development)**: 요구사항을 규정된 특성이나 제품, 프로세스 또는 시스템의 시방서로 변환시키는 프로세스의 집합

- **절차(procedure)**: 활동 또는 프로세스를 수행하기 위해 규정된 방식. 절차를 포함하고 있는 문서는 '절차서'라고 부를 수 있다.

찾아보기

숫자

1차 회로	33
1 out of 3	262
1 out of 2	262
2차 회로	35
2/3 삼중화 모듈	138
2 out of 3	262
7대 품질경영원칙	361

ㄱ

가관측성	23, 38
가관측시스템	30
가용도	82, 83, 130
가제어성	23, 39
감성공학 기술	450
감쇠비	427
감지도	166
강인제어	16
검증문서	435
결정론적 통신 요건	190
결정표	294
경계값 분석	335
고속 푸리에 연산(FFT)	29, 251
고장 감내 설계	297
고장 감지율 D	263
고장나무분석(FTA)	152, 178
고장나무분석 절차도	181
고장나무분석기법	82
고장나무분석팀	180
고장률	119, 125
고장률 평가 방법	121
고장모드 및 영향분석(FMEA)	164
고장모드 및 영향분석 절차도	172
고장유형 및 영향 분석	98
고장지연 감지율 C	263
고장허용설계	92, 98, 129, 140
공정기기 제어계통(P-CCS)	213
공칭모델	16, 32
공통 timer-clock	240
과여자 제한 설정 및 과전압 보호(OEL)	248
구간 가용도	130
구문 커버리지	338
구조적 시험	337
국부출력밀도(LPD)	210

규제 기준	457
기능안전 할당	158
기본적인 삼중화 여자기 모델	253
기준값	16
기준모델 적응제어	71
기준입력 전달함수	49

ㄴ

내진	406
내진검증	409
내환경검증	409
노심보호연산기	208
노외계측기	211
노화	403
노화 현상	408

ㄷ

다변수 제어	22
다양성 보호계통	215
다양성 요구 수준	192
다중화 설계	87
단일 모듈 제어기	110
단일 직류 전원공급기	88
단일고장조건	98
단일장애점	98
데이터 흐름 테스트	339
동시논리	207
드무아브르의 공식	141
등가수명(시간)	415

ㄹ

라플라스 변환	26
래그보상기	61
레지스터 값	278
리드래그보상	56, 57
리드래그보상기	62
리드보상기	61

ㅁ

마코프 모델	139, 144
마코프 모델링	150
마코프 체인	144
마코프 프로세스	144
메모리	291

찾아보기

면진	406
명세기반 테스트	334
명제 요약	324
모델 체킹	323
무충격 제어	219
미분제어기	56

ㅂ

번인테스트	125, 234
병렬 시스템	137
보잉 737 맥스 8의 연쇄추락 사고	80, 157, 167
보호계통	159
보호계통의 불가용도	132
부품 카운트법	121
분기 커버리지	338
불가용도	83, 240
블랙박스 테스트	334
비교논리	208
비례적분제어기	250
비모형화 부분	65
비선형 시스템	21
비안전등급 통신망	221
비최소위상 시스템	52
빈도	166

ㅅ

사고조건 시험	409
사양서	357
사용자 인터페이스	290
사용자경험 설계	450
사이버 공격	305
사이버 보안 기술	305
사이버 보안 위험 관리	310
사이버 보안 위협 분석	307
사이트 적용 요건	291
삼중화(TMR) 설계기법	111
삼중화 제어기	112
상태 피드백 제어	23
상태공간모델링	38
상태공간표시법	33
상향식	165
상황인식 오류	454
생명주기	158, 160
설계 기법	297
설계사양(SDS)	232

설계수명	401
소프트웨어 개발 V 모델	284
소프트웨어 검증	317
소프트웨어 공학	287
소프트웨어 규제 및 기술 기준	230
소프트웨어 단위시험	284
소프트웨어 생명 주기	284
소프트웨어 시스템 시험	284
소프트웨어 요건서	106
소프트웨어 요구사항 명세서(SRS)	287
소프트웨어 인터페이스	291
소프트웨어 테스팅	329
소프트웨어 통합 시험	284
소프트웨어 형상관리	278
소프트웨어 확인	317
소프트웨어 확인 및 검증(V&V)	317
소프트웨어 확인 및 검증 계획(SVVP)	318
수동전압조정(MVR)	248
순간 가용도	130
스트레오타입	465
시간 지연	21
시변 시스템	21
시스템 식별	17
시스템 인터페이스	290
시스템적 오류	170
시큐어 코딩	302
시험가능성	294
시험응답스펙트럼(TRS)	422
신뢰도	82, 118, 123, 134
신뢰도 블록다이어그램(RBD)	165

ㅇ

안전 측 고장 설계	187, 193
안전 할당	160
안전관련 시스템	77
안전관련 제어시스템	80
안전도	82, 84, 132
안전도 평가	164
안전도 해석	150
안전등급 통신망	220
안전무결성수준(SIL)	81, 160
안전성 분석	312
안전측고장	79
안전필수 소프트웨어	283
안전필수 시스템	77

안티 와인드업 기법	57		
언더슈트	52		
오버플로우	52		
오차신호	16		
온-칩-디버거	341		
와이블 분포함수	126		
와이블 확률분포함수	126		
외란	21, 67		
외란 전달함수	50		
요구응답스펙트럼(RRS)	422		
요약 해석	327		
욕조곡선	125		
우선 등가/동등 분할	334		
우선순위	194		
우선순위 로직	210		
원자력발전소	152		
원자로계통 제어시스템	212		
위해도	166		
위험도 평가	158		
위험우선수(RPN)	166		
위험의 정량화	157		
유지보수	159		
유지보수기술	129		
유지보수도	82, 83		
유지보수성	166		
응답속도	239, 240		
응답스펙트럼	405		
응답시간 분석	190		
응답시간 조건	190		
이산푸리에 변환(DFT)	29		
이중화 모듈 제어기	111		
이항정리	141		
이해 관계자	358		
인간공학	447		
인간공학적 원칙	455		
인간시스템연계(HSI)	450		
인증	440		
인지공학 기술	450		
인체공학 기술	450		
인터페이스 요구사항	292		
일반규격품	430		
임무시간	128		

ㅈ

자동전압조정(AVR)	248
잡음	21, 67
잡음 전달함수	50
재귀 알고리즘	41, 46
재귀적 최소자승추정법	41
저여자 제한 설정 및 저여자 보호(UEL)	249
적분제어기	55
적응제어	17
전달함수	49
전압/주파수 비(V/Hz) 제한	249
전이	145
정보의 유형	451
정상상태 가용도	130
정상상태 오차	55
정상상태 해석	59
정적 분석	326
정형 검증	295
정형 기법	295
정형 명세	295
정형 언어	295
제어 흐름 테스트	337
제어법칙	16
제어봉 구동장치	214
제어봉위치 센서	211
제품 동작	291
조건/결정 커버리지	339
주파수 대역	50
줄사다리형 삼중화 제어 구조	254
직류 전원공급기 이중화 설계	88
직무분석	458, 462

ㅊ

챌린저호 발사 오류	80
챌린저호 폭발사고	167
초기기능시험	234
최대 지반 가속도(PGA)	406
최대가능도추정법	41
최소자승법	44
최소자승추정법(LSE)	41
추적성	230, 433
층응답스펙트럼(FRS)	421

찾아보기

ㅋ ㅌ

칼만 필터	17, 66
칼만 필터 알고리즘	68
코드 기반 시험	337
코드 시뮬레이터	242
코딩	300
코딩 관습	300
코딩 규칙	300
코딩 스타일	300
통신 인터페이스	291
통신의 독립성	190

ㅍ

평균 고장 간격 시간(MTBF)	129
평균 고장 발생 시간(MTTF)	127
평균 고장 복구 시간(MTTR)	129
평균 고장률	117
평균고장시간	83
폐루프 안정도	51
폐루프 전달함수	51
폭포수 모델	283
표준	358
푸리에 급수	26
푸리에 변환	26
품질 규격 관계도	371
품질검증	431
품질경영시스템(QMS)	360
품질경영시스템의 요구사항	366
품질경영원칙	366
품질관리	382
품질문서	356
품질보증시스템 체계	372
프로그래머블 로직 컨트롤러(PLC)	224
프로그래밍 언어	300
프로세스	360, 368
프로세스 접근법	366
플랜트 심층 및 다양성 방어(DIDD)	187
필수특성	432

ㅎ

하드웨어 인터페이스	291
하인리히 법칙	97
하향식	178
핵비등이탈률(DNBR)	210
형상관리(CM)	161, 229
화력발전소	151
확률변수	117
확인검증	161
활성화 에너지	414
흐름도	299

A

abstract interpretation	327
activation energy	414
adaptive control	17
ALM(Application Lifecycle Management)	285
anti-windup	57
availability	82, 83, 130

B

bath-tube curve	125
BLAST(Berkeley Lazy Abstraction Software verification Tool)	325
boundary value analysis	335
Branch Coverage	338
bumpless control	219
burn-in test	125, 234

C

certification	440
CM(Configuration Management)	229
code-based testing	337
coding	300
coding convention	300
coding style	300
Communications interfaces	291
Condition/Decision coverage	339
CPS	305
CPU halt	278
CRC(Cyclic Redundancy Check)	109

D E

D 제어	53
DCS	217
decision table	294
de Moivre formul	141
design life	401
detectability	166
ergonomics	447

equivalence partitioning	334		
error	97, 100, 103		
Exciter	248		

F

fail	97, 100
fail-safe	79
fault	97, 100, 102
fault tolerant	98
fault tolerant design	129, 140
fault 감지	108
fault 감지/식별	108
fault 복구	109
fault 차단	109
fault-tolerant design	92
FBD	228
FFT	277
flowchart	299
FMEA(Failure Mode and Effect Analysis)	82, 98, 164
formal language	295
formal method	295
formal specification	295
formal verification	295
FTA(Fault Tree Analysis)	82, 152, 178

H I

Hardware interfaces	291
hazard	166
HEAVENS Security Model	309
Heinrich's Law	97
HILS	345
human factors engineering	447
I 제어	53
ICT(In Circuit Test)	234
IEC(국제전기기술위원회)	81
IEC 61508	158
IERS	423
IPS	223

J K L

JTAG	342
Kalman Filter	17
Ladder Diagram	228
lead lag compensator	57

M

M of N 시스템	139
Maintainability	82, 83
Markov Chain	144
Markov Model	139
Markov Modeling	150
Markov Process	144
MATLAB code	47
MATLAB 시뮬레이션 코드	269
maximum likelihood estimation	41
MDB	223
Memory	291
Microsoft Slam	324
MIL 217 F	119
MISRA-C	300
mission time	128
MMIS(Man Machine Interface System)	93, 201
model checking	323
MTBF(Mean Time Between Failure)	129
MTTF	83, 127, 134, 137
MTTR(Mean Time To Repair)	129

N O

N version programming	297
obsevable system	30
occurrence	166
OPERA system	217
Operations	291
OT	305
overflow error	52
OWS	223

P

P 제어	53
Pairwise 테스팅	335
PDCA 개념과 품질 시스템의 관계	368
PI control	250
PI 제어 알고리즘	251
PID(Proportional, Integral and Derivative)	53
PID 제어기	53
PID 제어기 설계의 MATLAB code	57
POSAFE-Q PLC	224
process	360
programming language	300

찾아보기

Q R

qualification	440
QVD(Quality Verification Document)	234
RAMS(Reliability, Availability, Maintainability and Safety)	82, 117
random failure	117
random variable	117
RBD(Reliability Block Diagram)	165, 261
recursive algorithm	46
reference	16
Reliability	82
robust control	16
RPN(Risk Priority Number)	166
RTM(Requirement Traceability Matrix)	319

S

Safety	82, 84
safety critical software	283
safety critical system	77
SDL 구성도	221
SDN 구성도	221
secure coding	302
Site adaptation requirements	291
SMT(Surface Mount Technology)	234
SOE(sequence of event)	239
Software Engineering	287
software integration testing	284
Software interfaces	291
software system testing	284
software unit testing	284
Software Validation	317
Software Verification	317
SPF(Single Point of Failure)	98
SPV(Single Point Vulnerability)	98
SR-332	120
SRAM	278
SRS(software Requirement Specification)	106
state space model	33
Statecharts	295
Statement coverage	338
static analysis	326
stereotype	465
structural testing	337
system identification	17
System interfaces	290

T ~ Z

TVRA	308
unavailability	83
undershoot	52
User interfaces	290
V 모델	238
V&V(Verification and Validation)	317
voter	138
waterfall model	283
Weibull distribution	126